Bernhard Hoppe

ASIC-Design

Bernhard Hoppe

ASIC-Design

Realisierung von VLSI-Systemen mit Mentor V8

Mit 360 Abbildungen

Springer

Prof. Dr. Bernhard Hoppe
FH Darmstadt
FB Elektrotechnik/Automatisierungstechnik
Schöfferstraße 3
64295 Darmstadt
E-Mail: hoppe@fh-darmstadt.de

Die Deutsche Bibliothek – CIP-Einheitsaufnahme

ASIC-Design : Realisierung von VLSI-Systemen mit Mentor V8 / Bernhard Hoppe. – Berlin ; Heidelberg ; New York ; Barcelona ; Hongkong ; London ; Mailand ; Paris ; Singapur ; Tokio : Springer, 1999
ISBN-13: 978-3-540-61664-1

ISBN-13: 978-3-540-61664-1   e-ISBN-13: 978-3-642-59818-0
DOI: 10.1007/978-3-642-59818-0

Einbandgestaltung: MEDIO, Berlin
Satz: MEDIO, Berlin
SPIN: 10548377   62/3020 - 5 4 3 2 1 0 – Gedruckt auf säurefreiem Papier

Vorwort

Das Buch ist ein praxisorientierter Leitfaden für das Design anwendungsspezifischer integrierter Schaltungen (ASICs). Es hat das Ziel, Leser ohne Vorkenntnisse in der ASIC-Technologie in die Lage zu versetzen, nach der Lektüre selbst erfolgreich integrierte Schaltkreise entwickeln zu können. Dieses Buch behandelt deshalb den ASIC-Entwurf unter Nutzung der professionellen rechnergestützten Entwurfswerkzeuge von Mentor Graphics für einen konkreten Halbleiterprozeß am Beispiel einer fest umrissenen Designaufgabe. Als ASIC-Projekt wird ein kleiner Halbleiterspeicherbaustein (SRAM) im 2,4-µm-CMOS-Prozeß des belgischen Herstellers Alcatel Microelectronics entwickelt. Eine Einführung in Halbleitertechnologien, ASIC-Realisierungstechniken, integrationsfähige Halbleiterschaltungen, Entwurfssysteme und Simulationsverfahren sind vorangestellt.

Die Firma Alcatel Microelectronics, auf deren Prozeßdokumentation das Buch aufbaut, weist auf folgendes hin: Für die Richtigkeit der im Buch verwendeten Parameter und Informationen, sowie für eventuell enstehende Forderungen aus fehlerhaften Produkten und Teilprodukten, basierend auf den im Buch enthaltenen Informationen, übernimmt Alcatel Microelectronics keinerlei Verantwortung. Ebenso können Parameter und sonstige Informationen bezüglich der Technologien und Prozesse ohne Ankündigung geändert werden.

Bei der Stoffauswahl standen Praxisrelevanz, Nützlichkeit und direkte Anwendbarkeit im Vordergrund. Das Buch richtet sich an Studenten der Fachgebiete Elektrotechnik und Technische Informatik, sowie Ingenieure in der Industrie und in Ingenieurbüros, die am ASIC-Design und an modernen Entwurfwerkzeugen interessiert sind. Das Werk ist als Ergänzung zu Vorlesungen oder Industrielehrgängen über Mikroelektronik und CAE-Methodik gedacht. Aufgrund des systematischen Aufbaus eignet es sich zum Selbststudium und als Handlungsanleitung bei konkreten Designprojekten.

Das Buch basiert auf den Manuskripten zu den Lehrveranstaltungen Integrationstechnik, ASIC-Seminar und ASIC-Labor, die am Fachbereich Elektrotechnik/Automatisierungstechnik der Fachhochschule Darmstadt angeboten werden, sowie auf den Kursunterlagen des Microelectronic-Systems-A-Kurses des Master-of-Science-Studiengangs Systems Design (Microelectronics), der von der University of Central England in Birmingham gemeinsam mit der FH Darmstadt durchgeführt wird. Vertiefungen in den Kapiteln über Entwurfswerkzeuge führten zur vorliegenden Fassung.

Ich möchte allen danken, die beim Entstehen dieses Buches mitgewirkt haben. An erster Stelle seien die Industrieunternehmen Siemens AG und Mannesmann VDO genannt, die mir nach dem Physikstudium den Einstieg in das interessante Gebiet der Mikroelektronik ermöglichten und die Praxiserfahrung vermittelten, die mich für meine Hochschultätigkeit qualifizierte. Besonderer Dank gebührt den Herren Dipl.-Ing. (FH) C. Laudert und Dr. Fojt von Mentor Graphics Deutschland in München und Herrn Dipl.-Ing. (FH) U. Bathelmeß von Alcatel Microelectronics in Brüssel, die das Buchmanuskript kritisch gelesen haben. So konnten etliche Fehler und Ungenauigkeiten bereits im Vorfeld eliminiert werden. Auch dem Springer-Verlag, und hier namentlich Frau Cuneus, Frau Grünewald, Frau Matthias und Herrn Dr. Merkle, gebührt Dank für die angenehme Zusammenarbeit.

Frankfurt, im Oktober 1998   Bernhard Hoppe

Inhaltsverzeichnis

1   Einleitung 1

2   Konzepte, Technologien und Realisierungstechniken 4

2.1   Systementwicklung 5
2.2   Schaltungsoptionen 6
     2.2.1   Mikroprozessoren 6
         2.2.2   Standardbausteine und ASICs 7
         2.2.2.1   ASICs 8
         2.2.2.2   ASIC-Entwurfsziele 9
         2.2.2.3   Elektrisch konfigurierbare Logikschaltungen 10
2.3   Technologien und Realisierungsmethoden für ASICs 12
     2.3.1   Halbleitertechnologien für ASICs 12
     2.3.2   Realisierungstechniken für ASICs 18
         2.3.2.1   Vollkundenspezifischer Entwurf 19
         2.3.2.2   Halbkundenspezifischer oder
                 Semi-Custom-Entwurf. 19
         2.3.2.3   Gate-Arrays 22
     2.3.3   Das integrationsgerechte Schaltungskonzept. 24
     2.3.4   Optimale Realisierungstechniken 25
2.4   IC-Gehäuse und Aufbautechnik 26
2.5   Übungsaufgaben 30

3   Der ASIC-Entwurfsprozeß 32

3.1   Hierarchien und Sichtweisen 32
3.2   ASIC-Spezifikation: Datenblätter und Blockschaltbilder 35
3.3   Rechnergestützte ASIC-Entwicklung 38
     3.3.1   Strukturelle Beschreibung der Schaltung durch Schaltpläne . 38
     3.3.2   Simulationsprogramme 40
     3.3.3   Rechnergestützte Layouterstellung 41
     3.3.4   Layoutverifikation 44
3.4   Die Übergabe der Entwurfsdaten an den Halbleiterhersteller 48
3.5   Das Testprogramm. 49
3.6   Die Prototypenuntersuchung. 51

3.7   Die Freigabeuntersuchung   52
3.8   Übungsaufgaben.   54

4   Transistortheorie und Schaltungstechnik   56
4.1   Stromgleichungen für MOS-Transistoren   57
4.2   CMOS-Grundschaltungen   65
      4.2.1   Logikelemente und Signalpegel   65
      4.2.2   Logikgatter aus komplementären MOS-Transistoren   66
      4.2.3   Gleich- und Wechselstromverhalten von CMOS-Logikgattern.   68
      4.2.4   Analoge Grundschaltungen   71
              4.2.4.1   Spannungsteiler und aktive Lasten   72
              4.2.4.2   Stromspiegelschaltungen   73
              4.2.4.3   Differenzstufen und Komparatoren   75
      4.2.5   Dynamische Schaltungen.   78
      4.2.6   Speicherschaltungen   80
      4.2.7   Signalübertragung in Pass-Transistoren und Transfergattern .   81
4.3   Takte   83
      4.3.1   Sequentielle und asynchrone Schaltungen   84
      4.3.2   Taktsignale und Taktungsverfahren für
              sequentielle Schaltungen   85
      4.3.3   Takterzeugung   88
      4.3.4   Taktverteilung   92
4.4   Verlustleistung und Power- Delay- Produkt   94
4.5   Zusammenfassung   96
4.6   Übungsaufgaben.   96

5   Schaltungssimulation   98
5.1   Der Analogsimulator SPICE   100
      5.1.1   Rechenverfahren und Modelle.   100
      5.1.2   Modellebenen und Modellparameter bei SPICE.   101
      5.1.3   MOS- Transistoren mit parasitären Komponenten   101
      5.1.4   Kurzkanaltransistoren   104
      5.1.5   Parametervarianten und Simulationsgenauigkeit bei SPICE. .   106
      5.1.6   SPICE- Netzlisten und -Programme.   106
              5.1.6.1   Allgemeine Syntax-Regeln   106
              5.1.6.2   Bauelement- und Modellanweisungen   107
              5.1.6.3   Strom- und Spannungsquellen.   110
      5.1.7   Analysemöglichkeiten und Steueranweisungen   110
              5.1.7.1   Gleichstromanalyse   113
              5.1.7.2   Zeitanalyse   114
              5.1.7.3   Frequenzanalyse   115
              5.1.7.4   Anweisungen zur Ausgabe der Simulationsergebnisse   117
      5.1.8   Definition von Teilschaltungen mit der .SUBCKT-Anweisung.   121
5.2   Digitalsimulation   123

5.2.1 Rechenverfahren und Modellbildung bei
der Digitalsimulation 123
5.2.1.1 Ereignisgesteuerte Simulation 124
5.2.1.2 Laufzeitmodelle auf Gatterebene. 125
5.2.2 Der Logiksimulator QUICKSIMII 130
5.2.2.1 Schaltpläne, Zeitverhalten und Signalzustände. . . . 131
5.2.2.2 Ereignissteuerung 132
5.2.2.3 Methoden zur Laufzeitverarbeitung (Delay modes) . 134
5.2.2.4 Die Behandlung von Spikes 136
5.2.2.5 Initialisierung. 139
5.3 Zusammenfassung. 140
5.4 Übungsaufgaben 141

6 Schnittstellen zwischen IC-Entwickler und Halbleiterhersteller . . . 145

6.1 Definition von Halbleiterschaltungen mit Layout und Masken . . . 146
6.1.2 Layouteditoren 148
6.1.3 Layoutdarstellungen von Bauelementen 149
6.1.4 Kritische Dimensionen, Entwurfsregeln und
Layoutverifikation 150
6.1.5 Layoutverkleinerung ("Shrink") 153
6.2 Simulationsparameter: SPICE-Dateien und Technologietoleranzen. 154
6.3 Standardzellen 155
6.3.1 Makrozellen 159
6.3.2 Datenblätter der Bibliothekszellen. 159
6.3.2.1 Statische Kenn- und Grenzwerte 160
6.3.3.2 Datenblätter für Standardzellen 161
6.3.3 Peripheriezellen und Schutzschaltungen 169
6.4 IC-Entwurf auf Standardzell-Basis. 170
6.5 Zusammenfassung und Schlußbemerkungen 171
6.6 Übungsaufgabe. 174

7 Entwurfssysteme 175

7.1 Parallele Entwurfsmethodik und Datenorganisation 175
7.1.1 Design und Komponente 178
7.1.2 Funktionale und nichtfunktionale Modelle. 179
7.1.2.1 Funktionale Modelle. 179
7.1.2.2 Laufzeitmodelle 181
7.1.3 Nichtgraphische Modellinformationen: Properties 181
7.1.4 Die Komponentendirectory. 185
7.1.5 Design Viewpoints 186
7.1.6 Entwurfswerkzeuge im Mentor-Graphics-V8-System 188
7.1.6.1 IDEA-Station 189
7.1.6.2 IC-Station 190

7.2 Workstations und UNIX 191

7.3 Die Falcon-Framework-Benutzeroberfläche 192

    7.3.1 Eingabemöglichkeiten: Maus, Tastatur, Keys und Strokes . . . 193

    7.3.2 Fenster 195

    7.3.3 Menüs 197

        7.3.3.1 Menüvarianten 197

        7.3.3.2 Prompt Bars 200

        7.3.3.3 Dialog Felder 200

        7.3.3.4 Mnemonics 201

    7.3.4 Online-Dokumentation 201

7.4 Verwaltung von Designobjekten und Werkzeugen mit
DESIGN MANAGER 206

    7.4.1 Designmanagement und Datenstruktur 206

    7.4.2 Das Session-Fenster des Programms DESIGN MANAGER 207

    7.4.3 Kopieren, Löschen und Verschieben von Dateien 209

    7.4.4 Der Notepad-Editor und das Transcript-Fenster 210

    7.4.5 Multitasking 210

7.5 Zusammenfassung und Schlußbemerkungen 211

7.6 Übungsaufgaben 212

8 Halbleiterspeicherbausteine als Übungsprojekt 213

8.1 Dynamische und statische Halbleiterspeicher 214

    8.1.1 SRAM- Speicherzellen 216

    8.1.2 Architektur eines SRAMs 218

8.2 Entwurfsziele für die Beispielschaltung 219

8.3 Architektur, Funktion und Komponenten des 1024x1/64x16-SRAMs . 220

    8.3.1 Speicherzellenfelder 221

    8.3.2 Adreßdekoder 223

        8.3.2.1 Zeilendekodierung 224

        8.3.2.2 Spaltendekodierung 226

    8.3.3 Die peripheren Schreib- und Leseschaltung des SRAMs 226

    8.3.4 Schreib- und Bewerteschaltungen im Zellenfeld 227

    8.3.5 Die Schreiberholschaltung im Zellenfeld 229

8.4 Spezifikation der dynamischen Kennwerte des 1024x1/64x16- RAMs 230

    8.4.1 Adreßübernahme 231

    8.4.2 Beschreiben des RAMs 232

    8.4.3 Lesen des RAMs 233

8.5 Anschlußbelegung und IC- Gehäuse 233

8.6 Statische Kennwerte 233

8.7 Betriebsbereiche des Bausteins 236

8.8 Zusammenfassung 238

8.9 Übungsaufgaben 238

9 Layout-Erstellung mit ICgraph 240

9.1 Das Programmpaket ICStation 240

9.2   Full Custom Design mit dem Programm ICgraph   242
       9.2.1   Full Custom Editing   242
               9.2.1.2   Starten von ICstation   242
               9.2.1.3   Neue Zellen   243
       9.2.2   Zellen und Hierarchie   244
               9.2.2.1   Zelltypen   247
               9.2.2.2   Layoutaspekte   248
       9.2.3   Logische und grafische Objekte im Layout   248
               9.2.3.1   Grafische Objekte   249
               9.2.3.2   Logische Objekte: Properties, Pins, Ports und Netze .   250
               9.2.3.3   Die Prozeßdaten   252
               9.2.3.4   Die Layoutebenen   253
               9.2.3.5   Die ICgraph-Konfigurationen   253
       9.2.4   Bearbeitung und Erzeugung von Layoutstrukturen   256
               9.2.4.1   Selection Sets   256
               9.2.4.2   ICStation-Windows   257
               9.2.4.3   Das Selektieren von Objekten   257
               9.2.4.4   Die wichtigsten Editieroperationen   259
               9.2.4.5   Die wichtigsten Eingabefunktionen   263
9.3   Design-Verifikation mit den ICverify Tools   265
       9.3.1   Design-Rule-Prüfung und Netzlistenextraktion   265
               9.3.1.1   Die DRC-Prüfung   265
               9.3.1.2   Grafisch unterstütztes Bearbeiten von DRC-Fehlern .   269
       9.3.2   Layoutextraktion   273
9.4   Abspeichern geprüfter Zellen   278
9.5   Zusammenfassung   279
9.6   Übungsaufgaben   280

10   Schaltplan- und Symbolerstellung mit DESIGN ARCHITECT   282

10.1   Electronic Design Data Model (EDDM)   282
10.2   Die Elemente eines Schaltplans   283
10.3   Schaltplaneditierung mit dem Programm DESIGN ARCHITECT   286
       10.3.1 Anlegen und Aufrufen von Schaltplänen   288
       10.3.2 Schaltplaneingabe   290
               10.3.2.1 Bibliotheken   290
               10.3.2.2 Instanziierung von Bibliothekszellen   291
               10.3.2.3 Selektion und Objektmanipulationen   292
               10.3.2.4 Netze   294
               10.3.2.5 Netzverbindungen   296
               10.3.2.6 Ports   297
               10.3.2.7 Strukturelle Entwurfseigenschaften   297
               10.3.2.8 Netzeditierung und Verbindungsstrukturen   297
               10.3.2.9 Busabzweigstellen: Ripper   300
       10.3.3 Prüfen und Speichern eines Schaltplans   301

10.4   Symbole. 304
10.5   Der Symboleditor des Programms DESIGN ARCHITECT 305
10.6   Properties. 309
        10.6.1 Property Owner 309
        10.6.2 Property Values 309
        10.6.3 Property Types. 310
        10.6.4 Properties für die Schaltungssimulation 310
        10.6.5 Properties für die analoge Simulation und die Layoutsynthese 311
        10.6.6 Die Eingabe von Properties 312
        10.6.7 Die Editierung von Properties 313
        10.6.8 Reports über Properties 314
10.7   Designdatenaufbereitung mit dem Design Viewpoint Editor 314
        10.7.1 Erzeugen eines Design Viewpoints 315
        10.7.2 Regelprüfungen mit dem Design Viewpoint Editor 318
        10.7.3 Speichern eines Design Viewpoints 321
10.8   Zusammenfassung 321
10.9   Übungsaufgaben. 321

11   Digital- und Analogsimulation mit QUICKSIMII UND ACCUSIMII . . . 322

11.1   Der Digitalsimulator QuicksimII im Überlick. 323
        11.1.1 Signalzustände. 323
        11.1.2 Simulationsgenauigkeit. 325
        11.1.3 Stimulation von Schaltungseingängen und internen Netzen. . 327
        11.1.4 Fenstertechniken: Ergebnis- und Schaltplanfenster. 328
        11.1.5 Zwischenfensterselektion. 330
11.2   Bedienung des Simulators 332
        11.2.1 Aufruf, Voreinstellungen und Pallettenmenüs 332
        11.2.2 Die Ergebnisfenster 338
               11.2.2.1 Tracefenster: Öffnen und Signaleingabe 338
               11.2.2.2 Signalmanipulation im Tracefenster. 340
               11.2.2.3 Analysehilfsmittel im Tracefenster. 343
               11.2.2.4 Voreinstellung und Ergebnisbearbeitung im
                        List- und Monitorfenster 348
               11.2.2.5 Analysehilfsmittel im Schaltplanfenster. 350
        11.2.3 Initialisierung 353
        11.2.4 Signaleingabe 354
               11.2.4.1 Feste Signalzustände (Single Forces) 354
               11.2.4.2 Aperiodische Signale (Multiple Forces). 355
               11.2.4.3 Taktsignale (Clock Forces) 355
               11.2.4.4 Bussignale 356
               11.2.4.5 Löschen von Force- Signalen. 358
               11.2.4.6 Anzeigen von Forces vor dem Simultionsstart 359
        11.2.5 Waveform-Datenbasen 359
               11.2.5.1 Laden und Speichern 361

11.2.5.2 Editierung.   362
11.2.5.3 Wiederverwenden von Stimuli-Pattern   367
11.2.6 Starten eines Simulationslaufes   368
11.2.6.1 Simulation mit vorgegebener Laufzeit.   368
11.2.6.2 Simulationsläufe mit Abbruchbedingungen   369
11.2.6.3 Beispiele für Breakpoint Expressions   370
11.2.6.4 Speichern und Reaktivieren
           von Simulationszuständen   371
11.2.7 Beenden einer QUICKSIMII Session   372
11.3 Der Analogsimulator ACCUSIMII im Überlick   373
11.3.1 Grundkonzepte   373
11.3.2 Die wichtigsten ACCUSIMII-Fenster   375
11.3.2.1 Das Sessionfenster   375
11.3.2.2 Ergebnis- und Schaltplanfenster   375
11.3.2.3 Das Statusfenster   378
11.4 Bedienung des Simulators ACCUSIMII.   380
11.4.1 Aufruf und Einstellung   380
11.4.2 Gleichstromanalysen   382
11.4.2.1 Arbeitspunktanalyse, Übertragungsfunktionen . . .   384
11.4.2.2 Kennlinien   387
11.4.3 Wechselstromanalysen   388
11.4.4 Beenden einer Simulationssession.   394
11.5 Zusammenfassung.   395
11.6 Übungsaufgaben.   397

12 Automatische Layouterstellung mit ICStation.   399

12.1 Der Layoutsyntheseprozeß im Überlick.   399
12.2 Erzeugen einer Zelle für die Layoutsynthese   401
12.3 Floorplanning und Zellplazierung   406
12.4 Layoutsynthese mit ICblocks.   410
12.4.1 Plazierung von Standardzellen und Blöcken   410
12.4.1.1 Plazierung von Standardzellen   410
12.4.1.2 Die Plazierung von Blöcken.   414
12.4.1.3 Die Plazierung von Ports   416
12.4.1.4 Die Plazierung von Pins   417
12.4.1.5 Manuelle Plazierung und Editiermöglichkeiten . . .   417
12.4.1.6 Beispiele für Zell- und Blockplazierung.   420
12.4.2 Verdrahtungsverfahren   420
12.4.2.1 Der Labyrinth-Verdrahtungs-Algorithmus   422
12.4.2.2 Liniensuchalgorithmen   424
12.4.2.3 Kanalverdrahtung   425
12.4.2.4 Limitierungen   426
12.4.3 Globale und lokale Verdrahtung mit ICblocks   427
12.4.3.1 Die Soutoroute-Funktion von ICblocks   429

12.5 Das Process File 437
   12.5.1 Der Default Process 439
   12.5.2 Das Editieren von Process Files 440
      12.5.2.1 Das Layer-Appearance-Dialogfenster 442
      12.5.2.2 Das Editieren der Process Values. 444
12.6 Layout-Kompaktierung. 452
   12.6.1 Die $compact-Funktion 452
12.7 Layout-Verifikation: DRC-, LVS-Check und Backannotation. 458
   12.7.1 DRC-Prüfung mit ICrules 459
   12.7.2 Der LVS Check. 459
   12.7.3 Layoutbedingte parasitäre Effekte: Backannotation. 468
12.8 Editierung von Zellenbibliotheken 469
12.9 Standardzellayouts mit Hierarchie 470
12.10 Datenaufbereitung für den Halbleiterhersteller 474
12.11 Zusammenfassung 475
12.12 Übungsaufgaben. 476

Anhang: Layoutzellen und Schaltpläne des 1024x1/64x16- RAMs 478

Stichwortverzeichnis. 510

1 Einleitung

ASICs sind mikroelektronische Schaltungen, die für spezifische Anwendungen entwickelt werden und aus analogen sowie digital arbeitenden Funktionsblökken bestehen. Ein ASIC ersetzt mehrere Standardbausteine auf einer Leiterplatte und kann der Elektronik zugleich neue Funktionen und bessere Leistungsdaten geben. Deshalb sind ASICs in vielen innovativen Produkten zu finden, insbesondere dort, wo es auf hohe Leistungsfähigkeit bei minimalem Gewicht und geringer Größe ankommt. Typisches Anwendungsfelder der ASIC-Technologie sind (batterieversorgte) portable Systeme, wie Mobiltelefone, Notebooks, Unterhaltungselektronik sowie die Kraftfahrzeug- und Industrieelektronik.

Waren ASIC-Entwicklungen früher eine Domäne der Großindustrie, die sich Spezialisten, Entwurfswerkzeuge und hohe Vorlaufkosten leisten konnte, so finden heute auch kleine und mittlere Firmen Zugang. Automatisierte Entwurfstechniken und auf Kleinserien ausgerichtete Produktionsverfahren senken die Entwurfskosten und reduzieren Designzeiten. Da immer mehr Firmen ASIC-Design und verwandte Entwurfsverfahren bei der Produktentwicklung einsetzen, gewinnen diese Themen auch immer größeres Gewicht als Berufsqualifikation und in der Studentenausbildung.

Ein kostengünstiger Zugang zu ASIC-Technologien ist über sog. MPW-Runs (MPW: *Multi Purpose Wafer*) des Europractice-Programms der Europäischen Union möglich. Bei diesem Herstellverfahren für ASIC-Prototypen oder Kleinserien teilen sich mehrere ASIC-Entwickler ein Fertigungslos in der Halbleiterfabrik. MPW-Runs werden für die unterschiedlichsten Halbleitertechnologien angeboten, von GaAs-Prozessen bis zur preiswerten Standard-CMOS-Technologie. Die hohen Kosten für die Produktion einer Prototypencharge reduzieren sich dadurch auf etwa 10 000,- DM pro Entwurf. Die genauen Kosten richten sich nach der Siliziumfläche des Chips (in mm²) und der gewählten Herstelltechnologie. An diesen Programmen können sowohl akademische Institutionen als auch kleinere Firmen teilnehmen. Weitere Informationen können beim Autor abgerufen werden. Für Anwender aus dem Hochschulbereich sind die Konditionen bei MPW-Runs noch günstiger als für kleine und mittlere Unternehmen. Deshalb können jetzt auch im normalen Labor- und Praktikumsbetrieb oder im Rahmen von Diplomarbeiten ASIC-Designs bis zur Prototypenvermessung durchgeführt werden, was den Praxisbezug des Lehrangebots nachhaltig verbessert.

Neben einem Zugang zur Halbleiterfabrik sind für erfolgreiche Chipentwicklungen ein gut dokumentierter Herstellprozeß und effiziente Entwurfswerkzeuge Voraussetzung.

Der als technologisches Beispiel für dieses Buch ausgewählte 2,4-µm-CMOS-Prozeß von ALCATEL MECROELECTRONICS ist ein Standardprozeß, der bereits seit mehreren Jahren auf dem Markt ist. Dieser Prozeß ist aber nach wie vor aus verschiedenen Gründen attraktiv: Beim Erlernen von Designmethoden sind die minimalen Strukturbreiten der verwendeten Technologie zweitrangig. Alcatel Microelectronics stellt für diesen Prozeß außerdem eine Bibliothek mit analogen und digitalen Standard- und Makrozellen zur Verfügung, mit denen sich viele typische Designaufgaben mit geringem Entwurfsaufwand implementieren lassen. Spezielle Prozeßschritte unterstützen zusätzlich den Entwurf von Analogschaltungen. Der Prozeß ist sehr robust und ASICs, die in diesem Prozeß gefertigt wurden, können in einem breiten Versorgungsspannungsbereich zwischen 3 und 12 Volt betrieben werden.

Die Schlüsselrolle bei der Entwicklung integrierter Schaltungen spielen computergestützte Entwurfssysteme (CAE: *Computer Aided Engineering*). Synthesewerkzeuge automatisieren dabei Teilprozesse des Designablaufs. Diese integrierten Werkzeuge bezeichnet man deshalb auch als EDA-Systeme (EDA: *Electronic Design Automation*). In diesem Buch wird der ASIC-Entwurf mit den Werkzeugen des V8-Systems des amerikanischen Softwareherstellers Mentor Graphics vorgestellt.

In der industriellen Praxis steht die steigende Komplexität der zu entwickelnden Schaltungen im Widerspruch zu kürzeren Entwicklungszeiten und begrenzten personellen Ressourcen. Ohne Designautomatisierung mit EDA-Tools lassen sich deshalb heute keine konkurrenzfähigen Chips mehr entwickeln. Entwurfswerkzeuge und die EDA-Industrie spielen deshalb eine Schlüsselrolle in der gesamten Halbleiterbranche. Interessant ist dabei, daß der akkumulierte Umsatz der führenden EDA-Hersteller (etwa 2 Mrd. USD pro Jahr) nur ein Bruchteil des Umsatzes der Chipproduzenten beträgt und nicht einmal die Investitionskosten für eine neue Halbleiterfabrik erreicht.

Das EDA-Zeitalter begann Anfang der achtziger Jahre als die Firma Mentor Graphics in Beaverton, im Bundestaat Oregon im Nordwesten der USA gegründet wurde. Diese Firma war die erste, die sich auf universell einsetzbare, durchgängige Entwurfssoftware für die Elektronikentwicklung konzentrierte.

Heute dominieren im wesentlichen drei Anbieter den EDA-Markt, die Firmen Synopsys, CADENCE und MENTOR GRAPHICS. Komplette Design Systeme werden aber nur von Cadence und Mentor angeboten. Synopsys hat sich auf Synthesewerkzeuge spezialisiert, die aus einer funktionalen Schaltungsbeschreibung eine Gatternetzliste erzeugen, die dann mit geeigneten Layoutwerkzeugen in Maskengeometrien umgesetzt werden kann.

Der Marktanteil von Mentor- und Cadence-Tools ist etwa gleich, daher wäre statt Mentor auch Cadence sicherlich eine sinnvolle Wahl gewesen. Aus historischen Gründen sind aber die Mentor-Tools stärker im Fachhochschulbereich verbreitet. Beide Entwurfssysteme verwenden aber einen ähnlichen Zugang, decken das gleiche Aufgabenspektrum ab, ähneln sich in den Grundkonzepten und benutzen im Prinzip die gleichen Algorithmen. Für eine Einführungen in die ASIC-Entwurfstechnik ist es deshalb nicht ausschlaggebend, mit welchen Tools die Entwurfsprozesse erklärt werden. Wichtiger ist es, Zusammenhänge und Funktionen dieser teilweise sehr komplexen Programme zu zeigen, indem die in der Software verwendeten Algorithmen und Simulationsmodelle vorgestellt werden. Dies ist Gegenstand des Buches.

Zur Einführung werden in den ersten Kapiteln die grundlegenden Methoden und Verfahrensweisen bei ASIC-Entwicklungen gezeigt. Leser, die den Stoff vertiefen möchten, finden am Ende jedes Kapitels Übungsaufgaben. Lösungen können im Internet unter http://www.fbe.fh-darmstadt/fbea/Professor/bhoppe/hoppe_ d.htm nachgeschlagen werden.

2 Konzepte, Technologien und Realisierungstechniken

Die Entwicklung einer elektronischen Schaltung, die aus mehreren integrierten Schaltkreisen und Einzelbauelementen aufgebaut sein kann, wird in verschiedene Phasen eingeteilt. Die erste und für den Projekterfolg entscheidende Phase ist die sog. *Systementwicklungsphase,* in der die Funktionsanforderungen an die Elektronik definiert werden [1]. Aus Kundenwünschen wird zuerst ein *Systemkonzept* erstellt, das als *Lastenheft* fixiert wird. Bei der Konzeptfindung werden die Gerätefunktionen in Hard- und Softwaremodule aufgeteilt und es wird geprüft, an welchen Stellen der Einsatz kundenspezifischer Schaltungen Vorteile bietet. Die konkrete Aufteilung der Elektronik in ASICs und Standardschaltkreise hängt stark davon ab, welche *Halbleitertechnologie* verwendet werden kann und welche Entwurfsverfahren *(Realisierungstechniken)* zur ASIC-Entwicklung in Frage kommen.

Jede ASIC-Entwicklung beginnt wieder für sich mit einer Konzeptphase, in der festgelegt wird, welche elektrischen Funktionen mit welchen Methoden in integrierte Schaltkreise umgesetzt werden. In einfachen Fällen kann die gesamte Elektronik mit einem einzigen ASIC aufgebaut werden, bei komplexeren Anwendungen müssen die Systemfunktionen auf mehrere ASICs, Mikroprozessoren und Standardbausteine verteilt werden. Häufig liegt bereits eine diskret aufgebaute Schaltung aus Standardbauelementen vor, die aus Platz- und Kostengründen integriert werden soll. In diesem Fall ist ein integrationsgerechtes Schaltungskonzept zu entwickeln, denn die direkte Umsetzung ist meist nicht die optimale Lösung. Im Vorfeld der eigentlichen ASIC-Entwicklungen sind weiterhin die IC-Gehäuse und die entsprechenden Anschlußbelegungen zu bestimmen. Hier sind die Randbedingungen der Leiterplattentechnik zu beachten.

Nach der Systemaufteilung werden zeitlich parallel die Platine, die Software für programmierbare Strukturen und alle anwendungsspezifischen Schaltungen entwickelt. Um dabei die Koheränz der Gesamtentwicklung sicherzustellen, sind regelmäßige und enge Kontakte der verschiedenen Entwicklungsteams notwendig. Die Schnittstelle zwischen ASIC-Design und der Entwicklung der Gesamtelektronik bildet die *IC-Spezifikation,* in der das äußere Erscheinungsbild, die Funktion sowie die Kenn- und Grenzwerte des oder der ASICs schriftlich fixiert sind.

In diesem Kapitel werden die Aspekte Konzeptionierung, Technologieauswahl und Realisierungsrechniken behandelt, die die Systementwicklung von

ASICs bestimmen. Abschnitt 2.1 behandelt die Entwicklungsmethodik beim Entwurf des elektronischen Gesamtsystems und diskutiert die Aufteilung der Systemfunktionen auf Hard- und Softwareblöcke. Abschnitt 2.2 beschäftigt sich mit Schaltungsoptionen, vergleicht Hard- und Softwarelösungen, die fest verdrahtete anwendungsspezifische ICs bzw. Mikroprozessoren verwenden, und stellt die unterschiedlichen IC-Typen vor, mit denen elektronische Schaltungen aufgebaut werden können. Abschnitt 2.3 behandelt Halbleitertechnologien und Realisierungsmethoden beim ASIC-Entwurf. In Abschn. 2.4 werden die gebräuchlichsten IC-Gehäuse vorgestellt.

2.1
Systementwicklung

Ziel dieses Entwurfsschrittes ist es, die optimale Aufteilung der Systemfunktionen auf Hard- und Softwarekomponenten sowie auf kundenspezifische Schaltkreise und Standardbausteine zu finden. Abbildung 2.1 zeigt schematisch Beispiele für verschiedene Aufteilungen, die je nach Anzahl der hochintegrierten Komponenten als Einchip- bzw. Mehrchip-Lösungen bezeichnet werden. Die Aufteilung eines neu zu entwickelnden elektronischen Systems wird durch die technischen Funktionsanforderungen, wie Verarbeitungsgeschwindigkeit oder Verlustleistung bestimmt, die von Anwendern der Elektronik vorgegeben werden. Außerdem sind Randbedingungen zu beachten, wie Umgebungstemperaturen und Spannungs- sowie Strombereiche, denen das System im Betrieb ausgesetzt ist. Genauso wichtig sind kommerzielle Aspekte, wie die zur Verfügung stehende Entwicklungszeit und die erwartete Serienstückzahl für das System. Faßt man die Elektronikentwicklung als Optimierungsproblem auf, dann können folgende Entwurfsziele bei der Systemaufteilung definiert werden: ausreichende Funktionalität, möglichst niedrige Herstellkosten, kurze Entwicklungs-

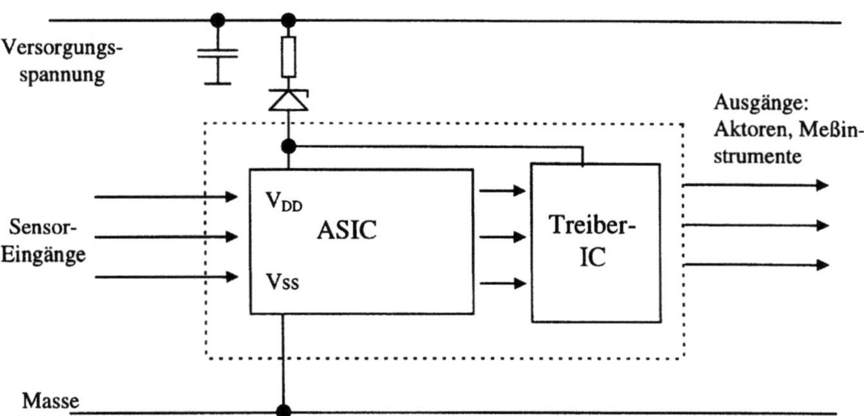

Bild 2-1a. Elektronisches System realisiert durch ein kundenspezifisches IC und Peripherie („Einchip-Lösung" oder „Vollintegration")

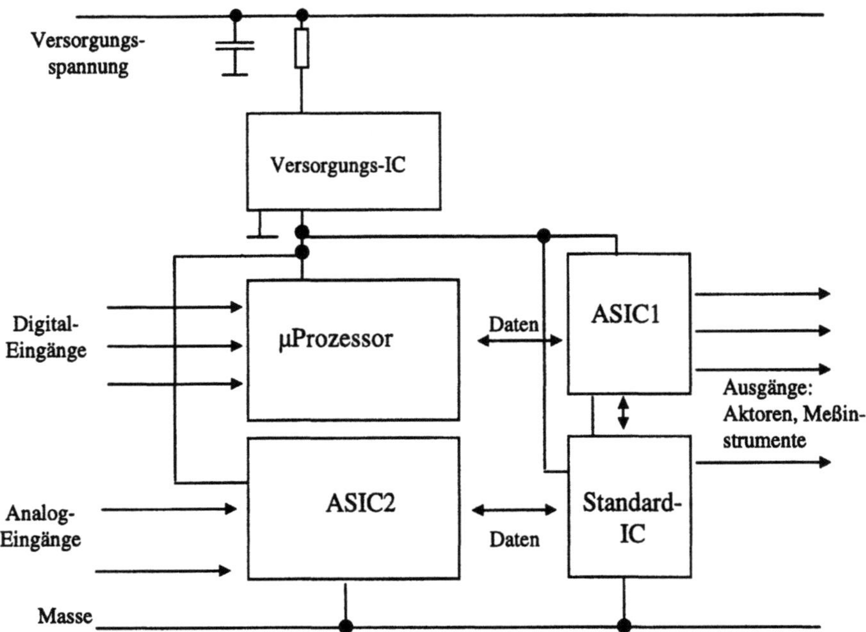

Bild 2-1b. Elektronisches System realisiert durch kundenspezifische und Standard-ICs, Peripherieschaltungen und Mikroprozessoren

zeit und geringes Entwicklungsrisiko. Die genannten Entwurfsziele sind aber „konkurrierende" Kriterien, d. h. ein Entwurfsziel kann nur auf Kosten der anderen Ziele optimiert werden. Minimale Herstellkosten lassen sich beispielsweise nur mit längeren Entwicklungszeiten realisieren. Die Systemaufteilung erfordert daher – wie der gesamte Entwurfsprozeß – ein kontinuierliches Abwägen, um alle Kriterien hinreichend gut zu erfüllen.

2.2
Schaltungsoptionen

Beim Aufbau eines elektronischen Systems gibt es verschiedene Möglichkeiten. Die Komponenten, aus denen elektronische Geräte aufgebaut werden können, werden im folgenden vorgestellt.

2.2.1
Mikroprozessoren

Mit Mikroprozessoren lassen sich viele elektrische Funktionen preiswert und mit geringem Entwicklungsaufwand darstellen. Ein Mikroprozessor ist ein kompletter Rechner mit integriertem Leit- und Rechenwerk sowie Programm- und Datenspeicher. Diese komplexen Schaltungen können mit modernen Halbleitertechnologien sehr kostengünstig hergestellt werden. Es gibt beispielsweise Rechner mit 4 bit Wortbreite, die mit 256 Byte Programm- und 1 kByte Datenspeicher weniger als 1,- DM pro Stück kosten. Der Anwender hat zudem den Vorteil, daß er ausgetestete Hardware verwendet, in die die Erfahrungen vieler anderer Anwender eingeflossen sind. Mikroprozessoren sind sofort verfügbar, und zur Programmerstellung bieten die Hersteller komfortable Entwicklungshilfsmittel an. Deshalb können Entwicklungsprojekte, die ausschließlich mit Standardkomponenten und Mikroprozessorprogrammierung realisiert werden, sehr schnell durchgeführt werden. Solche softwarebasierten Lösungen sind besonders flexibel und lassen sich leicht korrigieren oder an neue Einsatzfelder anpassen.

Nachteile der mikroprozessorbasierten Schaltungen sind der Aufwand für eine zuverlässige und stabile Versorgungsspannung, die geringe Signalverarbeitungsgeschwindigkeit und der relativ hohe Stromverbrauch. Außerdem können bei bestimmten kritischen Betriebszuständen (z. B. hohe Temperatur und Unterspannung) oder bei elektrischen Störungen Fehler bei der Programmabarbeitung auftreten. Deshalb ist es üblich, Überwachungsschaltungen (Watchdogs) einzusetzen, die bei Störungen den Prozessor zurücksetzen (Reset) und dem Gesamtsystem ein Fehlersignal zur Verfügung stellen. Mikroprozessoren sind außerdem elektrische Störquellen, denn die Systemtakte dieser Rechner übersteigen die Frequenz der eigentlichen Signalverarbeitung um ein Vielfaches, da zu jeder komplexeren Rechenoperation mehrere Befehlszyklen nötig sind. Je höher aber der Systemtakt ausgelegt werden muß, desto höher sind die Amplituden von Oberwellen des Taktsignals, die in kritischen Frequenzbereichen (z. B. im UKW-Band) nachgewiesen werden können. Von Mikroprozessoren abgestrahlte oder über Leitungen weitergegebene hochfrequente Signale können elektronische Geräte stören (RFI- oder EMV-Probleme; RFI: Radio Frequency Interference, EMV: Elektromagnetische Verträglichkeit). Deshalb sind auf Leiterplatten mit Mikroprozessoren zusätzlich Filterschaltungen vorzusehen.

2.2.2
Standardbausteine und ASICs

Die käuflichen Halbleiterbauelemente können in Einzelbauelemente (Transistoren, Dioden etc.) und in integrierte Schaltungen (ICs) eingeteilt werden. Bei den ICs wird zwischen Standardprodukten und anwenderspezifischen Schaltungen unterschieden. Standardbausteine sind beispielsweise Speicherbausteine, Operationsverstärker, Logikgatter aus den TTL-Familien, aber auch die bereits erwähnten Mikroprozessoren und programmierbaren Logikschaltungen, die in ihrer Funktion noch vom Anwender beeinflußt werden können.

Standardschaltungen sind frei verkäuflich und können über Distributoren oder auch direkt vom Hersteller bezogen werden. Anwenderspezifische integrierte Schaltungen hingegen werden exklusiv nur für einen Endkunden gefertigt (personalisierte Schaltungen) und erfüllen meist nur eine spezifische elektrische Funktion. Im Gegensatz zu programmierbaren Strukturen erfolgt die Definition der elektrischen Funktion über Technologieschritte in der Halbleiterfertigung und ist ohne Modifkation der Fertigungsunterlagen nicht mehr abänderbar. Eine Zwitterrolle spielen hier die sog. maskenprogrammierten Mikroprozessoren, die das abzuarbeitende Softwareprogramm in einem Nur-Lese-Speicher (ROM) enthalten. Der Inhalt der ROM-Zellen wird hier ebenfalls über die Fertigungstechnologie festgelegt.

2.2.2.1
ASICs

Die monolithische Integration elektrischer Funktionen bietet viele Vorteile. Anwendungspezifische hochintegrierte Schaltungen (ASICs) minimieren die Platinengrößen und damit die Geräteabmessungen sowie die Zahl der Bauelemente und Lötstellen auf der Leiterplatte. Damit sinken nicht nur die Herstellkosten der Elektronik und die Systemausfallraten, sondern auch die Stromaufnahme des Geräts – ein wichtiger Gesichtspunkt bei portablen, batterieversorgten Elektroniken – wird geringer. Die Exklusivität und Nachbausicherheit von ASICs schützt zudem alle Elektronikschaltungen vor dem Kopieren durch Konkurrenten.

Im Vergleich zu Mikroprozessorsystemen haben festverdrahtete ASIC-Lösungen eine höhere Verarbeitungsgeschwindigkeit sowie eine geringere Störanfälligkeit und ein niedrigeres Störpotential.

Die Vorteile von ASICs lassen sich wie folgt zusammenfassen:
- verbesserte Zuverlässigkeit der Elektronik durch wenige Lötstellen auf der Leiterplatte,
- günstigere EMV-Eigenschaften,
- bessere Leistungsdaten (Datenraten, analoge Auflösung, Verlustleistung),
- kleinere Leiterplatten und damit kleinerer Bauraum des Geräts,
- Kostenersparnis durch einfachere Logistik und geringere Assemblierungskosten.

Verglichen mit Standardbausteinen und Mikroprozessoren weisen ASICs allerdings auch wesentliche Nachteile auf. Prinzipielle Schwachpunkte sind die langen Entwicklungszeiten, die erheblichen Entwicklungskosten sowie das Risiko von Schaltungsfehlern, die manchmal erst in einer Spätphase bemerkt werden.

Die beschränkte Verfügbarkeit kundenspezifischer Bausteine birgt zusätzliche Risiken, denn in der Regel werden ASICs nur von einem Halbleiterhersteller produziert. Bei Störungen des Fertigungsablaufs gibt es meist keine alternative Beschaffungsmöglichkeit.

Besonders kritisch sind die hohen Vorlaufkosten. Bereits bei einfachsten Anwendungen können die Entwicklungskosten für ein ASIC bei 100 000,- DM liegen. Die Entwicklungszeiten von ASICs werden sinnvollerweise in Monaten gezählt, denn neben dem eigentlichen Schaltungsentwurf sind auch Produktionszyklen beim Halbleiterhersteller nötig. Zur Sicherstellung der Funktionalität sind außerdem umfangreiche Tests des ASICs in der Applikation und am Meßplatz einzuplanen.

Neu entwickelte ASICs durchlaufen außerdem, wie jede elektronische Schaltung, die typischen Anfangsprobleme. Während dieser „Lernphase" treten manchmal Fehlfunktionen auf, die sich am Meßplatz bei den ASIC-Prototypen nie gezeigt haben, denn manche Probleme werden erst während der Serienproduktion sichtbar, wenn die üblichen Schwankungen der Herstellprozesse wirksam werden. Mitunter treten Fehler nur bei ganz bestimmten Einsatzbedingungen auf, die im Labor nicht hinreichend genau nachzubilden waren, oder es gibt Fehler, wenn bestimmte grenzwertige Bauelemente auf der Platine in der peripheren Beschaltung des ASICs eingesetzt werden. ASICs verursachen deshalb fast zwangsläufig Folgekosten, und es besteht ein gewisses Entwicklungsrisiko.

Diese Nachteile lassen sich weitgehend kompensieren, wenn Mikroprozessoren zusammen mit kundenspezifischen Hardwareblöcken auf einem Siliziumchip integriert (*Embedded Cores*) werden. Zwar sind hierbei die gleichen Vorlaufzeiten und Entwicklungskosten einzukalkulieren wie bei gewöhnlichen ASIC-Entwicklungen, es können aber die Vorteile programmierbarer Strukturen (insbesondere die schnelle Änderbarkeit der Funktion) und fest verdrahteter kundenspezifischer Logik gemeinsam genutzt werden.

2.2.2.2
ASIC-Entwurfsziele

Die übliche Vorgehensweise bei der Prüfung der Integrierbarkeit einer bestimmten elektronischen Funktion basiert auf zu vereinbarenden Entwurfszielen. In der Regel sind dies:
- der IC-Preis (bei Serienproduktion),
- der Entwurfsaufwand (Zeit und Kosten) und das Entwurfsrisiko,
- technische Gesichtspunkte; Signallaufzeiten, Datenraten im digitalen Bereich sowie analoge Auflösung und/oder notwendige Treiberfähigkeiten im analogen Bereich.

Der IC-Preis definiert sich aus der Prozeßkomplexität, der für die Funktion notwendigen Chipfläche und natürlich der Stückzahl, die für die Serienproduktion benötigt wird. Additiv kommen noch Testkosten für den 100%-Warenausgangstest der ASICs beim Halbleiterhersteller und die Kosten für das IC-Gehäuse hinzu, die sich nach Pinzahl und Gehäusegröße richten. Die drei Faktoren Herstell- und Testkosten sowie der Gehäusepreis gehen etwa gleichwertig in den ASIC-Preis ein.

Um alle ökonomischen und technischen Vorteile von ASICs nutzen zu können, werden für eine ASIC-Entwicklung üblicherweise folgende Entwurfsziele [2] angestrebt:
- hohe Leistungsfähigkeit (*Performance*): hoher Datendurchsatz, geringe Verlustleistung, hoher Integrationsgrad, Flexibilität;

- geringe Kosten: Herstellkosten von ASICs werden dabei durch die Größe der beanspruchten Siliziumfläche (*Chip*- oder *Die-Size*) vorgegeben, die sich wiederum nach der Realisierungstechnik und der eingesetzten Halbleitertechnologie richtet;
- kurze Entwurfszeit: Die Entwurfszeit wird ebenfalls von der Realisierungstechnik und der Halbleitertechnologie bestimmt. Des weiteren geht der angestrebte Integrationsgrad ein. Von der Entwurfszeit hängen die Entwicklungskosten und der Beginn der Geräteproduktion ab;
- leichte *Testbarkeit*: ASICs werden beim Hersteller zu 100% getestet, d. h., einer elektrischen Funktionsprüfung auf einem Testautomaten unterzogen, um fehlerhaft produzierte Bauelemente zu selektieren. Je leichter die elektrische Schaltung des ASIC-Bausteins testbar ist, desto geringer sind Aufwand und Kosten für die Erzeugung der Testsignale und die automatische Testung.

Die aufgeführten Entwurfsziele sind wieder „konkurrierende" Kriterien, d. h. ein gegebenes Entwurfsziel kann nur auf Kosten der anderen, unter Umständen gleichwertigen Ziele erreicht werden. Ein hoher Datendurchsatz beispielsweise bedingt eine hohe Verlustleistung, die Integration einer komplexen Funktion innerhalb eines ASIC erfordert meist eine große Chipfläche, das erhöht den Preis. Komplexe Entwürfe sind in der Regel schwerer testbar als einfache Schaltungen usw. Der Entwurfsprozeß verlangt daher ein kontinuierliches Abwägen, um alle Kriterien hinreichend gut zu erfüllen

In der Praxis sind zusätzlich folgende Randbedingungen zu beachten:
- vorgegebene Spezifikationswerte, wie etwa Signallaufzeiten zwischen Eingangs- und Ausgangssignalen, Schaltschwellen für die Eingänge oder Genauigkeitsanforderungen für Analogschaltungen;
- zeitliche Rahmenbedingungen, wie feste Einsatztermine, bis zu denen die ASIC-Entwicklung abgeschlossen sein muß,
- und die eingeplanten Entwicklungskosten, die möglichst nicht überschritten werden sollen.

2.2.2.3
Elektrisch konfigurierbare Logikschaltungen

Eine Sonderform der ASICs sind die *elektrisch konfigurierbaren Logik-Bausteine*. Diese Schaltkreise sind programmierbar, haben aber keine Rechnerarchitektur. Sie sind aus logischen Schaltelementen aufgebaut, die über einen elektrischen Programmiervorgang (Beschreibung von Speicherzellen oder die Aktivierung von Schaltelementen) kundenspezifisch verknüpft werden können, ohne daß zur Funktionsdefinition Halbleiterherstellprozesse durchlaufen werden müssen.

Mit diesen Schaltungen können anwendungsspezifische elektronische Schaltungen schnell, unkompliziert und bei kleinen Stückzahlen auch sehr preiswert realisiert werden. Programmierbare Logikbausteine [3] werden daher meist dann eingesetzt, wenn technologiekonfigurierte ASICs aufgrund von geringen

Stückzahlen unwirtschaftlich sind. Die elektrisch programmierbaren Schaltungen werden nach Art der Programmierung unterschieden und in folgende Gruppen eingeteilt:

- *Programmierbare Logikschaltungen* (z. B. PLD-Typen von ATMEL, PLD: *Programmable Logic Devices*) bestehen aus kombinatorischen Logikblöcken und Registern, die über EEPROM[1]-Zellen verschaltet werden können.
- Elektrisch konfigurierbare, *feldprogrammierbare Logikschaltungen* (*Field Programmable Gate Arrays*: FPGA). Diese Schaltungen sind ähnlich aufgebaut wie PLDs, die anwendungsspezifischen Verknüpfungen werden aber unlöschbar durch Erzeugen niederohmiger Kontakte (*Antifuses*, Anti-Sicherung) hergestellt.
- *Reprogrammierbare Logikschaltungen* (*Logic Cell Arrays* von XILINX). Diese Arrays bestehen aus matrixförmig angeordneten programierbaren Logikblöcken, die von umschaltbaren Ein/Ausgangszellen am Chiprand umgeben sind. Die Logikblöcke enthalten Gatter und Anschlüsse an Verdrahtungsstrukturen, mit denen die verschiedene Blöcke verschaltet werden können. Das Aufschalten eines bestimmten Logikblocks auf eine Verbindungsleitung erfolgt mit NMOS-Transistoren, die über den Inhalt von statischen Speicherzellen aktiviert werden können.

Mit diesen flexiblen Schaltungen können allerdings nicht die Integrationsdichten erzielt werden, wie mit den üblichen technologiekonfigurierten integrierten Schaltungen, denn die programmierbaren elektrischen Verbindungen sind flächenaufwendig. Mit FPGA-Bausteinen lassen sich beispielsweise derzeit etwa 100 000 logische Gatter implementieren, bei ASICs sind hingegen mehr als 1 Mio. logische Gatter pro Chip realisierbar. Nachteilig bei konfigurierbaren Logikschaltungen ist außerdem der relativ hohe Preis der unprogrammierten ICs. Entwurf und Realisierung anwendungsspezifischer digitaler Funktionen können allerdings mit diesen Bausteinen konkurrenzlos schnell bewerkstelligt werden. Mit Syntheseverfahren bei der Schaltplanerstellung können in wenigen Stunden funktionsfähige Prototypen konfiguriert und bereitgestelllt werden (Stückpreis 10–20 DM). Bei einem entsprechenden kundenspezifischen ASIC dauert die Entwicklung bis zum Vorliegen von Prototypen mindestens ein halbes Jahr, die Entwicklungskosten können leicht einige 100 000,- DM erreichen, der Stückpreis von Serien-ICs hingegen wird aber je nach Stückzahl vielleicht nur bei 2,- bis 3,- DM liegen.

---

1 EEPROM: Electrical Erasable Pogrammable Read Only Memory, elektrisch löschbarer programmierbarer Festwertspeicher.

2.3
Technologien und Realisierungsmethoden für ASICs

Der bei einer integrierten Schaltung erzielbare Integrationsgrad hängt davon ab, welche *Halbleitertechnologie* eingesetzt wird und mit welchem Verfahren (*Realisierungstechnik*) die anwendungsspezifische Schaltung entworfen wird.

2.3.1
Halbleitertechnologien für ASICs

Mikroelektronische Schaltungen werden mit den Verfahren der Planartechnologie hergestellt. Diese Technologie ist dadurch gekennzeichnet, daß alle Anschlüsse der integrierten Bauelemente „planar" in einer Ebene an der Oberfläche eines Siliziumkristalls liegen. Integrierte Schaltungen werden entweder mit Feldeffekttransistoren aufgebaut (n-Kanal oder p-Kanal-MOS-Transistoren) oder bestehen aus Bipolartransistoren (pnp- oder npn-Transistoren). Neuerdings gibt es auch Mischtechnologien, mit denen sowohl Bipolar- als auch MOS-Transistoren auf einem gemeinsamen Substrat realisiert werden können. Abbildung 2.2 erläutert die Schaltsymbole der Transistortypen, und Abb. 2.3

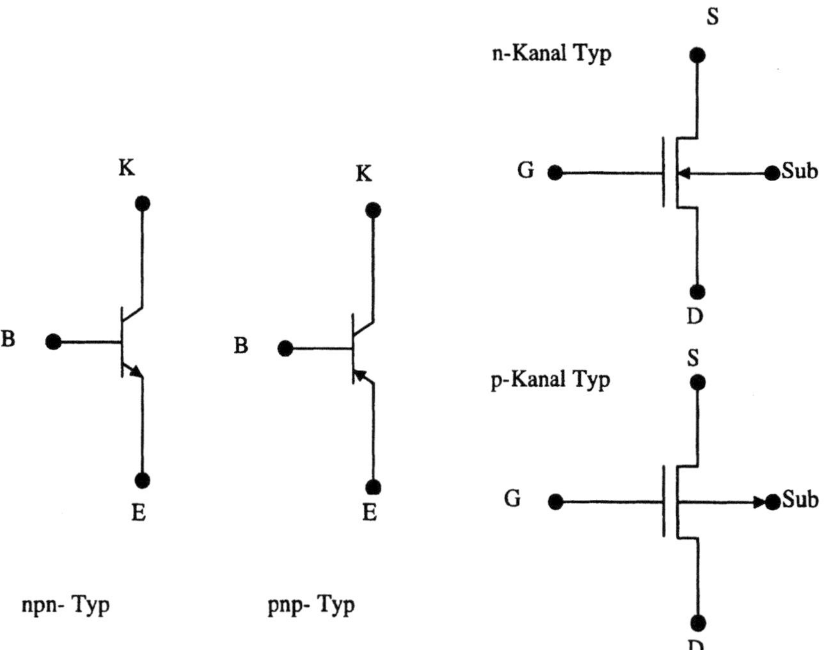

Bild 2-2. Schaltzeichen der npn- und pnp- Bipolartransistortypen und der bei ASICs fast ausschließlich eingesetzten NMOS- bzw. PMOS-Anreicherungstransistoren. Die Buchstaben *E*, *B* und *K* kennzeichnen Emitter, Basis und Kollektor der Bipolartransistoren, während *G*, *S*, *D* und *Sub* die Gate-, Source-, Drain- und Substratanschlüsse der MOS-Bauelemente bezeichnen

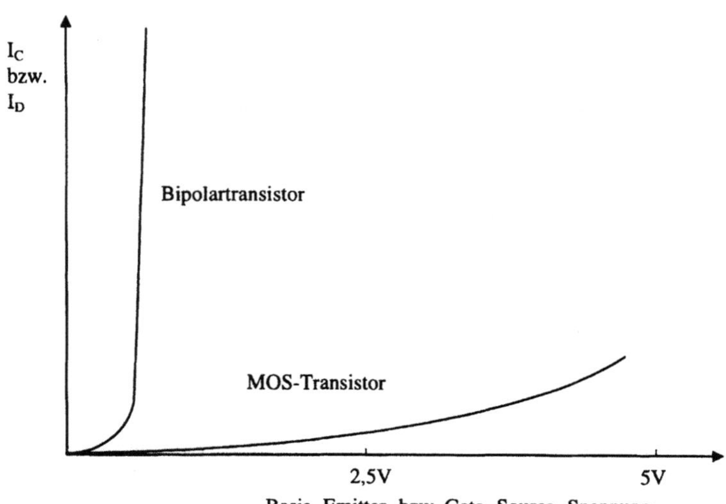

Bild 2-3. Transistorkennlinien von Bipolar- und MOS-Transistoren im Vergleich. Die Kennlinie des Bipolartransistors ist eine Exponentialfunktion, während der Ausgangsstrom des MOS-Transistors eine parabelförmige Abhängigkeit von der Steuerspannung aufweist (nach [4])

zeigt schematisch die Transistorkennlinien für Bipolar- und MOS-Transistoren im Vergleich. Je nach verwendetem Transistortyp spricht man von *Bipolar-* oder *CMOS-Schaltungen* bzw. von der *Bipolar-* oder *CMOS-(Herstell-)Technologie*. Neben den Transistoren können in beiden Technologien weitere Funktionselemente wie Dioden, Widerstände und Kapazitäten monolithisch integriert werden. Die physikalische Realisierung dieser Komponenten hängt allerdings von den Herstellschritten der Transistoren ab, so daß gewisse Abstriche in bezug auf Genauigkeit und mögliche Kenngrößen in Kauf genommen werden müssen.

Der Bipolartransistor (engl. *junction transistor*) besteht aus zwei Übergängen, einem pn- und einem np-Übergang (Abb. 2.4) in so enger Nachbarschaft, daß der Vorwärtsstrom in einem Übergang den Strom im zweiten Übergang vorgibt (*Transistoreffekt*). Der bipolare Transistor bestimmte die Halbleiterschaltungstechnik in den Anfangsjahrzehnten der Mikroelektronik. Für die Integrationstechnik stehen zwei bipolare Transistortypen, der npn- und pnp-Typ zur Verfügung, wobei der Halbleiterfertigungsprozeß auf einen Transistortyp, meist den vertikalen npn-Transistor optimiert ist.

In MOS-Schaltungen werden statt bipolarer Transistoren Feldeffekttransistoren verwendet. Hier steuert die Spannung zwischen Gate- und Source-Anschluß den Strom, der durch die Drainelektrode fließt. Es gibt verschiedene Typen von Feldeffekttransistoren. Für integrierte Schaltungen sind insbesondere die n- und p-Kanal-Anreicherungstypen (NMOS- und PMOS-Transistoren) wichtig.

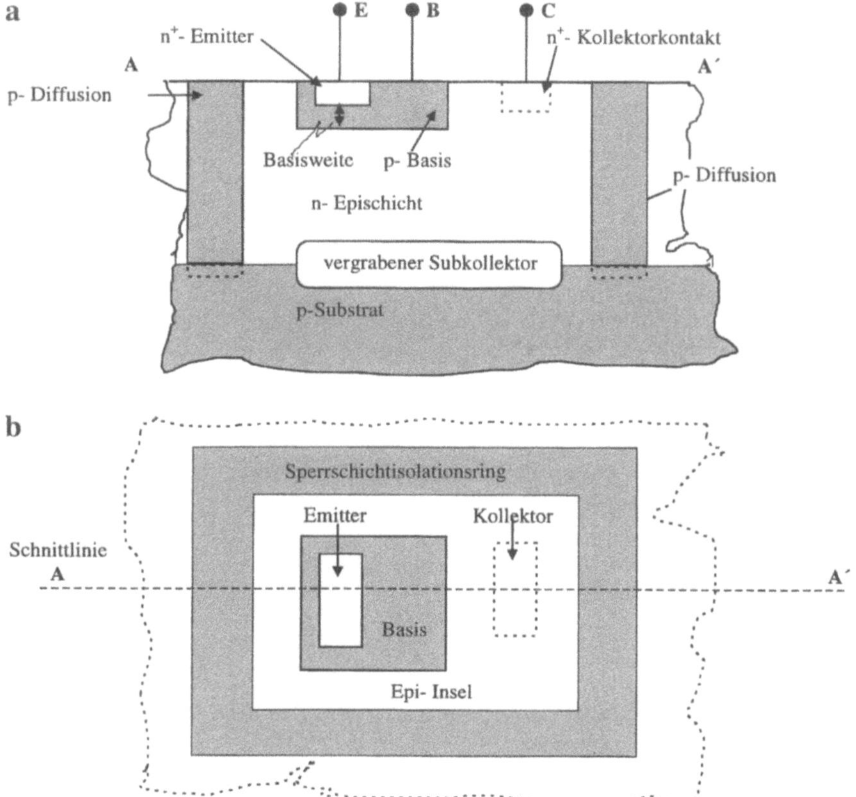

Bild 2-4. Ausschnitt aus einer Bipolarschaltung (npn-Transistor) in Schnitt (**a**) und Aufsicht (**b**). Der tief eindiffundierte p-Ring isoliert bei Sperrpolung das Bauelement gegen die anderen Transistoren auf dem gemeinsamen Substrat. Durch den Ring entsteht eine „Epi-Insel". Die hochdotierte vergrabene Subkollektorschicht reduziert den Kollektorbahnwiderstand des relativ schwach dotierten epitaktischen n-leitenden Siliziums. Die Basisweite bestimmt dabei die Stromverstärkung des Transistors

Der MOS-Transistor ist ein Oberflächenbauelement (Abb. 2.5) während bei bipolaren Transistoren die steuernden Elemente pn-Übergänge innerhalb des Halbleiterkristalls sind. Bei MOS-Transistoren können über elektrische Felder leitfähige Kanäle dicht unter der Grenzfläche zwischen Substrat und einer dielektrischen Oberflächenschicht hervorgerufen werden. Die Felder werden mit Spannungen zwischen der isolierten Gateelektrode und dem Sourceanschluß erzeugt. Für die notwendigen hohen Feldstärken sind dünne Dielektrika erforderlich. Da sich dünne Schichten mit hohen Durchbruchsfeldstärken technologisch schwerer beherrschen lassen als pn-Übergänge im Halbleitervolumen, konnten integrierte MOS-Schaltkreise erst viel später als bipolare ICs in großen Stückzahlen gefertigt werden.

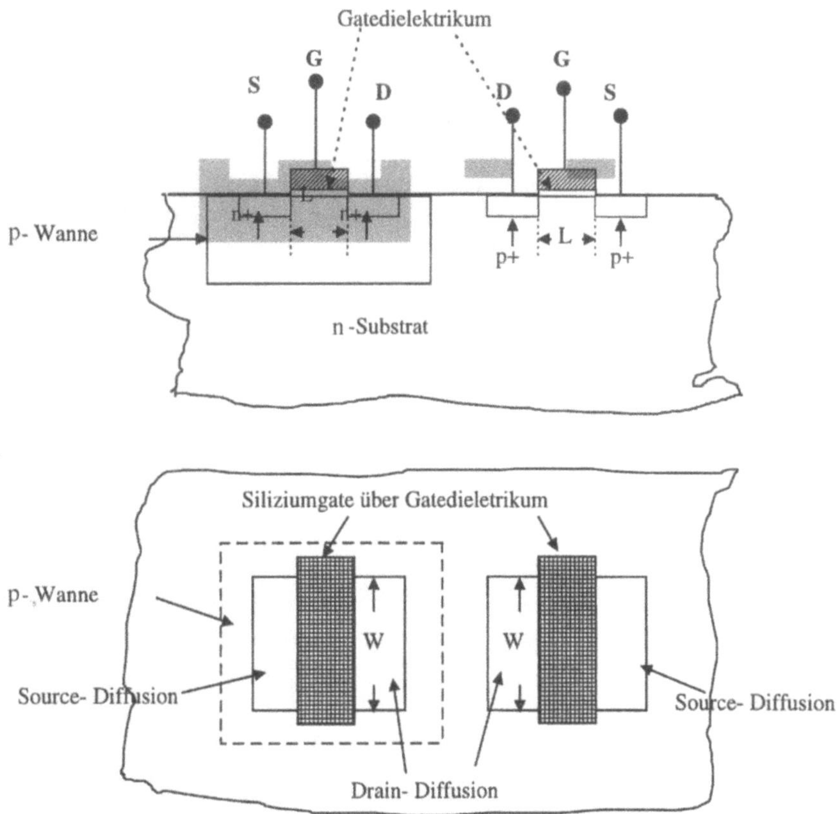

Bild 2-5. Schnitt und Aufsicht eines NMOS- (links) und eines PMOS-Transistors (rechts) in einer p-Wannen CMOS-Technologie. „S", „G" und „D" sind die Anschlüsse der Source-, Gate- und Drainbereiche der Transistoren. Die p-Wanne liegt auf positivem Versorgungspotential, das n-leitende Substrat ist mit der Masse verbunden. Die wichtigsten geometrischen Kenndaten von MOS-Transistoren sind die Kanalweite „W" und die Kanallänge„L"

Vergleich von Bipolar- und MOS-Transistoren

Wie Abb. 2.3 zeigt, haben Bipolartransistoren verglichen mit MOS-Bauelementen eine wesentlich größere Steilheit. Mit kleinen Spannungsveränderungen an der Basis-Emitterdiode lassen sich deshalb verhältnismäßig große Kollektorströme an- und abschalten. Bipolarschaltkreise eignen sich deshalb besser als MOS-ICs für Schaltungen mit großen Ausgangsleistungen. Aufgrund der kleinen Spannungshübe, die in Bipolarschaltungen für Schaltvorgänge nötig sind, werden auch nur geringe Ladungsmengen beim Umschalten bewegt. Deshalb arbeiten bipolare Schaltkreise mit höheren Taktraten als MOS-Schaltungen, bei denen für Schaltvorgänge die Eingangspegel der Transistoren zwischen Masse- und Versorgungspotential wechseln müssen.

Bipolarschaltkreise sind deshalb besonders für Schnellstlogik- und Analoganwendungen geeignet. Mit Bipolarschaltungen können außerdem höhere Spannungen verarbeitet werden als mit MOS-Transistoren, denn die Spannungsfestigkeit der Bipolartransistoren wird von den Durchbruchspannungen von pn-Übergängen bestimmt und nicht von dünnen dielektrischen Schichten. Die maximal zulässigen Sperrspannungen zwischen Kollektor- und Emitter liegen bei integrierten Bipolartransistoren typischerweise im Bereich 20 Volt. Die Basis-Kollektor-Sperrspannungen sind etwa um den Faktor Drei höher. Auch von den Herstellkosten her bieten Bipolar-ICs Vorteile. Die Zahl der Maskenebenen, das Maß für die Prozeßkomplexität, ist bei Bipolarprozessen fast um den Faktor Zwei kleiner als bei CMOS-Technologien.

Der wesentliche Nachteil von Bipolartransistoren ist der relativ kleine Eingangswiderstand dieser Bauelemente. Bei MOS-Transistoren ist die Steuerelektrode hingegen über das Gatedielektrikum rein kapazitiv mit Source- und Drainanschluß gekoppelt. Deshalb ist der Leistungsverbrauch von Bipolarschaltungen deutlich größer als der vergleichbarer MOS-Schaltkreise, und die höhere Wärmeentwicklung in Bipolar-ICs begrenzt den Integrationsgrad. Ein weiterer Nachteil von Bipolartransistoren ist der Zusatzaufwand für die elektrische Isolation der verschiedenen Bipolartransistoren innerhalb eines ICs. Ohne den Sperrschichtisolationsring in Abb. 2.2 wären beispielsweise die Kollektoren aller in der Schaltung vorhandenen Bipolartransistoren elektrisch verbunden. Die Packungsdichte in Bipolar-ICs erreicht daher nicht den Integrationsgrad, der bei der MOS-Technologie möglich ist.

Der wichtigste Vorteil von MOS-Schaltungen liegt im geringeren Flächenbedarf für eine gegebene logische Funktion. MOS-Transistoren sind ungefähr um den Faktor 10 kleiner als Bipolartransistoren, weil die Bauelemente u.a. nicht gesondert durch Sperrschichten gegeneinander isoliert werden müssen. Feldeffekttransistoren werden außerdem nicht durch Ströme, sondern durch Spannungen gesteuert. Die damit verbundenen geringeren Steuerleistungen ermöglichen zusammen mit der kompakten Bauweise die Integration komplexer Schaltungen die bipolar nicht monolitisch ausgeführt werden können.

Der Integrationsgrad bei MOS-Schaltkreisen läßt sich durch den Übergang zu CMOS-Technologien (CMOS: *Complementary MOS*) weiter steigern. Mit diesem Herstellverfahren können sowohl NMOS- als auch PMOS-Transistoren auf einem gemeinsamen Substart integriert werden. Weil NMOS- und PMOS-Transistoren bei komplementären Logikpegeln schalten, läßt sich die statische Verlustleistung in logischen Gattern dadurch minimieren, daß man diese aus Reihenschaltungen von p- und n-Kanal-Transistoren aufbaut. Abbildung 2.6 zeigt als Beispiel ein CMOS-NAND-Gatter.

Liegen an einem CMOS-Gatter statische logische Eingangspegel an, dann können nur Sperrströme im Nanoampere-Bereich durch die vorhandenen pn-Übergänge fließen. Verlustleistung entsteht nur bei dynamischen Schaltvorgängen. Da bei jedem Taktzyklus nicht jedes Gatter schaltet, sind hohe Taktraten möglich, ohne daß es Probleme mit der Wärmeabfuhr im Gehäuse gibt. Deshalb ist die CMOS-Technik heute die meist benutzte Integrationstechnologie. Weit

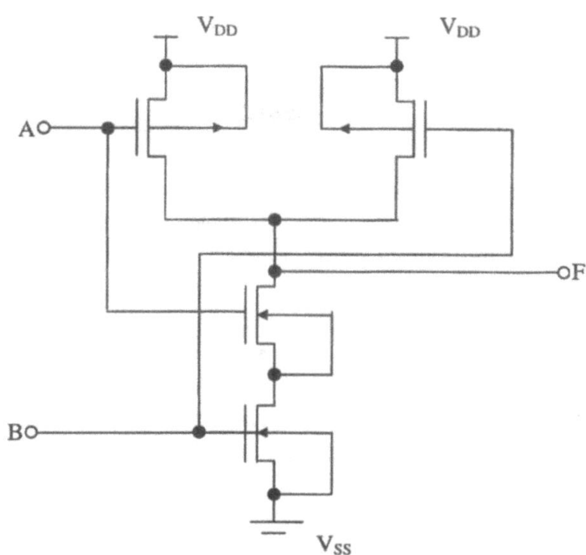

Bild 2-6. Zweifache Nicht-Und-Verknüpfung (NAND-Gatter) in CMOS-Technik. Die logischen Zustände „0" und „1" werden im Schaltkreis durch das Masse- bzw. das Versorgungs-potential (V_{SS} bzw. V_{DD}) dargestellt. Die logische Funktion F = A·B kommt dadurch zustande, daß NMOS- und PMOS-Transistoren nur dann eingeschaltet sind, wenn die logische „1" bzw. die logische „0" am Gate anliegt

über 70% aller gefertigten ICs sind heute CMOS-Schaltkreise [5]. Rechnet man noch den Anteil der NMOS-ICs hinzu, dann deckt die MOS-Technologie einen Anteil von fast 90% des Marktes für Halbleiterbauelemente ab.

Da CMOS-Schaltkreise in so großen Stückzahlen hergestellt werden, spielt die im Vergleich zur Bipolartechnik höheren Prozeßkomplexität keine große Rolle und trotz der 12 oder mehr Maskenebenen bleiben CMOS-Prozesse kostengünstig. Der Entwurf von CMOS-Schaltungen ist außerdem viel einfacher als der von Bipolarschaltungen, denn die Kennwerte von MOS-Transistoren hängen bei gegebener Technologie nur von zwei geometrischen Größen (Kanalweite und Kanallänge) ab, während bei bipolaren Transistoren zahlreiche Details des Transistoraufbaus eine wichtige Rolle spielen. Die im Vergleich zu bipolaren Bauelementen schlechteren Transistoreigenschaften von MOS-Bauelemente können durch spezielle Schaltungstechniken weitgehend kompensiert werden.

Wichtige Weiterentwicklungen der CMOS-Technologie sind BiCMOS- oder BCD-Prozesse, mit denen Bipolar-Transistoren mit MOS-Transistoren bzw. bipolare, MOS- und DMOS[2)]-Transistoren auf einem gemeinsamen Substrat kombiniert werden können. Mit diesen Mischtechnologien lassen sich die Vorteile der unterschiedlichen Transistortypen innerhalb einer Schaltung nutzen und sowohl die analogen als auch die digitalen Leistungsdaten der Schaltung wesentlich verbessern. So wurden die ersten Generationen des Pentium-Prozessors von Intel in einer 0,8-μm-BiCMOS-Technik gefertigt. Die Taktfrequenzen dieser Mi-

---

2 DMOS-Transistoren (Diffused MOS) sind MOS- Leistungstransistoren, die aufgrund spezieller Fertigungsverfahren besonders hohe Stromdichten und Spannungen verarbeiten können. Die betreffenden Kenndaten übertreffen dabei sogar die Werte von speziellen Bipolarprozessen.

kroprozessoren liegen heute bei aufgrund von weiter reduzierten Strukturbreiten bei 300 MHz!

Der Erfolg der Mischtechnologien wird aber durch den erhöhten Fertigungsaufwand gebremst. Die Maskenzahl liegt bei 18–20 Maskenebenen, und folglich sind BiCMOS-Schaltungen bei gleicher Chipfläche etwa 30% teurer als CMOS-ICs. Laut VEENDRICK [5] lag 1992 der Marktanteil von BiCMOS-Schaltkreisen erst bei etwa 5%. Da aber mittlerweile auch Standard-Mikroprozessoren in dieser Technologie gefertigt werden, dürfte sich der Marktanteil beträchtlich erhöht haben.

Welche der beschriebenen Halbleitertechnologien für ein bestimmtes ASIC-Projekt geeignet ist, hängt von den Einsatzbedingungen und den Leistungsmerkmalen ab, die in der IC-Spezifikation festgelegt sind. Wichtige Kenngrößen sind beispielsweise die elektrischen Belastungen an den IC-Eingängen, die zulässige Verlustleistung, die notwendige Signalverarbeitungsgeschwindigkeit oder der Umfang der zu integrierenden Funktion. Da CMOS-Prozesse heute die Standardtechnologie sind, wird man versuchen, die spezifizierten Funktionen mit einem CMOS-VLSI-Prozeß darzustellen. Analoge Präzisionsschaltungen oder Schaltungen für hohe Spannungen und Ströme werden aber nach wie vor mit Bipolar-Prozessen oder, wenn technisch und kommerziell möglich, mit Mischprozessen realisiert.

2.3.2
Realisierungstechniken für ASICs

Realisierungstechniken sind Methoden, mit denen eine Schaltung in Fertigungsvorgaben für den Halbleiterhersteller umgesetzt wird. Als Fertigungsvorgabe des integrierten Schaltkreises dient das sog. *Maskenlayout*, eine geometrische Beschreibung der Schaltung. Das Maskenlayout definiert die Strukturen auf den sog. *Lithografie-Masken*, deren Zahl vom Prozeß abhängt, wobei jede Maske die für einen Prozeßschritt notwendigen geometrischen Vorgaben enthält. Diese Masken werden erst beim Halbleiterhersteller angefertigt. Die Maskeninformationen für ein ASIC werden dem Halbleiterhersteller vom ASIC-Entwickler in elektronischer Form auf einem Datenträger als *Masken-* oder *IC-Layout* übergeben. Das Layout stellt eine komplette geometrische Beschreibung des integrierten Schaltkreises dar und ist das Ergebnis eines ASIC-Entwurfs.

Jedes IC, sei es noch so komplex, hat prinzipiell den gleichen Aufbau. Ein kleines Plättchen des einkristallinen Halbleitermaterials liefert den dünnen monokristalline Oberflächenbereich, in dem Tausende von Transistoren mit fast identischen elektronischen Eigenschaften definiert und mit Metallbahnen elektrisch verbunden sind. Nur diese spezifische Verschaltung und die notwendige Anzahl von Transistoren unterscheidet beispielsweise einen Mikroprozessor von einem Telefonkarten-IC.

Die Ähnlichkeit im Aufbau führt dazu, daß mit einer Technologie – sofern gewisse *Entwurfsregeln* eingehalten werden – unterschiedliche Schaltungen (Speicher, Mikroprozessoren, Operationsverstärker etc.) realisiert werden können, ohne daß dazu Prozeßschritte angepaßt werden müßten. Nur deshalb kann der Schaltungsentwurf klar von der IC-Herstellung getrennt und bei ASIC-Entwicklungen sogar zum Anwender verlagert werden. Das Maskenlayout dient dabei als Schnittstelle zwischen Entwerfer und Halbleiterhersteller.

Es gibt im wesentlichen zwei Realisierungstechniken, mit denen das IC-Layout erzeugt werden kann:
- den Entwurf auf Transistorebene (vollkundenspezifischer oder *Full-Custom-Entwurfsstil*),
- und den zellbasierten Entwurfsstil, der einen Baukasten mit fertigen Funktionszellen benutzt (halbkundenspezifischer oder *Semi-Custom-Designstil*).

Der von Zellen ausgehende Entwurfsstil kann nochmals in die Makrozell-, Standardzell- und die Gate-Array-Technik aufgegliedert werden. Die verschiedenen Realisierungstechniken nutzen die Möglichkeiten der jeweiligen Herstelltechnologie unterschiedlich stark und unterscheiden sich dementsprechend im Entwicklungsaufwand.

2.3.2.1
Vollkundenspezifischer Entwurf

Beim *Vollkundenentwurf* wird die Schaltung genau auf die Spezifikationsanforderungen zugeschnitten, in dem jeder Funktionsblock auf Transistorebene entwickelt und an die aktuellen Anforderungen angepaßt wird. Der Entwurfsaufwand ist hier sehr hoch. Vollkundenspezifisch entworfene integrierte Schaltungen erreichen aber höchste Datendurchsatzraten oder zeichnen sich durch genaueste Analogfunktionen sowie besonders niedrige Verlustleistungen aus.

Die Full-Custom-Technik nutzt außerdem die Chipfläche sehr gut aus, da das Layout von jedem Block neu erstellt wird und die kleinen Grundeinheiten (Einzeltransistoren) kompakt angeordnet werden können. Abbildung 2.7 zeigt als Beispiel für die hohe Packungsdichte einen Funktionsblock aus einem vollkundenspezifisch entworfenen statischen Schreib/Lese-Speicher (SRAM). Diese flächensparende Entwurfsmethode ist deshalb besonders für Schaltungen mit hohen Stückzahlen geeignet (> 100 000 ICs pro Jahr). Hier sind die flächenabhängigen Herstellkosten der bestimmende Faktor, und der hohe Entwicklungsaufwand spielt eine untergeordnete Rolle.

Die benötigten Herstellerinformationen für einen Vollkundenentwurf sind die geometrischen Entwurfsregeln für den gewählten Halbleiterprozeß und die zugehörigen elektrischen Parameter zur analogen Simulation auf Bauelementebene.

2.3.2.2
Halbkundenspezifischer oder Semi-Custom-Entwurf

Der Kosten- und Zeitaufwand für einen ASIC-Entwurf läßt sich durch den Semi-Custom-Entwurfsstil senken. Diese Realisierungstechnik verwendet statt Tran-

Bild 2-7. Ausschnitt aus dem Layout des Speicherzellenfeldes eines SRAMs

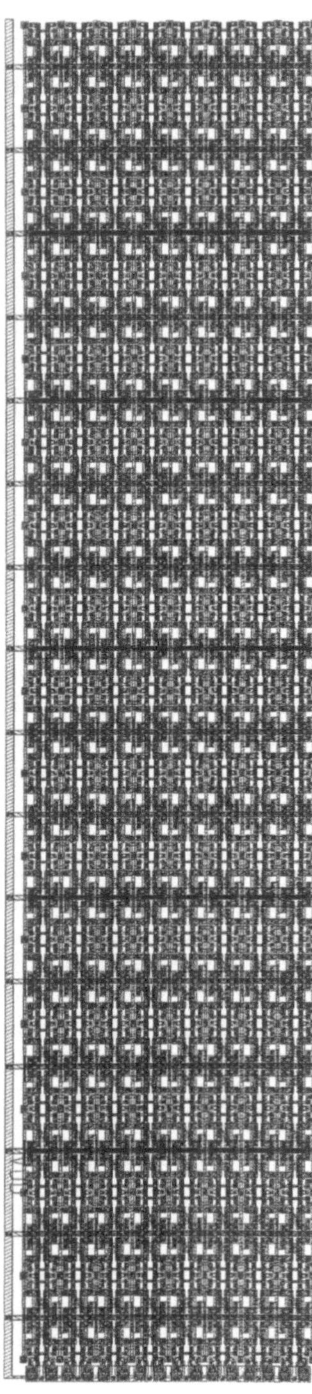

sistoren größere Grundeinheiten („Zellen"), die bereits aus mehreren verschalteten Transistoren bestehen.

Man unterscheidet *Makrozellenentwürfe,* bei denen die Grundeinheiten stark unterschiedliche Größen aufweisen und bereits komplexe Funktionen darstellen, z. B. einen Analog-Digital-Umsetzer, einen Festwertspeicher oder ein Rechenwerk und *Standardzellenentwürfe,* bei denen die Layoutabmessungen der Zellen im einfachsten Fall eine genormte Höhe bei variabler Breite aufweisen. Die Standardzellen sind in ihrer Funktion weitgehend an die Standardschaltkreisfamilien angepaßt (z. B. TTL-7400-Serie) oder führen relativ einfache analoge Funktionen aus, wie Pegelvergleiche oder Signalverstärkungen (s.a. Kap. 6). Makrozellen werden heute auch als *Intellectual Property* (IP) (des Hableiterherstellers) bezeichnet. Diese Namensgebung trägt der Tatsache Rechnung, daß solche Zellen nicht unbedingt in Layoutform vorliegen müssen. Eine synthetisierbare Beschreibung genügt, um diese Strukturen während des Entwurfsprozesses aus Standardzellen aufzubauen. Wichtige IP-Zellen sind beispielsweise Mikroprozessorkerne mit Standardarchitekturen, wie etwa HC11 oder 8051.

Die Schaltungsentwicklung reduziert sich bei der Semi-Custom-Technik auf die Schaltplanerstellung. Die Layouterzeugung erfolgt automatisiert durch Rechnerunterstützung, indem die Zellen mit bestimmten Algorithmen plaziert (*Placement*) und anschließend verdrahtet (*Routing*) werden. Zur Vereinfachung der automatischen Layouterstellung werden die Standardzellen nach Peripheriezellen und analogen sowie digitalen Kernzellen sortiert. Die Layouts der einzelnen Standardzellentypen sind dabei so aufgebaut, daß die Versorgungsleitungen der Zellen bereits beim bloßen Nebeneinandersetzen überlappen. Werden die Zellen dann in (parallelen) Reihen plaziert, so wird selbsttätig die Spannungsversorgung hergestellt. Zur Verbindung der Ein- und Ausgänge der Kernzellen läßt man zwischen den Reihen Verdrahtungskanäle frei, in denen beim Routing die Signalleitungen verlegt werden. Die Peripheriezellen werden am Rand des ICs plaziert und enthalten neben Schutz-, und Eingangs- oder Ausgangsschaltungen, die sog. *Bondingpads* (engl. für Anschlußstellen). Über diese Padstrukturen werden die Anschlußstifte am IC-Gehäuse mit der integrierten Schaltung verbunden. Abbildung 2.8 zeigt ein Chipfoto eines gemischt analogdigitalen Schaltkreises, der sowohl aus Makro- als auch aus Standardzellen aufgebaut ist.

Die Zellen für einen Makro- oder Standardzellenentwurf werden vom Halbleiterhersteller in der jeweiligen Technologie (Bipolar, CMOS, BiCMOS) zur Verfügung gestellt. Diese Bibliotheken enthalten neben dem Zellayout auch Simulationsparameter, mit denen das dynamische Verhalten der Zellen erfaßt werden kann. Da nur ausgetestete Zellen benutzt werden können, ist die Entwurfssicherheit bei der Semi-Custom-Methode höher als bei Vollkundenentwürfen. Wie beim Full-Custom-Entwurf sind aber alle Lithografie-Masken des verwendeten Halbleiterprozesses schaltungsspezifisch und müssen zur Produktion von Prototypen neu erstellt werden (Kosten ca. 50 000,- DM).

Semi-Custom-Schaltungen erreichen aber nicht die Packungsdichte und damit die günstigen Herstellkosten von Full-Custom-Layouts, denn die Transisto-

Bild 2-8. Chipfoto eines zellenbasierten ASICs, das aus analogen und digitalen Standardzellen, sowie aus Makrozellen zusammengestzt wurde

ren in den einzelnen Zellen müssen aufgrund der Standardisierung im Layout
und der nicht bekannten Ausgangsbelastungen mit hinreichender Treiberstärke
ausgelegt werden. Die Transistoren und damit die Zellen sind deshalb im Vergleich zu Full-Custom-Entwürfen überdimensioniert. Während die Vollkunden-
technik die Entwurfsmethode für Großserien ist, rechnen sich Semi-Custom-
Entwicklungen aufgrund des geringeren Entwurfsaufwands bei mittleren Stückzahlen (10 000 bis 100 000 ASICs pro Jahr).

2.3.2.3
Gate-Arrays

Bei den *Gate-Arrays* geht die Standardisierung noch weiter als bei der Semi-Custom-Technik. Bei Gate-Arrays benutzt man bis auf die Verdrahtungsebenen
vorgefertigte Anordnungen von MOS-Transistoren (*Master-Arrays, array*, engl.
das Feld), die kundenspezifisch verbunden werden können. Die anwendungsspezifische Verschaltung erfolgt später über die Metall- und Kontaktlagen. Auch
hier stehen Zellenbibliotheken zur Verfügung, die wie die Grundelemente der
Standardzellenentwurfstechnik zu einem Schaltplan zusammengesetzt und simuliert werden können. Das zugehörige Layout für die Verdrahtungsebenen
(meist drei Metallagen) und die Kontaktlagen wird mit Plazierungs- und Verdrahtungsalgorithmen erzeugt, die an die Gate-Array-Technik angepaßt sind.

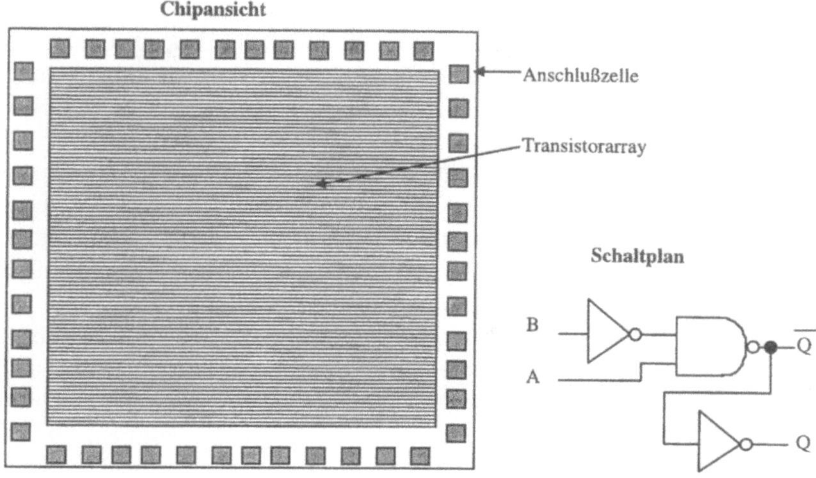

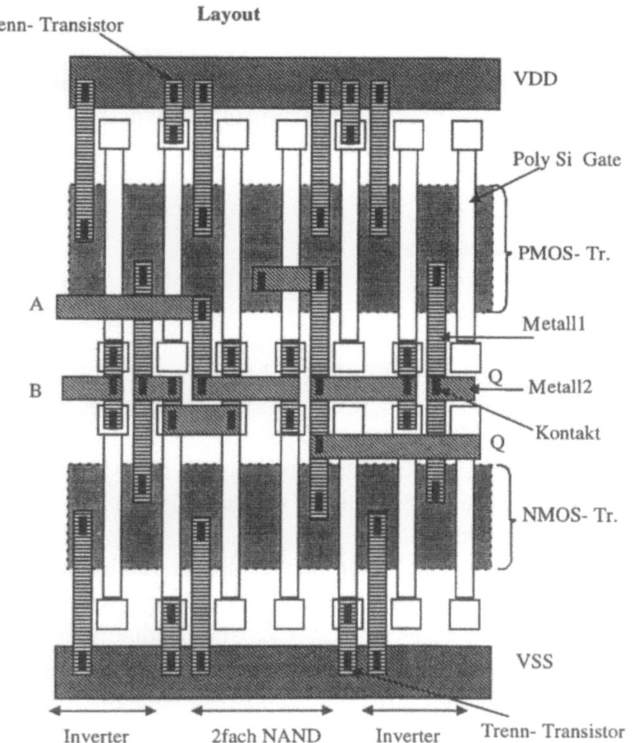

Bild 2-9. Chipansicht eines Master-Arrays und Layout-Ausschnitt aus der verdrahteten Version eines sog. *Sea of Gates* Gate-Arrays. Der zugehörige Schaltplan ist oben links gezeigt. Trenn-Transistoren (NMOS-Tr. mit Gate auf V_{SS}, bzw. PMOS-Tr. mit Gate auf V_{DD}) isolieren benachbarte Diffusionsgebiete

Die feste Anzahl der auf einem Master-Array vorhandenen Bauelemente begrenzt allerdings die Komplexität der Schaltung, und die feste Dimensionierung der Transistoren erlaubt im Prinzip nur digitale Bibliothekselemente. Um einfache Analogfunktionen zu realisieren, enthalten die heute gebräuchlichen Arrays einige spezielle, fest plazierte Analogzellen, wie einfache Operationsverstärker oder Oszillatorschaltungen.

Die Entwurfsgrundlagen (Zellbibliothek und Simulationsparameter) werden vom Gate-Array-Hersteller zur Verfügung gestellt. Die Layoutdarstellung der einzelnen Zellen bestehen nur aus Verdrahtungs- und Kontaktstrukturen, die die im festen Raster plazierten Transistoren geeignet verbinden. Abbildung 2.9 zeigt die entsprechende Verdrahtung.

Da der gesamte Herstellprozeß von Gate-Array-Chips bis auf wenige Maskenebenen (Metall- und Kontaktlagen) standardisiert ist, liegen die Masken- und Fabrikationskosten von Gate-Arrays deutlich unterhalb von Semi- oder Full-Custom-ASICs. Da die Master-Arrays vorfabriziert werden können, sind Prototypen nach Abgabe des Designs viel schneller verfügbar, denn anders als bei den anderen beiden Entwurfstechniken sind nicht alle Prozeßmaskenebenen zur Fertigstellung von Mustern zu durchlaufen. Die starre Anordnung der Transistoren in den Master-Arrays behindert allerdings die Layouterstellung, und deshalb benötigen Gate-Arrays eine um den Faktor 2 bis 3 größere Chipfläche als Standardzellenschaltkreise. Gate-Array-Realisierungen sind deshalb nur bei kleineren Stückzahlen (bis zu 20000 ASICs pro Jahr) interessant.

2.3.3
Das integrationsgerechte Schaltungskonzept

Das am Anfang des Entwurfsprozesses zu erarbeitende Schaltungskonzept entscheidet neben kommerziellen Gesichtspunkten, welche Entwurfsmethode und welche Halbleitertechnologie bei einem ASIC-Projekt in Frage kommen.

Im Prinzip lassen sich alle Funktionen, für die Standardschaltkreise auf dem Markt erhältlich sind, auch integrieren. Werden nur digitale Logikgatter in einem ASIC zusammengefaßt, dann ist die Integration im Prinzip eine einfache direkte 1:1-Umsetzung der diskreten Schaltung, und es können alle Realisierungstechniken verwendet werden.

Sobald aber analoge Funktionen hinzukommen, ist die direkte Umsetzung einer existierenden Hardwarerealisierung bei gemischt analog-digitalen Systemen fast nie möglich, denn die Komponenten, die als Standardbauteile zur Verfügung stehen, sind in unterschiedlichsten Technologien gefertigt, während bei einer Integration nur *eine Technologie* auf einem *gemeinsamen Substrat* zur Verfügung steht.

Als Konsequenz zeigen die auf einem Chip integrierten analogen Komponenten im Vergleich zu diskreten Bauelementen meist höhere Ungenauigkeiten. Dies erscheint auf den ersten Blick unverständlich, denn die Herstellverfahren bei analogen Standard-ICs und ASICs unterscheiden sich prinzipiell nicht. Bei Standardschaltungen kann man aber am Ende des Produktionszyklus bestimm-

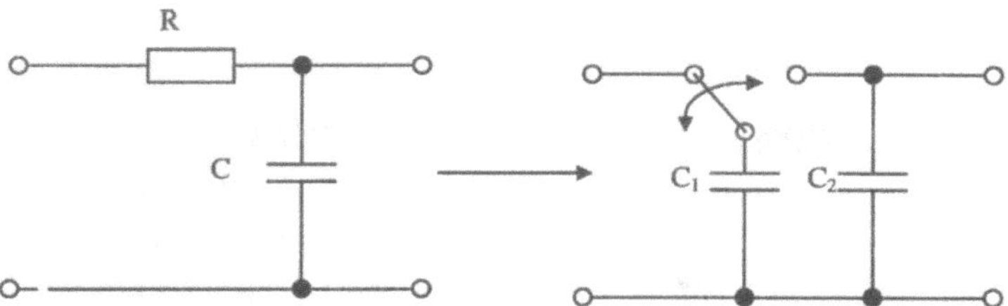

Bild 2-10. Tiefpaß mit Zeitkonstante t = RC und SC-Filter mit Zeitkonstante t = (fosz)$^{-1}$ (C$_2$/C$_1$). „fosz" ist die Frequenz, mit der der Schalter zwischen den beiden Kondensatoren hin- und herschaltet. Der Schalter kann durch zwei komplementäre MOS-Transistoren realisiert werden, die mit zeitlich nicht überlappenden Taktsignalen angesteuert werden

te Schaltungskomponenten abgleichen (Lasertrimming) oder die Bauelemente im Hinblick auf bestimmte Kennwerte beim elektrischen Endtest in der Halbleiterfabrik selektieren. Meistens scheiden solche Methoden zur Einengung der Herstelltoleranzen bei der ASIC-Herstellung aus Kostengründen aus. Aufgrund der geringeren ASIC-Stückzahlen rechnet sich die Einrichtung automatisierter Abgleichverfahren nicht. Es lohnt sich außerdem nicht, wegen Ungenauigkeiten einer einzigen Analogfunktion – mit vielleicht nur 20 Transistoren – ein komplettes ASIC mit 100 000 Transistoren beim Endtest auszusondern.

Schaltungen, die im diskreten Aufbau Präzisionskomponenten beinhalten, sind deshalb bei der Integration durch Konzepte zu ersetzen, die weniger sensitiv auf Schwankungen der Prozeßparameter reagieren. Häufig enthalten solche integrationsgerechten Schaltungskonzepte allerdings mehr Bauelemente als die diskrete Lösung. Da bei ASICs aber mühelos 1000 und mehr Transistoren pro mm² Silizium untergebracht werden können, fällt dieser Zusatzaufwand nicht weiter ins Gewicht.

Ein Beispiel für die Darstellung von analogen Funktionen in integrierte Schaltungen sind die in diskreten Schaltkreisen gebräuchlichen RC-Filter. Hier wird die sog. Switched Capacitor-Technik verwendet, bei denen schlecht integrierbare ohmsche Widerstände durch getaktete Kondensatoren ersetzt werden (Abb. 2.10). Die Zeitkonstanten des Filters hängen dann nur von der Taktfrequenz und bestimmten Kapazitätsverhältnissen ab. Diese Verhältnisse lassen sich sehr genau einstellen, denn zwei Kondensatoren auf einem Chip werden aufgrund der identischen Herstellung viel kleinere relative Abweichungen zeigen, als zwei diskrete Bauelemente aus unterschiedlichen Fertigungschargen. Die Genauigkeit der integrierten Lösung kann daher beim geeigneten Integrationskonzept sogar die Präzision der diskreten Lösung übertreffen.

Führen intergrationsgerechte Schaltungstechniken nicht zum Erfolg, dann sind unverzichtbare Präzisionskomponenten notfalls außerhalb des ASICs mit Standardbauelementen zu realisieren.

2.3.4
Optimale Realisierungstechniken

In der Regel stehen zur Darstellung einer festen Funktion mehrere Designvarianten zur Verfügung. Aus Kostengründen wird bei ASIC-Entwicklungen die Variante gesucht, die unter Erfüllung aller technischer und terminlicher Randbedingungen auf den niedrigsten Stückpreis führt. Bei der Berechnung des Stückpreises eines ASICs sind zu den reinen Herstellkosten die anteiligen Entwicklungskosten pro Stück zu addieren.

Während die IC-Herstellkosten von der Chipfläche bestimmt werden, die für die anwendungsspezifische Funktion benötigt wird, hängen die Entwicklungskosten stark von der gewählten Realisierungstechnik ab. In der Regel sinkt dabei mit steigendem Entwurfsaufwand die Chipfläche. So lassen sich Gate-Arrays preiswert entwickeln, sind aber großflächig und daher im Stückpreis ungünstig. Durch aufwendigere Entwurfsmethoden, wie etwa einen vollkundenspezifischen Entwurf, können drastische Verkleinerungen in der Chipfläche und damit drastische Reduktionen des Teilepreises erzielt werden. Die Entwicklungskosten steigen dabei aber überproportional. Beim Einsatz von ASICs gilt es also den optimalen Kompromiß zwischen den konkurrierenden Kriterien Chipfläche und Entwurfsaufwand zu finden und die an die Stückzahl angepaßte Realisierungstechnik zu verwenden.

Besonders attraktiv ist der ASIC-Einsatz selbstverständlich immer dann, wenn der Baustein einen großen Bedarf abdeckt. Dies kann durch hohe Gerätestückzahlen erreicht werden oder durch mehrere Einsatzmöglichkeiten des neuen Bausteins in verschiedenen Systemen. Solche Mehrfachnutzungen können ggf. durch den Einbau programmierbarer Strukturen in den Schaltkreis ermöglicht werden, mit denen das ASIC an die jeweilige Anwendung angepaßt werden kann. Dies kann mit Hilfe unterschiedlicher Schaltungsoptionen realisiert werden, die durch Programmiereingänge angewählt werden. Echte Flexibilität mit Einsatzmöglichkeiten in unterschiedlichsten Systemen bieten aber im Prinzip nur Mikroprozessoren oder rekonfigurierbare Logikbausteine, deren Vor- und Nachteile bereits in Abschn. 2.2.1 und 2.2.2.3 diskutiert wurden.

2.4
IC-Gehäuse und Aufbautechnik

Wie bereits erwähnt, haben die IC-Gehäuse einen wesentlichen Einfluß auf den ASIC-Preis und bestimmen über die Wärmeleitfähigkeit des Gehäusematerials die tolerierbare Verlustleistung, die auf dem Chip entsteht. Gehäuse schützen außerdem die empfindlichen Halbleiterplättchen vor schädlichen Umwelteinflüssen, wie Feuchte, Lichteinfall oder mechanischer Beanspruchung. Über die Gehäusemontage werden auch die Strukturbreiten der Halbleitertechnologie (Mikrometerbereich) an die gröbere Leiterplattentechnologie (Millimeterbereich) angepaßt. Die physikalischen Eigenschaften der Gehäuse beeinflussen nachhaltig das elektrische Verhalten integrierter Schaltkreise, und bei kleineren

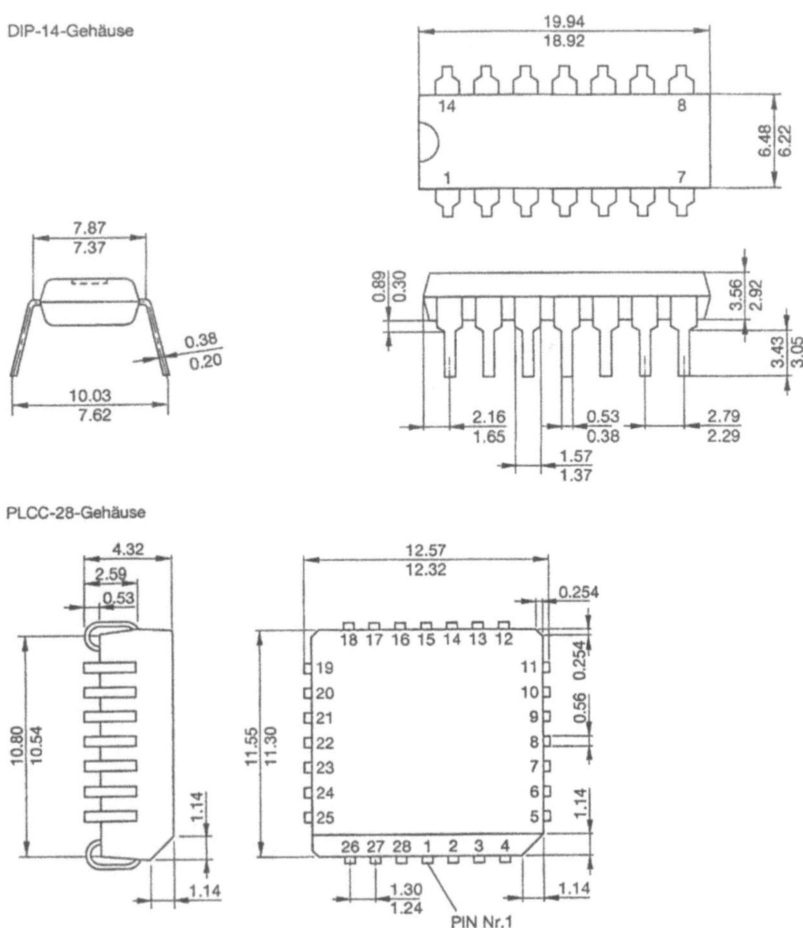

Bild 2-11. Gehäusezeichnungen für ein DIL-Gehäuse (*Dual In Line*) aus Plastik (DIP-14) mit 14 Pins für ein PLCC-Gehäuse (*Plastic Leaded Chip Carrier*) mit 28 Kontakten in J-Form (PLCC-28) Abmessungen in mm (aus [6])

Chips kostet die Verkapselung mehr als die Herstellung der Strukturen auf dem Siliziumsubstrat.

Charakteristisch für einen bestimmten Gehäusetyp ist die Zahl der Anschlußstifte (*Pins*) sowie deren Form und Anordnung am Gehäuse. Diese nach außen führenden Kontakte sind über dünne Metalldrähte mit den Bondpads des Chips im Gehäuse verbunden und ermöglichen den elektrischen Zugang zum integrierten Schaltkreis. Abbildung 2.11 zeigt Zeichnungen eines DIL- und eines PLCC-Gehäuses.

Wurden früher IC-Gehäuse als passive Behältnisse für integrierte Schaltungen angesehen, so zeigen diese Überlegungen, daß die Montage- und Gehäusetechnik entscheidend in Kosten und Leistungsdaten von elektronischen Systemen eingehen. Die ASIC-Gehäuse bestimmen weiterhin entscheidend Größe und Beschaffenheit der Leiterplatte, die für den Aufbau der Gesamtelektronik benötigt wird. Günstig sind kleine Platinen mit wenigen metallisch leitfähigen Schichten und einer geringen Zahl von Durchkontaktierungen. Diese Ziele lassen sich durch Hochintegration der elektronischen Funktionen in möglichst wenige ASICs erreichen. Diese komplexen ASICs haben dann aber meist viele Anschlüsse. Dies bedingt den Einsatz moderner und teurer Gehäusetypen, die wiederum nur auf qualitativ hochwertigen (und damit teuren) Leiterplattenträgermaterialien verarbeitet werden können. Bei der Systempartitionierung ist deshalb die Gehäusewahl für die zu entwickelnden ASICs ein wichtiger Gesichtspunkt. Es kann durchaus kostengünstiger sein, weniger Funktionen in ASICs zu integrieren, wenn dadurch preiswertere Gehäuse verwendet werden können und der so erzielte Kostenvorteil den Kostenaufwand für Zusatzschaltungen auf der Platine übertrifft.

Der Aufwand für den Platinenentwurf hängt stark von der Verteilung der Signale und Spannungen auf die verschiedenen Gehäuseanschlüsse der ASICs ab. Die Signale können beim ASIC-Entwurf zwar nicht vollständig wahlfrei auf die Gehäuseanschlüsse verteilt werden, eine systemorientierte Zuordnung der Signale auf die Gehäusepins kann aber die Entflechtung der Leiterplatte deutlich vereinfachen und ggf. Durchkontaktierungen und Metallagen bei der Leiterplatte einsparen. Bei Gate-Arrays ist man bei der Verwendung der Anschlüsse für Signale und Versorgungen viel stärker eingeschränkt als bei Semi-Custom- und Full-Custom-ICs.

Das dominierende Gehäusematerial ist Kunststoff. Die früher wichtigen hermetischen, aber teuren Keramikgehäuse spielen aus Kostengründen heute kaum noch eine Rolle. Plastikgehäuse bestehen aus einem Metallträger mit ausgestanzten Anschlußkontakten, auf den der Chip geklebt wird. Nach dem Kontaktieren der Bondpads wird die Anordnung mit Plastikmasse umpreßt. Danach werden die Kontaktpins rechtwinklig abgebogen und die Gehäuseanschlüsse verzinnt.

Die verschiedenen IC-Gehäusetypen können in bedrahtete Gehäuse für die Steckmontage und in Gehäuse für die Oberflächenmontage (SMD, *Surface Mount Devices*) eingeteilt werden [6]. Das DIL-Gehäuse in Abb. 2.11 ist ein bedrahtetes Gehäuse, während das PLCC-Gehäuse zu den oberflächenmontierbaren Typen gehört.

Steckmontierbare Gehäuse haben relativ lange Pins und werden wie Einzeltransistoren in metallisierte Kontaktbohrungen der Leiterplatten eingelötet. Die ICs befinden sich nach der Montage auf der nicht metallbeschichteten Rückseite der Platine. Die Lötverbindungen zwischen den Bauelementen und den Leitbahnen der Platine werden in einem Lötbad erzeugt. Die wichtigsten Gehäuse sind die DIL-Gehäuse, bei denen die Anschlüsse in zwei Pinreihen an gegenüberliegenden Seiten des Gehäuses herausgeführt sind und rechtwinklig nach unten zeigen. DIL-Gehäuse können in Plastik oder Keramik ausgeführt sein (DIP- bzw. CERDIL-Gehäuse). Bei DIL-Gehäusen wird ein Raster zwischen den Pins von

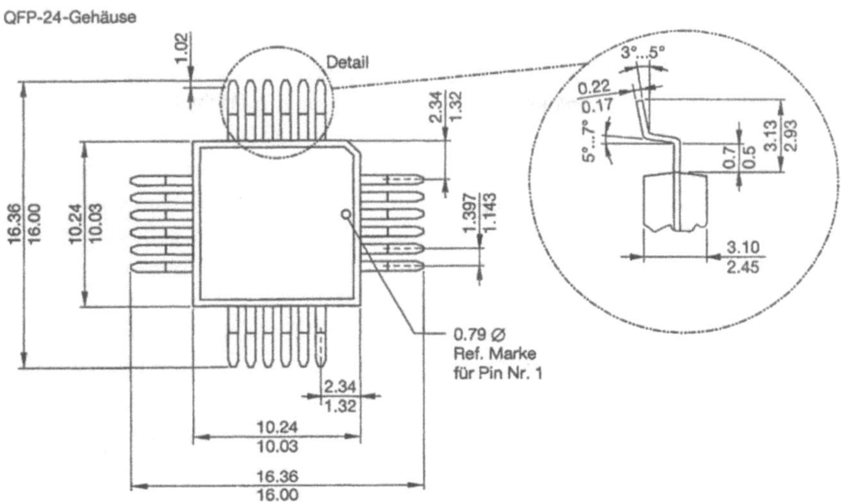

Bild 2-12. Gehäusezeichnung für ein Quad Flat Pack Gehäuse mit 24 Pins (QFP-24), Abmessungen in mm (aus [6])

1/10 Zoll = 2,54 mm eingehalten. Da die Größe von DIL-Gehäusen linear mit der Pinzahl ansteigt, ist die Anschlußzahl hier auf maximal 64 Pins beschränkt.

Oberflächenmontierbare Gehäuse können ohne Lötbad verlötet werden und lassen sich deshalb direkt auf die metallisierte Oberfläche der geätzten Leiterplatte setzen. Die Pins bei SMD-Gehäusen sind wesentlich kürzer als bei steckmontierbaren Bauformen und in geringerem Abstand am Gehäuse angeordnet. Dies reduziert die induktive Belastung der IC-Anschlüsse und ermöglicht sehr kleine Gehäuseabmessungen. Der Lötprozeß bei SM-Bauelementen basiert auf einem Aufschmelzvorgang (*Reflow*-Löten, *reflow*, engl. aufschmelzen), bei dem an den Kontaktstellen aufgebrachte Lötpaste thermisch verflüssigt wird.

Die wichtigsten SMD-Gehäusetypen sind die *Chipcarrier* (engl. für Chipträger) wie das abgebildete PLCC-Gehäuse und die sog. Flachgehäuse (engl. *flat packs*). Das Rastermaß für die Pins ist gegenüber den bedrahteten Gehäusen auf 1,27 mm halbiert.

Chipcarrier-Gehäuse sind in Kunststoff oder Keramik erhältlich. Hier liegen die Anschlüsse an allen vier Gehäuseseiten, wobei die Anschlüsse als gebogene Kontaktstifte (*leaded*, engl. „mit Anschlußdrähten") ausgeführt sein können oder als vergoldete Kontaktflächen vorliegen (*leadless*, engl. „ohne Anschlußdrähte"). Bei der Form mit Kontaktflächen besteht das Gehäuse aus Keramik (CCC, Ceramic Chip Carrier). Die Chipcarrier mit Kontaktstiften gibt es in Keramik- und Plastikausführung (CLCC- bzw. PLCC-Gehäuse). Typische Pinzahlen bei den Chipcarrier-Gehäusen sind 28, 44 oder 68 Pins.

Flachgehäuse sind nur in Plastik erhältlich. Der Grundriß (Abb. 2.12) ist rechteckig. Die Pins können an vier oder an zwei Seiten herausgeführt sein. Die

erste Form wird als *Quad-Flat-Pack* oder QFP-Gehäuse bezeichnet, die zweite
Bauform als SO-Gehäuse (SO: *Small Outline*, engl. für feines Anschlußraster).
Die Gehäuseanschlüsse sind bei den QFP-Gehäusen meist L-förmig nach unten
und dann nach außen abgebogen. Da alle vier Seiten von QFP-Gehäusen für Pins
genutzt werden, gibt es QFP-Gehäuse mit hohen Pinzahlen. Selbst 100 Pins können bei relativ kleinen Gehäusedimensionen realisiert werden. Bei den SO-Ge-
häusen gibt es Varianten, bei denen die Pins in Form des Buchstaben „J" (engl.
jay (J)-bended) gebogen sind, also am Ende nicht nach außen, sondern nach in-
nen gerichtet sind. Diese Biegeform gestattet bei der Leiterplattenmontage neben dem Auflöten auch den Einsatz von Steckfassungen.

Bei SMD-Gehäusen können beide Seiten einer Platine mit Bauelementen be-
stückt werden. Da keine komplette Durchkontaktierung für einen IC-Anschluß
nötig ist, vereinfacht sich der Entwurf von Mehrlagenplatinen. Durch die kleinen Gehäuse bei der Oberflächenmontage wird die Packungsdichte auf der Platine erhöht. Kompakte Geräte aus der Unterhaltungselektronik und der Tele-
kommunikation, wie Camcorder und Mobiltelefon, wären ohne SM-Technik
nicht zu realisieren. Insgesamt sinken durch den Einsatz von SMD-Komponen-
ten die Herstellkosten für Platinen, denn Bauteilbestückung und Lötprozeß können weitgehend automatisiert werden.

Welche Gehäuse für einen ASIC-Entwurf zur Verfügung stehen, hängt von der
Gehäusepalette des Halbleiterherstellers ab. Meist delegieren die Hersteller die
Chipverkapselung an Subkontraktoren, die in der Regel in Asien beheimatet
sind. Diese Verpackungshäuser akzeptieren in der Regel nur Aufträge für große
Serien, denn die Maschinen müssen für jedes IC-Design neu eingestellt werden.
Bei Prototypenherstellung und Kleinserienproduktion werden Keramikgehäuse
bevorzugt. Diese Gehäuse können unbestückt bezogen werden. Das Einsetzen
und elektrische Verbinden von Pins und Pads (Bonden) erfolgt in Handarbeit.
Im Rahmen des EUROPRACTICE-Programms stehen Keramik-DIL-Gehäuse,
CLCC- und sog. PGA-Gehäuse zur Verfügung. Die Verpackungskosten pro IC in
Kleinserie liegen je nach Pinzahl zwischen 30,- und 300,- DM pro Stück.

2.5
Übungsaufgaben

2.1 Sie erhalten die Aufgabe, eine digitale Schaltung auf möglichst kleiner Pla-
tinenfläche zu realisieren. Es werden nur 25 Platinen gefertigt. Welchen integrierten Schaltungstyp verwenden Sie?

2.2 Welche Vor- und Nachteile haben Mikroprozessorschaltungen?

2.3 Wo liegen die Einsatzgebiete von MOS- und Bipolarschaltungen?

2.4 Nennen Sie die wichtigsten Gehäusetypen. Welche Gehäuse sind für besonders viele IC-Anschlüsse (hoher Pincount) geeignet?

2.5 Was versteht man unter „konkurrierenden Kriterien"? Nennen Sie Beispiele
aus dem Bereich der Elektronikentwicklung!

2.6 Beschreiben Sie die besonderen Herausforderungen beim Entwurf von integrierten Analogschaltungen!

2.7 Was versteht man unter einem „Gate-Array"?

2.8 Vergleichen Sie den Entwurfsaufwand sowie die Möglichkeiten und Risiken von Semi- und Full-Custom-ASICs!

2.9 Nennen Sie die wichtigsten Vorteile und Herausforderungen, die der Einsatz von ASICs mit sich bringt!

2.10 Kennzeichnen Sie in der untenstehenden Skizze den Leitungstyp des Substrats sowie der Source- und Drain-Diffusion für einen NMOS-Transistor. Tragen Sie die Kanallänge L und die Kanalweite W ein!

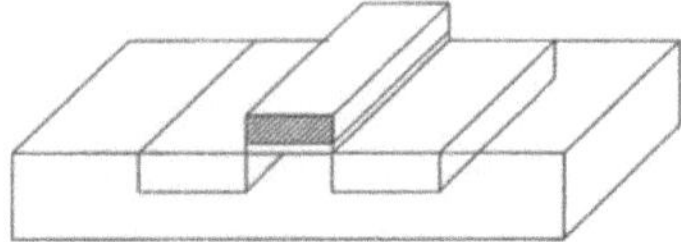

Literatur

[1] W. Große Bley: *Industrielle Produktentwicklung: Ingenieurkunst oder Geschäftsprozeß*. Physikalische Blätter 53 (1997) 11, S. 1127–1129

[2] N. H. Weste und K. Eshraghian: *Principles of CMOS VLSI Design*. A Systems Perspective. 2nd Ed. Reading Massachusetts: Addison Wesley 1993

[3] S. M. Trimberger (Hrsg.): *Field Programmable Gate Array Technology*. Boston, Dordrecht, London: Kluwer Academic Publishers 1994

[4] H. Klar: *Integrierte Digitale Schaltungen MOS/BiCMOS*. Berlin, Heidelberg, New York: Springer-Verlag 1993

[5] H. J. M. Veendrick: *MOS ICs From Basics to Asics*. Weinheim: VCH 1992

[6] B. Hoppe: *Mikrolelektronik 2*. Würzburg: Vogel-Verlag 1997

3 Der ASIC-Entwurfsprozeß

Ziel des ASIC-Entwurfs ist es, eine bestimmte Funktion in eine integrierte Schaltung umzusetzen und das Maskenlayout bereitzustellen, das ein Halbleiterhersteller für die physikalische Realisierung des Schaltkreises benötigt. Der ASIC-Entwurfsprozeß ist rechnergestützt und gliedert sich in vier Schritte: *Spezifikation der Schaltungsfunktionen*, *Schaltplanerstellung (Schematic[1] Entry)*, *Layouterstellung* und *Testprogrammentwicklung*. In diesem Kapitel werden die Methoden bei einer ASIC-Entwicklung vorgestellt, die auf Hierarchien und der Komplementarität von Sichtweisen beruhen. Für die Entwurfsschritte werden Simulationsprogramme, Geometrieeditoren und andere CAE-Werkzeuge benutzt. Das Akronym CAE steht für *Computer Aided Engineering* (engl. für Rechnergestützte Entwicklung).

Abschnitt 3.1 dieses Kapitels stellt Hierarchien und Sichtweisen zur Gliederung des Entwurfsprozesses vor. In Abschn. 3.2 wird der Aufbau einer ASIC-Spezifikation diskutiert. Methoden zur rechnergestützten ASIC-Entwicklung, wie Simulation, Layouterstellung und -verifikation, behandelt Abschn. 3.3. Die Übergabe der Entwurfsunterlagen an den Halbleiterhersteller wird in Abschn. 3.4 besprochen. Die Testprogrammentwicklung, die Untersuchungsverfahren für Prototypen und die standardisierten Abläufe bei der Bewertung der zu erwartenden Bauelementzuverlässigkeit sind die Themen der Abschn. 3.5 bis 3.7.

3.1
Hierarchien und Sichtweisen

Die Entwurfsschritte können als Beschreibungen des ASICs aus verschiedenen Blickwinkeln aufgefaßt werden: Die *Spezifikation* charakterisiert das *Verhalten* des ASICs. Der *Schaltplan* wiederum beschreibt seine *Struktur* mit vernetzten elektronischen Komponenten, die das spezifizierte Verhalten implementieren. Das *Layout* ist der in geometrische Figuren umgesetzte Schaltplan.

Die verschiedenen Beschreibungsformen der Schaltung (Spezifikation, Schaltplan und Layout), die direkt mit dem Entwurf des ASICs zu tun haben, werden nach GAJSKY und KUHN [1] auch als *die drei Sichtweisen* bezeichnet.

---

1   Schematic, engl. der Schaltplan

Man unterscheidet die *Verhaltenssicht* (dargestellt durch die Spezifikation), die *Schaltungsstruktursicht* (dargestellt durch die Schematic) und die *geometrische bzw. die topologische Sicht* (dargestellt durch das Layout).

Da in Fertigungsprozessen für integrierte Schaltungen gelegentlich Fehler auftreten, müssen ASICs am Ende der Fertigung getestet werden. Diese Tests werden vom *Testprogramm* vorgegeben. Da nur der Schaltungsentwickler das interne elektrische Verhalten des integrierten Schaltkreises kennt, muß dieser auch die Testvorschriften bereitstellen. Daher gehört auch das Testprogramm zu den Fertigungsunterlagen für ein ASIC.

Da die Umsetzung eines ASIC-Entwurfs aus der Spezifikation eine komplexe Aufgabe darstellt und deshalb meist nicht in einem Schritt möglich ist, werden *Hierarchien* zur Verbesserung der Übersichtlichkeit eingeführt. Hierarchieebenen gliedern die Entwurfsaufgabe vertikal, genau wie die drei komplementären Sichtweisen eine horizontale Strukturierung ergeben.

In einem hierarchischen Ordnungschema nimmt der Abstraktionsgrad von Hierarchiestufe zu Hierarchiestufe ab. Wird der Schaltungsentwurf auf der höchsten Hierarchiestufe (Systemebene) begonnen, handelt es sich um eine *„Top-Down-Entwicklung"* mit einer „zergliedernden Hierarchie". Die Strukturen, Spezifikationen und Geometrien werden dabei schrittweise in Subfunktionen, Substrukturen und Untergeometrien zerlegt, bis man auf der Schaltkreisebene bei logischen Verknüpfungen, Transistorschaltungen und Zellen-Layouts angekommen ist.

Von den drei Sichtweisen und den unterschiedlichen Hierarchieebenen ist letztlich nur das *Maskenlayout,* die geometrische Beschreibung der Schaltung auf Bauelementebene, relevant. Durch systematische Ausnutzung der Redundanz einer sowohl hierarchisch als auch nach Sichtweisen gegliederten Schaltungsbeschreibung wird aber eine systematische Entwurfsmethodik erreicht. Verwendet man auf jeder Ebene isomorphe, d. h. gleichgestaltige Beschreibungen des ICs in jeder Sichtweise, dann können diese Beschreibungen besonders leicht untereinander auf Konsistenz geprüft werden. Wird der ASIC-Entwurf zusätzlich in jeder Sichtweise auf Rechnern simuliert, dann erhöht sich die Entwurfssicherheit weiter, denn wenn die Simulationsergebnisse für jede Sicht übereinstimmen, ist die Umsetzung der Spezifikation in ein Layout fehlerfrei.

Mit dieser verzahnten Designstrategie lassen sich bereits in der Frühphase des Entwurfs Designfehler lokalisieren, die sonst erst viel später nach der Fertigung von teuren ASIC-Prototypen durch zeitaufwendiges Vermessen gefunden werden könnten. Die Komplexität einer ASIC-Entwicklung wird dadurch besser beherrschbar, und teure Nachbesserungen (*Redesigns*) können vermieden werden.

Damit die entstehende Schaltungshierarchie weder zu fein noch zu grobgliedrig wird, ist es zweckmäßig, sich bei Zahl und Abstraktionsgrad der einzuführenden Hierarchieebenen an gewisse Standards zu halten. Nach GAJSKY und KUHN [1] werden folgende Hierarchieebenen beim IC-Entwurf unterschieden:
- *Systemebene* oder *Architekturebene*: Hier werden die Schaltungen durch Prozessoren, Datenspeicher, Eingabe-Ausgabeeinheiten, Bussysteme und Verbindungsnetze beschrieben.

- *Algorithmische Ebene*: Typische Elemente dieser Ebene sind Algorithmen oder Register-Transferoperationen. Strukturell werden die Schaltungen durch Registerblöcke, Dekodierschaltungen, Zähler usw. sowie durch Verbindungsnetze beschrieben. Die Geometrien der Schaltung werden auf dieser Ebene durch den *Floorplan* dargestellt, der eine grobe Verteilung der Layoutstrukturen der einzelnen Funktionsblöcke auf die Chipfläche vornimmt.
- *Logikebene*: Hier sind die Elemente logische Verknüpfungen (UND-, ODER-Gatter usw.), die durch Boolesche Gleichungen beschrieben und durch plazierte und verdrahtete Standardzellen im Layout dargestellt werden.
- *Schaltkreisebene*: Die elementaren Objekte auf der Schaltkreisebene sind Transistoren und andere Baulemente, die durch Polygone in verschiedenen Maskenebenen geometrisch repräsentiert werden. Kennlinien und Computermodelle beschreiben diese Strukturen.

Tabelle 3.1 zeigt in einer Übersicht die verschiedenen Hierarchieebenen zusammen mit der Realisierung in den verschiedenen Beschreibungsformen.

Die unterschiedlichen Sichtweisen auf einer gegebenen Hierachieebene lassen sich auf jede Komponente des betracheten Schaltkreises anwenden. So kann eine Multiplexerschaltung beispielsweise auf der Logikebene in der Verhaltensicht durch eine Wahrheitstabelle, in der Struktursicht als Schaltung aus Booleschen Gattern und in der Geometriesicht als Anordnung von entsprechenden Standardzellen dargestellt werden.

Die Mentor-Graphics-V8-Entwurfssoftware, die später detailliert behandelt wird, nutzt dieses Konzept und verwendet sog. *Viewpoints* (engl. für Sichtweisen), um die Entwurfsdaten eines ASICs während des Designs für Applikationsprogramme wie Simulatoren und Synthesewerkzeuge aufzubereiten. Für alle Arbeitsschritte (Schaltplanerstellung, Layout, Simulation, Testprogrammerstellung) während eines ASIC-Entwurfs wird eine gemeinsame Entwurfsdatenbasis verwendet, die über *Viewpoints* an die aktuelle Applikation angepaßt wird. Dies sichert die Datenkonsistenz und vereinfacht den Datenaustausch zwischen den verschiedenen Entwurfswerkzeugen.

Tabelle 3-1. *Entwurfsebenen* und *Sichten* bei der ASIC-Entwicklung [2, 3]

| Ebene | Sicht | | |
	Verhalten	Struktur	Geometrie
System/Architektur	Leistungsanforderung	Prozessoren, Speicher, Busse	Systempartitionierung
Register-Transfer	Algorithmen	Register und Funktionseinheiten	Floorplan
Logikebene	Boolesche Gleichungen	Flip-Flops und Gatter	plazierte Zellen
Schaltkreisebene	Strom-Spannungs-Kennlinien	Transistoren, Kondensatoren, Widerstände	Transistor- und Bauelementgeometrien

3.2
ASIC-Spezifikation: Datenblätter und Blockschaltbilder

Die traditionelle Grundlage jeder ASIC-Entwicklung ist die textliche Spezifikation der gewünschten Funktionen und Eigenschaften des zu entwickelnden Bausteins. Diese auch als IC-Lastenheft bezeichnete Unterlage beschreibt die Pinbelegung und die Gehäuseabmessungen sowie das statische und dynamische elektrische Verhalten des Bausteins. Wichtige elektrische Größen, die in der Spezifikation festgelegt werden müssen, sind u. a. das Zeitverhalten der Eingangs- und Ausgangssignale (Haltezeiten, Signallaufzeiten), die Oszillatorfrequenz sowie die Versorgungsspannung und Stromaufnahme des Bausteins.

Die ASIC-Spezifikation sichert die Kohärenz der Gesamtentwicklung der Elektronik, in der ein ASIC nur eines von vielen Bauteilen ist. Bei Einhaltung der Vorgaben des Lastenheftes bleiben die Funktionen des ICs auf das System abgestimmt, und es wird gewährleistet, daß bei zeitlich paralleler Entwicklung von ASICs und Leiterplatten am Ende eine funktionierende Gesamtschaltung entsteht.

Die ASIC-Spezifikation wird aber nicht nur als Entwicklungsvorgabe für die IC-Entwicklung genutzt, sondern dient später nach Entwicklungsabschluß als Datenblatt und zur Dokumentation von Änderungsvorgängen, wie etwa Schaltungskorrekturen (*Redesign*), Modifikationen des Testprogramms oder Änderungen der Herstelltechnologie.

Man kann ein Lastenheft mit allen für den Schaltungsanwender relevanten Daten festlegen, ohne daß bereits eine bestimmte schaltungstechnische Realisierung der Funktionen vorliegen muß (Black-Box-Beschreibung). Der detaillierte innere Aufbau des ICs entsteht erst im Laufe des Entwicklungsprozesses. Um Unsicherheiten beim Entwicklungsergebnis auszuschließen, werden heute meist auch alle internen Funktionen des ASICs soweit wie möglich bereits in der Spezifikation genau definiert und häufig mit einer Hardware-Beschreibungssprache (HDL, *Hardware Description Language*) fixiert. HDL-basierte Beschreibungen ermöglichen eine Computersimulation der Schaltungsspezifikation (*Executable Specification*). Solche Simulationen können außer zu Konsistenz- und Vollständigkeitsprüfungen auch zu Tests des Verhaltens des ASICs im elektronischen Gesamtsystem genutzt werden.

Eine weit verbreitete Hardware-Beschreibungssprache ist VHDL (*<u>V</u>ery <u>H</u>igh Speed Integrated Circuit <u>H</u>ardware <u>D</u>escription <u>L</u>anguage*). VHDL [4] wurde als IEEE-Standard 1076 (IEEE ist die amerikanische Elektroingenieursvereinigung) eingeführt [5]. Diese algorithmische Sprache ähnelt den Programmiersprachen PASCAL oder C (s. a. Abschn. 7.1.2.1). Mit VHDL kann das Verhalten sowie die Struktur digitaler Schaltungen von der System- bis zur Gatterebene beschrieben werden. Die Beschreibungsebenen und -sichten der verschiedenen Blöcke innerhalb einer Schaltung sind beliebig misch- und austauschbar.

Der Aufbau eines ASIC-Datenblatts

Wird eine ASIC-Spezifikation in natürlicher Sprache erstellt, sind gewisse Konventionen einzuhalten, die sicherstellen, daß alle notwendigen Informationen für die eigentliche IC-Entwicklung bereitstehen. Die vollständige Spezifikation eines ASICs gliedert sich üblicherweise in folgende Kapitel:

- *Kurzbeschreibung*: Hier wird der Name für den Chip festgelegt. Dieser besteht meist aus einer Buchstaben- oder Zahlenkombination, die sich aus der ASIC-Funktion ableitet,z. B. SR1K für einen Speicherbaustein mit 1 kbit Speicherkapazität. Die Funktion des ICs wird kurz erklärt, Besonderheiten der Schaltung werden herausgestellt. Häufig erscheint bereits in der Kurzbeschreibung ein schematisches Blockschaltbild, das die IC-Funktion verdeutlicht.
- *Pinbelegung*: Dieser Abschnitt definiert die Anordnung und Belegung der Gehäuseanschlüsse (Pins). Eine Tabelle (Pinliste) beschreibt kurz jeden Pin des IC-Gehäuses: Eingang oder Ausgang (digital, analog, tristate), Spannungsversorgung, Testpin usw.
- *Blockschaltbild*: Hier wird der interne Aufbau des ICs mit verschalteten Funktionsblöcken grafisch dargestellt.
- *Gehäuse-Abmessungen und Kennzeichnungen*: Eine Konstruktionszeichnung definiert alle geometrischen Abmessungen des Gehäuses und die Positionen der Gehäusepins. Kennzeichnungen (*Marking*) sind aufgedruckte Informationen über den Baustein, die sich an der Gehäuseoberfläche befinden. Neben der IC-Bezeichnung werden Herstelldatum, Herstellort, Logo des Halbleiterherstellers und technische Daten vermerkt, aus denen Rückschlüsse auf den verwendeten Maskensatz gezogen werden können.
- *Betriebsbedingungen*: Hier wird der Temperatur- und Spannungsbereich angegeben, in dem das IC alle Spezifikationen erfüllen soll. Je nach Zuverlässigkeitsanforderungen werden bestimmte standardisierte Temperaturintervalle vorgegeben: *Automotive* (-40° bis 125° C), *Industrial* (-40° bis 85° C) und *Consumer* (0° bis 70° C).
- *Grenzwerte (Absolute Maximum Ratings)*: Integrierte Schaltungen können im Betrieb kurzeitig unvermeidlichen thermischen oder elektrischen Überlastungen ausgesetzt sein, die nicht zur Zerstörung des ICs führen dürfen. Unter Grenzbedingungen zeigen ICs meist nicht die spezifizierte Funktion, allerdings müssen die Bausteine, sobald wieder die im Datenblatt festgelegten Betriebsbedingungen vorliegen, korrekt funktionieren. Grenzwerte beeinflussen die Technologieauswahl und die Realisierungstechnik.
- *Kennwerte (Recommended Operating Conditions)*: Dieses Kapitel enthält die wesentlichen Informationen über das Verhalten eines ASICs im Normalbetrieb und beschreibt die elektrischen Schnittstellen zu peripheren Schaltungen. Es gliedert sich in die Abschnitte *statische Kennwerte* und *dynamische Kennwerte*.
  Die *statischen Kennwerte (DC Operating Conditions)* geben Spannungspegel, Sättigungs- und Restströme, Schaltschwellen sowie Eingangs- und Ausgangskapazitäten an. Außerdem werden Betriebsspannungen, Leistungsaufnahme

Tabelle 3-2. Spezifikationsauszug: Statische Kennwerte einer Eingangschaltung mit Hysterese und CMOS-Pegeln

Parameter	Min	Max	Einheit	Bedingung
V_{LH}	2,6	3,7	V	$V_{DD} = 5V$
V_{HL}	1,3	2,1	V	$V_{DD} = 5V$

Tabelle 3-3. Spezifikationsauszug: Dynamische Kennwerte einer Eingangschaltung mit CMOS-Pegeln

Parameter	Min	Max	Einheit	Bedingung
t_R	2	5	ns	$V_{DD} = 5V, C_L = 1pF$
t_F	3	7	ns	$V_{DD} = 5V, C_L = 1pF$

und der Betriebstemperaturbereich spezifiziert. Jeder Spezifikationswert ist dabei mit den erlaubten Toleranzen (Min- und Max-Wert) und einer genauen Meßbedingung anzugeben. Ein typisches Beispiel für statische Kennwerte zeigt Tabelle 3.2. Hier ist eine CMOS-Eingangsschaltung mit Hysterese (Schmitt-Trigger) spezifiziert. V_{LH} ist die Schwelle beim Übergang von niedrigen zu hohen Pegeln, V_{HL} ist die Schwelle beim umgekehrten Signalverlauf. V_{DD} gibt als Meßbedingung den relevanten Versorgungsspannungwert an, denn V_{LH} und V_{HL} hängen von der Versorgungsspannung ab.

- *Dynamische Kennwerte (AC Operating Conditions)*: Hier wird das Zeitverhalten des ASICs unter Betriebsbedingungen beschrieben. Typische dynamische Kennwerte sind Set-Up und Hold-Zeiten, die an den Eingangspins eingehalten werden müssen, Mindestpulsbreiten, maximal zulässige Taktfrequenzen, Signallaufzeiten von Eingangs- zu Ausgangspins oder zeitliche Relationen zwischen bestimmten Eingangs- und Ausgangssignalen. Häufig werden diese Zusammenhänge auch grafisch dargestellt. Ein Beispiel sind die Spezifikationen in Tabelle 3.3 für die Anstiegs- und Abfallzeiten t_R und t_F am Datenausgang einer CMOS-Digitalschaltung, die kapazitiv mit einem Picofarad (pF) belastet wird.

- *Funktionsbeschreibung*: In diesem Abschnitt finden sich – neben einer detaillierten (anwenderorientierten) Funktionsbeschreibung – Hinweise für die Verwendung des Bausteins sowie Informationen über technische Besonderheiten des ASICs.

- *Applikationsschaltbild*: Dabei handelt es sich um Schaltungsvorschläge und Anwendungsbeispiele, die den Einsatz des ASICs in neuen Schaltungen erleichtern.

- *Änderungsvorgänge*: Da die IC-Spezifikation auch zu Dokumentationszwecken genutzt wird, werden in diesem Abschnitt der Spezifikation Änderungen am Lastenheft oder am IC während der Serienproduktion festgehalten. Dabei kann es sich um verschärfte oder abgeschwächte Kennwerte, Änderungen der Herstelltechnologie, des Gehäuses oder der IC-Beschriftung handeln.

3.3
Rechnergestützte ASIC-Entwicklung

Die Umsetzung der Spezifikation in das Maskenlayout für die ASIC-Herstellung erfolgt zweistufig: Zunächst wird aus der Spezifikation ein Schaltplan erstellt (*Schematic*). Das Verhalten dieser strukturellen Beschreibung wird per *Simulation* mit der Spezifikation abgeglichen. Aus der Schematic wird dann die Layoutdarstellung gewonnen, wobei die Übereinstimmung der Geometriebeschreibung mit dem Schaltplan durch Rückübersetzung (*Extraktion*) des Layouts in eine Schematic wiederum simulativ überprüft wird. Abbildung 3.1 zeigt dieses Verfahren als Flußdiagramm.

3.3.1
Strukturelle Beschreibung der Schaltung durch Schaltpläne

Ein Schaltplan zeigt grafisch die Funktionselemente (*Komponenten*) des ASICs und deren elektrische Verbindungen. Jede Komponente hat Verbindungspunkte (*Ports*) zum Kontaktieren anderer Komponenten. Die Verbindungsleitungen werden *Netze* genannt. Netze sind entweder Einzelleitungen oder Busse mit fester Bitbreite. Ein Netz verbindet zwei oder mehrere Verbindungspunkte von Komponenten. Bei den Komponenten kann es sich je nach Hierarchieebene um einfache Gatter, komplexe Makrozellen oder auch nur um einzelne Transistoren handeln. Abbildung 3.2 zeigt ein Beispiel für einen hierarchischen Schaltplan. Die einfachsten, nicht mehr weiter auflösbaren Komponenten in einem Schaltplan heißen *primitive Komponenten* (*Design Primitives*), wofür üblicherweise die Elemente der Zellbibliothek des Halbleiterherstellers gewählt werden. Aus diesen Bausteinen lassen sich komplexere Funktionen aufbauen.

Die Schaltplaneingabe erfolgt interaktiv an einem Arbeitsplatzrechner mit einem sog. *Schematic Editor*. In der Entwurfsumgebung von Mentor Graphics ist der Schematic Editor Teil des Applikationsprogramms DESIGN ARCHITECT. Mit

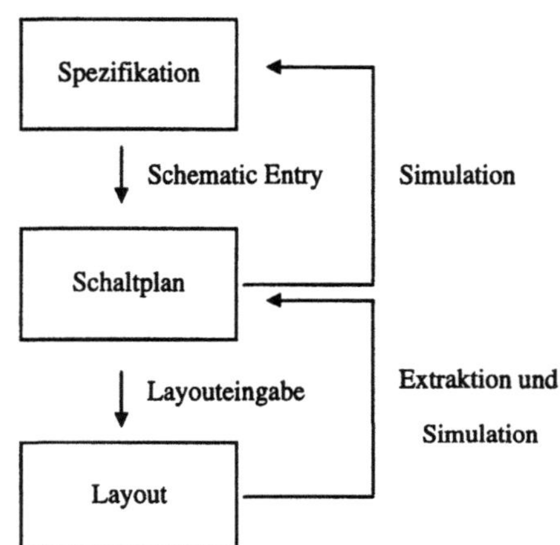

Bild 3-1. Die rechnergestützte Umsetzung der Spezifikation einer Schaltung in ein Layout. Bei jedem Schritt wird die Konsistenz der Beschreibung mit Simulatoren geprüft

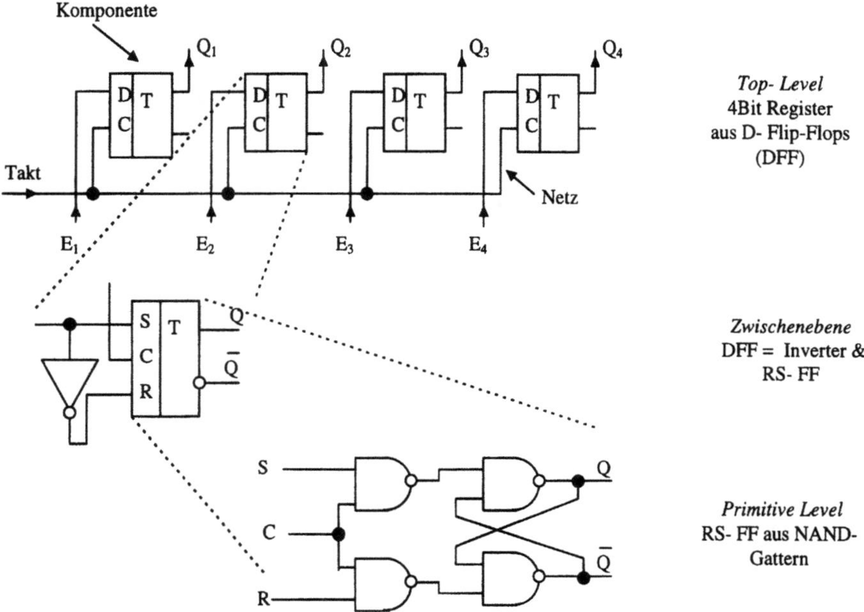

Bild 3-2. Hierarchischer Schaltplan eines 4-Bit-Registers, das mit steigender Flanke des Taktsignals die Eingangssignale E_i speichert und an die entsprechenden Ausgänge Q_1, übergibt (i = 1,...,4)

DESIGN ARCHITECT können nicht nur grafische Schaltpläne eingegeben, sondern auch Schaltpläne zu neuen Komponenten mit höherem Abstraktionsgrad zusammengefaßt werden (*Symbol Editor*).

Sind die Bibliothekskomponenten einfache Logikgatter (z. B. ODER-, NICHT-, UND-Gatter), kann aus den primitiven Komponenten beispielsweise ein JK-Flip-Flop, aus den Flip-Flops ein Binärzähler und aus dem Zähler und anderen Funktionsblöcken die Gesamtschaltung zusammengesetzt werden. Damit die Gesamtschaltung übersichtlich bleibt, empfiehlt es sich, auch für zusammengesetzte Funktionen neue Komponenten (JK-Flip-Flop, Binärzähler usw.) zu definieren, die in der Notation von Mentor Graphics als *Symbole* bezeichnet werden. Durch dieses systematische Zusammenfassen entsteht die *Schaltungshierarchie*.

Die auf primitiven Komponenten *aufbauende* hierarchische Gliederung wird als *Bottom-Up*-Hierachie bezeichnet. Der Schaltungsentwurf mit einer aufbauenden Hierarchie bewährt sich insbesondere bei Analogschaltungen oder kleineren Digitalschaltungen. Bei komplexen digitalen oder Mixed-Mode-Schaltungen verfährt man meistens umgekehrt und benutzt das sog. *Top-Down*-Verfahren. Hier wird aus der ASIC-Spezifikation zuerst ein Blockschaltbild generiert, das aus abstrakten Funktionsblöcke besteht (*Top-Level*). Diese Blöcke werden dann schrittweise mit sinkender Hierarchiestufe bis hinunter auf die Gatter- und Transistorebene (*Primitive Level*) ausgearbeitet. DESIGN ARCHITECT unterstützt die Schaltplanerstellung für beide Hierarchieformen.

3.3.2
Simulationsprogramme

Zur Überprüfung des Schaltplans verwendet man Simulatoren, um in allen Hierarchiebenen Schaltungsfehler oder Abweichungen im Zeitverhalten sowie andere Spezifikationsverletzungen zu finden und anschließend zu korrigieren. Das bekannteste Simulationsprogramm heißt SPICE (*Simulation Programm with Integrated Circuit Emphasis*, engl. für Simulator für integrierte Schaltungen), das 1973 an der Universität Berkeley in Kalifornien entwickelt wurde. SPICE ist ein sog. *Analogsimulator*, mit dem auf Schaltkreisebene Strom-Spannungskennlinien und Spannungs- oder Strom-Zeit-Diagramme berechnet werden können. Der Analogsimulator von Mentor Graphics, der auch die SPICE-Syntax interpretieren kann, heißt Accusim.

Da die meisten ASICs nur aus Digitalschaltungen bestehen, bei denen im Prinzip nur die Signalpegel relevant sind, die die logische „0" oder „1" repräsentieren, können für die Logiksimulation einfachere Algorithmen verwendet werden als im Analogbereich. Reine Digitalschaltungen werden deshalb mit sog. *Logik- oder Digitalsimulatoren* analysiert, bei denen das Verhalten der Komponenten mit den zwei Zuständen „0" und „1" charakterisiert wird.

Das Programm QuicksimII ist ein weitverbreiteter Logiksimulator von Mentor Graphics. Dieser Simulator kann interaktiv bedient werden, d. h., Simulationen können z. B. angehalten und mit geänderten Parametern wieder neu gestartet werden. Mit QuicksimII können aber nicht nur reine Gatterschaltungen untersucht werden. Es lassen sich auch Schaltungen simulieren, die Komponenten enthalten, welche mit Hardware-Beschreibungssprachen oder mit Wahrheitstabellen beschrieben sind.

Simulative Tests können allerdings sowohl im digitalen als auch analogen Bereich die Äquivalenz von Spezifikationen und Schaltplänen nicht formal verifizieren, da meist aus Zeitgründen nur eine Untermenge aller möglichen Eingabemuster untersucht werden kann. Man spricht deswegen auch nicht von *Verifikation* durch Simulation sondern von *Validierung*. Diese eingeschränkte Verifizierung kann per se nur die Fehler ausschließen, die für die untersuchten Testfälle auftreten könnten.

Bevor eine Schematic simuliert werden kann, muß der Schaltplan aufbereitet und mit den geeigneten Simulationsmodellen für die Komponenten verknüpft werden. Innerhalb der Mentor-Graphics-V8-Umgebung geschieht dies mit den bereits erwähnten *Design Viewpoints*. Je nachdem ob eine QuicksimII- oder eine Analogsimulation mit Accusim durchgeführt werden soll, ist ein anderer *Design Viewpoint* zu erstellen.

Simulationsergebnisse können bei modernen Logik- und Analogsimulatoren als Listen oder als Kurvenzüge dargestellt werden, deren Erscheinungsbild einem Logikanalysator bzw. einem Oszillografen nachempfunden ist. Die Bedienung von Simulatoren wird heute meist grafisch unterstützt, früher mußten spezielle Steuerbefehle eingegeben werden. Der Schaltplan der zu untersuchenden Schaltungen läßt sich in die Benutzeroberfläche des Simulators einblenden und durch einfaches Anklicken der interessierenden Netze im Schaltplan werden die entsprechenden Signale zur Anzeige gebracht. Abbildung 3.3 zeigt typische Simulationskurven, die mit QUICKSIMII bzw. ACCUSIM berechnet wurden.

Viele Halbleiterhersteller stellen für ihre Halbleitertechnologien Modellbibliotheken bereit, die technologiespezifische Parameter für die Analog- und Digitalsimulation enthalten. Diese Simulationsmodelle wurden durch Vermessen von speziellen Testchips ermittelt, so daß die Vorhersagekraft der Modelle entsprechend hoch ist. Die Genauigkeit von Logiksimulationen wird dadurch soweit gesteigert, daß nahezu alle dynamischen Eigenschaften der fertigen Halbleiterschaltung prognostiziert und mit der Spezifikation durch Designanpassung in Übereinstimmung gebracht werden können.

Während der Entwicklungsphase ist es allerdings nicht immer zweckmäßig, mit allen Details der technologiespezifischen Modelle zu arbeiten. Bei jeder neuen Schaltung kommt es zuerst darauf an, durch sog. *funktionale Simulationen* die logische Funktion der Schematic zu testen, bevor Laufzeiteffekte wichtig werden. Statt der Herstellerbibliotheken können für funktionale Tests auch sog. *generische* Modelle für die Schematic-Komponenten verwendet werden. Diese Modelle sind technologieunabhängig, beschreiben nur das logische Verhalten einer Zelle (beispielsweise eine Verundung durch ein UND-Gatter) und enthalten keine Laufzeitmodellierung.

Der Vorteil *funktional* geprüfter Entwürfe besteht darin, daß man konstistente, aber technologieunabhängige Schaltungsbeschreibungen erhält, die nach Belieben in unterschiedliche Zieltechnologien übertragen werden können. Auf diese Weise lassen sich generische Schaltungsblöcke erzeugen (z. B. Multiplizierer, Speicherstrukturen), die – weil funktional getestet – problemlos in unterschiedlichen Designs verwendet werden können. Nach der Umsetzung in Bibliothekselemente eines Halbleiterherstellers ist allerdings stets das korrekte Zeitverhalten der Schaltung zu überprüfen.

3.3.3
Rechnergestützte Layouterstellung

Haben die Simulationen gezeigt, daß die eingegebene Schematic der ASIC-Spezifikation entspricht, kann das *Maskenlayout* generiert werden. Ein Layout besteht aus geometrischen Figuren (Polygone, im einfachsten Fall Rechtecke), die in unterschiedlichen übereinanderliegenden Ebenen mit einem gemeinsamen Koordinatensystem (*Grid*, engl. das Gitter) angeordnet sind. Die einzelnen Maskenebenen entsprechen im wesentlichen den verschiedenen Funktionsschichten auf der Halbleiterscheibe, mit denen Transistoren, Kondensatoren, Widerstände und Leitbahnen realisiert werden. Deshalb ähnelt ein IC-Layout einem unter dem Mikroskop betrachteten Chip (Abb. 3.4).

Die Geometriedaten des Maskenlayouts werden mit sog. *Layouteditoren* erstellt, mit denen geometrische Objekte bearbeitet und eingegeben werden können. Innerhalb des Mentor-Graphics-V8-Systems steht das Applikationsprogramm *IC-Graph* für diese Aufgabe zur Verfügung.

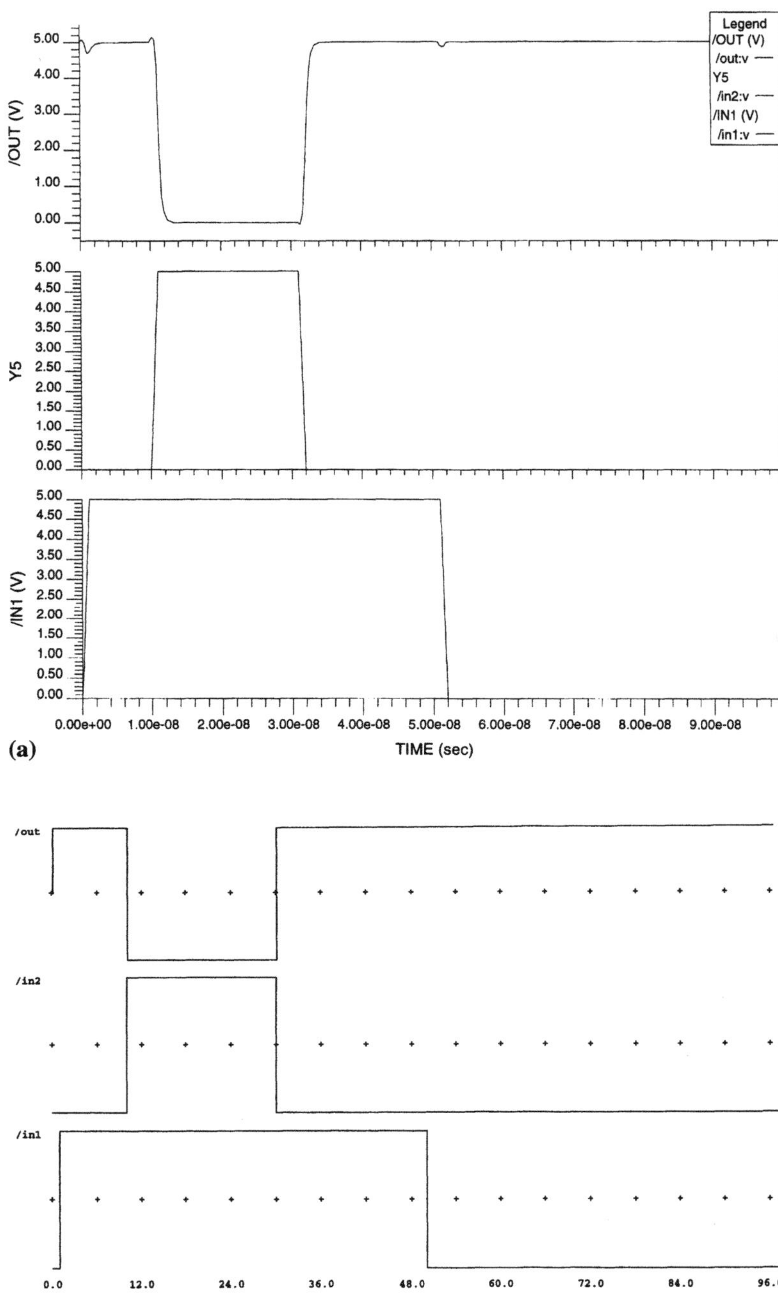

Bild 3-3. Simulationskurven eines 2fach-NAND-Gatters berechnet mit ACCUSIM (a) bzw mit QUICKSIMLL (b). Die Eingänge sind mit IN1 und IN2 bezeichnet. Out ist der Ausgangsknoten des Gatters. Bei beiden Simulationen wurden identische Eingangssignale verwendet

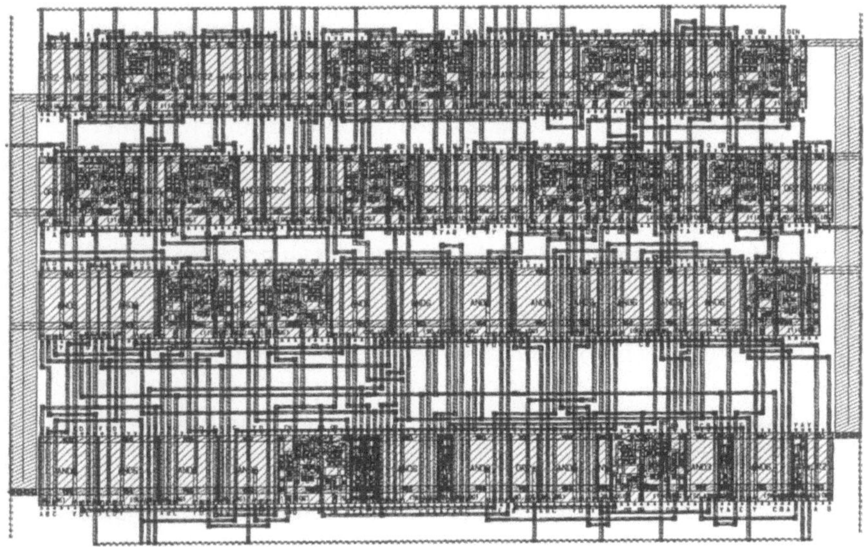

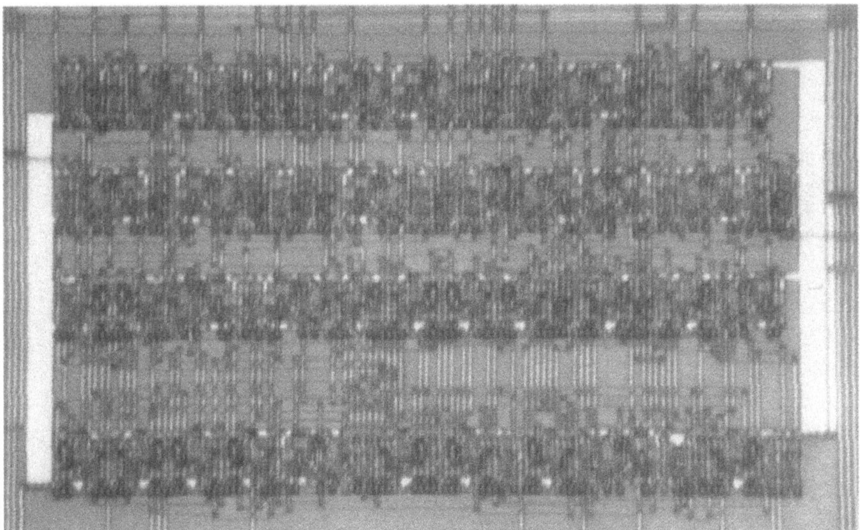

Bild 3-4. Ausschnitt aus dem Layout und dem Chipfoto einer integrierten Schaltung

Wenn die Layoutgeometrien Transistor für Transistor „per Hand" gezeichnet werden, dauert die Layoutphase bei der Chipentwicklung sehr lange. Deshalb werden heute statt der reinen Geometrieeditierung Layoutsynthesewerkzeuge verwendet, die auf der Grundlage des Schaltplans automatisch alle Layoutstrukturen des Chips erstellen. Diese Werkzeuge benutzen Standardzellen und setzen die Zell-Layouts nach bestimmten Algorithmen zusammen (*Standardzell-Entwurfstechnik* oder *Semi-Custom-Design*). Die Übersetzung des Schaltplans in ein Layout erfolgt in zwei Schritten, die als *Placement* und *Routing* bezeichnet werden (*place & route*, engl. für Plazieren und Verdrahten).

Als erster Schritt bei der automatischen Layouterstellung wird ein *Floorplan* erzeugt, (*floorplan*, engl. der Grundriß), der die benötigte Chipfläche aus der Zahl der verwendeten Standardzellen berechnet und in Form von sog. *Floorplan Shapes* im Chiplayout festlegt. Beim *Placement* werden zuerst die Layoutumrisse der einzelnen Zellen auf die Floorplan Shapes verteilt und dabei so angeordnet, daß eine kleine Gesamtfläche entsteht und daß zwischen Zellen, zwischen denen viele elektrische Verbindungsleitungen verlaufen, ein möglichst geringer Abstand besteht. Im nächsten Schritt werden die eingesetzten Zell-Layouts automatisch verdrahtet (*Routing*) und das Layout ist fertig. In Abb. 3.5 sind der Floorplan und das synthetisierte Layout einer Dekoderschaltung in Semi-Custom-Technik dargestellt.

Bei der automatischen Layouterstellung werden allerdings nicht die Integrationsdichte und Funktionalität von Hand- oder Full-Custom-Layouts erreicht. Nur mit Full-Custom-Technik läßt sich eine gegebene Funktion auf der kleinstmöglichen Siliziumfläche und/oder mit der höchsten Datendurchsatzrate realisieren, die im Rahmen einer gegebenen Technolgie erreichbar sind. Aufgrund der langen Entwicklungsdauer und den damit verbundenen hohen Kosten und Risiken werden Full-Custom-Layouts nur noch bei ICs erstellt, die später in enormen Stückzahlen produziert werden sollen, wie Speicherbausteine oder Mikroprozessoren. Hier entscheiden einzig und allein die Herstellkosten und damit die benötigte Chipfläche über den IC-Preis, so daß die Kosten für die Layouterstellung nicht ins Gewicht fallen. Bei geringeren Stückzahlen haben synthetisierte, zellbasierte Entwurfstile deutliche Vorteile, insbesondere weil sich durch die fortschreitende Strukturverkleinerung der Flächenvorteil der Full-Custom-Technik relativiert.

3.3.4
Layoutverifikation

Damit aus Layoutgeometrien produzierbare Halbleiterschaltungen mit hoher Ausbeute, Zuverlässigkeit und Funktionssicherheit entstehen, sind die sog. Entwurfsregeln (*Design Rules*) für den Layoutentwurf einzuhalten. Dieses Regeln sind prozeßabhängig und verhindern durch entsprechende Vorhalte, daß aufgrund von Toleranzen bei den Fertigungsschritten fehlerhafte Chips produziert werden.

Entwurfsregeln legen Mindestabstände, Mindestüberlappungen und Mindestgrößen von Strukturen im Layout fest. Bei Verletzung dieser Regeln kommt es zu Ausbeuteverlusten, weil im Layout verbundene Strukturen toleranzbedingt im IC nicht mehr verknüpft sein können oder getrennte Strukturen im IC überlappen. Die erste Prüfung nach Abschluß der Layouteingabe ist deshalb der og. *Design-Rule-Check* (*DRC*, engl. für Entwurfsregelprüfungen). Da die *Design*

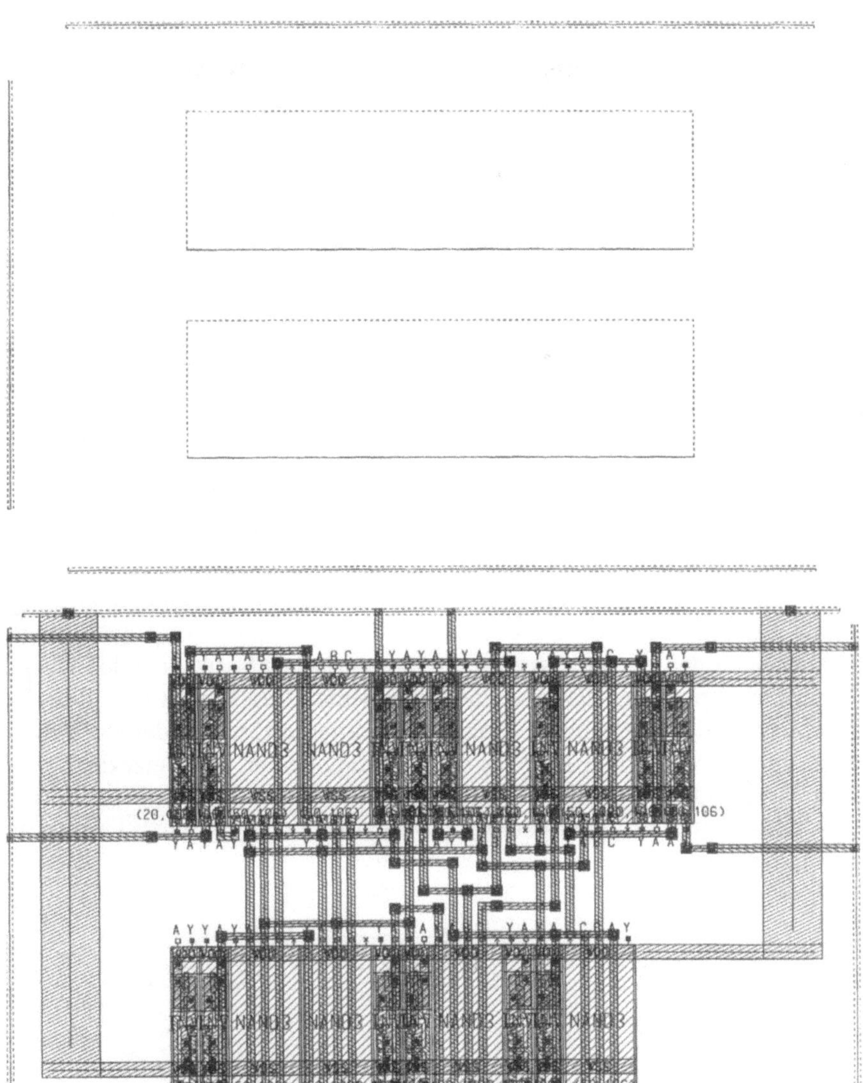

Bild 3-5. Automatische Erzeugung eines Standardzell-Layouts (Dekoderschaltung): Flooplan (oben), nach der Plazierung der Zellen und dem Verdrahten (unten)

Rules bei modernen Prozessen komplizierte Regelwerke sind, reichen Sichtprüfungen zur Inspektion des Layouts nicht aus, um alle DRC-Fehler zu finden. Deshalb werden spezielle Softwareprogramme (*Design-Rule-Checker*) zur DRC-Prüfung von Layouts eingesetzt.

Besonders wichtig sind DRC-Prüfungen bei Full-Custom-Layouts, die – wie bereits erwähnt – weitgehend manuell erzeugt wurden. Bei automatisch generierten Layouts könnte die DRC-Prüfung im Prinzip entfallen, da diese Layouts bei fehlerfreien Synthesewerkzeugen keine Entwurfsregelverletzungen enthalten dürften (*Correct by Construction*). In der Praxis hat sich diese Hoffnung aber nicht erfüllt. Dies liegt zum einen an Softwarefehlern, die bei Syntheseprogrammen nie vollständig ausgeschlossen werden können. Zum anderen kann es aufgrund von Bedienungsfehlern passieren, daß einige Strukturen (beispielsweise Netze) im Layout nicht implementiert werden.

Ein häufiges Problem bei automatisch erzeugten Layouts sind sog. Pseudo-DRC-Fehler. Darunter sind formale Regelverletzungen insbesondere bei Abstandsregeln zu verstehen, die sich aber nicht auf die Fertigungsausbeute bei den Chips auswirken, weil die betroffenen Strukturen auf gleichem elektrischen Potential liegen. Ein typisches Beispiel sind sog. *Notches* (*notch*, engl. die Kerbe), die bei Verdrahtungsalgorithmen entstehen (Abb. 3.6) und dann zu zahlreichen DRC-Fehlermeldungen wegen Abstandsunterschreitungen führen. Damit echte DRC-Fehler nicht aufgrund der vielen irrelevanten Fehlermeldungen übersehen werden, beseitigt man Notches vor einer abschließenden DRC-Prüfung mit speziellen Layoutbearbeitungsprogrammen (*Notchfilling*).

Nachdem die DRC-Kontrolle gezeigt hat, daß das Layout formal in Ordnung ist, muß geprüft werden, ob die Schematic auch funktional korrekt in das Layout übertragen worden ist. Dazu werden die geometrischen Strukturen des Layouts in einen Schaltplan aus elektrischen Komponenten und Netzen rückübersetzt (extrahiert) und der extrahierte Schaltplan rechnergestützt mit der ursprünglichen Schematic verglichen. Lassen sich alle Komponenten und Netze der beiden Schaltpläne eindeutig einander zugeordnet, ist die korrekte Implementierung der Schaltung im Layout gewährleistet. Diesen Vergleich zwischen Layout und

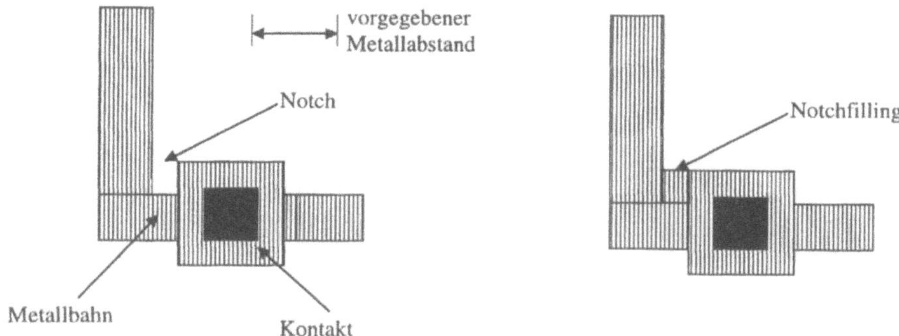

Bild 3-6. Pseudo- DRC- Fehler (Notch) vor und nach der Korrektur durch *Notchfilling*. Das Verdrahtungsprogramm generiert eine Metallbahn, die in einem Winkel von 90° nach rechts geführt wird und setzt eine Kontaktierungsstruktur (Kontakt) zu einer anderen leitfähigigen Schicht. Um diese Kontakte sind die Metallbahnen breiter und deshalb entsteht die gezeigte Einkerbung, an der der Metall- Metallabstand zu klein ist

Schaltplan bezeichnet man als *LVS-Check* (*LVS-Check: Layout vs. Schematic*, engl. für Vergleich Layout gegen Schaltplan).

Ein synthetisiertes Layout mit einem fehlerfreien LVS-Check ist aber noch keine Garantie für eine korrekte Umsetzung der ASIC-Spezifikation, sondern sichert nur die Konsistenz von Schaltplan und Layout. Fehler auf Schaltplanebene, die bei der Umsetzung der Spezifikationen in die Schematic übersehen wurden, fallen deshalb bei der LVS-Prüfung nicht auf. Solche Fehler entstehen, weil komplexe Schaltungen – wie erwähnt – meist nicht vollständig simuliert und damit funktional verifiziert werden können.

Typische Fehler, die auch in simulierten Schaltplänen immer wieder auftreten, sind Verbindungen zwischen verschiedenen Netzen (Kurzschlüsse), nicht kontaktierte Anschlußstellen an Zellen (offene Knoten) und Netze, die im Schaltplan nicht von Gattern auf die Versorgungsspannung oder das Massepotential gezogen werden können. Solche Fehler können mit sog. elektrischen Regelprüfungen (*ERC: Electrical Rule Check*) erfaßt und vor der Layoutsynthese beseitigt werden. Spezielle ERC-Programme suchen die genannten Abweichungen und können noch weitere Probleme in Schaltplänen finden, wie Buskonflikte, zu hohe Verlustleistung oder Überlastung von Gatter-Ausgangsschaltungen durch zu viele Folgegatter (*Fan-Out Prüfung*).

Die bisher besprochenen Prüfschritte, wie DRC oder LVS, stellen die Produzierbarkeit und im Prinzip auch die Funktion der neuentwickelten Halbleiterschaltung sicher. Das dynamische Verhalten des Chips hängt jedoch stark von der Gestaltung des Layouts ab, die der Entwickler insbesondere bei der Layoutsynthese nur eingeschränkt steuern kann. Die Ursache für Abweichungen des Bausteins gegenüber den dynamischen Spezifikationen sind sog. parasitären Komponenten. Das sind Elemente, die zur idealen Bauelementfunktion nicht gebraucht werden, aber zwangsläufig bei der physikalischen Realisierung in Silizium mitentstehen.

Kritisch sind hauptsächlich die Leiterbahnen, die bei der Simulation des Schaltplans als ideale elektrische Verbindungen mit unendlicher Leitfähigkeit behandelt werden. Metalleitbahnen auf dem Siliziumchip sind aber widerstandsbehaftete Strukturen, die zusätzlich mit den tieferliegenden Funktionsschichten eine verteilte Kapazität bilden (s. Abschn. 6.1.4). Die Widerstände können zwar bei Metallbahnen meist vernachlässigt werden, die Kapazitäten von (langen) Leitbahnen führen jedoch aufgrund der dünnen Isolierschichten von integrierten Schaltungen zu erheblichen Ladezeiten, die bei der Schaltplansimulation nicht berücksichtigt werden konnten. Da diese Ladezeiten von der Leitungslänge und damit von der Plazierung der Zellen im Layout bestimmt wird, läßt sich der Einfluß der parasitären Kapazitäten erst am Ende des Entwurfszyklus erfassen. Deshalb werden die Leitungsparasitäten aus dem DRC- und LVS-geprüften Layout extrahiert (*Backannotation*) und bei der sog. *Nach-* oder *Post-Layout-Simulation* berücksichtigt.

Bei fehlerfreier Nachsimulation ist der Layoutentwurf abgeschlossen, und der ASIC-Entwurf kann an den Halbleiterhersteller übergeben werden. Andernfalls sind spezielle Leitungstreiber in den Schaltplan und damit in das Layout aufzunehmen, die die Ladezeiten entsprechend verkürzen. Alternativ kann auch eine erneute Plazierung und Verdrahtung durchgeführt werden, bei der die kritischen Gatter beim Placement durch geeignet aufgeprägte Randbedingungen enger zusammengesetzt werden.

Bei *Full-Custom-Layouts* treten nicht nur parasitäre Leitungskapazitäten auf, sondern auch Bahnwiderstände und Sperrschichtkapazitäten, die von der geometrischen Auslegung der einzelnen Transistoren abhängen und deshalb ebenfalls nicht bei den Schaltplansimulationen erfaßt werden können. Auch diese Transistorparasitäten lassen sich aus dem Layout extrahieren und wie die Leitungskapazitäten bei Nachsimulation (auf Transistorebene) berücksichtigen und anschließend im Layout korrigieren.

3.4
Die Übergabe der Entwurfsdaten an den Halbleiterhersteller

Nachdem der ASIC-Entwurf geprüft ist, können die vorliegenden Layoutdaten an den Halbleiterhersteller transferiert werden. Da bei der IC-Entwicklung unterschiedliche Entwurfswerkzeuge mit jeweils eigenen Datenformaten eingesetzt werden können, wurden zu diesem Zweck einheitliche Austauschformate definiert. Bei Layoutdaten hat sich das *GDSII*-Format als Standard durchgesetzt. Bei diesem Format handelt es sich im wesentlichen um das Datenformat des Layouteditors der Firma Calma, eines der ersten Anbieter von Entwurfswerkzeugen für die IC-Entwicklung.

Bei Gate-Array-Entwicklungen bieten Halbleiterhersteller heute an, das Layout selbst zu erzeugen. Der Halbleiterhersteller erhält hier eine sog. *Netzliste* der Schaltung. In dieser Liste sind alle Komponenten und Netze des ICs vollständig beschrieben. Nach der Layoutgenerierung beim Halbleiterhersteller werden dort auch die parasitären Kapazitäten und Widerstände extrahiert und zusammen mit der Netzliste zur Nachsimulation zurück an den ASIC-Entwickler geschickt. Entspricht das dynamische Verhalten der plazierten und verdrahteten Schaltung den Spezifikationen, wird das Layout zur Produktion freigegeben, ansonsten sind – wie oben – Änderungen in der Netzliste bzw. im Layout vorzunehmen.

Die externe Layouterstellung hat für ASIC-Entwickler den Vorteil, daß keine Design-Werkzeuge für die Layoutsynthese angeschafft werden müssen. Die Gate-Array-Hersteller brauchen im Gegenzug keine Details der Halbleitertechnologie an Fremdfirmen zu geben und können erweiterte und technologiespezifische ERC-Prüfungen durchführen, bevor das Layout generiert wird.

Das wichtigste Austauschformat für Netzlisten ist das *EDIF-Format* (*Electronic Design Interchange Format*) mit dem nicht nur Netzlisten, sondern auch alle anderen Beschreibungsformen von elektronischen Schaltungen übertragen werden können. Die jeweilige Beschreibungsform wird mit sog. Sichtweisen (*EDIF View Types*) definiert. Mit den View Types *Logic Model* oder *Masklayout* können beispielsweise Simulationsdaten bzw. IC-Layouts transferiert werden.

3.5
Das Testprogramm

Da der Herstellprozeß in der Halbleiterfabrik, wie jeder technische Prozeß, eine gewisse Fehlerrate [6, 7] aufweist, wird auch bei einwandfreien Entwürfen ein bestimmter Prozentsatz der produzierten ASICs nicht korrekt funktionieren. Partikel in der Halbleiterfabrik können z. B. Signalleitungen unterbrechen oder kurzschließen, Transistoren können aufgrund von Dünnstellen in isolierenden Schichten fehlerhaft arbeiten usw. ASICs werden deshalb beim Hersteller zu 100% endgetestet, d. h., einer elektrischen Funktionsprüfung auf einem Testautomaten unterzogen. Diesen Test bezeichnet man auch als Produktionstest oder Warenausgangstest (*Post Fabrication Test*).

Beim Test werden die produzierten ICs in Prüfautomaten (engl. *Automatic Test Equipment*, ATE) vermessen. Diese Automaten erzeugen die Ansteuersignale (Stimuli) für die einzelnen IC-Eingangs-Pins und bewerten die Spannungen und Ströme, die sich an den IC-Ausgängen mit einem definierten Zeitversatz einstellen. Die Signale an den Eingangspins des Prüflings (*Device Under Test*, DUT) erzeugt das Betriebssystem des Testautomaten nach den Vorgaben des sog. Testprogramms. Die Zeit- und Pegelvorgaben für die Ausgangspins sind ebenfalls Teil des Testprogramms. Die Bewertung der Ausgangssignale erfolgt über elektronische Schaltungen, z. B. mit Komparatoren, die den logischen Pegel von digitalen Prüfsignalen feststellen können. Diese sog. Pinelektroniken verfügen über Zeitmeßeinrichtungen, die zur Prüfung der dynamischen Eigenschaften des ICs den zeitlichen Versatz zum stimulierenden Signal feststellen können. Abbildung 3.7 zeigt schematisch den Aufbau eines Testautomaten mit Prüfling.

Bei der Prüfung der statischen Kennwerte des Schaltkreises wird der Test in sog. Prüfperioden unterteilt. Ein solcher Zyklus dauert typischerweise 1000 ns. Am Anfang jedes Zyklus wird die Eingabesignalkombination an die Eingangspins des Prüflings angelegt. Die zu den entsprechenden Tesstimuli gehörigen Ausgangsbitmuster stabilisieren sich nach einer bestimmten Einschwingzeit und

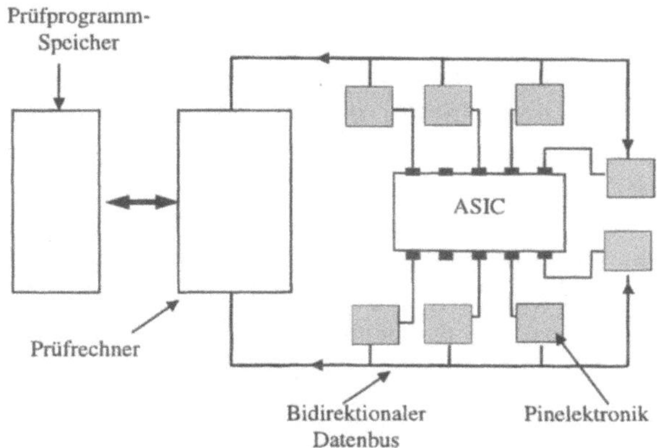

Bild 3-7. Aufbau eines Testautomaten mit Prüfling

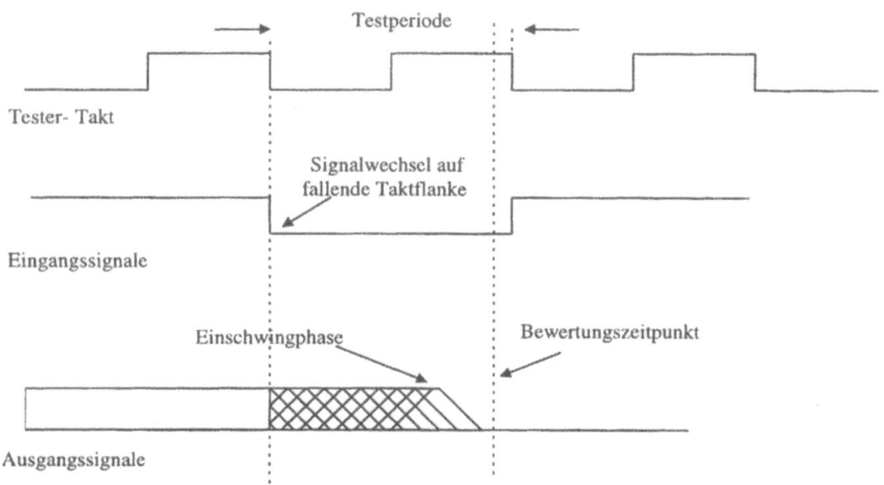

Bild 3-8. Zeitverlauf der Signale beim statischen Test

bleiben dann konstant, solange der Schaltkreis mit Spannung versorgt wird und
sich die Eingangssignalmuster nicht ändern. Nach einer bestimmten Reaktions-
zeit (meist 90% der Testperiode) erfolgt die Bewertung der Ausgangssignale
(Abb. 3.8).

Bei der Vermessung der dynamischen Kennwerte wird das Zeitverhalten des
Schaltkreises gemäß Datenblatt in Echtzeit untersucht. Hier muß der Tester die
Signale mit hoher Frequenz zeitgenau erzeugen und erfassen. Dies stellt hohe
Anforderungen an die elektrischen Eigenschaften der Testerelektronik und er-
klärt den hohen Preis von ATE-Geräten, der meist deutlich oberhalb von 1 Mio.
DM liegt.

Testprogramme für dynamische und statische Tests wurden früher in speziellen testbezogenen Sprachen geschrieben. Heute werden die Teststimuli und
die Ausgangssoll-Signalfolgen (Testvektoren) aus Simulationsmustern generiert, die bereits bei den simulativen Funktionstests im Rahmen der ASIC-Entwicklung verwendet wurden. Die Anpassung an die Datenformate des Testautomaten erfolgt mit Computerhilfe. Meist sind die aus der Entwurfsphase vorhandenen Signalmuster nicht ausreichend und es müssen weitere Testvektoren generiert werden.

Das Grundproblem bei der ASIC-Testprogrammentwicklung liegt darin, daß
die Funktion der meisten ICs nicht direkt unter Betriebsbedingungen getestet
werden kann. Die Testzeiten an ASIC-Testern gehen außerdem aufgrund von
Rüstzeiten und Geräteabschreibungen wesentlich in den IC-Preis ein, denn bereits eine Sekunde Testzeit kostet etwa 10 Pfg. Es ist daher völlig ausgeschlossen,
beispielsweise einen Uhrenschaltkreis im Betrieb zu testen, denn das würde
mindestens vierundzwanzig Stunden dauern. Man bringt deshalb die Schaltung

in einen speziellen Zustand (Testmode), überprüft mit den Testvektoren die korrekte Funktion jedes einzelnen Gatters auf dem Chip und schließt daraus auf die korrekte Funktion der Gesamtschaltung. Dabei wird angenommen, daß sich Fehler bei der IC-Herstellung im Schaltverhalten der Gatter mit standardisierten Fehlermodellen beschreiben lassen. Ein typisches Fehlermodell sind die sog. Haftfehler (*Stuck-at-Faults*). Bei einem Haftfehler liegt der Gatterausgang abweichend von der Wahrheitstabelle des Gatters fest auf einem der logischen Pegel (*Stuck-at 1, Stuck-at 0*).

Um alle Haftfehler im ASIC zu finden, muß also jeder Gatterausgang im Schaltplan des ASICs durch bestimmte Signalkombinationen an den ASIC-Eingängen kontrolliert von Null auf Eins und wieder zurück geschaltet werden können *(Kontrollierbarkeit)*. Zusätzlich müssen die Eingangsmuster so beschaffen sein, daß beim Vorliegen eines Haftfehlers am aktivierten Gatter eine charakteristische Abweichung vom erwarten Ausgangsbitmuster auftritt *(Beobachtbarkeit)*.

Da nur relativ wenige Datenleitungen zur Verfügung stehen, um viele (100 000 und mehr) interne Knoten zu überprüfen, ist offensichtlich, daß die vollständige Beobacht- und Kontrollierbarkeit in der Praxis nicht erreicht werden kann. Bereits die Abdeckung von 90% aller Fehler mit einem Testprogramm ist eine diffizile Aufgabe. Deshalb wird die Testprogrammentwicklung immer mehr zum zeitbestimmenden Faktor, denn mit zunehmender Komplexität der integrierten Schaltkreise wächst der Aufwand bei der Testprogrammerstellung überproportional. Bei aktuellen Entwicklungen arbeiten mittlerweile mehr Ingenieure an der Verifikation und Testprogrammentwicklung als am eigentlichen Schaltungsentwurf [8].

Es gibt unterschiedliche Ansätze, das Testproblem für ASICs systematisch zu lösen. Dazu gehört die automatische Testvektorerzeugung und der Einbau von speziellen Testschaltungen des ASICs. Nur bei solchen *testfreundlichen* IC-Entwürfen kann mit angemessenem Aufwand eine ausreichend vollständige, schnelle und damit preiswerte Testbarkeit des ASICs sichergestellt werden.

3.6
Die Prototypenuntersuchung

Vor dem Beginn der eigentlichen Serienproduktion werden Prototypen gefertigt, und es wird überprüft, ob die neu entwickelte integrierte Schaltung alle Spezifikationswerte erfüllt und vor allem auch in der Geräteleiterplatte funktioniert. Die Prototypen werden auch mit dem IC-Testprogramm vermessen, um Unzulänglichkeiten bei den Testmustern aufzudecken. Der ATE-Test allein ist im übrigen nicht für eine vollständige Prototypenuntersuchung ausreichend. Das Testprogamm wird aus den Simulationsmustern des Schaltplanentwurfs abgeleitet und sondert deshalb nur die ASICs aus, die aufgrund von technologischen Defekten nicht schaltplangemäß funktionieren. Mit dem Testprogramm kann nur dann die fehlerfreie Funktion eines ICs bestätigt werden, wenn die Prototypenmessungen die korrekte Umsetzung der Spezifikationen gezeigt haben und die Prototypen das Testprogramm passieren.

Zum Nachmessen der Spezifikationswerte der neuen Schaltungen ist es praktisch, eine Prüfplatine anzufertigen, die neben einem Sockel für das ASIC auch die minimal notwendige periphere Beschaltung enthält (Oszillator, Spannungsversorgung, Lastwiderstäne usw.). Für den Anschluß der notwendigen Meßgeräte (Oszillograph, Logikanalysator, Signalgeneratoren) sind Kontaktierungsmöglichkeiten vorzusehen.

Beim *applikativen Test* des ASICs werden Prototypen in die originäre Geräteleiterplatte eingebaut. Hier entscheidet sich, ob das Zusammenspiel der Neuentwicklung auch mit den peripheren Komponenten auf der Platine funktioniert. Um die Effekte von Exemplarstreuungen bei den Bauelementen auf der Platine zu erfassen, werden häufig einige Dutzend Platinen aufgebaut und untersucht. Wenn diese Prüfungen positiv ausfallen, ist weitgehend gesichert, daß das ASIC und die restliche Elektronik zusammenpassen und wie gewünscht funktionieren. Dann kann eine sog. *Applikationsfreigabe* für die Produktion erteilt werden. Da jedes neue IC die technologischen Möglichkeiten des Herstellprozesses auf neue Weise nutzt, sind ggf. vor Produktionsbeginn Untersuchungen der zu erwartenden Bauelementzuverlässigkeit durchzuführen.

3.7
Die Freigabeuntersuchung

Da integrierte Schaltungen viele Funktionen in elektronischen Geräten ausführen, hat die Zuverlässigkeit der ASICs entscheidenden Einfluß auf die Gerätezuverlässigkeit. Abbildung 3.9 zeigt die typische Lebensdauerkurve elektronischer Bauelemente. Die Ausfallkurve hat drei Bereiche, die als Frühausfälle, Restausfälle und verschleißbedingte Ausfälle bezeichnet werden. Die Frühausfälle werden meist von Herstellschwächen verursacht und haben daher spezifische Ursachen. Die Restausfälle hingegen ereignen sich mehr zufällig, die Restausfallsrate ist daher nahezu konstant und meist sehr klein. In der letzten Phase (*Verschleiß*) treten gehäuft alterungsbedingte Ausfälle auf.

Da Frühausfälle bei neuen Geräten auftreten, verursachen diese Fehler wegen der Garantieansprüche besonders hohe Kosten. Zuverlässigkeitsuntersuchun-

Bild 3-9. AusfallhäufigkeitΣ gegen Betriebszeit T. Die Ausfallkurve hat drei Bereiche, die als Frühausfälle, Restausfälle und verschleißbedingte Ausfälle bezeichnet werden

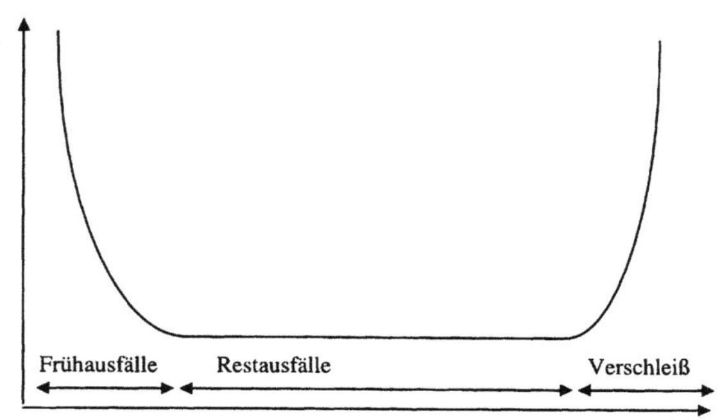

gen von neuentwickelten Bauelementen haben deshalb die Aufgabe, die Ursachen von Frühausfällen zu entdecken und die Ausfallrate durch entsprechende Abstellmaßnahmen zu senken. Um die Zuverlässigkeit bei neuen ASICs im Vorfeld bewerten zu können, werden standardisierte Zuverlässigkeitstests durchgeführt, bevor die Serienproduktion beginnt. Solche Tests sind insbesondere bei sicherheitsrelevanten Elektroniken, z. B. in der Kraftfahrzeugelektronik oder in medizintechnischen Anwendungen, wichtig. In anderen Fällen kann es ausreichend sein, sich auf die Qualitätsuntersuchungen des Halbleiterherstellers zu verlassen, der meist schon ähnliche ICs im betreffenden Gehäuse geliefert hat. Zuverlässigkeitsuntersuchungen müssen nicht unbedingt vom ASIC-Entwickler selbst durchgeführt werden. Es gibt eine Reihe von sog. *Testhäusern*, die solche Untersuchungen als Dienstleistung übernehmen.

Bei Zuverlässigkeitstests handelt es sich um beschleunigende Prüfverfahren, die die Belastungen der Bauteile im Betrieb auf geraffter Zeitskala simulieren und gehäuse- oder technologiebedingte IC-Ausfälle provozieren. Durch diese gezielte Belastung der ICs können Prozeßschwächen im Herstell- und Verkapselungsverfahren aufgedeckt werden. Diese Tests sind genormt und werden nach dem *US Military Standard* (MIL-883) durchgeführt. Für jeden Test sind die Größe der Stichprobe und die Zahl der zulässigen Ausfälle festgelegt. Wird diese Zahl überschritten, dann sind Zusatzmaßnahmen nötig, bevor das untersuchte Bauelement in Serie produziert und verkauft werden kann.

Die wichtigsten Zuverlässigkeitstests sind sog. Lebensdauertests (*Burn-in-Tests*), bei denen die ASICs bei erhöhten Temperaturen und maximal zulässiger Versorgungsspannung betrieben werden. Da viele Fehlermechanismen in integrierten Schaltungen einem sog. *Arrheniusgesetz* genügen [6, 7], nimmt die Fehlerwahrscheinlichkeit exponentiell mit der Temperatur zu. Werden die *Burn-in-Tests* über viele Stunden (bis zu 1000 h) ausgedehnt, kann so die gesamte Lebensdauer der Bauelemente simuliert werden. Fehler, die beim *Burn-in-Test* auftreten, können meist bestimmten Fertigungsschritten während der Chipherstellung zugeordnet werden. Stellt man diese Fertigungsmängel ab, reduzieren sich die Frühausfallraten meist deutlich.

Da die gebräuchlichen IC-Gehäuse aus Plastik Feuchtigkeit zur Chipoberfläche durchlassen, können die Metalleitbahnen des ASICs korrodieren [6]. Als oberste Schicht wird deshalb bei der ASIC-Herstellung ein wasserdichter Schutzfilm aufgebracht. Um die Qualität dieser Passivierungsschicht zu testen, werden sog. Feuchteprüfungen durchgeführt, bei denen eine Stichprobe von mehreren ICs über 1000 bis 2000 Stunden bei hoher Umgebungstemperatur (85 °C) und 85% relativer Luftfeuchtigkeit unter angelegter Betriebsspannung gelagert wird. Hier sind alle drei wesentlichen korrosionsfördernden Bedingungen gegeben: Temperatur, Feuchte, Spannung (engl. *THB = Temperature Humidity Bias*). Ausfälle bei diesem Test weisen auf potentielle Schwachstellen in der Passivierung hin oder sind ein Indiz für eine hohe Wasseraufnahme des Gehäuses.

Da in IC-Gehäusen verschiedene Materialien verwendet werden, entstehen bei Temperaturwechseln starke Schub-, Zug- und Druckkräfte, die auf die Chipkanten und die Chipoberfläche wirken und im Betrieb zu Funktionsstörungen führen können. Der kritische Test, um Schwachstellen des verpackten ICs bei thermomechanische Belastungen aufzudecken, sind *Temperaturwechseltests* (*Thermal Cycling, TMCL*). Hier werden Stichproben von ICs zyklisch auf 150 °C aufgeheizt und dann auf –65 °C abgekühlt. Jede Endtemperatur wird etwa für 10 Minuten angefahren. Das umgebende Medium ist entweder Luft, oder die Chips werden in Bäder aus inerten Flüssigkeiten getaucht. Die Zyklenzahl liegt je nach Halbleiterhersteller zwischen 500 und 1000. Besonders kritisch beim TMCL-Test ist die Abkühlphase. Hier entstehen starke Verspannungen im Gehäuse, die sich bei Prozeßschwächen in abgescherten Bonddrähten, Brüchen im Silizium, verschobenen Aluminiumleitbahnen oder abgelösten Chips äußern.

Beim Überschreiten der zulässigen Ausfallzahlen bei den Zuverlässigkeittests ist davon auszugehen, daß bei dem geprüften IC-Typ Qualitäts- und Zuverlässigkeitsmängel zu erwarten sind. Der Halbleiterhersteller sollte entsprechende Abstellmaßnahmen bei der Chipverkapselung oder bei kritischen Prozeßschritten während der Chipfertigung durchführen. Der Erfolg solcher Maßnahmen ist mit erneuten Zuverlässigkeitsprüfungen zu verifizieren.

Sind alle Zuverlässigkeitstests bestanden und liegt die Applikationsfreigabe vor, kann die Serienproduktion des ASICs und der Leiterplatte beginnen. Auch bei größter Sorgfalt ist aber nicht auszuschließen, daß während der Anlaufphase der neuen ASICs bzw. der neuen Leiterplatte Probleme auftreten. Die ICs für Freigabeprozeduren stammen meist aus wenigen Produktionschargen, die zeitlich eng benachbart gefertig wurden. Die volle Bandbreite der Exemplarstreuungen wird sich erst nach einigen Tausend produzierten Bauelementen gezeigt haben. Deshalb können noch während der Frühphase der Serienfertigung Nachbesserungen am Testprogramm, an der peripheren Beschaltung des ASICs oder sogar am ASIC selbst erforderlich werden.

3.8
Übungsaufgaben

3.1 Welche drei Sichtweisen werden bei der Beschreibung von integrierten Schaltungen benutzt?

3.2 Worin besteht der Unterschied zwischen einer aufbauenden und einer zergliedernden Hierarchie? Welche der beiden Hierarchien wird beim Top-Down-Entwurf benutzt?

3.3 Welche Vorteile bietet die Einführung von Hierarchien beim Schaltungsentwurf?

3.4 Nennen Sie die gebräuchlichen Hierarchieebenen in den drei Beschreibungsformen für integrierte Schaltungen!

3.4 Welche Bestandteile hat ein ASIC-Lastenheft?

3.5 Was unterscheidet Kennwerte von Grenzwerten?

3.5 Skizzieren Sie die Vorgehensweise beim rechnergestützten Schaltungsentwurf in einem Flußdiagramm!

3.6 Wo liegen die Vorteile bei der Schaltungsspezifikation mit VHDL?

3.7 Aus welchen Komponenten besteht eine Schematic?

3.8 Was versteht man unter Design Primitives?

3.9 Was unterscheidet einen Logiksimulator von einem Analogsimulator?

3.10 Was unterscheidet ein „generisches" Modell von einem „technologiespezifischen" Modell für ein logisches Gatter?

3.11 Bei welchen Entwurfsstil wird automatisches Placement und Routing eingesetzt?

3.12 Was sind Entwurfsregeln beim Layoutentwurf und welche Aufgabe haben sie?

3.13 Was versteht man unter „Pseudo-DRC-Fehlern"? Nennen Sie ein Beispiel!

3.14 Bei welchen Verifikationsschritten wird „extrahiert"? Welche Designfehler können dabei gefunden werden?

3.15 Warum muß stets eine Nach- oder Post-Layout-Simulation durchgeführt werden?

3.16 Was ist ein ERC?

3.17 Nennen Sie gebräuchliche Datenformate, die bei der Transferierung von Layoutdaten an Halbleiterhersteller verwendet werden!

3.18 Warum braucht man ein ASIC-Testprogramm?

3.19 Was sind die Grundprobleme bei der ASIC-Testprogrammentwicklung?

3.20 Warum werden am Ende einer IC-Entwicklung Prototypen gefertigt und in der Geräteleiterplatte vermessen?

3.21 Skizzieren Sie eine Ausfallkurve für elektronische Bauteile und beschreiben Sie die wichtigsten Prüfmethoden bei der Zuverlässigkeitsprüfung von integrierten Schaltungen!

Literatur

[1] D. Gajsky und R. Kuhn: *Guest Editors Introduction: New VLSI Tools.* Computer (1983) 12

[2] W. Rosenstiel und R. Camposano: *Rechnergestützter Entwurf hochintegrierter MOS-Schaltungen.* Berlin, Heidelberg, New York: Springer 1989

[3] B. Eschermann: *Funktionaler Entwurf digitaler Schaltungen.* Berlin, Heidelberg, New York: Springer 1993

[4] D. L. Perry: *VHDL.* 2nd Ed. New York, San Francisco, Washington D.C.: McGraw-Hill 1994

[5] The Institute of Electrical and Electronic Engineers: *IEEE Standard VHDL Language Reference Manual IEEE Std 1076-1993.* New York: IEEE Press 1994

[6] B. Hoppe: *Mikroelektronik 2.* Würzburg: Vogel-Verlag 1997

[7] E. A. Amerasekara und D. S. Campell: *Failure Mechanisms in Semiconductor Devices.* Chichester, New York, Brisbane, Toronto, Singapore: John Wiley & Sons 1987

[8] R. Chandramouli und S. Pateras: Testing systems on a chip. IEEE Spectrum 33 (1996) 11, S. 42–47

4 Transistortheorie und Schaltungstechnik

Der Entwurf integrierter Schaltungen verläuft rechnergestützt. Zur Analyse benutzt man Simulationsmethoden. Für Rechnersimulationen sind theoretisch abgeleitete Modelle nötig, die das elektrische Verhalten der einzelnen Bauelemente im Schaltkreis beschreiben. Abschnitt 4.1 stellt dazu die Stromgleichungen von MOS-Transistoren in einfachster Form (COB-SAH-Modell, [1]) vor. Das COB-SAH-Modell vernachlässigt die sog. Kurzkanaleffekte und gilt nur für Bauelemente mit Kanallängen oberhalb von etwa 10 µm. Diese Langkanal-Transistorgleichungen müssen durch geeignete Modifikationen an die heutigen Bauelementgenerationen mit Kanallängen unterhalb von einem Mikrometer angepaßt werden.

Auch komplexe integrierte Schaltkreise bestehen nur aus relativ wenigen verschiedenen *Grundschaltungen*, von denen jede vielfach im Schaltplan verwendet wird. Grundschaltungen (Abschn. 4.2) verknüpfen digitale Größen oder verstärken analoge Signale. In Abschn. 4.2 werden zunächst ideale Logikelemente behandelt (4.2.1). Die Abschn. 4.2.2 und 4.2.3 diskutieren Logikgatter aus komplementären MOS-Transistoren, die die Grundlage der sog. statischen CMOS-Schaltungstechnik bilden. In 4.2.4 werden analoge CMOS-Grundschaltungen wie Stromverstärker und Differenzstufen vorgestellt. In 4.2.5 finden sich die Grundzüge der dynamischen CMOS-Schaltungstechnik, mit der sich die Schaltgeschwindigkeit erhöhen läßt, wenn zusätzliche Takt- und Steuersignale bereitgestellt werden. Speichernde Elemente, wie Register oder Latches, steuern den Informationsfluß in fast jeder integrierten Schaltung (Abschn. 4.2.6). Bei diesen Komponenten spielen CMOS-Transfergatter (Abschn. 4.2.7) eine wichtige Rolle, mit denen Signale gemultiplext oder auch logisch kombiniert werden können. Abschnitt 4.3 behandelt sequentielle und asynchrone Schaltungstypen sowie die Erzeugung und Verteilung globaler Taktsignale.

Ein Designkriterium mit wachsender Bedeutung ist die Verlustleistung (*Power*) integrierter Schaltungen. In der Regel ist man an möglichst schnell arbeitenden Schaltkreisen interessiert. Kurze Signallaufzeiten (*Delays*) lassen sich aber nur mit erhöhter Leistungsaufnahme realisieren. Ein Entwurfsparameter, der die beiden Zielkriterien Laufzeit und Leistungaufnahme gleichzeitig erfaßt, ist das Laufzeit-Leistungs-Produkt (*Power-Delay-Produkt*). Dieses Produkt (Abschn. 4.4) hat die Dimension einer Energie. In Analogie zur Gleichgewichtsthermodynamik kann man die optimale Schaltungsrealisierung nach einem Minimalprinzip bestimmen, indem die Schaltungskonfiguration mit dem kleinsten Power-Delay-Produkt gesucht wird.

4.1
Stromgleichungen für MOS-Transistoren

Wie bereits in Abb. 2.5 gezeigt, besteht ein NMOS-Transistor aus zwei stark dotierten, n-leitenden Zonen, die in einem leicht dotierten p-Substrat erzeugt werden. Die beiden n-Gebiete heißen Source- und Draingebiet (*Source*, engl. die Quelle; *Drain*, engl. die Senke). Bei dem komplementären PMOS-Transistor sind die Dotierungen vertauscht (Substrat: n-leitend, *Source* und *Drain* vom p-Typ). Der Bereich zwischen den Source- und Drain-Gebieten eines Transistors wird als *Kanal* bezeichnet. Die Kanallänge L ist neben der Kanalweite W der wichtigste Parameter, über den das elektrische Verhalten eines MOS-Transistors eingestellt werden kann. Über dem Kanalbereich befindet sich die sog. Gate-Elektrode, die gegen das Halbleitersubstrat mit einem Dielektrikum aus Siliziumoxid (SiO_2) isoliert ist.

Bei den ersten MOS-Transistoren bestand die Gate-Elektrode aus Metall. Die Bezeichnung „MOS-Transistor" leitet sich aus der charakteristischen Schichtfolge Metall, Oxid, Silizium ab. Bei modernen MOS-Transistoren besteht die Gate-Elektrode hingegen aus hochdotiertem, polykristallinem Silizium. Mit diesem Gatematerial wird der Herstellprozeß für MOS-Schaltungen vereinfacht, da Polysilizium temperaturbeständig ist und zudem als Implantationsmaske bei der Dotierung der Source- und Draingebiete genutzt werden kann („Selbstjustierte Prozeßführung", vgl. [3]).

Die im weiteren verwendeten Transistorsymbole und die Zählpfeile für Ströme und Spannungen sind in Abb. 4.1 definiert. Der zusätzlich eingetragene Knoten *Bulk* (engl. für Halbleitervolumen) berücksichtigt, daß bei bestimmten Betriebsbedingungen Spannung zwischen dem Sourceknoten und dem Siliziumsubstrat bestehen können, die sich auf das Bauelementverhalten auswirken (*Substratsteuereffekt*, s. u.). Bei einfachen Schaltungen haben Source- und

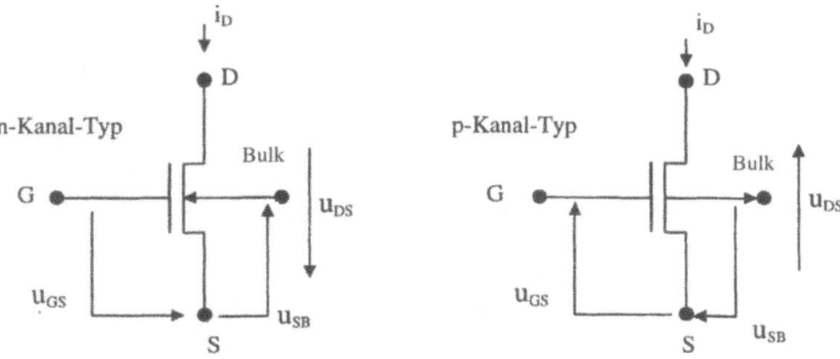

Bild 4-1. Symbole für MOS-Transistoren mit Zählpfeilen für Ströme und Spannungen und den Bezeichnungen für die Anschlußknoten

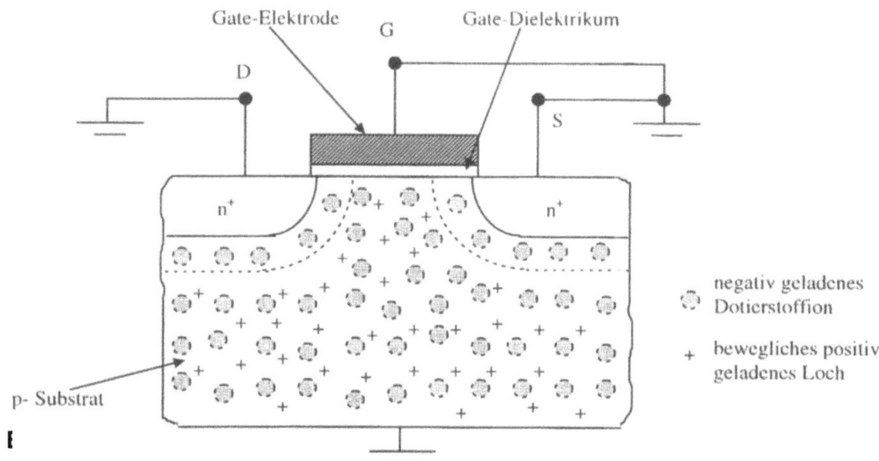

Bulkanschluß den gleichem Potentialwert, wobei der Bulk-Knoten bei einem NMOS-Transistor stets auf dem Massepotential und bei einem PMOS-Transistor auf dem Potential der Versorgungsspannung liegt.

Sind alle Anschlüsse bei einem N- oder PMOS-Transistor geerdet, dann bilden die n- bzw. p-dotierten Source- und Draingebiete mit dem Substrat zwei gegeneinander gepolte stromlose pn-Übergänge mit entsprechenden Raumladungszonen, die Source- und Drainanschlüsse gegeneinander isolieren (Abb. 4.2a). Auch wenn eine Spannung u_{DS} beliebiger Polarität zwischen Drain- und Sourceanschluß angelegt wird, fließt kein Strom. Erst wenn durch Aufladung der Gate-Elektrode ein vertikales Feld aufgebaut wird, das die Grenzfläche zwischen Substrat und Siliziumoxid senkrecht durchsetzt, wird bei hinreichender Gatespannung das Bauelement aktiviert: Der Kanalbereich wird leitend, und es können Ströme zwischen den Drain- und Sourceanschlüssen durch den Transistor fließen. Diese kapazitive Beeinflussung der Leitfähigkeit im Kanalbereich ist der sog. Feldeffekt. MOS-Transistoren werden deshalb auch als „Feldeffekt-Transistoren" bezeichnet.

Je nach Polarität der Gateladungen und dem Leitungstyp des Substrats treten unterschiedliche Effekte auf. Bei einem NMOS-Transistor ist der Kanalbereich p-leitend, und bei einer negativen Ladung auf der Gate-Elektrode, entsteht ein elektrisches Feld, das die positiven Majoritätsladungsträger im Silizium an die Halbleiteroberfläche zieht. Durch diese *Akkumulation* beweglicher Ladung sinkt zwar der elektrische Widerstand des Kanalbereichs, die pn-Übergänge zwischen Kanal und Source- bzw. Drain-Zone bleiben aber gesperrt. Der Widerstand zwischen Source- und Drain-Anschluß ändert sich nicht.

Wird die Gate-Elektrode hingegen auf ein positives Potential gebracht, dann sinkt die Löcherkonzentration an der Oberfläche des Substrats, denn die Rich-

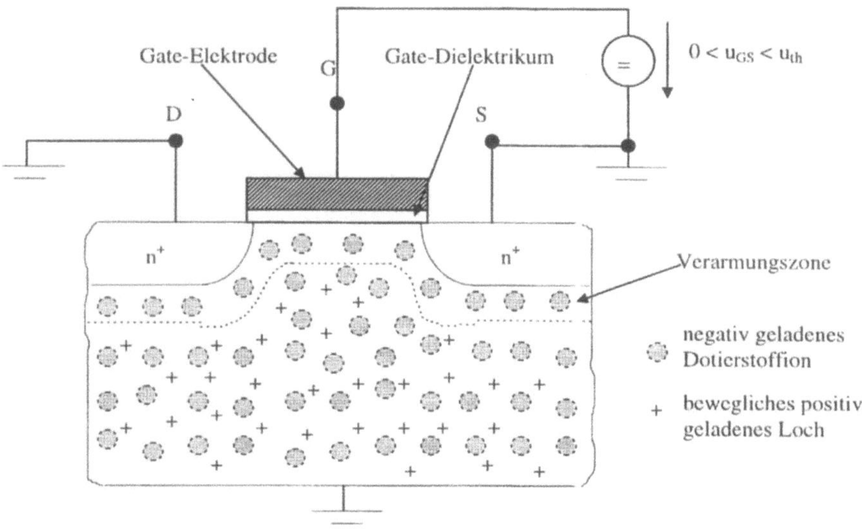

Bild 4-2b. Schnitt durch einen NMOS-Transistor mit $u_{DS} = u_{SB} = 0$ V und positiver Gate-Source-Spannung u_{GS}, die aber noch unterhalb der Einsatzspannung u_{th} liegt (nach [4]). Durch den Einfluß von u_{GS} bildet sich die gezeigte Verarmungszone unterhalb der Gate-Elektrode

tung des vertikalen elektrischen Felds dreht sich um. Das Feld drückt die beweglichen positiv geladenen Majoritäten im Kanalbereich von der Si-SiO$_2$-Grenzfläche weg. So entsteht eine negativ geladene Oberflächenschicht, in der sich kaum noch bewegliche positive Ladungsträger befinden (*Verarmungsschicht*). Die Oberfläche lädt sich negativ auf, denn die negative Ladung der ortsfesten Dotierstoffionen wird nicht mehr vollständig durch bewegliche positive Ladungen (Löcher) ausgeglichen. Je stärker die Gate-Elektrode positiv aufgeladen wird, desto tiefer reicht die Verarmungsschicht und desto mehr negative Ladungen umfaßt sie (Abb. 4.2b).

Steigt die positive Spannung an der Gate-Elektrode weiter, dann nimmt das positive Potential an der Substratoberfläche zu. Ab einer charakteristischen Einsatzspannung u_{th} werden Elektronen aus den n$^+$-dotierten Source- und Drainbereichen in den Kanal injiziert. Diese frei beweglichen Elektronen (*Minoritätsladungsträger*) bilden eine leitfähige Schicht direkt unter der Si-SiO$_2$-Grenzfläche (Abb. 4.2c), den sog. *Kanal*. Die Oberfläche des Kanalbereichs des Transistors wird *invertiert*, d. h. in bezug auf den Leitungstyp umgepolt, und die pn-Übergänge zu den Source- und Drainbereichen verschwinden. So entsteht eine niederohmige Verbindung zwischen Source und Drain. Je nach Potential der Gate-Elektrode sind also Source- und Drainanschluß elektrisch isoliert oder leitend verbunden.

Verarmungs- und Inversionsschichten sind auch bei PMOS-Transistoren möglich. Sie entstehen durch die gleichen Mechanismen: Bei negativer Gate-Source-Spannung verarmt hier die n-leitende Substratoberfläche an Elektronen.

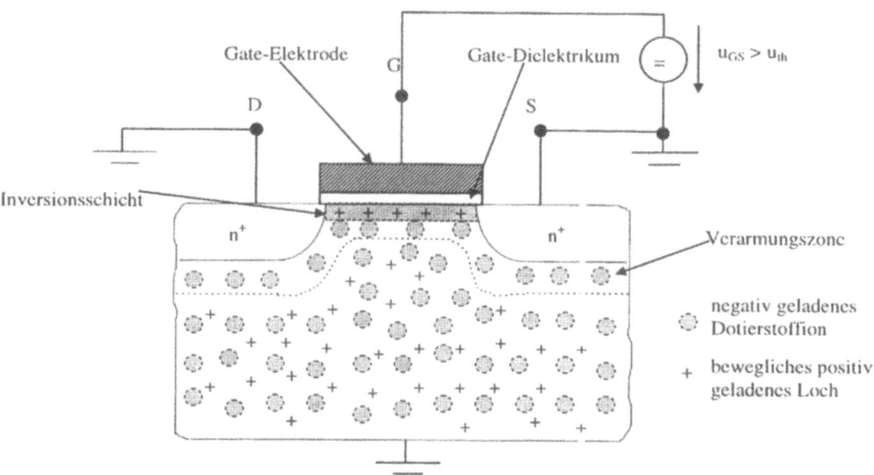

Bild 4-2c. Schnitt durch einen NMOS-Transistor mit $u_{DS} = u_{SB} = 0$ V und u_{GS} oberhalb der Einsatzspannung u_{th} (nach [4]). Es bildet sich zusätzlich zur Verarmungszone eine Inversionsschicht aus

Der Inversionskanal wird von injizierten Löchern gebildet und die Raumladung der Dotierstoffionen ist positiv. Bei der Beschreibung des PMOS-Transistors sind also lediglich die Löcher und Elektronen zu vertauschen und die Polaritäten der angelegten Spannungen und der ortsfesten und beweglichen Ladungen mit -1 zu multiplizieren. PMOS- und NMOS-Transistoren sind wie die bipolaren npn- und pnp-Transistoren „duale" Bauelemente. Die Eigenschaften von MOS-Transistoren werden deshalb im folgenden am repräsentativen Beispiel des NMOS-Transistors vorgestellt.

Elektrisch verhält sich der MOS-Transistor in erster Näherung wie ein spannungsgesteuerter Schalter, der bei Spannungen an der Gate-Elektrode oberhalb der Einsatzspannung eingeschaltet wird und ansonsten sperrt. Genauer betrachtet, hängt der Stromfluß im Kanal aber auch von den Potentialunterschieden zwischen Source- und Drainanschluß sowie der Spannung zwischen Gate- und Source-Elektrode ab. Abbildung 4.3 zeigt die Transistorkennlinien von N- und PMOS-Transistoren.

Wie Abb. 4.3 zeigt, können im einzelnen bei einem MOS-Transistor Arbeitsbereiche unterschieden werden, in denen der Drainstrom i_D unterschiedlichen Gesetzmäßigkeiten genügt.

Aufgrund der Dualität der Baulemente genügt es, das Verhalten von NMOS-Transistoren zu untersuchen [1, 2]. Die drei Arbeitsbereiche eines NMOS-Transistors sind:

Der Unterschwellbereich ($i_D = 0$ für $u_{GS} - u_{th} < 0$)
Hier reicht die von der Spannung am Gate erzeugte Feldstärke noch nicht aus, um im Kanalbereich den Leitungstyp des Siliziums zu invertieren. Source- und

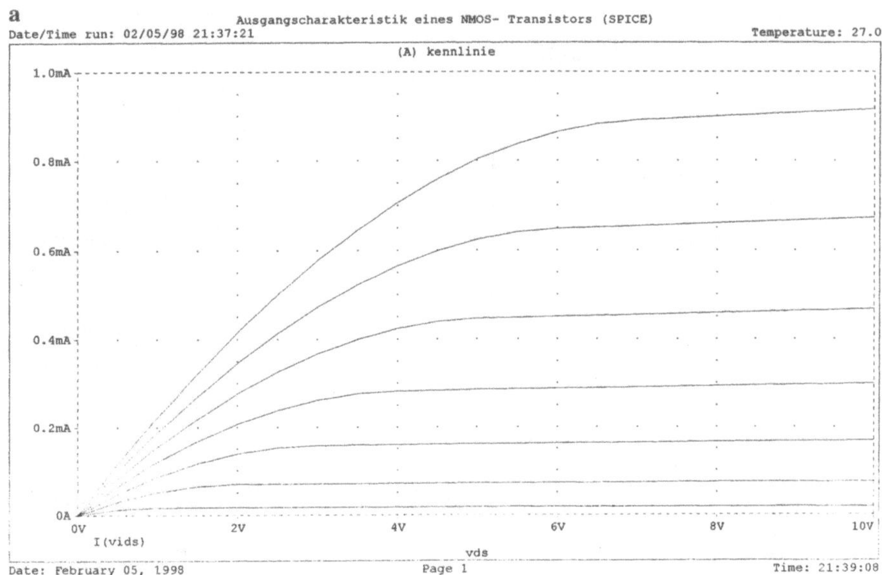

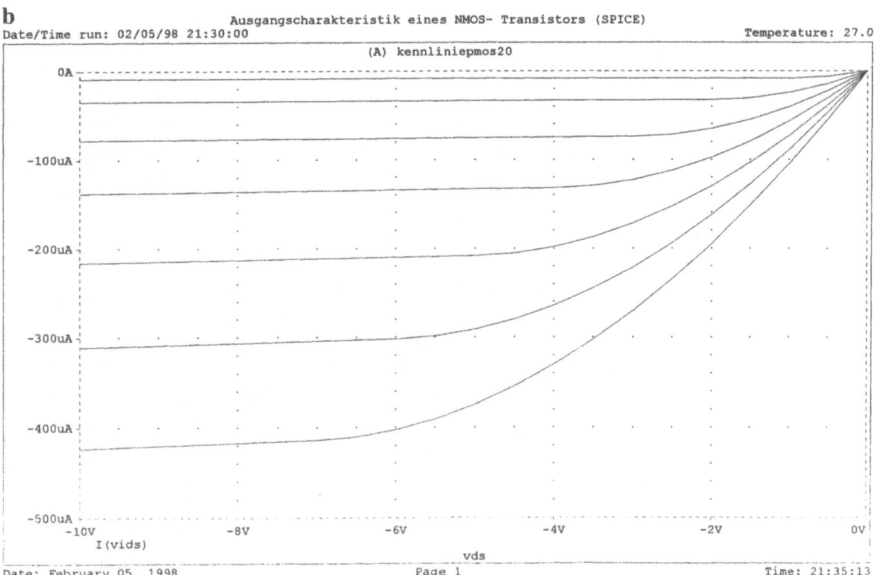

Bild 4-3. Ausgangskennlinienfeld eines NMOS- (**a**) und eines PMOS-Transistors (**b**), berechnet mit dem Simulator PSPICE

Drainanschluß sind gegeneinander isoliert ($i_D = 0$). Erst bei Erreichen der Einsatzspannung u_{th} wird die Grenzschicht unter dem Gateoxid bei einem NMOS-Transistor n-leitend. Vorher gilt:

$$i_D = 0 \text{ für } u_{GS} - u_{th} \leq 0. \tag{4.1}$$

Der lineare Bereich ($0 < u_{DS} < u_{GS} - u_{th}$)

Dieser Arbeitsbereich ist dadurch gekennzeichnet, daß der Drainstrom näherungsweise von der Spannung zwischen Drain- und Source „u_{DS}" in linearer Weise abhängt. Bei Anliegen einer nicht zu großen positiven Spannung u_{DS} bildet sich im leitfähigen Kanal ein elektrisches Feld aus, das Elektronen aus dem Sourceknoten zum Draingebiet zieht. Da das invertierte Halbleitermaterial nur eine endliche Leitfähigkeit hat, wird der Drainstrom in erster Linie von der Spannung zwischen Source- und Drainknoten bestimmt. Durch die mit dem Feld verbundene Spannung reduziert sich aber das Potentialgefälle zwischen dem Gate und dem Halbleitermaterial am drainseitigen Ende des Kanals. Der Feldeffekt an der Drainseite wird abgeschwächt. Statt u_{GS} wirkt dort nur die Spannung $u_{GS} - u_{DS}$. Der Drainstrom genügt deshalb nicht dem Ohmschen Gesetz, sondern kann im „linearen" Bereich nach folgender Gleichung berechnet werden:

$$\begin{aligned} i_D &= \mu_e c_{ox}(W / L)\left\{(u_{GS} - u_{th})u_{DS} - \tfrac{1}{2}u_{DS}^2\right\} \\ &= \beta_n \left\{(u_{GS} - u_{th})u_{DS} - \tfrac{1}{2}u_{DS}^2\right\}. \end{aligned} \tag{4.2}$$

$\beta_n = \mu_e c_{ox}$ (W/L) ist die sog. *Transistor-Verstärkung* des NMOS-Transistors, μ_e die Elektronenbeweglichkeit im Kanal und c_{ox} bezeichnet die flächenspezifische Kapazität der Gate-Elektrode gegenüber dem Kanalbereich ($c_{ox} = 3{,}9\varepsilon_0/t_{ox}$; $t_{ox}=$ Oxiddicke).

Der Sättigungsbereich ($u_{DS} > u_{GS} - u_{th} > 0$)

Überschreitet die Drain-Source-Spannung die Differenz aus Gate-Source- und Einsatzspannung, dann reicht der Kanalbereich nicht mehr bis zum Draingebiet. Der Inversionskanal mit geometrischer Länge „L" wird schon in einem endlichen Abstand „ΔL" vom Drain-Substrat-Übergang abgeschnürt (Abb. 4.4). Das Spannungsgefälle im Inversionskanal mit der um ΔL reduzierten Länge bleibt trotz Erhöhung der Drain-Source-Spannung zumindest nahezu konstant auf dem Wert $u_{GS} - u_{th}$ (vgl. Abb. 4.3). Die zusätzliche Spannung $\Delta u_{DS} = u_{DS} - (u_{GS} - u_{th}) \equiv u_{DS} - u_{DSSAT}$ fällt am gesperrten pn-Übergang zwischen Drainbereich und Kanal ab. Hier werden die beweglichen Ladungsträger in die Verarmungszone injiziert und gelangen so zum Drainknoten. Da sich der Spannungsabfall längs des Inversionskanal für $u_{DS} > u_{DSSAT}$ nicht mehr ändert, wird der Drainstrom unabhängig von u_{DS} und bleibt ebenfalls konstant auf dem maximal möglichen Wert i_{DS} für u_{DSSAT}:

$$i_{DS} = \tfrac{1}{2}\beta_n \left\{\left(u_{GS} - u_{th}\right)^2\right\}. \tag{4.3}$$

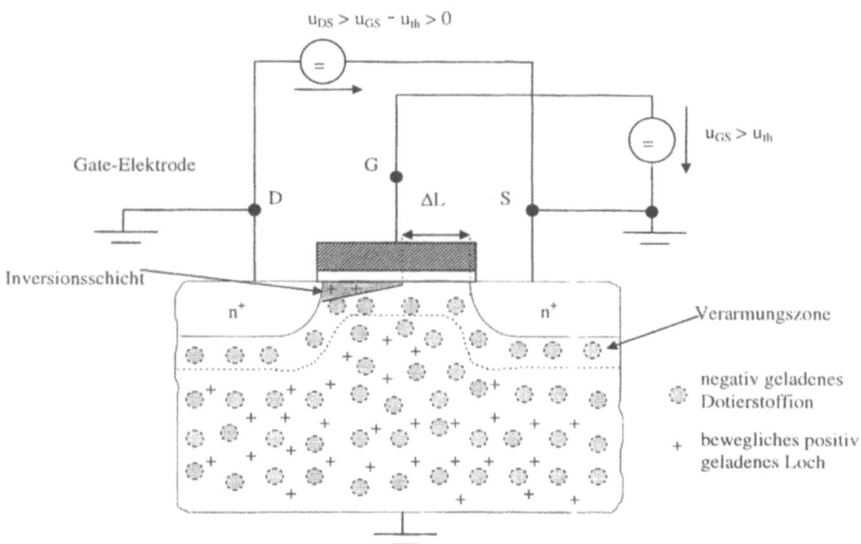

Bild 4-4. Abschnürung des Kanals im Sättigungsbereich des MOS-Transistors. Der Kanal endet im Abstand ΔL vom Drain-Substrat-Übergang

Dies gilt aber nur für Langkanaltransistoren, bei denen die Kanallängenverkürzung ΔL gegenüber der geometrischen Kanallänge L vernachlässigt werden kann. Bei Transistoren mit relativ kurzen Kanallängen tritt der *Kanallängen-Modulationseffekt* [1, 2] im Sättigungsbereich auf. Der Drainstrom nimmt hier mit wachsender Drain-Source-Spannung zu: Je höher u_{DS} wird, desto kleiner wird die *effektive Kanallänge* $L_{eff} = L - \Delta L$, die statt der geometrischen Kanallänge in Gl. (4.3) einzusetzen ist. Da $\Delta L \sim u_{DS}$ gilt und da nach Gl. (4.3) der Drainstrom umgekehrt proportional zur Kanallänge ist, wächst der Sättigungsdrainstrom $i_{DS} \sim 1/(L \cdot (1 - \Delta L/L)) \sim (1/L) \cdot (1 + u_{DS})$ wieder mit der Drain-Source-Spannung. In Abb. 4.3 ist dieser Effekt bereits schwach zu erkennen.

Die angegebenen Formeln lassen sich leicht auf PMOS-Bauelemente übertragen, wenn die Vorzeichen der elektrischen Größen angepaßt und die Beweglichkeit der Elektronen durch die Beweglichkeit der Löcher (μ_h) ersetzt werden. Die Transistor-Verstärkung des PMOS-Transistors ist dann durch $\beta_p = \mu_h c_{ox} (W/L)$ gegeben.

Auch für die Einsatzspannung der beiden Transistortypen gibt es Modellgleichungen, die wieder für den NMOS-Transistor angegeben sind. Da neben u_{GS} die Vorspannung zwischen Source und Substrat u_{SB} die Ausprägung des Feldeffektes mitbestimmt, hängt die Einsatzspannung vom Potential des Bulkknotens ab. Je höher u_{SB} ist, desto höher liegt auch die Einsatzspannung des Transistors und damit der u_{GS}-Wert, der zum Einschalten des Transistors oder zur Erzeugung eines bestimmten Drainstroms benötigt wird (*Substratsteuereffekt*). Im einzelnen lautet die Formel für die Einsatzspannung des NMOS-Transistors:

$$u_{th}^n = u_{tho}^n + \gamma^n \left[\left\{ u_{SB} + \left| 2\phi_F^n \right| \right\}^{1/2} \right]. \tag{4.4}$$

u_{tho} ist die Einsatzspannung ohne Source-Substratspannung. γ bezeichnet den Substratsteuervorfaktor. ϕ_F ist das sog. *Fermipotential* [2] des Substratmaterials. Bei NMOS-Transistoren handelt es sich dabei um p-leitendes Silizium und dieses Potential ist durch die Formel

$$\phi_F^n = u_T \cdot \ln \left\{ n_i / N_A \right\}$$

gegeben. N_A bezeichnet die Akzeptorenkonzentration, n_i die intrinsische Ladungsträgerdichte von Silizium und u_T gibt die Temperaturspannung an. Ein typischer Wert für das Fermipotential ist bei einem NMOS-Transistor $-0{,}3$V [5].

Die Einsatzspannung u_{th}^p eines PMOS-Transistors kann mit der gleichen Formel berechnet werden, lediglich die Polaritäten aller Spannungen, Potentiale und Ladungen sind umzukehren. Außerdem ist das Fermipotential für ein n-leitendes Substrat und geeignete Werte für u_{tho}^p und γ^p einzusetzen.

Der Substratsteuervorfaktor γ und die Einsatzspannungen u_{tho} können für P- und NMOS-Transistoren im Prinzip aus technologischen Größen, wie Dotierstoffkonzentrationen und den Fermipotentialen berechnet werden. Genauere Ergebnisse erhält man aber, wenn diese Größen durch Anpassung an aufgenommene Transistorkennlinien bestimmt werden. Die gleiche Aussage gilt im übrigen auch für die Transistorverstärkungsfaktoren. In Tabelle 4.1 sind als Beispiel die angepaßten Werte für β_n, β_p sowie die Einsatzspannungen angegeben, die für die 2,4-μm-CMOS-Technologie von Alcatel Microelectronics ermittelt wurden.

Zur Erhöhung der Genauigkeit sind diese Parameter für die unterschiedlichen Betriebszustände angegeben und werden in typische, minimale und maximale Werte aufgefächert, um Prozeßtoleranzen zu erfassen. In der Tabelle sind jeweils *zwei* Wertetripel für Einsatzspannung und Transistorverstärkung im Sättigungs- und Linearbereich angegeben. Physikalisch sind diese Parameter je-

Tabelle 4-1. Elektrische Parameter für die 2,4-μm-CMOS-Technologie [6]

Parameter (Bereich)	min	typ	max	Einheit
u_{thn} (linear)	0,7	0,85	1,00	V
u_{thp} (linear)	-1,00	$-0{,}85$	$-0{,}70$	V
u_{thn} (Sättigung)	0,6	0,8	1,0	V
u_{thp} (Sättigung)	-1,0	$-0{,}8$	$-0{,}6$	V
β_n (linear) bei W/L= 3μm/3μm	40	50	60	μA/V^2
β_p (linear) bei W/L= 3μm/3μm	15	22	30	μA/V^2
β_n (Sättigung) W/L= 3μm/3μm	45	50	65	μA/V^2
β_p (Sättigung) W/L= 3μm/3μm	16	22	28	μA/V^2
c_{ox}	0,70	0,80	0,88	fF/μm^2

doch eindeutig und unabhängig davon, in welchen Betriebsbereich sich ein Transistor befindet. Eine korrekte Beschreibung der Transistoreigenschaften erfordert dann aber kompliziertere Formeln, als die oben angegebenen.

4.2
CMOS-Grundschaltungen

Mit den oben abgeleiteten Transistormodellen können CMOS-Grundschaltungen berechnet und dimensioniert werden. Der Schwerpunkt liegt dabei im folgenden auf digitalen Logikschaltungen. Als repräsentatives Logikelement wird der *Inverter* untersucht. Dabei handelt es sich um eine Schaltung, deren Ausgangssignal den umgekehrten (invertierten) Verlauf hat wie das Eingangssignal.

4.2.1
Logikelemente und Signalpegel

Bei heutigen CMOS-Technologien liegt der für elektrische Signale zur Verfügung stehende Signalbereich zwischen $0V = V_{SS}$ und $5V = V_{DD}$. Lediglich bei Submikrometertechnologien mit minimalen Strukturbreiten unterhalb 0,5 μm beträgt der Signalhub aus Zuverlässigkeitsgründen 3,3 V.

In digitalen Schaltungen werden die logischen Zustände „0" und „1" durch V_{SS} bzw. V_{DD} dargestellt. Da ungestörte Pegel in realen Schaltungen nicht vorkommen, werden für die logischen Zustände erweiterte Pegelbereiche definiert (*Noise Margins*, engl. für Sicherheitsbereich gegen Störungen). Typischerweise werden Spannungen zwischen V_{SS} und $V_{SS} + 1V$ als logische „0" und Signalpegel zwischen $V_{DD} - 1V$ und V_{DD} als logische „1" interpretiert.

Digitale Schaltungen bestehen aus vielen Logikelementen (*Gattern*), die aus binären Eingangssignalen eindeutig nach Booleschen Funktionen ein binäres Ausgangssignal erzeugen. Damit sich Signalstörungen beim Durchlaufen einer Digitalschaltung nicht aufschaukeln, werden die logischen Gatter schaltungstechnisch so ausgelegt, daß die gültigen Pegelbereiche für die logischen Zustände an den Eingängen breiter sind als an den Ausgängen (Abb. 4.5). Störungen werden deshalb beim Passieren eines Gatters unterdrückt, die logischen Signale *regenieren* sich.

Damit sich Gatter ohne Einschränkungen miteinander verschalten lassen, müssen wie in Abb. 4.6 gezeigt, die einzelnen Ausgänge jedes Gattertyps in der Lage sein, jeweils mehrere Eingänge von Folgegattern ansteuern zu können. Die Zahl der unabhängigen Eingänge eines Gatters bezeichnet man als *Fan-in* des Gatters, die Zahl der von einem Ausgang zu treibenden Eingänge als *Fan-out*. Je mehr Gattereingänge an einen Ausgang angeschlossen werden können, desto höher ist dessen *Treiberfähigkeit*. Um einen hohen Datendurchsatz bei beliebiger Verschaltbarkeit der einzelnen Komponenten zu erreichen, werden Grundschaltungen für möglichst kurze Signaldurchlaufzeiten und möglichst hohe Treiberfähigkeit ausgelegt.

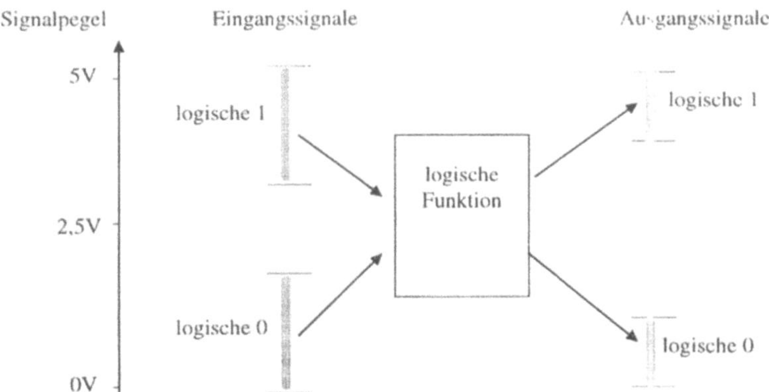

Bild 4-5. Logische Pegelbereiche und Signalregeneration bei einem idealen Logikgatter

Bild 4-6. Fan-in und Fan-out:
Das schraffierte Gatter
hat einen Fan-in von 2 und
einen Fan-out von 3

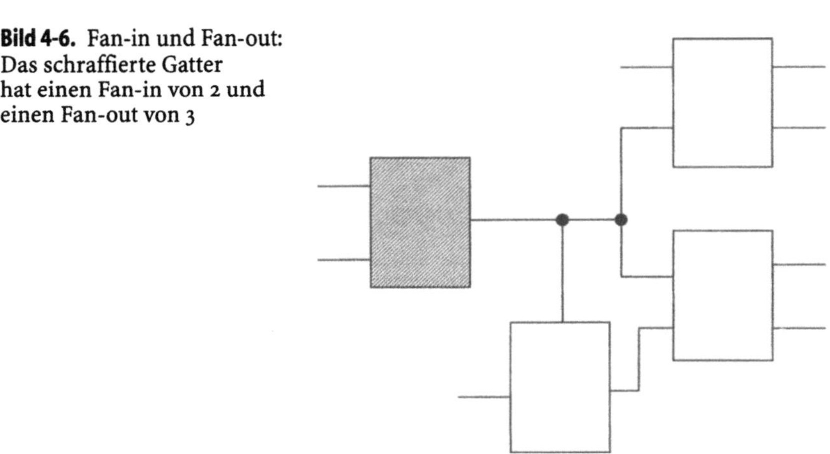

4.2.2
Logikgatter aus komplementären MOS-Transistoren

Das einfachste Logikgatter ist der *Inverter*, mit dem Signale invertiert und dabei ggf. verstärkt und regeneriert werden können. Die Wahrheitstabelle eines Inverters zeigt Tabelle 4.2.

Die Inversion eines Signals läßt sich auf einfache Weise durch eine Reihenschaltung von eines PMOS- und NMOS-Transistors realisieren (Abb. 4.7), deren Source-Anschlüsse auf Versorgungspotential bzw. Masse liegen. Die Ausgangsspannung des Gatters wird an den Drain-Anschlüssen der beiden Transistoren abgegriffen. Wenn das Eingangssignal auf Null liegt, dann leitet der PMOS-Transistor, der den Gatterausgang mit der Versorgungsspannung V_{DD} verbindet und

Tabelle 4-2. Wahrheitstabelle des Inverters

Eingangssignal	Ausgangssignal
0	1
1	0

Tabelle 4-3. Wahrheitstabellen des NAND- bzw. NOR-Gatters mit zwei Eingängen

Zweifach-NAND-Gatter: Eingänge A und B, Ausgang F		
A	B	F
0	0	1
0	1	1
1	0	1
1	1	0

Zweifach-NOR-Gatter: Eingänge A und B, Ausgang F		
A	B	F
0	0	1
0	1	0
1	0	0
1	1	0

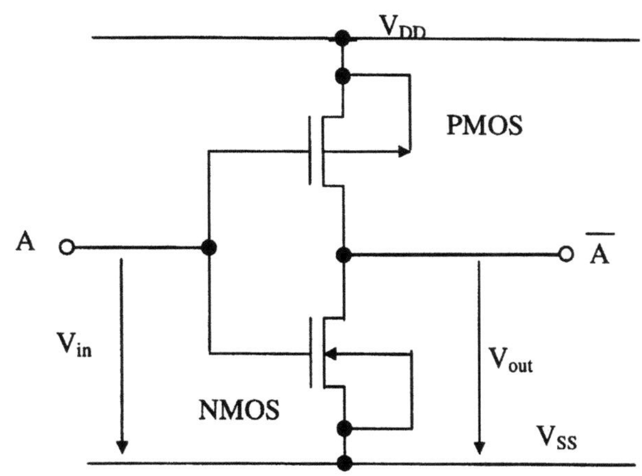

Bild 4-7. CMOS-Inverter: Das Eingangssignal A wird invertiert

so auf den logischen Zustand „1" bringt. Liegt der Pegel des Eingangssignals hingegen auf V_{DD} (logische „1"), dann wird der PMOS-Transistor abgeschaltet und der NMOS-Transistor aktiviert, der das Ausgangssignal des Gatters auf das Massepotential für die logische „0" zieht.

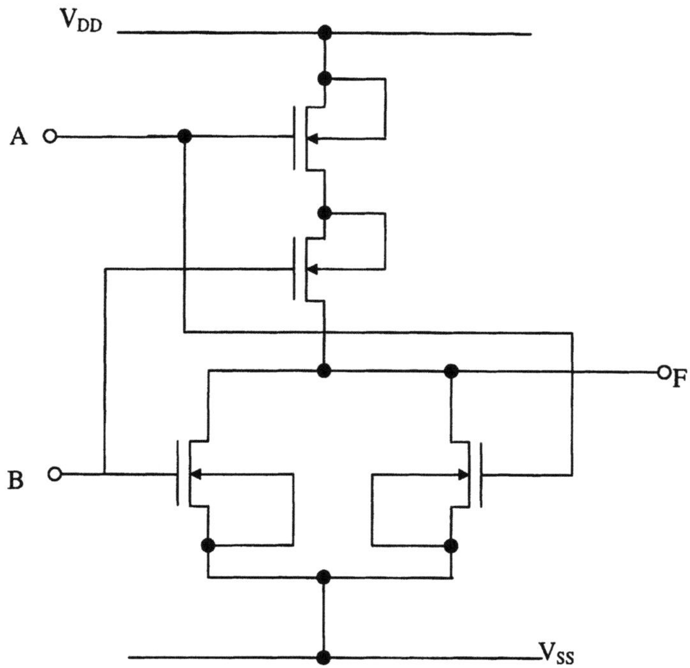

Bild 4-8. CMOS-NOR-Gatter mit zwei Eingängen

Durch Kombination von NMOS- und PMOS-Schalttransistoren lassen sich nicht nur Inverter, sondern auch kompliziertere Logikgatter aufbauen. Wichtig für CMOS-Digitalschaltungen sind insbesondere Nicht-UND-(NAND-) sowie Nicht-ODER-(NOR-)Gatter, die sich mit komplementären MOS-Transistoren besonders leicht aufbauen lassen. Die Wahrheitstabellen die beiden Gatter finden sich in Tabelle 4.3, die CMOS-Realisierungen sind in Abb. 2.6 (NAND-Gatter) und Abb. 4.8 (NOR-Gatter) gezeigt.

4.2.3
Gleich- und Wechselstromverhalten von CMOS-Logikgattern

Das statische und das dynamische Verhalten von CMOS-Gattern kann mit Hilfe der Transistormodelle aus den Gln. (4.1) bis (4.4) genauer berechnet werden.

Liegt z. B. *statisch* am Eingang eines CMOS-Inverters (Bild 4.7) die Betriebsspannung $V_{in}=V_{DD}$ an, dann ist die Gate-Source-Spannung des PMOS-Transistors 0 V, und dieser Transistor sperrt, weil dessen Einsatzspannung negativ ist. Der NMOS-Transistor hingegen leitet, denn hier liegt die Gate-Source-Spannung deutlich über der positiven Einsatzspannung. Je nach Ausgangsspannung befindet sich dieser Transistor entweder im Sättigungsbereich $V_{out} > V_{in} - u_{th}^n > 0$ oder im linearen Bereich $0 < V_{out} < V_{in} - u_{th}^n$, und der Ausgangsknoten des Gatters wird auf 0 V entladen. Im komplementären Fall $V_{in} = V_{SS}$ wird der Ausgang durch den PMOS-Transistor auf das Betriebsspannungspotential angehoben. Die Gate-Source-Spannung des NMOS-Bauelements ist Null und der Transistor bleibt gesperrt, während die Einsatzspannung des komplementären PMOS-Transistors unterschritten wird. Je nach Ausgangsspannung werden während des Ladevorgangs auch hier wieder Sättigungs- und Linearbereich durchlaufen.

Der Arbeitspunkt des Gatters bei Eingangsspannungen $V_{SS} < V_{in} < V_{DD}$ ist dadurch festgelegt, daß bei gegebener Eingangsspannung die Drain-Ströme der beiden Serientransistoren i_D^n und i_D^P entgegengesetzt gleich sind. Die zugehörigen Drain-Source- bzw. Ausgangsspannungen können grafisch ermittelt werden, indem man aus den Transistorkennlinien aus Abb. 4.3 für die entsprechenden W/L-Verhältnisse unter Beachtung der Polaritäten die Spannungswerte heraussucht, bei denen $i_D^n = i_D^P$ gilt. Besonders einfache Verhältnisse herrschen bei Eingangsspannungswerten $V_{in} < u_{th}^n$ und $V_{in} > V_{DD} - |u_{th}^P|$. Hier sperrt der NMOS- bzw. der PMOS-Transistor, $i_D^n = i_D^P = 0$, und die Ausgangsspannung bleibt fest auf 0V bzw. Betriebsspannung. Abbildung 4.9 zeigt die gesamte statische Gleichstromübertragungsfunktion eines CMOS-Inverters. Komplexere Gatter wie NAND- und NOR-Gatter haben bei entsprechender Beschaltung qualitativ die gleichen Übertragungsfunktionen.

Die dynamischen Kennwerte von CMOS-Gattern bestimmen die erzielbaren Datenraten in Digitalschaltungen. Besonders wichtig ist dabei die Signallauf- oder Verzögerungszeit. Verzögerungszeiten werden üblicherweise (Abb. 4.10) über die zeitlichen Abstände zwischen den 50%-Werten der Eingangs- und Ausgangssignale definiert (50%-Wert = $V_{DD}/2$ = 2,5V). Die Laufzeiten sind i. d. R. für steigende und fallende Eingangssignale unterschiedlich und werden als T_r bzw. T_f bezeichnet (r: *rising*, engl. steigend; f: *falling*, engl. fallend). Diese Verzögerungszeiten werden im wesentlichen von den Eingangskapazitäten der Folge-

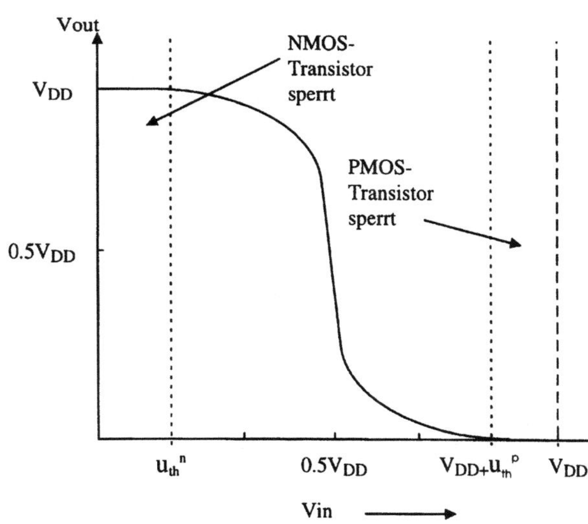

Bild 4-9. Schematische Darstellung der statischen Übertragungskennlinie des CMOS-Inverters. Die geringere Verstärkung des PMOS-Transistors wurde durch eine im Vergleich zum NMOS-Transistor verdoppelte Transistorweite W ausgeglichen

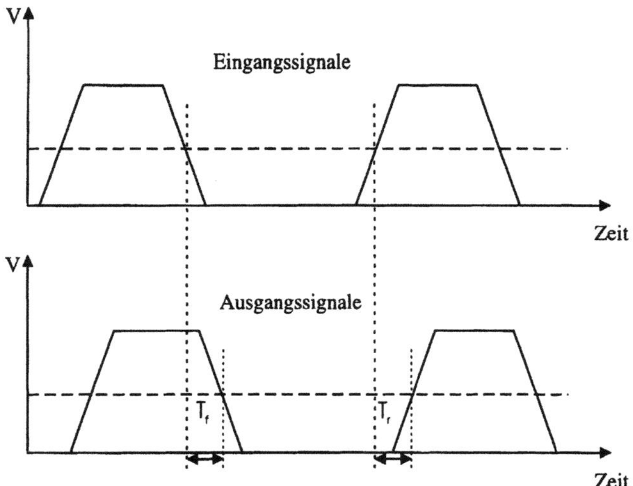

Bild 4-10. Schematische Darstellung der Verzögerungszeiten eines CMOS-Gatters

gatter verursacht, denn diese kapazitiven Lasten C_L am Gatterausgang müssen bei Signalwechseln umgeladen werden. C_L und damit die Verzögerungszeit wird vom Fan-out des Gatters und der Dimensionierung (also den W/L-Verhältnissen) der Eingangstransistoren der Folgegatter bestimmt. Als technologische Größe geht c_{ox}, die flächenspezifische Kapazität von Gatelektroden, ein.

Analytisch können die Verzögerungszeiten nur für sehr einfache Gatter und Rechteckimpulse am Gattereingang berechnet werden [7]. Wird z. B. der Inverter mit einem positiven Einheitssprung zur Zeit t = 0 angesteuert, dann entlädt der NMOS-Transistor die auf V_{DD} liegende Lastkapazität nach der Differentialgleichung:

$$i_D^n = -C_L \cdot dV_{out} / dt. \qquad (4.5)$$

Der PMOS-Transistor bleibt passiv und kann vereinfachend weggelassen werden (Abb. 4.11). Am Anfang des Entladevorgangs arbeitet der NMOS-Transistor im Sättigungsbereich, der Entladestrom ist konstant (s. Gl. 4.3). Sobald aber V_{out}, die Ausgangsspannung, unter V_{DD} ($\equiv V_{in}$) – u_{th}^n sinkt, also etwa bei 4V, wechselt der Transistor in den linearen Bereich, und der Entladestrom wird zeitabhängig (Gl. 4.2). Die Verzögerungszeit T_r ist genau dann erreicht, wenn $V_{out}(t)$ den Wert $V_{DD}/2$ annimmt. Setzt man in der integrierten Differentialgleichung $V_{out}(t) = V_{DD}/2$ und löst nach der Zeit auf, erhält man

$$T_r = k \frac{C_L}{\beta_n \cdot V_{DD}} \qquad (4.6)$$

Die Proportionalitätskonstante k ist prozeßabhängig und wird von der Einsatzspannung des NMOS-Transistors bestimmt. Ein typischer Wert für die Konstante liegt bei 3 [7].

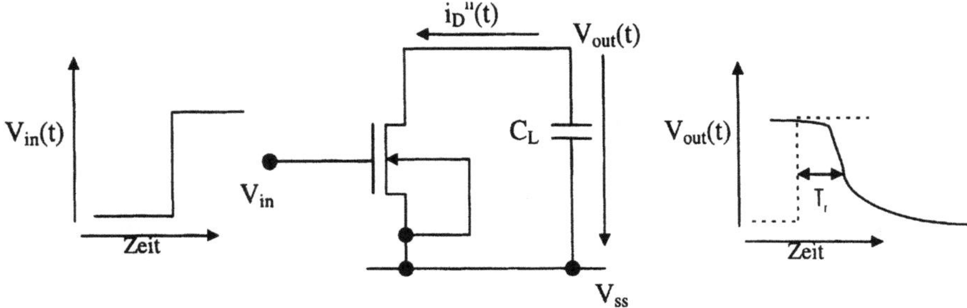

Bild 4-11. Schaltbild zur Bestimmung der Verzögerungszeit eines Inverters (nach [1]) bei einem positiven Einheitssprung (links). Das Ausgangssignal fällt exponentiell (rechts)

Für fallende Eingangssignale lassen sich äquivalente Rechnungen durchführen, bei denen ausschließlich der PMOS-Transistor berücksichtigt wird:

$$T_f = k \frac{C_L}{\beta_p \cdot V_{DD}}. \tag{4.7}$$

Stimmt die Einsatzspannung des PMOS-Transistors betragsmäßig mit der Einsatzspannung des NMOS-Transistors überein, kann man etwa mit der gleichen Proportionalitätskonstante von typischerweise 3 rechnen, wie bei steigenden Eingangsflanken.

Man erkennt anhand der Ergebnisse (4.6) und (4.7), daß die Verzögerungszeiten T_f und T_r eines Inverters nur von der Ausgangslast C_L und der Transistordimensionierung W/L abhängen. Um die Abhängigkeit der Signallaufzeit von der Richtung der Schaltflanke zu eliminieren, ist der Unterschied in den Ladungsträgerbeweglichkeiten μ_h und μ_n zu kompensieren. Symmetrische Schaltzeiten, d. h. $T_r = T_f$, entstehen, wenn man die W/L-Verhältnisse der PMOS-Bauelemente etwa doppelt so groß auslegt wie die W/L-Faktoren der NMOS-Transistoren. Wenn aus Flächen- und Eingangskapazitätsgründen ausschließlich Transistoren mit minimal zulässiger Kanallänge eingesetzt werden, sind PMOS-Transistoren in Invertern also mit der doppelten Transistorweite auszulegen, wie die n-Kanal-Bauelemente. Entsprechend dimensionierte Transistoren wurden auch bei der Berechnung der Gleichstromübertragungsfunktion in Abb. 4.9 verwendet. Bei solchen „symmetrischen" Invertern liegt die Schaltschwelle (V_{in} = V_{out}) bei V_{DD} /2, also genau zwischen den beiden Logikpegeln.

4.2.4
Analoge Grundschaltungen

Die bisher vorgestellten Schaltungen führen digitale Funktionen aus. Die meisten integrierten Digitalschaltungen enthalten aber auch analoge Schaltungsteile, mit denen z. B. interne Signale verstärkt oder bewertet werden. Besonders häufig werden Spannungsteiler, Stromspiegelschaltungen und Differenzverstärker verwendet. Mit diesen Komponenten beschäftigen sich die nächsten Unterabschnitte.

4.2.4.1
Spannungsteiler und aktive Lasten

Widerstände mit ohmschem Verhalten in integrierten Schaltungen bestehen entweder aus polykristallinen Silizium-Leitbahnen oder diffundierten Zonen. Hochohmige Widerstände können unter Umständen relativ große (teure) Chipflächen beanspruchen. In manchen Fällen, z. B. zum Vorladen der Bitleitungen eines statischen Speicherbausteins (s. Kap. 8), kommt es weniger auf ohmsches Verhalten des Widerstands an, sondern auf einen festen Spannungsabfall am Bauelement bei geringen Flächenbedarf. Hier werden sog. aktive Lasten eingesetzt. Dabei handelt es sich um MOS-Transistoren, bei denen Gate- und Drain-Elektrode kurzgeschlossen sind (Abb. 4.12).

Bei dieser Verschaltung wird der mehrdeutige Zusammenhang zwischen Drainstrom und der Gate-Source-Spannung aufgehoben. Das Kleinsignalverhalten des Transistors entspricht dann dem eines Widerstands: Aufgrund der Verbindung von Gate-and-Drain-Anschluß gilt $u_{DS} > u_{GS} - u_{th} = u_{DS} - u_{th} > 0$. Deshalb arbeitet der Transistor stets im Sättigungsbereich und die Strom-Spannungskennlinie ist z. B. bei einem NMOS-Transistor durch den parabolischen Zusammenhang

$$i_D = \tfrac{1}{2}\beta_n\left\{\left(u_{DS} - u_{th}\right)^2\right\} \tag{4.8}$$

vorgegeben. Die gewünschte Spannung zwischen Drain- und Source-Anschluß des Transistors kann bei einem gegebenen Strom über die Transistorverstärkung, also das W/L-Verhältnis, eingestellt werden.

Aktive Lasten können mit NMOS-und PMOS-Transistoren aufgebaut werden. Bei der NMOS- oder PMOS-Variante sollte, falls möglich, der Source-Anschluß mit dem Massepotential bzw. der Versorgungsspannung verbunden werden. Diese Maßnahme unterdrückt den Substratsteuereffekt, weil dann Source- und Bulkknoten der Transistoren auf gleichem Potential liegen ($u_{SB} = 0$). Andernfalls würde die Einsatzspannung mit dem Sourcepotential ansteigen und der direkte Zusammenhang zwischen i_D und u_{DS} (Gl. 4.8) ginge verloren.

Schaltet man eine aktive PMOS- und eine aktive NMOS-Last in Reihe, entsteht ein sog. *Spannungsteiler* (Abb. 4.12). Diese Schaltung gibt am Ausgang eine Spannung zwischen Masse- und Versorgungspotential ab, die über die Transistordimensionen und den Strom einstellbar ist. Diese Spannung kann wie folgt

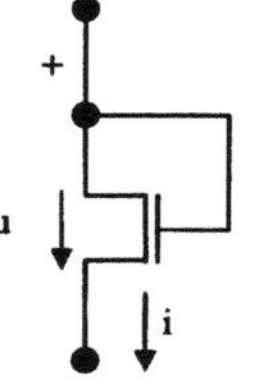
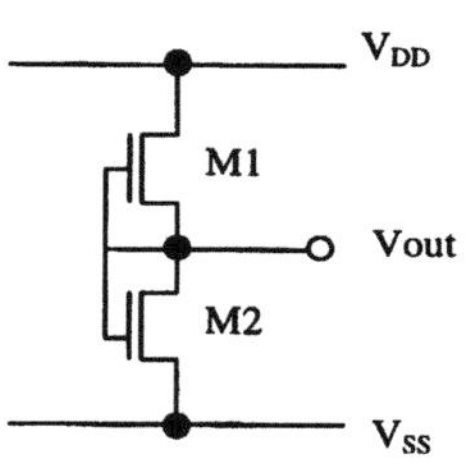

Bild 4-12. Aktive NMOS-Last (links) und Spannungsleiter (rechts). M1 ist der PMOS- und M2 der NMOS-Transistor (nach [5])

berechnet werden: Da in beiden Transistoren der gleiche Strom fließt, gilt nach
Gl. (4.8) die folgende Beziehung für die Drain-Source-Spannungen der beiden
Transistoren:

$$u_{DS1} = \left\{\beta_2 / \beta_1\right\}^{1/2} \cdot \left(u_{DS2} - \left|u_{thn}\right|\right) + u_{thp}.$$

Die beiden Größen u_{thp} und u_{thn} sind die Einsatzspannungen von PMOS- und
NMOS-Transistor. Gibt man die Ausgangsspannung V_{out} und den Strom i vor,
der durch die Transistoren fließt, kann man die Transistorabmessungen aus obiger Gleichung und der Gleichung für den Drainsstrom im Sättigungsbereich
(4.3) berechnen (s. Übungsaufgabe 4.1).

4.2.4.2
Stromspiegelschaltungen

Eine häufig in analogen Schaltungsteilen eingesetze Komponente ist die *Stromspiegelschaltung*, mit der Quellströme einstellbarer Stärke erzeugt werden können (Abb. 4.13). Da in identisch dimensionierten MOS-Transistoren gleichen
Leitungstyps bei gleicher Gate-Source-Spannung auch gleiche Drainströme fließen, stimmen die Ströme I_{ref} und I_a im Referenz- und im Ausgangszweig überein. Der Referenzstrom wird also in den Ausgangszweig „gespiegelt". Der MOS-Transistor im Referenzzweig arbeitet in Sättigung, da wie bei der aktiven Last
Gate- und Drain-Elektrode kurzgeschlossen sind. Die Gate-Source-Spannung
u_{GS} der beiden Transistoren kann aus dem Ohmschen Gesetz und Gl. (4.8) berechnet werden:

$$I_{ref} = \left(1 / R_L\right)\left(V_{DD} - u_{GS}\right) = \tfrac{1}{2}\beta_n\left(u_{GS} - u_{th}\right)^2.$$

Löst man diese Gleichung nach u_{GS} auf, so erhält man die Spannung, die bei gegebenem Referenzstrom die Gates der gleich ausgelegten Transistoren M1 und
M2 ansteuert. Da M1 in Sättigung arbeitet, gilt dies auch für M2. Werden Kanallängen-Modulationseffekte vernachlässigt, gilt unabhängig von der Spannung

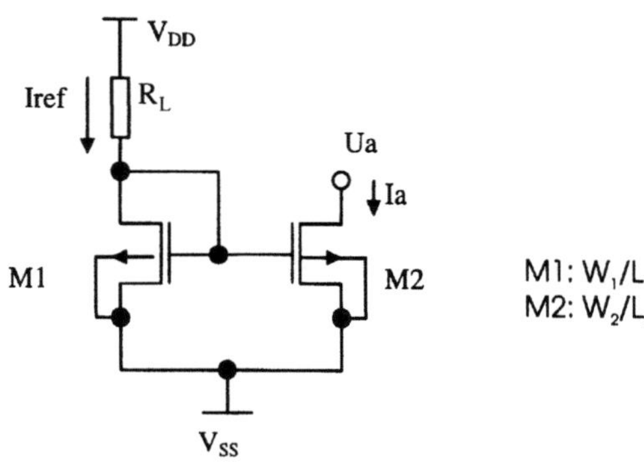

Bild 4-13. Stromspiegel-schaltung aus NMOS-Transistoren

U_a die Beziehung $I_a = I_{ref}$. Werden beliebige W/L-Verhältnisse bei beiden Transistoren zugelassen, dann folgt für das Verhältnis der beiden Ströme

$$I_a / I_{ref} = \left(L_1 W_2 / W_1 L_2 \right). \tag{4.9}$$

Durch geeignete Transistordimensionen können daher Ausgangsströme erzeugt werden, die um konstante Faktoren größer oder kleiner als die Referenzströme sind.

Die bisherigen Betrachtungen gelten nur für ideale Stromspiegelschaltungen. In realen Schaltungen treten drei Effekte auf, die zu Abweichungen vom idealen Verhalten führen:

- *Kanallängenmodulation*: Bei Transistoren mit kurzen Kanällängen können die zur Ableitung von Gl. (4.9) verwendeten Langkanal-Transistorgleichungen nicht mehr angewendet werden. Statt dessen wächst der Drainstrom im Sättigungsbereich mit der Drain-Source-Spannung nach der Formel:

$$i_D = \tfrac{1}{2} \beta_n \left\{ \left(u_{GS} - u_{thn} \right)^2 \left(1 + \lambda u_{DS} \right) \right\}.$$

„λ" ist der sog. Kanallängen-Modulationsfaktor. Das Stromverhältnis in Gl. (4.9) wird deshalb von den u_{DS}-Werten der beiden Transistoren, also vom Spannungsabfall im Referenzwiderstand und der Spannung U_a im Ausgangszweig, mitbestimmt. Die Betriebsbedingungen von Stromspiegeln sollten so gewählt werden, daß sich in beiden Zweigen annähernd gleiche u_{DS}-Werte einstellen.

- *Versatz der Einsatzspannungen*: Die Einsatzspannungen von MOS-Transistoren schwanken innerhalb eines Chips. Typische Werte für Einsatzspannungsunterschiede identisch dimensionierter und eng benachbarter Transistoren auf gleichem Substrat sind etwa 10 mV. Wie Gl. (4.8) zeigt, geht die Einsatzspannung quadratisch in den Sättigungs-Drainstrom der Transistoren ein. Nach ALLEN und HOLBERG [5] verursachen technologisch bedingte Schwankungen in den Einsatzspannungen und andere Transistorparameter Stromfehler im Ausgangszweig von Stromspiegeln, die in der Größenordnung von 10% liegen.
- *Geometriefehler*: Transistoren in einer integrierten Schaltung können nie genau die Weiten und Längen aufweisen, die im Layout eingezeichnet waren. Dies liegt an technischen Unzulänglichkeiten bei der Strukturübertragung und -erzeugung. Der typische Fehler bei der Maskenjustage und damit auch bei der Kanallänge liegt beispielsweise etwa bei ±0,1 μm [3]. Diese Fehler sind in Gl. (4.9) für die Stromverhältnisse in Referenz- und Ausgangszweig zu berücksichtigen. Um die Auswirkungen der zu erwartenden Geometrieabweichungen zu unterdrücken, werden die Transitorweiten und -längen in Stromspiegelschaltungen meist wesentlich größer gewählt als notwendig. Bei Transistordimensionen im Bereich von 10 μm liegen geometriebedingte Stromfehler unterhalb eines Prozents und können gegenüber anderen Fehlerquellen vernachlässigt werden.

4.2.4.3
Differenzstufen und Komparatoren

Differenzverstärker und Komparatoren dienen zum Verstärken bzw. zum Bewerten kleiner Spannungsdifferenzen. Komparatoren, die zwei analoge Signale miteinander vergleichen und das Ergebnis des Vergleichs als Digitalwert ausgeben, sind wichtige Komponenten von Analog/Digital-Wandler-Schaltungen oder in Speicherbereichen von Logikchips. Differenzstufen werden außer in der analogen Schaltungstechnik auch in digitalen Höchstgeschwindigkeitsschaltungen eingesetzt, in denen häufig Differenzsignale zur internen Datenübertragung verwendet werden, die zur elektronischen Verarbeitung verstärkt werden müssen.

Der Prototyp einer Differenzstufe (Abb. 4.14) besteht aus einer Konstantstromquelle, die den Strom i_{ref} liefert, zwei identischen Lastwiderständen R_L und zwei gleich dimensionierten Transistoren M1 und M2 (hier vom PMOS-Typ).

Die Source-Anschlüsse der beiden Transistoren sind über die Lastwiderstände mit der Versorgungsspannung verbunden. Die Drain-Anschlüsse liegen auf gleichem Potential und werden von der Gleichstromquelle gespeist.

Im sog. *Common Mode-Betrieb* einer Differenzstufe sind die beiden Eingangsspannungen gleich ($u_{in+} = u_{in-} \equiv u_{com}$), und die Gate-Source-Spannungen der beiden Transistoren sind durch die Differenz von u_{com} und den Spannungsabfall in der Stromquelle u_{qu} gegeben:

$$u_{GS1} = u_{GS2} = u_{com} - u_{qu}.$$

Offensichtlich fließt in beiden Transistoren der gleiche Drainstrom. Die Ausgangsspannungen, die bei gegebenen Eingangsspannungswerten über die Di-

Bild 4-14. Differenzstufe aus
NMOS-Transistoren [7]

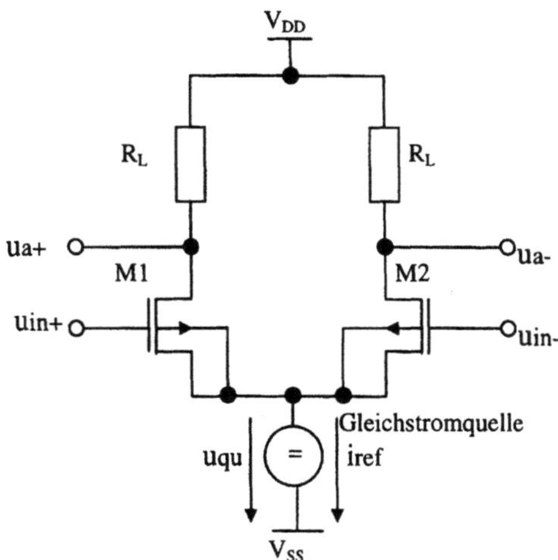

mensionierung der Lastwiderstände und des Refenzstroms eingestellt werden
können, sind ebenfalls identisch: $u_{a+} = u_{a-}$. Werden beide Eingangsspannungen
um den gleichen Betrag erhöht (gesenkt), dann fließt ein größerer (kleinerer)
Drainstrom in den Transistoren. Der Referenzstrom teilt sich aber nach wie vor
gleichmäßig auf beide Zweige auf. Da sich der Refenzstrom nicht ändern kann,
steigt (sinkt) die Spannung längs der Stromquelle entsprechend. Die Ausgangsspannungen ändern sich zumindest bei der hier betrachteten idealen Stromquelle nicht. Es gilt nach wie vor $u_{a+} = u_{a-}$ und die Verstärkung der Differenzstufe unter Gleichbedingungen A_{com} ergibt sich als Verhältnis der Ausgangs- zur
Eingangsspannungsdifferenz zu

$$A_{com} = u_{a+} - u_{a-} \, / \, u_{in+} - u_{in-} \equiv \Delta u_a \, / \, \Delta u_i = 0.$$

Werden unsymmetrische Eingangsspannungen (*Differential-Mode-Betrieb*) angelegt, dann fließen in beiden Zweigen unterschiedliche Ströme, weil die beiden
Transistoren unterschiedlich angesteuert werden. Aufgrund der unterschiedlichen Spannungsabfälle in den Lastwiderständen stellen sich unterschiedliche
Ausgangsspannungen ein. Wird im Sinne einer Kleinsignalrechnung die Span-
nung u_{in+} um Δu erhöht, während u_{in} um Δu gesenkt wird, dann wird der Drainstrom in M1 um Δi steigen und in M2 um Δi abnehmen. Die Spannung u_{a+} wird
deshalb um den Betrag $\Delta i \, R_L$ sinken, während u_{a-} um den gleichen Betrag $\Delta i \, R_L$
wächst. Die Differenz der Eingangsspannungen wird verstärkt und die *Diffe-
renzverstärkung* $A_{diff} = \Delta u_a \, / \, \Delta u_i$ ($\Delta u_a = -2\Delta i \, R_L$; $\Delta u_i = 2\Delta u$) beträgt in diesem
Betriebszustand

$$A_{diff} = -\Delta i \, R_L \, / \, \Delta u. \tag{4.10}$$

Für die angenommenen kleinen Strom- und Spannungsänderungen wird das
Verhalten der Transistoren durch die sog. *Kleinsignalparameter* [1] beschrieben.
Der Kleinsignalparameter, der die Verstärkung der Differenzstufe bestimmt, ist
die *Transistorsteilheit* g_m, die als Differenzenquotient aus Drainstromänderung
Δi und Änderung der Gate-Source-Spannung Δu definiert ist. Folglich kann die
Differenzverstärkung als

$$A_{diff} = -g_m \, R_L \tag{4.11}$$

geschrieben werden, wobei im Sättigungsbereich der Transistoren g_m durch die
Beziehung

$$g_m = \beta \left(u_{GS} - u_{th} \right) \tag{4.12}$$

gegeben ist. Mit großen Lastwiderständen und großen Eingangstransistoren M1
und M2 läßt sich offensichtlich die Verstärkung der Stufe erhöhen. In der
Übungsaufgabe 4.2 wird ein Beispiel gerechnet.
    Stromquellen von Differenzstufen kann man in CMOS-Schaltungen am ein-
fachsten durch einen MOS-Transistor in Sättigung realisieren. Dieser Transistor

Bild 4-15. Komparator mit NMOS-Eingangstransistoren und einem PMOS-Stromspiegel als Lastwiderstand (nach [5])

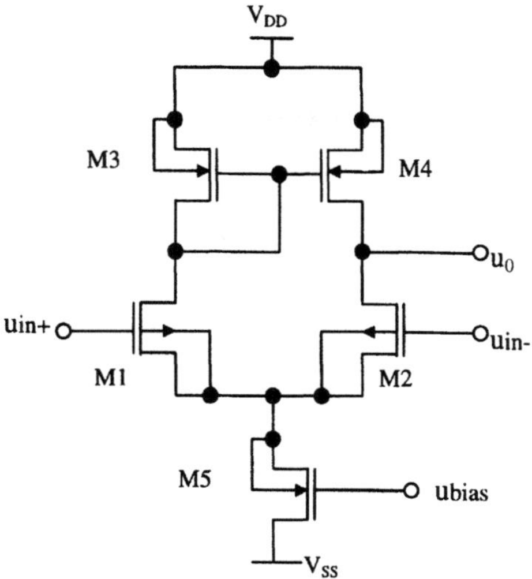

liefert, abgesehen von der Kanallängenmodulation, näherungsweise einen konstanten, also nicht von u_{DS} abhängigen Strom. Die Kanallängenmodulation läßt sich zwar wie bei Stromspiegeln durch MOS-Transistoren mit besonders großen L-Werten weitgehend reduzieren, dennoch werden Gleichtaktsignale verstärkt ($A_{com} \neq 0$). Die Güte einer Differenzstufe, wird daher üblicherweise am Verhältnis aus Differenz- und Gleichtaktverstärkung, dem sog. *Common Mode Rejection Ratio* (CMRR), gemessen und liegt bei einer idealen Differenzstufe im Unendlichen.

Um die Lastwiderstände flächensparend zu realisieren, werden häufig Stromspiegelschaltungen eingesetzt, die im Gleichtaktbereich eine symmetrische Stromaufteilung auf beide Zweige garantieren. Die in Abb. 4.15 gezeigte Schaltung ist eine Komparatorschaltung, bei der statt einer Differenzspannung eine massebezogene Ausgangsspannung u_0 die verstärkte Eingangsspannungsdifferenz darstellt.

Die Differenzverstärkung des Komparators kann nach ALLAN und HOLBERG [5] aus der Transistorverstärkung des Transistors M2, den Kanallängenmodulationsfaktoren von M2 und M4 sowie der Wurzel des Referenzstroms i_5 abgeschätzt werden, der über die Vorspannung u_{bias} eingestellt werden kann:

$$A_{diff} = 2\beta_2^{1/2} / i_5^{1/2} \left(\lambda_2 + \lambda_4 \right). \tag{4.13}$$

Wie die Kennlinie der Komparatorschaltung zeigt (Abb. 4.16), überstreicht das Ausgangssignal nicht das gesamte Spannungsintervall zwischen Masse- und Betriebspotential. Der nutzbare Pegelbereich zwischen u_0^{min} und u_0^{max} kann mit den Formeln [5]

$$u_0^{min} \approx u_{in+} - u_{th} \tag{4.14a}$$

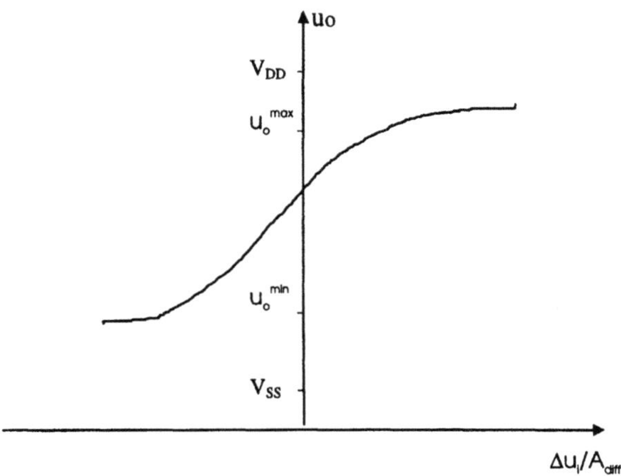

Bild 4-16. Komparatorübertragungskennlinie (nach [5])

und

$$u_0^{max} \approx V_{DD} - (i_5 / b_3)^{1/2} \tag{4.14b}$$

näherungsweise berechnet werden.

Aufgrund des beschränkten Ausgangsspannungsbereichs und der endlichen Verstärkung stellt die diskutierte Schaltung noch nicht die ideale Komparatorfunktion dar, denn per Definition sollte am Ausgang je nach Vorzeichen von Δu_i eine logische „1" oder eine logische „0" ausgegeben werden. Deshalb wird der Komparatorschaltung aus Abb. 4.15 üblicherweise noch eine CMOS-Inverterstufe nachgeschaltet, die sowohl die Verstärkung erhöht als auch für volle logische Ausgangspegel sorgt.

Wie bei Stromspiegelschaltungen sind auch bei Komparatoren und Differenzstufen Toleranzen bei den Einsatzspannungen und den Transistorabmessungen (*Mismatch*) zu berücksichtigen. Deshalb werden bei $\Delta u_i = 0V$ nichtverschwindende Ausgangsdifferenzspannungen festgestellt. Um den Einfluß dieser nichtidealen Effekte zu charakterisieren, definiert man häufig eine sog. *Offset-Spannung* u_{offset}. Liegt diese Differenzspannung an den Eingängen des Komparators an, dann werden die toleranzbedingten Stromfehler genau ausgeglichen. Typische Werte für u_{offset} in CMOS-Technologien für gemischt digital-analoge Anwendungen liegen im Bereich 10 mV.

4.2.5
Dynamische Schaltungen

Bei den bisher behandelten Logikgattern handelte es sich um *statische* Schaltungen, bei denen der Ausgangszustand ausschließlich durch die Eingangssignale bestimmt wird. Hängt der Ausgangszustand zusätzlich von Steuer- und Taktsi-

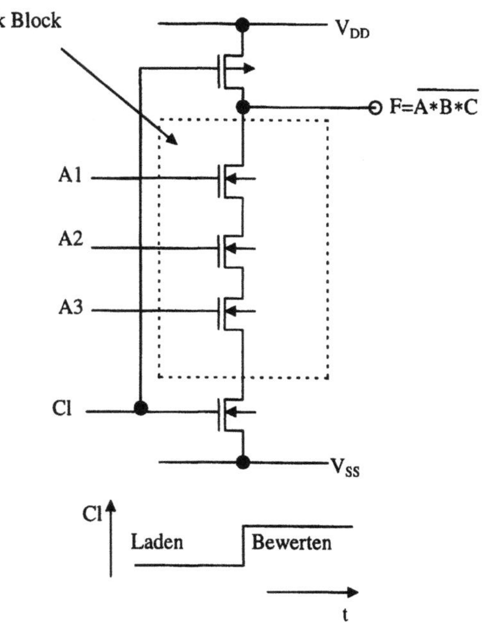

Bild 4-17. Dynamisches Dreifach-NAND-Gatter. Das Symbol „*" kennzeichnet eine UND-Verknüpfung. Das statische Dreifach-NAND-Gatter benötigt einen Transistor mehr und belastet die Eingangssignale A1, A2 und A3 mit der doppelten Eingangskapazität

gnalen ab, spricht man von *dynamischen* Schaltungen, die flächensparender ausgelegt werden können und kleinere Verzögerungszeiten aufweisen.

Ein typisches dynamisches Gatter besteht im Gegensatz zu einem statischen Logikgatter nur aus einem NMOS-Block, dessen Ausgangsknoten über einen PMOS-Transistor auf Betriebspotential (logische „1") vorgeladen werden kann (Abb. 4.17). An die Vorladephase schließt sich eine Bewertungsphase an, während der je nach Eingangssignalkombination der Ausgangsknoten auf Null entladen wird oder nicht.

Die Steuerung der zeitlichen Abläufe übernimmt das Taktsignal „Cl". Solange Cl auf Null Volt liegt, wird vorgeladen. Wechselt Cl auf „1", wird die Verbindung zum Masseanschluß geschlossen und die logische Auswertung der Eingangsignale kann erfolgen.

Dynamische Logikgatter können auch komplementär aus einem PMOS-Logikblock und einem mit Masse verbundenen NMOS-Vorladetransistor aufgebaut werden. Während der Bewertephase kann dann eingangsignalabhängig der Ausgangsknoten auf Betriebsspannung gezogen werden.

Der Geschwindigkeitsvorteil im Vergleich zu statischer Logik resultiert aus der reduzierten Zahl der anzusteuernden Transistoren. Da weniger Bauelemente eingesetzt werden, sind dynamische Gatter zusätzlich flächensparend.

4.2.6
Speicherschaltungen

Komponenten, wie Registerschaltungen, Flip-Flops und Speicherzellen, werden in jeder integrierten Schaltung eingesetzt, um Daten und Zwischenresultate zu speichern. Registerbänke in Mikroprozessorschaltungen in denen Daten- oder Befehlsworte abgelegt werden, sind ein bekanntes Anwendungsbeispiel. Auch bei der Datenspeicherung steuern Taktsignale die Datenübernahme und -ausgabe.

Eine wichtige Rolle beim Entwurf von Speicherschaltungen spielen die *Pass-Transistoren* (*to pass*, engl. weiterleiten), die wie elektrische Schalter über Taktsignale geöffnet und geschlossen werden können. Mit der Pass-Transistortechnik lassen sich kompakte und schnelle dynamische Registerschaltungen aufbauen. Als Beispiel ist in Abb. 4.18 ein D-Flip-Flop in Pass-Transistortechnik und in normaler statischer Schaltungstechnik zu sehen. Im Vergleich zur konventionellen Variante aus Logikgattern mit 14 Transistoren besteht das dynamische Flip-Flop nur aus Invertern und Transfertransistoren mit ingesamt 6 Transistoren. Allerdings wird zusätzlich das invertierte Taktsignal benötigt.

In beiden Schaltungen steuern die Pegel des *Cl*-Signals das Einschreiben und Auslesen der Information D. Bei *Cl* = 1 wird das Bit *D* vom Flip-Flop übernommen und gespeichert. Sobald das Taktsignal auf „low" geht, liegt das gespeicherte Datum D am Ausgang Q an.

Die gespeicherte Information bleibt in einem dynamischen Flip-Flop allerdings nicht dauernd erhalten, denn die Ladung des speichernden Knotens geht

a

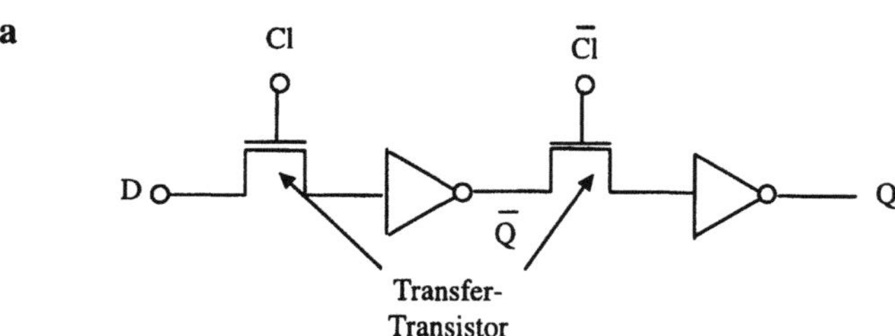

b

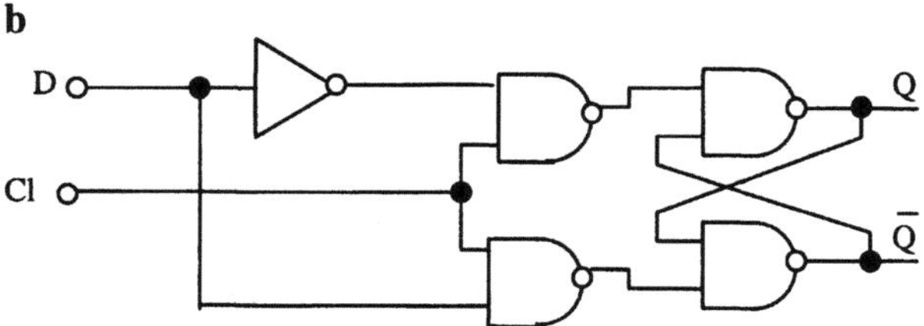

Bild 4-18. D-Klipp-Glied (Flip-Flop) in dynamischer **(a)** und statischer **(b)** Ausführung: Die Schaltung wird über das Taktsignal Cl („Clock") gesteuert und übernimmt bei Cl = 1 das Datum D

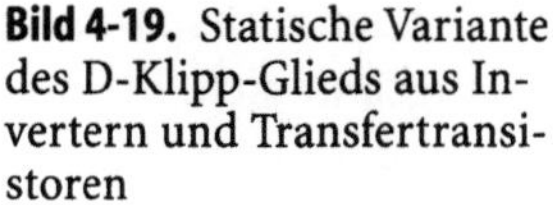

Bild 4-19. Statische Variante des D-Klipp-Glieds aus Invertern und Transfertransistoren

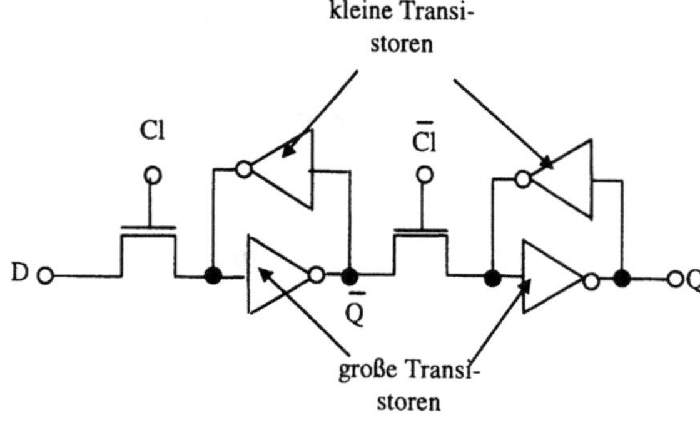

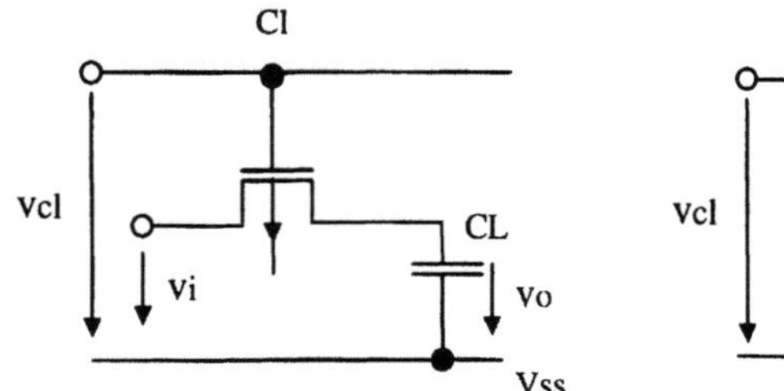

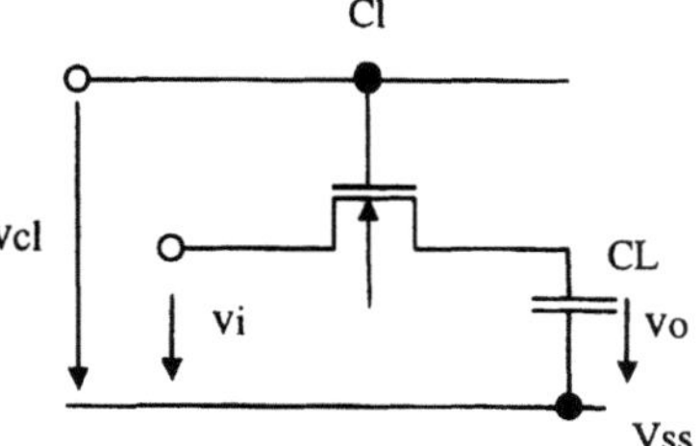

Bild 4-20. NMOS- und PMOS-Pass-Transistoren. Die Lastkapazität CL symbolisiert die Eingangskapazität eines nachfolgenden Gatters. Die Lage der Source- und Drainknoten hängt von den Pegeln der Signale v_i und v_o ab

durch Leckströme nach einigen Millisekunden verloren. Der gespeicherte Wert muß also regelmäßig erneuert werden. Um diese periodischen *Refresh-Zyklen* zu vermeiden, kann man die Inverterausgänge rückkoppeln (Abb. 4.19).

Damit die so modifizierte Kippschaltung beschreibbar bleibt, sind die Rückkoppelinverter mit „schwachen" Transistoren, also mit viel kleineren W/L-Verhältnissen auszulegen als die Hauptinverter.

4.2.7
Signalübertragung in Pass-Transistoren und Transfergattern

Pass-Transistoren sind keine idealen Schalter, denn diese Transistoren übertragen die beiden logischen Pegel unterschiedlich gut. Liegt bei einem NMOS-Transistor, wie in Abb. 4.20 gezeigt, der Ausgang auf Masse ($v_o = V_{SS}$) und am Eingang der logische Pegel „1" an, dann wird nach dem Wechsel des Steuersignals Cl von „0" auf „1" die Ausgangskapazität CL aufgeladen. Während des Ladevorgangs liegen Drain- und Gateanschluß des Transistors konstant auf der Betriebsspannung ($v_i = V_{DD}$, $v_{cl} = V_{DD}$). Das Potential des Sourceknotens ändert sich und folglich durchläuft der Transistor verschiedene Betriebsbereiche. Anfänglich wird CL vom Sättigungsstrom geladen ($u_{DS} > u_{GS} - u_{th} > 0$). Sobald das Potential am Sourceknoten die Einsatzspannung erreicht, wechselt der Transistor in den linearen Betriebszustand. Mit wachsender Kondensatorspannung nimmt der Drainstrom ab und der Umladevorgang verlangsamt sich. Erreicht die Sourcespannung den Wert $v_{cl} - u_{th}$, schaltet der Transistor ab, weil $u_{GS} - u_{th}$ ≤ 0 gilt und der Transistor sperrt. Die maximal erreichbare Ausgangsspannung des NMOS-Pass-Transistors liegt folglich bei $v_o = V_{DD} - u_{th}$ und nicht etwa bei der vollen Betriebsspannung. Die logische „1" wird also degradiert übertragen. Die Pegelverschlechterung wird zusätzlich durch den Substratsteuereffekt verstärkt, der die Einsatzspannung u_{th} vergrößert. Da das Substrat des NMOS-Pass-Transistors mit Masse verbunden ist, erreicht die Source-Bulk-Spannung u_{SB} (s. Gl. 4.4) am Ende des Ladevorgangs den Wert $u_{SB} = v_o$. Über einen NMOS-Transistor lassen sich Knoten daher auch bei beliebig hohem Drainströmen typischerweise nur auf Spannungen zwischen 3 und 4 V aufladen.

Die Übertragung von logischen Nullen ($v_i = V_{SS}$) bereitet NMOS-Pass-Transistoren hingegen keine Probleme. Bei aufgeladener Ausgangselektrode ($v_o = V_{DD}$), bleibt nach dem Signalwechsel am Takteingang die Gate-Source-Spannung fest auf $u_{GS} = v_{cl} = V_{DD}$ denn diesmal ist der Ausgangsknoten mit der veränderlichen Spannung der Drainanschluß, während die Sourcespannung an der Eingangsseite fest auf Masse liegt. Die Knotenkapazität CL wird daher vollständig auf den idealen Logikpegel 0 V entladen. Der Entladevorgang beginnt wieder mit dem Sättigungsbereich. Bei $v_o = V_{DD} - u_{th}$ wechselt der Transistor in der Linearbetrieb. Der Drainsstrom entlädt den Kondensator vollständig, allerdings nimmt der Strom mit sinkender Kondensatorspannung ab.

Als Pass-Transistoren können auch PMOS-Bauelemente eingesetzt werden, die durch ein auf Null wechselndes Taktsignal eingeschaltet werden. Da sich PMOS-Bauelemente aber nicht anders als NMOS-Transistoren verhalten, wenn nur die Vorzeichen aller Spannungen und Ströme vertauscht werden, kommt es auch hier zu Pegelverschlechterungen. Allerdings ist diesmal die Übertragung der logischen Null problematisch, während die logische „1" unverändert an den Ausgangsknoten transferiert wird.

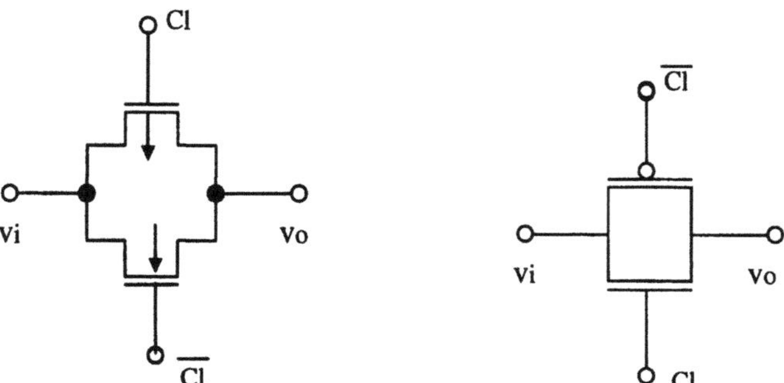

Bild 4-21. Schaltbild (links) und Symbol (rechts) eines CMOS-Transfergatters. Der offene Kreis am symbolischen Gate des oberen Transistors deutet an, daß hier das Eingangssignal die invertierte Wirkung bei einem NMOS-Transistor zeigt

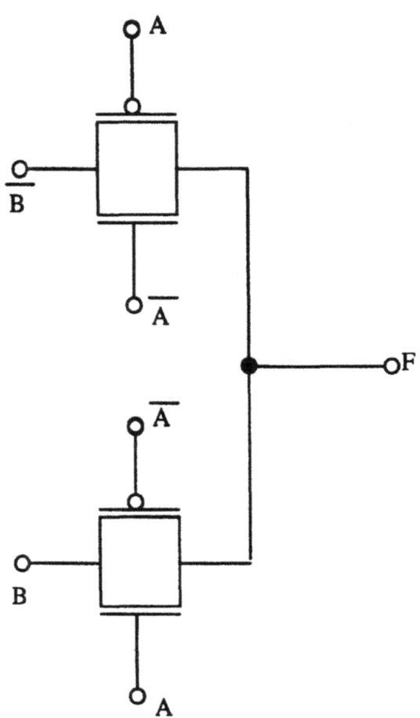

Bild 4-22. Schaltbild eines kompakten CMOS-Exklusiv-ODER-Gatters aus Transfergattern $F = A \oplus B$. Dieses Gatter kann bei der Verwendung von konventionellen Logikgattern nur aus mehreren Einzelgattern zusammengesetzt werden

Transfergatter

Da Signaldegradierungen die Betriebssicherheit von Schaltungen beeinflussen können, werden NMOS- und PMOS-Bauelemente, wie in Abb. 4.21 gezeigt, zu sog. *Transfergattern* kombiniert. Transfergatter sind bidirektionale Komponenten mit idealem Übertragungsverhalten, die in integrierten CMOS-Schaltungen als Schalter oder zum Multiplexen von Signalen verwendet werden können, und die sich sogar zum kompakten Aufbau von logischen Funktionen (Abb. 4.22) eignen.

Allerdings wird zum Schalten eines Transfergatters nicht nur das Steuersignal selbst, sondern auch zusätzlich das invertierte Steuersignal benötigt. Es ist weiterhin zu beachten, daß Signalpegel beim Durchlaufen von Transfergattern sich zwar nicht verschlechtern, aber im Unterschied zu den bisher behandelten Logik-Gattern auch nicht regeneriert werden. Deshalb sind zwischen verschiedenen Transfergattern zusätzliche Treiberstufen vorzusehen.

4.3
Takte

Mit den bisher diskutierten Grundschaltungen können hochkomplexe integrierte Systeme aufgebaut werden. Bereits einfachste ASICs bestehen heute aus einigen tausend logischen Gattern. Um den Informationsfluß in diesen komplexen Systemen zu kontrollieren, werden alle Ereignisse durch einen zentralen *Systemtakt* zeitlich synchronisiert.

4.3.1
Sequentielle und asynchrone Schaltungen

Schaltungen, die ausschließlich aus statischen Gattern bestehen, können *asynchron*, also ohne Systemtakt arbeiten, denn die Ausgangszustände der Gatter hängen nur von den jeweils aktuellen Eingangssignalen ab. Beispiele für asynchrone Schaltungen sind einfache Logik-Gatter-ICs, die man z. B. in der 7400er Serie findet.

In höher integrierten Schaltungen folgt die Informationsverarbeitung nicht dieser einfachen Struktur, denn meist hängen die aktuellen Zustände einer Schaltung sowohl von aktuellen, als auch von früher erfolgten Eingabesignalen ab. Ein bekanntes Beispiel dafür ist ein Mikroprozessor, dessen aktueller Zustand von (allen) vorher abgearbeiteten Programmschritten bestimmt wird. Schaltungen, deren Zustand in dieser Weise von der zeitlichen Abfolge der Eingangssignale abhängt, heißen *sequentielle* Schaltungen. Wichtige Typen sind die *endlichen Automaten* (FSM: *Finite State Machine*, Abb. 4.23) und Schaltungen mit *Pipelinearchitektur* (Abb. 4.24).

In einem endlichen Automaten erzeugt die kombinatorische Logik ein Ausgangssignal in Abhängigkeit von den Eingangssignalen. Ein Teil der Ausgangssignale wird rückgekoppelt und in getakteten Registern zwischengespeichert. Die Ausgangssignale in der Taktperiode n+1 hängen deshalb von den Eingangssignalen in dieser Periode und von Ausgangssignalen ab, die in der Taktperiode n, also eine Periode vorher berechnet wurden (nach [7]).

In Schaltungen mit Pipelinearchitektur werden die Ergebnisse der logischen Verarbeitung der Eingangssignale in jeder Pipelinestufe in Registern am Ende jeder Taktperiode zwischengespeichert. Besteht die Schaltung aus „m" Pipelinestufen, liegt das Ergebnis zum Eingangssignal „i" um „m" Taktperioden verzögert am Ende der Pipeline an. Durch Aufteilung einer komplexen Signalverarbeitung auf mehrere Pipelinestufen läßt sich die Eingangsfrequenz vervielfa-

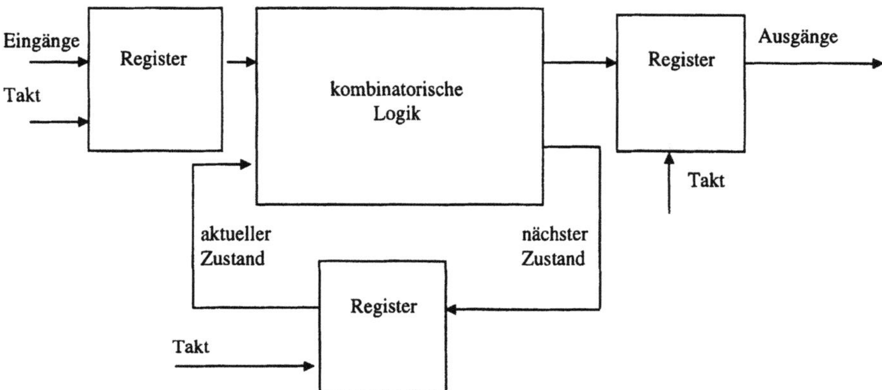

Bild 4-23. Endlicher Automat (Finite State Machine)

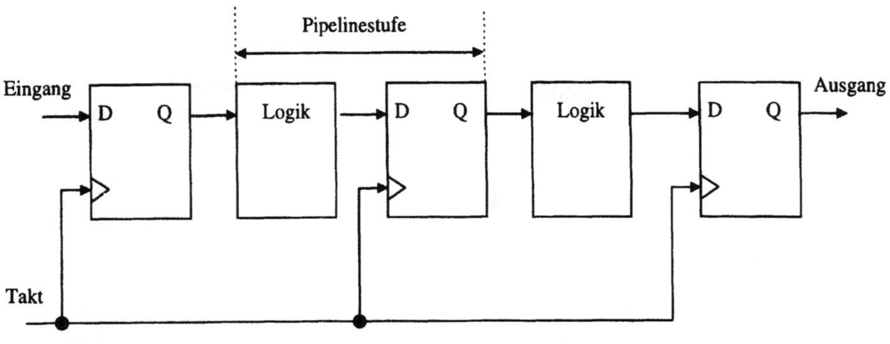

Bild 4-24. Pipeline-Struktur

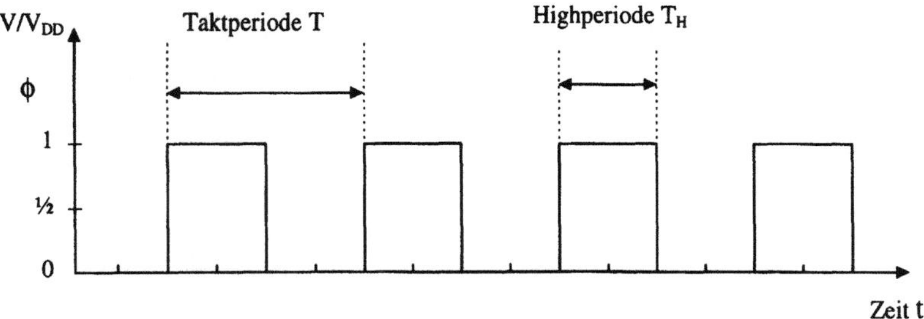

Bild 4-25. Ideales Taktsignal ϕ (t)

chen, denn bereits nach einer Taktperiode können neue Eingangsdaten eingelesen werden. Die Taktfrequenz wird dabei von der Signallaufzeit in einer Pipelinestufe und nicht etwa von der Signallaufzeit durch die gesamte Rechenschaltung bestimmt.

4.3.2
Taktsignale und Taktungsverfahren für sequentielle Schaltungen

Die Taktsignale legen die Zeitskala in sequentiellen Schaltungen fest und kontrollieren den Transport der digitalen Informationen in der Schaltung von Speicherelement zu Speicherelement. Takte ordnen dabei die zeitliche Abfolge von Signalen, die an unterschiedlichen Stellen der Gesamtschaltung erzeugt werden und deshalb zu unterschiedlichen Zeiten an den Gattereingängen eintreffen (*Synchronisation*).

Das ideale Taktsignal ϕ(t) ist eine periodische Abfolge von logischen Nullen und Einsen (Abb. 4.25). Das Verhältnis der Zeit T_H („High-Phase") zur Periodendauer T wird als *Duty Cycle* bezeichnet. Die Taktfrequenz ist über den Kehrwert der Periodendauer definiert: f = 1/T.

Schaltkreise, die nur von einem einzigen Taktsignal gesteuert werden, verwenden ein sog. *Ein-Phasen-Taktsystem*. Typischerweise werden die Signale hier während der High-Phase (ϕ = 1) des Takts in die speichernden Strukturen übertragen. Während dieser Phase sind die Register transparent und übertragen Änderungen der Signalwerte sofort an den Registerausgang. Erst wenn das Taktsignal auf Null wechselt, werden die Daten gespeichert und liegen dann während der gesamten *Low-Phase* ($\phi = 0$) konstant an den entsprechenden Registerausgängen an.

Die Taktfrequenz für eine integrierte Schaltung ist nicht frei wählbar, sondern wird von den Laufzeiten der unterschiedlichen Signale im System bestimmt. Da auch das langsamste Signal innerhalb einer Taktperiode verarbeitet werden muß, ist die Taktperiode T größer als die Laufzeit τ_{max} dieses kritischen Signals zu wählen ($T > \tau_{max}$). Auch die schnellsten Signale im System definieren Randbedingungen für die Taktfrequenz: Die kürzeste Signallaufzeit τ_{min} darf nicht kürzer sein, als die Dauer T_H der High-Phase der Taktsignale, denn während der High-Phase sind die Register transparent und übernehmen u. U. bei schnellen Signalwechseln bereits den Wert für die nächste Taktperiode. Nur wenn $T_H < \tau_{min}$ gilt, ist ausgeschlossen, daß schnelle Signale einen Takt zu früh an die Eingänge der nächsten Pipelinestufe gelangen oder den Rückkopplungspfad einer Finite State Machine passieren.

Da die Signallaufzeiten bei einer integrierten Schaltung technologiebedingt schwanken, ist es sehr schwierig, T_H und T so zu wählen, daß die Bedingungen $T_H < \tau_{min}$ und $T > \tau_{max}$ in jedem Fall erfüllt sind. Deshalb haben sich Ein-Phasen-Taktsysteme außer bei einfachen Schaltungen ohne Rückkopplungen nicht bewährt. Zur zuverlässigen Taktung sind sog. *Mehr-Phasen-Taktsysteme* nötig. Am gebräuchlichsten sind dabei nichtüberlappende *Zwei-Phasen-Taktsysteme*, bei denen zwei korrelierte Taktsignale ϕ_1 und ϕ_2 gleicher Frequenz (Abb. 4.26) getrennt die einzelnen Register nach dem Master- und Slave-Prinzip steuern.

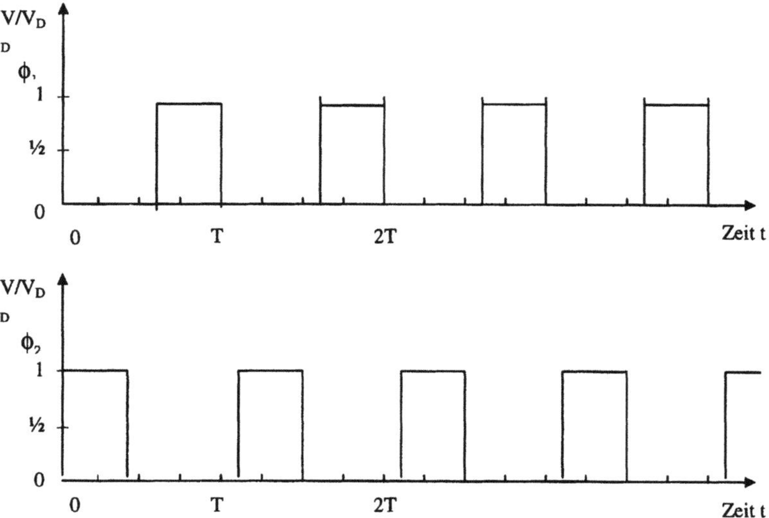

Bild 4-26. Nichtüberlappender Zwei-Phasen-Takt

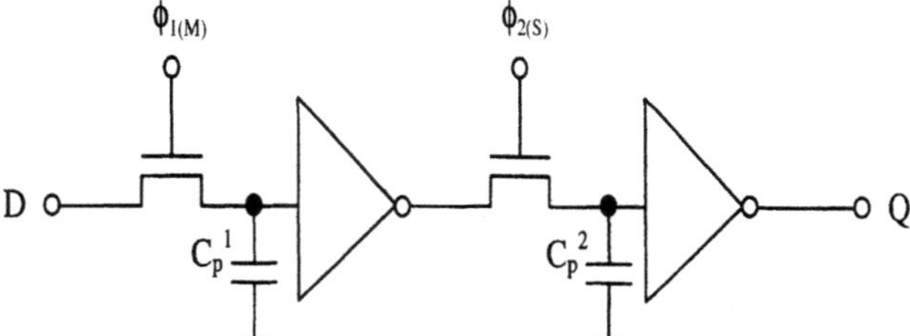

Bild 4-27. Dynamische Registerschaltung, die von zwei nichtüberlappenden Takten angesteuert wird. D ist das Eingangssignal des Registers und Q das Ausgangssignal. Die dynamische Speicherung der eingeschriebenen Daten erfolgt auf den parasitären Eingangskapazitäten der Inverter, die hier schematisch als Kondensatoren gegen Masse mit der Kapazität Cp eingezeichnet sind

ϕ_1 und ϕ_2 werden deshalb auch als *Master-* und *Slave-Takt* ϕ_M und ϕ_S bezeichnet. Nichtüberlappend bedeutet dabei, daß stets nur eines der beiden Taktsignale den logischen Wert „1" annimmt. Abbildung 4.27 zeigt eine typische Registerstruktur für die Zwei-Phasen-Taktung.

Der Vorteil eines Zwei-Phasen-Taktes läßt sich leicht an der Beispielschaltung aus Abb. 4.27 verdeutlichen. Da die beiden Taktsignale nicht überlappen, gelangen Signale, die an „D" anliegen, während der High-Phase von $\phi_{1(M)}$ nur bis zur ersten speichernden Kapazität C_p^1. Erst wenn das zweite Taktsignal auf $\phi_{2(S)} = 1$ wechselt, wird das eingeschriebene Signal invertiert auf die Speicherkapazität C_p^2 übertragen und am Ausgang „Q" des Registers sichtbar. Bei einer Zweiphasentaktung entfällt daher die Randbedingung für die High-Phasendauer $T_H < \tau_{min}$, denn aufgrund der Nichtüberlappungsbedingung sind diese Register auch für kurze Störsignale intransparent: nach dem Wechsel von $\phi_{2(S)}$ auf „1" werden nur die stabilen Signalzustände weitergegeben, die am Ende der High-Phase von $\phi_{1(M)}$ gültig waren.

Bei der Festlegung von Taktfrequenzen ist hier nur noch die Bedingung für die Periodendauer der Takte $T > \tau_{max}$ zu beachten. Dies läßt sich aber leicht erreichen, denn da $T_H < \tau_{min}$ nicht gelten muß, kann die Taktperiode beliebig an die längste Signallaufzeit in den Logikblöcken angepaßt werden. Allerdings sind für die sichere Datenübertragung in die Register *Setup-* und *Hold*-Zeiten einzuhalten. Diese Zeiten beziehen sich auf die zeitliche Lage von Taktflanken und Änderungen des Eingangssignals *D*:

Damit das Register den korrekten Wert von *D* übernimmt, muß das Eingangsignal schon eine gewisse Zeit gültig sein, bevor $\phi_{1(M)}$ auf „1" wechselt. Diese Zeit ist die *Set-up*-Zeit. Damit die Logikschaltungen, die vom Ausgang „Q" des Registers angesteuert werden, auch das korrekte Ausgangssignal erhalten, darf das Eingangsignal D erst nach einer Haltezeit, der *Hold-* Zeit, nach der fallenden Flanke von $\phi_{1(M)}$ wieder einen neuen Wert annehmen.

Werden Register aus den bereits in Abschn. 4.2.7 diskutierten Gründen statt mit Pass-Transistoren mit Transfer-Gattern aufgebaut, sind zusätzlich die invertierten Taktsignale $\bar{\phi}_{1(M)}$ und $\bar{\phi}_{2(S)}$ zuzuführen. Dieses Taktschema mit vier Signalen wird als *Pseudo-Vier-Phasen-Taktsystem* oder als *komplementärer Zwei-Phasen-Takt* bezeichnet.

4.3.3
Takterzeugung

Die einfachste Methode zur Erzeugung von harmonischen Schwingungen, aus denen Taktsignale abgeleitet werden können, sind *Schwingkreise*. Dabei handelt es sich um Kombinationen von Kapazitäten mit Induktivitäten oder Widerständen (LC- oder RC-Glieder). Für die meisten Signalverarbeitungsaufgaben reicht allerdings die Frequenzkonstanz dieser Anordnungen nicht aus. Wesentlich bessere Eigenschaften zeigen Quarzoszillatoren, die als Zeitbasis in Uhren, Computern oder Steuer- und Regelgeräten eingesetzt werden. Das frequenzbestimmende Bauelement in einem solchen Oszillator ist ein Quarzkristall (chem. Formel SiO_2), der in definierter Weise geschnitten und geschliffen wird. Über aufgedampfte Elektroden werden Spannungen an den Quarz geführt, die den Kristall piezoelektrisch zu mechanischen Scherschwingungen anregen. Der Quarz ist dazu an federnden Drähten aufgehängt, über die die anregende elektrische Spannung zugeführt wird. Da die Schwingfrequenz des Quarzes im wesentlichen von seinen mechanischen Abmessungen bestimmt wird, verhält sich ein Quarz wie ein Schwingkreis hoher Güte. Typische Gütewerte liegen in der Größenordnung 10^5 und darüber [8].

Das Ersatzschaltbild eines Schwingquarzes ist eine Zweipolanordnung aus einem LC-Glied, mit dem ein Widerstand R in Reihe geschaltet ist (Abb. 4.28). Der Widerstand modelliert die Dämpfung der Anordnung. Die zusätzlichen parasitären Kapazitäten der elektrischen Zuleitungen und der Elektroden werden durch eine parallel geschaltete Kapazität C_0 berücksichtigt.

Die Serienresonanzfrequenz eines Schwingquarzes läßt sich aus den Bauelementdaten mit der Formel des LC-Schwingkreises

$$f = 1 / 2\pi\sqrt{LC}$$

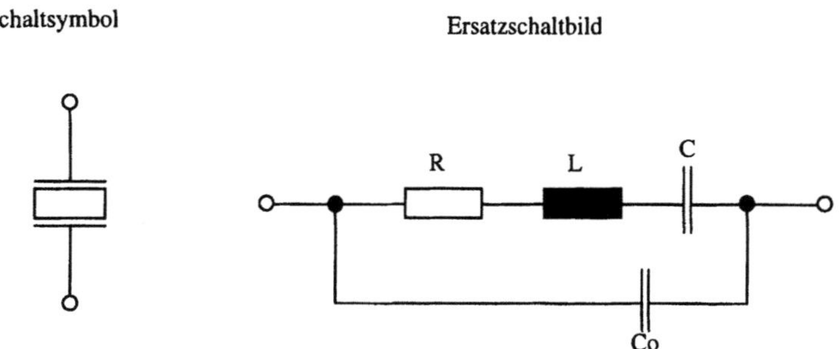

Bild 4-28. Schaltsymbol und Ersatzschaltbild eines Schwingquarzes

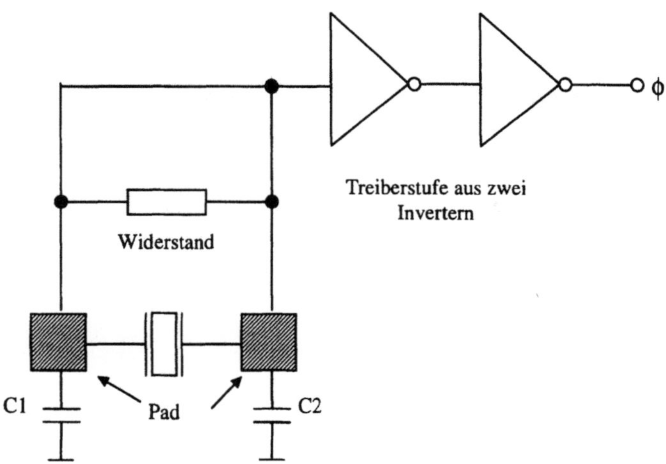

Bild 4-29. Oszillatorzelle mit Treiberstufe [6]

berechnen [8]. Soll die Frequenz des Quarzes variiert werden, etwa um genau einen bestimmten Frequenzwert einzustellen, kann man einen weiteren Kondensator in Reihe mit dem Quarz schalten, dessen Kapazität C′ groß gegenüber C ist. Die neue Serienresonanzfrequenz ergibt sich zu

$$f' = f \cdot \left(1 + C/\left(C_0 + C'\right)\right).$$

Die anregenden Spannungen für den Quarzoszillator werden in CMOS-Schaltungen durch Inverter erzeugt, die zwischen die Klemmen des Quarzes geschaltet werden. Der Schwingquarz und die Kondensatoren zur Frequenzeinstellung werden außerhalb des Chips plaziert.

Da der treibende Inverter an die Quarzeigenschaften angepaßt sein muß, stellen Halbleiterhersteller in der Regel in den Standardzellbibliotheken verschiedene Oszillatorzellen zur Verfügung, deren externe Anschlüsse mit vorgegebenen Kondensatoren beschaltet werden müssen, um zuverlässig die gewünschten Frequenzen zu erzeugen. Abbildung 4.29 zeigt den Aufbau einer Oszillatorzelle für Quarze mit Resonanzfrequenzen zwischen 100 kHz und 20 MHz aus der Standardzellbibliothek des 2,4-μm-CMOS-Prozesses von Alcatel Microelectronics. Die gewünschte Schwingfrequenz wird über die Kapazitäten der der Kondensatoren C_1 und C_2 eingestellt. Für 5 MHz sind z. B. Kondensatoren mit Kapazitätswerten von 40 pF zu verwenden. Damit der Quarzoszillator zuverlässig anschwingt, sind Quarze auszuwählen, deren Verlustwiderstände bestimmte Höchstwerte nicht überschreiten. Die beiden kaskadierten Inverter verstärken das Schwingungssignal, den Ein-Phasen-Takt φ.

Um einen Zwei-Phasen-Takt zu erzeugen, genügt es nicht, lediglich einen Ein-Phasen-Takt φ zu invertieren (Abb. 4.30). Da jede Inverterschaltung eine Signalverzögerung aufweist, überlappen die so erzeugten Taktsignale. Die Länge der Überlappungsintervalle hängt von der Signallaufzeit im Inverter ab.

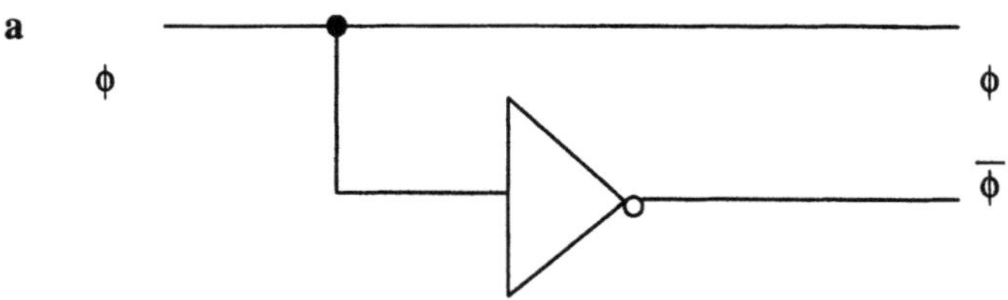

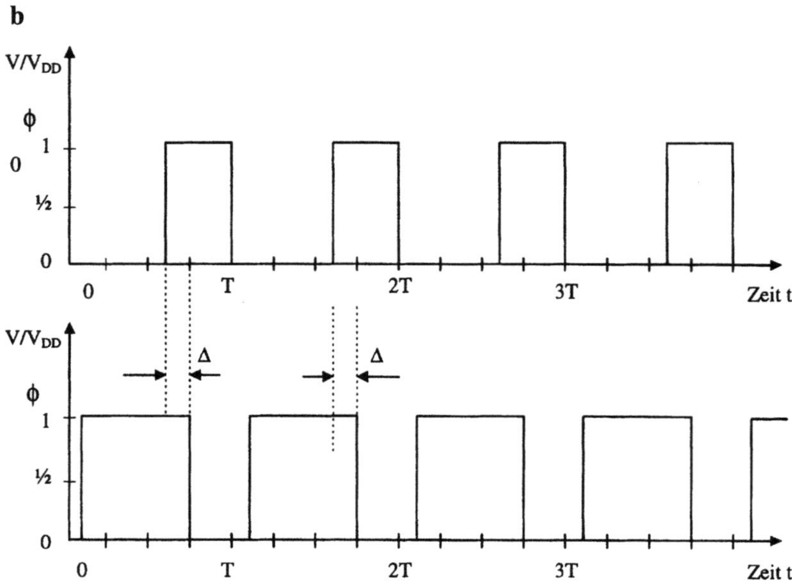

Bild 4-30. Erzeugung eines Zwei-Phasen-Takts mit einem Inverter (nach [9]). Gezeigt sind der Schaltplan **(a)** und das Zeitverhalten der Signale **(b)**. „Δ" ist die vom Inverterdelay abhängige Überlappungszeit von ϕ und $\bar{\phi}$

Überlappungen können mit einer etwas komplizierteren Schaltung vermieden werden (Abb. 4.31). Hier erzeugt ein mit NOR-Gattern aufgebautes RS-Flip-Flop aus dem Ein-Phasen-Takt *clk* zwei nichtüberlappende Taktsignale ϕ_M und ϕ_S. Unter der Annahme, daß die Laufzeiten τ durch den Inverter und die NOR-Gatter gleich sind, beträgt der zeitliche Abstand, bis nach einem Wechsel von ϕ_M oder ϕ_S das jeweils andere Signal ebenfalls wechselt, mindestens eine Gatterlaufzeit „τ".

Die Entkopplung der beiden Zwei-Phasen-Takte kommt folgendermaßen zustande: Das S-Signal des Flip-Flops wird aus dem R-Signal (dem Signal *clk*) abgeleitet. Die stabilen Eingangssignale für das Flip-Flop liegen deshalb immer erst nach einer Inverterlaufzeit vor. Nach einer fallenden Flanke des *clk*-Signals liegt das S-Signal des Flip-Flops auf „0". Der R-Eingang des Flip-Flops verharrt zunächst für eine Inverterlaufzeit im Zustand „0". Gemäß der Wahrheitstabelle

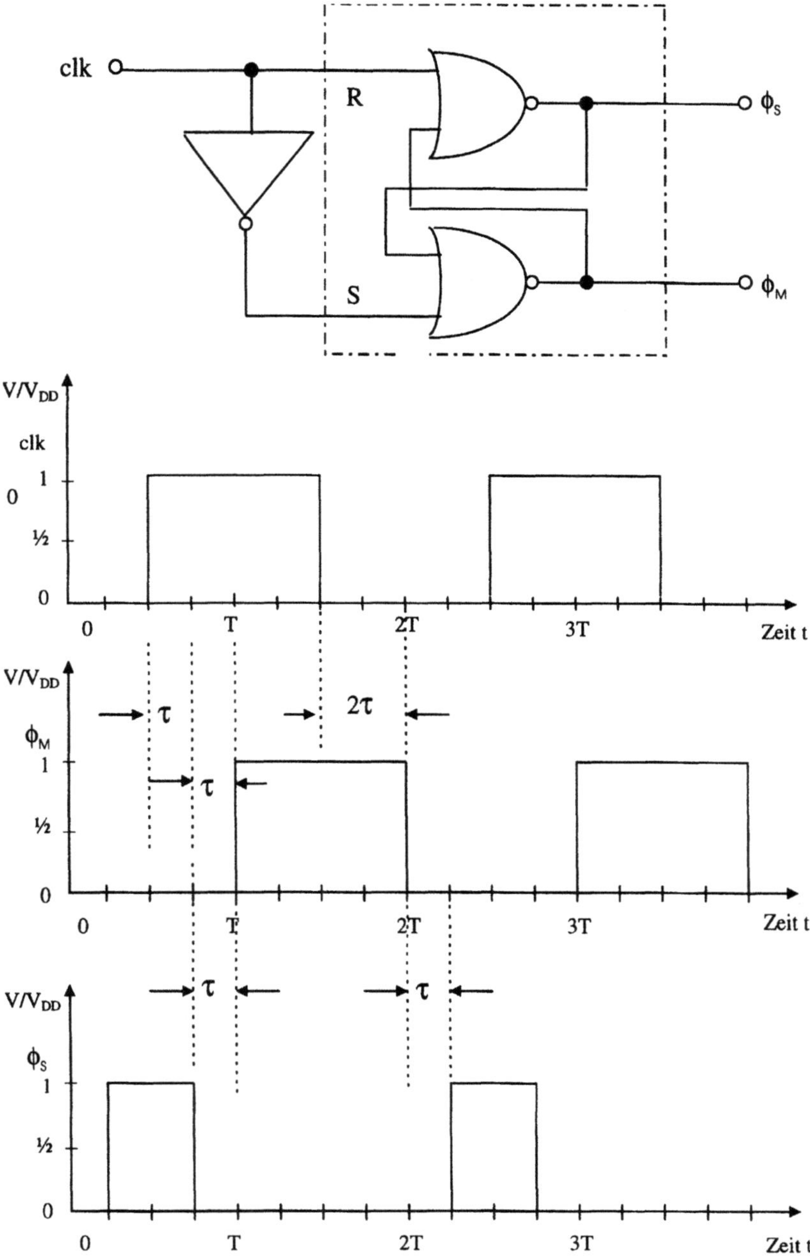

Bild 4-31. Erzeugung eines nichtüberlappenden Zwei-Phasen-Takts mit einem RS-Flip-Flop (gestrichelter Rahmen) aus Zweifach-Gattern (nach [9]). Gezeigt sind der Schaltplan (oben) und das idealisierte Zeitverhalten des Master- und Slave-Zwei-Phasentaktes unter der Annahme einheitlicher Laufzeiten τ für Inverter und NOR-Gatter

des RS-Flip-Flops bleiben die Ausgangszustände, die sich während der High-Phase des clk-Signals eingestellt haben (ϕ_M =1 und ϕ_S =0) erhalten. Sobald die Inversion des S-Signals abgeschlossen ist, gilt R = 1. Das Flip-Flop wird zurückgesetzt und der Ausgangszustand ϕ_M wechselt auf „0". Da ϕ_M auf den Eingang des oberen NOR-Gatters zurückgekoppelt ist, liegt jetzt die Signalkombination „0,0" am Eingang des NOR-Gatters, und eine Laufzeit später wechselt der Signalzustand des Slave-Taktes ($\phi_S \rightarrow 1$). Nach einer steigenden Flanke des *clk*-Signals gelten ähnliche Überlegungen.

4.3.4
Taktverteilung

Da die Taktsignale in jedem Logikblock eines ASICs bereitgestellt werden müssen, hat die Auslegung der Taktnetze meßbare Auswirkungen auf die Chipfläche. Um die Zahl der globalen Taktleitungen zu reduzieren, werden zentrale Ein-Phasen-Takte aus dem Quarzsignal abgeleitet und zu den einzelnen Blöcken des Chips geführt. Erst dort werden lokal Zwei- oder auch Vier-Phasentakte erzeugt. Das zentrale Taktsignal ist durch die Leitungs- und Eingangskapazitäten der verschiedenen Takterzeugungszellen stark kapazitiv belastet. Bereits bei Chips mittlerer Komplexität addieren sich diese Parasitäten zu Lasten im 100-pF-Bereich, die während einer Taktperiode geladen und entladen werden müssen. So enstehen Verlustleistungsprobleme und Signalverschleifungen. Unterschiedliche Lasten in verschiedenen Taktpfaden können außerdem erhebliche Laufzeitunterschiede beim Einphasentakt bewirken (*clock skew*, engl. für Taktverschiebung).

Auch innerhalb eines Logikblocks entstehen durch die zu taktenden Register erhebliche Lasten. Auch hier treten im Prinzip die gleichen Probleme auf, wie im globalen Taktnetz. Insbesondere können *Clock-Skew-Effekte* die Taktflanken in den Pfaden zu den einzelnen Registern eines Logikblocks soweit verschieben, daß es sogar zu Überlappungen von Master- und Slavetakten kommt.

Um die Taktsignale eines Chips nur schwach zu belasten, werden symmetrisch aufgefächerte Treiberstrukturen zur Taktverteilung verwendet (engl.: *Balanced Distributed Clock Tree Buffering*, s. Abb. 4.32). Die in der Abbildung eingezeichneten Inverter werden hier als invertierende Verstärkerstufen benutzt. Für kurze Ladezeiten bei den Taktnetzen sind große Ausgangsströme der treibenden Inverter erforderlich. Da der Sättigungsstrom eines Transistors vom W/L-Verhältnis abhängt, werden Transistoren mit großen Weiten benötigt. Inverter mit großen Transistoren belasten aber die vorverstärkenden Gatter durch große Eingangskapazitäten. Dies führt wiederum zu unerwünschten Signalverzögerungen. Deshalb werden beim *Balanced Distributed Clock Tree Buffering* die aufeinanderfolgenden Treiberstufen *kaskadiert*.

Beim Kaskadieren erhöht man die Weite der NMOS- und PMOS-Transistoren von Stufe zu Stufe um einen konstanten Faktor. Die Transistorlängen bleiben minimal, um die größtmögliche Stromverstärkung pro Flächeneinheit zu erzielen. Da die Dimensionierung des letzten Inverters von der zu treibenden Aus-

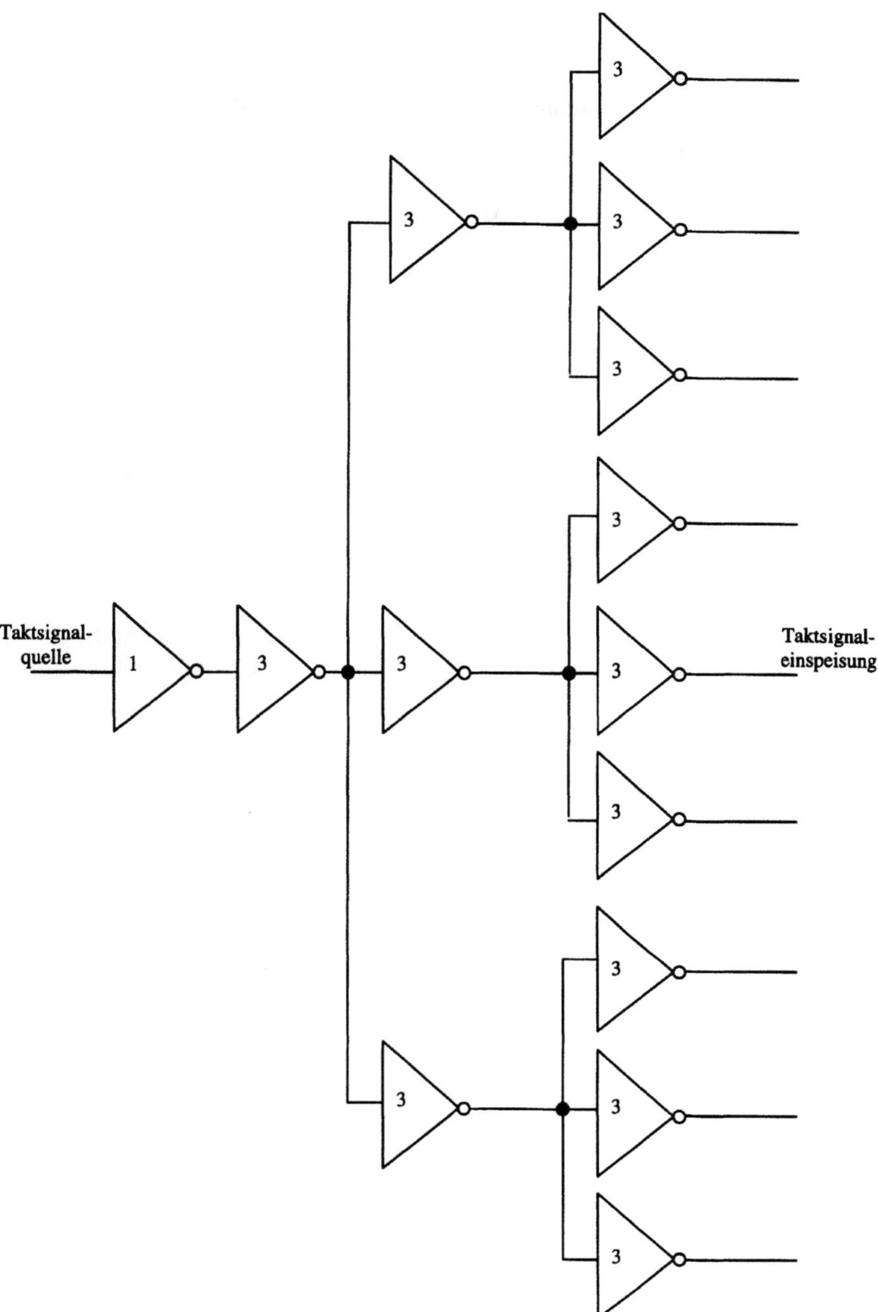

Bild 4-32. Symmetrisch aufgefächerte Treiberstrukturen für Taktsignale. Der eingetragene Zahlenfaktor kennzeichnet die Inverterauslegung: „1" ist ein Inverter mit minimal weiten NMOS-Transistoren und doppelt so weiten PMOS-Transistoren; „3" ist ein Inverter mit gegenüber „1" verdreifachten Transistorweiten (Kanallänge überall minimal)

gangslast bestimmt wird, gibt es zu jeder Last eine optimale Zahl von Inverterstufen.

Mit einer Modellrechnung [1] läßt sich zeigen, daß die Signallaufzeit durch eine Inverterkette, die eine gegebene Ausgangslast umlädt, genau dann minimal wird, wenn die Signallaufzeit durch jede Treiberstufe gleich ist. Diese Symmetrie bildet sich genau dann aus, wenn der Transistorvergrößerungsfaktor den Wert der transzendenten Eulerschen Zahl „e" (=2,71 ...) annimmt. Dann stehen Eingangs- und Ausgangskapazitäten jedes Inverters in der Kette im Verhältnis 1 : 2,71, und die Eingangskapazitäten der einzelnen Inverter sind optimal an die Stromergiebigkeit der vorgeschalteten Inverter angepaßt. Da das Minimum der Gesamtlaufzeit der Inverterkette sehr flach ist, kann, wie auch bei der Schaltung in Abb. 4.32, vereinfachend statt mit „e" mit der ganzen Zahl „3" gearbeitet werden [1].

Mit symmetrisch aufgefächerten Treiberstrukturen aus kaskadierten Invertern werden sowohl alle Funktionsblöcke auf dem Chip mit identisch gepufferten zentralen Ein-Phasen-Taktsignalen versorgt als auch die Register in den einzelnen getakteten Blöcken mit Master- und Slave-Taktsignalen. Identische Treibertiefen für alle getakteten Strukturen führen zu Taktsignalen, die kaum gegeneinander verschoben sind. Hinreichend starke Endstufen in den einzelnen Inverterketten garantieren zudem steile Taktflanken. Da erst nach dem Schaltungslayout der Abstand jedes Logikblocks vom Oszillator und damit die genaue Leitungskapazität festliegt, ist die Schaltung nach der Layouterstellung erneut auf *Clock-Skew*-Effekte zu prüfen.

4.4
Verlustleistung und Power-Delay-Produkt

Da in CMOS-Logikgattern im statischen Betrieb (Ruhezustand) entweder der mit PMOS-Transistoren realisierte *Pull-Up-* oder der mit NMOS-Bauelementen aufgebaute *Pull-Down-Zweig* sperrt, fließen im statischen Fall nur Leckströme durch die pn-Übergänge und Gate-Dielektrika. Die gesamte statische Stromaufnahme einer komplexen CMOS-Schaltung, die nur aus CMOS-Gattern besteht, liegt daher im Bereich nA.

Im *dynamischen* Betrieb werden beim Schalten der Eingangssignale Umladevorgänge innerhalb der Gatter und bei den Leitungs- und Lastkapazitäten an den Gatterausgängen ausgelöst. Hier kann, je nach den Kapazitätswerten die Verlustleistung erheblich sein. Der *statische* Anteil der Verlustleistung ist folglich gegenüber der *dynamischen* Verlustleistung vernachlässigbar.

Die *dynamische* Verlustleistung einer CMOS-Schaltung setzt sich aus zwei Beiträgen zusammen:
- *Verlustleistung aufgrund von Lade- und Entladeströmen*: Der dominante Anteil zur dynamischen Verlustleistung resultiert aus der Umladung von Ausgangslasten der betroffenen Gatter bei Signalwechseln.
- *Kurzschlußströme*: Wenn die Eingangssignale eines Gatters wechseln, sind während einer kurzen Zeit sowohl NMOS- als auch PMOS-Transistoren eingeschaltet. Deshalb fließt ein Kurzschlußstrom. Dieser Strom und die damit

verbundene dynamischen Verlustleistung kann berechnet werden [10] und liegt bei weniger als 20% der Umladeströme bzw. der entsprechenden Verlustleistung.

Um die dynamische Verlustleistung abzuschätzen, die bei Ladevorgängen in CMOS-Schaltungen entsteht, wird als Beispiel ein CMOS-Inverter betrachtet, dessen Eingangssignal periodisch mit der Taktfrequenz f wechselt. Effekte, die mit den endlichen Anstiegs- und Abfallzeiten der Eingangssignale zusammenhängen, werden der Einfachheit halber nicht berücksichtigt.

Während der ersten Halbperiode des Takts liegt der Invertereingang auf der logischen „1" und die Ausgangslast C_L wird entladen. In der zweiten Halbperiode liegt der Invertereingangsknoten auf 0V und die Lastkapazität wird wieder aufgeladen.

Die mittlere dynamische Verlustleistung P_{dyn} ergibt sich damit zu:

$$P_{dyn} = \left(1/T\right) \int_0^{T/2} i_n(t)\, v_{out}\, dt + \left(1/T\right) \int_{T/2}^{T} i_p(t)\left(V_{DD} - v_{out}\right) dt.$$

v_{out} bezeichnet die Inverterausgangsspannung und $i_{n(p)}$ den Strom, der durch den NMOS-(PMOS-)Transistor fließt. Da die Transistorströme mit der Spannung an der Ausgangskapazität nach der Formel $i = C_L\, dv_{out}/dt$ zusammenhängen, ergibt sich nach einer Substitution

$$P_{dyn} = \left(C_L/T\right) \int_0^{V_{DD}} v_{out}\, dV_{out} + \left(C_L/T\right) \int_{V_{DD}}^{0} \left(V_{DD} - v_{out}\right) d\left(V_{DD} - v_{out}\right)$$

$$= C_L V_{DD}^2 / T = C_L V_{DD}^2 f.$$

Die dynamische Verlustleistung wächst also quadratisch mit der Betriebsspannung und verläuft proportional zur Lastkapazität und zur Schaltfrequenz. Details der Transistorströme, wie etwa die verschiedenen Betriebsbereiche, gehen nicht direkt in das Ergebnis ein, da die anfallende elektrische Verlustleistung allein von der Spannung am Ausgangskondensator bestimmt wird. Ein mittelbarer Einfluß der verwendeten Halbleitertechnologie kommt über die parasitären Kapazitäten der Transistoren zustande, die die Ausgangsbelastung der einzelnen Gatter mitbestimmen.

Um die Verlustleistung einer Schaltung bei gegebener Betriebsspannung zu reduzieren, ist es günstig, mit möglichst geringen Taktfrequenzen und mit geringen umzuladenden Lasten zu arbeiten. Da die Verlustleistung quadratisch von der Versorgungsspannung abhängt, werden ICs in batterieversorgten Geräten (z. B. Armbanduhren) mit niedrigen Betriebsspannungen versorgt. Allerdings geht die Senkung der Leistungsaufnahme wegen des reduzierten Signalhubs auf Kosten der Störsicherheit.

4.5
Zusammenfassung

In diesem Kapitel wurden die wichtigsten schaltungstechnischen Aspekte und die bestimmenden Bauelementeigenschaften der MOS-Transistoren vorgestellt. Der Hauptvorteil der CMOS-Technik ist dabei die hohe Integrationsdichte, die aufgrund der kleinen selbstisolierenden Transistoren und der vergleichsweise geringen Leistungsaufnahme zustande kommt.

Die Abschnitte über analoge Grundschaltungen haben gezeigt, daß mit MOS-Transistoren, die eigentlich nur für digitale Anwendungen prädestiniert sind, bei geeigneter Schaltungstechnik auch analoge Komponenten realisiert werden können.

Die Betrachtungen haben auch verdeutlicht, daß beim Entwurf integrierter Schaltungen fast immer konkurrierende Designziele bestehen. Hochgetaktete Systeme ermöglichen einerseits hohe Datenraten, belasten aber andererseits das Verlustleistungsbudget der Elektronik und sind flächenintensiv. Die Entwurfskunst besteht im wesentlichen darin, optimale Kompromisse bei divergierenden Vorgaben zu finden. Dieser Prozeß läßt sich mit den derzeit zur Verfügung stehenden Entwurfswerkzeugen nur eingeschränkt automatisieren.

4.6
Übungsaufgaben

4.1 Dimensionieren Sie einen *Spannungsteiler* aus aktiven Lasten, der als Ausgangsspannung $V_{DD}/2 = 2,5$ V abgibt, wobei ein Strom von 10 µA durch die Transistoren fließen soll. Beachten Sie hier und bei den folgenden Aufgaben, daß die Transistoren eine Mindestweite und eine Mindestkanallänge von 3 µm aufweisen müssen. Benutzen Sie die Transistorparameter aus Tabelle 4.1.

4.2 In einer idealen *Differenzstufe*, wie in Abb. 4.14 gezeigt, wird eine Stromquelle verwendet, die 100 µA liefert:

   a) Dimensionieren Sie die Lastwiderstände, so daß sich im Gleichtaktbetrieb bei Eingangsspannungen von 2,5 V Ausgangspegel von 3,5 V einstellen. Die Versorgungspannung beträgt 5 V.

   b) In welchem Betriebsbereich arbeiten die Transistoren unter den in a) genannten Bedingungen?

   c) Berechnen Sie die Differenzverstärkung mit den Transistorparametern aus Tabelle 4.1!

4.3 Skizzieren Sie den Aufbau eines *dynamischen* Vierfach-Nicht-ODER-Gatters!

4.4 Bauen Sie einen Volladdierer aus *statischen* CMOS-Logikgattern auf, der zwei Einbit-Binärzahlen sowie einen Übertrag addiert und ein neues Übertragsignal am Ausgang erzeugt!

4.5 Was sind die wichtigsten *Kurzkanaleffekte*?

4.6 Was versteht man unter dem *Substratsteuereffekt*? An welchem Transistor tritt dieser Effekt bei einem statischen Zweifach-CMOS-NAND-Gatter auf?

4.7 Bei welchen Spannungen an Gate-, Drain- und Bulkanschluß arbeitet ein PMOS-Transistor, dessen Source auf dem Betriebsspannungspotential liegt, als nahezu ideale *Stromquelle*? Benutzen Sie die Transistorparameter aus Tabelle 4.1.

4.8 Welches Verhalten von dynamischen und statischen CMOS-Gattern bezeichnet man als *Pegelregeneration*?

4.9 Welche Einflußgrößen gehen in die *Verzögerungszeit* eines Logikgatters ein?

4.10 Wie werden die *Verzögerungszeiten* für Logikelemente in Digitalschaltungen definiert?

4.11 Aus welchen Beiträgen setzt sich die Verlustleistung einer intergrierten Schaltung zusammen?

4.12 Welche Effekte sind bei der Verteilung des zentralen Ein-Phasen-Takts über den Gesamtchip zu beachten? Wie werden Fehlfunktionen der getakteten Blöcke vermieden?

4.13 Skizzieren Sie die Erzeugung eines nichtüberlappenden Zwei-Phasen-Takts!

4.14 Wie erzeugt man periodische Taktsignale mit hoher Güte und Temperaturstabilität? Welche physikalische Gesetzmäßigkeiten werden zu diesem Zweck ausgenutzt? Skizzieren ein Ersatzschaltbild des schwingfähigen Gebildes!

4.15 Was ist eine sequentielle Schaltung? Geben Sie Beispiele!

4.16 Worin besteht der prinzipielle Unterschied zwischen einer Pipeline-Struktur und einem endlichen Automaten?

Literatur

[1] H. Klar: *Integrierte Digitale Schaltungen MOS/BiCMOS*. Berlin, Heidelberg, New York: Springer 1993

[2] B. Hoppe: *Mikrolelektronik 1*. Würzburg: Vogel-Verlag . 1997

[3] B. Hoppe: *Mikrolelektronik 2*. Würzburg: Vogel-Verlag . 1997

[4] H. J. M. Veendrick: *MOS ICs From Basics to Asics*. Weinheim: VCH Verlagsgesellschaft 1992

[5] P. E. Allen und D. R. Holberg: *CMOS Analog Circuit Design*. Fort Worth: Harcourt Brave Javanovich College Publishers 1987

[6] ALCATEL MICROELECTRONICS Design Kit für den 2,4-µm-CMOS-Prozeß von C. DAS 1994, IMEC

[7] N. H. Weste und K. Eshraghian: *Principles of CMOS VLSI Design. A Systems Perspective.* 2nd Ed. Reading Massachusetts: Addison Wesley 1993

[8] U. Tietze und Ch. Schenk: *Halbleiterschaltungstechnik*. Berlin, Heidelberg, New York: Springer 1993

[9] R. L. Geiger, P. E. Allen und N. R. Strader: VLSI Design Techniques for Analog and Digital Systems. New York: Mc Graw Hill 1990

[10] H. Veendrick: *Short Circuit Dissipation of Static MOS Circuitry and its Impact on the Design of Buffer Circuits*. IEEE J. of Solid State Circuits, SC - 19, 1984

5 Schaltungssimulation

In Kap. 4 wurden Grundschaltungen mit analytischen Methoden untersucht. Solche Handrechnungen geben zwar einen guten Überblick über die allgemeinen Zusammenhänge, sind aber für praktische Entwurfsarbeiten nicht ausreichend. Die vorgestellten mathematischen Modelle vernachlässigen wichtige Effekte und sind dennoch so kompliziert, daß sie bei komplexeren Schaltungen nicht mehr analytisch ausgewertet werden können. In der Praxis werden deshalb rechnergestützte Simulationsverfahren beim Schaltungsentwurf eingesetzt. Das Anfang der siebziger Jahre an der Universität von Kalifornien in Berkeley entwickelte Programm SPICE (*Simulation Program with Integrated Circuit Emphasis*) ist dabei das am weitesten verbreitete Simulationsprogramm. Da mit SPICE nur relativ kleine Schaltungen analysiert werden können, wurden sog. Logiksimulatoren entwickelt, die größere Schaltungen verarbeiten können, aber nur das digitale Verhalten des Schaltkreises nachbilden.

Die Vorhersagegenauigkeit eines Simulators hängt von zwei Einflußgrößen ab:
- der Genauigkeit der Modelle, die für die in der Schaltung eingesetzten elektrischen Bauelemente verwendet werden und
- von der Zeitauflösung, die bei der numerischen Auswertung der Modellgleichungen erreicht wird.

Da jedes Simulationsprogramm um so nützlicher ist, je schneller Ergebnisse vorliegen, wird bei der Modellbildung und der Auswahl der numerischen Auswerteverfahren ein optimaler Kompromiß zwischen Genauigkeit und notwendigem Rechenaufwand angestrebt. Der nötige Detaillierungsgrad der Modelle hängt – wie die erforderliche Feinheit der Zeitskala – vom geplanten Einsatzgebiet des Programms ab.

Das Programm SPICE ist ein *Schaltkreissimulator*, der zur Simulation von analogen Schaltungsteilen oder zur genauen Charakterisierung von digitalen Grundschaltungen eingesetzt wird. Für diese Aufgaben müssen die Signalpegel in der Schaltung zwischen dem minimalen und maximalen Wert beliebig fein aufgelöst werden. Dazu sind genaue Transistormodelle notwendig. Die Auswertung der Potentiale und Ströme in einer Transistorschaltung erfordert daher relativ viel Rechenzeit und Speicherplatz. Der Aufwand steigt dabei quadratisch mit der Anzahl der Bauelemente. Deshalb können mit SPICE nur Netzwerke simuliert werden, deren Komplexität beschränkt ist.

Zur Simulation größerer Schaltungen werden die Modelle für die Schaltungskomponenten weiter vereinfacht. Für Digitalschaltungen ist dies auch ohne größere Einschränkungen möglich, denn hier ist nicht das Verhalten einzelner Transistoren wichtig, sondern das Verhalten kompletter logischer Gatter, die logische Zustände verarbeiten. Für solche *Digital-* oder *Logiksimulationen* werden Schaltungen durch Gatternetzlisten beschrieben. Als Signalzustände in der zu simulierenden Schaltung werden anstelle von Strömen und Spannungen logische Signalpegel („0" und „1") benutzt, die sich eventuell durch verschiedene Signalstärken unterscheiden können. Der Simulator QUICKSIMII (s. Abschn. 5.2) benutzt z. B. drei logische Zustände und vier Signalstärken, die zu zwölf unterschiedlichen Signalzuständen kombiniert werden können. Diese *Logiksimulatoren* simulieren elektrische Schaltungen auf höherer Abstraktionsebene als Schaltkreissimulatoren und eignen sich zur Analyse von Digitalschaltungen mit tausenden von Gattern.

Da der Aufwand zur Entwicklung eines Simulators sehr groß ist, werden Simulationsprogramme und Modelle für die Bauelemente bzw. Gatter unabhängig von bestimmten Halbleiterprozessen entwickelt. So können z. B. Schaltungsentwürfe für den 2,4-μm-CMOS-Prozeß von Alcatel Microelectronics mit den gleichen SPICE-Modellen simuliert werden wie Schaltungen für den 0,7-μm-CMOS-Prozeß des Herstellers ATMEL-ES2. Die Anpassungen an die jeweilige Technologie erfolgt über sog. Modellparameter. Diese Parameter werden von den Halbleiterherstellern für die unterschiedlichen Prozesse ermittelt und Kunden, die ASICs entwickeln wollen, zur Verfügung gestellt. Da die Modellparameter die Güte der Simulationsergebnisse entscheidend mitbestimmen, hängt die erzielbare Simulationsgenauigkeit auch stark davon ab, wie gut die vorhandenen Simulationsparameter den aktuellen Zustand des Halbleiterprozesses wiederspiegeln.

Der erste Abschnitt dieses Kapitels behandelt das Programm SPICE. Die Rechenverfahren von SPICE und die verwendeten Modelle für MOS-Transistoren werden vorgestellt und die wichtigsten Regeln der SPICE-Eingabe-Syntax diskutiert. Besonders wichtig für praktische Anwendungen sind die verschiedenen Verfahren zur Schaltungsanalyse, die mit SPICE durchgeführt werden können (Abschn. 5.1.7) sowie die Beschreibung von Schaltungen auf Bauelementebene mit SPICE-Netzlisten und sog. *Subcircuit*-Anweisungen (Abschn. 5.1.8).

Abschnitt 5.2 beschäftigt sich mit Rechenverfahren und Modellbildung bei der Digitalsimulation. Da mit Digitalsimulatoren sehr komplexe Schaltungen mit vielen Komponenten untersucht werden sollen, werden zur Rechenzeitersparnis die Schaltungszustände nicht wie bei der Schaltkreissimulation im festen zeitlichen Raster neu berechnet, sondern nur dann, wenn „Ereignisse" auf den Signalleitungen oder an den Eingangspins von bestimmten Komponenten stattfinden. Schaltungsteile ohne Aktivität werden bei diesen *ereignisgesteuerten* Simulationsverfahren nicht ausgewertet. Von zentraler Bedeutung für die Aussagekraft digitaler Simulationen sind die technologieabhängigen Laufzeiten der einzelnen Signale in einer Schaltung. Deshalb werden die wichtigsten Laufzeitmodelle für die Digitalsimulation behandelt. Als Beispiel für aktuelle Logiksimulatoren wird der Digitalsimulator QUICKSIMII von Mentor Graphics genauer vorgestellt.

5.1
Der Analogsimulator SPICE

SPICE ist ein Simulationsprogramm, das das elektrische Verhalten einzelner Bauelemente und kleinerer Schaltungen vorausberechnet. Mit SPICE können nichtlineare Gleichstromanalysen, transiente Simulationen und Kleinsignalanalysen im Zeit- und Frequenzbereich durchgeführt werden. Für alle auf integrierten Schaltungen realisierbaren Bauelemente, wie Widerstände, Kapazitäten, Transistoren (MOS-, Bipolar-, JFET-Transistoren) und Dioden, gibt es Modelle. Darüber hinaus können unabhängige und abhängige Spannungs- und Stromquellen zur Stimulation oder Spannungsversorgung der Bauelemente eingesetzt werden. Die auf einem PC lauffähige Version heißt PSPICE [1].

5.1.1
Rechenverfahren und Modelle

Der Simulator SPICE setzt sich, wie jedes Simulationsprogramm, im Prinzip aus zwei Grundbestandteilen zusammen:
- aus *Modellen* zur formelhaften Beschreibung des Verhaltens der zu simulierenden Bauteile und
- aus *Rechenverfahren* zur numerischen Lösung der verknüpften Modellgleichungen, die die Schaltung beschreiben.

Das Programm SPICE benutzt als Transistormodelle im wesentlichen die in Abschn. 4.1 vorgestellten Gleichungen, mit gewissen Verfeinerungen, die im nächsten Unterabschnitt genauer vorgestellt werden. Die Modellgleichungen sind nichtlinear und da verschiedene Bauelemente verschaltet werden, entstehen gekoppelte nichtlineare Gleichungssysteme. Im Gleichspannungsfall werden z. B. die Gleichungssysteme von SPICE mit dem Knotenpotentialverfahren aufgestellt [2,3]. Die bekannten einfachen Lösungsverfahren für lineare Gleichungssysteme, wie etwa die CRAMERsche Regel, können bei nichtlinearen Gleichungen nicht angewendet werden. SPICE wertet deshalb die Gleichungen mit speziellen numerischen Verfahren aus.

Neben den Gleichstromeigenschaften interessiert bei der Analyse von Schaltungen besonders das dynamische Verhalten, das sich bei MOS-Schaltungen aus den gekoppelten Ladekurven der verschiedenen Lastkapazitäten im Netzwerk ergibt. Da bei der numerischen Analyse die entsprechenden Differentialgleichungen in Differenzengleichungen umgewandelt werden, können die Schaltungseigenschaften bei der Zeitanalyse nur zu diskreten Zeiten bestimmt werden.

In der Regel sind genauere Kenntnisse der mathematischen Verfahren für den Anwender von Simulationsprogrammen nicht wichtig. Käufliche Simulationsprogramme verwenden robuste und gut konvergierende Algorithmen, in die der Benutzer ohnehin nicht eingreifen kann. Bei Konvergenzproblemen genügt es meist, wenn geeignete Anfangswerte für Ströme und Spannungen für die kritischen Knoten der Schaltung definiert werden.

Auswahlmöglichkeiten bestehen hingegen bei den Bauelementmodellen. Da das benutzte Modell letztendlich die Genauigkeit der Schaltungsanalyse festlegt, sollte der Entwickler integrierter Schaltungen die verwendeten Modelle sowie deren Grenzen und Anwendbarkeit kennen. Die SPICE-Modelle für MOS-Transistoren und andere wichtige Komponenten innerhalb integrierter Schaltungen werden deshalb im folgenden genauer vorgestellt [4, 5].

5.1.2
Modellebenen und Modellparameter bei SPICE

Im Programm SPICE können MOS-Transistoren mit unterschiedlicher Genauigkeit nachgebildet werden. Die Modellauswahl wird über die als *Level* bezeichnete Modell-Ebene gesteuert (*level*, engl. die Ebene). Da die Modellparametersätze bei den verschiedenen SPICE-Modellebenen unterschiedlich sind, ist darauf zu achten, daß Parameter und Modelle zum gleichen LEVEL gehören. Alcatel Microelectronics liefert für den 2,4-µm-Prozeß „LEVEL = 2"-Modellparameter.

In der einfachsten Form (LEVEL = 1) benutzt das Programm SPICE nur die bereits in Kap. 4 angegebenen Transistorgleichungen (4.1 bis 4.4), berücksichtigt aber die Kanallängenmodulation im Sättigungsbereich. Dieses Modell beschreibt ideale Transistoren mit großen Kanallängen ($\geq 10\,\mu$m). Die Modellparameter bei LEVEL-1-Simulationen heißen VTO, KP, LAMBDA, PHI und GAMMA. Typische Werte können Tabelle 5.1 entnommen werden.

5.1.3
MOS-Transistoren mit parasitären Komponenten

Mit dem LEVEL-1-Modell können zwar die Gleichstromeigenschaften von Langkanaltransistoren recht genau beschrieben werden, das dynamische Transistorverhalten von heute üblichen MOS-Transistoren wird aber stark von *parasitären Kapazitäten* und *Kurzkanaleffekten* beeinflußt [4], die erst ab dem LEVEL-2-Modell erfaßt werden.

Bei *parasitären Komponenten* handelt es sich um Bestandteile von Transistoren und anderen Funktionselementen, die zwar für die ideale Funktion nicht benötigt werden, aber bei der Bauelementherstellung automatisch mit entstehen. *Kurzkanaleffekte* sind systematische Abweichungen im Tansistorverhalten bei Bauelementen mit kleinen Dimensionen, die durch hohe elektrische Feldstärken in den Transistoren verursacht werden. Die wichtigsten parasitären Komponenten von MOS-Transistoren sind die spannungsabhängigen Sperrschichtkapazitäten der Source-Drainbereiche und die Bahnwiderstände der dotierten Gebiete. Die wichtigsten Kurzkanaleffekte sind die Geschwindigkeitssättigung der Ladungsträger im Transistorkanal und Unterschwellströme, die im Sperrbereich fließen.

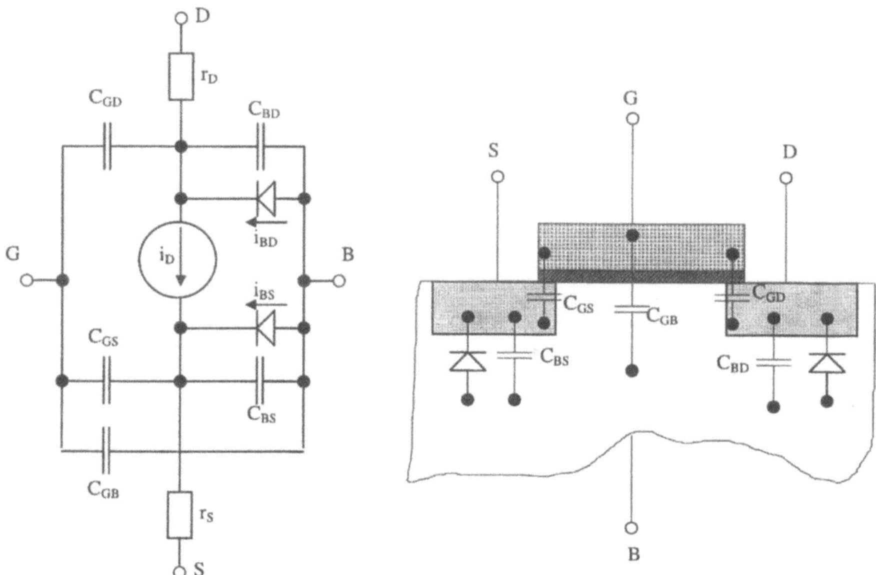

Bild 5-1. Ersatzschaltbild und Schnittbild eines MOS-Transistors mit parasitären Komponenten. Im Schnittbild ist die Lage der Kapazitäten und Dioden innerhalb der MOS-Transistorstruktur gezeigt

Der MOS-Transistor mit parasitären Komponenten wird durch das in Abb. 5.1 gezeigte Ersatzschaltbild beschrieben.

Die beiden Dioden repräsentieren die pn-Übergänge zwischen Source- bzw. Drainbereich und Substrat. Diese Dioden sind im normalen Transistorbetrieb stets gesperrt. Die kleinen Leckströme (nA-Bereich), die vom Substrat in den Drain- oder Sourceanschluß fließen, werden meist vernachlässigt. Die Widerstände r_S und r_D erfassen den Bahnwiderstand der Source- bzw. Drainbereiche, der Spannungsabfälle zwischen Kanalkante und den Transistoranschlüssen von Source- und Draingebiet verursacht. Besonders wichtig für das dynamische Verhalten sind die Sperrschichtkapazitäten der Source- und Drainbereiche C_{BD} und C_{BS}. Diese Kapazitäten sind wie alle Sperrschichtkapazitäten spannungs- und flächenabhängig. Zur genaueren Modellierung werden sie in sog. *Boden-* und *Seitenwandkapazitäten* aufgeteilt. Durch die Unterscheidung wird berücksichtigt, daß Sperrschichtkapazitäten von der Dotierstoffkonzentration abhängig sind, wobei diese in dotierten Halbleiterzonen aus verfahrenstechnischen Gründen mit der Schichttiefe abnimmt. Die SPICE-Modellparameter für die *spezifischen* Boden- und Seitenwandkapazitäten heißen CJ und CJSW. Um die wirksamen Kapazitäten für einen Transistor zu berechnen, sind diese Parameter mit Werten für die Source- oder Drainfläche bzw. für den Umfang der Source- und Draindiffusionszonen zu multiplizieren.

Tabelle 5-1. SPICE-Parameter für das LEVEL-2-Modell für den Alcatel Microelectronics-2,4-μm-CMOS-Prozeß mit N-Wanne nach geometrischer Verkleinerung (Shrinkfaktor 0,8) ausgehend von 3,0 μm mimimaler Kanallänge (nach [7]). Für LEVEL-1-Simulationen werden nur die ersten fünf Parameter benötigt

Parameter	Bedeutung	NMOS	PMOS	Einheit
VTO	u_{to} Gl. (4.4)	0,85	−0,85	V
KP	β Gl. (4.1-3)	40E-6	11E-6	A/V^2
GAMMA	γ Gl. (4.4)	0,65	0,65	$V^{1/2}$
PHI	$\|2\phi_F\|$ (4.4)	0,71	0,70	V
LAMBDA	λ Kanallängenmodulationsfaktor	0,07	0,05	1/V
CGSO	Gate-Source-Überlappkapazität pro μm Transistorweite	1,2E-10	2E-10	F/m
CGDO	Gate-Drain-Überlappkapazität pro μm Transistorweite	1,2E-10	2E-10	F/m
TOX	Oxiddicke	460E-10	460E-10	m
RSH	Schichtwiderstand der Source- bzw. Draingebiete	35	65	$\Omega/\square$
CJ	Bodenkapazität der Source- oder Draingebiete pro Flächeneinheit	1E-4	5E-4	$fF/\mu m^2$
MJ	Abschwächungskoeffizient der Bodenkapazität	0,5	0,5	
CJSW	Seitenwandkapazität der Source- oder Draingebiete pro μm Längeneinheit	5E-10	7E-10	F/m
MJSW	Abschwächungskoeffizient der Seitenwandkapazität	0,33	0,33	
NSUB	Substratdotierung	Default: 0	Default: 0	$1/cm^2$
NSS	Dichte der Oberflächenzustände	Default: 0	Default: 0	$1/cm^2$
NFS	Dichte der schnellen Oberflächenzustände	1E11	1E11	$1/cm^2$
TPG	Kennziffer für die Dotierung des Gatematerials: +1 dotiert wie Substrat −1 anders dotiert als Substrat	1	−1	
XJ	Parameter für die Lage des pn-Übergangs (wird benutzt um den Sättigungsstrom anzupassen)	Default: 0	Default: 0	m
LD	Ausdiffusion der Source- und Drain-Gebiete unter die Gate-Elektrode	0,15E-6	0,25E-6	m
UO	Oberflächenbeweglichkeit im Kanalbereich	620	210	cm^2/Vs
UCRIT	Parameter für die Geschwindigkeitssättigung	5,2E4	9,4E4	V/cm
UEXP	Parameter für die Geschwindigkeitssättigung	Default: 0	Default: 0	
VMAX	Maximale Driftgeschwindigkeit im Kanal	Default: 0	Default: 0	m/s
NEFF	Kanalladungskoeffizient	Default: 0	Default: 0	
DELTA	Kanalweitenreduktion	Default: 0	Default: 0	

Die einfachsten Formeln für die Sperrschichtkapazitäten eines pn-Übergangs [6] gehen von abrupten Änderungen des Leitungstyps und des Dotierstoffprofils am Übergang aus. Bei realen pn-Übergängen erfolgt der Übergang von der einen Dotierstoffsorte mit der Konzentration N_A zur anderen Sorte mit der Dichte N_D allmählich. Die Steilheit der Dotierstoffänderung wird für die Boden- bzw. Seitenwandkapazität mit einem Abschwächungskoeffizienten MJ bzw. MJSW erfaßt und zur Korrektur der Sperrschichtskapazitätswerte verwendet. Eine komplette Liste der Level-2-Parameter, findet man in Tabelle 5.1.

Eine weitere wichtige Kapazität in der MOS-Transistorstruktur ist die Gatekapazität. Neben der Kapazität des MOS-Kondensators C_{GB} aus Gate-Elektrode, Oxid und Kanalbereich, sind noch weitere Kapazitätswerte zu berücksichtigen. Aufgrund von Fertigungstoleranzen bei der IC-Herstellung überlappt der Gatebereich mit den Source- und Draingebieten. Deshalb treten Überlappkapazitäten zwischen der Gate-Elektrode und dem Source- oder Draingebiet auf (C_{GD}, C_{GS}). Der Überlappungsbereich mit der Überlappungslänge L_D ist vergrößert in Abb. 5.1 zu sehen. Die Werte der Überlappkapazitäten hängen dabei in komplizierter Weise vom Arbeitsbereich des Transistors ab und werden im Programm SPICE aus den spezifischen Überlappkapazitäten zwischen Gate und Source bzw. Gate und Drain berechnet [5]. Die entsprechenden Modellparameter heißen CGDO und CGSO. Die Gate-Bulk-Kapazität C_{GB} kann wahlweise über die Gate-Oxiddicke TOX bestimmt werden oder wird explizit über den Modellparameter CGBO [8] vorgegeben.

5.1.4
Kurzkanaltransistoren

Bei heutigen Technologien liegen die Kanallängen im Submikrometerbereich. Da sinkende Transistorabmessungen zu ansteigenden elektrischen Feldstärken im Transistor führen, entstehen die folgende *Kurzkanaleffekte*:
- Die Einsatzspannung der Transistoren wird zusätzlich von der Kanallänge und -weite abhängig,
- die Sperrströme im Unterschwellbereich nehmen zu und
- die Driftgeschwindigkeit der Ladungsträger im Kanal sättigt, d. h., die Geschwindigkeit der Ladungsträger wächst nicht mehr mit der lateralen Feldstärke.

Dadurch ändert sich das Transistorverhalten vor allem im Sättigungsbereich. Abbildung 5.2 zeigt die Auswirkungen anhand eines Vergleichs der simulierten Kennlinien eines NMOS-Transistors mit 10 μm und 2,4 μm Kanallänge. Im ersten Fall sind SPICE-Parameter aus der Literatur eingesetzt worden [9] im zweiten Fall wurden die Parameter des Level-2-Modells für den Alcatel Microelectronics-2,4-μm-CMOS-Prozeß benutzt.

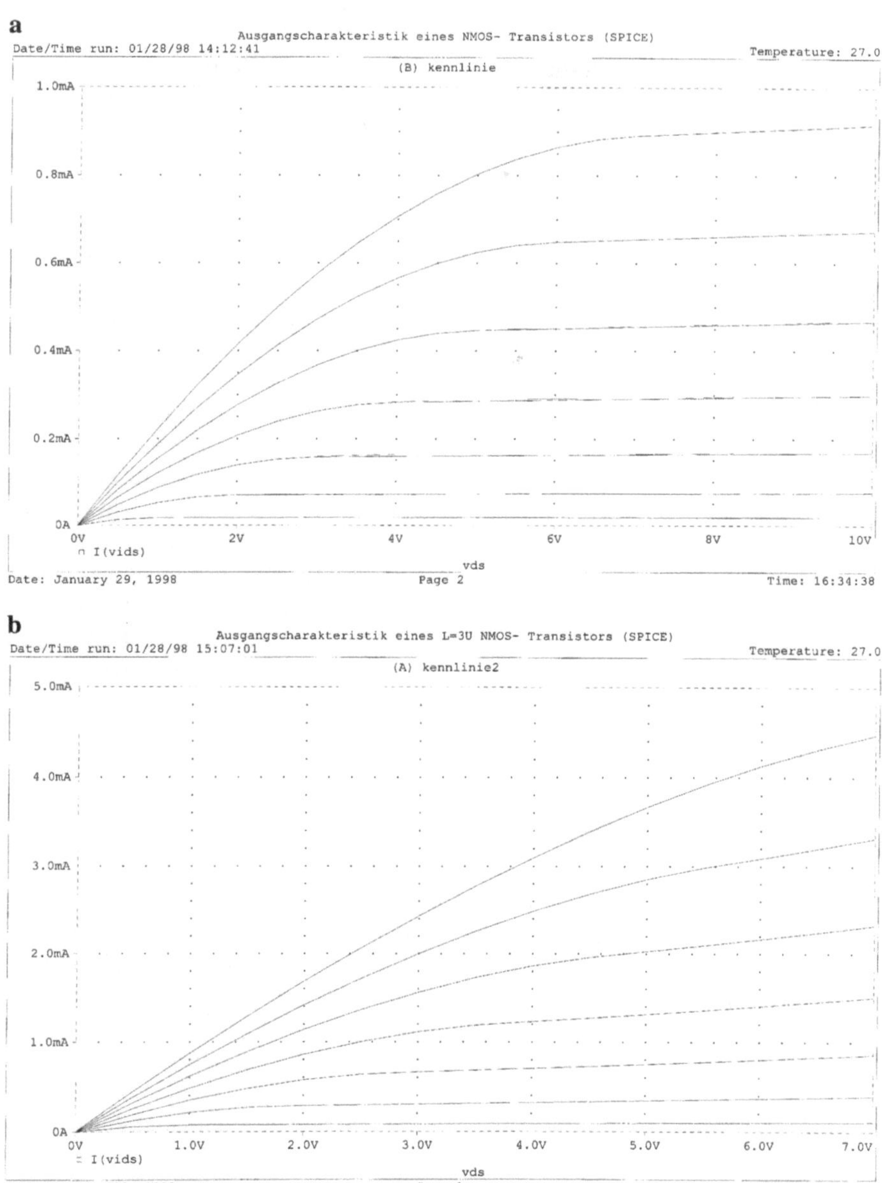

Bild 5-2. Kennlinienfelder von NMOS-Transistoren: mit Langkanalverhalten (**a**: W/L = 20 μm/10 μm) und eines Kurzkanal-NMOS-Transistors (**b**: W/L = 4,8 μm/2,4 μm). Die höhere Stromergiebigkeit des Kurzkanaltransistors resultiert aus der geringeren Gateoxiddicke. Die Kurvenscharen sind mit der Gate-Source u_{GS} parametrisiert: In der oberen Kurve steigt u_{GS} von unten nach oben von 2 V in 1 V-Stufen auf 8 V und in der unteren Kurve von 1 V bis 7 V

5.1.5
Parametervarianten und Simulationsgenauigkeit bei SPICE

Die SPICE-Parameter werden von den Halbleiterherstellern im Rahmen der Prozeßcharakterisierung durch mathematische Anpassungen an gemessene Transistorkennlinien ermittelt (s. Abschn. 6.2). Um Prozeßschwankungen zu erfassen, finden neben typischen Parametersätzen auch sog. *Slow-* oder *Fast*-Parametersätze Anwendung, die *Worst-Case-* bzw. *Best-Case*-Technologievariationen mit besonders langsam bzw. schnell schaltenden Transistoren beschreiben. Für eine Simulation müssen nicht alle Parameter, die in den Modellgleichungen auftreten, bekannt sein. SPICE setzt bei nichtspezifizierten Parametern sinnvoll gewählte *Default-* oder Ersatzwerte ein. In der Parametertabelle 5.1 finden sich einige Beispiele.

Die Vorhersagegenauigkeit des Programms SPICE ist aufgrund der detaillierten Modelle im Prinzip sehr hoch. Die Abweichungen gegenüber Messungen liegen bei korrekt ausgeführten Simulationen meist unter 1%. Ungenauigkeiten bei SPICE-Simulationen resultieren aus den zum Entwurfszeitpunkt nicht bekannten Schwankungen der Herstellprozesse bei der späteren Prototypen- oder Serienproduktion, denn die *Slow-* oder *Fast*-Parametersätze geben nur Eckwerte vor. Auch die Verwendung falscher MOS-Modelle (etwa durch Eingabe eines falschen Modell-Levels) und Fehler bei der Eingabe der parasitären Kapazitäten und Widerstände, die meist aus den Layoutgeometrien abgeschätzt und per Hand in die Bauelementbeschreibung eingetragen werden, können zu Fehlern führen.

5.1.6
SPICE-Netzlisten und -Programme

Vor der Schaltungsanalyse mit dem Programm SPICE ist die zu simulierende Schaltung zu definieren und der Ablauf der Simulation vorzugeben. In den ersten Versionen des Programms wurde dafür eine einfache Programmiersprache verwendet, die im weiteren vorgestellt wird. Obwohl mittlerweile grafische Eingabemöglichkeiten existieren, wie etwa beim Mentor-Graphics-Werkzeug AC-CUSIM, ist die von SPICE verwendete Form der Schaltungsbeschreibung auch heute noch von Bedeutung: die „*SPICE*-Netzliste" hat sich zu einem Standard für die strukturelle Beschreibung von Schaltkreisen auf Bauelementebene entwickelt.

5.1.6.1
Allgemeine Syntax-Regeln

Beim Arbeiten mit dem Programm SPICE sind besondere Konventionen für die Eingabe von Zahlenwerten für die unterschiedlichen Parameter in den Anweisungen einzuhalten. In Dezimalzahlen wird statt des Kommas ein Punkt verwendet. Große oder kleine Zahlen können mit Vorfaktoren und Zehnerpotenzen

Tabelle 5-2. Maßstabsfaktoren des Programms SPICE

Faktor	Potenzdarstellung	Bedeutung
T	E12	10^{12} = Tera = T
G	E9	10^{9} = Giga = G
MEG	E6	10^{6} = Mega = M
K	E3	10^{3} = Kilo = k
M	E-3	10^{-3} = Milli = m
U	E-6	10^{-6} = Mikro = μ
N	E-9	10^{-9} = Nano = n
P	E-12	10^{-12} = Pico = p
F	E-15	10^{-15} = Femto = f

dargestellt werden. Die Eingabe 2.64321E4 stellt z. B. die Zahl 26432,1 dar. Statt Zehnerpotenzen können auch Maßstabsfaktoren wie „Milli" oder „Mega" verwendet werden. Tabelle 5.2 listet diese Maßstabsfaktoren und deren Bedeutung auf. Beispiele für die unterschiedlichen Zahlendarstellungen innerhalb von SPICE sind 254000 = 2.54E5= 254k oder $47 \cdot 10^{-9}$ = 47N = 47E-9 = 0.000 000 047.

Zwischenkommentare, die bei größeren Schaltungen die Übersichtlichkeit verbessern, werden durch einen Stern „*" in der ersten Spalte gekennzeichnet. Zwischen zwei Eintragungen innerhalb einer Programmzeile steht stets ein Leerzeichen.

Die Eingabe kann bei SPICE in Groß- oder Kleinbuchstaben erfolgen. Reicht eine Zeile nicht aus, um eine Anweisung komplett einzugeben, werden Fortsetzungsanweisungen verwendet, die mit einem „+"-Zeichen beginnen.

In SPICE-Anweisungen gibt es häufig sog. *optionale* Anweisungsteile, die vom Benutzer nicht unbedingt spezifiziert werden müssen. Das Programm setzt für fehlende optionale Angaben sinnvolle Ersatzwerte ein (*Default Values*, s. a. Tabelle 5.1). Optionale Größen werden im weiteren Text durch spitze Klammern (<abcd...>) gekennzeichnet.

5.1.6.2
Bauelement- und Modellanweisungen

Das Verhalten einer Schaltung hängt von den verwendeten Bauelementen, deren Dimensionierung und technologiebedingten Modellparametern sowie von der spezifischen Verschaltung der Bauelementanschlüsse ab. Für die Simulation mit SPICE definieren *Elementanweisungen* Verschaltung und Bauelementtyp, während *Modellanweisungen* die Modell-Parametersätze enthalten:

- *Elementanweisung*: Jedes Schaltungselement in der zu simulierenden Schaltung wird über eine Elementanweisung definiert, die die Lage der Anschlüsse und die elektrischen Parameter bzw. Verweise auf diese angibt. Der Bauelementtyp wird über einen Kennbuchstaben kodiert, mit dem die Elementanweisung beginnt. **M** ist die Kennung für MOS-Transistoren, **R** für Widerstän-

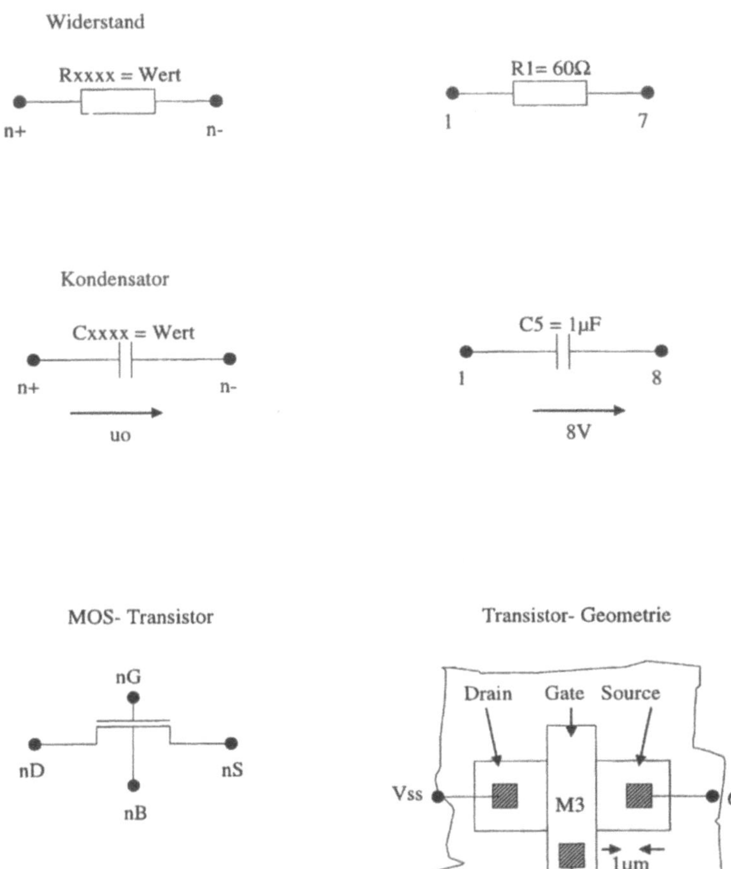

Bild 5-3. Bezeichnungen aus der SPICE-Modellanweisung für Widerstände, Kondensatoren und MOS-Transistoren. Gezeigt sind der allgemeine Fall und die in Tabelle 5-3 aufgeführten Beispiele

– *Modellanweisung*: Diese Anweisung beginnt mit dem Kennwort **.MODEL.** In dieser Anweisung werden in fest vorgegebener Reihenfolge der Modellname und der Typ des zu beschreibenden Bauelements sowie die Modellparameter übergeben. Beispiele für die Modellkarten von NMOS- und PMOS-Transistoren finden sich in Tabelle 5.5. Bei einfachen Komponenten wie etwa einem Widerstand genügt die *Elementanweisung*.

Tabelle 5-3. Syntax der Elementanweisungen für die wichtigsten Bauelemente in SPICE. Schaltbilder für die einzelnen Elemente finden sich in Abb. 5.3. Eckige Klammern kennzeichnen die physikalischen Einheiten. „n+" und „n-" sind die beiden Anschlußknoten bei Widerständen und Kondensatoren. Die Parameter für den MOS-Transistor sind in Tabelle 5.4 erklärt

Schaltelement	Elementanweisung	Beispiel
Widerstand	**R**xxx n+ n-wert [Ω]	R1 1 7 60
Kondensator	**C**xxx n+ n-wert [F] <IC=u_o> ic: initial condition: Vorspannung u_o	C3 2 5 47N C5 1 8 1U IC= 8V
MOS-Transistor	**M**xxx nD nG nS nB Modellname L=x W=y <AD=xx> <AS=yy> <PD=xz> <PS= yz> <NRD= zx> <NRS= zy>	M3 VSS 5 6 VSS nmos l=3u w=4u AD=20f AS=20f PD=18u PS=18u NRD=1.25 NRS=1.25

Tabelle 5-4. Parameter in der Elementkarte eines MOS-Transistors

Parameter	Bedeutung	Ersatzwert
L	Kanallänge [m]	100 µm
W	Kanalweite [m]	100 µm
AD	Drain-Diffusionsfläche [m^2]	0
AS	Source-Diffusionsfläche [m^2]	0
PS	Umfang der Source-Sperrschicht an der Siliziumoberfläche [m]	0
PD	Umfang der Drain-Sperrschicht an der Siliziumoberfläche [m]	0
NRD	Zahl der Quadrate, in die die Drainfläche aufgeteilt werden kann. Der Drainbahnwiderstand R_D berechnet sich nach der Formel R_D = NRD* RSH (s. Tabelle 5.1)	1
NRS	Zahl der Quadrate, in die die Sourcefläche aufgeteilt werden kann. Der Sourcebahnwiderstand R_S berechnet sich nach der Formel R_S = NRS* RSH (s. Tabelle 5.1)	1

Tabelle 5-5. Modellkarten von PMOS- und NMOS-Transistoren im 2,4-µm-CMOS-Prozeß von Alcatel Microelectronics

```
.model N nmos level=2 tox=425e-10 vto=1.0 xj=0.3u nsub=1.60e15 delta=2.17 lambda=0.077
+ nfs=2.64e11 uo=530 ucrit=5.2e4 uexp=0.104 ld=0 wd=0.3u rsh=205 js=1e-3 lis=2 istmp =10
+ cgso=1.1e-10 cgdo=1.1e-10 pb=0.8 fc=0.5 dell=0.4u dellw=0u
+ cj=1.1e-4 mj=0.5 cjsw=4.5e-10 mjsw=0.33 af=1 kf=1.0e-28
```

```
.model P pmos level=2 tox=425e-10 vto=-1.0 xj=0.05u nsub=12.0e15 delta=2.55 lambda=0.050
+ nfs=1.36e11 uo=180 ucrit=9.4e4 uexp=0.286 ld=0.05u wd=0.35u rsh=390 js=1e-3 lis=2
+ istmp=10 cgso=1.1e-10 cgdo=1.1e-10 pb=0.8 fc=0.5 dell=0.0u dellw=0u
+ cj=3.7e-4 mj=0.5 cjsw=6.0e-10 mjsw=0.33 af=1 kf=3.0e-30
```

5.1.6.3
Strom- und Spannungsquellen

Eine besonders wichtige Rolle bei SPICE-Simulationen spielen Strom- und Spannungsquellen [10], die zum Ansteuern von Schaltungen oder zur Modellierung elektrischer Bauelemente eingesetzt werden. Bei Gleichspannungs- oder Gleichstromquellen ist der Spannungs- oder Stromwert zeitlich konstant (*DC:* D̲irect C̲urrent, engl. für Gleichstrom). Bei Wechselquellen (AC: A̲lternating C̲urrent, engl. für Wechselstrom) variieren die Strom- oder Spannungswerte (Abb. 5.4).

Unabhängige Quellen verhalten sich ideal: Der Klemmenstrom der Stromquelle ist unabhängig von der Klemmenspannung, und die Klemmenspannung der Spannungsquelle hängt nicht vom Klemmenstrom ab. Bei *gesteuerten Quellen*, z. B. spannungsgesteuerten Stromquellen, bestehen solche Abhängigkeiten.

Beim Austesten von Schaltungen liefern unabhängige Quellen die Eingangssignale. Diese Quellen werden deshalb auch als „Signalquellen" bezeichnet.

Die SPICE -Eingabesyntax für Signalquellen zeigt Tabelle 5.6. Besondere Bedeutung haben Quellen, die sinusförmige Ströme (Spannungen) abgeben bzw. stückweise gerade zusammengesetzte Impulse erzeugen (Pulsquelle, Sinusquelle und Polygonquelle). Mit diesen Quellen lassen sich Übertragungskennlinien oder Sprungantworten von Schaltungen simulieren.

5.1.7
Analysemöglichkeiten und Steueranweisungen

Ist die Schaltungsbeschreibung erstellt, wird sie zur Simulation mit *Steueranweisungen* verknüpft, die die Simulationsart und -dauer, sowie die Form der Ergebnisausgabe definieren. Schaltungsbeschreibung und Steueranweisungen bilden zusammen das sog. SPICE-Programm. Ein SPICE-Programm hat folgenden prinzipiellen Aufbau:
- Titelanweisung
- Schaltungsbeschreibung
- Steueranweisungen
- .END

Die erste Anweisung ist die „Titelanweisung". Sie enthält eine Überschrift als beliebigen Text, der auf jeder Seite des Simulationsausdrucks wieder erscheint. Die letzte Anweisung ist die **.END**-Steueranweisung, die das Ende des SPICE-Programms definiert. Titelanweisung und END-Anweisungen müssen in jedem SPICE-Programm enthalten sein.

Steueranweisungen sind entweder Analyse- oder Ausgabeanweisungen. Jede Anweisung beginnt mit einem Punkt, gefolgt von einem Kennwort. Die wichtigsten Analysearten sind die Gleichstrom-, Frequenz- und Zeitanalyse, die durch die Anweisungen .DC, .AC und .TRAN angewählt werden können. Die beiden möglichen Ausgabeanweisungen sind die .PRINT- und .PLOT-Anweisung, mit denen sich Simulationsergebnisse als Liste bzw. als Kurve grafisch ausgeben lassen.

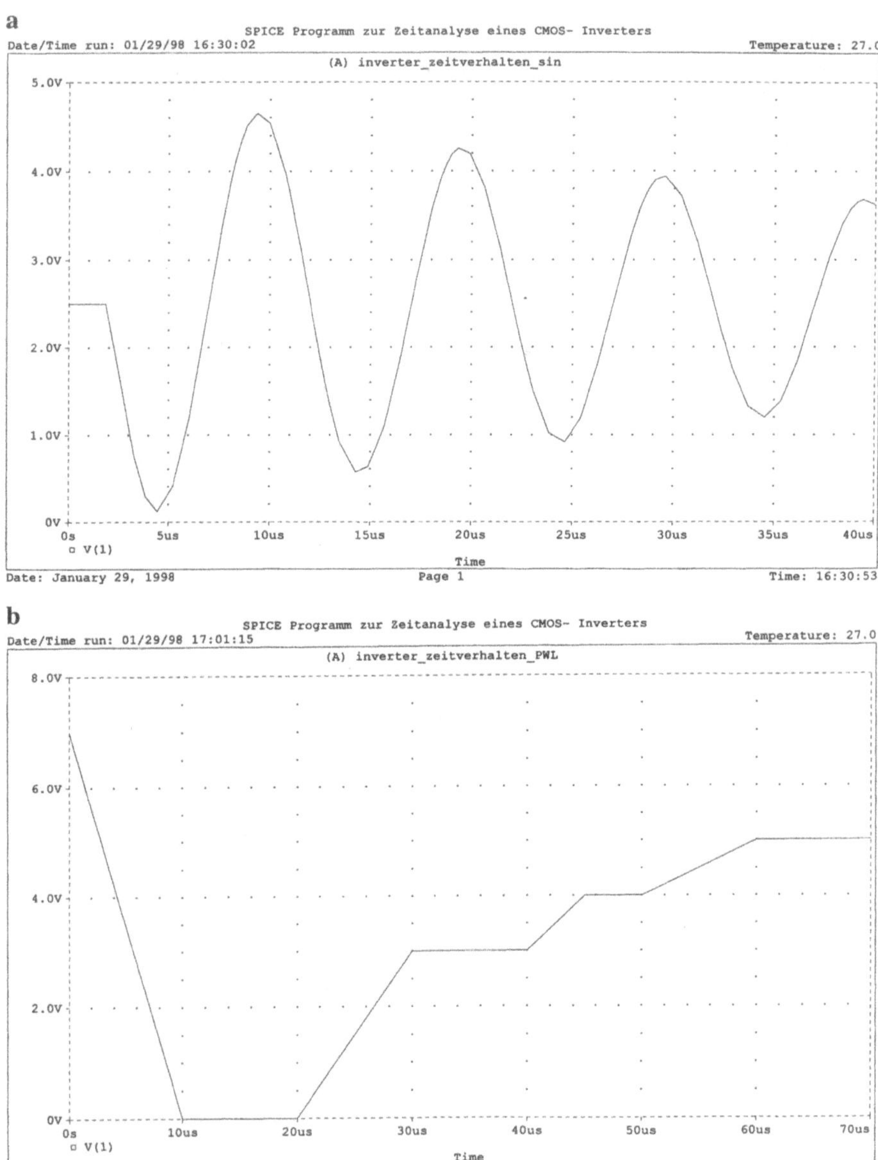

Bild 5-4. Schaltbilder und Zeitverhalten von unabhängigen Spannungs- und Stromquellen. **(a)** zeigt eine Sinusquelle. In **(b)** ist der Verlauf der Polygonquelle gezeigt. Die Parameter für die dargestellten Kurvenverläufe sind in der Beispielspalte von Tabelle 5-6 angegeben

Tabelle 5-6. Signalquellen für die unterschiedlichen SPICE-Analysearten. Zur Berechnung von Ersatzwerten (Defaults) für optionale Parameter werden der Endzeitpunkt der Simulation „tstop" und die Zeitschrittweite für die Ergebnisausgabe („tstep") benutzt. Diese Parameter werden in der .TRAN-Anweisung festgelegt, die als sog. Steueranweisung die Schrittweite und die Zeitdauer bei einer Zeitanalyse festlegt (s. a. Abschn. 5.1.7.2).

Allgemeine Definition

Spannungsquelle (unabhängig)	Vxxx n+ n-<Zeitverhalten und Wert> Die Ersatzwerte sind DC und 0 und definieren eine Gleichspannungsquelle, die 0V abgibt.	V1 1 2 DC 10 Die Spannungsquelle V1 ist zwischen den Knoten 1 und 2 angeschlossen. Der positive Pol liegt dabei am Knoten 1. Der Spannungswert beträgt 10 Volt.
Stromquelle (unabhängig)	Ixxx n+ n-<Zeitverhalten und Wert> Die Ersatzwerte sind DC und 0 und definieren eine Gleichstromquelle, die 0A abgibt.	I20 12 23 DC 500m In den Knoten 12 fließt aus der Stromquelle I20, die zwischen den Knoten 12 und 23 angeschlossen ist, ein Gleichstrom von 500 mA.

Spezielle Zeitabhängige Quellen

Sinusquelle: SIN	Vxxx (oder Ixxx) n+ n-SIN(w_o w_a <f <td <α <φ>>>>); w_o Gleichspannungs(strom)anteil [V(A)] w_a Amplitudenspannung(strom) [V(A)] f Frequenz [Hz] td Verzögerungszeit [s] α Dämpfungsfaktor φ Phasefaktor [°] Formel: (bei Spannungsquelle) $0 < t < td$: Vxxx = w_o bzw. Ixxx = w_o $td < t < tstop$: Vxxx(t) = $w_o + w_a \sin((2\pi f(t-td) + \varphi)^* \exp(-\alpha(t-td))$	V2 1 0 SIN(2.5 2.5 1E5 2u 2E4 180) Der Spannungsverlauf ist in Abb. 5.4a gezeigt. Ersatzwerte für die optionalen Werte: f = 1/tstop ; td = 0; α = 0 ; φ = 0
Polygonquelle: PWL (*piecewise linear*, engl. stückweise gerade)	Vxxx (oder Ixxx) n+ n-PWL (0 w_o <t_1 w_1 <t_2 w_2 <........<t_{stop} w_{stop}>......>>); Polygon: Eckpunkte werden durch Angabe eines Zeitpunkts und eines Strom(Spannungs)werts definiert: 0 w_o : Anfangszeitpunkt t=0 und Anfangswert w_o t_1 w_1 : zweites Wertepaar usw. bis t_{stop} w_{stop} : letztes Wertepaar bei t = t_{stop}	V3 10 5 PWL(0 7 10u 0 20u 0 30u 3 40u 3 45u 4 50u 4 60u 5)) Der Spannunsgverlauf ist in Abb. 5.4b gezeigt. Ersatzwerte: keine
Kleinsignal-Wechselquelle: AC (*alternating current*)	Vxxx (oder Ixxx) n+ n-AC < w_a < φ>>); w_a Betrag der Spannungs- oder Stromamplitude [V(A)], φ Phase [°] Die Frequenz der AC-Quellen wird in der AC-Steueranweisung spezifiziert	I20 12 23 AC 1mA 45 In den Knoten 12 fließt aus der Stromquelle I20, die zwischen den Knoten 12 und 23 angeschlossen ist, ein Wechselstrom von 1mA mit einer Phasenverschiebung von 45° Ersatzwerte: w_a = 1 φ = 0

5.1.7.1
Gleichstromanalyse

Der Befehl .DC im Programm erzeugt eine Gleichstrom-Kennlinie. Diese Kennlinien ordnen aufeinanderfolgenden Werten der Eingangsquelle Werte von Ausgangsvariablen zu. Die Eingabesyntax für eine DC-Anweisung zeigt die folgende Zeile:

.DC Vxxx (oder Ixxx) Start Stop Schritt < Vyyy (oder Iyyy) Start2 Stop2 Schritt2>.

Vxxx oder Ixxx sind die Namen der Eingangssignalquellen. Die Parameter *Start* und *Stop* geben den Anfangs- bzw. den Endwert der Quellspannung oder des Quellstroms von Vxxx bzw. Ixxx vor. Der Eintrag „Schritt" definiert die Schrittweite, mit der das Spannungs- oder Stromintervall durchlaufen wird. Wird eine optionale zweite Quelle mit eigenem Wertebereich und Schrittweite definiert, berechnet SPICE für jeden Wert der zweiten Quelle eine Kennlinie nach Maßgabe der ersten Strom- oder Spannungsquelle.

Ein SPICE-Programm mit einer .DC-Anweisung für eine Gleichstrom-Analyse (engl. *DC-Analysis*) kann folgendermaßen aussehen:

```
Ausgangscharakteristik eines NMOS-Transistors (SPICE)
vgs 2 0
vds 3 0
ml 1 2 0 0 MOS1 W=20U L=10U
vids 3 1 DC 0.0
.MODEL MOS1 NMOS vto = 1.0 KP = 17U Gamma = 1.3 Lambda = 0.01 Phi = 0.1
.DC vds 0 10 0.5 vgs 2 8 1
.PLOT DC I(vids)
.END.
```

Mit diesem Programm wurde die Berechnung der in Abb. 5.2 dargestellten Kennlinienfelder von NMOS-Transistoren durchgeführt [9]. Abbildung 5.5 zeigt den Schaltplan der Schaltung. Die beiden Eingangsquellen sind mit *vds* und *vgs* bezeichnet. Die Ausgangsvariablen ist der Strom, der in der Hilfsquelle *vids* fließt (*I(vids)*). Diese Hilfsquelle, die zwischen dem Drain- und Source-Knoten des Transistors liegt und die Spannung Null Volt abgibt, wurde in frühen Versionen von SPICE benutzt, um Knotenströme (hier den Drainstrom) zu erfassen. Der Strom, der in der Hilfsquelle fließt, kann über die PRINT-Anweisung „I(vids)" ausgegeben werden. Bei aktuellen SPICE Versionen sind solche Kunstgriffe nicht mehr nötig. Hier sind die Ströme in allen Knoten einer simulierten Schaltung ohne weitere Hilfsmittel darstellbar.

Die Ausgabeanweisung für das gezeigte Kennlinienfeld hat die Form

.PLOT DC Ausgabevariable (hier I(vids)).

Die PLOT-Anweisung erzeugt eine Zeilendruckergrafik mit geringer Auflösung, ähnlich wie in Abb. 5.11. In neueren SPICE-Versionen stehen außer der Plot-Anweisung grafische Postprozessoren zur Verfügung, mit denen die Simulationsergebnisse variabel nach den Wünschen des Anwenders aufbereitet und ansprechender dargestellt werden können (s. z.B. Abb. 5.2).

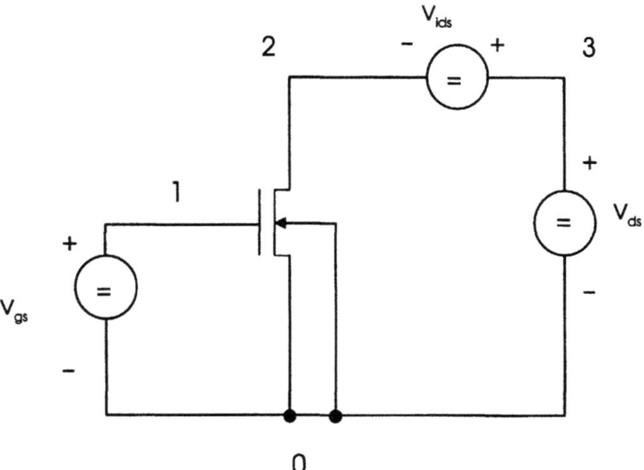

Bild 5-5. Schaltung zur Simulation der Kennlinien eines NMOS-Transistors (nach [9])

5.1.7.2
Zeitanalyse

Bei dieser Analyseart läßt sich das zeitliche Verhalten einer Schaltung simulieren. Als Ergebnis stehen alle Ströme und Spannungen in der Schaltung als Funktion der Zeit von t = 0 bis zur vom Benutzer definierten Endzeit t_{stop} zur Verfügung und können grafisch dargestellt oder als Liste ausgedruckt werden. Die Steueranweisung, die eine Zeitanalyse (engl. *Transient Analysis*) auslöst, hat die Form:

.TRAN t_{step} t_{stop} $<t_{start}$ $<t_{max}>>$ <UIC>.

Der Parameter t_{step} definiert die Zeitschrittweite für die Ausgabe mit der .PLOT- oder .PRINT-Anweisung. t_{stop} und t_{start} geben den letzten und den ersten Zeitpunkt der Analyse an. Wird kein Startzeitpunkt festgelegt, beginnt die Zeitanalyse bei t = 0. Mit t_{max} läßt sich das vom Lösungsalgorithmus verwendete Zeitinkrement, das nicht unbedingt mit der Zeitschrittweite t_{step} übereinstimmen muß, nach oben begrenzen. t_{start} und t_{max} sind wie das Kennwort „UIC" optionale Größen. UIC steht für „*Use Initial Conditions*" (engl. für „verwende Anfangswerte") und bewirkt, daß im SPICE-Programm explizit vorgegebene Anfangswerte für die speichernden Elemente in der Schaltung beim Start der Simulation benutzt werden. Dies kann das Konvergenzverhalten der numerischen Verfahren verbessern. Meist sind aber solche Angaben nicht nötig, denn SPICE bestimmt die Anfangswerte für die Transientenanalyse selbständig durch eine Gleichstrom-Arbeitspunktanalyse.

Ein Beispiel für eine Zeitanalyse ist die Simulation des dynamischen Verhaltens eines CMOS-Inverters, der eine Lastkapazität von 5 pF entlädt. Abbildung 5.6 zeigt die simulierte Schaltung und Abb. 5.7 die Simulationsergebnisse.

```
inverter_zeitverhalten
M1 2 1 nss nss n_30 w=5u L=3u
M2 2 1 ndd ndd p_30 w=10u L=3u
cl 2 nss 5p
vdd ndd 0 DC 7
vss 0 nss DC 0
vin 1 nss PWL(0 7 10u 0 20u 7 30u 0 40u 7)
.model n_30 nmos level=2 vto=.9 kp=5.7e-05 gamma=.3 phi=.7 lambda=0.05
+ cgso=1.8e-10 cgdo=1.8e-10 cj=7e-05 mj=.5 cjsw=3.9e-10 mjsw=.33
+ js=0.001 tox=4.25e-08 nfs=1e+11 ld=2.2e-07 ucrit=10000 rsh=25
+ af=1 kf=2.3e-27
.model p_30 pmos level=2 vto=-.9 kp=1.7e-05 gamma=.5 phi=.69
+ lambda=0.04 cgso=2.8e-10 cgdo=2.8e-10 cj=0.00033 mj=.5 cjsw=4.4e-10
+ mjsw=.33 js=0.001 tox=4.25e-08 nfs=1e+11 ld=3.5e-07 ucrit=10000
+ rsh=45 af=1 kf=7.2e-29
.TRAN 0.2u 40u
.probe
.end
```

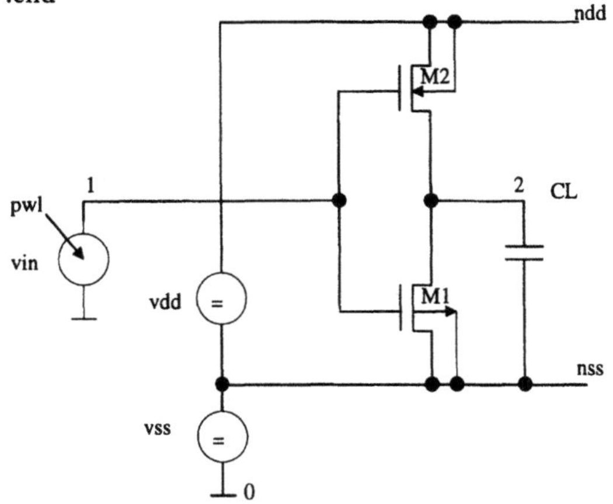

Bild 5-6. Netzliste und Schaltplan eines CMOS-Inverters mit 5pF kapazitiver Last am Ausgang.

5.1.7.3
Frequenzanalyse

Eine weitere Analyseform ist die Frequenzanalyse, die mit der .AC-Anweisung gestartet wird. Im Unterschied zur Transientenanalyse wird hier nur das *Kleinsignalverhalten* einer linearisierten Schaltung als Funktion der Frequenz berechnet. Die lineare Ersatzschaltung des zu simulierenden Netzwerks wird dabei automatisch erstellt. Die Steueranweisung für eine Frequenzanalyse hat die folgende Form:

.AC Frequenzvariation Frequenzpunkte f_{Start} f_{Stop}.

Anders als bei der .DC-Analyse wird keine Eingangssignalquelle benannt, sondern hier trägt jede unabhängige Wechselquelle (AC-Quellen, s. Tabelle 5.6) in der simulierten Schaltung gleichfrequent bei. Die Frequenzen dieser Wechsel-

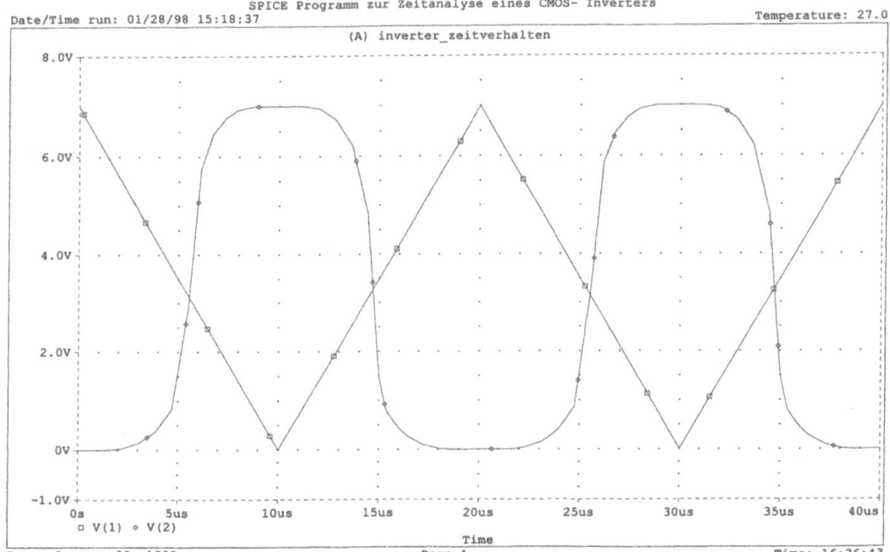

Bild 5-7. Zeitverhalten der Eingangs- und Ausgangsspannungen des CMOS-Inverters aus Bild 5-6. Die Eingangsspannung ist eine periodische Dreieckschwingung. Das Ausgangssignal zeigt die einsatzspannungsbedingten typischen Ausgangssignalverläufe von CMOS-Gattern: Sigmoide ansteigende und fallende Flanken liegen zwischen konstanten Bereichen, in denen die Signale die logischen Pegel erreichen

quellen in der Schaltung können dekadisch, oktav oder linear verändert werden. Dies spezifiziert der erste Parameter in der Parameterliste („Frequenzvariation": DEC, OCT bzw. LIN). Der Parameter „Frequenzpunkte" gibt die Zahl der durchlaufenen Frequenzwerte an (bei logartihmischer Frequenzveränderung pro Oktave bzw. Dekade). „f_{Start}" und „f_{Stop}" definieren die Start- und die Endfrequenz (in Hz), dabei gilt: $f_{Start} < f_{Stop} \neq 0$.

Bei einer .AC-Simulation können übrigens keine Sinusquellen verwendet werden, da es sich hier um Großsignalquellen für die Zeitanalyse mit der .TRAN-Anweisung handelt. Beispiele für .AC-Anweisungen sind

.AC LIN 1 100 300,

oder

.AC DEC 6 100 100k.

Im ersten Fall wird die Frequenz beginnend bei 100 Hz bis 300 Hz in 1Hz-Schritten durchfahren. Im zweiten Beispiel wird der Frequenzbereich zwischen 100 Hz und 100 kHz logarithmisch mit 6 Frequenzpunkten pro Dekade duchlaufen.

Als Anwendung für eine .AC-Analyse wird das Kleinsignalübertragungsverhalten eines einfachen CMOS-Verstärkers (Abb. 5.8) berechnet. Das SPICE-Programm hat folgende Form:

Bild 5-8. Invertierender
MOS-Verstärker (nach [9])

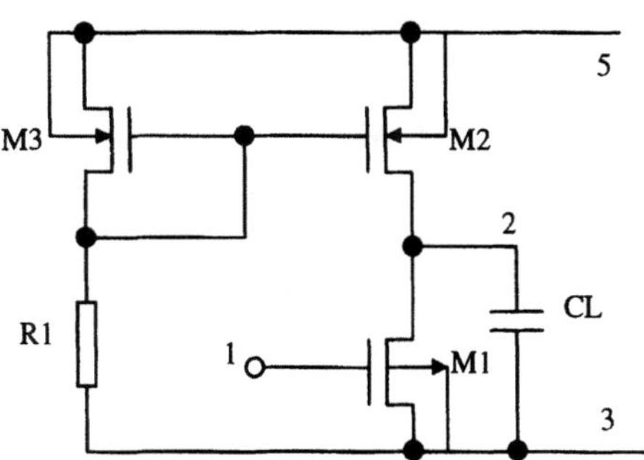

Frequenzgang eines CMOS-Verstärkers
R1 4 3 100k
vdd 5 0 DC 5.0
vss 0 3 DC 5.0
CL 2 0 5P
vin 1 0 DC -2.42 AC 1.0
* definiert eine Wechselquelle mit Gleichanteil von -2.42V und einer Amplitude von
1.0V
m1 2 1 3 3 MOSN W=20U L=10U
m2 2 4 5 5 MOSP W=10U L=20U
m3 4 4 5 5 MOSP W=10U L=20U
.MODEL MOSN NMOS vto = 1.0 KP = 17U Gamma = 1.3 Lambda = 0.01 Phi = 0.7
.MODEL MOSP PMOS vto = -1.0 KP = 8U Gamma = 0.6 Lambda = 0.008 Phi = 0.6
.AC DEC 20 100 100MEG
.OP
* diese spezielle Anweisung bewirkt den Ausdruck aller Knotenspannungen am
Gleichspannungsarbeitspunkt der Schaltung, der vor der .AC-Analyse automatisch
berechnet wird.
.PRINT AC VM(2) VDB(2) VP(2)
* mit der Print-Anweisung VM(2) wird der Betrag („Magnitude") der Spannung am
Knoten „2" ausgedruckt, mit VDB(2) der Betrag der gleichen Spannung in Dezibel
und mit VP(2) erhält man die Phasenlage der Spannung am Knoten „2".
.PROBE
* ruft den grafischen Postprozessor PROBE des Programms PSPICE auf, mit dem die
in der Abbildung gezeigten Ergebniskurven erzeugt wurden.
.END

Die Kommentarzeilen im Programm erklären spezielle Steueranweisungen.
Die Ergebnisse für Phasengang und Übertragungsverhalten des Verstärkers
zeigt Abb. 5.9.

5.1.7.4
Anweisungen zur Ausgabe der Simulationsergebnisse

Die Ergebnisausgabe kann, wie bereits erwähnt, in Form von Wertelisten
(.PRINT-Anweisung) oder Diagrammen (.PLOT-Anweisung) erfolgen. Die genaue Syntax der .PRINT-Anweisung ist

.PRINT Analyseart Ausgabevariable1, Ausgabevariable2,....... .

a

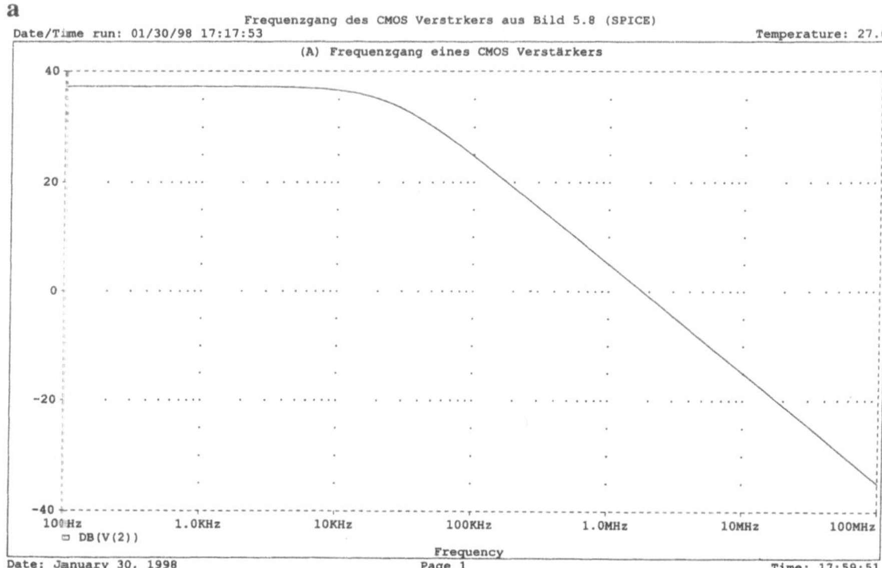

b

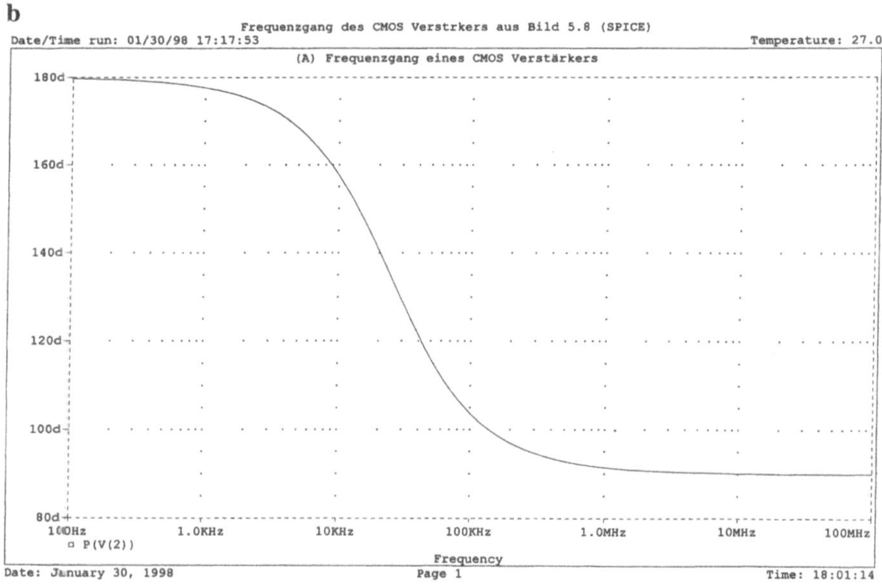

Bild 5-9. Kleinsignal-Wechselstromanalyse des invertierenden MOS-Verstärkers aus Bild 5-8. Der Arbeitspunkt wurde auf $-2{,}42$ V eingestellt. Frequenzverhalten: **a)** Betrag der Ausgangsspannung V (2) in dB in halblogarithmischer Auftragung; **b)** Phasendrehung der Ausgangsspannung gegen die Eingangsspannung in Winkelgrad in halblogarithmischer Auftragung

```
**** 09/08/95 20:41:12 ********* Evaluation PSpice (January 1993) ************

Verstärker- Kennlinie

 ****    DC TRANSFER CURVES        TEMPERATURE =  27.000 DEG C


**************************************************************


 vin      V(2)

 -5.000E+00  5.000E+00
 -4.900E+00  5.000E+00
 -4.800E+00  5.000E+00
 -4.700E+00  5.000E+00
 -4.600E+00  5.000E+00
 -4.500E+00  5.000E+00
 -4.400E+00  5.000E+00
 -4.300E+00  5.000E+00
 -4.200E+00  5.000E+00
 -4.100E+00  5.000E+00
 -4.000E+00  5.000E+00
 -3.900E+00  4.990E+00
 -3.800E+00  4.959E+00
```

Bild 5-10. Listenausdruck der Ergebnisse der Gleichstromanalyse

Beispiele finden sich in den bereits diskutierten SPICE-Programmen. Der Parameter „Analyseart" wird entsprechend der verwendeten Simulationsmethode auf „AC", „DC" oder „TRAN" gesetzt. Die Ausgabevariablen sind die interessierenden Spannungen und Ströme in der untersuchten Schaltung, die bei Strömen mit I(Knotenname) und Spannungen mit V(Knotenname) angegeben werden. Bei der AC-Analyse können auch Beträge, Phasenlagen bzw. Real- und Imaginärteile von komplexen Wechselgrößen ausgegeben werden (s. SPICE-Programm der Schaltung aus Abb. 5.8).

Abb. 5.10 zeigt einen mit dem Befehl *.print DC v(2)* erzeugten Ausdruck für die ersten Punkte der Kennlinie des CMOS-Verstärkers aus Abb. 5.8. Ein Zeilendruckerplot der Simulationsresultats kann mit der Anweisung .PLOT erstellt werden. Die Syntax ist die gleiche wie bei der .PRINT-Anweisung,

.PLOT Analyseart Ausgabevariable1, Ausgabevariable2,......,

lediglich die Zahl der Variablen ist auf acht begrenzt. Das Erscheinungsbild eines mit .PLOT erstellten Bildes ist gewöhnungsbedürftig und der Papierausdruck kann sich über einige Meter erstrecken. Abbildung 5.11 zeigt die mit der .PLOT-Anweisung erzeugte grafische Darstellung der ersten Werte der Transientenanalyse des CMOS-Inverters (vgl. Abb. 5.7).

Kompaktere und leichter interpretierbare grafische Darstellungen mit vielen Möglichkeiten der Datenaufbereitung, wie logarithmische Darstellung oder Fourieranalyse, können im SPICE-Derivat PSPICE mit dem Postprozessor PROBE erstellt werden. PROBE wird aus der PSPICE-Benutzeroberfläche aktiviert.

```
****    TRANSIENT ANALYSIS          TEMPERATURE =   27.000 DEG C

***************************************************************************

LEGEND:

*: V(1)
+: V(2)

 TIME      V(1)
 (*+)-------- -5.0000E+00  0.0000E+00  5.0000E+00  1.0000E+01  1.5000E+01

           --------------------------------
0.000E+00 1.000E+01 .          +       .        *         .
2.000E-07 9.800E+00 .          +       .        *.        .
4.000E-07 9.600E+00 .          +       .        *.        .
6.000E-07 9.400E+00 .          +       .       * .        .
8.000E-07 9.200E+00 .          +       .       *.         .
1.000E-06 9.000E+00 .          +       .      * .         .
1.200E-06 8.800E+00 .          +       .      * .         .
1.400E-06 8.600E+00 .          +       .     *  .         .
1.600E-06 8.400E+00 .          +       .     *  .         .
1.800E-06 8.200E+00 .          +       .    *   .         .
2.000E-06 8.000E+00 .          +       .    *   .         .
2.200E-06 7.800E+00 .          +       .   *    .         .
2.400E-06 7.600E+00 .          +       .   *    .         .
2.600E-06 7.400E+00 .          +       .  *     .         .
2.800E-06 7.200E+00 .         .+       .  *     .         .
3.000E-06 7.000E+00 .         .+       .  *     .         .
3.200E-06 6.800E+00 .         .+       . *      .         .
3.400E-06 6.600E+00 .         .+       .*       .         .
3.600E-06 6.400E+00 .         .+       .*       .         .
3.800E-06 6.200E+00 .          .+     .*        .         .
4.000E-06 6.000E+00 .          .+     .*        .         .
4.200E-06 5.800E+00 .          . +    .*        .         .
4.400E-06 5.600E+00 .          . +    .*        .         .
4.600E-06 5.400E+00 .          .  +   .*        .         .
4.800E-06 5.200E+00 .          .   +  .*        .         .
5.000E-06 5.000E+00 .          .    + *         .         .
5.200E-06 4.800E+00 .          .     *+         .         .
5.400E-06 4.600E+00 .          .     *. +       .         .
5.600E-06 4.400E+00 .          .    *.    +     .         .
5.800E-06 4.200E+00 .          .    *.      +   .         .
6.000E-06 4.000E+00 .          .    *.        + .         .
```

Bild 5-11. Zeilendruckerbild der Ergebnisse einer Zeitanalyse

Die Simulationsdaten entnimmt der Postprozessor einer Datei, die mit PRO-
BE.DAT bezeichnet ist. Diese Datei wird nur dann angelegt, wenn sich im SPICE-
Programm die Anweisung .PROBE findet (s. SPICE-Programm in Abschn.
5.1.7.3). Die Simulationsergebnisse können auf einem Drucker oder Plotter ausgegeben werden. Näheres zum Arbeiten mit PROBE findet man in den zahlreichen Büchern über PSPICE [1,10].

5.1.8
Definition von Teilschaltungen mit der .SUBCKT-Anweisung

Treten in einer Schaltung bestimmte Blöcke mehrfach auf, dann genügt es, diese Blöcke nur einmal als Teilschaltung (*Subcircuit*) zu beschreiben. Subcircuits können, wie Unterprogramme in PASCAL oder C, an den gegebenen Stellen des SPICE-Programms eingefügt werden.

Die Anweisung zur Definition einer Teilschaltung in SPICE hat die Form:

.SUBCKT Xxxx Verbindungsknoten <PARAMS: Name1=Wert1, Name2 = wert2,...>
Beschreibung der Teilschaltung
.ENDS < Xxxx>

„Xxxx" ist der Name der Teilschaltung. Die „Verbindungsknoten" werden als Liste definiert und sind diejenigen Knoten der Teilschaltung, die bei Aufruf der Teilschaltung mit der äußeren Schaltung verbunden werden. Die Knotennamen können dabei beliebig ohne Rücksicht auf Knoten in der äußeren Schaltung vergeben werden. Knotennamen in Subcircuits haben nur *lokalen* Charakter. Der gleiche Name kann auch in der Hauptschaltung oder in anderen Teilschaltungen verwendet werden, ohne daß dies zu Fehlern führt. Auch Modellanweisungen innerhalb einer Subcircuitbeschreibung werden nur lokal benutzt, gelten also nur innerhalb der Teilschaltung. Modellanweisungen innerhalb der Hauptschaltung hingegen sind „globale" Definitionen, die auch für jede Teilschaltung gelten.

Der Knoten „0" spielt in SPICE-Programmen eine Sonderrolle: Diese Knotennummer ist *global* für den Masseanschluß reserviert, kann im Inneren der .SUBCKT-Schaltung verwendet werden und ist automatisch mit dem Knoten Null der äußeren Schaltung verbunden.

Die Schaltungsbeschreibung von Subcircuits erfolgt mit den üblichen SPICE-Anweisungen. Innerhalb der Teilschaltung können sogar weitere Subcircuits aufgerufen werden, allerdings darf keine Teilschaltung innerhalb geschachtelter Subcircuits mehr als einmal auftreten.

Beim Aufruf einer Teilschaltung können Parameter übergeben werden. Die Namen der Parameter werden dazu innerhalb der Subcircuitbeschreibung in geschweifte Klammern gesetzt. Obwohl später nur die vom Hauptprogramm übergebenen Parameterwerte verwendet werden, sind zusätzlich eigene Parameterwerte in der .SUBCKT-Anweisung zu definieren. Die .ENDS-Anweisung schließt die Definition einer Teilschaltung ab.

Der Aufruf für eine Teilschaltung ist von folgender Form:

Xxxx Anschlußknoten Xxxx <PARAMS: Name1 = Wert1, Name2=wert2,...>.

Die Teilschaltung wird also als „Pseudo-Schaltelement" behandelt, dessen Kennbuchstabe ein X ist. Die Anschlußknoten sind die Knoten der äußeren Schaltung, die mit den entsprechenden Knoten aus der Verbindungsknotenliste der aufgerufenen Teilschaltung verknüpft werden. Das Kennwort PARAMS kennzeichnet die Liste der von der Hauptschaltung an die Teilschaltung zu übergebenden Parameterwerte.

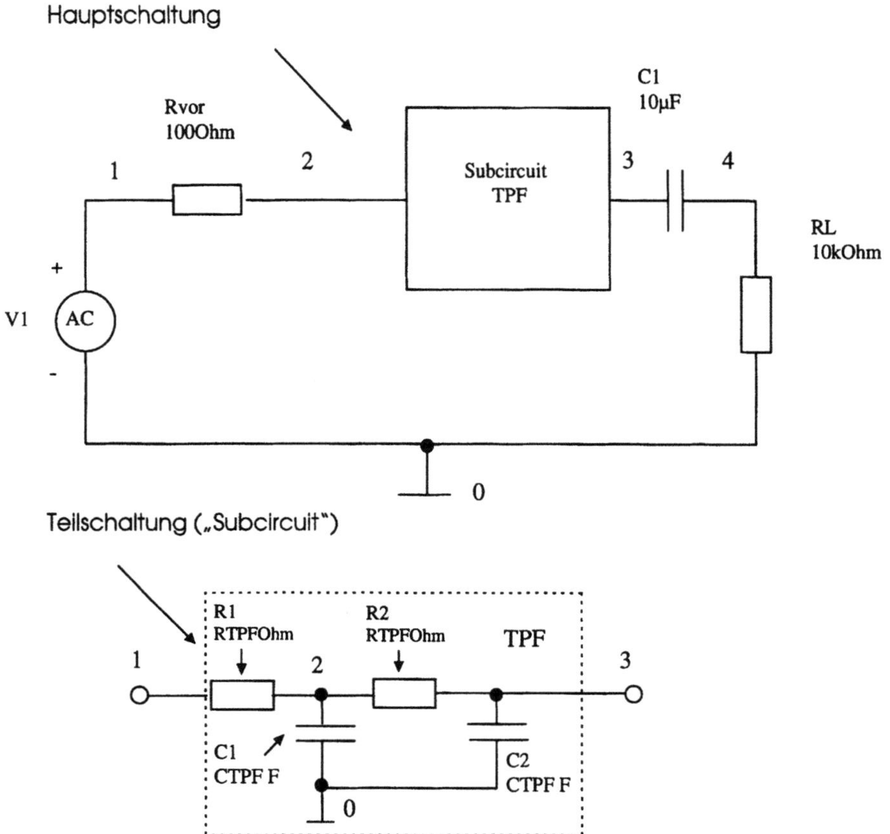

Bild 5-12. Filterschaltung mit Teilschaltung (Subcircuit) TPF. Die Widerstands- und Kondensatorwerte in der Teilschaltung RTPF und CPTF werden beim Aufruf der Teilschaltung festgelegt [1]

Ein Beispiel, das viele der unterschiedlichen Möglichkeiten von Teilschaltungen nutzt, ist die in Abb. 5.12 gezeigte Filterschaltung mit folgender SPICE-Beschreibung [1]:

```
Tiefpaßfilter (PSPICE)
V1 1 0 AC 1V
RVOR 1 2 100
X1 2 3 TPF PARAMS : RTPF=1k, CTPF=1u
CL 3 4 10u
RL 4 0 10k
.subckt TPF 1 2 PARAMS: RTPF=10k, CTPF=2u
R1 1 3 {RTPF}
R2 3 2 {RTPF}
C1 3 0 {CTPF}
C2 2 0 {CTPF}
.ENDS
.AC DEC 100 20 20k
.Probe
.END
```

Aufruf des Subcircuits mit Werteübergabe für RTPF und CTPF

Subcircuitbeschreibung

5.2
Digitalsimulation

Mit Analogsimulatoren wie SPICE kann das elektrische Verhalten von Schaltungen sehr genau nachgebildet werden. Allerdings sind aus Rechenzeit- und Speicherplatzgründen nur relativ kleine Schaltungen simulierbar (einige 100 Transistoren), denn die Simulationszeit T nimmt überproportional mit der Zahl „N" der nichtlinearen Bauelemente in der untersuchten Schaltung zu ($T \sim N^m$, $1 < m$ < 2; [11]). Zur Untersuchung größerer Schaltkreise werden deshalb Simulatoren mit einfacheren Modellen eingesetzt, mit denen allerdings nur noch digitale Signalpegel erfaßt werden können. Dadurch verringert sich der Speicherbedarf, und der numerische Aufwand für die Auswerteverfahren sinkt.

Mit Simulatoren für komplexe digitale Schaltungen beschäftigen sich die folgenden Unterabschnitte. Die verschiedenen Algorithmen und Strategien werden dabei anhand des Simulators QUICKSIMII von Mentor Graphics vorgestellt.

5.2.1
Rechenverfahren und Modellbildung bei der Digitalsimulation

Um das logische Verhalten einer Digitalschaltung zu erfassen, genügt es, statt Transistoren die Eigenschaften von kompletten digitalen Schaltungskomponenten, wie logische Gatter oder Flip-Flops und Register, zu betrachten. Dabei werden abstrakte Modelle verwendet, die nicht mehr auf den strukturellen Aufbau der Komponenten eingehen und auch nicht mit kontinuierlichen elektrischen Größen, sondern mit diskreten logischen Zuständen („0" und „1") arbeiten.

Das funktionale Verhalten der Komponenten kann bei einer *Digitalsimulation* mit Wahrheitstabellen oder über Boolesche Gleichungen beschrieben werden. Die Wahrheitstafeln für NAND- und NOR-Gatter finden sich z. B. in Abschn. 4.2.2 (Tabelle 4.3). Je nach Eingangssignalkombination wird das entsprechende Verknüpfungsresultat aus der jeweiligen Tabelle ausgelesen und dem Ausgangsknoten der Komponente zugewiesen.

Zur Berechnung des dynamischen Verhaltens einer Digitalschaltung wird – wie bei SPICE – die Zeitachse diskretisiert, d. h., es werden nur diskrete, in festen Abständen (*Zeitschritten*) aufeinanderfolgende Zeitpunkte betrachtet. Ändert sich also der interne Zustand eines Gatters, so liegt der geänderte Ausgangszustand frühestens einen Zeitschritt später am Ausgangspin an.

Die einfachsten digitalen Rechnermodelle berücksichtigen Signalverzögerungen nur über sog. Einheitslaufzeiten (*Unit Delays*): Den Ausgangspins der verschiedenen Schaltungskomponenten wird eine einheitliche Verzögerungszeit zugewiesen. Ändern sich die Eingangssignale, so wechseln die Zustände an den zugehörigen Ausgangspins eine Einheitslaufzeit später. Abhängigkeiten der Laufzeit vom Gattertyp oder von der Ausgangsbelastung werden vernachlässigt. Abbildung 5.13 zeigt Schaltplan und Simulationsergebnisse mit *Unit Delays* für den Zeilendekodierer einer Halbleiterspeicherschaltung.

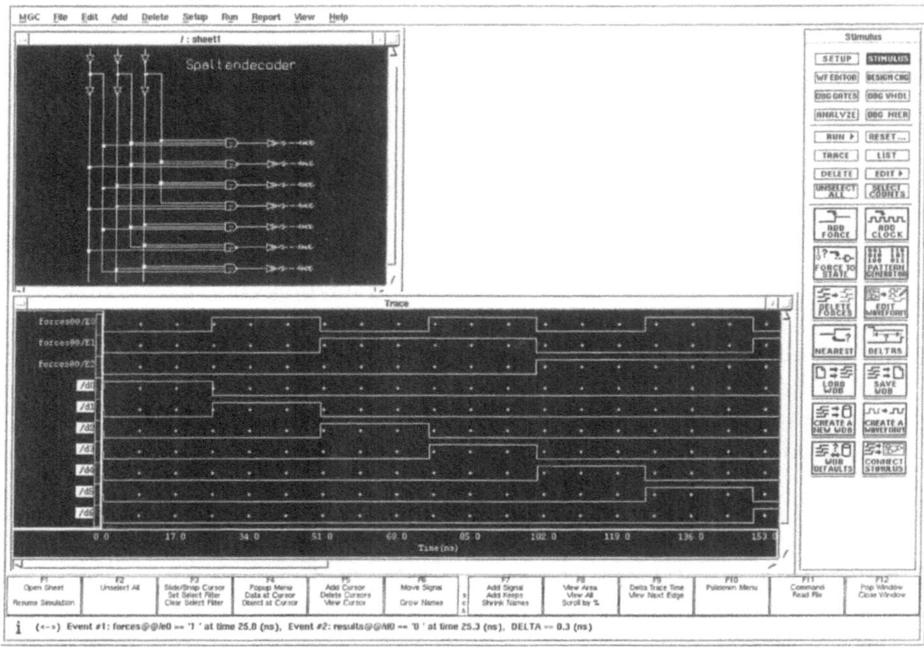

Bild 5-13. Bildschirmausdruck einer Simulation der Dekodierschaltung mit dem Programm QuicksimII. Oben ist der Schaltplan erkennbar, und unten werden die Ergebnisse der Logiksimulation gezeigt. Die drei Eingänge Eo, E1 bis E2 werden mit Periode Signalen mit 50ns, 100ns bzw. 200ns angesteuert. Die Ausgangssignale do bis d7 wurden mit Einheitslaufzeiten von 0,1ns pro Zeitschritt berechnet. Wie unten eingedruckt, liegen zwischen der Signalflanke von E1 bei 25ns und dem zugehörigen Wechsel des Signals do genau 0,3ns, die sich aus den Gatterlaufzeiten der drei Logikgatter im Signalpfad ergeben

5.2.1.1
Ereignisgesteuerte Simulation

Bei der digitalen Simulation wird typischerweise folgender Algorithmus verwendet: Alle externen Signale an den Schaltungseingängen werden permanent abgetastet. Die Abtastfrequenz bestimmt sich aus der reziproken Schrittweite. Bei Änderungen der Eingangsignale berechnet der Simulator alle internen Signale neu. Signalwechsel an Pins der Eingangsgatter führen u. U. einen Zeitschritt später zu entsprechenden Änderungen der Ausgangszustände und damit zu Signalwechseln an den Eingangspins von Folgegattern. Signaländerungen an den Schaltungseingängen propagieren so von Zeitschritt zu Zeitschritt von Komponente zu Komponente. Diese sukzessive Berechnung wird solange fortgeführt, bis die Zustände aller Netze in der Schaltung bekannt sind

und das resultierende Signalmuster an den Ausgangspins der Schaltung anliegt.

Bei komplexeren Schaltungen wächst der Rechenwaufwand zur Bestimmung
der internen Zustände stark mit der Gatterzahl. Da sich aber in der Regel nicht
alle Ausgangspegel in einer Schaltung gleichzeitig ändern, werden unter Umständen viele Signalpegel an internen und externen Knoten der Schaltung neu
bestimmt, obwohl sich diese Signale nicht geändert haben. Dieser nutzlose Rechenaufwand läßt sich durch sog. *ereignisgesteuerte Simulationsverfahren* einsparen.

Bei diesen Verfahren werden nur die Ausgangssignale der Komponenten nach
jedem Zeitschritt neu berechnet, bei denen sich *auch* Eingangssignale geändert
haben. Bei Laufzeitmodellen, die über die Einheitslaufzeiten hinausgehen, werden
alle Gatter, bei denen sich Eingangssignale geändert haben, in Listen eingetragen.
Diese lassen sich sukzessive abarbeiten, wobei die Ausgangszustände bei den eingetragenen Gattern erst dann aktualisiert werden dürfen, wenn die entsprechende
Gatterlaufzeit verstrichen ist. Die resultierenden Signaländerungen an Ausgangspins induzieren wieder Eingangssignaländerungen für Folgegatter, die ebenfalls
in die entsprechenden Listen eingetragen werden, um dann im entsprechenden
zeitlichen Versatz die betroffenen Ausgangssignale ändern zu können.

Die Verwaltung der Ereignisse über Listen, deren Länge mit der Zahl der Ausgangspins der Komponenten in der Schaltung wächst, kann beträchtliche Anteile der Rechnerressourcen beanspruchen. Dieser Effekt vermindert möglicher-
weise den Rechenzeitvorteil der ereignisgesteuerten Simulation.

5.2.1.2
Laufzeitmodelle auf Gatterebene

Simulationen mit Einheitsverzögerungen sind ausreichend, um Fehler im logischen Verhalten des Schaltplans zu finden, z. B., wenn statt eines NAND-Gatters
versehentlich ein NOR-Gatter eingesetzt wurde oder wenn der Eingang eines
Gatters mit einer falschen Leitung verbunden ist.

Bei integrierten Schaltkreisen ist aber das korrekte zeitliche Verhalten genauso wichtig wie die korrekte logische Funktion. Laufzeitfehler lassen sich mit
Unit Delays aber nicht feststellen. Auch wenn typische Werte für Gatterlaufzeiten als Einheitsverzögerung eingesetzt werden, liefern Simulationen keine ausreichend genaue Beschreibung des dynamischen Schaltungsverhaltens, denn
die Signallaufzeiten in CMOS-Schaltungen kommen hauptsächlich durch Ladezeiten für Leitungskapazitäten und Eingangskapazitäten von internen Gattern
zustande.

Es sind also genauere Laufzeitmodelle notwendig, um zeitliche Abweichungen von den Spezifikationswerten zu finden. Da Simulationen mit Einheitslaufzeiten im Vergleich zu Rechnungen mit aufwendigeren Laufzeitmodellen wenig
Rechenzeit benötigen, werden Unit-Delay-Simulationen meist zu Beginn der
Schaltungsentwicklung durchgeführt, um zunächst alle Logik- und Verdrahtungsfehler zu eliminieren.

Signallaufzeiten in CMOS-Gattern

Signallaufzeiten durch Gatter werden in der CMOS-Technik im wesentlichen durch Ladezeiten bestimmt. Die Dimensionierung und die Verschaltung der Transistoren in der treibenden Komponente legt den Ladestrom fest. Die Art der Verschaltung mit weiteren Gattern bestimmt die Größe der Lastkapazitäten. Mit logischen Variablen können diese nichtlinearen dynamischen Vorgänge nicht beschrieben werden. Für die Berechnung von Laufzeiten im Rahmen der Logiksimulation werden deshalb Laufzeitmodelle aufgestellt, die jedem Signalwechsel an den Gattereingängen abhängig von der Ausgangslast eine spezifische Laufzeit zuweisen.

Bei der Modellierung wird darauf geachtet, daß die Modelle möglichst einfach auszuwerten sind. Deshalb kommen nur lineare Modelle in Frage. Der intellektuelle Aufwand bei der Modellbildung besteht darin, mit dieser einfachen mathematischen Struktur trotzdem die nichtlinearen Effekte, die die Laufzeit eines Signals durch eine Komponente bestimmen, möglichst genau zu beschreiben. Aus praktischen Gründen werden die Modelle so entwickelt, daß sie für unterschiedliche CMOS-Technologien geeignet sind, wobei der Einfluß der zugrundeliegenden Halbleitertechnologie durch einfach auszutauschende Parameter erfaßt wird.

Einflußgrößen

Die Signalverzögerung in einer logischen Komponente hängt von verschiedenen Faktoren ab. Wie Abb. 5.14 beispielhaft für ein Vierfach-NAND-Gatter zeigt, gehen in die Laufzeit
- die Komplexität der internen Schaltung der Zelle,
- die kapazitive Belastung des relevanten Ausgangsknotens
- und die Anstiegs- und Abfallzeiten der ansteuernden Signale

ein. Bei komplexeren Zellen, wie Flip-Flops, kommen noch weitere Einflußgrößen hinzu, wie etwa Set-Up- und Hold-Zeiten.

Modellierungsmethoden

Laufzeiten einzelner Gatter können in realen Schaltungen nicht ohne weiteres elektrisch gemessen werden, da die Belastung durch Prüfspitzen das elektrische Verhalten ändern kann. Der Ausgangspunkt bei der Laufzeitmodellierung sind deshalb SPICE-Simulationen einzelner Gatter. Den Bezug zur Technologie stellen die aus gemessenen Transistorkennlinien ermittelten SPICE-Parameter her. Die Verzögerungszeiten werden für verschiedene Ausgangslasten und Eingangssignalformen berechnet. Die grafische Auftragung zeigt (s. Abb. 5.14), daß sich die Resultate sehr gut durch ein lineares Laufzeitmodell annähern lassen. Wie die gestrichelt eingetragenen Ausgleichsgeraden verdeutlichen, setzen sich Signallaufzeiten additiv aus einem konstanten lastunabhängigen Anteil und einem zur Last proportionalen Anteil zusammen:

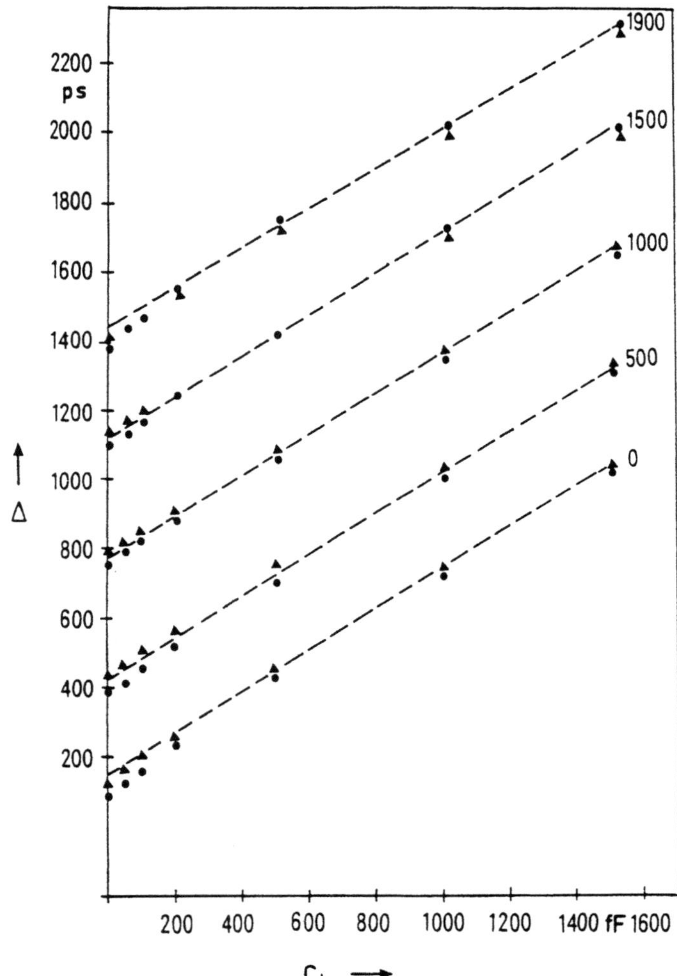

Bild 5-14. Verzögerungszeiten T aus SPICE-Simulationen eines Vierfach NAND-Gatters als Funktion der kapazitiven Ausgangslast C_L und der Anstiegs- (Abfallzeit) der Eingangssignale t_r (t_f): 0, 500, 1000, 1500, 1900 ps. Zur besseren grafischen Darstellung ist statt T die modifizierte Laufzeit $\Delta = T + t_{r(f)}/2$ gezeigt (nach [12])

$$T = T_i + t_L \cdot C_L \tag{5.1}$$

T_i ist der sog. intrinsische Teil (*Intrinsic Delay*) der Signalverzögerung T, der bereits ohne Belastungen am Gatterausgang auftritt. $t_L \cdot C_L$ ist der lastabhängige Verzögerungszeitbeitrag. Dabei gibt t_L als spezifische Laufzeit mit der Einheit ns/pF, die Signallaufzeit pro pF Ausgangsbelastung an. Die Lastkapazitäten berechnen sich aus den Eingangskapazitäten aller Gatter, die mit dem betreffenden Ausgangsknoten eines Gatters verbunden sind. Dazu kommen die Verdrah-

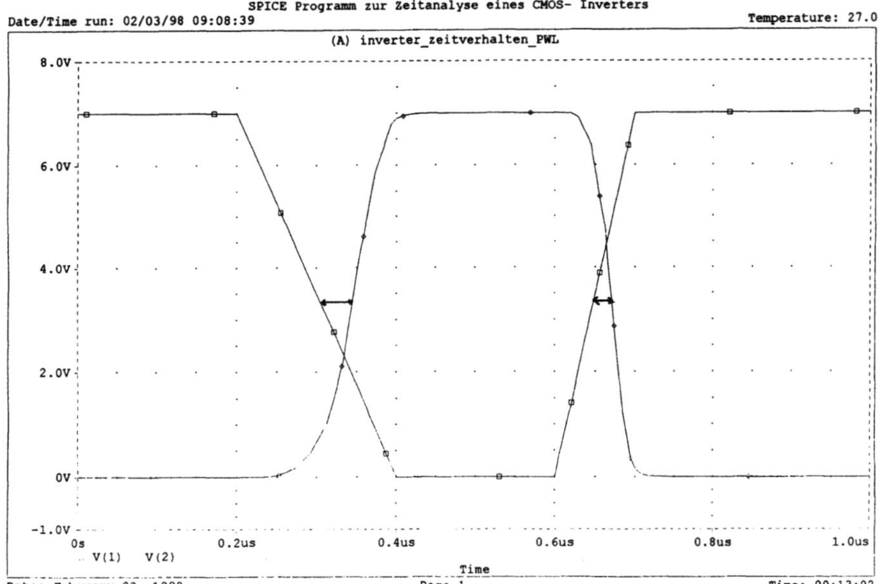

Bild 5-15. Normierte Ein- und Ausgangsspannungen und Verzögerungszeiten eines Inverters für langsam und schnell ansteigende Eingangssignale. Obwohl die Abfallzeit der fallenden Eingangsrampe (200 ns) doppelt so groß ist wie die Steigzeit der ansteigenden Rampe (100 ns), ändern sich die Signallaufzeiten nur etwa um 30 % von 40 ns auf 28 ns

tungskapazitäten der Verbindungsleitungen. Eventuell vorhandene weitere kapazitive Belastungen, wie etwa Ausgangskapazitäten von hochohmig geschalteten Tristateausgängen, sind ebenfalls zu berücksichtigen. Die beiden Zeitparameter T_i und t_L werden für jeden Komponententyp in der Komponentenbibliothek eines Simulators aus SPICE-Simulationen für unterschiedliche Belastungen ermittelt.

Da die Laufzeiten von den Eingangssignalformen abhängen, gilt dies auch im Prinzip für die Modellparameter T_i und t_L. Abbildung 5.15 zeigt aber, daß die Steilheiten der Eingangssignale nur verhältnismäßig geringfügig in die Signallaufzeiten eingehen. Für praktische Anwendungen können deshalb die Eingangssignaleffekte vernachlässigt werden, wenn die intrinsische und lastspezifische Laufzeit für Eingangssignale ermittelt wird, die einen möglichst „realistischen" Verlauf zeigen.

Der relativ geringe Einfluß der Eingangssignal-Anstiegs- und -Abfallzeiten hängt mit der Definition der Gatterdurchlaufzeit zusammen (vgl. 4.2.3), die aus dem zeitlichen Abstand zwischen dem 50%-Pegeln der Ein- und Ausgangssignale bestimmt wird. Wie Abb. 5.15 anhand eines Inverters zeigt, bewirkt eine steile und eine flachere Eingangsrampe ähnliche Verzögerungszeiten, weil das Umladen der Ausgangsknoten bei flachen Rampen schon teilweise abgeschlossen ist, bevor der für die Laufzeitberechnung relevante 50%-Pegel des Eingangssignals erreicht ist.

Wichtiger als die Signalsteilheit sind die Unterschiede in den Laufzeiten für steigende und fallende Eingangssignale, die in CMOS-Gattern durch die prinzipiellen Unterschiede der Verstärkungsfaktoren von PMOS- und NMOS-Transistoren entstehen. Aufgrund der höheren Ladungsträgerbeweglichkeit schalten NMOS-Transistoren doppelt so schnell wie PMOS-Transistoren gleicher Dimensionierung. In den Gattern, die für Abb. 5.14 und 5.15 simuliert wurden, sind diese Unterschiede im Transistorverhalten durch geeignete Dimensionierungsvorhalte bei den PMOS-Bauelementen ausgeglichen worden.

Diese Kompensation ist aber nicht immer möglich: Für das dreifache NOR-Gatter, bei dem der Ausgangsknoten über drei in Serie geschaltete PMOS-Transistoren aufgeladen, aber nur über einen NMOS-Transistor entladen wird, sind für gleiche Laufzeiten bei steigenden und fallenden Eingangsignalen PMOS-Transistoren mit dem sechsfachen W/L-Verhältnis der n-Kanal-Transistoren erforderlich. Diese Auslegung ist flächenintensiv, verursacht hohe Eingangskapazitäten und bewirkt deshalb lange Ladezeiten bei treibenden Gattern. Aus diesen Gründen sind in integrierten Schaltungen Gatter mit minimal dimensionierten Transistoren sinnvoll, die unterschiedliches Schaltverhalten bei steigenden und fallenden Eingangssignalen zeigen. Zur Digitalsimulation sind dann aber gesonderte Laufzeitparameter für steigende (Index r) und fallende Eingangssignale (Index f) nötig:

$$T_r = T_{ir} + t_{Lr} \cdot C_L \tag{5.2a}$$

und

$$T_f = T_{if} + t_{Lf} \cdot C_L. \tag{5.2b}$$

Technologieabhängigkeiten

Damit der Schaltungsentwickler nicht vor jeder Digitalsimulation die spezifischen Laufzeitparameter ermitteln muß, werden diese Größen von Halbleiterherstellern für ihre Prozesse im Rahmen der Entwurfsunterlagen (*Design Kits*) mitgeliefert. Diese Design Kits enthalten Bibliotheken, in denen für die verschiedenen Gattertypen Tabellen mit den technologiespezifischen Laufzeitparametern T_{ir}, t_{Lr}, T_{if} und t_{Lf} und den Eingangskapazitäten zur Lastberechnung abgelegt sind. In diesen Bibliotheken ist außerdem jede verfügbare Komponente als Schaltplansymbol und in Layoutdarstellung enthalten. Tabelle 5.7 zeigt die Laufzeitparameter für ein Dreifach-NAND-Gatter (aus der Zellbibliothek für den 2,4-µm-CMOS-Analogprozeß des Halbleiterherstellers Alcatel Microelectronics).

Um Technologievariationen abzufangen, wurden die Parameter in der Alcatel-Bibliothek mit SPICE-Simulationen unter Verwendung von „Slow"-Parametersätzen bei nominaler Versorgungsspannung von $V_{DD} = 5\,V$ ermittelt. Die Laufzeitformeln geben deshalb sicherheitshalber eine größere Verzögerungszeit an, als unter normalen Bedingungen zu erwarten wäre.

Tabelle 5-7. Laufzeitparameter für ein Dreifach-NAND-Gatter: $A \cdot B \cdot C = Y$. A, B, und C sind die drei Eingangssignale. Das Ausgangssignal wird mit Y bezeichnet [7].

Eingangskapazitäten

Eingang	Kapazität	Einheit
A, B, C	0,088	pF

Laufzeiten

Laufzeit zwischen	Ausgangssignal	intrinsische Laufzeit T_i	Laufzeit pro pF Last t_L	Einheit
A,B,C und Y	steigend „r"	4,2	5,6	ns
	fallend „f"	4,4	5,6	ns

maximale Belastbarkeit des Ausgangs: 0,8pF

Da die Gatterlaufzeiten auch von den Anstiegs- oder Abfallzeiten der Eingangssignale beeinflußt werden (s. o.), kommt es darauf an, eine realistische Eingangssignalform bei den SPICE-Simulationen zur Parameterbestimmung zu verwenden. Bei den Alcatel-Zellen steuerten die Ausgangssignale der Inverterzelle INV die zu untersuchenden Gatter an.

Gatterlaufzeiten hängen auch von der Betriebstemperatur ab und werden von Schwankungen der Versorgungsspannung beeinflußt. Mit steigender Temperatur sinkt die Ladungsträgerbeweglichkeit. Folglich reduzieren sich die von den Transistoren produzierten Ladeströme. Mit steigender Versorgungsspannung nehmen die erreichbaren Gate-Source- und Drain-Source-Spannungen zu und dies erhöht nach den Modellgleichungen (4.2 und 4.3) den Drainstrom. Da in einem IC näherungsweise alle Transistoren den gleichen Temperaturen und Spannungen ausgesetzt sind, bewirken diese Effekte lediglich eine einheitliche Skalierung der Laufzeiten. Deshalb können die bei Nominalbedingungen (27 °C und $V_{DD} = 5\,V$) erzielten Simulationsergebnisse einfach umgerechnet werden: Steigt die Temperatur auf 125 °C, dann steigen die Laufzeiten näherungsweise um 30 %, sinkt die Temperatur auf −55 °C, dann arbeitet die Schaltung um 25% schneller. In vielen Anwendungen schwankt V_{DD} um ±10%. Bei der hohen (niedrigen) Betriebsspannung reduziert (erhöht) sich die Verzögerung um 10% (15%).

5.2.2
Der Logiksimulator QUICKSIMII

Während sich bei der Analogsimulation das Programm SPICE als Standard etabliert hat, stehen für digitale Simulationen unterschiedliche Werkzeuge zur Verfügung. Ein weit verbreiteter Simulator ist das Programm QUICKSIMII, das auch Bestandteil des Mentor-Graphics-*V8*-Entwurfssystems ist.

5.2.2.1
Schaltpläne, Zeitverhalten und Signalzustände

Anders als in SPICE werden für Digitalsimulationen mit QUICKSIMII Schaltungen nicht in Form von Texten (Netzlisten) eingegeben. Dieser Digitalsimulator interpretiert grafisch erstellte Schaltpläne. Bei der Aufbereitung des Schaltplans zerlegt das Programm QUICKSIMII elektrische Verbindungen und die vorhandenen Komponenten in drei Kategorien: *Instanzen*, *Pins* und *Netze*.

Eine *Instanz* symbolisiert eine Komponente (z. B. einen Volladdierer) und besteht aus einer Verhaltsbeschreibung und einem grafischen Symbol. *Netze* verbinden die einzelnen Instanzen und stellen elektrische Verbindungsleitungen dar. An den Schnittstellen zwischen *Instanzen* und *Netzen* sitzen die Pins. Hier werden die Verbindungsleitungen an die Komponente angeschlossen.

Signallaufzeiten ordnet der Simulator den Pins der Komponenten zu (*Pindelays*). Ein solches Delay hält das Signal am Pin eine bestimmte Zeit auf. Der intrinsische Anteil der Signallaufzeit kann über ein Delay an den Eingangspins berücksichtigt werden, der lastabhängige Anteil der Gatterlaufzeit läßt sich über ein Pindelay am Gatterausgang erfassen. Pindelays werden vom Simulator mit den obigen Formeln berechnet, können aber auch explizit bei der Schaltplaneingabe zugewiesen werden. Abbildung 5.16 zeigt einen Schaltplan mit expliziten Pindelaywerten n in Nanosekunden.

Während der Logiksimulation berechnet QUICKSIMII die zeitliche Entwicklung sog. *Signalzustände*, die von den einzelnen Netze angenommen werden. Signalzustände bilden die unterschiedlichen elektrischen Signalpegel in digitalen Schaltungen auf einfache Weise nach. Ein Signalzustand setzt sich aus einem *logischen Pegel* und einer *Signalstärke* zusammen.

Die drei *logischen Zustände*, in denen sich ein Netz in einer digitalen Schaltung befinden kann sind die Zustände „0" und „1" sowie der Zustand „X", der einen undefinierten Signalpegel repräsentiert. Undefiniert heißt dabei, daß das Netz entweder den logischen Zustand „0" oder „1" annimmt, wobei der tatsächliche Zustand aber nicht bekannt ist. Solche X-Zustände treten häufig während der ersten Zeitschritte einer Simulation an internen Knoten auf und verschwinden, wenn die Eingangssignale bis zu den entsprechenden Pins und Netzen propagiert sind.

Bild 5-16. Instanzen (I1, I2, I3), Pins (dicke Linien: P1 bis P6) und Netze (dünne Linien: A, B, C, D) für einen einfachen Schaltplan (nach [13]). Die Ziffern unter den Pins geben die Laufzeitverzögerungen an den Eingangs- und Ausgangspins an („Pindelays")

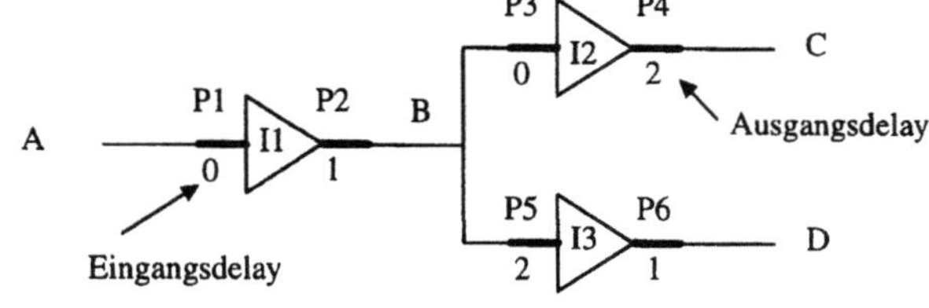

Signalstärken werden eingeführt, um *Signalkonflikte* aufzulösen. Diese Konflikte entstehen, wenn einzelne Netze mit den Ausgangspins verschiedener Komponenten verbunden sind und diese Pins unterschiedliche logische Zustände annehmen. Es gibt vier Signalstärken, die mit stark (S), resistiv (R), hochohmig (Z) und unbestimmt (I) bezeichnet werden. Da sich in realen Schaltungen der elektrische Pegel durchsetzt, der mit dem größten Strom eingeprägt wird, überschreiben auch in QUICKSIMII „starke" Zustände links in der Aufzählung schwache Signale, die weiter rechts stehen.

Die vollständige Beschreibung des Zustands eines Netzes in QUICKSIMII ist die Kombination aus logischen Pegel und Signalstärke. Diese Kombination wird als *Signalzustand* bezeichnet. Insgesamt werden 3 × 4 = 12 unterschiedliche Signalzustände unterschieden. Beispiele für Signalzustände sind: 1I, ZR oder XZ.

5.2.2.2
Ereignissteuerung

Während einer Digitalsimulation wird, wie bereits geschildert, das dynamische Verhalten der Schaltung in einzelne Ereignisse (*Events*) aufgelöst, die zu diskreten Zeiten stattfinden. Ereignisse sind Wechsel der Signalzustände an Pins, die im Inneren der Schaltung während der Simulation entstehen, oder von außen durch Eingangsstimuli eingeprägt werden. Jeder Wechsel eines Signalzustands, also jede Änderungen des logischen Pegels und/oder der Signalstärke auf einem Netz, wird als Event interpretiert. Events können bei QUICKSIMII nur synchron mit dem Zeitraster auftreten, das durch die Wahl des Zeitschritts festgelegt wurde. Die voreingestellte Schrittweite (*Default Timestep*) beträgt 0.1 ns.

Jeder Signalwechsel signalisiert, daß der Ausgangszustand der betroffenen Komponente neu berechnet werden muß. Abbildung 5.17 zeigt als Beispiel einen Signalwechsel an den Eingängen einer Treiberstufe. Der Signalwechsel löst ein Ereignis aus. Als Folge des Events wird der Ausgangszustand der Komponente neu berechnet. Werden Unit Delays verwendet, dann liegt der neue Ausgangszustand einen Zeitschritt später vor. Damit ist ein weiteres Ereignis auf der Ausgangsleitung des Treibers verbunden, das alle Komponenten betrifft, die von der Treiberstufe angesteuert werden.

Ereignisverwaltung

Rechnet man mit Laufzeitformeln (Gl. 5.1), dann wird die Auswertung der Ereignisse während der Simulation dadurch erschwert, daß die einzelnen Komponenten unterschiedliche Verzögerungen an den einzelnen Pins aufweisen. Für eine

Bild 5-17. Ereignisse an den Ein- und Ausgangspins des Treibers *Bu* [13]

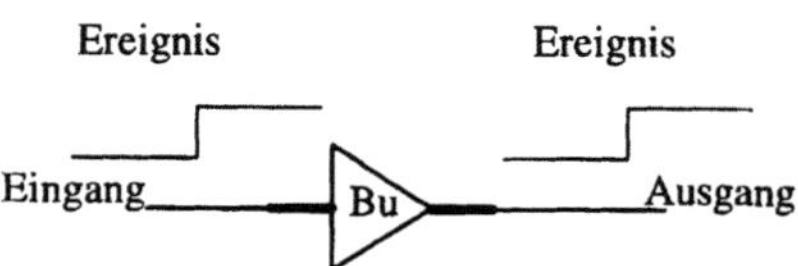

korrekte Simulation müssen die (zukünftigen) Signalwechsel zeitlich fehlerfrei verwaltet werden. Dies erfordert eindeutige Vorschriften, wie Ergeignisse und Folgeereignisse zu interpretieren sind.

Im Simulationsprogramm QUICKSIMII wird die Verwaltung der Ereignisse über eine endliche Liste realisiert. Ein Element dieser Liste wird im Englischen als *Slot* (Zeitschlitz) bezeichnet, weil sich jeder Eintrag in dieser Liste auf einen Zeitschritt und damit auf alle Ereignisse bezieht, die in diesen bestimmten Zeitschritt fallen. Das Programm verwendet Listen mit 1024 Einträgen. Bei einem Zeitschritt von 0,1 ns dauert ein Durchlauf der Liste 102,4 ns.

Da diese begrenzte Anzahl von Zeitschritten meist nicht ausreicht, wird die Liste während der Simulation periodisch durchlaufen. Dadurch entsteht eine sich wiederholende Sequenz von Zeitschritten (*Timing-Wheel-Algorithmus:* engl. „das Rad der Zeit"). Die Liste wird dabei Schritt für Schritt abgearbeitet. Alle Ereignisse, die im jeweils aktuellen Zeitschlitz eingetragen sind, werden ausgewertet und die resultierenden Ereignisse in späteren Slots vermerkt, die zeitlich gemäß der jeweiligen Signalverzögerung versetzt sind. Dieser Prozeß

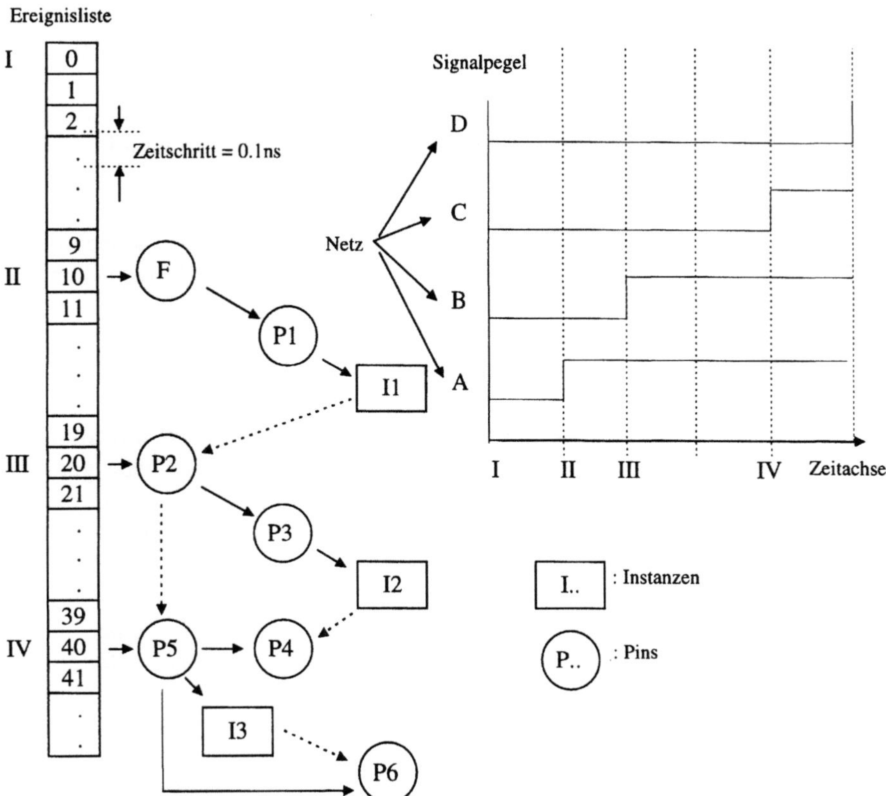

Bild 5-18. Ereignissteuerung und -verwaltung bei der Simulation der Schaltung aus Bild 5-16 (nach [13])

wird als *Iteration* bezeichnet. Treten Ereignisse mit der Verzögerung Null auf, dann werden diese Ereignisse noch im aktuellen Zeitschlitz mit einer zweiten Iteration abgearbeitet. Treten Laufzeiten auf, die die Periodendauer der Liste überschreiten (1024 Zeitschritte), werden die entsprechenden Ereignisse zwischengespeichert und erst zum gegebenen Zeitpunkt wieder in die Liste geschrieben.

Die iterative Auswertung der Ereignisse soll an der in Abb. 5.16 gezeigten Beispielschaltung verdeutlicht werden (Abb. 5.18). Die Simulation startet zur Zeit T = 0ns. Zum Zeitpunkt 1ns wechselt das Netz „A" durch ein eingeprägtes Eingangssignal (*Force*) von „0" auf „1". Diese *Force*-Anweisung ist bei T = 0 bereits bekannt und löst ein Ereignis (*Event*) aus, das in die zehnte Zeile der Zeitschlitz-Liste eingetragen wird. Nachdem zehn Zeitschritte verstrichen sind, wird das eingetragene Ereignis zur Zeit T = 1ns (Zeitpunkt II) wirksam und das Netz „A" wechselt den logischen Zustand. Der vom Signalwechsel betroffene Pin „P1" hat die Laufzeit 0ns und gibt das Ereignis noch im gleichen Zeitschlitz mittels einer weiteren Iteration an die Instanz „I1" weiter. Der ausgelöste Signalwechsel wird unverändert an den Pin „P2" transferiert.

Da der Pin „P2" mit einem Delay von 1ns verknüpft ist, wird zunächst nur im Zeitschlitz Nr. 20 ein Ereignis eingetragen (Zeitpunkt III). Erst zu diesem Zeitpunkt wird das Ereignis an P2 ausgewertet und der induzierte Signalwechsel auf Netz B erreicht die Pins P3 und P5.

An Pin P3 wird das geänderte Signal vom Ereignis sofort an die Instanz I2 weitergereicht, ausgewertet (Pindelay 0 ns) und als Ereignis an P4 mit 2 ns Verzögerung in Slot 40 vermerkt (Zeitpunkt IV).

Am Pin P5 hingegen bewirkt das Ereignis wegen des Pindelays von 2 ns lediglich einen weiteren Listeneintrag im Zeitschlitz Nr. 40. Wird dieser Zeitpunkt erreicht, dann wechseln die Signalzustände, wie gezeigt, auf den Netzen C und D.

5.2.2.3
Methoden zur Laufzeitverarbeitung (Delay Modes)

Gatterlaufzeiten werden innerhalb des Programms QuicksimII mit Modellen berechnet, die streng genommen nur dann gelten, wenn die Eingangssignale bis zum Ende des Schaltvorgangs unverändert bleiben. Problematisch wird es, wenn während der Abarbeitung eines Signalwechsels ein weiterer Wechsel der Signale an den Eingangspins stattfindet, bevor das ursprünglich in der Liste eingetragene Ereignis ausgeführt wurde. Damit die Simulation eindeutige Ergebnisse liefert, müssen für diese Fälle feste Verfahren vereinbart werden.

Bei QuicksimII stehen zwei Methoden zur Verfügung (*Delay Modes*): der *Transport Delay Mode* (Laufzeit-Transport-Modus) und der *Inertial Delay Mode* (Laufzeit-Beharrungs-Modus). Der vereinbarte Delay Mode gilt für das gesamte Design, wird aber nicht wirksam, wenn mit Einheitslaufzeiten gerechnet wird.

Der *Inertial Delay Mode* ist bei QuicksimII voreingestellt. Mit diesem Modus läßt sich jede Laufzeit erfassen, egal ob diese mit Laufzeitmodellen berechnet

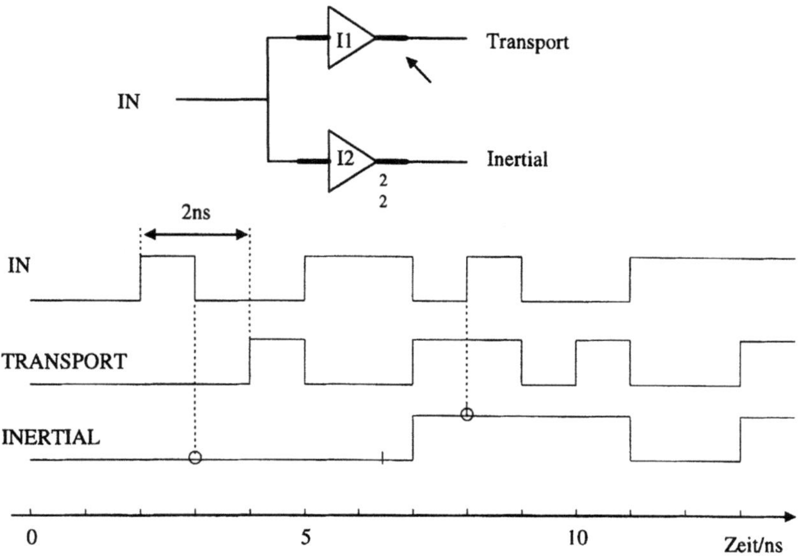

Bild 5-19. Verarbeitung des Eingangssignals IN durch Treibergatter im *Inertial* und *Transport Delay Mode*. Die Kreise kennzeichnen das Auftreten von Spikebedingungen (nach [13]). Die offenen Kreise kennzeichnen Spikes, die in der Ergebnisausgabe vom Simulator unterdrückt wurden

oder explizit einzelnen Pins oder Netzen zugewiesen wurden. Außerdem können sog. *Spikes* (engl. die Spitze) erkannt und verarbeitet werden. *Spikes* sind kurzzeitige Pegeländerungen an Gatterausgängen, die von transienten Signalwechseln an Gattereingängen verursacht werden. Diese Effekte können das Verhalten von Schaltungen negativ beeinflussen und werden im folgenden Abschnitt genauer diskutiert.

Beim zweiten möglichen Laufzeitmodus, dem *Transport Delay Mode*, wird jedes Ereignis an Gattereingängen unabhängig von dessen Dauer ausgewertet. Nach Ablauf der Gatterlaufzeit steht das Ergebnis auch dann an den Gatterausgängen an, wenn die Eingangssignale nur kurzzeitig gültig waren. *Spikes* können daher nicht erkannt werden. In diesem Modus können nur Instanzen mit Gatterlaufzeiten simuliert werden. Explizit zugewiesene Pindelays werden nur im *Intertial Mode* erfaßt.

Abbildung 5.19 verdeutlicht die Unterschiede der beiden Methoden anhand einer einfachen Schaltung von zwei von der Funktion her identischen Gattern mit unterschiedlichem Laufzeitmodus. Die Instanz I1 ist ein Treiber, dessen Laufzeit aus einem Tabellenmodell technologiespezifisch berechnet wird. Instanz I2 ist ein Treiber aus der GENLIB von Mentor Graphics. In dieser Bibliothek sind alle gebräuchlichen digitalen Gatter als Funktionsmodell abgelegt. Laufzeiten können bei diesen Komponenten durch Zuweisen von Pindelays eingebunden werden. In der Beispielschaltung sind zwei Pindelays von 2 ns am Ausgang für steigende und fallende Ausgangssignale eingetragen. Die gesamte Schaltung wird im Transport Delay Mode simuliert. Aufgrund der Pindelays wird I2 automatisch im Inertial Delay Mode berücksichtigt. Die Ausgänge der beiden Treiber zeigen deshalb die Laufzeitsteuerung für das Eingangssignal IN sowohl im Inertial als auch im Transport Delay Mode an.

Im Transport Delay Mode erscheint jeder Signalwechsel am Eingang (IN) um 2 ns zeitversetzt am Ausgang. Die Ausgangssignale bleiben dabei genau solange gültig wie die jeweiligen Eingangssignale. Das Gatter verzögert lediglich das Eingangssignal und transportiert das Zeitverhalten des Eingangssignals unbeeinflußt weiter.

Im *Inertial Delay Mode* sind die Signalwechsel am Ausgang realistischer, aber auch komplizierter: Zum Zeitpunkt 2 ns findet ein Signalwechsel am Gatter I2 statt. Das Gatter übernimmt das geänderte Eingangssignal und der Simulator trägt für 2 ns später einen Wechsel des Ausgangszustands in die Ereignisliste ein. Während das entsprechende Ereignis noch in der Ereignisliste steht, wechselt das Signal IN wieder seinen Zustand. Die kurze Periode im Zustand IN = 1 reicht aber nicht aus, um dem Signal INERTIAL einen neuen Zustand zuzuweisen, denn dafür wären 2 ns nötig. Der vorzeitige Event auf dem Netz IN verusacht einen *Spike*. Dieser Spike erscheint aber nicht in der Abbildung, wenn wie in der Abb. mit der Option „Spikeunterdrückung" (*Spike Suppress Mode*) simuliert wurde. Bei dieser Option entfernt der Simulator das noch nicht abgearbeitete Ereignis aus der Liste. Da der neue Eingangszustand wieder die logische „0" ist und sich damit nicht vom augenblicklichen Zustand von INERTIAL unterscheidet, wird kein neues Ereignis eingetragen.

Nach 5 ns erfolgt ein erneuter Wechsel an IN, der sich nach 7ns auf das INERTIAL-Signal überträgt. Zum gleichen Zeitpunkt wechselt das IN-Signal erneut. Das entsprechende Ereignis wird zwar für T = 9 ns in die Liste eingetragen, kann aber nicht ausgeführt werden, da bei T= 8 ns bereits das IN-Signal in den Ausgangszustand zurückkehrt. Der mit dieser Signalfolge verbundene Spike wird wieder unterdrückt. Wie bereits vorher, wird das noch nicht abgearbeitet Ereignis für T=9 ns aus der Liste genommen und kein neues Ereignis eingetragen. Bei 9 ns wechselt IN wieder auf „0", und dieser Wechsel wird zum Zeitpunkt T = 11 ns am INERTIAL-Signal sichtbar. Auch der nächste Wechsel des IN-Signals bei 11 ns erscheint nach dem vereinbarten Pindelay von 2 ns am Ausgang INERTIAL.

Das Beispiel zeigt deutlich, daß die Wahl des Delay-Modus entscheidenen Einfluß auf das Simulationsergebnis haben kann und deshalb bei der Interpretation der Resultate berücksichtigt werden muß.

5.2.2.4
Die Behandlung von Spikes

Wechselt der Zustand von Eingangspins eines Gatters während der Delayzeit eines vorhergehenden Ereignisses, dann verursachen solche meist unbeabsichtigten Signalwechsel die bereits erwähnten *Spikes*. Diese kurzzeitigen Pegeländerungen können den Zustand von Folgegattern verändern und damit zu Fehlern bei der Signalverarbeitung führen. Im Rahmen von Digitalsimulationen lassen sich diese komplexen dynamischen Vorgänge nur stark vereinfacht mit *Spike-Modellen* berücksichtigen. Innerhalb des Programms QUICKSIMII stehen im *Inertial Delay Mode* zwei verschiedene Spike-Modelle zur Verfügung: der *Suppress Mode* und der *X Immediate Mode*.

Im *Suppress-Modus* erscheinen Spikes nicht am Gatterausgang. Bei Auftreten einer Spikebedingung wird der vorher eingetragene Signalzustand aus der Ereignisliste gelöscht und dafür der neue Zustand vermerkt. Nach Ablauf der entsprechenden Laufzeit stellt sich der neue Zustand am Pin ein und die Simulation läuft normal weiter. Im *X-Immediate-Modus* stellt sich hingegen am Gatterausgang unter Spikebedingungen sofort ein Zwischenzustand ein (*immediate*, engl. für unmittelbar). Dieser Zwischenzustand wird nach folgenden Kriterien berechnet:

- Wie lautet der augenblicklichen Zustand des Pins (*Current State*)?
- Welcher Zustand sollte sich ohne *Spike* nach Ablauf der Signallaufzeit am Eingang einstellen(*Scheduled State*)?
- Weicht der neue Zustand (*New State*), der beim Eintreten der Spikebedingung ausgelöst wird, vom *Scheduled State* ab?

Sind die logischen Werte des augenblicklichen Zustands (Current State) und des Scheduled State*s* verschieden und stimmen die logischen Werte von Scheduled State und New State *nicht* überein, dann ist der logische Wert des Zwischenzustands „unbestimmt" (X). Die Treiberstärke des Zwischenzustands ist ebenfalls unbestimmt (I), wenn die Signalstärken von Current, Scheduled und New State unterschiedlich sind.

Sind die Bedingungen für einen X-Zwischenzustand gegeben, wird der Scheduled State aus der Ereignisliste gestrichen, der Zwischenzustand wird bei der nächsten Iteration am Ausgangspin angenommen und der neue Zustand im entsprechenden Zeitschlitz der Ereignisliste eingetragen. Der Zwischenzustand bleibt am betrachteten Pin solange aktiv, bis der neue Zustand nach Maßgabe denentsprechenden Delays am Ausgangspin erscheint.

Abbildung 5.21 zeigt am Beispiel einer Schaltung aus NAND-Gattern (Abb. 5.20) wie Spikebedingungen im *X-Immediate-* bzw. im *Spike-Suppress-Modus* ausgewertet werden.

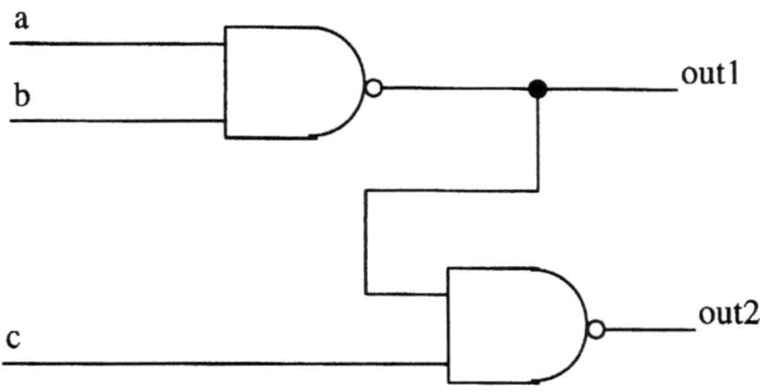

Bild 5-20. Testschaltung aus zwei NAND-Gattern zur Demonstration der unterschiedlichen Methoden zur Spikebehandlung

Spike Supress Mode

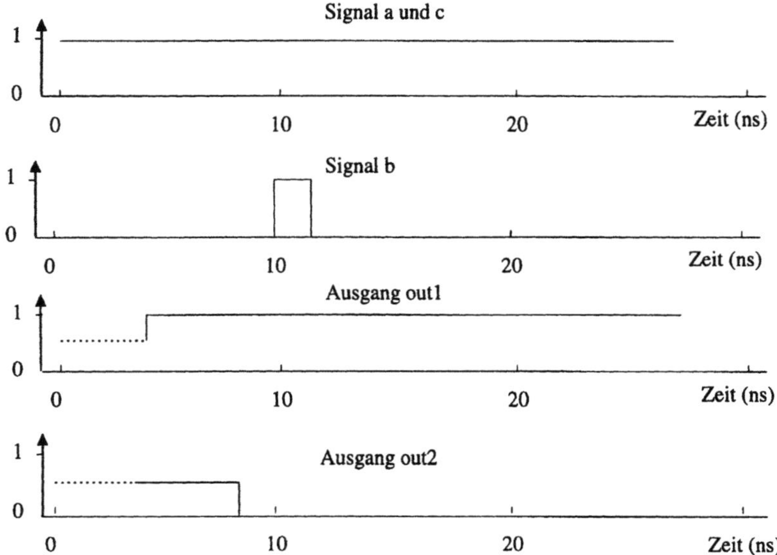

X- Immediate Mode

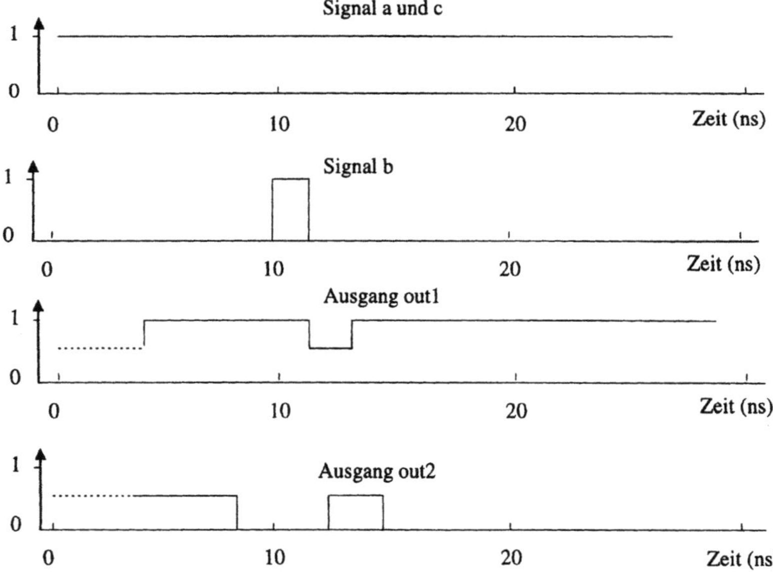

Bild 5-21. Signalverhaltenfür die Testschaltung aus zwei NAND-Gattern im *Spike-Supress-* und *X-Immediate-Mode.* Die Laufzeitberechnung wurde mit den Laufzeitparametern der Standardzell-Bibliothek des 2,4 µm-CMOS-Prozesses von ALCATEL MICROELECTRONICS durchgeführt

Im Spike-Suppress-Modus wird der kurze Signalwechsel am Eingang „b"
nicht am Ausgang sichtbar. Die Zustände der Ausgänge *out1* und *out2* sind bei
Beginn der Simulation unbekannt und erhalten deshalb zum Zeitpunkt ons den
Zustand X zugewiesen (s. nächster Abschnitt) . Nach Ablauf der Gatterverzöge-
rung stellt sich bei etwa 4 ns an *out1* der Zustand „1" ein und der Ausgangszustand des zweiten NAND-Gatters wechselt nach einer weiteren Laufzeit bei etwa
8 ns in den Zustand „0".

Im X-Immediate-Modus finden zunächst die gleichen Signalwechsel statt. Bei
8 ns befindet sich *out1* im Zustand „1" und *out2* im Zustand „0". Der Signalwechsel am Knoten „b" bei 10ns löst ein Ereignis (*Event*) an *out1* bei 14 ns aus. Bevor
dieser Eintrag in der Ereignisliste abgearbeitet werden kann, wechselt aber der
Zustand am Knoten „b" erneut. Damit tritt eine Spikebedingung auf, die im X-
Immediate-Modus folgendermaßen abgearbeitet wird: Da an *out1* ein Signalwechsel von „1" auf „0" anstand und der Wert des neuen Zustands nach dem
Spike nicht mit dem vorher eingetragenen Zustand („0") übereinstimmt, stellt
sich an *out1* für die Zeitdauer, bis sich der Zustandswechsel auf „0" an Pin „b" an
diesen Ausgang fortgepflanzt hat, der Zwischenzustand „X" ein. Da das zweite
NAND-Gatter von den Singnalen „c" (fest auf „1") und *out1* angesteuert wird, bewirkt der Wechsel von *out1* einen Signalwechsel am Ausgang *out2*. Hier sollte
sich nach Ablauf der entsprechenden Gatterlaufzeit ebenfalls der unbestimmte
Zustand „X" einstellen. Allerdings bleibt der Signalpegel an *out1* nicht ausreichend lange stabil. Der Wechsel in den Endzustand *out1* = „1" wird als Spike für
das zweite NAND-Gatter interpretiert. Im X-Immediate-Modus wird *out2* kurzzeitig in den Zustand „X" versetzt, denn vor Auftreten des Spikes stand ein Signalwechsel an *out2* an, und der neue Zustand nach Auftreten des Spikes hat einen anderen logischen Pegel als der Zustand, der in der Ereignisliste vor dem
Spike eingetragen war.

Zusammenfassend läßt sich feststellen: Im Spike-Suppress-Modus treten auch
unter Spikebedingungen keine Zwischenzustände an den Ausgangspins der Gatter auf. Diese Betrachtungsweise unterschätzt die Auswirkungen von Spikes und
kann daher nicht ohne weiteres auf reale Schaltungen angewendet werden.

Im X-Immediate-Modus hingegen werden die Effekte von *Spikes* auf die logischen Pegel der Knoten in Schaltungen überschätzt, denn hier treten bei Spikebedingungen stets Zwischenzustände auf, auch wenn diese in der Realität aufgrund von Trägheitseffekten nicht möglich sind.

Da sich also Spikes mit Digitalsimulationen nicht realistisch nachbilden lassen, sollten komplexere Schaltungen sicherheitshalber nur so entworfen werden, daß keine damit unbeabsichtigten Signalwechsel möglich sind. Dies läßt
sich z. B. mit synchronem Schaltungsaufbau erreichen.

5.2.2.5
Initialisierung

Wie bei SPICE-Simulationen *Arbeitspunkte* berechnet werden müssen, so sind
Schaltungen vor Digitalsimulationen zu *initialisieren*. Bei diesem Prozeß wer-

den den Pins der einzelnen Instanzen vor dem Start der eigentlichen Simulation geeignete Anfangszustände zugewiesen, auf die sich der Simulator bei der Zeitanalyse bezieht. Die Initialisierung erfolgt automatisch bei Aufruf des Simulators oder wenn der Simulator mit der Reset-Anweisung zurückgesetzt wird. QUICKSIM II arbeitet mit zwei verschiedenen Initialisierungsmöglichkeiten: der voreingestellten (*Default*) und der klassischen (*Classic Initialization*) Variante.

Bei der *Default*-Initialisierung werden zuerst alle Pins und Netze der Schaltung mit dem Zustand XR belegt. Sind bei der Schaltungseingabe für bestimmte Pins oder Netze besondere Initialisierungen vereinbart worden, dann werden die entsprechenden XR-Signalzustände mit diesen Zuweisungen überschrieben. Abschließend wertet der Simulator alle Instanzen *einmal* aus und trägt die entsprechenden Ergebniszustände gemäß der jeweiligen Verzögerung in die Ereignislisten ein.

Nach einer Default-Initialisierung sind also typischerweise noch nicht abgearbeitete Ereignisse in der Ereignisliste eingetragen. Dies erkennt man bereits in den Simulationsergebnissen von Abb. 5.21. Der XR-Zustand nach der Default-Initialisierung führt zu der gestrichelten Kurve für die Ausgangssignale *out1* und *out2*. Erst nach einer Signallaufzeit wechselt z. B. *out1* in den logischen Zustand, der von den ab T = 0 eingeprägten Eingangssignalen „a = 1", „b = 0" vorgegeben wird.

Nach einer Default-Initialisierung erreicht also eine zu simulierende Schaltung meistens keinen stabilen Zustand. Diesen Nachteil vermeidet die klassische Initialisierungsprozedur (*Classic Initialization*), bei der stabile Startzustände mit einem Voriterationsverfahren berechnet werden. Hier werden alle internen Laufzeiten auf Null gesetzt, und dann wird die Schaltung simuliert, bis sich ein stationärer Zustand (keine Events mehr in der Ereignisliste) für die Schaltung einstellt. Die Simulationszeit bleibt während der Initialisierungsiterationen auf dem vorgegebenen Startzeitpunkt der Simulation stehen.

5.3
Zusammenfassung

In diesem Kapitel wurden die Grundprinzipien, Möglichkeiten und Modellierungstechniken von Simulatoren für elektronische Schaltungen behandelt. Simulationswerkzeuge lassen sich in Logik- oder Digitalsimulatoren bzw. in Analog- oder Schaltkreissimulatoren einteilen. Während die erste Gruppe Schaltungszustände mit logischen Variablen, also im wesentlichen mit „0" und „1", beschreibt, rechnen Analogsimulatoren mit den physikalischen Größen Strom und Spannung. Dementsprechend können Logiksimulatoren die digitale Funktion (komplexer) Schaltkreise simulieren, während das physikalische Verhalten von Schaltungsteilen nur mit Analogsimulatoren nachgebildet werden kann.

Repräsentative Beispiele für die beiden Simulatortypen sind das Programm QUICKSIM II auf der digitalen Seite und das weitverbreitete Programm SPICE auf der Seite der Schaltkreissimulatoren. Halbleiterhersteller unterstützen meist beide Simulationsarten: Zur Grundausstattung der Designunterlagen fast aller

Halbleiterprozesse gehören die SPICE-Modelle für Transistoren und andere Komponenten. Da der Simulator QUICKSIMII in die Mentor-Graphics-V8-Entwurfsumgebung eingebunden ist, sind die QUICKSIMII-Modelle meist nur innerhalb eines kompletten Mentor-V8-Design-Kits erhältlich. Solche Kits existieren für die meisten Herstellprozesse. In der Mentor-V8-Umgebung ist das Programm SPICE nicht enthalten. Das Werkzeug für die Analogsimulation heißt hier ACCUSIMII und verfügt über grafische Eingabe- und Analysemöglichkeiten, die die Leistungsmerkmale von SPICE weit übertreffen. Die Programmsyntax ist aber SPICE-kompatibel. Mit den Möglichkeiten und der praktischen Bedienung der Simulatoren innerhalb der Mentor-V8-Umgebung beschäftigt sich Kap. 11.

5.4 Übungsaufgaben

5.1 Was bezeichnet man bei einer Simulation als einen Zeitschritt?

5.2 Was sind SPICE-Parameter?

5.3 Welcher Level wird bei einer SPICE-Simulation automatisch voreingestellt?

5.4 Nennen Sie die wichtigsten parasitären Komponenten eines MOS-Transistors!

5.5 Nennen Sie die beiden Grundbestandteile eines Simulationsprogramms!

5.6 Aus welchen Bestandteilen setzt sich ein SPICE-Programm zusammen?

5.7 Unter welchen Bedingungen ist es sinnvoll, SPICE-Subcircuits einzusetzen?

5.8 Erstellen Sie die SPICE-Netzliste eines Dreifach-NAND-Gatters in CMOS-Technik! Verwenden Sie dabei die folgenden Modellkarten für die MOS-Transistoren:

```
.model N nmos level=2 tox=425e-10 vto=0.9 kp=57e-6 gamma=0.30 phi=0.70
    lambda=0.05
+   nfs=1e11 ucrit=1e4 ld=0.22e-6u rsh=25 js=1e-3 dell=0u cgso=1.8e-10 cgdo=
    1.8e-10
+   cj=0.7e-4 mj=0.5 cjsw=3.9e-10 mjsw=0.33 af=1 kf=2.3e-27

.model P pmos level=2 tox=425e-10 vto=-0.9 kp=17e-6 gamma=0.50 phi=0.60
    lambda=0.04
+   nfs=1e11 ucrit=1e4 ld=0.22e-6u rsh=25 js=1e-3 dell=0u cgso=2.8e-10 cgdo=
    2.8e-10
+   cj=3.3e-4 mj=0.5 cjsw=4.4e-10 mjsw=0.33 af=1 kf=7.2e-29
```

5.9 Nennen Sie die vier *Signalstärken*, die der Simulator QUICKSIMII logischen Signalen zuordnet!

5.10 Was bezeichnet der Begriff *Event*, und welche Rolle spielen Events bei einer Digitalsimulation?

5.11 Was versteht man unter *Unit Delays*? Welche Vor- und Nachteile hat dieses Konzept?

5.12 Von welchen Einflüssen hängt die Signalverzögerung in einer digitalen Komponente ab, und mit welcher Formel wird die Laufzeit modelliert?

5.13 Erklären Sie die Unterschiede von *Transport Delay Mode* und *Inertial Delay Mode*!

5.14 Beschreiben Sie den *Timing Wheel Algorithmus* des Simulators QuickSimII für den Transport-Delay-Modus für das in Abb. 5.19 gezeigte Beispiel.

5.15 Beschreiben Sie den Schaltungszustand für Abb. 5.19 nach einer *Default*-Initialisierung und nach einer *klassischen* Initialisierungsprozedur. Vergleichen Sie Vor- und Nachteile der beiden Methoden!

5.16 Nennen Sie die wesentlichen Einsatzgebiete der Digitalsimulation. Vergleichen Sie digitale und analoge Simulationsmethoden. Wie werden die Eigenschaften des verwendeten Halbleiterprozesses bei Digitalsimulationen berücksichtigt?

5.17 Was versteht man unter einem *Spike*? Überlegen Sie sich Eingangsignalverläufe für eine einfache Schaltung, die zu Spikes führen! Vergleichen Sie den *Spike-Suppress-* mit dem *X-Immediate-Modus*! Welcher Modus beschreibt reale Schaltungen besser? Lassen sich Spikes mit SPICE-Simulationen finden?

5.18 Diese Aufgabe beschäftigt sich mit dem Leseverstärker eines SRAM-Bausteins: Sollte Ihnen eine PSPICE-Lizenz[1] zur Verfügung stehen, dann führen Sie folgende Simulationen durch:

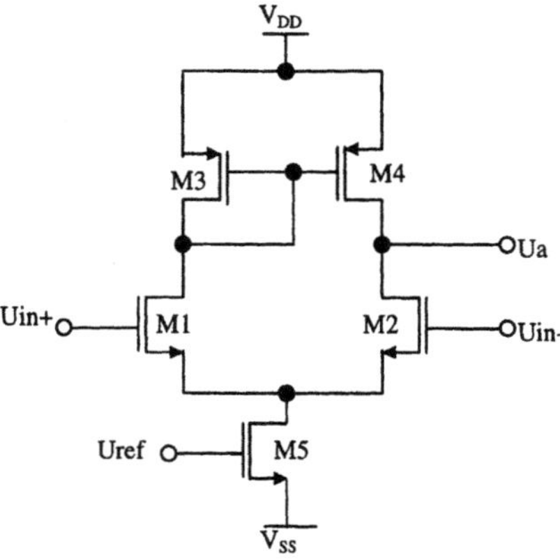

Schreiben Sie das SPICE-Programm zum Simulieren der Gleichstromkennlinie der Schaltung (U_a als Funktion von $\Delta U = (U_{in}^+ - U_{in}^-)$) mit den in Aufgabe 5.8 angegebenen Transistormodellen für folgende Dimensionierung: Transistorweiten M1: M2 : 35 µm, M3 : M4 : 30 µm, M5 : 20 µm; Kanallängen einheitlich L = 3 µm. Setzen Sie V_{DD} = 7V und V_{SS} = 0 V und U_{ref} = 5 V.

– Nehmen Sie die komplette *Kennlinie* für U_{in}^+ = 3V und 4V auf, wobei U_{in}^- abgesenkt wird, um die Spannungsdifferenz ΔU zu erzeugen. Vertauschen Sie U_{in}^+ und U_{in}^-, damit eine negative Spannungsdifferenz ΔU entsteht.

---

1 Eine Demo-Version, mit der bis zu 10 Transistoren simuliert werden können, läßt sich aus dem Internet downloaden: ftp://ftp2.orcad.com/80dlabe.exc. Installationsanweisungen finden sich unter: ftp://ftp.microsim.com/Eval_Versions/win/

- Untersuchen Sie die *dynamischen Eigenschaften* des Differenzverstärkers: Belasten Sie den Ausgang der Schaltung mit einer Inverterstufe mit 18 µm und 36 µm weiten NMOS- bzw. PMOS-Transistoren, deren Kanallänge 3 µm beträgt. Schätzen Sie durch transiente Simulation die Zeitdauer ab, bis am Inverterausgang, der eine kapazitive Last von 500 fF lädt, eine logische „0" bzw. eine logische „1" anliegt. Wie wirkt sich hier eine Vergrößerung der Weite von M5 aus? Benutzen Sie als Eingangssignal eine Spannungsdifferenz ΔU mit $U_{in}^+ = 4V$, die in 2 ns um 1V zunimmt. Setzen Sie für die Modellparameter PS und PD die doppelte Transistorweite plus 10 µm ein. Berechnen Sie AS und AD nach der Formel W*5 µm.
- Aufgrund von *Technologietoleranzen* bei benachbarten Transistoren (*Mismatch*) fließen in der Praxis in beiden Zweigen der Differenzschaltung unterschiedliche Ströme. Deshalb werden auch bei $\Delta U = 0\,V$ von Null verschiedene Ausgangsdifferenzspannungen festgestellt. Man definiert deshalb eine sog. Offset-Spannung U_{offset} (s. S. 78), die als Eingangsdifferenzspannung ΔU angelegt werden muß, um die Stromfehler auszugleichen. Bilden Sie die Toleranzen dadurch nach, daß M1 und M3 mit den unten angegebenen Slow-Parametern berechnet wird, während M2 und M4 mit den typischen Parametern aus Aufgabe 5.8 simuliert werden. Ermitteln Sie die Offsetspannung!

Slow-Parameter:
```
.model N nmos level=2 tox=425e-10 vto=1.0 xj=0.3u nsub=1.60e15 delta=2.17
     lambda=0.077
+ nfs=2.64e11 uo=530 ucrit=5.2e4 uexp=0.104 ld=0 wd=0.3u rsh=205 js=1e-3
  lis=2 istmp =10
+ cgso=1.1e-10 cgdo=1.1e-10 pb=0.8 fc=0.5 dell=0.4u dellw=0u
+ cj=1.1e-4 mj=0.5 cjsw=4.5e-10 mjsw=0.33 af=1 kf=1.0e-28


.model P pmos level=2 tox=425e-10 vto=-1.0 xj=0.05u nsub=12.0e15 delta=2.55
     lambda=0.050
+ nfs=1.36e11 uo=180 ucrit=9.4e4 uexp=0.286 ld=0.05u wd=0.35u rsh=390 js=
  1e-3 lis=2
+ istmp=10 cgso=1.1e-10 cgdo=1.1e-10 pb=0.8 fc=0.5 dell=0.0u dellw=0u
+ cj=3.7e-4 mj=0.5 cjsw=6.0e-10 mjsw=0.33 af=1 kf=3.0e-30
```

Literatur

[1] H. Duyan, G. Hahnloser und D. H. Traeger: *PSpice, eine Einführung*. Stuttgart: Teubner 1992
[2] G. Bosse: *Grundlagen der Elektrotechnik I*, 2. korr. Aufl. Mannheim, Wien, Zürich: BI Wissenschaftsverlag 1989
[3] A. Gräßer: *Analyse und Simulation elektronischer Schaltungen*. Braunschweig, Wiesbaden: Vieweg 1995
[4] H. Klar: *Integrierte Digitale Schaltungen MOS/BiCMOS*. Berlin, Heidelberg, New York: Springer 1993
[5] B. Hoppe: *Mikrolelektronik 1*. Würzburg: Vogel 1997
[6] K. Küpfmüller: *Einführung in die theoretische Elektrotechnik*, 10. Aufl. Berlin, Heidelberg, New York: Springer 1973

[7] EUROPRACTICE-Design Kit für den Alcatel-Microelectronics-2,4µm-CMOS-Prozeß. 1994

[8] E.E.E. Hoefer und H. Nielinger: *SPICE Analyseprogramm für elektronische Schaltungen*. Berlin, Heidelberg, New York: Springer 1986

[9] P. E. Allen und D. R. Holberg: *CMOS Analog Circuit Design*. Fort Worth: Harcourt Brace Jovanovich College Publishers., 1987

[10] D. Ehrhardt und J. Schulte: *Simulieren mit PSPICE*. Braunschweig, Wiesbaden: Vieweg 1992

[11] N. H. Weste und K. Eshraghian: *Principles of CMOS VLSI Design*, A Systems Perspective. 2nd Ed. Reading Massachusetts: Addison Wesley 1993

[12] B. Hoppe, G. Neuendorf, D. Schmitt-Landsiedel und W. Specks: *Optimisation of high speed CMOS logic circuits with analytical models for signal delay, chip area and dynamic power dissipation*. IEEE Transactions on Computer Aided Design, Bd. 9, Nr. 3, March 1990, S. 236–247

[13] V8 Quicksim II Training Workbook, Software Version 8.2 Mentor Graphics Corporation, 1993

6 Schnittstellen zwischen IC-Entwickler und Halbleiterhersteller

Integrierte Schaltungen werden für standardisierte Fertigungsprozesse entwickelt: Der IC-Entwickler liefert auf Basis der Entwicklungsunterlagen des Halbleiterherstellers ein überprüftes Masken-Layout für die zu fertigende Schaltung. Diese Informationen kann der Hersteller ohne Kenntnis der Schaltung in Prozeßschritte der Herstelltechnologie übersetzen. Die Entwicklungsunterlagen sind die bereits in Kap. 5 erwähnten *Design Kits*.

Ein Design Kit enthält die Zellenbibliotheken für Semicustomentwürfe mit allen notwendigen Informationen für das Autorouting-und Plazierungsprogramm sowie die geometrischen Entwurfsregeln (*Design Rules*), die bei der Layoutgenerierung einzuhalten sind. Für Simulationen werden SPICE-Parameter für Transistoren sowie Laufzeit- und Verhaltensbeschreibungen der Standardzellen für die Digitalsimulationen zur Verfügung gestellt. Die Layoutdarstellungen, die Informationen für das Autorouting- und Plazierungsprogramm und auch die Parameter für die Digitalsimulation unterscheiden sich von Entwurfssystem zu Entwurfssystem. Deshalb werden für eine Fertigungstechnologie unterschiedliche Design Kits für unterschiedliche CAE-Systeme angeboten. Die wichtigsten Systeme, die von fast allen Halbleiterherstellern unterstützt werden, sind die Electronic-Design-Softwaresyteme der Firmen MENTOR GRAPHICS und CADENCE.

Im folgenden wird der Design Kit für MENTOR GRAPHICS (Version 8) für den 2,4-µm-CMOS-Prozeß von ALCATEL MICROELECTRONICS vorgestellt. Mit dieser Technologie können Transistoren realisiert werden, deren minimal mögliche Kanallänge 2,4µm beträgt. Aufgrund der relativ großen Kanallänge ist dieser Prozeß auch für CMOS-Analogschaltungen einsetzbar. Für genaue und spannungsunabhängige Kapazitäten sowie für die lokale Verdrahtung stehen zwei Lagen aus niederohmigem polykristallinem Silizium zur Verfügung. Mit zwei Metallagen können Verdrahtungen über längere Distanzen ausgeführt werden. Für die Realisierung hochohmiger Widerstände gibt als Prozeßoption eine spezielle Lage aus schwach dotiertem und damit hochohmigem Polysilizium, die eine der beiden niederohmigen Poly-Ebenen ersetzt.

Die Standardzellbibliothek des Prozesses enthält neben den gebräuchlichen digitalen Logikgattern und Registern eine Vielzahl von analogen Funktionsblöcken (Operationsverstärker, Strom- und Spannungsquellen, Komparatoren usw.). Außerdem stehen ein Analog/Digital-Umsetzer und ein Digital/Analog-Wandler mit 8 bit Auflösung als Makrozellen zur Verfügung.

Mit diesem Prozeß können daher ohne Aufwand gemischt analog/digitale Schaltungen („Mixed Mode ASICs") realisiert werden. Für die schnelle Datenverarbeitung ist dieser Prozeß aufgrund des geringen Integrationsgrads und der damit verbundenen relativ großen kapazitiven Lasten weniger gut geeignet. Da die minimal zulässige Betriebsspannung bei diesem Prozeß bei 3 Volt liegt, können auch stromsparende Schaltungen für batterieversorgte Systeme realisiert werden.

Dieser 2,4-µm-CMOS-Prozeß dient im folgenden dazu, exemplarisch die Schnittstellen zwischen IC-Entwickler und Halbleiterhersteller zu erläutern: In Abschn. 6.1 finden sich Grundzüge der Maskentechnik für die lithografische Strukturübertragung bei der IC-Herstellung. Funktion und Struktur von IC-Layouts werden in Abschn. 6.2 behandelt. Mit den Design-Unterlagen und den Bibliotheken des CMOS-Prozesses von ALCATEL MICROELECTRONICS befaßt sich Abschn. 6.3. Abschnitt 6.4 untersucht den IC-Entwurf auf Standardzell-Basis.

6.1
Definition von Halbleiterschaltungen mit Layout und Masken

In integrierten Schaltungen werden die einzelnen Bauelemente und Verdrahtungsstrukturen durch definierte Folgen von übereinanderliegenden Schichten mit bestimmten vertikalen und horizontalen Abmessungen realisiert. Die vertikalen Abmessungen, wie Schichtdicken oder Eindringtiefen von dotierten Zonen, können direkt bei den einzelnen Herstellschritten durch Prozeßparameter präzise kontrolliert werden. Die Festlegung der lateralen Abmessungen, wie Ausdehnung und Lage von dotierten Zonen, erfordert lithografische Hilfsprozesse. Bild 6.1 zeigt schematisch die lithografische Übertragung von Strukturen. Die Geometrien werden mit Licht und Masken in Fotolack übertragen und dann mit Ätzverfahren in den Oberflächenschichten der Siliziumscheibe erzeugt. In den Daten der Lithografiemaske sind die Eigenschaften der Halbleiterbauelemente von integrierten Schaltungen kodiert.

Die Masken bestehen aus Glasscheiben mit einer intransparenten Chromauflage an den Stellen, an denen der Fotolack nicht belichtet werden soll (Bild 6.2). Diese Chromstrukturen werden nach Maßgabe des sog. Layouts auf die Masken mit den gleichen lithografischen Verfahren übertragen wie später die Strukturen im Silizium, lediglich die Belichtungswellenlänge ist kürzer [2]. Statt Licht werden Elektronenstrahlen verwendet, um die Genauigkeit zu erhöhen.

IC-Layout besteht aus geometrischen Figuren (Polygone, im einfachsten Fall Rechtecke), die in unterschiedlichen übereinanderliegenden Ebenen mit einem gemeinsamen Koordinatensystem (*grid*, engl. das Gitter) angeordnet sind. Die Koordinaten der Eckpunkte dieser Polygone sind mit der Ebenenzuordnung in einem Datenfile enthalten, das nach entsprechender Aufbereitung die Maskenbelichtungsmaschine steuert.

Damit ein IC-Layout beim Halbleiterhersteller problemlos in Steuerdatenfiles zur Maskenbelichtung umgewandelt werden kann, sind bestimmte Konventionen bei der Layouterstellung einzuhalten. Tabelle 6.1 enthält die vorgegebene

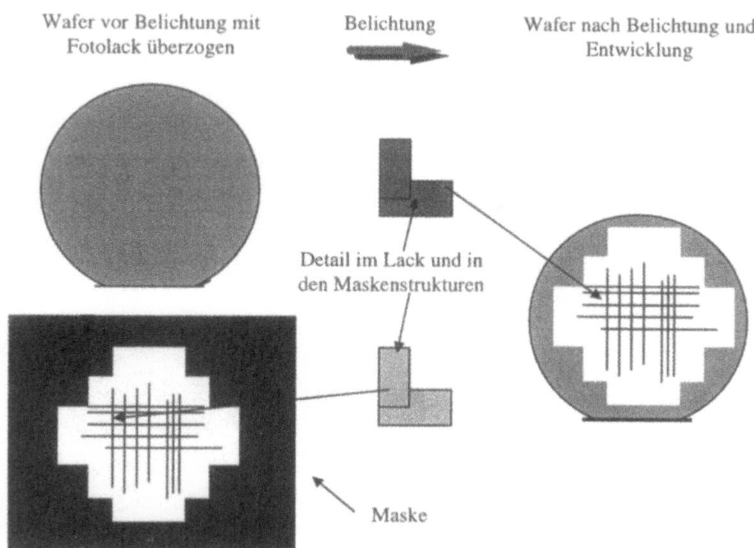

Bild 6-1. Lithografie: Strukturübertragung mit Licht und Masken (nach [1])

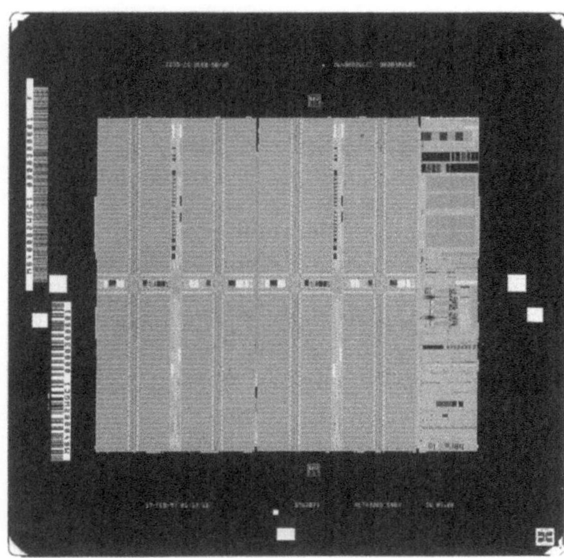

Bild 6-2. Maske für die IC-Herstellung (64-Megabit DRAM Halbleiterspeicher, Siemens AG)

Tabelle 6-1. Numerierung der Masken- und Layoutebenen für den ALCATEL-MICRO-ELECTRONICS-2,4-μm-CMOS-Prozeß

Masken-nummer	Layoutebene	Maskenbezeichnung
10	8	N-Wanne
20	1	Aktives Gebiet
30	7	p^+-Implantation
40	2	1. Poly-Silizium
50		p^+-Diffusion
60		n^+-Diffusion
61		N-Fenster
70		2. Poly-Silizium
71		HIPO (optionale Maske für eine hochohmige Poly-Siliziumlage, ersetzt Maske 70 oder 40)
80	3	Kontakt
90	5	Metall 1
100		Passivierung
110	4	Zwischenkontakt „Via"
120	6	Metall 2

Layoutebenenzuordnung und die Maskenbezeichnungen für den ALCATEL-2,4-μm-CMOS-Prozeß. Manche der angegebenen Layoutebenen werden, wie man in der Tabelle durch Vergleich der Einträge in den ersten beiden Spalten feststellen kann, direkt in Maskenstrukturen umgesetzt. Andere Maskendaten werden durch Verknüpfung von verschiedenen Layoutebenen gewonnen.

6.1.2
Layouteditoren

Bild 6.3 zeigt das Layout eines CMOS-Inverters für einen N-Wannen CMOS-Prozeß. Das Layout wird mit Computerhilfe (CAD: *Computer Aided Design*) unter Einhaltung der *Design Rules*, mit einem „Layout-Editor" erzeugt. Der Layouteditor, der im Rahmen der MENTOR-GRAPHICS-Entwurfsumgebung benutzt wird, heißt *ICgraph*.

Layouteditoren sind komplexe Computerprogramme, die in der Lage sind riesige Datenmengen zu verwalten. Das IC-Layout eines ASICs kann einige 100.000 Transistoren enthalten, die jeweils aus mehreren geometrischen Objekten aufgebaut sind. Da die Layouteingabe eine interaktive Anwendung ist, müssen diese geometrischen Informationen in geeigneten Datenstrukturen organisiert werden, um aus Millionen von Objekten rasch bestimmte Geometrien zu finden, zu modifizieren, hinzuzufügen bzw. zu löschen. Die für diese Anwendung typischen datentechnischen Probleme werden in [3] behandelt.

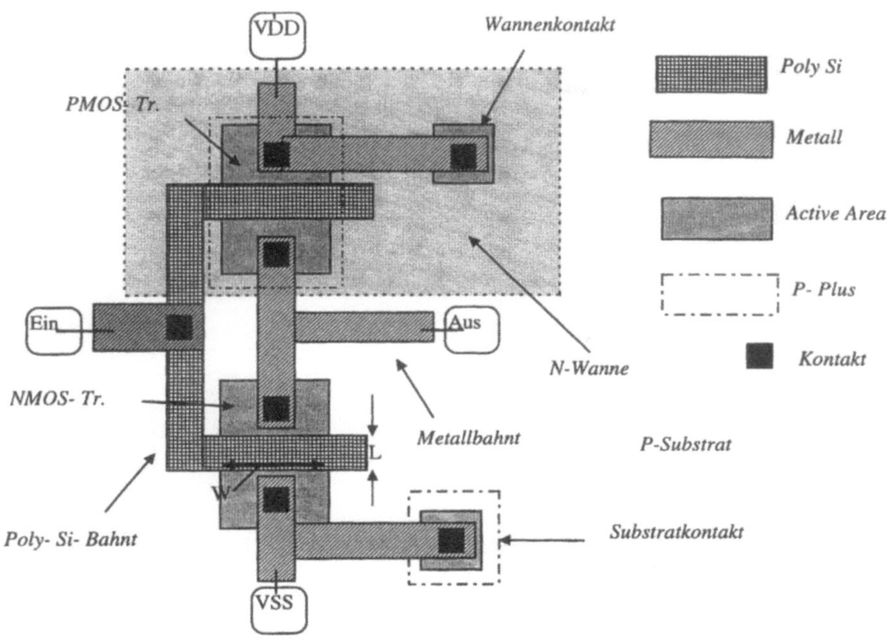

Bild 6-3. Layout eines CMOS-Inverters: Die Ebenenbelegung entspricht dem ALCATEL MICROELECTRONICS-2,4 µm-CMOS-Prozeß

6.1.3
Layoutdarstellungen von Bauelementen

Ein IC-Layout besteht, wie Bild 6.3 zeigt, aus Rechtecken und Polygonen. Diese Strukturen liegen in verschiedenen Ebenen, und ihre relative Lage und Anordnung legt die Art und die Eigenschaften der Bauelemente fest, die an einer bestimmten Stelle des Chips entstehen sollen (s. Bild 6.4).

Ein MOS-Transistor wird z.B. über ein Rechteck in der Ebene *Active Area* definiert (Ebene 1), das von einer Polysiliziumleitbahn (Ebene 7) geschnitten wird. Der Transistortyp wird über die relative Lage des *Active-Area*-Gebiets zur N-Wanne (Ebene 8) definiert. Liegt das Gebiet außerhalb der Wanne, handelt es sich um einen N-Kanal-Transistor. Liegt das Gebiet innerhalb der N-Wanne, definieren die Geometrien einen PMOS-Transistor. Die p-Dotierung von Active Area-Gebieten wird von der P-Plus-Maske vorgegeben. Beim PMOS-Transistor in der N-Wanne liegt das Transistorgebiet innerhalb einer P-Plus-Struktur, beim NMOS-Transistor nicht. Ohne diese Maske wird das Transistorgebiet n-leitend dotiert. Auch Wannen- und Substratkontakte sind Active-Area-Gebiete. Der Wannenkontakt in einer N-Wanne ist ein n-leitendes Siliziumgbiet und wird wird ohne P-Plus-Überlappung gezeichnet, ein Substratkontakt hingegen ist von einem P-Plus-Rechteck umschlossen (s. Bild 6.3, Bild 6.4).

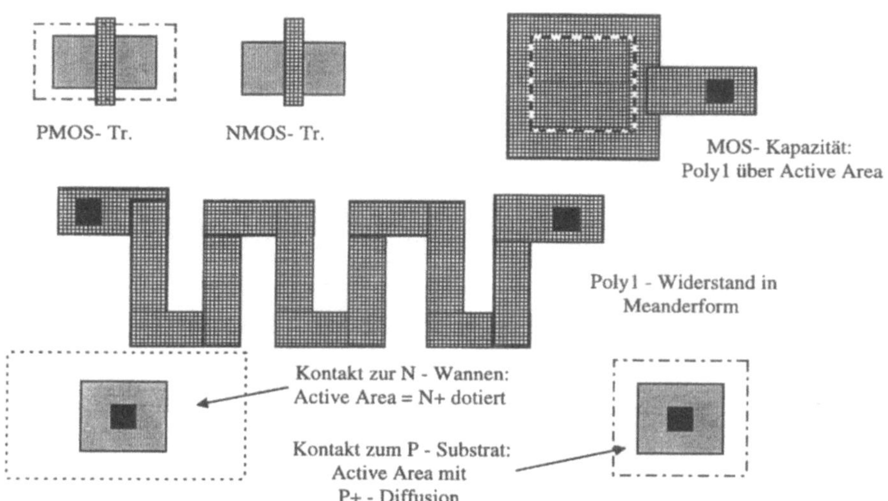

Bild 6-4. Layoutgeometrien für MOS-Transistoren, Widerstände, Kondensatoren und Wannen- und Substratkontakte

Der wichtigste elektrische Parameter eines Transistors ist der Verstärkungsfaktor β, der nach Gl. (4.2) proportional zum Verhältnis von Kanalweite „W" und Kanallänge „L" ist. Der Verstärkungsfaktor läßt sich deshalb über das W/L-Verhältnis zeichnerisch einstellen: Die Breite des Überlappungsbereichs zwischen *Active-Area* und der geometrischen Struktur in der Polysilizium-Layoutebene bestimmt die Kanallänge. Die Ausdehnung des Überlappbereichs in dazu senkrechter Richtung spezifiziert die Weite des Transistors.

Verbindungsleitungen zwischen Transistoranschlüssen werden durch Polygone in einer Verdrahtungsebene (z.B. Metall1, Ebene 5) definiert. Welche Transistoren kontaktiert werden, legen Rechtecke in der Kontaktebene (Ebene 3) fest, die von Active-Area- und Metall-1-Strukturen überlappt werden. Bild 6.4 zeigt außerdem Layoutstrukturen von Widerständen und Kondensatoren.

6.1.4
Kritische Dimensionen, Entwurfsregeln und Layoutverifikation

Je feiner die Bauelementstrukturen, desto kostengünstiger kann eine gegebene elektrische Funktion dargestellt werden, denn kleinere Bauelemente beanspruchen weniger Chipfläche auf den Siliziumwafern. Bei kleinen Chipflächen passen viele ICs auf die Waferoberfläche, wodurch die Kosten pro Schaltkreis gesenkt werden. Möglichst kleine reproduzierbar herstellbare minimale Strukturbreiten („kritische Dimensionen") sind damit das vorrangige Ziel bei der Technologieentwicklung und kennzeichnen die Leistungsfähigkeit einer Halbleiterfabrikationsanlage.

Erkauft werden kleine Strukturen (derzeitiger Stand $0{,}25\,\mu m$) durch immer kostenintensiveres Fertigungsgerät und eine mit der minimalen Strukturbreite abnehmenden Güte der elektrischen Eigenschaften der Bauelemente. Jedes Herstellverfahren ist deshalb ein ausgewogener Kompromiß zwischen Produkteigenschaften (Packungsdichte, Komplexität, elektrischen Eigenschaften der Bauelemente) und Herstellgesichtspunkten (Prozeßkosten, Anforderungen an Reinräume, sowie Lacktechnik und Belichtungsverfahren bei der Lithografie).

Entwurfsregeln stellen sicher, daß der Schaltungsentwickler IC-Entwürfe abliefert, die alle technologischen Möglichkeiten eines Herstellprozesses nutzen und sich problemlos in großen Stückzahlen fertigen lassen. Entwurfsregeln legen minimal zulässige Weiten, Abstände oder Überlappungen von Layoutstrukturen fest. So beträgt beispielsweise im betrachteten $2{,}4\text{-}\mu m\text{-CMOS-Prozeß}$ die Minimalweite der Layoutebene 5 (Metall 1) $4\,\mu m$ und der Minimalabstand ebenfalls $4\,\mu m$. Bei einem Kontakt (Ebene 3) ist eine Überlappung mit der zu kontaktierenden Metallstruktur von $1{,}5\,\mu m$ nötig. Bild 6.5 zeigt schematisch einige wichtige Designregeln für den ALCATEL-MICROELECTRONICS-Prozeß. Alle Designregeln zusammen umfassen für diesen Prozeß mehr als 40 Seiten und enthalten weitere Hinweise über die elektrischen Eigenschaften der Strukturen in den verschiedenen Maskenebenen.

Designregeln sind aber nur dann sinnvoll, wenn sie mit einem geeigneten Computerprogramm (*Design Rule Checker: DRC*) anhand des Layouts überprüft werden können. Innerhalb der *Mentor Graphics* Software heißt das DRC-Programm *ICRules* und befindet sich im Programmpaket *IC-Station*. Für die DRC-Prüfung sind prüfprogrammspezifische *Rule Files* zu erstellen, die alle Designregeln in einem geeignetem Format enthalten. *Rule-Files* sind üblicherweise Teil des *Design Kits*. Nach Einspielen des Design Kits am Arbeitsplatzrechner sind die DRC-Regeln und auch alle anderen techologiespezifischen Informationen, wie etwa die Ebenenzuordnung für den Layouteditor, eingestellt.

Parasitäre Effekte spielen in integrierten Schaltungen eine wichtige Rolle. Bei der Übertragung des Schaltplans in Oberflächenstrukturen auf Siliziumscheiben entstehen keine idealen elektrischen Komponenten, sondern Schaltelemente und Verbindungsleitungen mit parasitären Komponenten (s. Abschn. 5.1.3). Als Beispiel ist in Bild 6.6 eine Verbindungsleitung in der ersten Metallebene gezeigt, die nicht den idealen Widerstandswert Null Ohm aufweist, sondern eine Struktur mit einem Widerstands- und Kapazitätsbelag darstellt. Die RC-Verzögerung dieser Leitung hängt von der Länge, der Breite der Leiterbahn und der Leitungsführung ab. Aufgrund von Einschnüreffekten verschlechtert sich bei jeder Richtungsänderung lokal die Leitfähigkeit des Metalls.

Um die Auswirkungen der Parasitäten auf das Schaltungsverhalten zu testen, können die Layoutdaten mit speziellen Werkzeugen „extrahiert" und in einen Stromlaufplan zurückübersetzt werden. Das Extraktionsprogramm erfaßt die Layoutgeometrien für Leiterbahnen, Transistoren usw. und generiert mit Hilfe spezifischer Prozeßparameter, die wiederum Bestandteil des *Design Kits* sind, eine SPICE-Netzliste der im Layout enthaltenen Bauelemente inklusive aller parasitärer Komponenten.

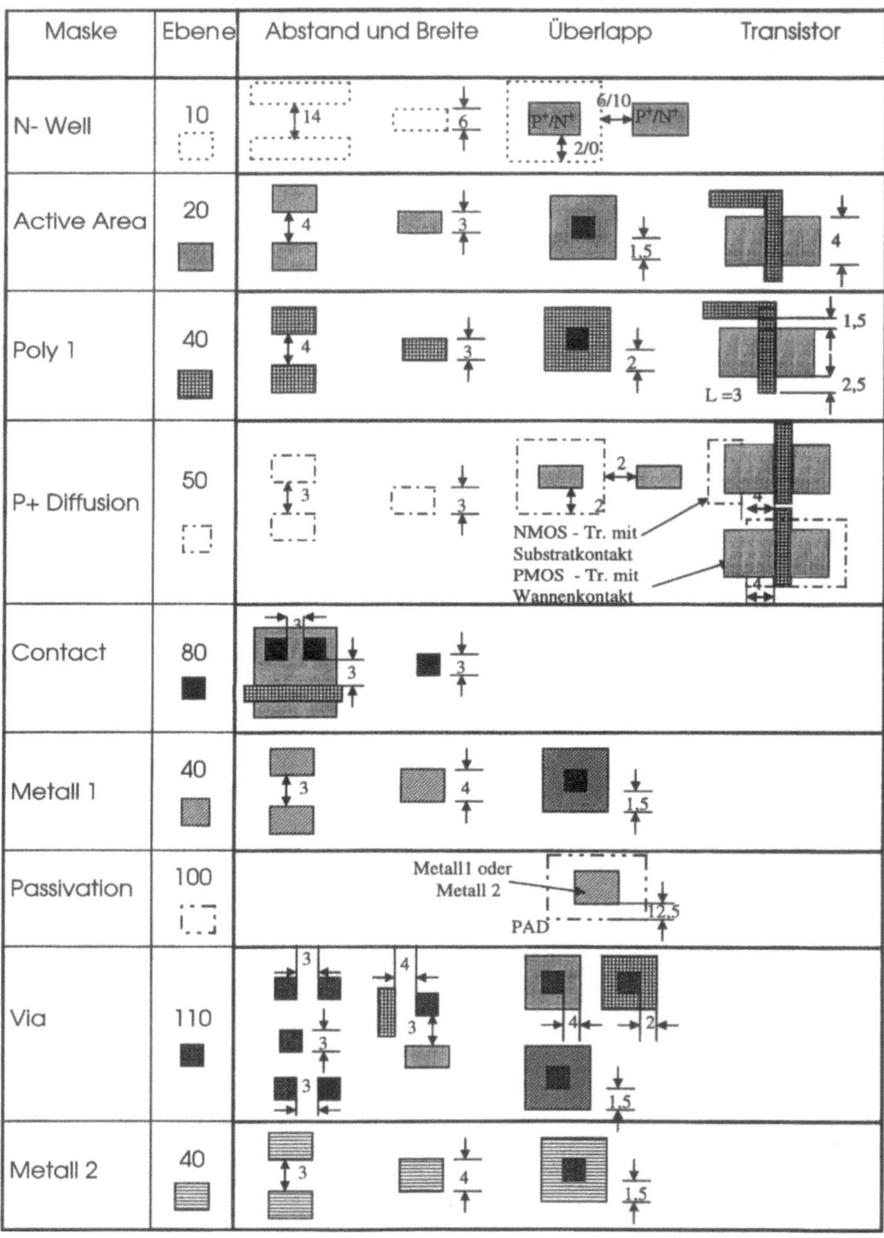

Bild 6-5. Wichtige Designregeln für den ALCATEL MICROELECTRONICS 2,4 µm CMOS-Prozeß, Abstände in µm

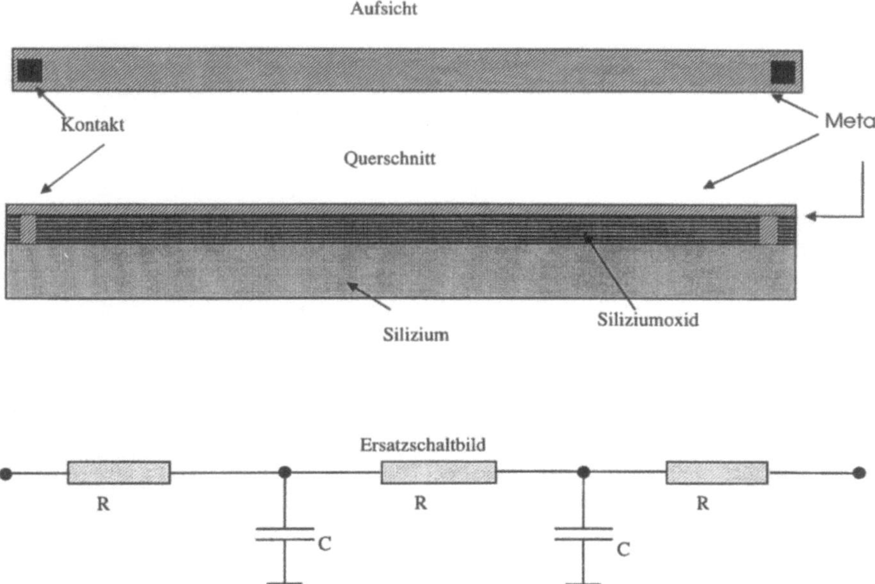

Bild 6-6. Verbindungsleitung und deren Ersatzschaltbild innerhalb eines integrierten Schaltkreises

Das Programm zur Layoutextraktion innerhalb der MENTOR-GRAPHICS-Entwurfsumgebung heißt ICEXTRACT und ist ebenfalls Teil des Programmpakets IC-STATION.

6.1.5
Layoutverkleinerung („Shrink")

Eine Besonderheit des ALCATEL-2,4-µm-CMOS-Prozesses ist die Verkleinerung der Layoutgeometrien um 20% vor der Maskenherstellung (*shrink*, engl. schrumpfen). Die Layoutstrukturen werden im Layouteditor nach den Regeln für eine ältere 3,0-µm-Technologie eingegeben („gezeichnet"). Beim Halbleiterhersteller werden bei der Aufbereitung der Layoutdaten für den Maskenprozeß die Abmessungen der Strukturen in jeder Layoutebene in x- und y-Richtung mit einem festen Faktor k = 0,8 multipliziert („*geshrinkt*"). Solche Umsetzungen von IC-Layouts werden immer dann durchgeführt, wenn im Zuge der Technologieentwicklung verbesserte Fertigungsprozesse zur Verfügung stehen, die kleinere Strukturen ermöglichen. Wird die Anpassung an die leistungsfähigere Technologie per *Shrink* vorgenommen, dann können bereits vorhandenen Layoutentwürfe ohne Änderungen weiter benutzt werden.

6.2
Simulationsparameter: SPICE-Dateien und Technologietoleranzen

Ein wichtiger Bestandteil eines *Design Kits* sind die technologiespezifischen Parameter für das Simulationsprogramm SPICE. In Tabelle 5.1 wurden bereits die SPICE-Parameter für das LEVEL-2-Modell für den ALCATEL-2,4-μm-CMOS-Prozeß angegeben. Die SPICE-Parameter charakterisieren implizit die elektrischen Eigenschaften der Bauelemente, die in einem Halbleiterherstellprozeß gefertigt werden können.

Die SPICE-Parameter für eine Technologie werden vom Halbleiterhersteller anhand von speziellen Teststrukturen bestimmt. Durch numerische Anpassung (*Fit*) von Meßkurven an die SPICE-Modellgleichungen erhält man die Parameter für die verschiedenen Bauelemente. Bei Transistoren werden z.B. die Kennlinien von Einzeltransistoren mit typischen Längen- und Weitenverhältnissen aufgenommen. Durch die so ermittelten Meßpunkte werden Kurven gelegt, deren Form durch die SPICE-Modellgleichungen vorgegeben ist. Die zunächst unbekannten Parameter in den Modellgleichungen werden nach der Methode der kleinsten Fehlerquadrate berechnet. Bei dieser Methode variiert man die Parameterwerte solange, bis die Modelkurven optimal, d.h. mit kleinstem summierten Abstandsfehler, zwischen den Meßpunkten liegen. Die so bestimmten Modellparameter sind die gesuchten SPICE-Parameter.

Außer den statischen Transistorkennlinien werden für transiente Simulationen die Kapazitäts- und Widerstandsbeläge der verschiedenen (parasitären) Komponenten benötigt. Die SPICE-Parameter CJ und CJSW für die Sperrschichtkapazität eines Source- oder Drain-Gebiets eines NMOS-Transistors lassen sich z.B. anhand von Auflademessungen von n-dotierten Zonen bestimmen.

Um die Auswirkungen von Prozeßschwankungen auf die Transistoreigenschaften bei Simulationen zu berücksichtigen, werden die SPICE-Parameter nicht nur an Scheiben gemessen, die unter möglichst typischen Prozeßbedingungen gefertigt wurden. Man stellt außerdem spezielle Testchargen her, bei denen die Prozeßparameter absichtlich so verstellt werden, daß innerhalb der Prozeßtoleranzen Transistoren mit besonders guten bzw. schlechten Leistungsdaten entstehen (*corner lots*: engl. für Fertigungslose im Randbereich der Prozeßschwankungen).

Durch Bestimmung der SPICE-Parameter für Transistoren und andere Teststrukturen aus den *Corner Lots* erhält man die sog. *Slow-* und *Fast*-Parametersätze. Zusammen mit den „typischen" SPICE-Parametern werden diese Daten in den *Design Kit* aufgenommen. Tabelle 6.2 listet die drei verschiedenen Parametersätze auszugsweise für NMOS-Transistoren auf.

Die Genauigkeit der Vorhersagen von SPICE-Simulationen hängt stark davon ab, inwieweit die vorhandenen Parametersätze dem aktuellen Zustand der Technologie entsprechen. Werden neue Geräte in den Prozeß integriert oder bestimmte Prozeßschritte optimiert, führt das meist zu Parameterverschiebungen, die eine Neuermittlung der SPICE-Parametersätze notwendig machen. Dieser Aufwand wird in der Praxis aber nicht immer betrieben, so daß die Verifika-

Tabelle 6-2. Auszug aus der SPICE-Parameterliste für das LEVEL-2-Modell eines NMOS-Transistors für den ALCATEL-MICROELECTRONICS-2,4-µm-CMOS-Prozeß [4]

Parameter	„slow"	typisch	„fast"	Einheit
VTO	1,00	0,85	0,70	V
XJ	0,3	0,3	0,3	V
LAMBDA	0,077	0,046	0,027	1/V
CGSO	1,1E-10	0,8E-10	0,5E-10	F/m
CGDO	1,1E-10	0,8E-10	0,5E-10	fF/m
TOX	425E-10	425E-10	425E-10	m

tion einer Schaltung mit SPICE nur die prinzipielle Funktion der Schaltung beweist, aber nicht genau deren späteres Verhalten auf Silizium vorhersagt. Deshalb sind beim Schaltungsentwurf ausreichende Sicherheitsabstände zu den im Lastenheft spezifizierten Werten einzuhalten.

6.3
Standardzellen

Um die Entwicklung kundenspezifischer integrierter Schaltungen zu vereinfachen, stellen viele Halbleiterhersteller sog. Standardzellbibliotheken zur Verfügung. Diese Bibliotheken sind Bestandteil eines *Design Kits* und werden zusätzlich in Textform über Datenblätter beschrieben.

In diesen Bibliotheken findet der IC-Designer fertige Layoutstrukturen für digitale und analoge Funktionen. Tabelle 6.3 zeigt eine Auswahl von Zellen aus der ALCATEL-Standardzellenbibliothek aus den Unterlagen für den 2,4-µm-CMOS-Prozeß. Im digitalen Bereich lehnen sich die Zellen stark an Standardschaltkreisfamilien an, z.B. an die TTL-7400-Serie. Bei den analogen Zellen orientieren sich die elektrische Eigenschaften ebenfalls an gebräuchlichen Analog-ICs. So können bestehende Platinenentwürfe leicht in integrierte Schaltungen umgesetzt werden. Das Entwurfsrisiko ist dabei gering. Da sich jede Standardzelle aus der Bibliothek i.d.R. bereits in vielen unterschiedlichen Entwürfen bewährt hat, werden Standardzellen auch in einem neuen Design einwandfrei funktionieren.

Die Standardzellen innerhalb einer Bibliothek werden je nach Funktion und nach der Position im ASIC-Layout unterschiedlichen Zellfamilien zugeordnet. Die Zellen zur internen Signalverarbeitung innerhalb eines ASICs befinden sich im IC-Layout im Innenbereich. Deshalb bezeichnet man diese analogen und digitalen Standardzellen auch als *Core-Zellen* (*core*: engl. der Kern). Typische digitale Core-Zellen sind Inverterstrukturen mit unterschiedlicher Treiberfähigkeit, oder (N)AND- und (N)OR-Gatter, die unterschiedlich viele Eingangssignale verknüpfen. Es gibt auch komplexere Gatter, die eine exklusive Oder-Verknüpfung realisieren, Signale multiplexen oder addieren. Außerdem gehören verschiedene Flip-Flop- bzw. Registerschaltungen zur Core-Zellen-Bibliothek.

Tabelle 6-3. Digitale und analoge Standardzellen aus der Bibliothek des Design Kits für die 2,4-μm-CMOS-Technologie von Alcatel Microelectronics (nach [4])

Digitale Core-Zellen			
Zellen-nr.	Zellenname	Funktionsbeschreibung	Abmess. [μm]
1	INV	Inverter	20x106
4	INV4	Inverter mit vierfacher Treiberstärke	30x106
12	NAND2	Nicht-UND-Gatter mit 2 Eingängen	30x106
13	NAND3	Nicht-UND-Gatter mit 3 Eingängen	50x106
22	NOR2	Nicht-ODER-Gatter mit 2 Eingängen	40x106
32	BUF2	Nichtinvertierender Treiber mit zweifacher Treiberstärke	40x106
42	AND2	UND-Gatter: 2 Eingänge	40x106
52	OR2	ODER-Gatter: 2 Eingänge	40x106
100	EXOR	Exklusiv-ODER-Gatter: 2 Eingänge	80x106
110	ANDNOR	Komplexgatter für eine UND-Nicht-ODER-Verknüpfung von 2 Signalen	50x106
122	TRIINV1	Abschaltbarer Inverter (Tristate)	70x106
130	MUX21	Zwei-zu-Eins-Multiplexer mit invertierendem Ausgang	80x106
140	DEC2E	Eins-zu-Zwei-Dekoder mit Freischaltung („enable)	70x106
161	FULLA	Volladdierer	160x106
290	NANDSR	SR-Register aus NAND-Gattern	50x106
320	DLL	D-Register mit Reset	110x106
404	DFFP	Setzbares, mit der positiven Flanke getriggertes D-Flip-Flop	180x106
440	DFFSLRL	Asynchron setzbares und rücksetzbares mit der positiven Flanke getriggertes D-Flip-Flop	190x106
Analoge Core-Zellen			
3505	CFOAHLN	Zweistufiger Operationsverstärker mit kleinem Offset, PMOS-Eingangsstufe, hochohmigem Ausgang und vollem Spannungsbereich	410x260
3506	CFOAHPS	Zweistufiger Operationsverstärker mit PMOS-Eingangsstufe, hochohmigem Ausgang und vollem Spannungsbereich, Version, die mit einer Poly-Silizium-Lage auskommt.	350x260
3507	CFOAHND	Zweistufiger Operationsverstärker mit NMOS-Eingangsstufe, hochohmigem Ausgang und vollem Spannungsbereich, zwei Poly-Silizium-Lagen	240x260
3605	CFMPNS	Komparator mit NMOS-Eingangsstufe, voller Spannungsbereich	100x260
3705	CLBGP	Bandgap-Referenz für den Niedrigspannungsbereich	580x260
3755	CFCUR	Stromreferenz 2μA, voller Spannungsbereich	150x260
3805	CFCUMA	Stromspiegel, voller Spannungsbereich	60x260
3920	PFPTR	über Pins programmierbare Stromquelle mit PMOS-Transistor, voller Spannungsbereich	260x520
Peripheriezellen			
500	IC	nichtinvertierende, CMOS-kompatible Eingangszelle	260x520
520	IT	nichtinvertierende, TTL-kompatible Eingangszelle	260x520
510	IIC	invertierende, CMOS-kompatible Eingangszelle	260x500
570	IIST	invertierende Eingangszelle mit TTL-kompatiblem Schmitt-Trigger	260x520
511	IICPUH	invertierende, CMOS-kompatible Eingangszelle mit Pull-up-Widerstand	260x500
1010	OI2	invertierende Ausgangszelle mit zweifacher TTL-Treiberstärke	260x520
1070	OT2	abschaltbare invertierende Ausgangszelle mit zweifacher TTL-Treiberstärke	260x520
4050	XTAL1	Quarzoszillator 100kHz bis 20MHz	520x520

Wichtige analoge Core-Zellen sind Operationsverstärker, Spannungs- und Stromreferenzen, Komparatoren sowie diverse Strom-Spiegelschaltungen.

Zur Anbindung der im Chip integrierten Elektronik an die äußeren Komponenten auf der Leiterplatte gibt es sog. *Peripheriezellen*, die am Chiprand angeordnet werden müssen. Die elektrische Verbindung zwischen der integrierten Halbleiterschaltung mit der Peripherie geschieht über die sog. *Bonding Pads*. Dabei handelt es sich um Kontaktflächen von ca. 150 µm x 150 µm, die in der obersten Metallisierungslage ausgeführt werden und auf denen die Bonddrähte enden [2].

Die Peripheriezellen enthalten neben den Pads Ein- und Ausgangsschaltungen, die die Eingangs- und Ausgangspegel des Chips an die elektrischen Eigenschaften der Platinenschaltung anpassen. In der ALCATEL-2,4-µm-CMOS-Zellbibliothek finden sich verschiedene CMOS- und TTL-kompatible Eingangsschaltungen. Es gibt Eingangs-Peripheriezellen mit integrierten Pull-Up- bzw. Pull-Down-Widerständen oder mit Schmitt-Trigger-Charakteristik, die bei gestörten Eingangssignalen verwendet werden können.

Die Ausgangszellen haben TTL-Pegel mit unterschiedlicher Treiberstärke. Bidirektionale Eingangs-Ausgangschaltungen (I/Os) stehen ebenfalls zur Verfügung. Besonders wichtig sind die Versorgungspadzellen, über die die Betriebsspannung und das Massepotential von außen zugeführt werden. Da über ein Pad nur ein bestimmter Strom fließen darf, kann es bei komplexen Schaltungen mit hohem Strombedarf notwendig sein, mehrere Netze für die Versorgungsspannung (V_{DD}) und das Massepotential (V_{SS}) zu benutzen, die über unterschiedliche V_{DD}-Pads und V_{SS}-Pads angeschlossen werden. Um Störungen in Analogschaltungen durch synchrones Schalten von Digitalzellen zu vermeiden, werden meist separate Versorgungsnetze (V_{DDA} und V_{SSA}) mit eigenen Pads für die analogen Schaltungsblöcke aufgebaut.

Zur Vereinfachung des Layoutentwurfs sind die geometrischen Abmessungen der Zellen-Layouts standardisiert. Diese genormten Abmessungen sind das typische Kennzeichen von Standardzellenentwürfen. Jeder Zellentyp in der Standardzellbibliothek hat eine einheitliche Höhe und eine definierte Lage der Anschlüsse für die elektrischen Ein- und Ausgangssignale sowie für die Versorgungspannungen. Die Zellweite variiert je nach der elektrischen Funktion der Zelle, beträgt aber stets ein ganzzahliges Vielfaches eines Rastermaßes. Bei der ALCATEL-Bibliothek beträgt das Rastermaß 10 µm, die Zellhöhe liegt im Core-Bereich des Layouts bei Digitalzellen 106 µm und bei Analogzellen 260 µm. Die Peripherie-Zellen sind 560 µm hoch und mindestens 260 µm breit (Bild 6.7).

Um Standardzellen leicht verdrahten zu können, liegen die Leitungen für die Versorgungsspannung und das Massepotential ebenfalls bei allen Zellen einer Zellfamilie an identischen Positionen im Zellayout. Diese Versorgungsleitungen werden mit fester Breite in definiertem Anstand vom oberen und unteren Zellrand quer in beiden Metallagen durch jede Zelle geführt und enden an den Seitenrändern des Zellayouts. Die Anschlüsse für Ein- und Ausgangssignale befinden sich im festen Raster am oberen und unteren Rand der Zelle. Bei den ALCATEL-MICROELECTRONICS-Zellen beträgt der Abstand dieser Anschlüsse vom Zellrand 10 µm (Bild 6.7).

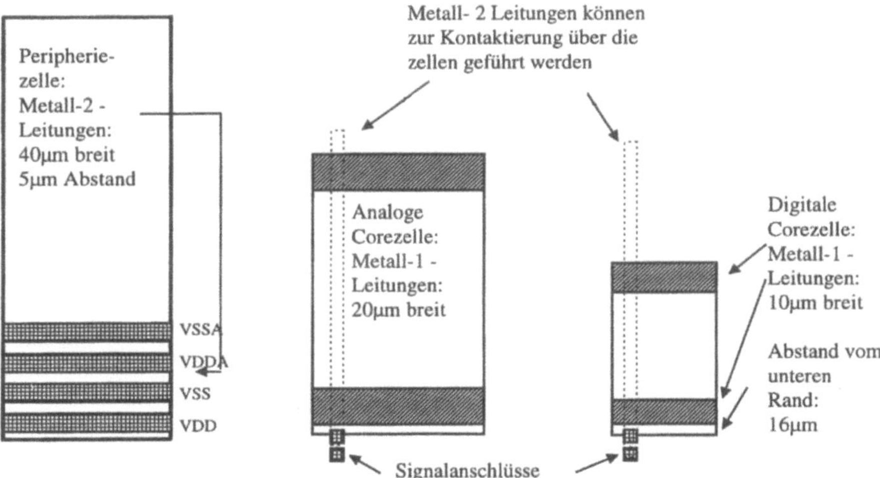

Bild 6-7. Lage der Versorgungs- und Masseleitungen sowie Signalanschlüsse in den analogen und digitalen Standardzellen aus der ALCATEL-MICROELECTRONICS-2,4 μm-CMOS-Bibliothek. VDD und VSS bzw. VDDA und VSSA sind die Versorgungsleitungen für die digitalen bzw. analogen Schaltungsteile. VDD(A) ist das Versorgungs- und VSS(A) das jeweilige Massepotential

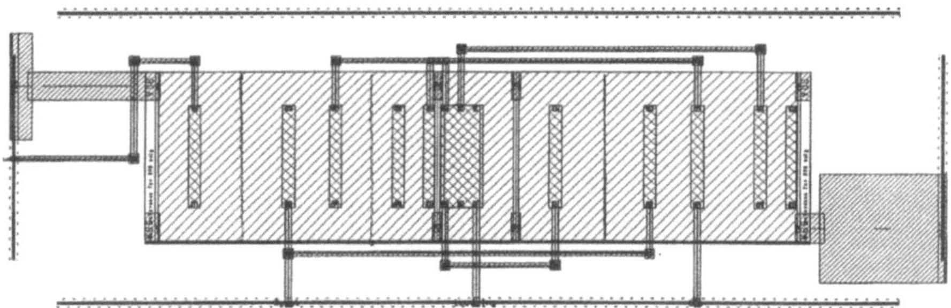

Bild 6-8. Digitale Standardzellen nach Plazieren und Verdrahten

Setzt man Standardzellen unmittelbar zeilenförmig aneinander, so überlappen die Leitbahnen in den Zellen für die Versorgungsspannungen. Deshalb brauchen nur die Anschlüsse für die Ein- und Ausgangssignale der Zellen gemäß dem Schaltplan verbunden zu werden. Dazu wird bei der automatischen Layouterstellung zwischen den Zeilen aus Standardzellen ein Freiraum gelassen. In diesem „Verdrahtungskanal" ist genügend Platz, um die entsprechenden Leitungen zu führen (Bild 6.8).

6.3.1
Makrozellen

Bei komplexeren Funtionen ist es nicht sinnvoll, Layoutzellen zu definieren, die feste Höhen und ein festes Breitenraster aufweisen. Hier ist es günstiger, *Funktionsblöcke* oder *Makrozellen* einzusetzen, bei denen sich die Größe des Layouts nur nach den funktionalen Anforderungen richtet. Typische Makrozellen, die in fast allen Bibliotheken enthalten sind, sind A/D- oder D/A-Umsetzer. Neben diesen in bezug auf die Funktionen fest definierten Blöcken werden häufig auch „kompilierbare" Makrozellen zur Verfügung gestellt. Bei den kompilierbaren Blöcken handelt es sich in erster Linie um Speichermodule (RAM, ROM[1]) mit variabler Speicherkapazität oder um logische Felder (PLA[2]-Strukturen). Manche Hersteller stellen zusätzlich auch arithmetische Module zu Verfügung, wie etwa Multiplizierer. Die Spezifikationen dieser Module (z.B. Datenwortbreite) können innerhalb bestimmter Grenzen rechnergestützt variiert werden. In Tabelle 6.4 finden sich Beispiele für Makrozellen der 2,4-µm-CMOS-Technologie von ALCATEL MICROELECTRONICS.

6.3.2
Datenblätter der Bibliothekszellen

Die elektrischen Eigenschaften der Zellen oder Blöcke in einer Bibliothek unterliegen den technologischen Randbedingungen des Herstellprozesses und werden durch die geometrische Auslegung der Bauelementstrukturen und die Schaltungstechnik festgelegt. Die elektrischen Kenngrößen der Zellen und Blök-

Tabelle 6-4. Digitale und analoge Funktionsblöcke aus der Bibliothek des Design Kits für die 2,4-µm-CMOS-Technologie von ALCATEL MICROELECTRONICS [4]

Analoge Blöcke			
Zellen-nummer	Zellenname	Funktionsbeschreibung	Abmess. in µm
7000	AD081	8-Bit A/D-Wandler, Wandlung erfolgt nach dem sukzessiven Approximationsverfahren	1490x930
7050	DA081	8-Bit D/A-Wandler, Wandlung erfolgt mit einer Widerstandskette	750x1020
Kompilierbare digitale Blöcke			
6100	RAM	Statisches RAM, konfigurierbar in Zeilen- und Spaltenzahl des Speicherzellenfeldes	
6200	ROM	Festwertspeicher, konfigurierbar in Zeilen- und Spaltenzahl des Speicherzellenfeldes	

---

1   ROM: <u>R</u>ead <u>o</u>nly <u>M</u>emory, engl. für Nur-Lese-Speicher
2   PLA: <u>P</u>rogrammable <u>L</u>ogic <u>A</u>rray, engl. für programmierbares logisches Feld

ke werden vor der Freigabe der Bibliothek mit SPICE-Simulationen ermittelt und durch Messungen an Testchips verifiziert. Das Ergebnis dieser Untersuchungen sind Datenblätter, die wie bei einer normalen Schaltkreisspezifikation Grenzwerte und Kennwerte angeben.

6.3.2.1
Statische Kenn- und Grenzwerte

Tabelle 6.5 listet die Spannungs- und Temperaturgrenzwerte sowie die zulässigen Betriebsspannungen der analogen und digitalen Zellen in der ALCATEL-Bibliothek auf. Wie Tabelle 6.5b zeigt, können innerhalb eines ICs die analogen und digitalen Blöcke nicht nur mit unterschiedlichen Versorgungsnetzen, sondern auch mit unterschiedlichen Versorgungsspannungen betrieben werden. Dies bietet mehrere Vorteile: So können digitale und analoge Bereiche durch zwei externe Versorgungsanschlüsse weitgehend entkoppelt werden, auch wenn diese Schaltungsteile mit den gleichen Potentialen betrieben werden (z.B. $V_{DD\text{-}ig}$ = V_{DDA} = 5V). Dadurch werden Störungen auf den Versorgungsleitungen, die bei digitalen CMOS-Schaltungen durch Querströme und Ladevorgänge entstehen, von den empfindlichen analogen Bereichen ferngehalten. Allerdings liegen in einem N-Wannen-CMOS-Prozeß alle NMOS-Transistoren in p-leitenden Substratbereichen, die sich elektrisch auf einheitlichem Potential befinden. Damit die Source- und Draingebiete der Transistoren über Sperrschichten gegen das Substrat isoliert sind, muß das Substrat auf das niedrigste Potential gelegt werden, also sowohl mit V_{SSdig} als auch mit V_{SSA} verbunden sein. Die Massepotentiale der Analog- und Digitalzellen sind folglich stets gleich, und deren vollständige Entkopplung innerhalb eines ICs ist nicht möglich.

Alle Eingangssignale, die über die IC-Pads der Peripheriezellen geführt werden, müssen ebenfalls bestimmten Spezifikationen genügen (s. Tabelle 6.6). Die-

Tabelle 6-5. a) *Grenzwerte:* Spannungen, bezogen auf das Massepotential V_{SS} (nach [4])

Größe	Minimum	Maximum	Einheit
V_{DDdig} (Digitale Versorgungsspannung)	–0,5	7,5	V
V_{DDA} (Analoge Versorgungsspannung)	–0,5	7,5	V
Erweiterter Spannungsbereich	–0,5	12,5	V
Vin (Eingangsspannung)	–0,5	VDD + 0,5	V
Betriebstemperaturbereich	–55	125	°C
Lagertemperaturbereich	–55	150	°C

b) *Kennwerte:* Betriebsspannungen, bezogen auf das Massepotential V_{SS} (nach [4])

V_{DDdig}	3	7	V
V_{DDA} (Niedervoltbereich)	3	7	V
V_{DDA} (Hohe Spannung)	7	12	V
V_{DDA} (Voller Spannungsbereich)	3	12	V

Tabelle 6-6. Eingangskennwerte der digitalen Peripheriezellen (nach [4])

Größe	Minimum	Maximum	Einheit
CMOS-kompatibler Eingang			
– Low-Pegel V_{iL}	–0,5	1,5	V
– High-Pegel V_{iH}	3,5	5,5	V
– Eingangsleckstrom (ohne internen Pull-up/down)		1	µA
– Eingangskapazität		10	pF
TTL-kompatibler Eingang			
– Low-Pegel	–0,5	0,8	V
– High-Pegel	2,0	5,5	V
– Eingangsleckstrom (ohne internen Pull-up/down)		1	µA
– Eingangskapazität		10	pF

se Kennwerte stellen sicher, daß die Eingangssignale eindeutig von den internen Schaltungskomponenten interpretiert werden können und daß Fehlfunktionen aufgrund des *Latch-up-Effekts* [2] nicht auftreten. Die internen digitalen Core-Zellen arbeiten mit den in Tabelle 6.6 spezifizierten CMOS-kompatiblen Eingangssignalpegeln. TTL-Pegel werden deshalb von den Peripheriezellen entsprechend umgesetzt.

Die Spezifikationen der Ausgangssignale der Peripheriezellen in bezug auf Pegel und Stromstärken finden sich in Tabelle 6.7. Ströme, die aus dem IC hinausfließen, werden negativ gezählt. Es stehen TTL-kompatible Ausgangsschaltungen mit verschiedenen Treiberstärken zu Verfügung. Die Ausgänge sind innerhalb gewisser Grenzen kurzschlußfest: Da beim Kurzschließen der Ausgänge sehr hohe Ströme fließen, erwärmen sich die ICs sehr stark. Um eine Zerstörung des Schaltkreises zu vermeiden, darf die Kurzschlußbedingung im Betrieb nicht länger als 1 Sekunde andauern.

6.3.2.2
Datenblätter für Standardzellen

Die Funktionen und das Zeitverhalten der einzelnen Zellen werden in Datenblättern beschrieben. Bild 6.9 und Bild 6.10 zeigen Beispiele aus der Digital- und der Analogbibliothek des ALCATEL-2,4-µm-CMOS-Prozesses. Auf jedem Datenblatt ist oben der Zellenname vermerkt, danach folgt eine kurze Funktionsbeschreibung und das Schaltplansymbol der Zelle. Dieses Symbol erscheint, wenn die Zelle bei der Schaltplaneingabe in einem Schaltplan plaziert wird. Bei digitalen Zellen wird die Funktion zusätzlich mit einer Wahrheitstabelle oder einer Boolschen Gleichung angegeben. Malpunkte stehen für Und-Verknüpfungen, Pluszeichen für Veroderungen und der Querstrich über der Gleichung kennzeichnet eine logische Inversion.

Tabelle 6-7. Ausgangskennwerte der digitalen Peripheriezellen bei nominaler Versorgungsspannung von 5V (nach [4])

Größe	Bedingung	Minimum	Maximum	Einheit
TTL-kompatibler Ausgang				
Ausgangsstrom Low-Pegel	Ausgangsspannung 0,4V	1,6 3,2 6,4[*]		mA
Ausgangsstrom High-Pegel	Ausgangsspannung 4,6V	−0,8 −1,6 −3,2[**]		mA
Ausgangsspannung Low-Pegel	Ausgangsstrom kleiner 1μA		0,05	V
Ausgangsspannung High-Pegel	Ausgangsstrom kleiner 1μA	4,95		V
Kurzschlußströme (je nach TTL-Treiberstärke)	Quelle	typisch: −20 −40 −80		mA
Kurzschlußströme (je nach TTL-Treiberstärke)	Senke	typisch: 37 74 15		mA
Hochohmig („Tristate")			1	μA

*) für einfache, zweifache und vierfache TTL-Treiberstärke
**) für einfache, zweifache und vierfache TTL-Treiberstärke

Unter dem Schaltsymbol und der Funktionsbeschreibung ist der Flächenbedarf und die Lage der elektrischen Anschlüsse der Zelle im Layout skizziert. Statt eines detaillierten Zellayouts ist nur der Zellumriß (*Cell Outline*) dargestellt. In der linken unteren Ecke ist die Ausdehnung der Zelle in X- und Y-Richtung angegeben. In der Mitte findet sich der Zellenname.

Eingangspins sind als kleine Rechtecke am oberen oder unteren Zellrand eingetragen. An jedem Rechteck steht der Signalname. Die Rechtecke für Eingänge sind leer, die für Ausgänge sind mit einem Kreuz gefüllt. Um die genau Lage der Pins im Layout zu kennzeichnen, wird das Abstandsraster von 10μm ebenfalls eingetragen. Unter dem Zellumriß ist im Datenblatt ein Schaltplan der Zelle auf Transistor- oder Gatterebene gezeigt.

Die elektrischen Spezifikationen der Zellen finden sich in Tabellenform am Ende der Datenblätter. Für die Beschreibung des Zeitverhaltens der digitalen Zellen innerhalb der ALCATEL-Bibliothek wird das in den Gln. (5.2a und b) definierte Laufzeitmodell benutzt, bei dem sich die Gatterlaufzeit aus einem intrinsischen Anteil $T_{ir(f)}$ und einem kapazitiven Anteil $T_L = t_{Lr(f)} \cdot C_L$ zusammensetzt. Die Indizes „r" und „f" kennzeichnen unterschiedliche Parameter für steigende („r") und fallende Eingangssignale („f"). Die Lastkapazitäten C_L berechnen sich aus den Eingangskapazitäten aller Gatter, die mit dem betreffen-

Zellen - Name   NAND3

Funktion: Dreifach - NAND - Gatter $Y = \overline{A \cdot B \cdot C}$

Symbol

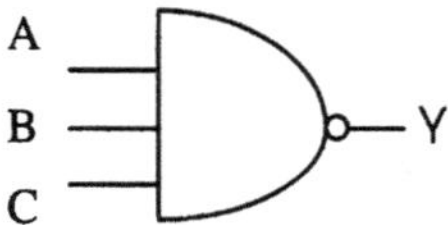

Zellumriß:

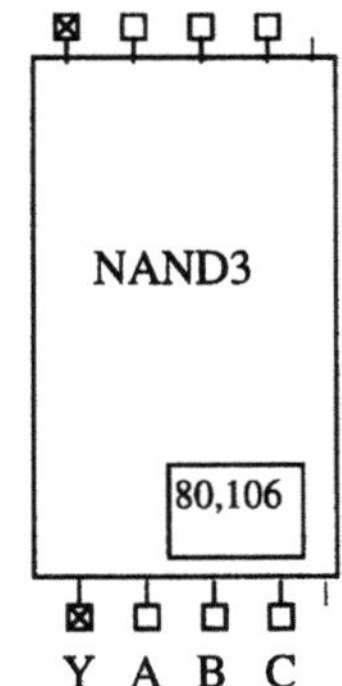

Schaltplan:

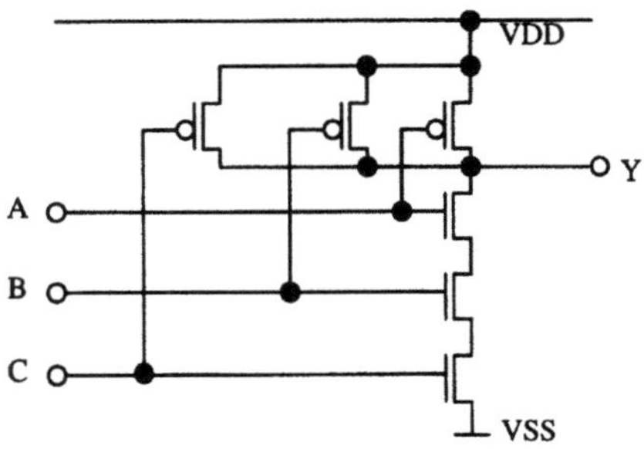

Kapazitäten

Eingang	Kapazität	Einheit
A, B, C	0,088	pF

Laufzeiten

Laufzeit zwischen	Ausgangssignal	Intrinsische Laufzeit T_I	Laufzeit pro pF Last T_L	Einheit
A,B,C und Y	steigend „r"	4,2	5,6	nsec
	fallend „f"	4,4	5,6	nsec

maximale Belastbarkeit des Ausgangs: 0,8pF

Bild 6-9. Datenblatt einer digitalen Standardzelle (nach [4]). Die Parameter in den Tabellen beziehen sich auf das Tabellenlaufzeitmodell aus Abschn. 5.3

den Ausgangsknoten eines Gatters verbunden sind (zuzüglich der Ausgangskapazitäten aller hochohmig geschalteten Tristateausgänge, die ebenfalls umgeladen werden müssen). Dazu kommen noch die Kapazitätsbelege der Verbindungsleitungen, die aber erst nach der Layouterstellung im Rahmen der *Post-Layout-Simulation* berücksichtigt werden können (s. Abschn. 3.3.4). Die relevanten Kapazitätswerte für die Gattereingänge (und Ausgänge im Tristate bei abschaltbaren Gattern) sind ebenfalls in den Datenblättern angegeben.

Die Laufzeitparameter wurden mit SPICE-Simulationen unter Verwendung von „Slow"-Parametersätzen bei nominaler Versorgungsspannung von $V_{DD} =$ 5V ermittelt. Die Verzögerungszeit ist dabei wie üblich als der zeitliche Abstand zwischen dem 50%-Wert des Eingangssignals und dem 50%-Wert ($V_{DD}/2$) des Ausgangssignals definiert. Die Laufzeitformeln geben deshalb das sog. *Worst-Case Delay*, also die maximal mögliche Verzögerungszeit an. Da die Gatterlaufzeiten auch von den Anstiegs- oder Abfallzeiten der Eingangssignale beeinflußt werden, kommt es darauf an, eine typische Eingangssignalform bei den SPICE-Simulationen zu verwenden. In den Simulationen für die ALCATEL-Zellen werden als repräsentative Eingangssignale die Ausgangssignale der Inverterzelle INV benutzt, die mit den Eingängen von 16 identischen Gattern belastet ist (*fan out* = 16).

Die Eingangskapazitätswerte der einzelnen Zellen können ebenfalls mit SPICE-Simulationen bestimmt werden. Dazu werden die Ausgangssignale eines Referenzgatters – z. B. die Inverterzelle „INV" – das die Eingänge der zu charakterisierenden Zelle ansteuert, mit den Ausgangssignalen verglichen, die sich beim Treiben einer kapazitiven Last einstellen. Die Kapazität wird nun solange variiert, bis die Verzögerungszeiten bei beiden Simulationen übereinstimmen. Der entsprechende Kapazitätswert ist die gesuchte Eingangskapazität. Bei diesem aufwendigen Verfahren werden spannungsabhängige Anteile der Gattereingangskapazitäten berücksichtigt. Eine einfachere, aber ungenauere Methode zur Abschätzung der Eingangskapazitäten ist die Berechnung der Oxidkapazitäten der jeweiligen MOS-Transistoren.

Trotz der Verwendung realistischer Eingangssignale stellt die Laufzeitformel nur eine Näherung dar. In Wirklichkeit sind die Zusammenhänge zwischen Last und Laufzeit nichtlinear. Dies führt bei großen Lasten zu Abweichungen. In der Zellspezifikationen ist deshalb die maximale Belastung des Ausgangs (in pF) angegeben, für die die Laufzeitformel korrekte Ergebnisse liefert.

Gatterlaufzeiten ändern sich mit der Temperatur, der Versorgungsspannung und den Prozeßschwankungen. Je höher die Versorgungsspannung des Schaltkreises liegt, desto kürzer werden die Verzögerungszeiten: Im Vergleich zur Laufzeit bei $V_{DD} =$ 5V verkürzt sich die Verzögerungszeit bei $V_{DD} =$ 7Volt auf 65%, verlängert sich aber bei 3V auf 200%. MOS-Transistoren schalten bei tiefen Temperaturen schneller als bei hohen Temperaturwerten. Bei –55 °C reduziert sich die Laufzeit auf 75%, und an der oberen Ecktemperatur von 125 °C werden die Signallaufzeiten 30% länger.

Die Laufzeitparameter für die digitalen Standardzellen geben die Verhältnisse für Chargen mit langsamen Transistoren wieder. Manchmal ist das aber nicht der wirklich ungünstigste Fall. In Schaltkreisen kann es auch zu laufzeitbedingten Fehlschaltungen kommen, wenn bestimmte Signale zu schnell übertragen werden und ein Signal bei entsprechender Technologieverschiebung ein anderes Signal überholt (*Races*). Um solche Problemfälle auszuschließen, müssen die berechneten Laufzeiten für typische und oder sogar „schnelle" (engl. *fast*) Technologievarianten umgerechnet werden. Dazu sind die Verzögerungswerte mit den Faktoren 0,5 (*„typisch"*) bzw. 0,3 (*„fast"*) zu multiplizieren. Moderne Digitalsimulatoren wie das Programm QUICKSIMII bieten die Möglichkeit, die Gatterlaufzeiten ohne großen Aufwand entsprechend zu skalieren.

Analoge Zellen benötigen zur Beschreibung umfangreichere Datenblätter. Bild 6.10 zeigt das Datenblatt eines Operationsverstärkers. Die Einträge Symbol, Zellumriß, Schaltplan und Eingangskapazitäten beschreiben die gleichen Zelleigenschaften, wie in den Datenblättern digitaler Zellen. Schaltpläne werden häufig nicht angegeben, denn dadurch würde unnötigerweise spezielles Know-how des Halbleiterherstellers weitergegeben.

Eine Besonderheit bei den Analogzellen des CMOS-Prozesses von ALCATEL MICROELECTRONICS ist die Parametrisierbarkeit der elektrischen Eigenschaften der Zellen durch Biasströme. Mit dieser Methode lassen sich Analogzellen an gegebene Anforderungen anpassen. In Bild 6.10 sind die Kennwerte des Operationsverstärkers CFOHAND für 15-µA-Biasstrom angegeben. Im kompletten Datenblatt der Zelle, das hier aus Platzgründen nicht angegeben wurde, finden sich auch die Kennwerte für höhere Biasströme. Bei einem Strom von 75 µA ändern sich fast alle Parameter der Zelle: So fällt hier die Verstärkung auf 85, während das Verstärkungs-Bandbreite-Produkt auf 690 kHz ansteigt und sich der erste Pol auf 20 Hz schiebt. Gleichzeitig wird der Ausgang niederohmiger. Die Impedanz sinkt auf 200 kΩ. Bei der Option mit 150 µA Biasstrom gelten wieder andere Kennwerte.

Innerhalb einer Standardzellenschaltung werden die Biasströme mit Stromquellenzellen (z.B. CFCUR) erzeugt und über Strompiegelschaltungen um feste Faktoren verstärkt oder abgeschwächt zur jeweiligen Analogzelle weitergeleitet. Die Stromquellenzellen geben Referenzströme ab. Welcher Strom als Biasstrom im Ausgangszweig bei gegebenem Referenzstrom fließt, bestimmen die Weiten-zu Längenverhältnisse der an den Stromspiegeln beteiligten Transistoren (Bild 6.11 und vgl. Abschn. 4.2.4.2).

Aus dem Strom im Referenzzweig ergibt sich der Spiegelstrom *MC* (in Kap. 4 mit I_a bezeichnet) nach der Formel

$$MC = I_{ref} / (W/L)_{ref}.$$

Der Vervielfachungsfaktor *CF* für den Spiegelstrom, der im Biaseingang der angesteuerten Zellen fließt, ist über

$$CF = (W/L)_a$$

gegeben. Der Strom in der angesteuerten Zelle I_a berechnet sich dann gemäß

$$I_a = I_{ref} \cdot CF.$$

Zellen - Name   CFOHAND

Funktion: zweistufiger Operationsverstärker mit hochohmiger NMOS- Ausgangsstufe, arbeitet im vollen Spannungsbereich von 3 - 12V.

Symbol

Zellumriß:

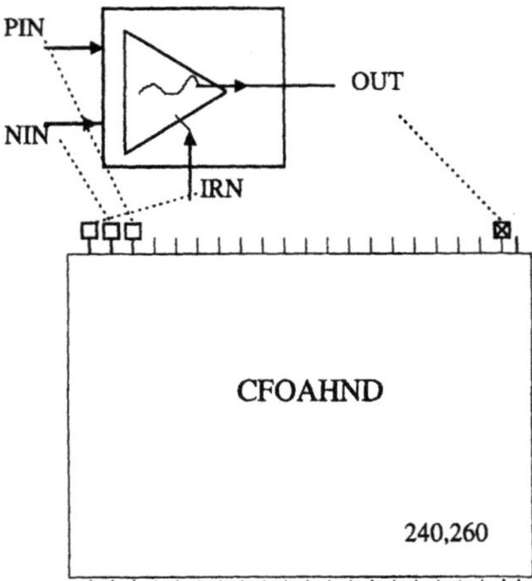

Kapazitäten

Eingang	Kapazität	Einheit
NIN, PIN	0,650	pF
IRN	1,915	pF

Biaseingangscharakteristik

	min	typ	max	Einheit	Bedingung
W/L- Verhältnis des Stromspiegel- transistors am IRN- Eingang	-	52	-		
Stromaufnahme		(W/L)*Iin		A	Iin Spiegelstrom am IRN- Eingang

Kennwerte: Die Kennwerte beziehen sich auf einen bestimmten Biasstrom hier 15µA. Schwankungen dieses Stroms werden nicht berücksichtigt.

Parameter	min	typ	max	Einheit	Bedingung
Verstärkung	95	100	-	dB	VDDA = 3 .. 12 V
CMMR	95	100		dB	VDDA = 3 .. 12 V
PSRR[1] gegen VDDA	80			dB	VDDA = 3 .. 12 V
PSRR gegen VSSA	100			dB	VDDA = 3 .. 12 V
erster Pol		2		Hz	VDDA = 3 .. 12 V
Phasenreserve		45		Grad	VDDA = 3.. 12 V, CL = 20pF
Ausgangsaussteuerbarkeit	VSSA + 1,3		VDDA - 0,8	V	VDDA = 5V
Verstärkungs- Bandbreite Produkt	550	700		kHz	VDDA = 3.. 12 V
Spannungsanstieg	0,37	0,5		V/µs	VDDA = 3.. 12 V
Ausgangsimpedanz		1,0		MΩ	VDDA = 3.. 12 V
Offsetspannung		5	10	mV	
Lastkapazität am Ausgang			20	pF	

Bild 6-10. Datenblatt eines Operatationsverstärkers aus der analogen Standardzellbibliothek von ALCATEL MICROELECTRONICS (nach [4])

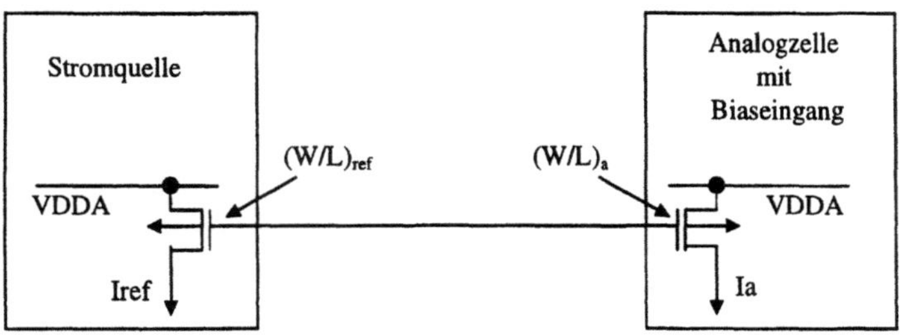

Bild 6-11. Stromspiegelschaltungen aus PMOS-Transistoren zum Einstellen von Biasströmen in analogen Standardzellen (nach [4]). Der Strom I_a im Ausgangszweig des gezeigten Stromspiegels verhält sich zum Referenzstrom I_{ref} wie die W/L-Verhältnisse der entsprechenden Transistoren: $(W/L)_{ref}/(W/L)_a$

Um verschiedene Biasströme mit einer Stromquellenzelle bereitzustellen, existieren in der Bibliothek zusätzlich Stromspiegelzellen (*Mirror Cells*) mit denen die W/L-Verhältnisse auf der Referenzseite variiert werden können. Die Stromspiegelzellen werden über sog. Spiegelfaktoren MF charakterisiert, die über die Formel

$$MF = (I_o/I_i) \cdot \{(W/L)_i / (W/L)_o\}$$

gegeben sind. Der Index „o(i)" kennzeichnet Ströme und Transistorabmessungen auf der Ausgangs-(Eingangs-)seite des Stromspiegels. Der Spiegelstrom auf der Ausgangsseite MC_o kann aus dem eingangsseitigen Strom berechnet werden:

$$MC_o = MC_i \cdot MF.$$

Soll z.B. ein Biasstrom I_a von 75 μA im Eingangszweig der in Bild 6.10 beschriebenen Analogzelle CFOHAND fließen, so kann dieser Strom aus dem Referenzstrom $I_{ref} = 2\,\mu A$ der Stromquellenzelle CFCUR nicht direkt erzeugt werden, denn der Vervielfachungsfaktor der Zelle CFOHAND ist CF = 52. Schaltet man aber die Spiegelzelle CFCUMB dazwischen, deren Spiegelfaktor MF = 1/1,4 beträgt, stellt sich der gewünschte Strom nach der Formel

$$I_a = I_{ref} \cdot MF \cdot CF = 2 \cdot (1/1,4) \cdot 52 = 75\,\mu A$$

ein. Wird statt CFCUMB die Zelle CFCUMBA mit dem Spiegelfaktor MF = 1/7 benutzt, dann reduziert sich I_a auf 15 μA. Mit verschiedenen Spiegelzellen können also Biasströme auf einfache Weise eingestellt werden.

Die Stromaufnahme der Analogzellen kann aus den Biasströmen bestimmt werden, die in den Stromspiegelpfaden der Zellen fließen. Der mittlere Versorgungsstrom IP einer Zelle berechnet sich nach der Formel

$$IP = CF \cdot MC,$$

wobei CF den oben eingeführte Vervielfachungsfaktor für die betrachtete Zelle und MC den eingespiegelten Strom bezeichnen.

<u>Zellen - Name</u>   **IT**

Funktion: nichtinvertierende TTL- kompatible Eingangszelle

Symbol

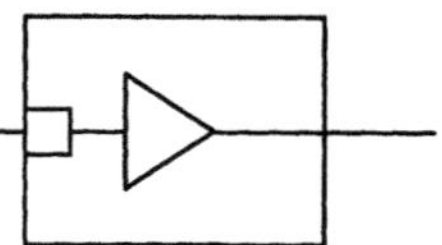

Zellumriß:

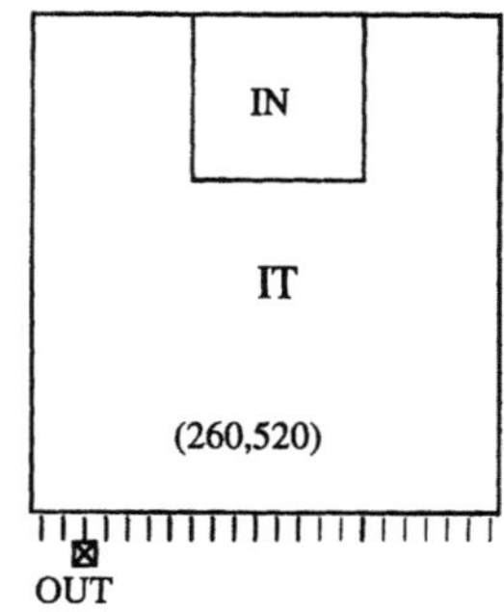

Schaltplan:

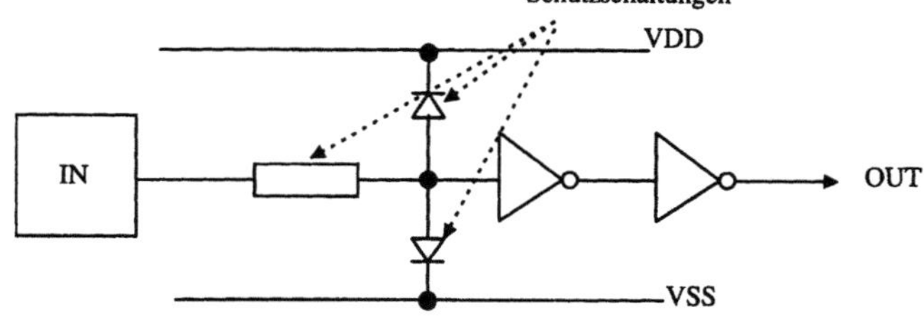

Kapazitäten

Eingang	Kapazität	Einheit
IN	2	pF

Laufzeiten

Laufzeit zwischen	Ausgangssignal	Intrinsische Laufzeit T_I	Laufzeit pro pF Last T_I	Einheit
IN und OUT	steigend „r"	4,7	1,2	nsec
	fallend „f"	10,9	1,6	nsec

maximale Belastbarkeit des Ausgangs: 3,2 pF

Schaltschwellen[2]

	min	max	Einheit	Bedingung
Vil untere Schaltschwelle		0,8	V	VDD = 5V
Vih obere Schaltschwelle	2,0		V	VDD = 5V

Bild 6-12. Datenblatt einer digitalen Peripheriezelle (nach [4])

6.3.3
Peripheriezellen und Schutzschaltungen

Auch für Peripheriezellen existieren in den Prozeßunterlagen Datenblätter (Bild 6.12). Handelt es sich um periphere Eingangszellen, dann sind die für die CMOS-Technik besonders wichtigen *Schutzschaltungen* gegen Überspannungen integriert. Diese Schaltungen sind notwendig, weil typische CMOS-Prozesse intern nur für Spannungsunterschiede in der Größenordnung von 5 Volt ausgelegt sind. An den Pins können aber wesentlich höhere Spannungen auftreten (bis zu einigen tausend Volt). Diese hohen Spannungen entstehen durch elektrostatische Aufladungen (ESD: *Electrostatic Discharge*). Insbesondere beim Bestücken von Platinen mit ICs können ohne besondere Schutzmaßnahmen Potentialwerte von mehreren 1000 V entstehen. Die bei der Entladung freiwerdende elektrostatische Energie kann zur Zerstörung des Bauelements führen. *ESD-Schutzschaltungen* verhindern dies.

MOS-Schaltungen sind aufgrund der hochohmigen Eingänge wesentlich stärker durch ESD gefährdet als Bipolarschaltkreise. Besonders gefährdet sind die CMOS-Eingangsstufen, weil die Überspannungen auf extrem hochohmige Gate-Elektroden führen. ESD-Schutzschaltungen leiten die Überspannungen an den Eingangsstufen vorbei und begrenzen zusätzlich den Eingangsstrom bei einer Entladung. Bild 6.13 zeigt eine typische Eingangsschaltung für einen CMOS-IC. Der eingezeichnete Widerstand wird meist als verteilte RC-Leitung aus Polysilizium ausgeführt. Diese Struktur wirkt als Tiefpaß, der Spannungsspitzen kappt. Typische Widerstandswerte liegen, je nach Bandbreite der Eingangssignale zwischen $200\,\Omega$ und $3000\,\Omega$. Die Kapazitäten der Anordnung addieren sich etwa auf 2 pF. Die beiden Ableitdioden gegen V_{DD} und V_{SS} sind in Sperrrichtung betriebene pn-Übergänge im Substrat-bzw. Wannenbereich und begrenzen den Spannungsbereich beim Auftreten von ESD auf unschädliche $|V_{DD} - V_{SS}| \pm 0{,}5\,V$.

Bild 6-13. Details der Eingangsschutzschaltung für einen Anschlußpin eines CMOS-ICs (nach [5])

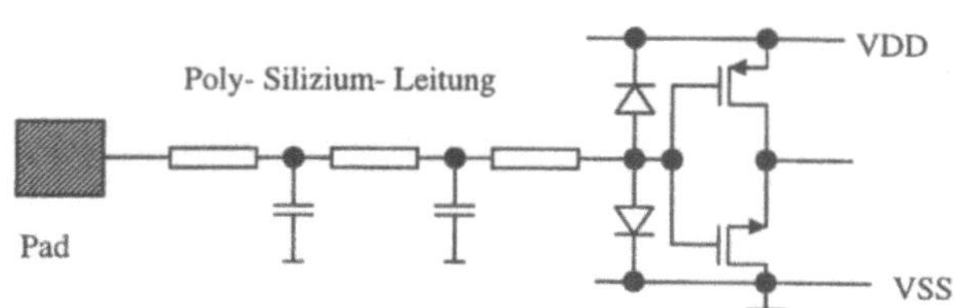

Bild 6-14. Prinzipschaltbild einer ESD-Ersatzschaltung. Am IC wird der zu testende Pin und der Masse- bzw. Versorgungsspannungsanschluß kontaktiert

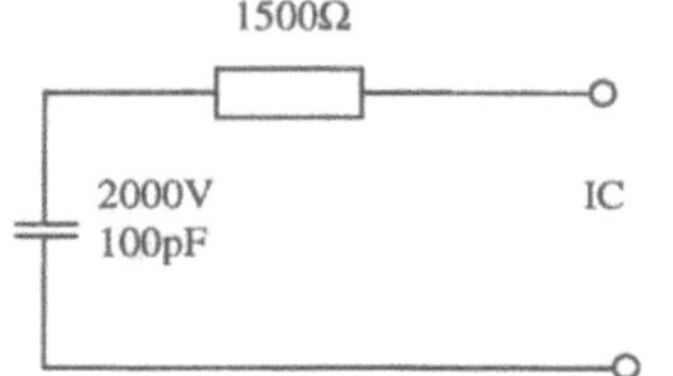

Zum Testen von Schutzstrukturen werden elektrostatische Aufladungen in der Elektronikfabrik nach einer Norm des US-amerikanischen Verteidigungsministeriums durch einen Kondensator mit $100\,pF$ nachgebildet, der auf eine Testspannung (z.B. $2000\,V$) aufgeladen ist und über einen Serienwiderstand von $1,5\,k\Omega$ über einen IC-Anschluß entladen wird (Bild 6.14). Die höchste Testspannung, die die ICs ohne Beschädigung überstehen, legt die ESD-Festigkeit der Bauelemente fest. Dieser Wert wird in das Datenblatt des ICs eingetragen. Für sicherheitsrelevante Schaltungen werden mindestens $2000\,V$ gefordert.

6.4
IC-Entwurf auf Standardzell-Basis

Bei typischen Anforderungen an Funktion und Kennwerte können ASICs vollständig aus Standardzellen aufgebaut werden. Dann sind keine Schaltungen auf Transistorebene zu entwerfen, und Schaltpläne auf Gatterebene stellen den höchsten Detaillierungsgrad dar. Die Layouterzeugung erfolgt automatisch, indem die Zellen aus dem Stromlaufplan mit Rechnerunterstützung plaziert und verdrahtet werden. Die Steuerdateien für das Plazierungsprogramm berücksichtigen die unterschiedlichen Abmessungen und Plazierungsvorschriften für die unterschiedlichen Zelltypen und setzen Digital- und Analogzellen zu rein analogen bzw. digitalen Layoutblöcken zusammen. Alle Peripheriezellen werden automatisch an den Chiprand gesetzt. Die Anordnung der Peripheriezellen läßt sich vorgeben. Damit kann die Lage der Bondpads an die Leiterplatten- bzw. Gehäusegegebenheiten angepaßt werden. Bild 6.15 zeigt schematisch den Aufbau eines Standardzellayouts.

Bei der Layouterstellung mit Standardzellen ist zu beachten, daß bei den meisten Standardzellen die Innenschaltung nicht als Layout dargestellt ist, sondern nur „Platzhalter" mit den entsprechenden Ein- und Ausgangskontakten in der Bibliothek vorhanden sind. Die Layoutzellen werden erst nach Abgabe des Maskentapes beim Halbleiterhersteller mit Inhalt gefüllt. Um die inneren Zellbereiche beim automatischen Verdrahten während des Schaltungsentwurfs freizuhalten, sind die Innenbereiche der Zellen mit speziellen Layoutstrukturen („Blockout-Masken") geschützt.

Enthält die Standardzellenbibliothek nicht jede benötigte elektrische Funktion, dann verwendet man neben den vorhandenen Zellen zusätzliche, neu entwickelte Zellen, sog. kundenspezifische oder „Full-Custom"-Zellen. Diese Zellen werden nur für eine spezifische Anwendung auf Transistorebene entworfen und finden und i.d.R. keinen Eingang in eine Standardzellenbibliothek, denn meist ist es bei den Full-Custom-Zellen nicht zweckmäßig, das Rastermaß einzuhalten. Im Rahmen des weiter unten beschriebenen SRAM-Entwurfs werden aus Platzgründen Speicherzelle und Leseverstärker kundenspezifisch entworfen, da eine Lösung mit Standardzellen die Chipfläche drastisch vergrößern würde. Auch bei gemischten Entwurfsstilen können automatische Verdrahtungsverfahren benutzt werden. Die genaue Vorgehensweise bei der Layoutgenerierung wird in Kap. 9 und 12 genauer erläutert.

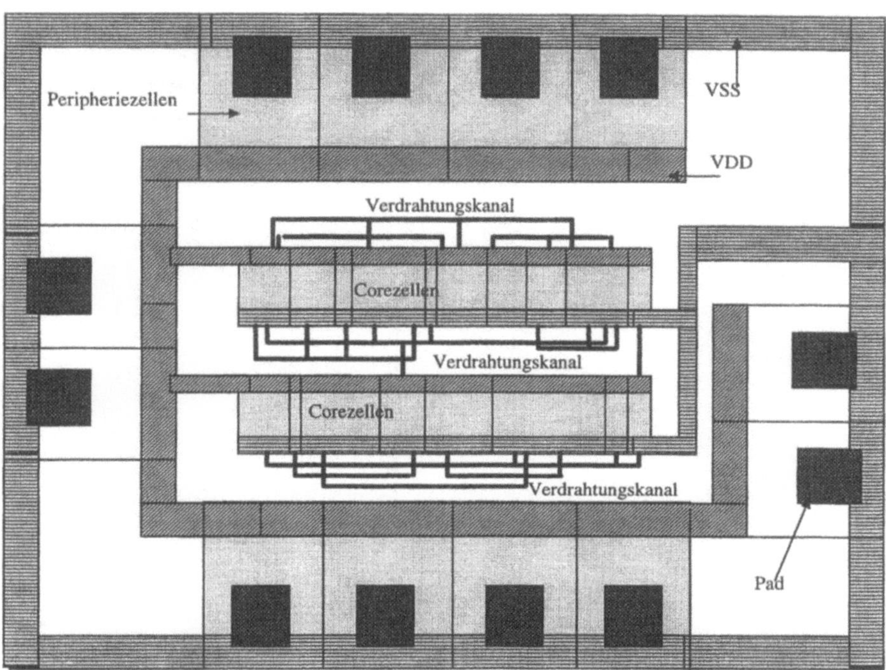

Bild 6-15. Standardzellentwurf in schematischer Darstellung mit Peripherie, Zellreihen und Verdrahtungskanälen im Innenbereich

6.5 Zusammenfassung und Schlußbemerkungen

In diesem Kapitel wurden Schnittstellen zwischen IC-Entwickler und Halbleiterhersteller behandelt. Der direkte Zugang zur Halbleiterfabrik wird dem IC-Entwickler durch die lithografische Strukturübertragung bei der IC-Herstellung ermöglicht: Zur Definition und Verschaltung von Transistoren und anderen Komponenten genügen die einfachen geometrischen Figuren des Maskenlayouts, dessen Aufbau und Struktur ebenfalls in diesem Kapitel behandelt wurde. Um den Entwurfsprozeß zu vereinfachen, geben Halbleiterhersteller für ihre Fertigungsprozesse detaillierte Design-Unterlagen heraus, die sowohl aus Datenblättern als auch aus elektronisch gespeicherten Bibliotheken und Dateien bestehen (*Design Kits*). Solche Entwurfsunterlagen wurden am Beispiel des 2,4-μm-CMOS-Prozesses von ALCATEL MICROELECTRONICS vorgestellt.

Da ICs in der Regel aus wenigen Grundschaltungen (logische Gatter, Operationsverstärker) aufgebaut sind, bieten die meisten Hersteller sog. Standardzellbibliotheken an, die fertig entworfene Zellen für alle elementaren Funktionsblöcke enthalten. Diese Zellen haben standardisierte Abmessungen und können im Layout zu sog. Standardzellreihen im Kern- und Peripheriebereich verschal-

Zellen - Name   NAND2

Funktion: Zweifach - NAND - Gatter $Y = \overline{A \cdot B}$

Symbol

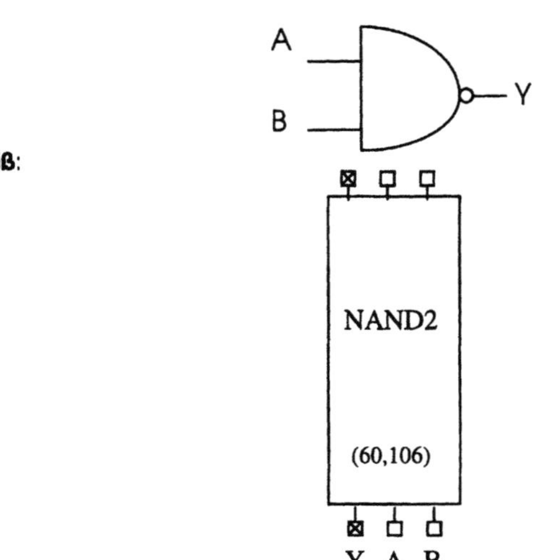

Zellumriß:

Schaltplan:

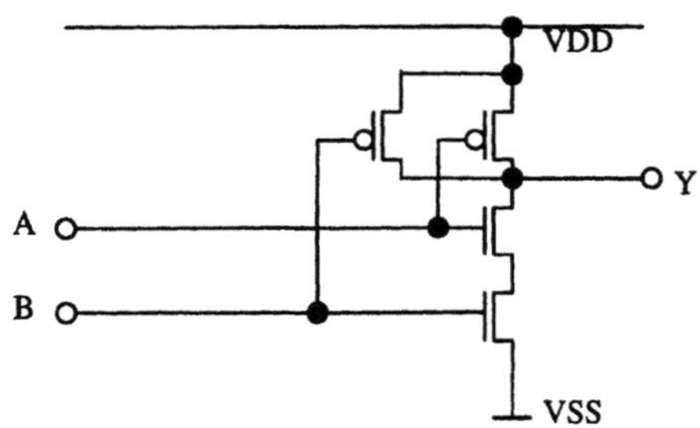

Kapazitäten

Eingang	Kapazität	Einheit
A, B	0,096	pF

Laufzeiten

Laufzeit zwi-schen	Ausgangssignal	Intrinsische Laufzeit T_i	Laufzeit pro pF Last T_l	Einheit
A,B und Y	steigend „r"	2,7	4,6	nsec
	fallend „f"	3,1	5,1	nsec

maximale Belastbarkeit des Ausgangs: 1,0 pF

Bild 6-16. Datenblatt eines zweifachen NAND-Gatters (nach [4])

<u>Zellen - Name</u>   INV

Funktion: Inverter $Y = \overline{A}$

Symbol

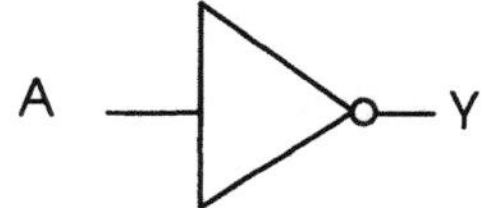

Zellumriß:

Schaltplan:

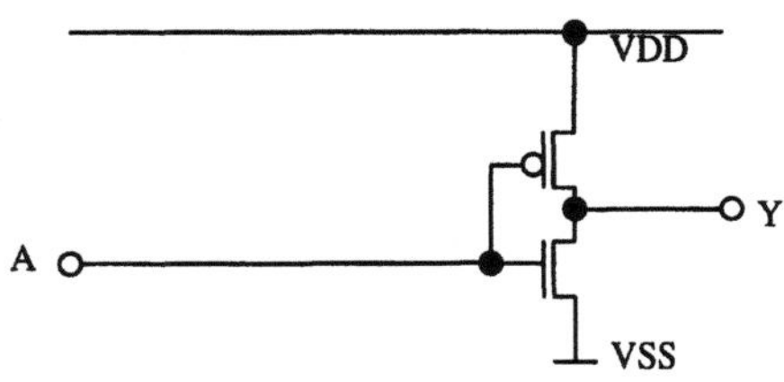

Kapazitäten

Eingang	Kapazität	Einheit
A	0,064	pF

Laufzeiten

Laufzeit zwischen	Ausgangssignal	Intrinsische Laufzeit T_i	Laufzeit pro pF Last T_l	Einheit
A,B und Y	steigend „r"	1,6	6,5	nsec
	fallend „f"	1,7	6,0	nsec

maximale Belastbarkeit des Ausgangs: 0,8 pF

Bild 6-17. Datenblatt eines CMOS-Inverters (nach [4])

tet werden, zwischen denen sich Verdrahtungskanäle befinden. Die Peripheriezellen bilden die Schnittstelle zwischen Chip und Peripherie und enthalten die Pads zur Kontaktierung von Bonddrähten.

Der zellbasierte Entwurfsstil kennzeichnet nicht nur die Standardzellentechnik, sondern ist auch typisch für Gate-Arrays oder elektrisch konfigrierbare FPGA-Bausteine. Satt eines kompletten Maskensatzes werden aber hier aus den Entwurfsdaten nur Verdrahtungsmasken bzw. Programmierdaten erzeugt. Auf Schaltplanebene gibt es aber keine Unterschiede: Die niedrigste Hierarchiestufe in den Stromlaufplänen besteht in jedem Fall aus Zellen, also digitalen Gattern, Registern oder elementaren Analogfunktionen.

Designs auf der Basis von Zellen haben den Vorteil, daß nach der Schaltplaneingabe alle weiteren Entwurfsschritte weitgehend automatisiert werden können. Deshalb ist dieser Entwurfsstil zeitsparend und kosteneffektiv.

6.6
Übungsaufgabe

Bauen Sie einen einfachen Dekoder auf, der gemäß zweier Eingangsbits E_1 und E_2 eine aus vier Leitungen WL_1, WL_2, ..., WL_4 aktiv schaltet. Die Leitungskapazität beträgt 0,8 pF. Verwenden Sie dabei das zweifache NAND-Gatter und den Inverter, deren Datenblätter in Abb. 6.16 und 6.17 zu finden sind.

Wahrheitstabelle

E_1	E_2	WL_1	WL_2	WL_3	WL_4
0	0	1	0	0	0
0	1	0	1	0	1
1	0	0	0	1	0
1	1	0	0	0	1

- Schätzen Sie den Flächenbedarf der Dekoderschaltung, fertigen Sie eine maßstäbliche Handskizze an und verdrahten Sie die Zelle.
- Berechnen Sie die Signallaufzeit bei 125 °C und $V_{DD} = 4$ Volt.

Literatur

[1] D. Sautter und H. Weinerth: *Lexikon der Elektronik und Mikroelektronik*. Düsseldorf: VDI Verlag, 1993
[2] B. Hoppe: *Mikrolelektronik 2*. Würzburg: Vogel 1997
[3] W. Rosenstiel und R. Camposano: *Rechnergestützter Entwurf hochintegrierter MOS-Schaltungen*. Berlin, Heidelberg, New York:: Springer 1989
[4] ALCATEL MICROELECTRONICS Design Kit für den 2,4 µm CMOS-Prozeß von C. DAS 1994, IMEC
[5] H. Klar: *Integrierte Digitale Schaltungen MOS/BiCMOS*, Berlin, Heidelberg, New York: Springer 1993

7 Entwurfssysteme

Integrierte Schaltkreise enthalten viele tausend Transistoren. Deshalb erfordert die Schaltplaneingabe, Layoutentwicklung und Simulation leistungsfähige Rechner und Programme. Gab es vor einigen Jahren noch Spezialprogramme auf speziellen Rechnern, wie etwa die Systeme der Firmen VALID oder DAISY, mit denen die unterschiedlichen Aufgabenstellungen während einer Entwicklung bewältigt wurden, so hat sich heute der Trend zu hardwareunabhängigen CAE-Werkzeugen durchgesetzt, die auf allen gebräuchlichen Arbeitsplatzrechnern mit ausreichender Leistungsfähigkeit laufen. Waren früher verschiedene Programme mit unterschiedlichen Datenformaten und Eingabemöglichkeiten die Regel, so sind heute die einzelnen Programmpakete zu *Entwurfssystemen* mit einer einheitlichen Benutzeroberfläche zusammengefaßt (EDA-Systeme; EDA: *Electronic Design Automation*). Die gemeinsame Oberfläche ermöglicht den bequemen Datenaustausch zwischen den einzelnen Werkzeugen und erleichtert dem Benutzer durch die einheitliche Menüführung und Kommandostruktur die Kommunikation mit den verschiedenen Anwendungsprogrammen.

Ein typisches EDA-System ist das MENTOR-GRAPHICS-V8-System, dessen Benutzeroberfläche FALCON-FRAMEWORK heißt. In diesem Kapitel wird die Bedienung der MENTOR-EDA-Werkzeuge als repräsentatives Beispiel für die Arbeitsweise mit modernen EDA-Systemen vorgestellt. Abschnitt 7.1 beschreibt die Entwurfsmethoden und die Datenkonzepte, die dem V8-System zugrundeliegen. Die folgenden Abschnitte behandeln die Benutzeroberfläche FALCON-FRAMEWORK, das Applikationsprogramm DESIGN MANAGER (7.3) und beschreiben den Zugang zur Entwurfssoftware am Beispiel von Arbeitsplatzrechnern des Typs HP-700 (Abschnitt 7.2).

Das Kapitel stützt sich auf folgende Handbücher aus der Software-Dokumentation von MENTOR GRAPHICs:
- Idea Station Overview Training Workbook, Software Version 8.2_5,
- Design Architect Training Woorkbook, Software Version 8.4_1.

7.1
Parallele Entwurfsmethodik und Datenorganisation

Da der Entwurf eines ICs meistens im zeitkritischen Pfad einer Geräteentwicklung liegt, unternehmen alle Hersteller von Design-Software große Anstrengun-

Bild 7-1. Serielle (a) und
parallele Entwicklungsme-
thodik (b) mit zeitlichen
überlappenden Entwurfs-
schritten

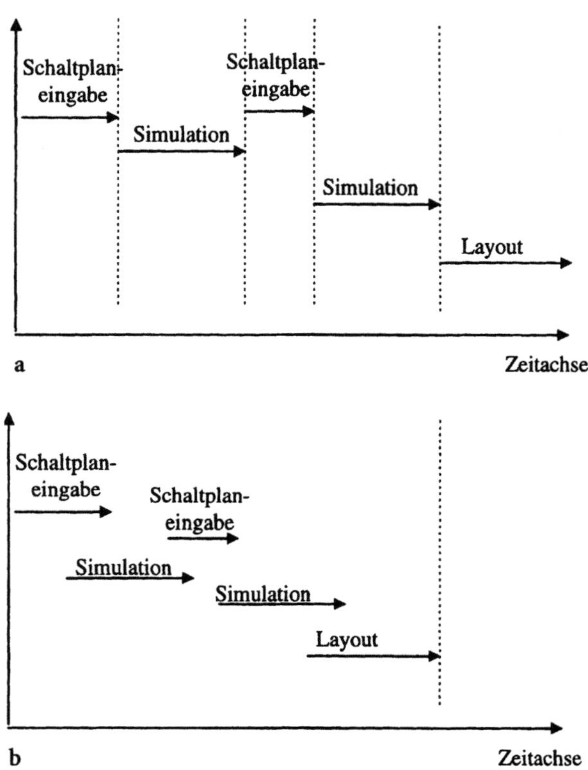

gen, um die Entwurfszeit für ASICs zu verkürzen. Ansatzpunkte zur Verbesserung der Designeffektivität sind neben leistungsfähigen Rechnern und Entwicklungswerkzeugen insbesondere moderne Entwurfsmethoden, die auf einer grafischen Bedienung der Entwurfswerkzeuge und einer modularen, objektorien-
tierten Organisation der Entwurfsdaten basieren.

Bei allen technischen Entwicklungen wird heute auf zeitlich parallele Abarbeitung der einzelnen Entwicklungsschritte (*Concurrent Engineering*) geachtet.
Dieser Ansatz wird auch vom MENTOR-GRAPHICS-V8-Entwurfssystem unterstützt. Bei älteren Systemen konnten die einzelnen Entwicklungsschritte
(Schaltplaneingabe, Simulation, Layouterstellung usw.) nur strikt seriell abgearbeitet werden (Bild 7.1), denn bei den damaligen Entwicklungswerkzeugen wurde die Datenbasis eines Entwurfs vor jeder Simulation oder Layouteingabe in
Netzlisten übersetzt. Jede Änderung in der Schaltung erforderte zunächst ein
Aktualisierung der Entwurfsdaten und eine erneute Netzlistenerzeugung, bevor
weitere Applikationsprogramme gestartet werden konnten (Bild 7.2).

Bei der modernen parallelen Entwicklungsmethodik werden hingegen die
entsprechenden Werkzeuge auf die originäre Entwurfsdatenbasis angewendet,
die objektorientiert die Informationen über das bearbeitete Design enthält. Änderungen im Entwurf können durchgeführt werden, ohne daß die jeweiligen
Entwicklungswerkzeuge verlassen werden müssen. Zusätzlich sind Entwurfssy-

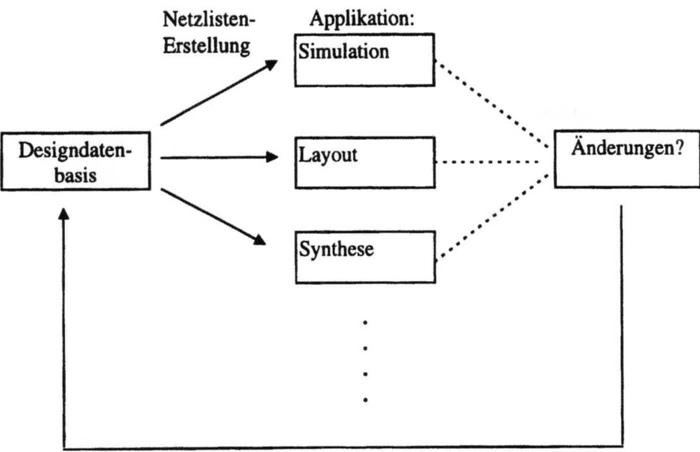

Bild 7-2. Serielle Entwicklungsmethodik: jede Applikation benötigt separate Netzlisten und ist von der Designdatenbasis entkoppelt

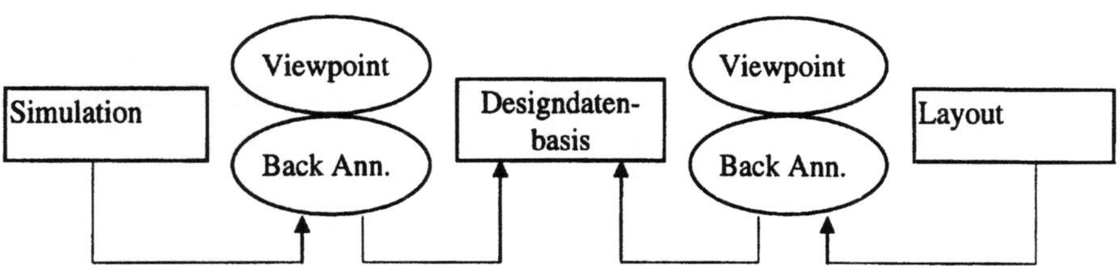

Bild 7-3. Datenstruktur zur parallelen Entwicklungsmethodik: jede Applikation arbeitet mit der originären Design-Datenbasis, die mit Viewpoints aufbereitet und mit Back-Annotation-Objekten ergänzt wird (nach [1])

steme wie das MENTOR-GRAPHICS-V8-System in der Lage, verschiedene Entwurfsschritte mit zeitlichem Überlapp auszuführen (Bild 7.1): die gemeinsame Entwurfsdaten können zeitgleich in unterschiedlichen Applikationen benutzt werden. So lassen sich z.B. Fehlersimulationen [2] zur Testprogrammentwicklung durchführen, wärend parallel dazu die Layouterstellung der Schaltung komplettiert wird.

Zur Parallelisierung des Entwurfsprozesses werden im MENTOR-GRAPHICS-V8-System dem Objekt, das die Design-Daten enthält, zwei weitere Softwareobjekte zugeordnet, mit denen die Entwurfsdatenbasis für Applikationsprogramme aufbereitet oder rückwirkend ergänzt werden kann (Bild 7.3):

- *Design Viewpoint*: Dabei handelt es sich um eine Datei, die Konfigurationen festlegt, die zur Anwendung eines Applikationsprogramms, wie etwa QUICK-SIM II, benötigt werden. Es können mehrere Viewpoints für eine Datenbasis erzeugt werden.

- *Back-Annotation-Objekte*: In diese Dateien werden alle Eigenschaften (*Properties*) oder Eigenschaftsänderungen der Modelle eingetragen, die sich im

Laufe des Entwurfsprozesses ergeben. Ein Beispiel sind Laufzeitänderungen im Stromlaufplan aufgrund parasitärer Kapazitäten.

Back-Annotation-Dateien können leicht innerhalb eines Designteams ausgetauscht werden und ermöglichen einen kohärenten Entwicklungsprozeß. Mit Design Viewpoints können bestimmte Versionen des Entwurfs festgehalten und simuliert oder anderweitig bearbeitet werden, während zeitgleich die Entwurfsdaten von anderen Mitgliedern des Designteams weiterentwickelt werden.

7.1.1
Design und Komponente

Die Entwurfsunterlagen für die Herstellung eines ICs werden als *Design* bezeichnet. Ein Design enthält alle Elemente einer elektronischen Schaltung. Diese Bestandteile des Entwurfes werden als *Komponenten* bezeichnet und durch Computermodelle beschrieben. Ein Design kann daher mit Entwurfswerkzeugen simuliert, verifiziert und geometrisch bzw. strukturell als Layout oder Schaltplan dargestellt werden. Da die Eingabe von Schaltungen aus Gründen der Übersichtlichkeit grafisch erfolgt, wird jedes Modell innerhalb eines Designs durch ein *Symbol* dargestellt, das in Schaltpläne eingesetzt (*instantiiert*) werden kann.

Jedes grafische Symbol eines Modells ist also mit einer Modellbeschreibung (Bild 7.4) unterlegt. Der Umfang dieser Beschreibung richtet sich nach den Analyse- und Bearbeitungsmethoden, die auf das Modell angewendet werden sollen. Viewpoints und Back-Annotation-Daten konfigurieren die Modellbeschreibung für die Weiterbearbeitung. Ein komplettes Design, das simuliert oder verifiziert werden kann, besteht deshalb aus der Sammlung von Modellen für die Schaltung und dem entsprechenden Design Viewpoint, der für die einzusetzende Applikationssoftware benötigt wird (Bild 7.5). Die Modellsammlung wird innerhalb des MENTOR-GRAPHICS-V8-Systems zu einem Datenobjekt zusammengefaßt und als *Component* (deutsch: Komponente) bezeichnet.

Jede Komponente beinhaltet i.d.R. mehrere Modelle, die die gleiche Schaltung auf unterschiedlichen Abstraktionsebenen bzw. aus unterschiedlichen

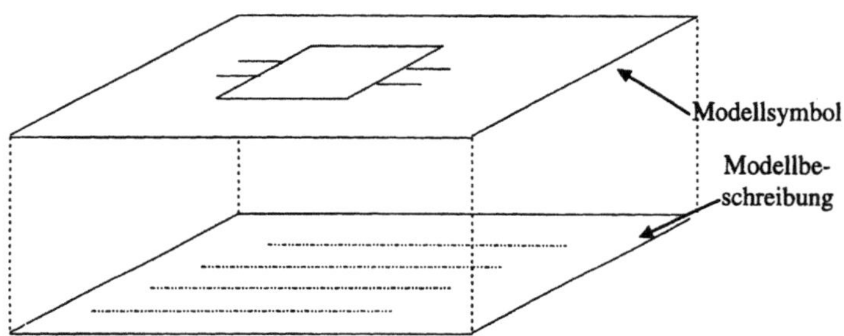

Bild 7-4. Aufbau eines Modells zur Schaltungsentwicklung

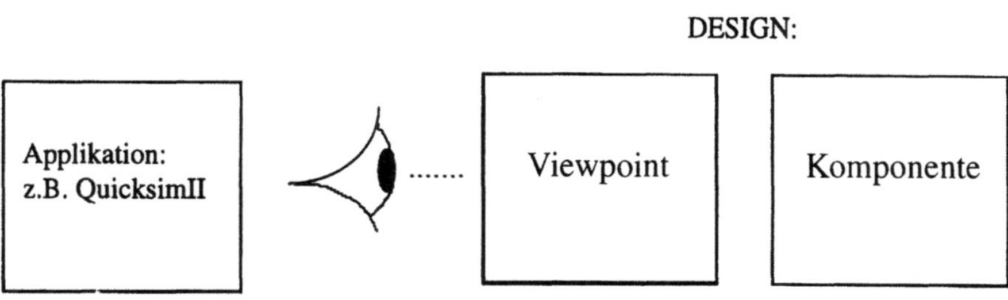

Bild 7-5. Ein elektronisches Design, das mit einem Applikationsprogramm bearbeitet werden kann, besteht aus einer Komponente und einem Viewpoint zur applikationsspezifischen Datenaufbereitung (nach [1])

Sichtweisen beschreiben. Ein *hierarchisches* Design besteht aus Komponenten, die selbst aus (Unter-)Komponenten aufgebaut sind.

7.1.2
Funktionale und nichtfunktionale Modelle

Das grafische Symbol, das eine Komponente in Schaltplänen repräsentiert, wird als *Symbolmodell* bezeichnet. Bei diesem Modell handelt es sich um ein nichtfunktionales Modell, weil es keine Aussagen über die Funktion der Komponente enthält. Das Symbolmodell besteht aus dem *Symbolkörper* (engl. *symbol body*) und den Anschlußpunkten (engl. *pins*). Der Symbolkörper wird meist von einem einfachen Rechteck dargestellt, das den Namen der Komponente trägt. *Pins* definieren im Symbol-Modell Anschlußpunkte für elektrische Verbindungen (*Netze*) zu anderen Komponenten. Je nach Richtung des Informationsflusses werden Ein- oder Ausgänge und bidirektionale Pins unterschieden.

7.1.2.1
Funktionale Modelle

Zur Verhaltensbeschreibung einer Komponente (engl. *functional model*) stehen verschiedene Möglichkeiten zur Auswahl: Naheliegend ist es, die Komponente strukturell mit einem Schaltplan zu charakterisieren, der aus Netzen und hierarchisch niederwertigeren Komponenten (z.B. logischen Gattern) zusammengesetzt ist. Aus Konsistenzgründen müssen die äußeren Schnittstellen des funktionalen Modells in Namensgebung und Datenflußrichtung mit den Pins des zugehörigen Symbols übereinstimmen.

Alternativ können Hardwarebeschreibungssprachen und andere Modellierungsmethoden verwendet werden (Tabelle 7.1). Weitverbreitet sind VHDL-Modelle (*Very High Speed Integrated Circuits Hardware Description Language*). Ein VHDL-Modell setzt sich aus einer Architekturbeschreibung (*Architecture Body*) und einer *Entity*-Datei zusammen. Die Entity beschreibt die Schnittstellen des

Tabelle 7-1. Die wichtigsten funktionalen Modellierungsmethoden des MENTOR-GRAPHICS-V8-Systems

Model Typ	Modellierungsmethode
VHDL Modell	Kompilierte VHDL-Dateien
Schematic-Modell	Mit Schaltplaneditor erzeugte Vernetzung von Modellen
Built-in-Modelle	Logisches Verhalten ist direkt im Simulator eingebaut
Verhaltensbeschreibung in Hochsprache *Behavioral Language Model* (BLM)	Kompilierte Hochsprachenbeschreibung (z.B. in PASCAL oder C)

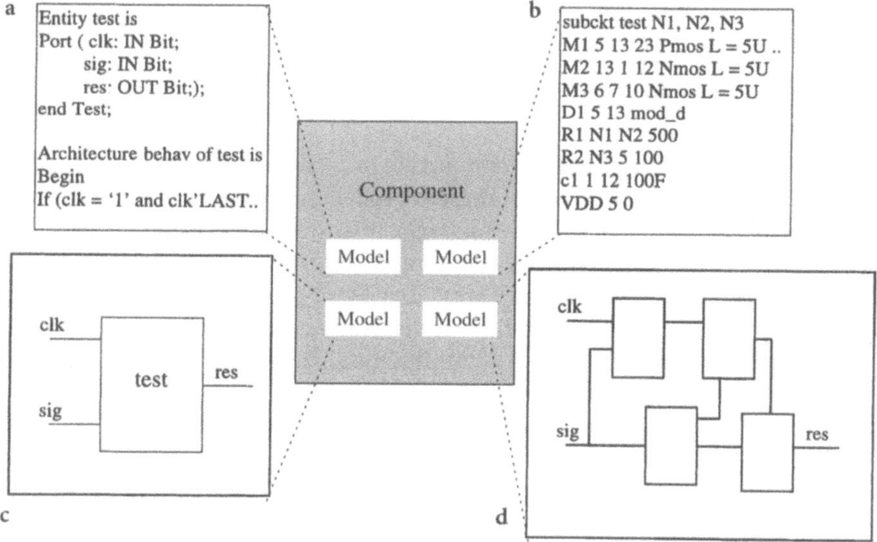

Bild 7-6. Modelle für eine Komponente: VDHL-Modell (**a**), SPICE-Modell (**b**) und Schaltplan (**d**) sind funktionale Modelle, das Symbolmodell (**c**) ist nichtfunktional

VHDL-Modells nach außen. Die Architekturbeschreibung legt fest, wie die Eingangssignale zu Ausgangssignalen verknüpft werden.

Eine weitere wichtige funktionale Modelltype des MENTOR-GRAPHICS-V8-Systems sind die sog. *Built-in-Models*. Hier handelt es sich um Modelle, die fest im Digitalsimulator QUICKSIMII implementiert sind. Beispiele sind die Operatoren für Und-, Oder- bzw. Exklusiv-Oder-Verknüpfungen.

Jedem Symbol können, wie Bild 7.6 zeigt, verschiedene funktionale Modelle zugewiesen werden. Bei einem digitalen Gatter kann es sich um eine SPICE-

Netzliste für die analoge Simulation sowie um eine Boolsche Gleichung für die Digitalsimulation handeln. Die Auswahl des für die jeweilige Applikationssoftware relevanten Modells wird im Viewpoint getroffen.

7.1.2.2
Laufzeitmodelle

Für die Simulation und Validierung von Entwürfen ist die funktionale Beschreibung von Komponenten nicht ausreichend. Ob die Spezifikationsvorgaben von einem Entwurf erfüllt werden, hängt auch vom dynamischen Verhalten des Designs ab. Das Laufzeitverhalten von Komponenten wird mit technologiespezifischen Laufzeitmodellen (vgl. Kap. 5, Abschn. 5.2.1.2) berechnet. Diese Laufzeitmodelle (*Timing Models*) gehören, wie das Symbolmodell, zu den sog. nichtfunktionalen Modellen und werden im MENTOR-GRAPHICS-V8-System über sog. Technologiedateien (*Technology Files* und *Library Data Technology Files*) bereitgestellt. Laufzeitformeln werden für bestimmte Zellenbibliotheken vom Halbleiterhersteller vorgegeben und sind i.d.R. Teil des *Design Kits* für einen bestimmten Halbleiterherstellprozeß (*Technology*).

Laufzeitmodelle definieren das Zeitverhalten der einzelnen Komponenten sowie zeitliche Randbedingungen (wie etwa Set-up- und Hold-Zeiten), die eingehalten werden müssen, damit das modellierte Bauteil korrekt funktioniert. Laufzeitmodelle berücksichtigen dabei die kapazitiven Belastungen durch die Verschaltung der Objekte in der *Schematic*. Manche Modelle können sogar die Auswirkungen von Temperatur- und Versorgungsspannungsänderungen und der Eingangssignalsteilheit auf das dynamische Verhalten erfassen.

Fehlen Laufzeitinformationen des Halbleiterherstellers, dann können Laufzeiten und Signalverzögerungen auch explizit über sog. *Pindelays* definiert werden. Jedem Pin wird dazu eine spezifische Signalverzögerung zugeordnet. Interne Laufzeiten können über Pin-zu-Pin-Delays erfaßt werden. Leitungsverzögerungen lassen sich mit Netzlaufzeiten charakterisieren (Bild 7.7).

7.1.3
Nichtgraphische Modellinformationen: Properties

Laufzeitparameter und andere Eigenschaften, die einer Komponente oder allgemeiner einem *Design Objekt* über Texte zugewiesen werden, bezeichnet man im

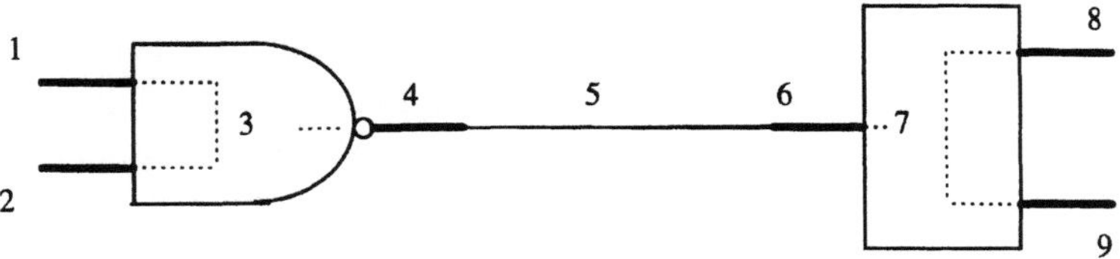

Bild 7-7. Delayparameter (nach [1]): Pindelay (Position 1, 2, 4, 6, 8, 9), Pin-zu-Pin-Delay (Position 3 und 7) und Leitungsdelay (Position 5)

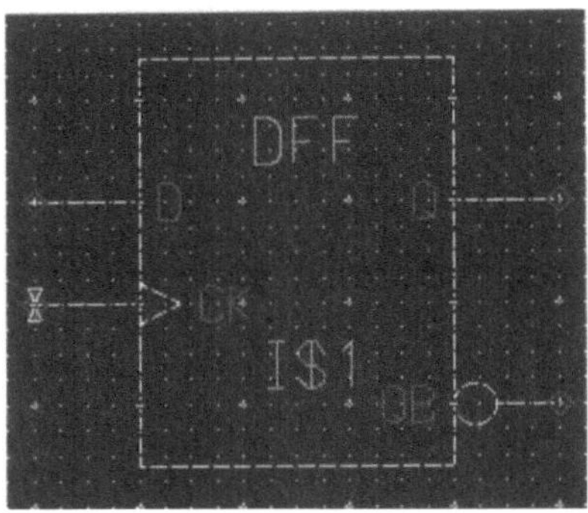

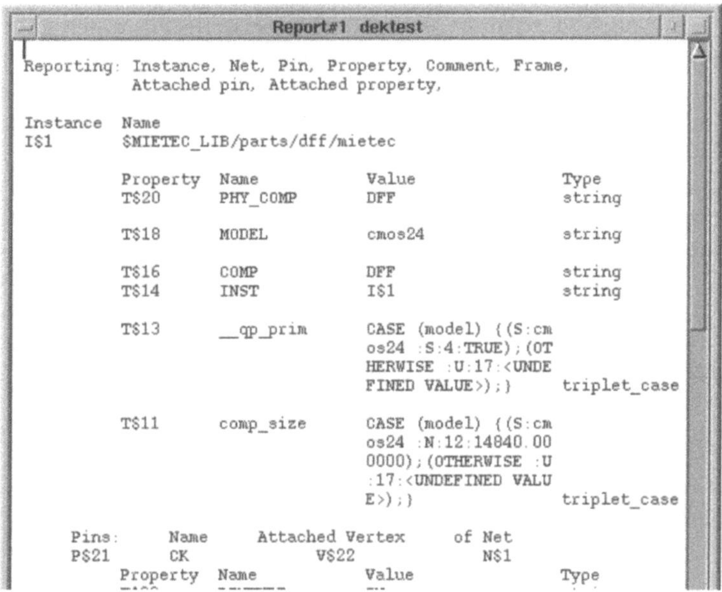

```
                        Report#1  dektest

Reporting: Instance, Net, Pin, Property, Comment, Frame,
           Attached pin, Attached property,

Instance  Name
I$1       $MIETEC_LIB/parts/dff/mietec

          Property  Name        Value            Type
          T$20      PHY_COMP    DFF              string

          T$18      MODEL       cmos24           string

          T$16      COMP        DFF              string
          T$14      INST        I$1              string

          T$13      __qp_prim   CASE (model) {(S:cm
                                os24 :S:4:TRUE);(OT
                                HERWISE :U:17:<UNDE
                                FINED VALUE>);}   triplet_case

          T$11      comp_size   CASE (model) {(S:cm
                                os24 :N:12:14040.00
                                0000);(OTHERWISE :U
                                :17:<UNDEFINED VALU
                                E>);}             triplet_case

     Pins:     Name       Attached Vertex     of Net
     P$21      CK               V$22             N$1
          Property  Name        Value            Type
```

Bild 7-8. Property-Zuweisungen für das Symbol und die Pins eines Flip-Flops. Das abgebildete Report Window listet die Properties des DFF-Symbols auf. Oben stehen die Body-Properties, wie PHY_COMP oder MODEL, die angeben, daß eine Layoutzelle und ein SPICE-Subcircuit-Modell für diese Komponente vohanden sind. Unten sind einige PIN-Properties aufgelistet

Rahmen der MENTOR-GRAPHICS-V8-Software als *Properties*. Die bereits erwähnten Pincharakteristiken (Ein- oder Ausgang, bidirektional usw.), die Pinnamen und die Symbolnamen sind solche *Property-Zuweisungen*. Bild 7.8 zeigt typische Beispiele für die Benutzung von *Properties*.

Generell erfassen Properties elektrische und logische Eigenschaften einer Komponente oder eines Verbindungsnetzes, die nicht in Bildform zugeordnet werden können. Ohne solche Konstrukte können Design-Objekte (Schaltungen oder Layoutstrukturen) nicht vollständig beschrieben werden. Die elektrische Verbindung zweier Komponenten durch Netze läßt sich grafisch definieren. Leitungsverzögerungen oder Signallaufzeiten können grafisch nicht in kompakter Weise erfaßt werden.

Von den vielen Properties in einem Schaltplan werden aber nicht alle für jeden Entwicklungsschritt gebraucht. Für die automatische Layouterstellung einer gegebenen Schaltung ist beispielsweise interessant, welche Leiterbahn eine Versorgungs- oder eine Signalleitung ist. Wenn die Schaltung mit QUICKSIMII digital simuliert werden soll, ist diese Informationen aber nicht wichtig. Hier interessieren Eigenschaften wie Signalstärke und Pindelays.

Aus praktischen Gründen wäre es wünschenswert, Properties möglichst automatisch vom MENTOR-GRAPHICS-V8-System vergeben zu lassen. Dies ist aber nur in Ausnahmefällen möglich, wenn die Eigenschaft eindeutig mit dem Symbol verknüpft ist. So folgt aus dem Symbol eines NOR-Gatters eindeutig die logische Funktion. Die Zuweisung der logischen Eigenschaften wäre hier automatisierbar. Die meisten Properties müssen hingegen explizit definiert werden, wobei die im folgenden Abschnitt vorgestellten Regeln einzuhalten sind.

Die meisten Properties werden vergeben, wenn ein neues Symbol oder eine Layoutzelle entworfen wird. Properties können aber auch im Schaltplan Instanzen oder Verbindungsnetzen zugewiesen werden. Dann enthält jeder Viewpoint der aus dieser Schaltung erzeugt wird, diese Properties. Sollen bestimmte Properties nur in einem bestimmten Viewpoint erscheinen, dann sind die Eigenschaften auch nur in diesem Viewpoint einzugeben. Properties können während des Entwurfsprozesses auch wieder verändert (*editiert*) werden.

Eigenschaften von Property-Zuweisungen

Eine Property-Zuweisung besteht aus einem *Namen* und einem *Wert (Name/Value-Pair)*. Da die Eigenschaft einem bestimmten Objekt (s. Bild 7.9) zugeordnet sein soll, hat jede Property außerdem einen eindeutigen Besitzer (*Owner*). Bei der Zuweisung des Wertes zu einer Property, sind namensspezifische Konventio-

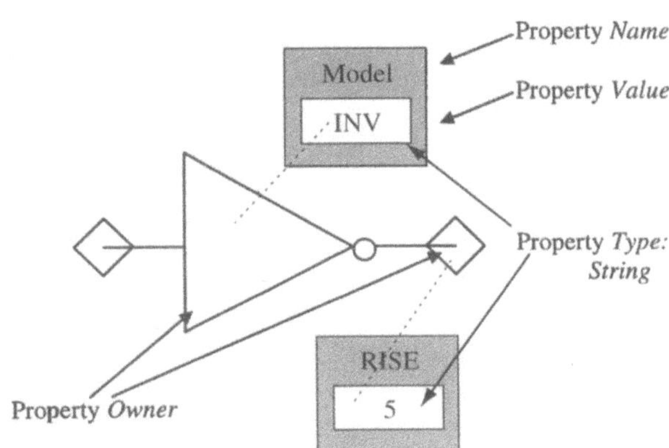

Bild 7-9. Pin- und Symbol-Properties am Beispiel eines Inverters

nen einzuhalten, die durch *Property-Typen* festgelegt sind. Die vier Bestandteile einer Property-Zuweisung Name, Wert, Besitzer und Typ (*Name, Value, Owner* und *Type*) sind im einzelnen folgendermaßen definiert:

1. Property-Name *(Name)* definiert, auf welches Objekt sich die Property bezieht. Der Name *Model* in Bild 7.9 kennzeichnet das Verhaltensmodell, das dem Symbol zugeordnet werden soll. Der Name *Rise* gibt die Anstiegszeit des Signals am Ausgangspin nach einer Eingangssignaländerung an.

2. Property-Wert (*Value*): beschreibt die spezifische Information, die über die Property-Zuweisung zugeordnet werden soll. Im Beispiel ist der Wert der Eigenschaft *Model* durch den Text INV gegeben. Damit wird vereinbart, daß das Verhalten der Komponente, nämlich die logische Inversion des Eingangssignals, durch ein funktionales Modell mit dem Namen INV beschrieben wird. Der Wert zum Property-Namen *Rise* beträgt *5ns*. In manchen Fällen werden auch Property-Namen vergeben, ohne Werte zu definieren. Man könnte den Wert von *Rise* offenlassen und die Anstiegszeit später nach der Layouterstellung durch Extraktion der parasitären Kapazitäten festlegen oder über Back Annotation Files eingeben.

3. *Property-Type*: spezifiziert den Datentyp des Property-*Values*, denn ein Eigenschaftswert kann nur in einer bestimmten Form eingegeben werden. Zulässig sind *String* (ASCII-Zeichenfolge: z. B.: *INV*), *Number* (Zahlen in Integer-, Real- oder Exponential-Darstellung: z. B.: 2.5), *Expression* (Verknüpfung von Variablen und Konstanten mit algebraischen oder logischen Operatoren, z. B.: $x + 5$) und *Triplet*. Bei einem Triplet handelt es sich um einen besonderen Datentyp zur Erfassung von Laufzeiten mit optimistischen, pessimistischen und typischen Technologievarianten (*Best Case-, Worst Case-* und *Typical*-Parameter). Die drei Zahlenwerte können durch Kommata oder Leerzeichen getrennt sein (Beispiel: 2, 5, 6 oder 2 5 6).

4. Der Property-*Owner* kennzeichnet eindeutig das Objekt, zu dem die Eigenschaft gehört. So kann ein Inverter die Anstiegszeit 5ns aufweisen, ein anderer aufgrund anderer kapazitiver Belastungen hingegen 10ns. Manche Property-Arten können nur bestimmten Designobjekten zugeordnet werden. So ist die Zuweisung einer Model-Property zu einem Pin sinnlos, denn Modelle können nur Symbolen zugeordnet werden. Neben orginären Symbolen und deren Pins können Properties auch eingesetzten (*instantiierten*) Symbolen und deren Pins innerhalb eines Schaltplans zugewiesen werden. Diese Eigenschaften gelten dann nur innerhalb des Schaltplans. Weitere wichtige Property Owner in einem Schaltplan sind die Verbindungsleitungen (*Netze*), denen z.B. Laufzeiteigenschaften zugewiesen werden könnnen.

Properties können sichtbar (*visible*) oder verborgen (*hidden*) eingetragen werden. Die Auswahl erfolgt über ein entsprechendes Wahlfeld in der Entwurfssoftware (*Property Visibility Switch*). Die Property-Namen an Design-Objekten sind stets verborgen, lassen sich aber mit *Reports* abrufen, die über die Property-Besitzer oder -Namen erstellt werden. Ein weiteres Wahlfeld (*Property Stability Switch*) bestimmt, ob die Property-Werte (*Values*) geändert oder gelöscht werden können. Weitere Details und viele Anwendungen zum Arbeiten mit Properties finden sich in den Übungen zu diesem Kapitel und in Kap. 10 über das Mentor-Applikationsprogramm DESIGN ARCHITECT.

7.1.4
Die Komponentendirectory

Jede Komponente setzt sich, wie die bisherigen Betrachtungen gezeigt haben, aus verschiedenen Objekten zusammen (Bild 7.10). Dieser Satz von Dateien ist im MENTOR-GRAPHICS-V8-System einheitlich aufgebaut. Für jede Komponente wird eine sog. *Directory* angelegt. Das Werkzeug zur Design-Datenverwaltung ist das Applikationsprogramm DESIGN MANAGER, das noch genauer beschrieben wird. Ikonen, die diese Dateiensammlung repräsentieren, tragen den Buchstaben „C". Komponenten, die einen Bezug zueinander haben, z.B. zur gleichen Zellenbibliothek eines Halbleiterherstellers gehören, werden in Bibliotheken zusammengefaßt.

Die den Komponenten zugeordneten Modelle und Symbole können ebenfalls durch Ikonen dargestellt werden (Bild 7.11). Die Verknüpfung von Modellen und Komponenten erfolgt mit sog. *Part Objekten* und der *Component-Interface-Datei.*

Diese Datei enthält (s. Bild 7.11):
- eine Modelltabelle, in der die relevanten Modellnamen eingetragen werden,
- eine Pinliste, die die Pins des Symbols mit den zugrundeliegenden funktionalen Modellen verknüpfen,
- und eine Propertyliste mit Informationen über alle Property-Zuweisungen für das Symbol der Komponente.

Einer Komponente können mehrere Component-Interface-Dateien zugeordnet werden. Diese Interface-Dateien werden zum Part-Object zusammengefaßt.

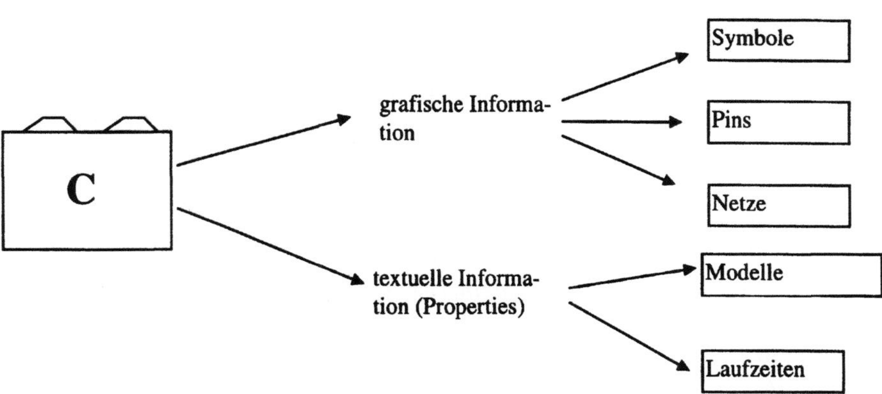

Bild 7-10. Ikone und Datenstrukturen von einer Komponete

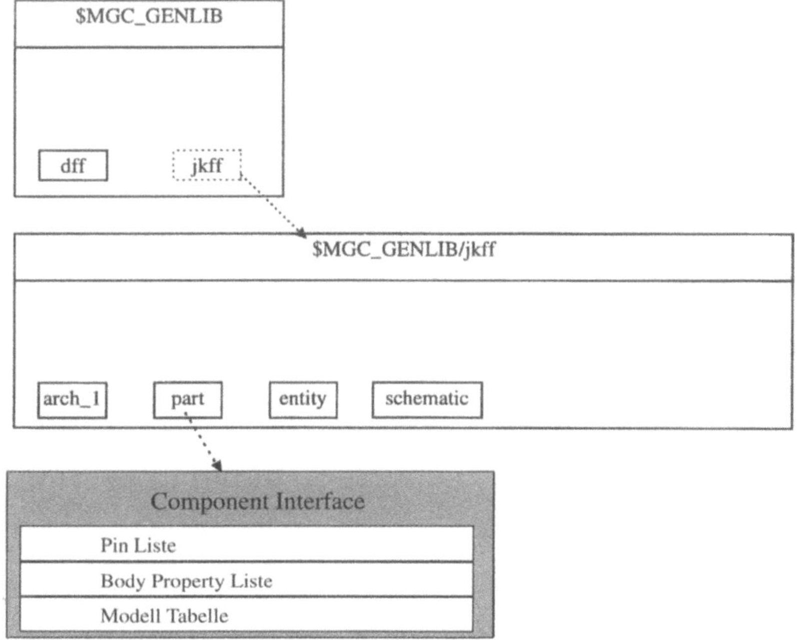

Bild 7-11. Die Komponente **jkff** aus der Bibliothek $MGC_GENLIB besteht aus verschiedenen Objekten wie arch_1, entity, usw. Das Objekt *part* enthält die Component Interface Datei mit Modelltabellen und der Pin- und Body Property-Liste. Das Objekt *schematic* enthält z.B. den Schaltplan, *entity* und *arch_1* beinhalten einer VHDL-Beschreibung von **jkff**

Die Zuordnung von Modellen zu einer bestimmten Komponente erfolgt durch eine Registrierungsprozedur. Dabei erhält das Modell eine Kennung, die in der Component-Interface-Datei eingetragen wird. Die Registrierung läuft i.d.R. automatisch im Hintergrund ab, wenn ein Modell kompliliert oder abgespeichert wird. Wird z.B. ein Schaltplan mit Hilfe des Programms DESIGN ARCHITECT in ein Symbol umgewandelt, enthält die Component-Interface-Datei der neu definierten Komponente nach dem Abspeichern des Symbols automatisch den Eintrag für das zugrundeliegende *Schematic Model*.

7.1.5
Design Viewpoints

Ein Design Viewpoint (kurz *Viewpoint*) ist ein Objekt, das Konfigurationsanweisungen enthält. Diese Anweisungen legen fest, bis zu welcher Hierarchieebene eine Applikation das Design auswerten soll (Gatter, Blöcke etc.), oder konkretisieren variable Größen. Ein Beispiel ist die Festlegung eines variablen Laufzeitwertes, der einem Pin bei der Schaltplanerstellung zugewiesen wurde (Bild 7.12).

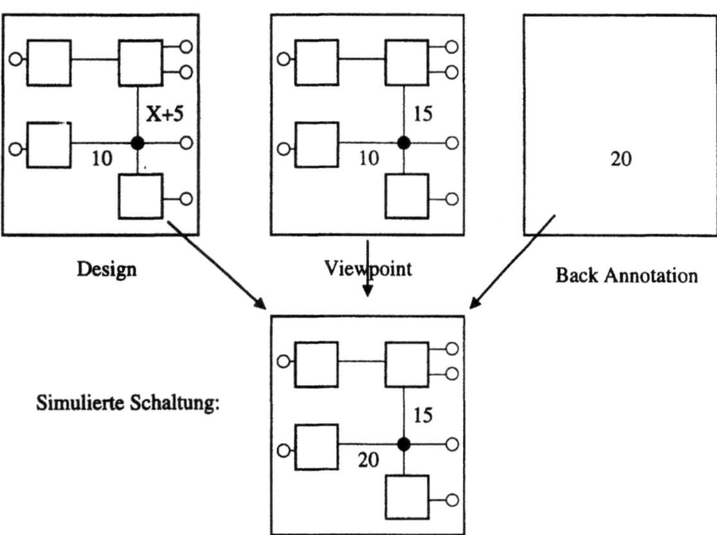

Bild 7-12. Schaltungsaufbereitung zur Simulation mit *Design, Design Viewpoint* und *Back-Annotation-Objekt* (nach [1])

Die Variable „X" muß bei der Viewpointerstellung durch einen konkreten Zahlenwert (im Beispiel 10ns) ersetzt werden, bevor ein Simulator das Zeitverhalten der Schaltung berechnen kann. Mit einem Back-Annotation-Objekt können Property-Werte nachträglich editiert werden. Im Bild wird das Netz-Delay 10 ns mit 20 ns überschrieben.

Die Anweisungen des Viewpoints werden immer dann und nur dann wirksam, wenn das Design mit Entwurfswerkzeugen evaluiert oder bearbeitet wird, wie bei Simulationen oder Syntheseprozessen. Alle Werkzeuge, die auf ein Design angewendet werden, *sehen* den Entwurf durch einen bestimmten *Viewpoint*. Existiert ein solches Objekt nicht, wird beim Aufruf der Applikation automatisch eine Viewpoint-Datei mit Default-Einstellungen erzeugt.

Viewpoint-Objekte werden im Rahmen des MENTOR-GRAPHICS-V8-System mit einem Werkzeug namens DESIGN VIEWPOINT EDITOR (DVE) erzeugt und editiert. Alle Back-Annotation-Objekte, die bei der Bearbeitung des Designs relevant sind, werden ebenfalls über Viewpoints zugeladen (Bild 7.12). Die Auswahl eines spezifischen Back-Annotation-Objekts erfolgt im Programm DVE mit der *Connect*-Anweisung.

Obwohl ein Design Viewpoint lediglich eine Sammlung von Verweisen und Ergänzungen eines Designs zu sein scheint, werden Design Viewpoints und die assoziierten Back-Annotation-Objekte als eigenständige Objekte in der Dateiensammlung eines Designs verwaltet (Bild 7.13). Dies erleichtert die Portierung von Designs erheblich. Ein Design kann dann durch einfaches Kopieren der Design-Dateiensammlung (*Root Directory*) übertragen werden, Viewpoints und Back-Annotation-Objekte eingeschlossen.

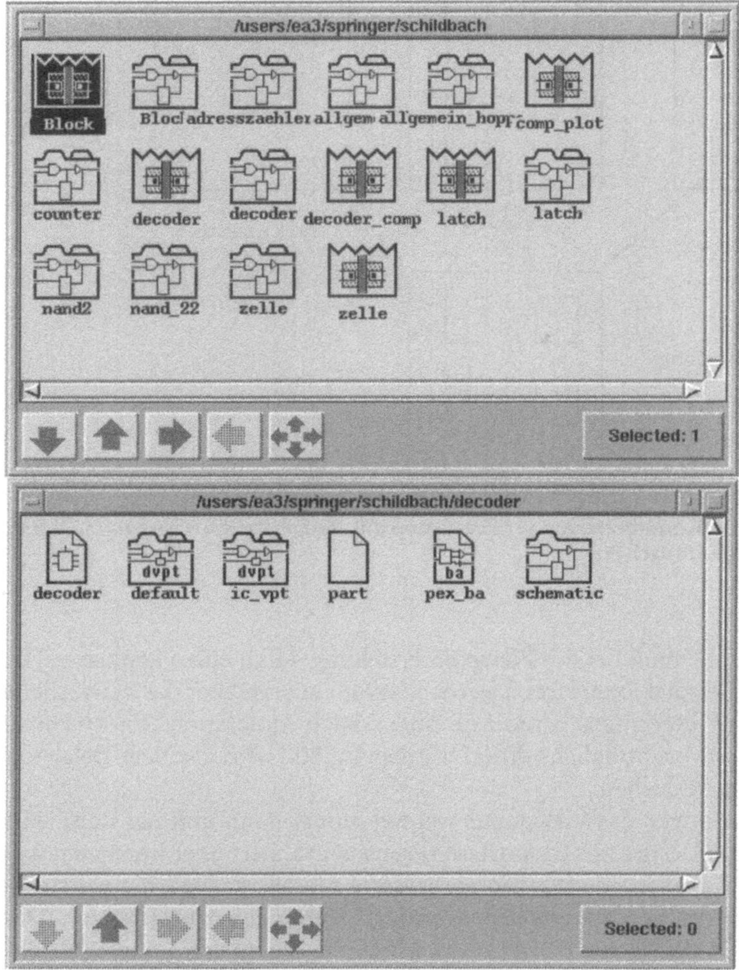

Bild 7-13. *Design Viewpoint-* und *Back-Annotation*-Objekte in der *Directory* der /users/
ea3/springer/schildbach/decoder (Bildschirmausdruck aus dem Programm DESIGN
MANAGER). Zum Decoder-Design gehören zwei Viewpoints (default, ic_vpt) und ein
Back Annotation Objekt (pex_ba). Die Viewpoints bereiten die Designdaten für eine
QUICKSIMII-Simulation bzw. für das Programmpaket ICstation auf. In dem mit pex_ba
bezeichneten Back-Annotation-Objekt sind die aus dem Layout extrahierten parasitäten
Signallaufzeiten abgespeichert

7.1.6
Entwurfswerkzeuge im MENTOR-GRAPHICS-V8-System

Die *Design-Tools* zum ASIC-Entwurf sind bei MENTOR zu zwei Modulen zusammengefaßt. Das erste Modul mit dem Schaltpläne erstellt und digital simuliert
werden können heißt IDEA-STATION. Ergänzende Werkzeuge ermöglichen hier

Schaltungssynthese, Testsimulationen und die Simulation analoger Komponenten. Das zweite Modul ist das Programmpaket IC-STATION, mit dem Layoutgeometrien in Standardzell- bzw. Full-Custom-Technik automatisiert oder per Hand erzeugt und verifiziert werden können.

7.1.6.1
IDEA-STATION

Das zentrale Werkzeug der IDEA-STATION (Bild 7.14) und der meisten MENTOR-GRAPHICS-Programm-Pakete ist das Programm DESIGN ARCHITECT. Mit diesem Tool können Schaltpläne und Symbole gezeichnet werden. Das Werkzeug ermöglicht den Zugriff auf Bibliotheken mit digitalen sowie analogen Komponenten und unterstützt den zergliedernden (*Top-Down*) sowie den aufbauenden (*Bottom-Up*) Entwurfsstil. Mit dem VHDL-Editor des Programms können VHDL-Modelle erstellt und zur Verhaltensbeschreibung von Komponenten verwendet werden. Poperties und Back-Annotation-Objekte lassen sich ebenfalls mit dem DESIGN ARCHITECT editieren und einbinden.

Das zweite zentrale Werkzeug innerhalb der IDEA-STATION ist der DESIGN VIEWPOINT EDITOR (DVE), mit dem Viewpoints und Back Annotation Objects angelegt und bearbeitet werden können. Mit diesem Programm können außerdem Design-Modelle ausgetauscht, verändert oder aktualisiert werden. Da ein Design Viewpoint die gesamte Design-Hierarchie erschließt, sind auch Prüfungen der Design-Syntax eines kompletten Entwurfs möglich. Innerhalb des DESIGN ARCHITECT können solche *Design Checks* nur innerhalb einer Hierarchiestufe durchgeführt werden.

Der Logik-Simulator der IDEA-Station ist das bereits in Abschn. 5.2 beschriebene Programm QUICKSIMII. Dieser Simulator kann alle digitalen Modelltypen

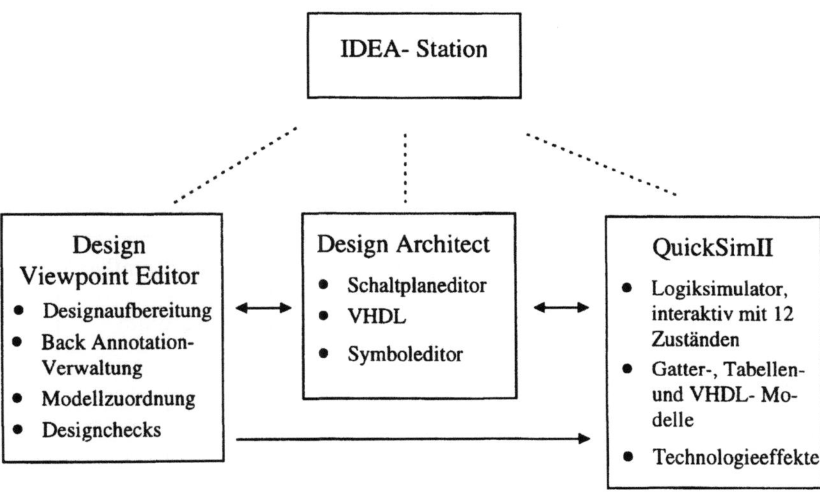

Bild 7-14. Die Werkzeuge der IDEA-Station

verarbeiten, die innerhalb des MENTOR-GRAPHICS-V8-Systems zulässig sind: Gattermodelle, Tabellenmodelle, VHDL-Konstrukte und andere Beschreibungen auf Verhaltensebene. Technologische Einflüsse, wie Temperatur-, Versorgungsspannungs- oder Prozessvariationen können über *Technology Files* erfaßt werden.

Weitere MENTOR-GRAPHICS-Werkzeuge, die die Möglichkeiten der IDEA-Station ergänzen sind:

- AUTOLOGIC2: ein Synthesewerkzeug, mit dem in VHDL beschriebene Entwürfe in Gatternetzlisten übersetzt und optimiert werden können,
- ACCUSIM: ein interaktiver, analoger Schaltkreissimultor, mit dem Schaltungen analysiert werden können, die aus Analogzellen bestehen, sowie
- QUICKFAULT und QUICKGRADE: Fehlersimulatoren, die mit deterministischen bzw. statistischen Methoden den Fehlerabdeckungsgrad [2] eines Testprogramms berechnen.

7.1.6.2
ICStation

Das Applikationsprogramm *ICStation* ermöglicht die Erstellung von Layoutgeometrien von integrierten Schaltungen. Wie Bild 7.15 zeigt, setzt sich dieses Werkzeug aus mehreren Unterapplikationen zusammen. Die zentrale Softwarekomponente ist hier der Layouteditor *ICgraph*. Mit diesem Editor können Polygone in unterschiedlichen Layoutebenen gezeichnet werden. Zur Automatisierung der Layouterzeugung sind innerhalb von *ICgraph* Funktionen für die automatische Plazierung und Verdrahtung von Layoutzellen integriert (*ICblocks* und *ICplan*). Die Vorgaben für die automatische Layouterzeugung sind Schaltpläne, die mit dem Programm DESIGN ARCHITECT gezeichnet werden.

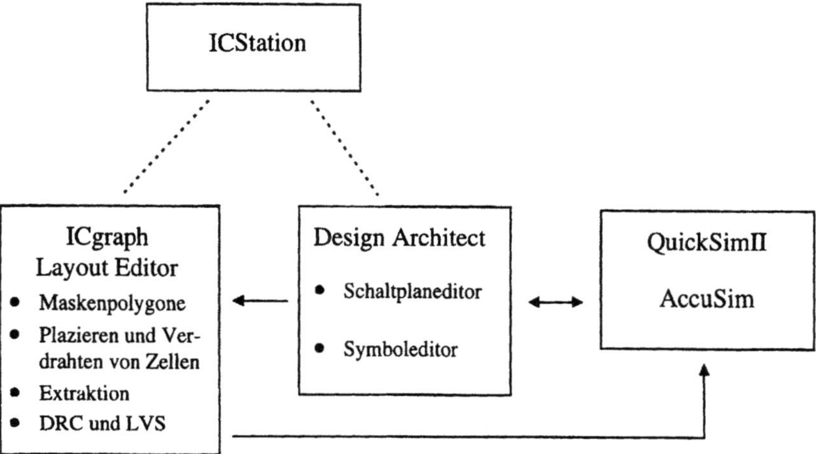

Bild 7-15. Werkzeuge der IC-Station, Simulationsprogramme und Schaltplaneditoren

Maskenlayouts werden innerhalb des Programmpakets *ICstation* mit unterschiedlichen Applikationsprogrammen verifiziert: Das Programm *ICtrace* ermöglicht die LVS-Prüfung (*Layout versus Schematic Check*), bei der die Layoutgeometrien in eine Netzliste umgesetzt werden, die mit dem Schaltplan verglichen werden kann. Mit dem Programm *ICrules* lassen sich Designregeln prüfen (DRC), und mit *ICextract* werden parasitäre Komponenten aus dem Layout für die Post-Layout-Simulation extrahiert.

Das Arbeiten mit den einzelnen Entwurfsprogrammen der IC- und der IDEA-Station wird in gesonderten Kapiteln behandelt: Kap. 9 und 12 beschäftigen sich mit der Layouterstellung mit Hilfe des Programmpakets IC-Station. Die Schaltplaneingabe sowie die Zuweisung von Properties und die Viewpointgenerierung sind Inhalt des Kap. 10 (DESIGN ARCHITECT und DVE) Die Programme (QUICK-SIMII und ACCUSIMII) werden in Kap. 11 vorgestellt.

7.2
Workstations und UNIX

Softwaresysteme für den ASIC-Entwurf sind komplex und erfordern leistungsfähige Prozesssoren und Grafikkarten. Obwohl auch Systeme für PCs unter Windows NT angeboten werden, sind aktuelle EDA-Werkzeuge nach wie vor i.d.R. auf Arbeitsplatzrechnern („Workstations") installiert, die das Betriebssystem UNIX oder ein Derivat von UNIX verwenden. Im IC-Entwicklungslabor der Fachhochschule Darmstadt werden Rechner der 700er-Serie von HEWLETT PACKARD eingesetzt. Diese Maschinen sind neben den weitverbreiteten Rechnern des Herstellers SUN ein Quasi-Standard und benutzen als Betriebssystem die UNIX-Variante von HEWLETT PACKARD, „HP-UX". Zur Anwendung der EDA-Werkzeuge von Mentor sind allerdings keine gesonderten UNIX- oder HP-UX-Kenntnisse nötig, da der Benutzer über grafische Oberflächen geführt wird. Dies gilt im übrigen für die meisten gebräuchlichen EDA-Systeme.

Wenn ein IC-Entwurf an der Workstation bearbeitet wird, bezeichnet man dies als *Design Session* (Arbeitssitzung). Eine solche Session beginnt mit dem Anmelden und endet mit dem Abmelden des lizensierten Benutzers (*User*). Das An- oder Abmelden einer Arbeitssitzung wird bei HP-Rechnern, die im weiteren als Beispiel dienen sollen, über die grafische Benutzerschnittstelle *HP VUE* (*Hewlett Packard Visual Users Environment*) durchgeführt Diese Schnittstelle heißt seit der HP UX Version 10.0 *HP CDE* (*Common Desktop Environment*). Ein freier Arbeitsplatzrechner zeigt zunächst den Anmeldebildschirm (Bild 7.16).

Nach der Anmeldung erscheint das *HP-VUE-* oder das *HP-CDE*-Bedienfeld (Bild 7.17) am unteren Bildschirmrand.

Um die Werkzeuge der MENTOR-Design-Software zu aktivieren, muß ein Terminalfenster, eine sog. *Shell*, mit dem *HP-Terminal-Emulator* geöffnet werden. Dazu wird das Terminalsymbol im Bedienfeld mit der linken Maustaste angeklickt. Daraufhin erscheint ein Terminalfenster mit der Überschrift „*hpterm*" (in neueren HP-UX-Versionen „*cdterm*"). Durch Eintippen von geeigneten Befehlen in die Eingabezeilen dieses Fensters können die gewünschten Softwareprogram-

Bild 7-16. Schematische Darstellung des Anmeldebildschirms der HP700-Workstation

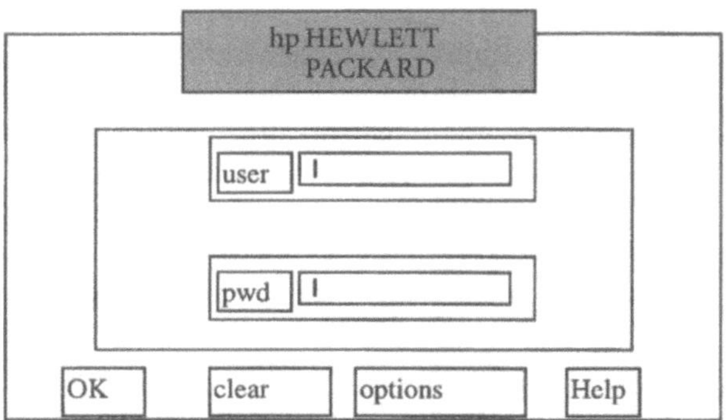

Bild 7-17. HP-VUE-Bedienfeld

me gestartet werden. Nach der Eingabe von **dmgr** erscheint z.B. die Benutzeroberfläche (*Session Window*) des Programms DESIGN MANAGER.

In der *Shell* kann man auch das persönliche Paßwort festlegen. Dazu aktiviert man das Fenster durch Anfahren mit dem Mauszeiger und Anklicken mit der linken Maustaste. Anschließend ist der HPUX-Befehl **passwd** einzugeben. Hinter dem Eintrag „new password" wird die gewünschte Buchstabenfolge eingetragen und die Enter-Taste bedient. Danach ist das Paßwort zur Kontrolle nochmals einzutragen („re-enter"), und das Paßwort ist definiert.

7.3
Die FALCON-FRAMEWORK-Benutzeroberfläche

Jedes Werkzeug in der Softwareumgebung, wie die Programme DESIGN ARCHITECT, QUICKSIMII oder IC-STATION, ist über eine einheitliche Benutzeroberfläche zugänglich, die als FALCON FRAMEWORK bezeichnet wird. Die wichtigsten Komponenten des Frameworks sind das Dateienverwaltungsprogramm DESIGN MANAGER, die gemeinsame Benutzerschnittstelle (*Common User Interface*, *CUI*) und das Programm BOLD/INFORM, das die Online-Dokumentation verwaltet.

Die Bedienung der FALCON-FRAMEWORK-Benutzeroberfläche geschieht über verschiedene Eingabetechniken (mit der Maus, über die Tastatur usw.), die über Fenster und Menüs erleichtert werden. Der Aufbau der Fenster und Menüs erinnert stark an die verbreiteten PC-Programme unter MICROSOFT-Windows. Die MENTOR-Programme können daher von Benutzern mit PC-Erfahrung weitgehend intuitiv bedient werden.

7.3.1
Eingabemöglichkeiten: Maus, Tastatur, Keys und Strokes

Das wichtigste Eingabehilfsmittel ist die *Maus* (Bild 7.18), über die der größte Teil der Interaktion mit den Entwurfswerkzeugen abgewickelt wird. Die Maus hat drei Bedientasten:

1. Die linke Taste (*select button*, engl. für Auswahlknopf): Mit dieser Taste werden Befehle ausgeführt und z.B. Wahlfelder in Menüs selektiert.
2. Die mittlere Taste (*stroke/drag button*, engl. für Pinselstrich/Verschiebe-Knopf): Durch permanentes Drücken dieser Taste können *Strokes* auf den Bildschirm gezeichnet bzw. Fenster oder Objekte auf dem Bildschirm verschoben werden. Ein *Stroke* ist ein grafisches Symbol, das vom Rechner als Kommando interpretiert werden kann.
3. Mit der rechten Maustaste (*menu button*) werden Pop-up-Menüs aufgerufen (s. Abschn. 7.3.3.1).

Linke und rechte Maustaste können durch einfaches oder doppeltes Klicken bedient werden. Dies hat je nach aktivierter Applikationssoftware verschiedene Auswirkungen.

Zur Eingabe von Kommandos kann auch die *Tastatur* benutzt werden. Mit dem Eintippen von Buchstaben erscheint automatisch eine Komandozeile (*Pop Up Command Line*) mit einem Fenster zur Texteingabe (Bild 7.19). Links in dieser Zeile ist der Name des aktiven Arbeitsfensters angegeben, auf das sich das

Bild 7-18. Die drei Funktionstasten der Maus

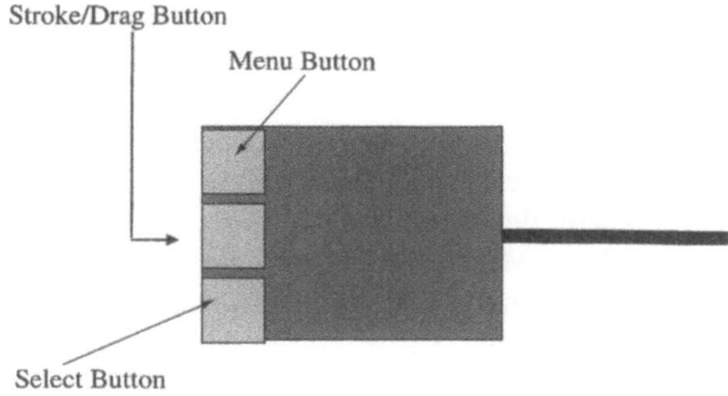

Bild 7-19. Pop-up Eingabezeile. Mit dem eingetippten Befehl *run 500* wird der Simulator QUICKSIMII für die Simulation des Schaltverhaltens in einem Zeitintervall von 500 ns gestartet

Bild 7-20. Die Softkeys der Funktionstastenbelegung des Programms Quicksim

Bild 7-21. Das Stroke-Gitter und der Unselect-All-Stroke mit der ID: 1478963

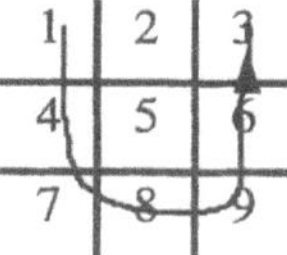

einzugebende Kommando bezieht. Der Cursor kennzeichnet die Stelle, an der der Kommandotext eingegeben werden kann. Nach Betätigen der Returntaste wird das Kommando ausgeführt und die Kommandozeile verschwindet. Mit der ESC-Taste läßt sich die Eingabezeile ebenfalls löschen.

Die Belegung der Keys (Funktionstasten) *F1* bis *F12* auf der Tastatur ist ebenfalls werkzeugabhängig und löst daher in den Programmen IC-Station, Design Manager oder Design Architect unterschiedliche Funktionen aus. Die aktuelle Belegung kann man am unteren Bildschirmrand im sog. *Softkey-Feld* ablesen (Bild 7.20). Zur Ausführung von Kommandos betätigt man die entsprechende Funktionstaste. Jede Funktionstaste kann dabei vierfach belegt sein. Die Auswahl erfolgt über die gemeinsame Betätigung der Funktionstaste mit der *Shift-*, *Alt-* und der *Strg-*Taste. Die vierte Möglichkeit wird durch ausschließliches Betätigen der Funktionstaste selbst selektiert. Die unterschiedlichen Möglichkeiten sind in den Softkey-Symbolen mit den Buchstaben „s" (Shift), „c" (Contrl = Strg) und „a" (Alt) gekennzeichnet.

Strokes sind eine grafische Möglichkeit zur Befehlseingabe. Diese Symbole werden mit der Maus (mittlere Maustaste gedrückt) auf den Bildschirm gemalt. Das System erkennt die Bedeutung des kodierten Kommandos anhand des Verlaufs des „Pinselstrichs". Die absolute Größe der Zeichnung ist irrelevant. Ausgeführt wird der Befehl nach Beendigung des Zeichenvorgangs nach Loslassen der mittleren Maustaste. Die verfügbaren Strokes sind wie die Funktionstasten werkzeugspezifisch. Die Symbole werden deshalb genauer im Zusammenhang mit den jeweiligen Anwendungsprogrammen diskutiert. Ein wichtiger Stroke, der in allen Applikationen des Mentor-EDA-Systems identisch ist, ist der Stroke für „Hilfe", der als stilisiertes Fragezeichen ohne Punkt definiert ist. Nach Loslassen der mittleren Maustaste nach dem Zeichnen des Fragezeichens erscheint eine Liste mit den in der aktiven Applikation verfügbaren Strokes. Um z.B. den Befehl „Copy" einzugeben, wird der Buchstabe „C" auf den Bildschirm gezeichnet.

Die verschiedenen Strokes werden über eine Zahlenfolge definiert (*StrokeID*). Diese Folge entsteht, wenn man sich eine 3x3-Matrix über den Bildschirm gelegt denkt, die die Zahlen von 1 bis 9 enthält (Bild 7.21), und die Zahlen notiert, die beim Zeichnen des Strokes berührt werden. Der Stroke für „Copy" entspricht dann der Zahlenfolge 3 2 1 4 7 8 9. Es ist zu beachten, daß der Stroke, der in umgekehrter Richtung gezeichnet wird (9 8 7 4 1 2 3), eine andere Bedeutung hat.

7.3.2
Fenster

Ein Fenster (*Window*) ist ein definiertes Segment des Bildschirms, in dem ein Anwendungsprogramm abläuft, das vom Benutzer gesteuert werden kann. Ein Fenster ist durch Rahmen (*Resize Border*) begrenzt, die zum Verändern der Fensterabmessungen benutzt werden können. Alle Werkzeuge des MENTOR-GRA-PHICS-V8-Systems benutzen Fenster mit einheitlichem Aufbau. Bild 7.22 zeigt ein Beispiel. Jedes MENTOR-GRAPHICS-Fenster enthält die folgenden Komponenten:

- Die *Titelleiste* („*Title Bar*") enthält den Namen des Fensters (in der Abbildung *Design Manager*) und ggf. Zusatzinformationen. Sind mehrere Fenster auf dem Bildschirm geöffnet, wirken die eingegebenen Befehle nur im *aktiven* Fenster. Das aktive Fenster erkennt man am optisch hervorgehobenen Rahmen (*Blue Border*) und der heller dargestellten Titelleiste. Ein Fenster wird durch Anfahren mit dem Mauszeiger und Anklicken der linken Maustaste (Select Button) aktiviert.
- Das *Fensterfeld* kann Wahlfelder, Texte und andere Elemente enthalten. In Bild 7.22 sind die Felder *Tools* und */retusr/diplom/olaf* des Programms DESIGN MANAGER geöffnet mit denen Appplikationen gestartet bzw. Dateien geöffnet werden können.
- Die *Menüleiste* (*Menue Bar*) zeigt je nach Anwendungsprogramm unterschiedliche Menüeinträge, die durch Betätigen der rechten Maustaste aufgerufen werden können. Die Einträge für das Programm DESIGN MANAGER in Bild 7.22 sind MGC, Object, Edit usw.
- Das *Palettenmenü* (*Palette Menue*) ist ein Menü, das aus verschiedenen Wahlfeldern besteht, die grafisch aufbereitet oder als Textelement dargestellt sind. Die Menüleiste und das Palettenmenü findet man nur im sog. *Session Fenster*, das nach Aufruf eines MENTOR-GRAPHICS-Werkzeugs erscheint. In Bild 7.22 ist das *Navigator*-Palettenmenü gezeigt.
- Die *Statusleiste* (*Status Line*) unter der Menüleiste zeigt Informationen über das aktivierte Programm an, z.B. die Zahl der selektierten Elemente in einem Schaltplan. Beim Werkzeug DESIGN MANAGER gibt es keine Statusleiste.
- Die *Mitteilungsleiste* (*Message Area*) unter dem Softkeyfeld erscheint ebenfalls nur im Session-Fenster und gibt Fehlermeldungen, Warnungen und andere Informationen aus, die im Zusammenhang mit dem aktivierten EDA-Werkzeug stehen.
- Die *Bildlaufleisten* (*Scroll Bars*) erscheinen in allen Fenstern und ermöglichen das Durchblättern des Inhalts eines Fensterfelds in vertikaler und horizontaler Richtung. In der Abbildung finden sich *Scroll Bars* z.B. am rechten und unteren Rand des *Tools*-Fensters.

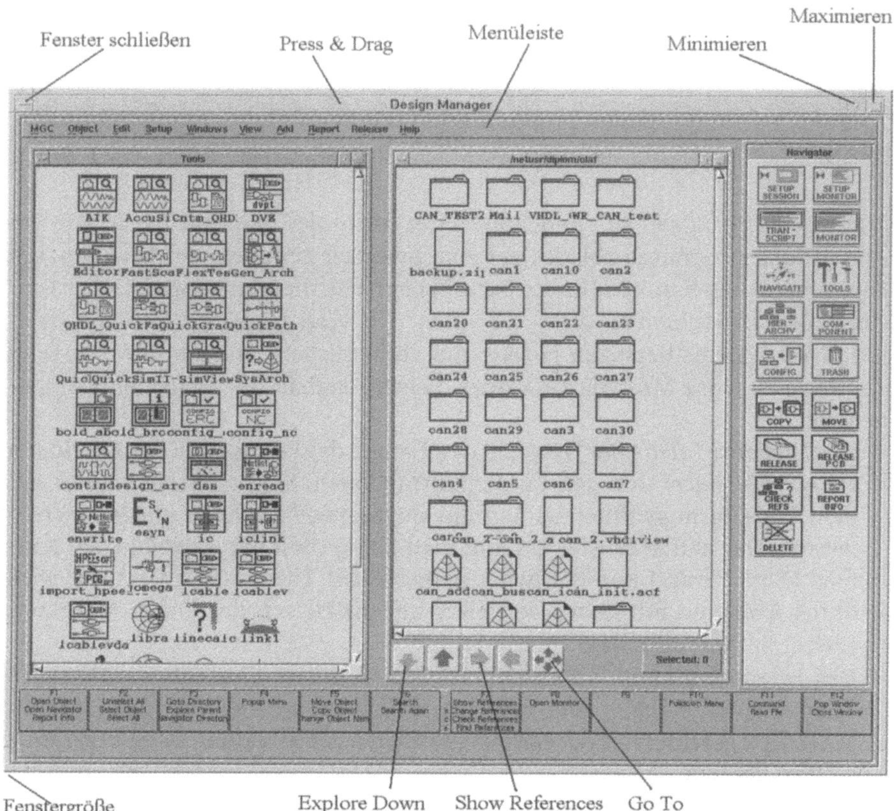

Bild 7-22. Fensteraufbau, Fensterwahlfenster und andere Operationen innerhalb des FALCON FRAMWORKS (aus [3]). Durch Anklicken und Ziehen kann das Fenster auf dem Bildschirm verschoben werden (*Press and Drag*). Wird eine Ecke selektiert, kann das Fenster mit der gleichen Methode vergrößert oder verkleinert werden. Die Wahlfelder mit den Pfeilen sind spezielle Ikonen, die als *Navigator Buttons* bezeichnet werden und mit denen bestimmte Dateien gesucht werden können: *Go to* (öffne andere Datei), *Explore Down* (suche Tochterdateien) und *Show References* (zeige zugeordnete Dateien)

– Über die *Fensterbedienknöpfe* (*Window Management Buttons*) können Fenster geschlossen, in *Sinnbilder* („Ikonen") verwandelt, verschoben und wiederhergestellt werden. Es gibt drei Bedienknöpfe, die sich in der Titelleiste des Fensters befinden:

a) Über den *Close-Window-Button* an der oberen linken Ecke des Fensters (s. Bild 7.22) kann das Fenster geschlossen werden (2maliges Anklicken mit der linken Maustaste). Durch einfaches Anklicken wird ein Menü mit Befehlen geöffnet, mit denen ein Fenster vergrößert, verschoben, geschlossen und wieder reaktiviert werden kann.

b) Nach Betätigen des Sinnbildknopfs (*Minimize Button*) schrumpft das Fenster zu einer Ikone.

c) Der Vollbildknopf (*Maximize Button*) vergrößert das Fenster auf Bildschirmgröße.

7.3.3
Menüs

Zwar können alle MENTOR-GRAPHICS-Applikationen auf UNIX-Shell-Ebene durch Befehlstexte gesteuert werden, durch *Menüs* läßt sich dies aber drastisch vereinfachen. Menüs sind grafische Eingabehilfen. Mit Menüs lassen sich auch komplexe Befehlsfolgen eingeben, ohne daß genaue Kenntnisse des Wortlauts der Befehle notwendig wären.

Ein Menü (abgeleitet von engl. *menue*, die Speisekarte) besteht aus einer Liste von Kommandos oder Wahlfeldern, die einem bestimmten Werkzeug oder Bildschirmsegment zugeordnet sind. Wird ein Menüeintrag selektiert, dann führt das System entweder sofort die spezifizierte Aktion aus, oder es erscheinen Untermenüs, Dialogfelder oder als MENTOR-Spezifikum, sog. *Prompt Bars*. Dialogfelder und Prompt Bars sind Eingabefelder, über die Parameter für die ausgewählten Kommandos festgelegt werden können.

7.3.3.1
Menüvarianten

Zur Befehlsauswahl führt man den Mauszeiger über die Menüeinträge. Innerhalb der MENTOR-GRAPHICS-Entwurfsumgebung gibt es drei unterschiedliche Menüarten (Bild 7.23), *Pull-Down-*, *Pop-Up-* und *Palettenmenüs*:

- *Pull-Down-Menüs* werden über die Menüleiste im Session Window aufgerufen. Die hier abgelegten Befehle können in allen (Unter-)Fenstern angewendet werden, die zum jeweiligen Session Window gehören. Die linke Maustaste bleibt solange gedrückt, bis man im gewünschten Untermenü beim gesuchten Befehl angekommen ist. Nach Loslassen der linken Maustaste wird entweder der Befehl ausgeführt, oder es erscheint ein Dialogfeld (*Dialogbox* oder *Prompt Bar*) für weitere Eingaben.

- *Pop-Up-Menüs* sind einzelnen Fenstern zugeordnet. Die hier erscheinenden Befehle sind abhängig vom aktiven Fenster. Ein Pop-Up-Menü wird über die Betätigung der rechten Maustaste aufgerufen. Nach Erscheinen des Menüs auf dem Bildschirm können die unterschiedlichen Einträge – wie beim Pull-Down-Menü – mit der linken Maustaste (*Select Button*) ausgewählt werden.

- Das *Palettenmenü* ist ein Menü, das aus verschiedenen Wahlfeldern in Text- oder Ikonenform besteht. Palettenmenüs beziehen sich ebenfalls nur auf das aktive Fenster. Sie finden sich meist an der Seite des Session Windows. Hier genügt es, zur Befehlsauswahl das gewünschte Wahlfeld zu selektieren.

Wie Bild 7.24 zeigt, weisen bestimmte grafische Elemente hinter den Menüeinträgen auf weitere Eingabefelder hin. Endet ein Menüeintrag mit einem lie-

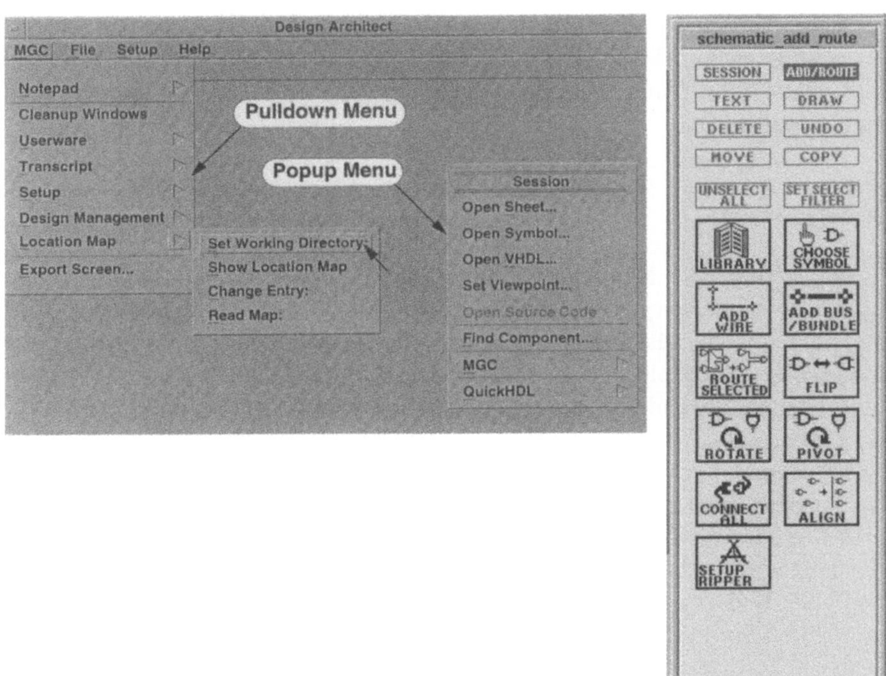

Bild 7-23. Falcon-Framework-Menüs: Pull-Down-, Popup-Menüs und das Schematic_-Add_Route-Palettenmenü aus dem Programm Design Architect (von links nach rechts)

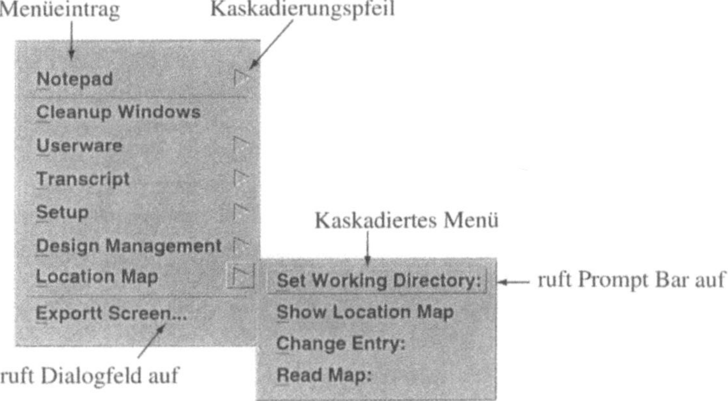

Bild 7-24. Die grafischen Elemente in (kaskadierten) Menüs

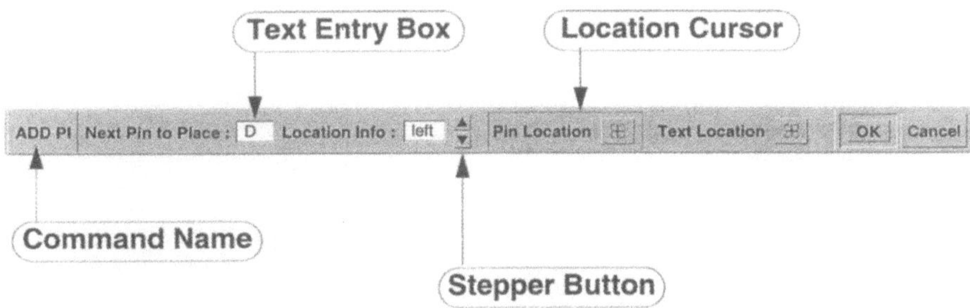

Bild 7-25. Die Prompt-Bar-Zeile Add Pin, mit deren Hilfe Pins an Symbole gesetzt werden können

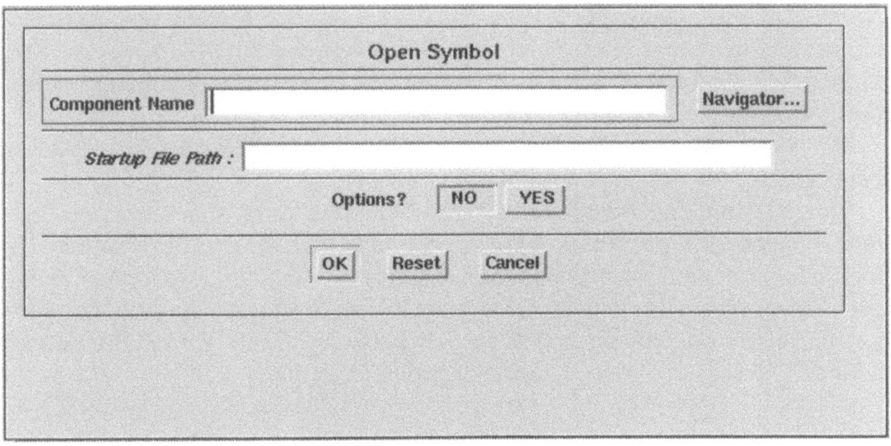

Bild 7-26. Beispiel für ein Dialogfeld. Gezeigt ist das Open-Symbol-Fenster aus dem Programm DESIGN ARCHITECT, das nach Anklicken der *Open-Symbol*-Ikone im Session-Palettenmenü erscheint

genden Dreieck („>"),ist dies ein Verweis auf ein Untermenü (*Cascading Menu*). Dieses Untermenü erscheint bei Aufruf rechts im Vordergrund neben dem Menü. Wird nicht in das Untermenü gewechselt, wird automatisch der erste Eintrag des Untermenüs verwendet. Ein Doppelpunkt hinter einem Menüeintrag verweist auf eine Prompt-Bar-Zeile (Bild 7.25), in die noch Zusatzinformation eingegeben werden muß, bevor die selektierte Funktion vom System ausgeführt werden kann. Endet ein Menüeintrag mit drei Punkten, dann wird ein Dialog-Feld (*Dialog Box*, Bild 7.26) für weitere Eingaben geöffnet.

7.3.3.2
Prompt Bars

Prompt Bars tauchen links unten am Bildschirm auf. Wie in Bild 7.25 gezeigt, steht links in dieser Eingabeleiste abgekürzt der Name des Kommandos das menügesteuert ausgeführt werden soll. In der Abbildung handelt es sich um den Befehl $add_pin. Innerhalb der Mentor-Graphics-V8-Umgebung werden Befehle aus mehreen Wötern mit der 3-2-1-Regel abgekürzt. Die Abkürzung des Befehls *Show Layer Palette* ist beispielsweise *Sho La P,* die von Add Pin ist Add Pi.

Prompt Bars enthalten *Stepper-Buttons,* Texteingabefelder (*Text Entry Box*), grafische Kontrollfelder (z.B. den *Location Cursor* zu Positionierung eines Pins) und weitere Befehlsfelder (*Prompt Bar Buttons*). Die Einfügemarke (*Cursor*) zeigt dabei das aktive Feld an. Ein *Stepper*-Wahlfeld besteht aus einem Textfeld, neben dem sich zwei übereinander angeordnete Pfeilsymbolen (▲,▼) befinden. Mittels Anklicken dieser Pfeile kann man die hinter dem Textfeld verborgene Liste von Optionstexten nach oben bzw. nach unten durchlaufen. Wirksam wird immer die Programmoption, die im Textfeld erscheint (in der Abbildung ist dies die Option *left*).

Um die eingegebene Befehlskonfiguration abzubrechen oder auszuführen, benutzt man den *Cancel*-Button bzw. das *OK*-Feld.

Eine wichtige Eigenschaft von Prompt Bars ist die sog. *Mid Command Freedom.* Prompt Bars müssen nicht vollständig ausgefüllt werden, bevor andere Befehlsfolgen in der aktiven Applikation gestartet werden können. Treten bei Folgebefehlen wieder Prompt-Bar-Leisten auf, dann stapeln sich die nicht komplettierten Leisten übereinander (Bild 7.27). Durch wiederholte Anwahl des Buttons „Cancel" können die Leisten sukzessive gelöscht werden.

7.3.3.3
Dialog-Felder

Ein Dialog-Feld (*Dialog Box*) ist ein Zusatzfenster, in das Parameter für Programmbefehle eingegeben werden können oder in dem sich Systemkonfigurationen (engl. *set-ups*) festgelegen lassen. Im Gegensatz zur Prompt Bar muß ein Dialog-Feld abschließend bearbeitet werden, bevor weitere Befehle möglich sind. Bei der Bearbeitung wird das Dialog-Feld wie ein Formular ausgefüllt. Es gibt Texteingabefelder, Auswahllisten und Schaltfelder und Optionen, die durch Anklicken (linke Maustaste) selektiert werden können (s. Bild 7.26).

Bild 7-27. Übereinander gestapelte, nicht abgeschlossene Prompt-Bar-Zeilen (nach [1])

7.3.3.4
Mnemonics

Bisher wurde über die Maus grafisch auf einzelne Menüeinträge zugegeriffen.
Einträge in Menüs können aber auch mit Hilfe der Tastatur selektiert werden.
Dazu wird die Taste oder die Tastenfolge gedrückt, die im Menüeintrag unter-
strichen ist. In dem in Bild 7.23 dargestellten Pull-Down-Menü entspricht die
Eingabe der Buchstaben „L" und „S" der Befehlsfolge „Show Location Map" und
„Set Working Directory", mit der das aktuelle Arbeitsverzeichnis während einer
Design Session definiert werden kann. Diese für einen Befehl charakteristische
Buchstabenfolge heißt *Mnemonic* (engl. für die Gedächtnishilfe). Da Tastatur-
eingaben häufig schneller erfolgen als Mausoperationen, kann die konsequente
Verwendung von Mnemonics viel Zeit sparen.

7.3.4
Online-Dokumentation

Handbücher für die verschiedenen Applikationsprogramme werden von MEN-
TOR GRAPHICS nur in elektronischer Form auf CD-ROM geliefert und können
bei Bedarf auf Papier ausgedruckt werden. Aufgrund des enormen Umfangs der
Programme und damit auch der Handbücher (fast 100.000 Seiten) ist es prakti-
scher, die Handbücher auf dem Bildschirm einzusehen. Auch während des Ar-
beitens mit einem bestimmten Programm stehen alle Handbücher online zur
Verfügung.

Die CD-ROM-Bibliothek innerhalb der MENTOR-GRAPHICS-V8-Entwurfs-
umgebung heißt INFORM. Der Zugriff auf den Inhalt der Handbuch-Bibliothek
erfolgt über das Informationssystem BOLD-BROWSER, mit dem die Dokumente
auf den Bildschirm gebracht und nach bestimmten Inhalten elektronisch durchsucht werden können. Das Programm BOLD-BROWSER kann aus jedem MEN-
TOR- GRAPHICS-Werkzeug aufgerufen werden indem man das Wahlfeld *Help*
in der Pull-Down-Menüleiste selektiert und den Menüeintrag *Open Bookcase*
anklickt (**Help > Open Bookcase**). In Klammern ist der kaskadierte Befehlsauf-
ruf kompakt dargestellt. Diese Notation wird im folgenden immer dann benutzt,
wenn Befehlsfolgen aus Haupt- und Untermenü-Einträgen zusammengestellt
werden müssen.

Um die Online-Dokumentation als eigene Session zu starten, wird im Tools-
Fenster des DESIGN MANAGERS die BOLD-BROWSER-Ikone doppelt angeklickt.
Danach erscheint die BOLD-BROWSER-Dialog-Box. Soll ein bekanntes Doku-
ment aufgerufen werden, so kann dessen Titel in das dort vorhandene Textfeld
eingegeben werden. Nach Bestätigung der Eingaben durch Anklicken des OK-
Wahlfelds wird das Dokument auf dem Bildschirm in einem Fenster dargestellt.

Soll kein spezielles Dokument angesehen werden, dann wird das Wahlfeld
„Yes" für „*... display online help?*" angeklickt. Nach dem Aufruf erscheint das
BOLD-BROWSER-Session-Fenster (Bild 7.28).

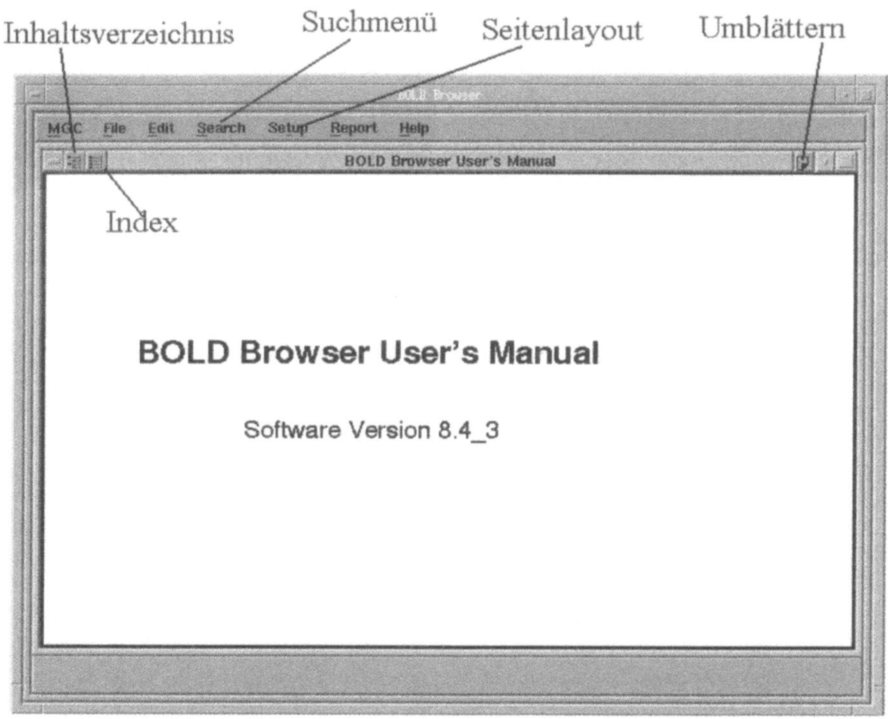

Bild 7-28. BOLD BROWSER Session Window

Um ein bestimmtes Manual zu öffnen, wird über das Pull Down Menu die Befehlsfolge **File > Open Document** eingegeben. Daraufhin erscheint eine alphabetische Liste der vorhandenen MENTOR-Online-Dokumente als Dialogfeld. Die Dokumente sind nach Sachgebieten in sog. *Bookcases* geordnet. Die Handbücher über die Benutzeroberfläche FALCON FRAMEWORK befinden sich z.B. im FALCON FRAMEWORK *Bookcase*. Mit einem Doppelklick kann diese Dokumentensammlung geöffnet werden. Über Anklicken der Pfeile an der vertikalen Bildlaufleiste lassen sich alle Titel ansehen. Aus der Liste von Manuals kann durch Doppelklick das gesuchte Handbuch auf den Bildschirm geholt werden. Bild 7.29 enthält das *Open Document from Bookcase*-Dialogfeld mit einer Liste der Handbücher im FALCON FRAMEWORK *Bookcase*. Bild 7.30 zeigt das Deckblatt des *Getting Started with* FALCON FRAMEWORK *Workbook*, das mit den beschriebenen Methoden aufgerufen wurde. In der Titelleiste des Fensters mit dem geöffneten Dokument erscheint der Name des Handbuches.

Die Voreinstellung des Bildschirmaufbaus im BOLD-BROWSER kann durch Anwählen die Menüeinträge **Setup > Page Layout** in der Pull-Down-Menüleiste nach eigenen Vorstellungen gestaltet werden. Es ist dabei praktisch, zwei Seiten eines Dokuments mit 90% der Orginalgröße gleichzeitig anzuzeigen.

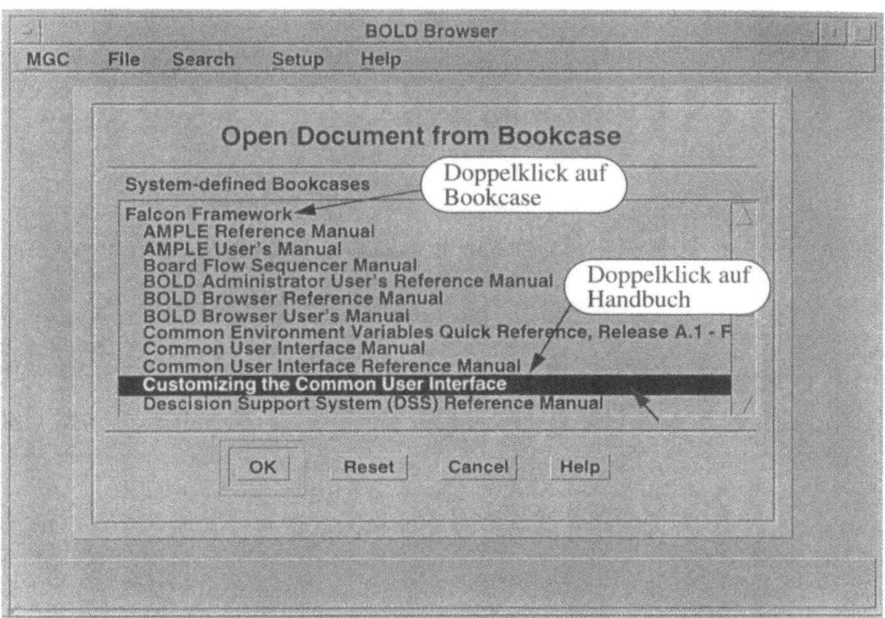

Bild 7-29. Das Dialog Feld *Open Document from Bookcase* zum Öffnen von Online-Handbüchern mit dem Programm BOLD BROWSER

Das Programm BOLD BROWSER unterstützt die Suche nach bestimmten Inhalten mit zahlreichen Wahlfeldern, Pull-Down- und Pop-up-Menüs (Bild 7.31). Links oben in der Titelleiste finden sich zwei Ikonen, mit denen in das Inhaltsverzeichnis (direkt neben dem Wahlfeld „Window schließen") bzw. in das Indexregister gesprungen werden kann. Auf der rechten Seite neben dem Ikonenwahlfeld sind die Buttons zum Umblättern.

Zur gezielten Informationssuche stehen folgende Hilfsmittel zur Verfügung:

- Mit *Pop-Up Menüs,* die über die rechte Maustaste eingeblendet werden, kann auf beliebige Seiten oder Abschnitte gewechselt werden.
- *Querverweise* (*Hypertext Links*) führen direkt auf andere Seiten des aktivierten Dokuments oder in ein anderes Dokument der Bibliothek. *Hypertext Links* erscheinen in blauer Schrift im Dokumententext. So sind alle Seitenzahlen im Indexregister blau dargestellt und damit *Hypertext Links.* Wird die Einfügemarke auf einen solchen Hypertext-Eintrag gesetzt, verwandelt sich der Cursor in eine Hand mit ausgestrecktem Zeigefinger. Durch Anklicken mit der linken Maustaste wird die Textseite zum interessierenden Indexregistereintrag auf den Bildschirm gebracht.
- Über ein *Leseprotokoll* (*Travel Log*) können Textstellen wieder aufgesucht werden, die bereits im Laufe der BOLD-BROWSER-Sitzung angewählt wurden.
- Mit einer *Suchroutine* (*Text Search*) können die bestimmte Phrasen oder Suchworte in allen Online-Dokumenten gefunden werden. Bild 7.31 zeigt ei-

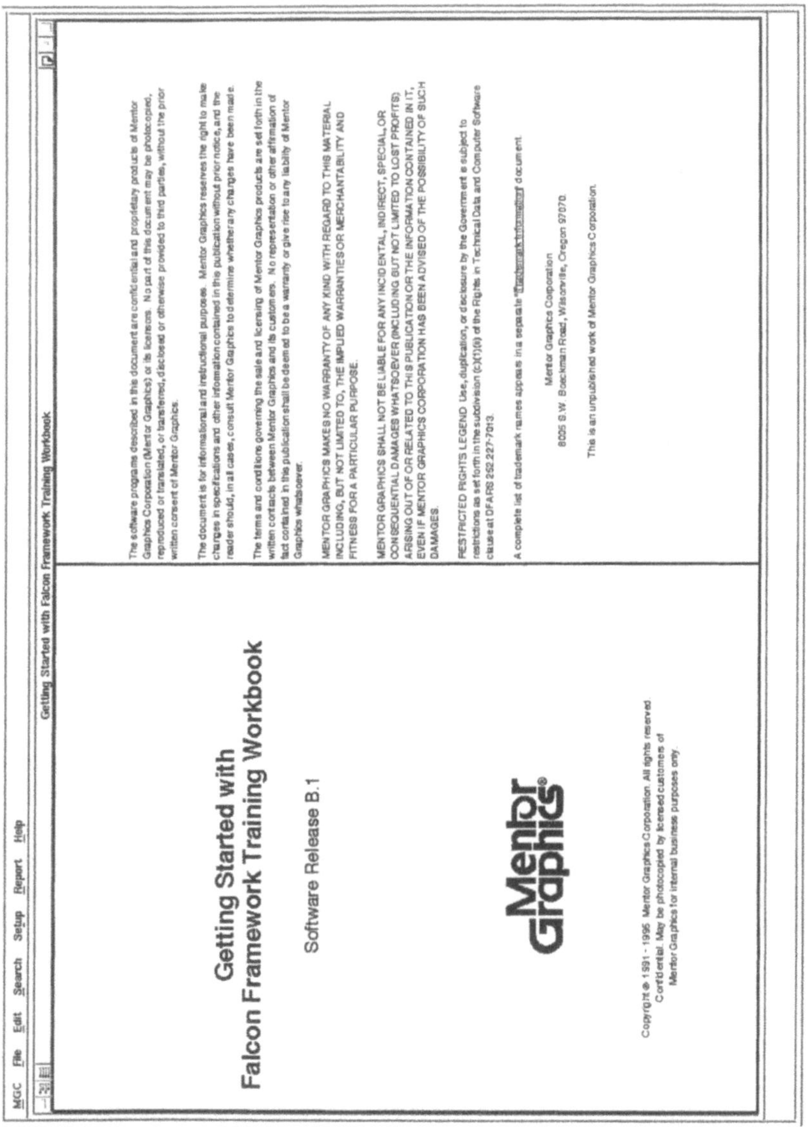

Bild 7-30. Online-Dokument: *Getting Started with* FALCON FRAMEWORK *Training* Workbook im BOLD BROWSER Window

nen Ausschnitt aus der *Text Search Dialog Box*. Gesucht wird aus Gründen der notwendigen Rechenzeit aber nur in den Indexregistern der Dokumente. Das Suchverfahren kann dabei noch an den Anwendungsfall angepaßt werden, so können abweichenden Formen des Suchwortes, die durch Deklination oder Pluralbildung entstehen, eingeschlossen werden, wenn das Suchwort in Anführungsstriche gesetzt wird. Die Suche kann auch auf bestimmte Dokumen-

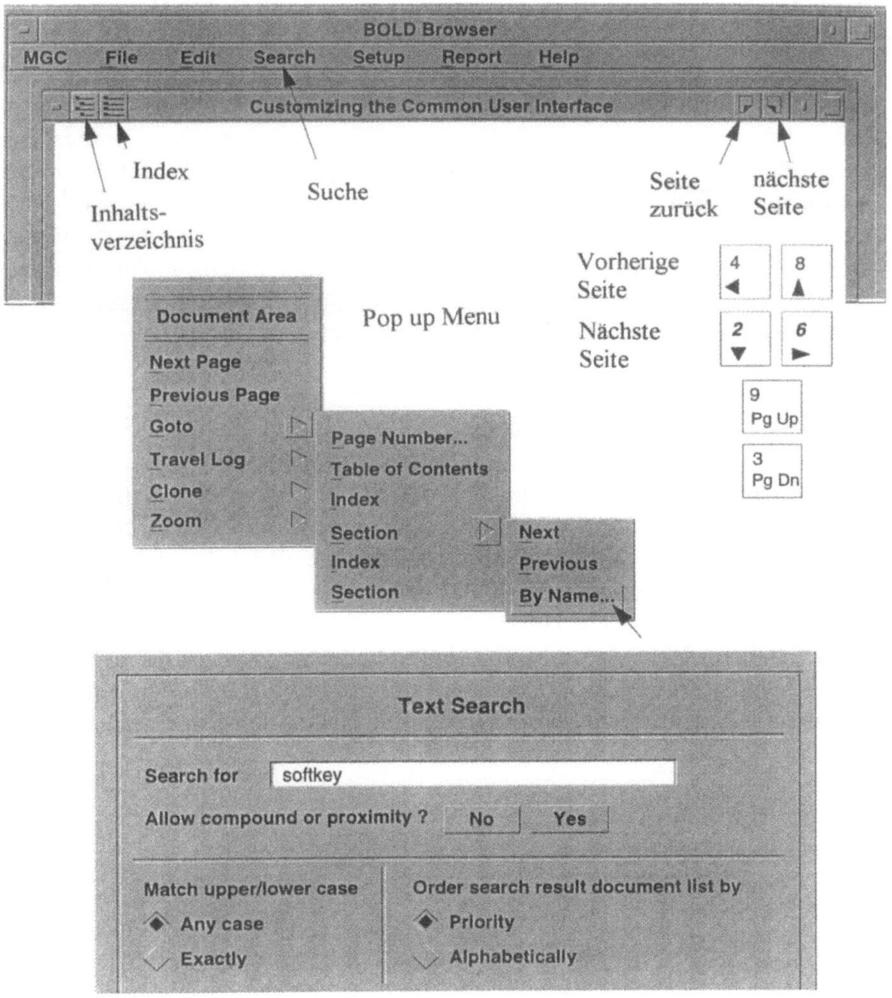

Bild 7-31. Hilfsmittel zum Suchen in Online - Dokumenten. Neben Wahlfeldern gibt es das gezeigte *Document Area Pop up-menu* und die *Text Search-Routine*, die über das *Pull down Menu* mit Search aufgerufen wird. Die Tasten 2, 3, 4, 6, 8, und 9 der numerischen Tastatur können ebenfalls zum Umblättern verwendet werden

te beschränkt werden. Definiert werden diese Vorgaben innerhalb der *Text Search Dialog-Box*, die nach Aufruf des Menüeintrags **Search > Text Search (choose options)** erscheint.

7.4
Verwaltung von Designobjekten und Werkzeugen mit DESIGN MANAGER

Eine elektronische Schaltung wird während der Entwicklungsphase je nach Sicht (Geometrie, Struktur oder Verhalten) mit unterschiedlichen Datenstrukturen (Layoutgeometrien, Schaltplänen oder Texten) beschrieben. Zwangsläufig entstehen daher beim IC-Entwurf große Datenmengen mit vielen Verweisen und Querverbindungen, die während des ASIC-Entwurfsprozesses verwaltet werden müssen. Innerhalb des MENTOR-GRAPHICS-V8-Entwurfssystems werden alle Dateien, die sich auf ein *Design* beziehen, unabhängig von ihrer inneren Struktur als Design-Objekte angesehen, die mit dem Programm DESIGN MANAGER editiert, kopiert oder gelesen werden können.

7.4.1
Designmanagement und Datenstruktur

Das MENTOR-GRAPHICS-V8-Entwurfssystem läuft unter dem Betriebssystem UNIX. Bei diesem Betriebsystem ist die Dateienorganisation hierarchisch aufgebaut (Bild 7.32). Eine Datei wird im folgenden auch als *File* bezeichnet. Eine *Directory* ist eine Dateiensammlung. Die Dateiensammlung auf der obersten Hierachieebene heißt *Root Directory* (*root* engl. die Wurzel). Darunter können im Prinzip beliebig viele Hierarchieebenen mit beliebig vielen vertikalen Einträgen liegen. *References* sind Querverweise auf andere *Directories*. Eine spezifische Datei oder Dateiensammlung wird durch ihren Pfadnamen (*path name*) gekenn-

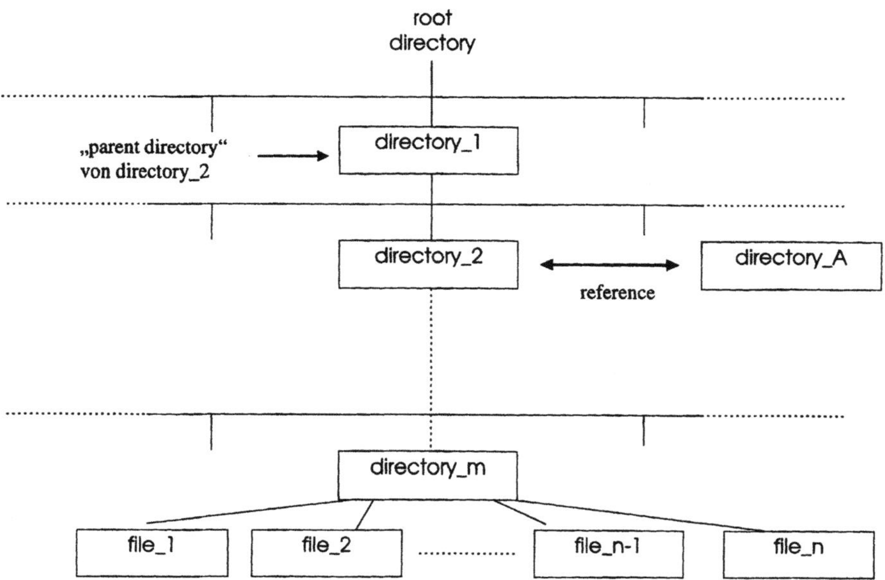

Bild 7-32. Datenorganisation innerhalb der MENTOR-GRAPHICS-Entwurfsumgebung

zeichnet. Dieser Name entsteht durch Aneinanderreihen der Namen der bei der Suche nach der Datei hierarchisch von oben nach unten zu durchlaufenden Directories. Jede Directory wird in dieser Aufzählung durch einen Querstrich (/) von ihren Nachbarn getrennt. Der Pfadname /users/ea zeigt z.B. auf das File „ea" in der Dateiensammlung „users".

Ein Design besteht aus Komponenten und Bibliotheken. Da Designaufgaben von einem Entwicklungsteam gelöst werden, das an vernetzten Workstations arbeitet, ist ein netzwerkweiter Zugriff auf Projektdaten oder Bibliotheken erforderlich. Um dies zu vereinfachen, wurden von MENTOR GRAPHICS sog. *Soft Prefixes* eingeführt. Beispiele sind $MGC_GENLIB oder $PROJECT_XYZ. Diese Prefixes ermöglichen den Zugriff auf Dateien mit einheitlichen Befehlsfolgen, obwohl die Pfadnamen der jeweiligen Dateien von Rechner zu Rechner variieren können. Damit die zu einem Soft Prefix gehörigen Daten auch vom Rechner gefunden werden, sind alle für einen Arbeitsplatz relevanten Soft Prefixes in eine Zuordnungstabelle einzutragen, die jeden Prefix mit einem physikalischen Pfadnamen verknüpft. Diese Tabelle heißt *Location Map*.

Um auf die Location Map zugreifen zu können, muß die Umgebungsvariable $MGC_LOCATION_MAP in einer UNIX-*Shell* gesetzt werden.

7.4.2
Das Session-Fenster des Programms DESIGN MANAGER

Das Programm DESIGN MANAGER wird aus einer Shell mit der Eingabe des Befehls **dmgr** aufgerufen. Danach erscheint das Session Window des Programms. Dieses Fenster (Bild 7.33) enthält zwei Unterfenster, die mit *Tools* und *Navigator Window* bezeichnet werden (*tools*, engl. für die Werkzeuge, *navigate*, engl. für sich orientieren). Im Tools-Fenster können die unterschiedlichen MENTOR-Werkzeuge aktiviert werden. Die Dateienverwaltung erfolgt im Navigator-Fenster.

Um Programme zu starten, wird nach Aufruf des DESIGN MANAGERS das Session Window auf Bildschirmgröße gebracht und das mit *Tools* überschriebene Fenster aktiviert. Zunächst sind die Ikonen, die die verschiedenen Werkzeuge repräsentieren, als einspaltige Liste angeordnet. Im Pop-up-Menü kann der Menüeintrag *update window* selektiert werden. Jetzt erscheinen die Ikonen wie in Bild 7.33 gemeinsam auf dem Bildschirm.

Im Navigator-Fester kann man bestimmte Dateien suchen, selektieren, kopieren oder löschen. In der Überschriftenleiste des Fensters steht der Pfadname der aktivierten Arbeits-Dateisammlung. In der Bild 7.33 sind die Dateien eingetragen, die sich in der Directory mit dem Pfadnamen */users/ea/springer/schildbach* befinden. Die Dateien sind als Liste dargestellt. Alternativ können auch Ikonen verwendet werden (Pull Down Menu: **Windows > View by icon**). Auch in der Listendarstellung werden die verschiedenen Dateitypen durch grafische Symbole gekennzeichnet. Neben jedem Symbol steht der Name des jeweiligen Designobjekts.

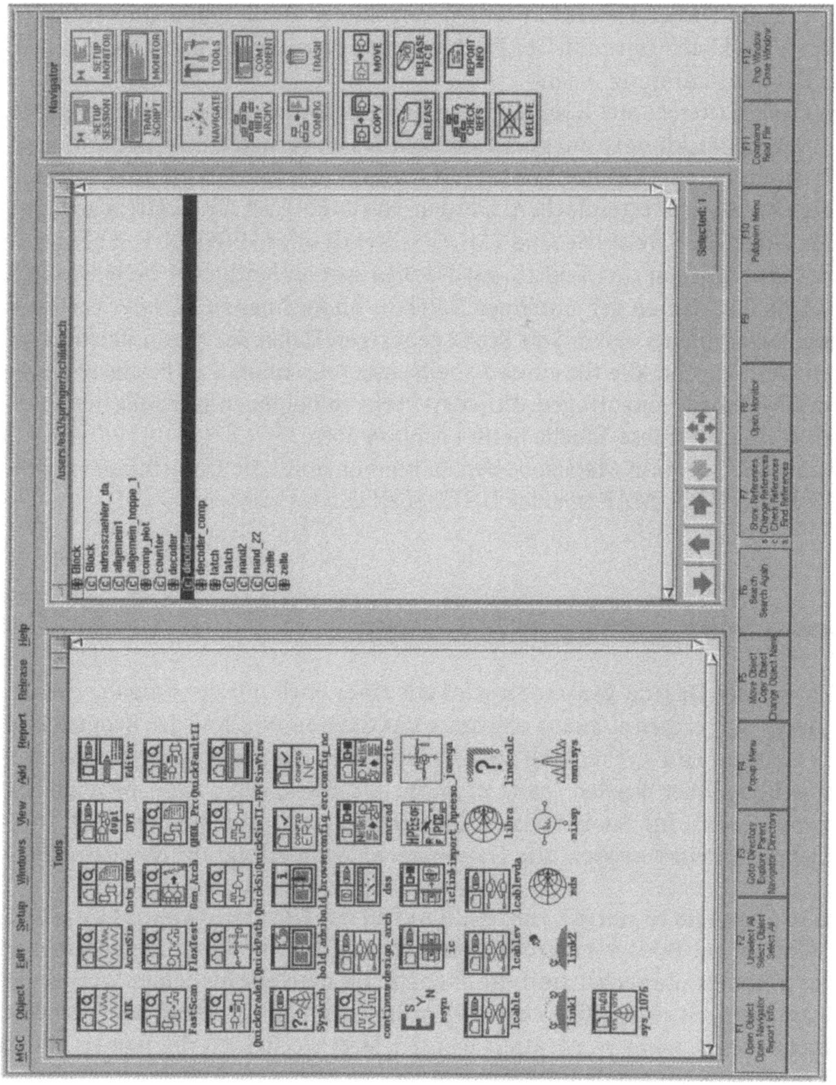

Bild 7-33. Session Window des DESIGN MANAGERS

Um sich innerhalb der Dateienstrukturen zu bewegen, gibt es am unteren
Rand des Navigatorfensters die fünf bereits aus Bild 7.22 bekannten *Navigation
Buttons*:
- Die Schaltfläche ⇓ (*Explore Contents*) führt eine Dateienebene tiefer. Bei
  directory_m in Bild 7.32 sind dies die Dateien file_1, file_2, ... file_n.
- Die nächste Schaltfläche mit dem aufwärts zeigenden Pfeil ⇑ führt aus der se-
  lektieren Datei eine Ebene höher zur Elterndatei (*Show parent*, vgl. Bild 7.32).

- Die Schaltfläche mit dem nach rechts weisenden Pfeil ⇒ zeigt Dateien, die mit der selektierten Datei in Zusammenhang stehen (*References*, vgl. auch Bild 7.32). Das können Bibliotheksdateien sein, die Modelle oder Layoutbeschreibungen für das betrachtete Designobjekt enthalten.
- Die vierte Schaltfläche ⇐ führt aus der *Reference Directory* in die Ausgangsdatei zurück.
- Das letzte Wahlfeld wird als *Go-To-Button* bezeichnet. Nach der Betätigung erscheint hier ein Dialogfeld, in das Pfadnamen jeder gewünschten Datei aus beliebigen Directories eingegeben werden können.

7.4.3
Kopieren, Löschen und Verschieben von Dateien

Mit dem DESIGN MANAGER kann man nicht nur bestimmte Dateien anwählen, sondern auch Designobjekte kopieren, verschieben und löschen. Beim Kopieren und Verschieben werden auch alle Querverweise mit kopiert oder mit verschoben, indem das Programm die Referenzen aktualisiert.

Designobjekte können besonders leicht in der Ikonendarstellung bearbeitet werden. Um die Namensliste in Ikonen zu verwandeln, wird das Pull-Down-Menü „Windows" in der Menüleiste des Sessionfensters des DESIGN MANAGERS geöffnet und der Eintrag „view by icon" selektiert (**Windows > Open Navigator > view by icon**).

Löschen von Objekten

Zum Löschen von Dateien gibt es viele Möglichkeiten. Praktisch ist es, die betreffende Ikone durch Anklicken über die linke Maustaste zu selektieren und dann durch Zeichnen des D-förmigen „Delete"-Strokes (Stroke-ID: 741236987) zu entfernen.

Verschieben von Objekten

Hierzu selektiert man das Toolsfenster und verwandelt es in ein zweites Navigatorfenster (Menüleiste: **Windows > Open Navigator > view by icon**). Dann wird der Pfadname des Zielverzeichnisses, in das die Datei verschoben werden soll, eingestellt. Die Ikone der zu verschiebenden Datei wird dann im anderen Navigatorfenster selektiert und bei gedrückter linker Maustaste in das neue Navigatorfenster gezogen (*drag and drop*). Anschließend kann die verschobene Ikone durch das Pop-Up-Menü das Navigators durch Anklicken des Eintrags „unselect all" deselektiert werden.

Kopieren von Objekten

Das Kopieren geschieht auf fast gleiche Weise wie das Verschieben. Nach der Selektion der zu kopierenden Datei wird die Shift-Taste gedrückt und gehalten. Mit der linken Maustaste wird das selektierte Objekt in das zweite Navigatorfenster gezogen.

7.4.4
Der Notepad-Editor und das Transcript-Fenster

Der NOTEPAD EDITOR ist ein menügesteuerter Texteditor, mit dem man Texte eingeben und überarbeiten kann. Er steht innerhalb des gesamten FALCON FRAMEWORK zur Verfügung. Mit dem Editor können Texte zwischen verschiedenen Tools ausgetauscht werden. Einige MENTOR-Programme benutzen den NOTEPAD EDITOR zum Anzeigen von Mitteilungstexten. Aufgerufen wird der NOTEPAD EDITOR aus jeder Applikationsoftware über die Menüleiste des Session Windows. Mit **MGC > Notepad > New** entsteht eine neue Datei, über **MGC > Notepad > Open > Edit** kann eine bereits existierende Datei aufgerufen werden. Innerhalb des Editors sind alle üblichen Text-Operationen möglich, wie Verschieben oder Kopieren von Textstellen. Textsegmente können in den als *Clipboard* bezeichneten Zwischenspeicher geschrieben und von hier aus dupliziert und in andere Texte eingefügt werden. Der Einfügebefehl heißt *Paste*.

Überarbeitete Texte lassen sich unter gleichem oder geändertem Dateinamen abspeichern. Im ersten Fall ist die Befehlsfolge **File > Save** anzuklicken. Um den Dateinamen zu ändern, wird die Folge **File > Save As** verwendet. Das Programm öffnet eine Dialogbox, in die der neue Name eingetragen werden kann.

Um den NOTEPAD EDITOR zu schließen, genügt es, den Close-Window-Button links oben im Session-Fenster zweimal kurz hintereinander anzuklicken (linke Maustaste).

Das TRANSCRIPT FENSTER ist ein Fenster, das nach dem Öffnen ein Protokoll aller Arbeitsabläufe, Fehlermeldungen und Warnungen in Textform zeigt. Auch diese Funktion ist in allen Anwendungsprogrammen vorhanden. Das TRANSCRIPT FENSTER wird durch Anklicken der *Transcript*-Ikone geöffnet. Diese Ikone findet sich im DESIGN-MANAGER-Paletten-Menü links in der zweiten Reihe von oben (Bild 7.33). Eine andere Möglichkeit zun Öffnen des Transcripts ist die Pull-Down-Menü-Befehlsfolge **MGC > Transcript > Show Transcript**.

7.4.5
Multitasking

Da die HP-700-Workstation unter UNIX das parallele, unabhängige Arbeiten in verschiedenen Software-Tools erlaubt, ist es praktisch, das Programm DESIGN MANAGER sofort nach der Anmeldung aufzurufen und danach im Hintergrund aktiv zu lassen. Dann kann man aus allen Applikationsprogrammen über das HP-VUE-Bedienfeld sofort wieder bei Bedarf in den DESIGN MANAGER zurückkehren.

Wird ein EDA-Werkzeug über das Toolsfenster neu aktiviert, dann weist man dem Programm ein eigenes neues virtuelles Terminalfenster zu. Das aufgerufene Werkzeug wird dann vom Betriebssystem als eigenständige Session verwaltet.

7.5
Zusammenfassung und Schlußbemerkungen

Um Entwicklungszeiten zu verkürzen, werden heute zeitlich parallel arbeitende Entwurfsverfahren mit einer hierarchischen Datenorganisation eingesetzt. Die MENTOR-GRAPHICS-V8-EDA-Software unterstützt diese Vorgehensweise durch eine objektorientierte Strukturierung der Entwurfsdaten. Ein Design besteht hier aus Komponenten, die hierarchisch aufgebaut sind und im Schaltplan durch grafische Symbole repräsentiert werden. Jede Komponente wird durch Modelle beschrieben. Dabei unterscheidet man zwischen funktionalen Modellen, die das Verhalten beschreiben, und nichtfunktionalen Modellen, die z.B. die Signallaufzeit innerhalb einer Komponente angeben. Modelleigenschaften, die nicht bildlich dargestellt werden können, werden über sog. Properties als Text zugewiesen.

Jedes Modell kann im Laufe des Designprozesses verfeinert werden, indem Zusatzinformationen über sog. Back Annotation Files zugeladen werden. Ein Schlüsselkonzept im Rahmen der MENTOR-GRAPHICS-Entwurfsumgebung ist der *Design Viewpoint*. Darunter versteht man eine applikationspezifische Aufbereitung der Design-Datenbasis, die für die Durchführung von Simulationen, Syntheseaufgaben usw. notwendig ist.

Die wichtigsten Entwurfswerkzeuge im MENTOR-GRAPHICS-V8-System sind in zwei Programmpaketen zusammengefaßt: der IDEA-STATION zur Schaltplaneingabe sowie zur Generierung von Symbolmodellen für Komponenten und der IC-STATION für die Erzeugung der geometrischen Beschreibung eines Designs (*Layout*).

Komplexe und leistungsfähige Entwurfssysteme benötigen als Hardwareplattform leistungsfähige UNIX-Rechner. Die FALCON FRAMEWORK-Benutzeroberfläche der MENTOR-GRAPHICS-V8-Tools ermöglicht dabei die komfortable und effektive Steuerung der Applikationsprogramme und die zeitsparende Bearbeitungen von Dateien. Die wichtigsten Eingabemöglichkeiten sowie die Menü- und Fensterkonzepte wurden vorgestellt. Da komplexe Softwaresysteme nur über umfangreiche Handbücher dokumentiert werden können, ist bei den MENTOR-GRAPHICS-V8-Tools ein Online-Hilfe- und Online-Dokumentationssystem integriert, das über das Applikationsprogramm BOLD BROWSER gesteuert werden kann und effektive Hilfsmittel zur Informationssuche bereitstellt.

Zur einheitlichen Verwaltung von Designobjekten und Werkzeugen steht innerhalb der MENTOR-GRAPHICS-V8-Entwurfsumgebung das Werkzeug DESIGN MANAGER zur Verfügung. Mit diesem Programm können unter einer grafischen Benutzeroberfläche alle Entwurfswerkzeuge gestartet sowie Dateien kopiert, verschoben oder gelöscht werden.

Zwei weitere wichtige Hilfsmittel innerhalb des EDA-Systems sind der Texteditor NOTEPAD und das TRANSCRIPT WINDOW, in dem die Ablaufprotokolle von Applikationsprogrammen aufgelistet und überwacht werden können.

7.6
Übungsaufgaben

1. Beschreiben Sie den Aufbau eines Symbolmodells!
2. Wie setzt sich eine Property-Zuweisung zusammen?
3. Was versteht man unter nichtgrafischen Modelleigenschaften? Wie werden diese Eigenschaften in der MENTOR-GRAPHICS-Software zugeordnet?
4. Was ist ein Design Viewpoint?
5. Welche Werkzeuge sind in den Programmpaketen IDEA-Station und IC-Station zusammengefaßt?
6. Skizzieren Sie den Aufbau der Komponentendirectory! Welchen Inhalt hat das Part Objekt und das Component Interface?
7. Was ist ein Softkey und was steht in der Location Map?
8. Welche typischen Aufgaben werden mit Hilfe des Programms DESIGN MANAGER erledigt?

Literatur

[1] *Idea Station Overview Training Workbook.* Software Version 8.2_5. Mentor Graphics Corporation 1994
[2] N. H. Weste und K. Eshraghian: *Principles of CMOS VLSI Design, A Systems Perspective.* 2nd Ed. Reading Massachusetts: Addison Wesley Publishing Company 1993
[3] *Design Architect Training Workbook.* Software Version 8.2_5. Mentor Graphics Corporation 1994

8 Halbleiterspeicherbausteine als Übungsprojekt

Um später MENTOR-GRAPHICS-Werkzeuge möglichst anschaulich diskutieren, zu können, wird eine Beispielschaltung vorgestellt. Ein geeignetes Übungsprojekt, mit dem viele Aspekte des IC-Entwurfs illustriert werden können, ist ein kleiner, statischer Halbleiterspeicherbaustein mit wahlfreiem Zugriff (*Static Random Access Memory*, SRAM). In diesem Kapitel wird ein 1024-bit-SRAM spezifiziert. Größere Speicherkapazitäten sind nicht sinnvoll, denn sie führen automatisch zu größeren Chipflächen und damit zu höheren Fertigungskosten für Prototypen, ohne daß dadurch wesentliche zusätzliche Lernerfahrungen gewonnen werden könnten.

Halbleiterspeicher übertreffen magnetisch oder optisch arbeitende Speichermedien in der Geschwindigkeit des Datenzugriffs sowie in der Betriebszuverlässigkeit. Erste Schaltungen dieses Typs wurden übrigens Anfang der siebziger Jahre von der Firma INTEL vorgestellt. Lag die Speicherkapazität damals bei 1kBit, so finden sich heute Speicherchips mit der 1600fachen Kapazität (16Mbit) in jedem neuen Personal Computer. Speichermodule mit kleinerer Kapazität werden als Komponenten in ASICs oder Mikroprozessoren direkt *on-chip* integriert (*eingebettete* Speichermodule). Bei Mikroprozessoren besteht typischerweise mehr als die Hälfte der Chipfläche aus Speicherschaltungen vom Nur-Lese- (ROM) und Schreib-Lese-Typ (RAM). Dadurch verbessern sich die Systemeigenschaften in bezug auf Datendurchsatz, Verlustleistung und Zuverlässigkeit.

Aufgrund der großen Einsatzbreite und der Bedeutung für die Computerindustrie sind Halbleiterspeicherbausteine die wichtigsten Produkte der Mikroelektronik. In diesem Marktsegment bewirkt der wachsende Bedarf nach immer höheren Speicherdichten und der Konkurrenzdruck Verfeinerungen der Herstellprozesse, die durch Strukturverkleinerungen in periodischen Abständen von etwa 3 Jahren die maximalen Speicherkapazitäten eines RAM-ICs vervierfachen. Halbleiterspeicher sind daher zur Triebkraft für die Weiterentwicklung der IC-Herstellprozesse geworden. Da es bei Speichern auf hohe Integrationsdichten ankommt, werden Halbleiterspeicher hauptsächlich in CMOS-Technologie gefertigt. Jede neue MOS-Technologiegeneration wird daher zuerst für Speicheranwendungen entwickelt und erst im zweiten Schritt für die Fabrikation von Signalverarbeitungs- und Logikchips angepaßt.

Nicht nur wirtschaftliche Aspekte machen Speicherschaltungen interessant. Die Schaltungs- und Entwurfstechnik von Speicherschaltungen ist technologienah und orientiert sich immer an den neuesten verfügbaren Fertigungsprozessen. Speicherschaltungen bestehen aus einer leicht überschaubaren Menge von Analog- und Digitalzellen. Im Ausbildungssektor können RAM-ICs deshalb als ideales Demonstrationsobjekt für den Entwurf einer gemischt analog/digitalen integrierten Schaltung herangezogen werden. An einem RAM-IC lassen sich außerdem die Vorteile von Standardzell- oder Full-Custom-Verfahren demonstrieren und die Vor- und Nachteile von EDA-Werkzeugen verdeutlichen.

Abschnitt 8.1 dieses Kapitels befaßt sich zunächst mit den technischen Grundlagen von Halbleiterspeichern und stellt Speicherzellen sowie die anderen Komponenten von Speicherschaltungen vor.

Die folgenden Abschnitte enthalten das Datenblatt (die *Spezifikation*) eines RAMs mit 1024 bit Speicherkapazität. In Abschn. 8.2 werden die Entwurfsziele (Speicherkapazität, Speicherzugriffszeit, Chipfläche usw.) vorgegeben und die externen Schnittstellen des Chips definiert. Abschnitt 8.3 beschreibt Architektur, Funktion und Komponenten des 1024-bit-SRAM. Abschnitt 8.4 spezifiziert das dynamische Verhalten des Bausteins. Die Abschnitte 8.5, 8.6 und 8.7 geben den Betriebsbereich des Bausteins, die Anschlußbelegung und die Gehäuseform vor. Damit stehen alle Informationen bereit, die zur Entwicklung des Speicherbausteins als kundenspezifische integrierte Schaltung benötigt werden.

8.1
Dynamische und statische Halbleiterspeicher

Die speichernden Elemente eines Speicherbausteins sind sog. *Speicherzellen*, die jeweils 1 bit speichern können. Je nach Zugriffsart wird zwischen Speichern mit seriellem und wahlfreiem Zugriff, Festwertspeichern sowie zwischen schreib- und lesbaren Speichern unterschieden. Die Zellen sind bei allen Speichertypen so verschaltet, daß auf jede Speicherzelle zugegriffen werden kann. Bei Speichern mit seriellem Zugriff werden die Speicherzellen in definierter Reihenfolge angesprochen. Dementsprechend hängt die Zugriffszeit von der Position der gewählten Zelle ab. Bei Speichern mit wahlfreiem Zugriff können hingegen Informationen in beliebige Zellen geschrieben und in beliebiger Reihenfolge mit gleichem Zeitaufwand gelesen werden.

Die mit den größten Stückzahlen produzierten mikroelektronischen Schaltungen sind sog. dynamisch arbeitende Schreiblesespeicherschaltungen (DRAM, *Dynamical RAM*). Dynamische Speicherzellen nutzen die in jeder MOS-Transistorschaltung vorhandenen Kapazitäten und speichern binäre Information in Form von Ladungsmengen. Keine Ladung entspricht der logischen Null und eine extrem geringe Ladungsmenge repräsentiert die logische „1".

Der wesentliche Vorteil dynamischer Speicherzellen sind die kompakten Zellabmessungen. Die Speicherzelle besteht hier nur aus einem Kondensator und einem Transistor, über den die Zelle gezielt angesprochen werden kann. Bild 8.1 zeigt eine dieser *Eintransistorzellen*. Der Flächenbedarf beträgt pro Zelle bei einem 16 Mbit-DRAM lediglich $9\,\mu m^2$! Nachteilig bei der DRAM-Technik sind Leckströme, die Elektroden der Speicherkondensatoren entladen, und der rela-

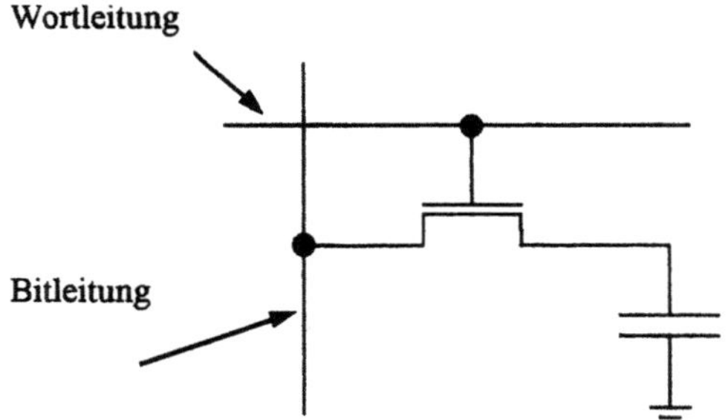

Bild 8-1. Dynamische Ein-Transistor-Speicherzelle. Über Bitleitungen werden Daten eingeschrieben oder ausgelesen. Mit Wortleitungen, die wie Bitleitungen ebenfalls zu jeder Zelle führen, können einzelne Zellen selektiv angesprochen werden

tiv langsame Datenzugriff. Um Datenverluste zu vermeiden, werden die gespeicherten Daten in zyklischen Abständen (etwa alle 50ms) rückgelesen und neu eingespeichert (*Datenrefresh, refresh*, engl. für Auffrischung). Diese Refresh-Zyklen schränken den Datenzugriff ein. Die geringen Zellströme und die großen parasitären Belastungen der langen Datenleitungen verursachen Zugriffszeiten von ca. 50 ns.

Neuerdings werden sog. SDRAMs hergestellt, mit denen sich durch *Pipelining* (s. Abschn. 4.3.1.1) sehr hohe Datenraten erzielen lassen [4]. Bei diesen Schaltungen können zwar synchron mit einem hochfrequenten Takt neue Daten ausgelesen und eingeschrieben werden. Die internen Latenzzeiten, bis ein Datum gespeichert oder nach Anlegen der Speicheradresse an den Ausgangspins erscheint, sind aber wesentlich länger als die Taktperiode. In der zitierten Arbeit werden Taktfrequenzen von 250 MHz bei Zugriffszeiten von 32ns angegeben.

Der speichernde Kondensator in einer DRAM-Zelle war zunächst nichts anderes als die Kapazität der Gate-Elektrode eines MOS-Transistors. Da zur sicheren Speicherung binärer Information eine Mindestkapazität von etwa 50 fF [1] erforderlich ist, reichte die Gatekapazität von Minimaltransistoren ab der 1-Mbit-DRAM-Generation nicht mehr aus. Da die Kapazität eines Kondensators von der Elektrodenfläche abhängt, wären größere Transistorflächen als nötig erforderlich, und die Speicherdichte würde sich trotz Strukturverkleinerung im Rahmen der Technologieentwicklung nicht erhöhen. Der Ausweg sind sog. *Trench-* oder *Grabenzellen,* bei denen die als Kondensator benutzte Gatefläche in das Siliziumsubstrat hineingefaltet wird. So lassen sich ausreichende Speicherkapazitäten mit kleinen Strukturabmessungen an der Chipoberfläche erreichen.

DRAM-Herstellprozesse sind also dreidimensionale Weiterentwicklungen der traditionellen Siliziumplanartechnologie, bei der alle IC-Komponenten planar an der Oberfläche des Halbleitermaterials liegen. In der zweidimensionalen Planar-Technik werden aber Logikchips, wie µ-Prozessoren oder ASICs gefertigt. Megabit- DRAM-Module lassen sich nicht ohne weiteres mit Rechen- oder Logikschaltungen auf einem Substrat kombinieren. Eingebettete Speicherbereiche bestehen deshalb aus *statisch* arbeitenden Speicherzellen (SRAMs).

Die speichernden Elemente von SRAMs sind Logikgatter mit Rückkopplungen. Bild 8.2 zeigt eine bistabile Kippschaltung, die zwei definierte stabile Zustände aufweist, die als logische Zustände interpretiert werden können. Die ein-

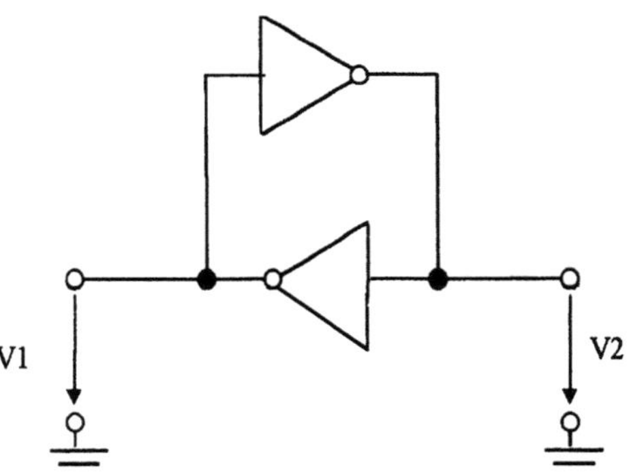

Bild 8-2. Bistabile Kippschaltung aus zwei Invertern. Die Spannungen V1 = V_{DD} und V2 = V_{SS} oder umgekehrt entsprechen stabilen Zuständen. Werden andere Spannungspegel für V1 und V2 zwischen V_{DD} und V_{SS} vorgegeben, so „fällt" die Kippschaltung in den stabilen Zustand, der dem vorgegebenen Zustand am ähnlichsten ist

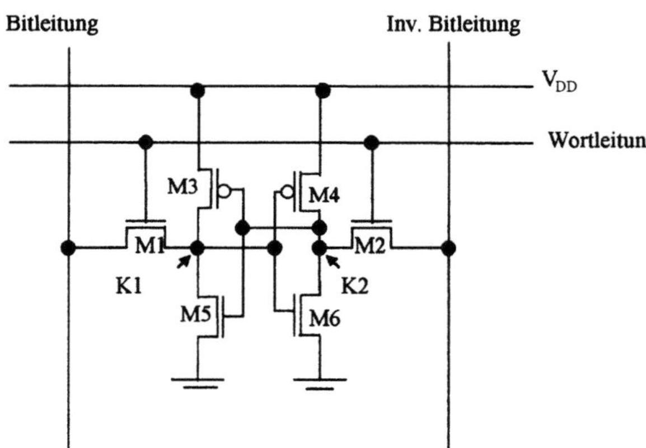

Bild 8-3. Statische Sechs-Transistor-Speicherzelle

geschriebene Information bleibt auch ohne *Refresh*-Zyklen so lange erhalten, wie die Versorgungsspannung am Speicherbaustein anliegt. Die Speicherzellen verfügen außerdem über eine gew. Treiberfähigkeit, und deshalb liegen die Zugriffszeiten bei Megabit-SRAMs deutlich unterhalb von 10ns [6].

Um die DRAM-spezifischen Technologie- und Schaltungsprobleme zu vermeiden, wird als Beispielsschaltung ein SRAM-Baustein entwickelt, der in vielen Aspekten einer konventionellen Logikschaltung entspricht.

8.1.1
SRAM-Speicherzellen

Die SRAM-Speicherzelle besteht aus zwei rückgekoppelten Invertern, die über zwei Pass-Transistoren angesprochen werden können (Bild 8.3). Die zwei stabilen Zustände dieser Kippschaltung sind die Speicherzustände für die logische Null (K1 = V_{DD} und Knoten K2 = V_{SS}) bzw. für die logische Eins (K1 = V_{SS} und K2 = V_{DD}).

Das Beschreiben der Zelle mit neuem Inhalt wird über die sog. *Wortleitung* gesteuert, die die beiden NMOS-Pass-Transistoren in den leitenden Zustand schaltet. NMOS-Transistoren leiten die logische Eins nur degradiert weiter. Bei V_{DD} auf der Bitleitung erreicht der maximale Pegel hinter dem Pass-Transistor nur ca. 3,5 V. Am nachfolgenden Inverter liegt deshalb eine Eingangsspannung an, die nur geringfügig über der Inverterschaltschwelle liegt. In diesem ungünstigen Betriebszustand reicht der Inverterausgangsstrom nicht aus, um die Zelle in einen neuen Zustand zu kippen. Eine vom aktuellen Speicherinhalt abweichende digitale Information kann daher nur über das Entladen des gerade auf V_{DD} befindlichen Knotens (K1 oder K2) bewirkt werden. Um beide logischen Zustände einzuschreiben, sind zwei Datenleitungen (*Bitleitungen*: BL und $\overline{\text{BL}}$) erforderlich, die komplementäre digitale Informationen zuführen. So entsteht die in Bild 8.3 gezeigte Struktur mit sechs Transistoren pro Zelle, die sich als funktionssicherer Standard etabliert hat.

Ein weiterer Vorteil dieses aufwendigen Zellenaufbaus liegt in der schnellen Auslesbarkeit. Beim Auslesen stellt sich auf den komplementären Bitleitungen ein Differenzsignal ein, das durch Differenzverstärkung in eine logische Null oder Eins gewandelt werden kann. Diese Bewertung erfolgt in SRAMs mit Verstärkerstufen, die bereits Spannungsdifferenzen von einigen 10 mV umsetzen können. Die Verstärkerstufen haben außerdem den Vorteil, daß sie die aktivierten Speicherzellen von den Ausgangsschaltungen des RAMs entkoppeln.

Der Nachteil der SRAM-Technik liegt im Flächenaufwand. Verglichen mit DRAMs ist der Flächenbedarf für zwei redundante Bitleitungen und eine statische Speicherzelle mit sechs Transistoren um den Faktor 10 bis 20 größer. Besonders ins Gewicht fallen die beiden rückgekoppelten CMOS-Inverter, weil hier p- und n-Kanal-Transistoren kombiniert werden müssen, die in der Wanne bzw. im Substratbereich liegen. Die in den Entwurfsregeln vorgegebenen Abstände von Transistoren und Wannengrenzen sind besonders groß [2].

Um die Zellfläche zu verkleinern, gingen deshalb viele SRAM-Hersteller zu Pseudo-NMOS-Speicherzellen über, die nicht aus CMOS-, sondern NMOS-Invertern bestehen. NMOS-Inverter sind Reihenschaltungen von n-Kanal-Entladetransistoren und Polysiliziumwiderständen (*Pull-up*) zum Aufladen der Speicherknoten. Da zwei Transistoren der SRAM-Zellen ersetzt wurden, heißen diese Speicherzellen *Vier-Transistor-Zellen*.

Da kurze Zugriffszeiten bei Vier-Transistor-Zellen nur mit extrem hochohmigen Widerständen (Teraohmbereich) möglich sind, erfordert diese Technik wie bei den DRAM-Bausteinen eine spezielle Halbleitertechnologie, die neben dem hochdotierten Gatepolysilizium über ein undotiertes Polysilizium zur Realisierung von hochohmigen, aber flächenmäßig kleinen Widerständen verfügt, sog. Teraohm-Lasten [2]. Vier-Transistorzellen kommen deshalb nur bei Standard-SRAM-ICs zum Einsatz. Die im folgenden beschriebene Beispielschaltung ist wegen der angestrebten Vergleichsmöglichkeiten mit CMOS-Logik-Chips ein konventionelles Sechs-Transisitorzellen-RAM.

8.1.2
Architektur eines SRAMs

Die Architektur ist bei allen RAM-Schaltungen prinzipiell ähnlich: Die Speicherzellen sind matrixförmig in Zellenfeldern angeordnet und werden über dekodierte binäre Adressen angesprochen. Bild 8.4 zeigt schematisch den Schaltungsaufbau eines RAMs. Die einfach aufgebauten und regulären Speicherzellen im Zellenfeld sind räumlich und funktional von den peripheren Schaltungsblöcken getrennt. Da für jedes Bit Speicherkapazität eine Zelle benötigt wird, sind die Speicherzellen die flächenbestimmenden Komponenten. Ist das Zellenlayout entsprechend kompakt, führt die Aufteilung in Zellenfeld und Peripherie zu einer hohen Integrationsdichte.

Die Aufteilung in Zellenfeld und Peripherie ist auch schaltungstechnisch sinnvoll. Unterteilt man die einzelnen Komponenten in digitale und analoge Blöcke, dann gehören die Leseverstärker, mit denen der logische Zustand der

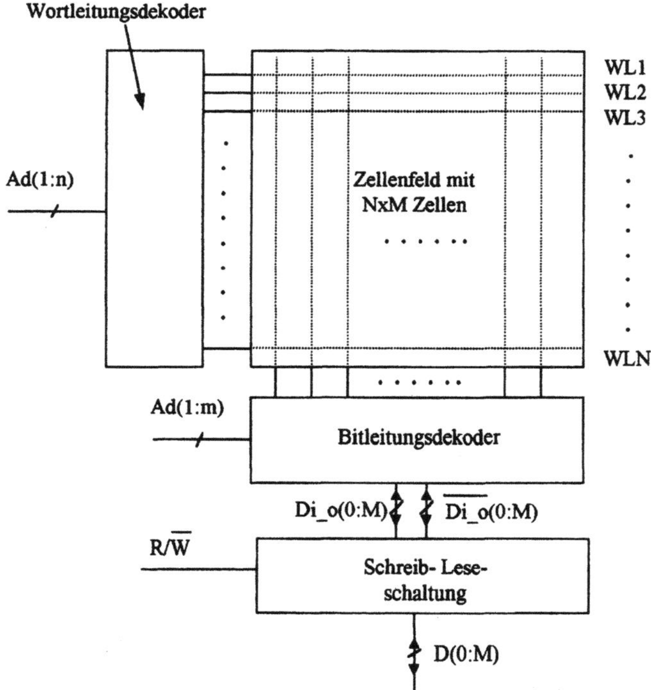

Bild 8-4. Blockschaltbild eines RAMs: *Ad(1:n)* ist die Wortleitungsadresse, die eine von 2^n = N Speicherzellenreihen auswählt. *Ad(1:m)* ist die Bitleitungsadresse, die eine von 2^m = M Speicherzellenspalten auswählt. $R/\overline{W}$ ist das Lese/Schreib-nicht-Signal, das zwischen dem Lesen und dem Beschreiben des Speichers umschaltet. *Di_o(0:M)* und $\overline{Di\_o(0:M)}$ ist der interne Datenbus, der mit Differenzsignalen arbeitet. *D(0:M)* ist der bidirektionale externe Datenbus. *WL1* bis *WLN* sind die Wortleitungen, über die jeweils eine ganze Zeile von Zellen angesprochen werden kann

Bitleitungen beim Auslesen ermittelt wird, sowie das Speicherzellenfeld zu den analogen Schaltungen, während die restlichen peripheren Komponenten digital arbeiten. In Bild 8.4 wurden implizit die Zellenfelder um die Leseverstärker ergänzt. Diese Komponenten befinden sich bei jeder Spalte geometrisch am unteren Rand des Zellenfelds. So entsteht ein modifizierter Zellenfeldblock, der zwar aus Analogschaltungen aufgebaut ist, aber mit den peripheren Blöcken des SRAMs nur über digitale Informationen kommuniziert. Alle internen und externen Schnittstellen, die in Bild 8.4 gezeigt sind, arbeiten daher mit digitalen Pegeln.

8.2
Entwurfsziele für die Beispielschaltung

Um die Fallstudie realistisch zu gestalten, werden einige nichttriviale Anforderungen an das zu entwickelnde SRAM vorgegeben. Die Schaltung soll eine Speicherkapazität von 1024 bit aufweisen. Die Speicherorganisation ist variabel. Von außen kann entweder eine 1024×1bit- oder eine 64×16bit-Speicheraufteilung eingestellt werden. Das bedeutet, daß wahlweise entweder einzelne Bits oder 16-bit-Worte eingeschrieben und ausgelesen werden können.

Weitere Entwurfsvorgaben, die allen weiteren Designüberlegungen zugrunde liegen, sind:

1. *kurze Zugriffszeiten* (< 50 ns) im Schreib- und Lesebetrieb,
2. Spannnungsversorgung zwischen 3 und 7 Volt
3. möglichst *kleine Stromaufnahme* (< 1 mA), um den Baustein in batterieversorgten Systemen einsetzen zu können und
4. eine *kleine Chipfläche*, die die Mindestgröße von 10mm^2 für einen EURO-PRACTICE-Prozeßdurchlauf für den 2,4-μm-CMOS-Prozeß von ALCATEL MICROELECTRONICS nicht wesentlich überschreitet.

Da eine kleine Chipfläche und eine kleine Stromaufnahme nur mit einer großen Zugriffszeit vereinbart werden können, stehen die genannten Entwurfsziele im Konflikt, und es sind – wie auch in der Praxis – Designoptimierungen erforderlich, die zu bestmöglichen Kompromissen zwischen den Entwurfszielen führen.

Da das neue SRAM nur für Übungszwecke in Kleinserie gefertigt werden soll, lohnt es sich nicht, ein Testprogramm für einen ASIC-Tester zu entwickeln. Die Prüfung der Prototypen-ICs wird deshalb im Rahmen der Lehrveranstaltungen an der FH Darmstadt mit Hilfe einer Mikroprozessorplatine durchgeführt.

Spezifikation der Schnittstellen

Bei der Konzeptentwicklung eines neuen ICs sind zuerst die externen Schnittstellen des Bausteins zu definieren. Diese Schnittstellen sind im sog. *Kontextdiagramm* definiert, das die Schnittstellen für den Datentransfer zwischen dem SRAM-Baustein und externen Komponenten festlegt. Wie Bild 8.5 zeigt, verfügt der Baustein über folgende externe Anschlüsse:

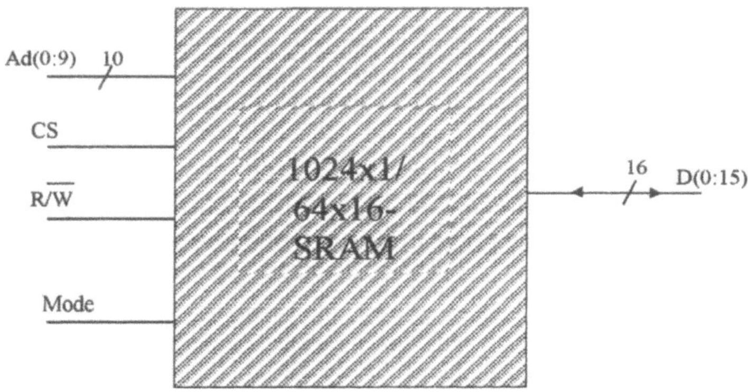

Bild 8-5. Kontextdiagramm des 1024 × 1/64 × 16-SRAM-Bausteins

- einen 10 bit breiten Addreßbus *Ad(0:9)* für Adreßworte, mit denen jede Zelle angesprochen werden kann,
- den Schreib-/Lese-Eingang $R/\overline{W}$, mit dem vom Schreib- in den Lesebetrieb umgeschaltet wird,
- den bidirektionalen Datenbus *D(0:15)*, über den 16-bit-Worte eingespeichert oder ausgelesen werden,
- ein Chipselect-Signal *CS*, über das der RAM-Baustein selektiv aktiviert bzw. abgeschaltet werden kann
- sowie ein *Mode*-Signal, das zwischen 16-bit- und 1-bit-Betrieb umschaltet. Im 1-bit-Betrieb soll nur die Datenleitung *D/0)* benutzt werden, alle anderen Leitungen sind abgeschaltet.

Im Kontextdiagramm sind die Versorgungsleitungen mit Masse- bzw. Betriebspotential (V_{SS} bzw. V_{DD}) nicht aufgeführt. Insgesamt ergeben sich also 31 IC-Pins. Die Prototypen können damit in einem preiswerten Standard-DIL40-Gehäuse verpackt werden.

Einschreib- und Lesevorgänge werden über das *CS*-Signal ausgelöst. Dabei sind gewisse Zeiten einzuhalten, die in Tabelle 8.1 definiert sind. Alternativ könnte man auch Signalwechsel an den Adreßeingängen überwachen und jeden Wechsel als Startsignal für einen Schreib- oder Lesevorgang interpretieren. Diese Variante ist aber schaltungstechnisch aufwendiger und wird deshalb hier nicht weiter verfolgt.

8.3
Architektur, Funktion und Komponenten des 1024x1/64x16-SRAMs

Ein wesentliches Ziel beim SRAM-Entwurf ist das Erreichen einer kurzen Zugriffszeit (hier 50 ns), in der Daten ein- oder ausgelesen werden können. Die Zugriffsgeschwindigkeit hängt stark von der gewählten Architektur des Bausteins

ab. Die Zeit zwischen Anliegen einer neuen Adresse und dem Ende des Auslese-
bzw. Einschreibvorgangs setzt sich aus drei Laufzeitbeiträgen zusammen:
- der *Dekodierungszeit* für das anliegende Adreßwort,
- der *Umladezeit* für die Wortleitung, die aus dem deaktivierten Zustand mit
  Massepotential auf den aktiven Zustand mit Versorgungsspannungspotential
  gebracht werden muß,
- und der *Auslese-* bzw. *Einschreibzeit* für den internen Datenpfad im Zellenfeld, der sich aus der Zelle selbst, sowie den Bitleitungen mit Leseverstärker
  bzw. der Einschreibschaltung zusammensetzt.

Die Dekodierzeit wird vom Aufbau der Dekoderschaltung bestimmt. Die Länge der Umladezeit der Wortleitung hängt von der parasitären kapazitiven Belastung dieser Leitung ab, die von der Zahl der Spalten im Zellenfeld bestimmt
wird. Die wesentlichen Beiträge zur Wortleitungskapazität sind die Gatekapazitäten der beiden Pass-Transistoren, die bei jeder Speicherzelle in einer Zeile von
der Wortleitung kontaktiert werden. Die Auslese- bzw. Einschreibzeit wird von
der Länge der Bitleitungen und damit von der Zeilenzahl des Zellenfelds bestimmt. Neben der Leitungskapazität sind hier die Source/Drain-Kapazitäten
der Pass-Transistoren der einzelnen Zellen umzuladen.

8.3.1
Speicherzellenfelder

Da die Zeilen- und Spaltenzahl des Zellenfeldes entscheidend in die Zugriffs-
dauer eingeht, wird der gesamte Speicherbereich in mehrere *Speicherblöcke* mit
einer geringeren Zeilen- und Spaltenzahl unterteilt. So können zusätzliche Trei-
berschaltungen eingefügt werden, die Umladezeiten für die Bit- und Wortleitungen reduzieren.

Bei der hier vorliegenden relativ kleinen Speicherkapazität genügt eine Zwei-
teilung mit jeweils 64 Zeilen und 8 Spalten (Bild 8.6). Die Wortleitung über-
spannt dann nur 8 Speicherzellen, und die 16 Gatekapazitäten der 16 Pass-Transistoren stellen nur eine relativ kleine kapazitive Last dar.

Prinzipiell wäre es möglich, die Wortleitungen als kurzreichweitige Verbindung in der Polysiliziumebene zu realisieren. Dann könnten die Gate-Bereiche
der 16 Pass-Transistoren direkt ohne Kontakte platzsparend angeschlossen werden. Aufgrund des relativ hohen Poly-Siliziumwiderstands von $25\,\Omega/\square$ ist dies
aber im Hinblick auf schnellen Datenzugriff nicht sinnvoll, denn Polysilizium-
wortleitungen verursachen einen nicht zu vernachlässigenden RC-Laufzeitbei-
trag. Deshalb werden die Wortleitung in einer Metallebene ($25\,\text{m}\Omega/\square$) ausgeführt und die Pass-Transistor-Gates über Kontakte angeschlossen.

Die Bitleitungen im Zellenfeld sind ebenfalls relativ kurz, aber die Sperrschichten der Source/Drain-Gebiete der 64 angeschlossenen Pass-Transistoren
verursachen eine kapazitive Belastung im pF-Bereich. Die Umladezeiten dieser
Kapazitäten tragen wesentlich zur gesamten Speicherzugriffszeit bei. Um die
Ladungsmengen und damit die Ladezeiten bei Lese- und Schreiboperationen zu

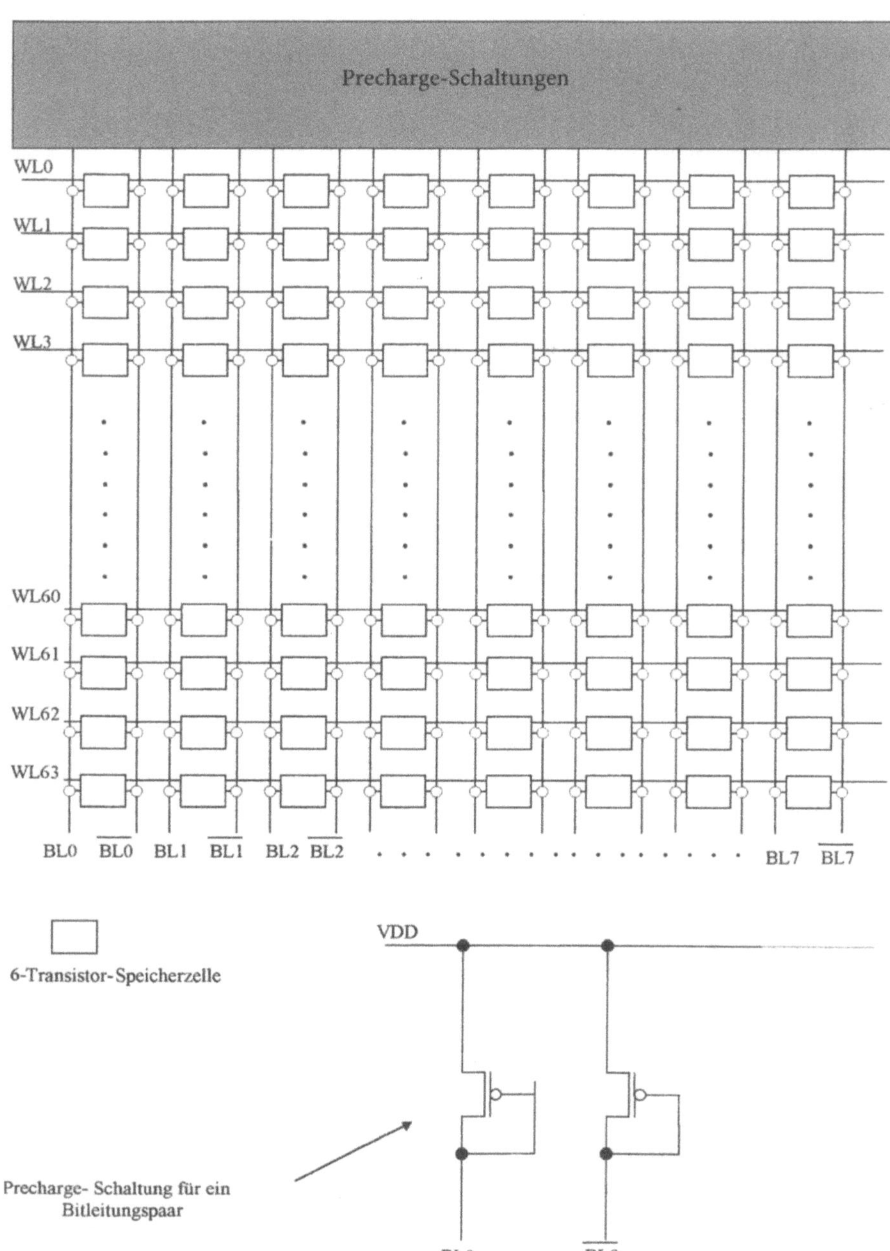

Bild 8-6. Speicherzellenblock aus 64 × 8 Zellen mit Precharge-Schaltungen

reduzieren, werden die Bitleitungen auf einen mittleren Pegel statisch vorgeladen (*Precharging*). Bei diesem Prinzip werden aktive PMOS-Transistorlasten mit den Bitleitungen verbunden, die nicht abgeschaltet werden können (s. Bild 8.6). Der Spannungsabfall an den Transistoren beträgt eine PMOS-Transistoreinsatzspannung, die sich aufgrund des Substratsteuereffekts auf etwa 2 V einpegelt. Das Bitleitungspotential erreicht folglich am Ende des Vorladeprozesses bei nominaler Versorgungsspannung ($V_{DD} = 5V$) etwa 3V. Sobald dieser mittlere Pegel erreicht ist, schalten sich die Transistoren automatisch ab ($u_{GS} - u_{th} < 0$), und es fließt kein weiterer Strom.

Die Dimensionierung der Prechargetransistoren ist kritisch: einerseits laden große Transistoren die Bitleitungen schnell auf, und das SRAM kann nach kurzer Wartezeit wieder gelesen oder beschrieben werden. Andererseits bilden die Transistoren der Inverter in der Zelle während des Lesens mit Prechargetransistoren einen Spannungsteiler, dessen Arbeitspunkt die Bitleitungspegel festlegt. Die Weiten und Längen der Ladetransistoren sind deshalb so auszulegen, daß die Verstärkung der Zellentransistoren die der Prechargetransistoren deutlich übertrifft. Beim Schreiben ergeben sich keine weiteren Randbedingungen. Hier werden die Bitleitungen über starke Treiberstufen geladen, die sich am unteren Rand der Zellenfelder befinden und die Pegel der Prechargetransistoren ohne Probleme überschreiben können.

Eine sinnvolle Ausgangsdimensionierung für PMOS-Prechargetransistoren ist die minimal zulässige Weite W_{min} bei verdoppelter minimaler Kanallänge. Damit liegen die Sättigungsströme dieser Transistoren bei etwa einem Viertel der Sättigungsströme der minimal gezeichneten NMOS-Transistoren in der Speicherzelle. Durch SPICE-Simulationen ist genau zu prüfen, ob das RAM mit Ladetransistoren schreib- und lesbar bleibt und ob die Ladezeiten an die Dekodierzeiten für neue Adressen angepaßt, also hinreichend kurz sind, um die RAM-Operationen nicht unnötig zu behindern.

8.3.2
Adreßdekoder

Um 1024 bit bzw. 64 unterschiedliche 16-bit-Worte einzeln anzusprechen, werden 10 externe Adreßsignale ($2^{10} = 1024$) benötigt, die im Adressendekoder dekodiert werden. Es wird zwischen Zeilen- und Spaltendekodern unterschieden. Beim vorliegenden Entwurf wird das 10 bit breite Adreßwort in eine 6-bit-Zeileninformation, eine 1-bit-Adresse, die das linke oder rechte Zellenfeld auswählt, und in eine Spaltenaddresse mit 3 bit zerlegt, die separat dekodiert wird (s. Bild 8.7). Im 16-bit-Betrieb sind nur die 6-Zeilen-Adreßbits auszuwerten.

Damit Änderungen der anliegenden Adreßsignale laufende Einschreib- oder Auslesevorgänge nicht stören, werden die bei einer steigenden Flanke des CS-Signals gültigen Adreßinformationen in Register (Adreßlatches) eingeschrieben. Die gespeicherten Daten werden für alle internen Abläufe verwendet, bis am CS-Pin die nächste steigende Flanke auftritt.

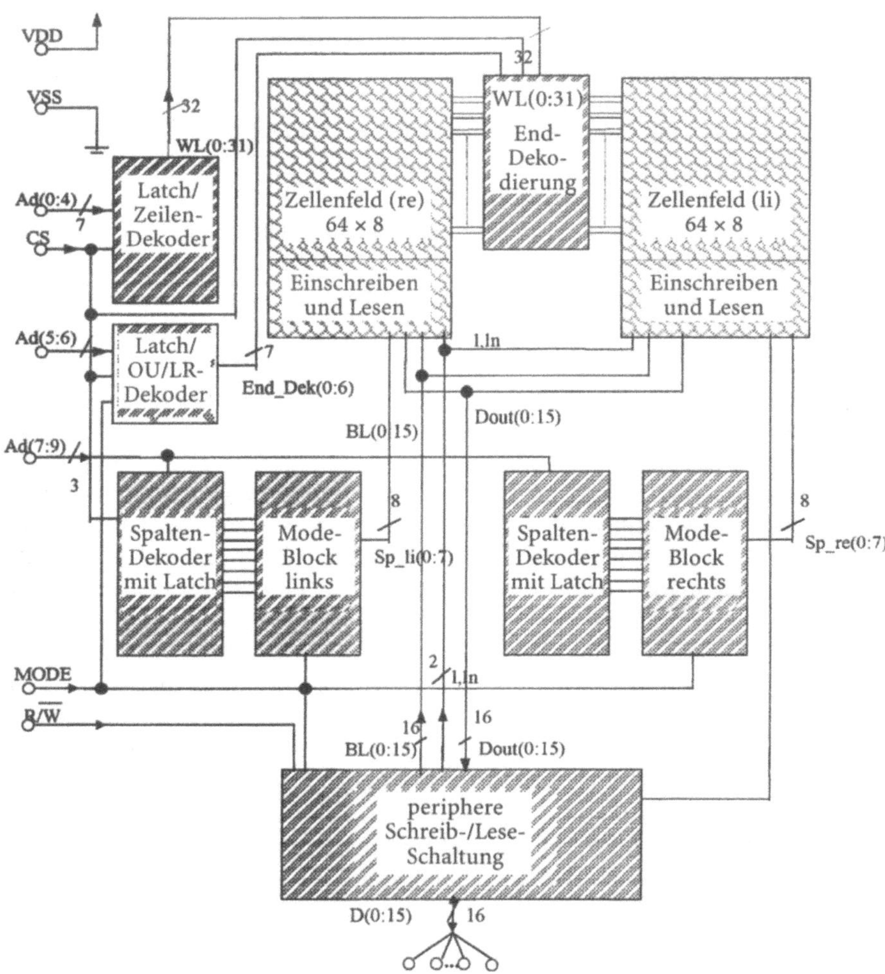

Bild 8-7. Blockdiagramm des 1024 × 1/64 × 16-SRAM-Bausteins: Die schraffierten Blöcke sind digitale Schaltungen, die gemusterten Komponenten sind analog arbeitende Blöcke, die in Full-Custom-Entwurfstechnik ausgeführt werden müssen, um die Chipfläche klein zu halten. Die internen Datenleitungen BL(0:15) werden zusätzlich in invertierter Form den Zellenfeldern zugeführt. Die Write-Recovery-Schaltung ist der Einfachheit halber weggelassen worden

8.3.2.1

Zeilendekodierung

In der Literatur finden sich die unterschiedlichsten Dekodierschaltungen [1, 3]. Bild 8.8 zeigt beispielhaft eine 1:4-Dekodierung aus AND-Gattern, die zwei Adreßbits *Ad(0)* und *Ad(1)* auswertet. Da die CMOS-Technik invertierende Gat-

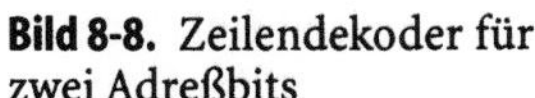

Bild 8-8. Zeilendekoder für
zwei Adreßbits

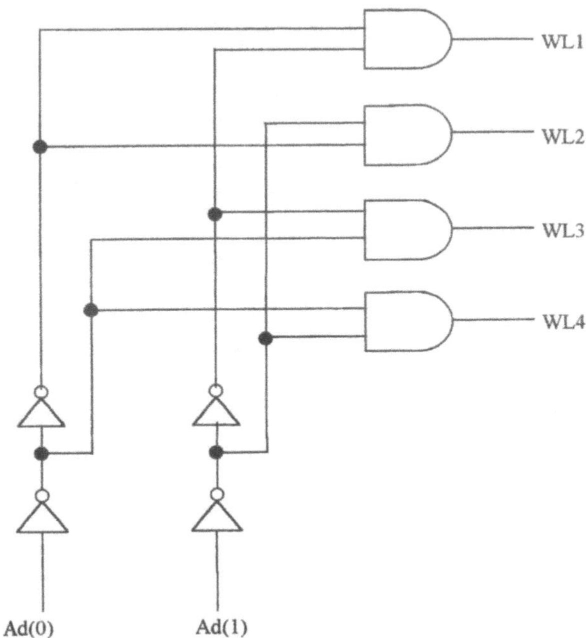

ter bevorzugt, werden AND-Gatter aus einem statischen NAND-Gatter und einem anschließenden Inverter zusammengesetzt. Der Inverter verstärkt das Ausgangssignal des NAND-Gatters und treibt so die angewählte Wortleitung.

Bei der Dekodierung von 6 Zeilenadressen erhöht sich gegenüber der in Bild 8.8 dargestellten Schaltung die Zahl der Eingangsleitungen der eingesetzten NAND-Gatter entsprechend von 2 auf 6. Da CMOS-Logikgatter mit vielen Eingängen sehr langsam schalten, wird die 6:1-Dekodierschaltung in Vor- und Hauptdekodierstufen aufgeteilt, die aus schnellen Gattern mit wenig Eingängen (kleiner *Fan-in*) bestehen.

Allerdings nimmt die Signallaufzeit durch eine mehrstufige Logik mit der Stufenzahl zu. Der Geschwindigkeitsvorteil der geringen Signalauffächerung kann so verloren gehen. Deshalb wird bei großen RAMs die Dekodierung mit teilweise parallel arbeitenden Schaltungen durchgeführt.

Bei unserer Beispielschaltung wird die 1:64-Dekodierung in eine 1:32-Auswahlschaltung (5 bit) zerlegt, mit der 32 Zeilenpaare angesprochen werden können. Das 6. Zeilenbit wählt über eine 1:2-Dekodierung die obere oder untere Wortleitung des selektierten Paares aus. Diese Dekodierung wird mit 1:2-Auswahlschaltung zusammengefaßt, die das Links-/Rechtsbit auswertet, das zwischen dem linken und rechten 64×8-Zellenblock im Speicherzellenfeld unterscheidet. So entsteht eine 1:4-Schaltung, die in Bild 8.7 als OU/LR-Dekodierung (Oben - Unten/ Links - Rechts) bezeichnet ist.

Die OU/LR-Auswahl und die 1:32-Zeilenauswahl sind von einander unabhängig und können daher zeitlich parallel erfolgen. Die Signalverzögerung bei der

Adreßdekodierung wird daher ausschließlich von der Dekodierzeit bei der 1:32-Auswahl bestimmt (zeitkritischer Signalpfad). Die kleinere Signallaufzeit bei 1:4-OU/LR-Auswahl fällt nicht ins Gewicht.

Die beiden parallel arbeitenden Dekoder erzeugen 32 Wortleitungs- und 7 Steuersignale. Die Steuersignale aktivieren über die Enddekodierschaltung (Bild 8.7) entweder eine einzelne Wortleitung im linken oder rechten Zellenfeld bzw. im 16-bit-Mode je eine Wortleitung im linken und im rechten Feld. In der Enddekodierschaltung wird zusätzlich das CS-Signal eingebunden, um bei abgeschaltetem RAM (CS = O)) Zugriffe auf den Speicherinhalt zu verhindern.

8.3.2.2
Spaltendekodierung

Da das Speicherzellenfeld in zwei 8-bit-breite Bereiche aufgeteilt ist, genügen im 1-bit-Betrieb für die Auswertung der Spaltenadressen je ein 1:8-Dekoder pro Speicherblock. In Verbindung mit der Rechts/Links-Dekodierung im OU/LR-Block kann so jede der 16 Spalten des Speicherzellenfeldes angesprochen werden.

Im 16-bit-Betrieb setzt, wie in Bild 8.7 gezeigt, der nachgeschaltete MODE-Block die 1:8-Auswahl wieder zurück.

8.3.3
Die periphere Schreib- und Leseschaltung des SRAMs

Die dekodierten Spaltenadressen bestimmen, auf welches Bitleitungspaar bzw. auf welche Bitleitungspaare intern zugegriffen wird. Die Zuordnung der Pins der Speicherzellenfelder zu den einzelnen Datenpins D(0:15) hängt aber vom Betriebsmodus ab. Die Zuordnung treffen Komponenten, die als *periphere Schreib- und Leseschaltung* bezeichnet werden (Bild 8.9). Dieser Schaltungsteil zwischen Speicherblöcken und Padzellen besteht aus einer *Schreib-*, einer *Leseschaltung* und einem *Datenaufbereitungsblock*.

Die Schreibschaltung leitet im 1-bit-Mode beim Schreiben das Signal am Datenpin D(0) auf die von der Spaltendadresse definierte Speicherspalte. Im 16-bit-Mode werden alle 16 Eingangspins D(0) bis D(15) auf die 16 Spalten des Speicherzellenfelds geschaltet.

Die Leseschaltung gibt im 1-bit-Mode das bewertete Bitleitungssignal der angewählten Spalte auf den Datenpin D(0). Im 16-bit-Mode werden wie bei der Schreibschaltung alle Datenausgangsleitungen der beiden Zellenfelder mit den Datenpins D(0) bis D(15) verbunden.

Die Schreib- und Leseschaltungen sind gegeneinander verriegelt, damit gegenseitige Störungen auf dem internen bidirektionalen Datenbus vermieden werden.

Der Datenaufbereitungsblock stellt beim Einschreiben die 1-bit- bzw. 16-bit-Daten in invertierter und nicht invertierter Form bereit (BL(0:7), BL(8:15), $\overline{BL(0:7)}$, $\overline{BL(8:15)}$). Der Block erzeugt außerdem das Lese- und das Schreibsignal

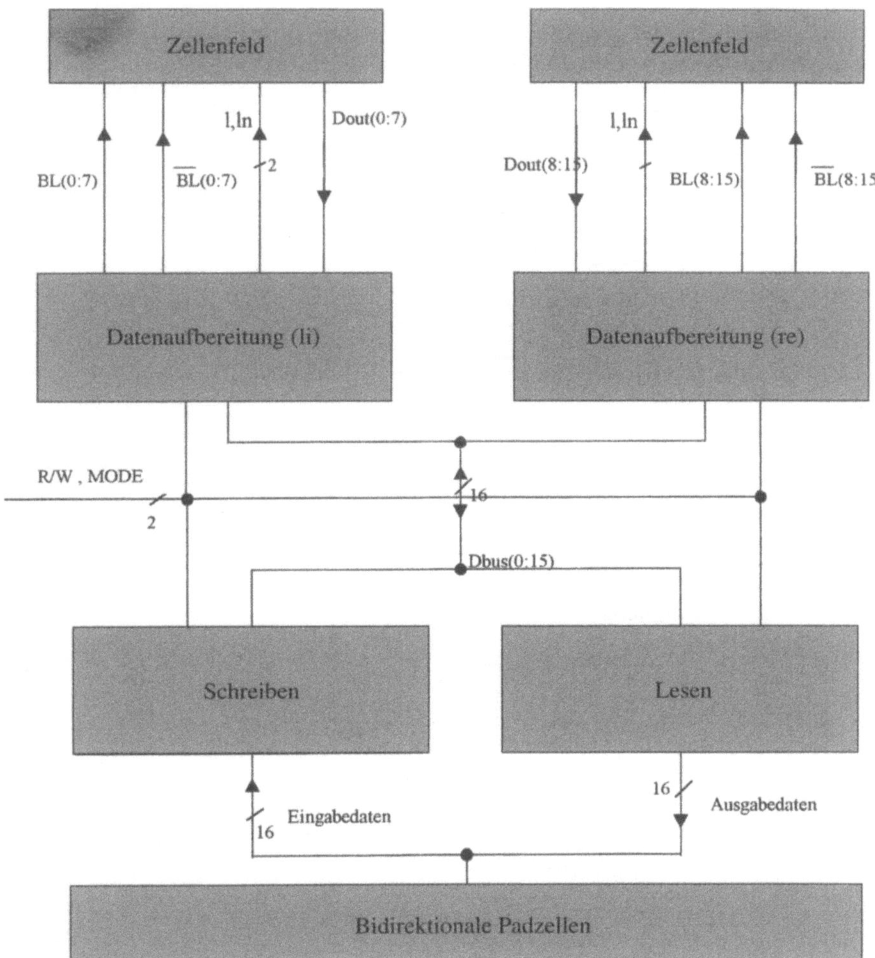

Bild 8-9. Periphere Schreib-/Leseschaltungen des SRAMs

(l,ln), die die analogen *Schreib- und Bewerteschaltungen* am unteren Ende der Zellenfelder steuern, und schaltet das Ausgangssignal der Differenzverstärkerstufen auf den internen Datenbus.

8.3.4
Schreib- und Bewerteschaltungen im Zellenfeld

Die *Schreib- und Bewerteschaltungen* am unteren Rand des Zellenfeldes leiten die Eingabedaten auf den Leitungen (BL(0:7), BL(8:15), $\overline{BL}$(0:7), $\overline{BL}$(8:15)) auf die

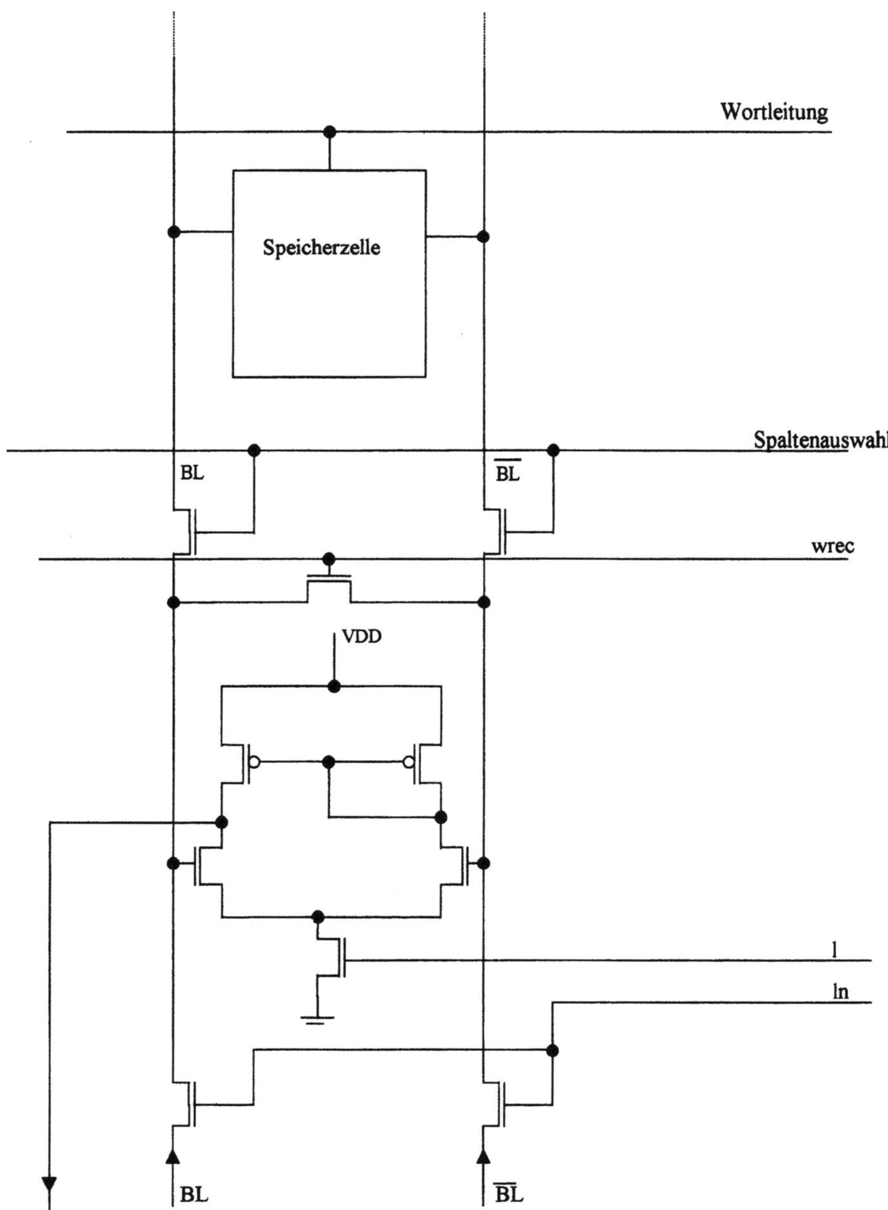

Bild 8-10. Interne Schreib- und Bewertungsschaltung im Datenpfad des Zellenfeldes. Dargestellt ist schematisch der untere Bereich einer Zellenspalte mit Leseverstärker und den Pass-Transistoren, die mit den Spaltendekoderausgangssignalen angesteuert werden. Die l- bzw. ln-Signale (lises/lies-nicht) lösen einen Lese- oder Schreibvorgang aus

internen Bitleitungen und konvertieren das ausgelesene Differenzsignal auf den Bitleitungen in binäre Information (vgl. Bild 8.7). Die Funktion des Blocks wird von den Signalen *l* (lies), *ln* (schreib), *wrec* und den Spaltenauswahlssignalen gesteuert. Bild 8.10 zeigt das interne Schaltbild der Schreib- und Bewerteschaltungen für ein Bitleitungspaar. Insgesamt besteht die Schreib- und Bewerteschaltung aus 16 solchen Schaltungen am unteren Ende jeder Speicherzellenspalte in beiden Zellenfeldern.

Das *l* (lies)-Signal aktiviert den Lesedifferenzverstärker, dessen Verhalten genauer in Abschn. 4.2.4.3 beschrieben ist. Aufgrund der Verstärkung der Differenzspannung zwischen den Bitleitungen, genügen Potentialunterschiede von etwa 100mV auf BL und $\overline{BL}$, um die gespeicherte Information der Zelle in digitale Ausgangssignale umzuwandeln.

Das zu *l* inverse Signal *ln* (schreib), verbindet die Bitleitungen mit den Datenleitungen BL und $\overline{BL}$. Im 1-bit-Betrieb wählt das *Spaltenauswahlsignal* ein bestimmtes Bitleitungspaar aus, das dann über Pass-Transistoren mit den Leseverstärkereingängen, bzw. mit den relevanten BL- bzw. $\overline{BL}$-Leitungen verbunden wird. Im 16-bit-Betrieb sind alle Bitleitungspaare gleichzeitig nach außen geschaltet.

8.3.5
Die Schreiberholschaltung im Zellenfeld

Da beim Einschreiben bei jedem aktivierten Bitleitungspaar eine Leitung vollständig entladen und die andere Leitung vollständig aufgeladen wird, dauert die Vorladung der Bitleitungen für den nächsten Zugriff mit den Precharge-Transistoren nach dem Schreiben viel länger als nach dem Lesen. Um diese Asymmetrie zu beseitigen, wird nach dem Schreiben die sog. Schreiberholschaltung (engl. *Write Recovery*) aktiviert. Dies geschieht über das *wrec*-Signal, bei dem es sich um einen kurzen High-Puls handelt, der am Ende eines Schreibvorgangs mit der steigenden R/W-Flanke erzeugt wird. Dieser Puls schaltet Transistoren ein, die jedes Bitleitungspaar im Zellenfeld kurzzeitig niederohmig verbinden. So gleichen sich die großen Ladungsunterschiede zwischen den Bitleitungen aus.

Das *wrec*-Signal zur Bitleitungsequilibrierung wird mit einem Monoflop generiert (Bild 8.11), das vom *invertierten* R/W-Signal angesteuert wird. Wechselt dieses Signal von „1" in den Zustand „0", dann erzeugt das Monoflop einen Puls am Ausgang, der den Wert „1" für drei Inverterlaufzeiten behält.

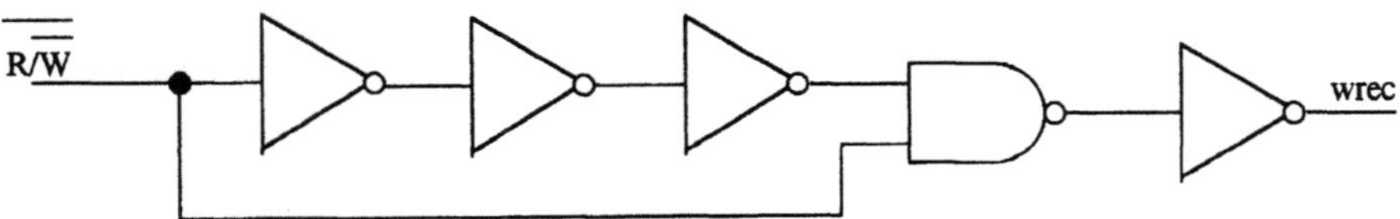

Bild 8-11. Monoflop zum Erzeugen des *wrec*-Pulses für die *Write-Recovery*-Schaltung. Das Eingangssignal ist das invertierte R/W-Signal, das am Ende eines Schreibzyklusses wieder auf „0" wechselt

8.4
Spezifikation der dynamischen Kennwerte des 1024x1/64x16-RAMs

Die dynamischen Kennwerte beschreiben das zeitliche Verhalten eines Schaltkreises bei wechselnden Eingangssignalen. Da alle internen Schaltvorgänge im SRAM mit Verzögerungszeiten behaftet sind, müssen die externen Signale bestimmte Zeitmuster (*Timing*) bei Schreib- und Lesevorgängen einhalten (Bilder 8.12 und 8.13). Diese Zeitvorgaben werden – soweit möglich – in der ASIC-Spezifikation definiert. Die endgültigen Werte ergeben sich bei der Musteruntersuchung von SRAM-Prototypen. Die Eckpunkte des Wertebereichs, die Minimum- und Maximumwerte, werden durch Messungen bei den kritischen Betriebsbedingungen bestimmt. Bei maximaler Umgebungstemperatur und niedrigster zulässiger Betriebsspannung arbeitet der Baustein am langsamsten, bei minimaler Betriebstemperatur und höchster zulässsiger Versorgungsspannung sind die Zeitwerte am kürzesten. Tabelle 8.1 listet die dynamischen Kennwerte des

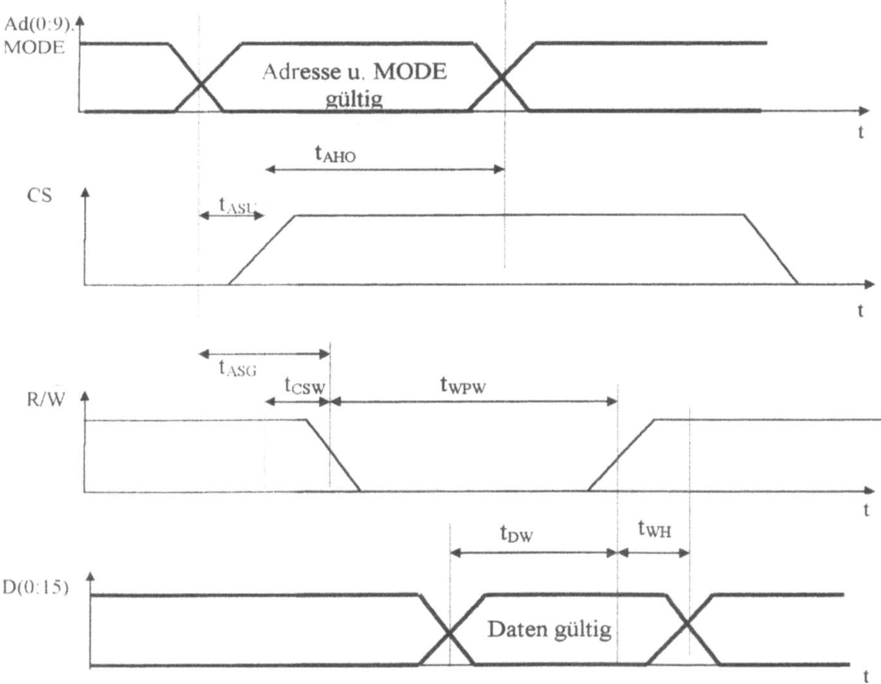

Bild 8-12. Schreibzyklus: Nach Anlegen des MODE - Signals und der Adressen A0 bis A9 werden die Daten des Pins D(0) bzw. der Pins D(0:15) mit der steigenden Flanke des CS-Signals übernommen. Die fallende Flanke des RW-Signals startet den Schreibvorgang. Beim Schreiben sind folgende Zeiten einzuhalten, die im Text genauer definiert werden: t_{ASU} *Address Setup-Zeit;* t_{AHO} *Address Hold- Zeit;* t_{ASG} *Address-Setup-Zeit (gesamt);* t_{CSW} *Chip-Select Write-Setup-Zeit;* t_{WPW} *Schreibpulsweite;* t_{DW} *Data Valid to end of Write-Zeit;* t_{WH} *Hold-Time after Write*

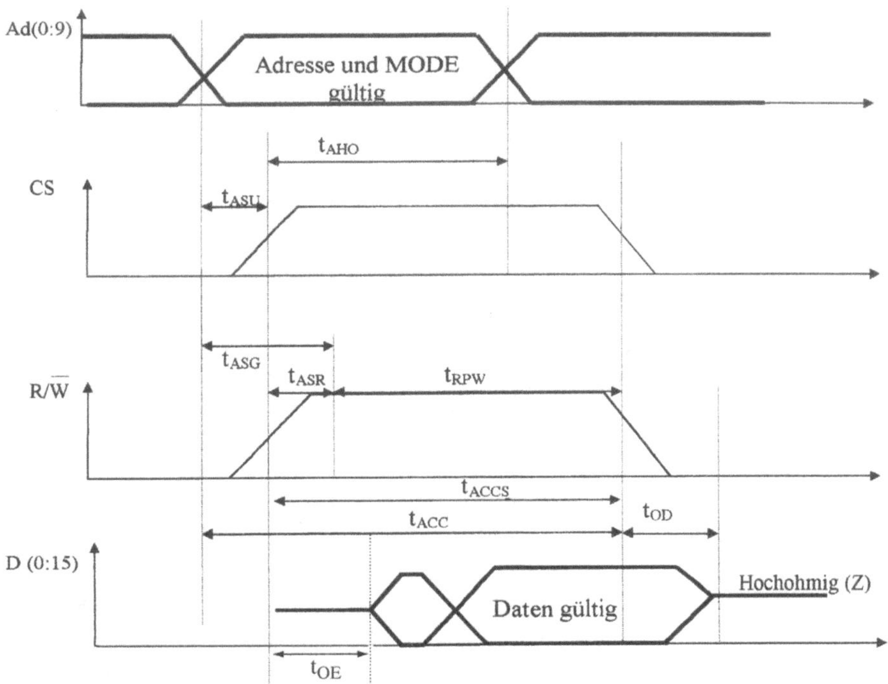

Bild 8-13. Zeitdiagramm für den Lesebetrieb: Die Eingänge A0 bis A9, das MODE-Signal und das Schreib-Lese-Signal R$\overline{W}$ müssen vor dem Chip Select (CS)-Signal korrekt anliegen. Nachdem am CS- Signal ein gültiger Pegel liegt, werden die Daten ausgelesen. Die Ausgangssignale D(0) bzw. D(0:15) sind nur gültig, bis CS seinen 1-Pegel verlassen hat. Danach werden die Ausgangstreiber abgeschaltet und die Datenleitungen nehmen einen hochohmigen Zustand ein. Beim Lesen sind folgende Zeiten einzuhalten, die im Text und Tabelle 8.1 genauer definiert werden: t_{ASU} *Adress Setup-Zeit*; t_{AHO} *Address Hold-Zeit*; t_{ASR} *Address-Setup-Zeit (gesamt Lesen)*; t_{CSR} *Chip-Select-Read-Setup-Zeit*; t_{RPW} *Lesepulsweite*; t_{OD} *Output Disable* Zeit; t_{OE} *Output Enable* Zeit; t_{ACC} *Zugriffszeit ab Adreßwechsel*; t_{ACCS} *Zugriffszeit ab Chipselect*

RAMs auf. Die Zeitparameter werden in den folgenden Abschnitten genauer erläutert.

8.4.1
Adreßübernahme

Bei der *CS*-Steuerung sind für den Schreib- und Lesevorgang die gleichen zeitlichen Abstände zwischen den Flanken von *CS* und den Adreß- und R/$\overline{W}$-Signalen einzuhalten. Die Adreßdaten werden mit der steigenden Flanke des *CS*-Signals in ein Adreßregister übernommen. Damit die Speicherung sicher erfolgt, müssen die Adressen über eine gewisse Zeitspanne, die sog. *Address-Setup*-Zeit (t_{ASU}), stabil anliegen, bevor das *CS*-Signal wechseln darf. Da das Register die

Tabelle 8-1. Dynamische Kennwerte des 1024-bit-SRAMs: Die kritischen Werte sind acht Minimumwerte, bei den Zugriffszeiten werden üblicherweise Maximumwerte angegeben

Parameter	Mini-mumwert	Maxi-mumwert	Ein-heit	Bedingung*
t_{OD} Ausgangsabschaltzeit	5		ns	
t_{WH} Schreibhaltezeit	10		ns	
t_{ASU} Adreß-Setupzeit	6		ns	
t_{AHO} Adreß-Haltezeit	6		ns	
t_{ASG} gesamte Adreßzeit	12		ns	
t_{WPW} Schreibpulsweite	25		ns	
$t_{CSW,R}$ Zeit zwischen CS und R/W-Signal-wechsel	20		ns	
t_{RPW} Lesepulsweite	30		ns	
t_{ACC} Zugriffszeit ab Adreßwechsel		50	ns	Cout = 1pF
t_{ACCS} Zugriffszeit ab Chipselectwechsel		40	ns	Cout = 1pF

* V_{DD} und Betriebstemperaturbereich wie in Tabelle 8.5 definiert

Addreßdaten verzögert übernimmt, dürfen die Adreßleitungen erst nach einer *Address-Hold-Zeit* (t_{AHO}) abgeschaltet werden. Die beiden Zeiten addieren sich zur Gesamt-*Address-Setup*-Zeit (t_{ASG}), die festlegt, wie lange relativ zur *CS*-Flanke die Adreßsignale stabil anstehen müssen.

Nachdem die Adressen übernommen und vollständig dekodiert wurden, entscheidet das R/W-Signal bzw. das negierte R/W-Signal, ob ein Lese- oder ein Schreibvorgang gestartet wird. Die Zeitdifferenz $t_{CSW,R}$ (*Chip-Select Write (Read)-Setup*-Zeit) zwischen dem *CS*-Signalwechsel und dem Wechsel des R/W-Signals wird von der Dekodierungsdauer vorgegeben und ist deshalb länger als die Hold Zeit t_{AHO} für das Adreßregister. Kommt das R/W-Signal zu früh, könnten kurzzeitig falsche Speicherzellen angesprochen werden.

8.4.2
Beschreiben des RAMs

Da das Beschreiben einer RAM-Zelle aufgrund der Umladevorgänge im Zellenfeld eine bestimmte Mindestzeit dauert, wird eine Schreibpulsweite t_{WPW} definiert. Diese Pulsweite legt fest, wie lange das R/W-Signal auf „0" verharren muß, bevor das Signal wieder wechseln darf. Da vor dem eigentlichen Einschreiben in die Zellen noch Signallaufzeiten in der Schreib-Leseschaltung auftreten, ist t_{WPW} größer als die Zeit t_{DW} (*Data Valid to end of Write*), über die die einzuschreibenden Daten stabil an den Datenpins des SRAMs anliegen müssen. Damit Daten sicher in die Zellen eingeschrieben werden können, wird für Daten eine Zeit t_{WH} (*Hold-Time after Write*) angegeben, die auf den Wechsel des R/W-Signals bezogen ist.

8.4.3
Lesen des RAMs

Das zur Schreibpulsweite analoge Zeitfenster beim Lesen des Speicherinhalts ist die Lesepulsweite t_{RPW}. Da in der Regel das Lesen eines RAMs aufgrund der kleinen Zelltransistoren und langen Bitleitungen deutlich länger dauert als das Schreiben, sind die beiden Zeiten t_{ACC} (Zugriffszeit ab Adreßwechsel) *und* t_{ACCS} (Zugriffszeit ab Chipselect) wichtige Kenndaten für die Leistungsfähigkeit eines SRAMs. Diese Zeiten sind in Tabelle 8.1 für Ausgangslasten an den Datenpins von 1pF spezifiziert. Aus Gründen der Leistungsaufnahme werden die Ausgangstreiberschaltungen für die auszugebenden Daten wieder deaktiviert, sobald das CS-Signal auf Null wechselt und den Lesevorgang beendet. Die zugehörige Abschalt-Zeit wird als t_{OD} (*Output Disable*-Zeit) bezeichnet.

8.5
Anschlußbelegung und IC-Gehäuse

Das SRAM verfügt über 16 bidirektionale Ausgangspins, je einen Masse- und Betriebspotentialanschluß und 13 Eingangspins für die Adresse sowie die Steuersignale CS, MODE und R/W. Tabelle 8.2 zeigt die Pinliste und Bild 8.14 die Pinzuordnung für ein 40-Pin-Keramik-DIL-Gehäuse. Die Abmessungen des Gehäuses können ebenfalls der Abbildung entnommen werden. Üblicherweise wird die Pinbelegung von der Leitungsführung auf der Leiterplatte und von EMV-Gesichtspunkten bestimmt. Hier wurde die Störabstrahlung des Chips durch Nebeneinanderplazieren der Versorgungsanschlüsse verringert, denn diese Maßnahme verkleinert die von den chipinternen Versorgungsleitungen gebildeten Induktionsschleifen.

8.6
Statische Kennwerte

Die Tabellen 8.3 und 8.4 definieren die statischen Kennwerte der Ein- und Ausgangsschaltungen des ICs. Spannungen sind auf V_{SS} bezogen. Ströme die in das IC hineinfließen, werden positiv gezählt. Die Adreßein- und Datenausgänge sind mit TTL-Pegeln spezifiziert, während für die Dateneingangssignale CMOS-Pegel verwendet werden sollen.

Die Ausgangstreiber der bidirektionalen Portpins erzeugen Ausgangsspannungen *Vout* mit den TTL-Pegeln *Vol* und *Voh*. Die Spannungen und die erzeugten Ströme *Iol* und *Ioh* sind in Tabelle 8.4 definiert. Die Ausgangstreiber lassen sich abschalten. Im hochohmigen Z-Zustand fließt nur ein geringer Sperrstrom *Ioz*. Die Treiber sind außerdem kurzschlußfest. Bei einem Kurzschluß nach V_{DD} wird der Strom auf 74mA begrenzt und bei einem Kurzschluß nach Masse auf 40mA. Damit durch die lokale Erwärmung aufgrund elektrischer Verluste der Chip nicht zerstört wird, darf die Kurzschlußbedingung nur für 1 Sekunde bestehen.

Tabelle 8-2. Pinliste des 1024×4/64×16-bit-SRAMs für ein 40poliges DIL-Gehäuse

Pinbezeichnung	Pin Nummer	Funktion
VDD	1	Spannungsversorgung
VSS	2	Masseanschluß
Ad(0)	3	Eingang: Adressignal
Ad(1)	4	Eingang: Adreßsignal
Ad(2)	5	Eingang: Adreßsignal
Ad(3)	6	Eingang: Adreßsignal
Ad(4)	7	Eingang: Adreßsignal
Ad(5)	8	Eingang: Adreßsignal
Ad(6)	9	Eingang: Adreßsignal
Ad(7)	10	Eingang: Adreßsignal
Ad(8)	11	Eingang: Adreßsignal
Ad(9)	12	Eingang: Adreßsignal
	13	Nicht angeschlossen
$\overline{CS}$	14	Eingang: Chip-Select-Signal
R/$\overline{W}$	15	Eingang: Schreib-Lesesignal
MODE	16	Eingang: MODE-Signal
	17	Nicht angeschlossen
	18	Nicht angeschlossen
	19	Nicht angeschlossen
	20	Nicht angeschlossen
D(0)	21	Bidirektionales Ein-Ausgabesignal
D(1)	22	Bidirektionales Ein-Ausgabesignal
D(2)	23	Bidirektionales Ein-Ausgabesignal
D(3)	24	Bidirektionales Ein-Ausgabesignal
D(4)	25	Bidirektionales Ein-Ausgabesignal
D(5)	26	Bidirektionales Ein-Ausgabesignal
D(6)	27	Bidirektionales Ein-Ausgabesignal
D(7)	28	Bidirektionales Ein-Ausgabesignal
D(8)	29	Bidirektionales Ein-Ausgabesignal
D(9)	30	Bidirektionales Ein-Ausgabesignal
D(10)	31	Bidirektionales Ein-Ausgabesignal
D(11)	32	Bidirektionales Ein-Ausgabesignal
D(12)	33	Bidirektionales Ein-Ausgabesignal
D(13)	34	Bidirektionales Ein-Ausgabesignal
D(14)	35	Bidirektionales Ein-Ausgabesignal
D(15)	36	Bidirektionales Ein-Ausgabesignal
	37	Nicht angeschlossen
	38	Nicht angeschlossen
	39	Nicht angeschlossen
	40	Nicht angeschlossen

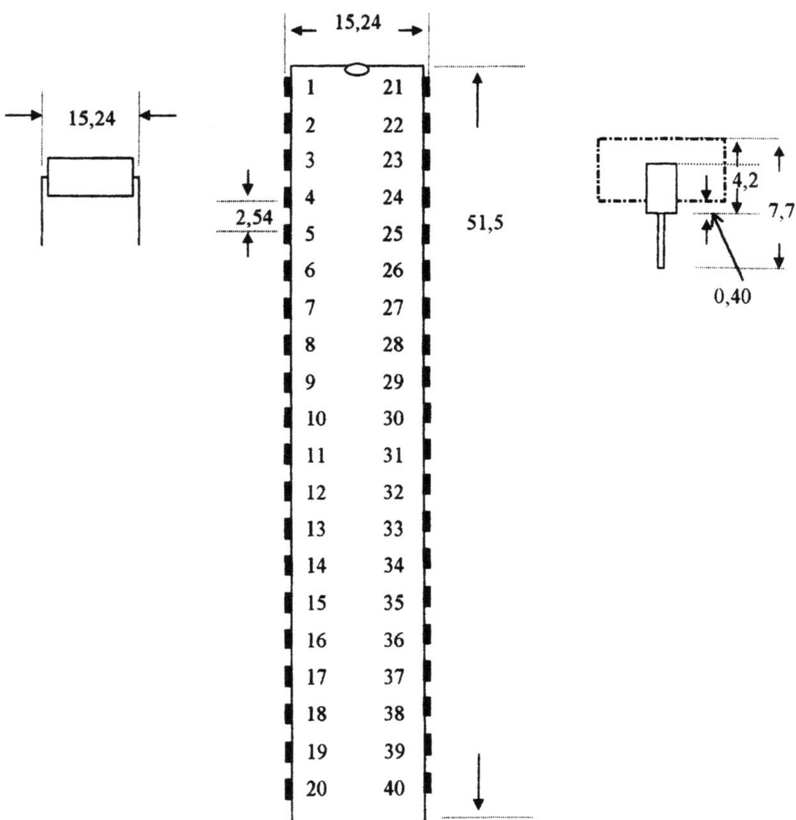

Bild 8-14. Schematische Gehäusezeichnung (Abmessungen in mm) und Pinnumerierung für ein 40-poliges DIL (Dual Inline) Gehäuse aus Keramik. Die Einbuchtung an der oberen Kante kennzeichnet die Lage des Pins Nr. 1

Tabelle 8-3. Eingangsschwellen, -ströme und -kapazitäten der TTL- und CMOS-kompatiblen Eingangspins

Parameter	Minimumwert	Maximumwert	Einheit	Bedingung
TTL-kompatible Eingänge (Pin Nr: 3 bis 16)				
VIL: untere Schaltschwelle	−0.5	1,5	V	$V_{DD} = 5V$
VIH: obere Schaltschwelle	3,5	5,5	V	$V_{DD} = 5V$
IIN: Eingangsstrom		1	µA	$V_{DD} = 5V$
CIN: Eingangskapazität		10	pF	$V_{DD} = 5V$
CMOS-kompatible Eingangspins (Dateneingänge Pins Nr. 21 bis 36)				
VIL: untere Schaltschwelle	−0.5	0,8	V	$V_{DD} = 5V$
VIH: obere Schaltschwelle	2,0	5,5	V	$V_{DD} = 5V$
IIN: Eingangsstrom		1	µA	$V_{DD} = 5V$
CIN: Eingangskapazität		10	pF	$V_{DD} = 5V$

Tabelle 8-4. Ausgangscharakteristiken der Ausgangstreiber der bidirektionalen Portpins

Parameter	Minimumwert	Maximumwert	Einheit	Bedingung
TTL-kompatible Ausgangstreiber (Pin Nr: 21 bis 36)				
Iol	3,2		mA	$V_{DD} = 5V, V_{out} = 0{,}4V$
Ioh		−1,6	mA	$V_{DD} = 5V, V_{out} = 4{,}6V$
Vol		0,5	V	$V_{DD} = 5V, V_{out} = 0{,}4V$
Voh	4,95		V	$V_{DD} = 5V, I_{out} < 1\mu A$
Ioz		1	µA	$V_{DD} = 5V$

Tabelle 8-5. Betriebs- und Lagerbedingungen

Parameter	Minimumwert	Maximumwert	Einheit	Bedingung
V_{DD}	3	7	V	Spannungen bez. auf V_{SS}
T_{amb}	−40	90	°C	voller Betrieb der Schaltung
T_{store}	−65	150	°C	Lagerung ohne Stromversorgung

8.7
Betriebsbereiche des Bausteins

Die Halbleitertechnologie und die Standardzellenbibliothek des 2,4-µm CMOS-Prozesses von ALCATEL MICROELECTRONICS ist nur für bestimmte Versorgungsspannungen und Temperaturbereiche ausgelegt (Tabelle 8.5). Man gibt deshalb zulässige *Betriebsbedingungen* an, unter denen ein IC alle Spezifikationswerte erfüllt. Überschreitungen der in den Betriebsbedingungen festgelegten Bereiche führen nicht unbedingt sofort zur Zerstörung eines ICs. Deshalb werden manchmal sog. *Grenzwerte* spezifiziert. In dem über die Betriebsbedingungen hinausgehenden Bereich zeigt der Baustein meist nicht die spezifizierten Funktionen, übersteht aber entsprechende Überlastungen. Bei dem zu entwickelnden SRAM werden erweiterte Versorgungsspannungen zwischen −0,5V und 7,5V sowie Eingangspegel zwischen −0,5V und V_{DD} + 0,5V zugelassen.

Außerdem werden in der Regel auch *Lagerbedingungen* für die ICs angegeben. Da die Bauelemente bei der Lagerung nicht mit Strom versorgt werden, gelten hier weite Temperaturbereiche, die sich aus Zuverlässigkeitsanforderungen bestimmen. Die Temperaturen sind so bemessen, daß keine Schäden durch Diffusionsvorgänge oder andere chemische Prozesse auftreten können, die mit zunehmender Temperatur exponentiell beschleunigt ablaufen.

Die obere Temperaturgrenze des Betriebsbereichs liegt bei CMOS-Prozessen typischerweise bei 125 °C. Dieser Wert ergibt sich aus den maximal tolerierbaren Sperrströmen, die durch die pn-Übergänge der Sperschichtisolation der Bauelemente fließen, und aus Zuverlässigkeitsüberlegungen. Die Temperaturangabe T_{amb} in der Tabelle bezieht sich nicht auf die Umgebungstemperatur, sondern auf die Temperatur an der Chipoberfläche, zu der auch alle intern frei werden-

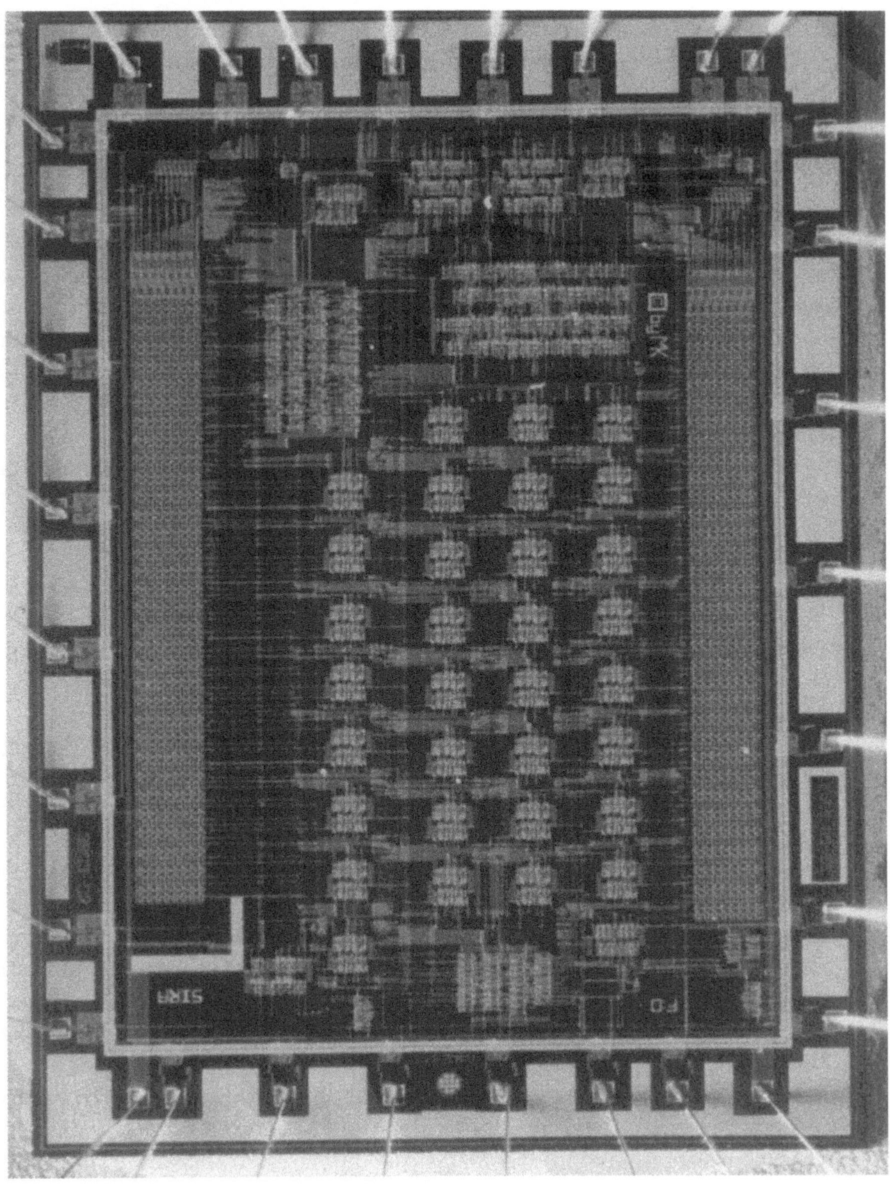

Bild 8-15. Chipfoto des 1024 × 1/64 × 16bit-SRAMs. Am Rand der Fotografie sind die Bonddrähte zu erkennen. Die Chipgröße liegt bei 18mm². Das IC wurde im Rahmen eines Multi Purpose Wafer Runs im Rahmen des EUROCHIP-Programms der Europäischen Union gefertigt

den Wärmemengen aufgrund von elektrischen Verlusten beitragen. Da die Einsatzspannung von MOS-Transistoren mit der Temperatur sinkt, gibt es auch eine untere Temperaturgrenze, unterhalb der die Bauelemente nicht mehr zuverlässig sperren.

8.8
Zusammenfassung

In diesem Kapitel wurde ein SRAM-Speicherbaustein beschrieben, der als Referenzschaltung für die in den folgenden Kapiteln vorgestellten Entwurfswerkzeuge des MENTOR-GRAPHICS-EDA-Systems herangezogen wird. Im Text finden sich alle Bestandteile einer IC-Spezifikation: die Kenn- und Grenzwerte, die Zeitdiagramme für Schreib- und Lesevorgänge sowie die Pinbelegung des verwendeten DIL-Gehäuses.

Die Schaltpläne sowie die Schaltplansymbole der einzelnen Komponenten des 1024×1/64×16-SRAMs finden sich in einem Anhang am Ende des Buches. In Bild 8.15 ist ein Chipfoto des fertigen Bausteins zu sehen [5].

8.9
Übungsaufgaben

1. Skizzieren Sie Schaltpläne der verschiedenen Speicherzellentypen!
2. Was sind die Unterschiede zwischen dynamischen und statischen Halbleiterspeichern?
3. Warum werden bei statischen Speichern Differenzsignale an die Zellen gelegt bzw. aus den Zellen ausgelesen?
4. Entwickeln Sie ein Zellkonzept, das mit einer einzigen Bitleitung gelesen oder beschrieben werden kann.
5. Was unterscheidet eine Wortleitung von einer Bitleitung?
6. Entwerfen Sie einen Dekoder für 5 Adreßbits und das Chipselect-Signal auf der Basis von NOR-Gattern!
7. Erstellen Sie die Spezifikation für ein SRAM mit einer Speicherkapazität von 4096×1 bit.
8. Bei einer BiCMOS-Mischtechnologie stehen Bipolar- und CMOS-Transistoren zur Verfügung. Welche Blöcke eines SRAMs könnten im Hinblick auf kurze Auslesezeiten statt mit MOS- mit bipolaren Transistoren aufgebaut werden?
9. Ein SRAM kann mit verschiedenen Entwurfstechniken realisiert werden. Für welche Blöcke könnte man sinnvollerweise die Standardzellentechnik einsetzen und welche würden Sie vollkundenspezifisch ausführen?
10. Wie unterscheiden sich Kennwerte von Grenzwerten?
11. Wozu dient die Write-Recovery-Schaltung?
12. Aus welchen Laufzeiten setzt sich die Zugriffszeit des SRAMs zusammen?
13. Warum teilt man das Zellenfeld in mehrere Speicherblöcke auf?

Literatur

[1] H. Klar: *Integrierte Digitale Schaltungen MOS/BiCMOS*. Berlin, Heidelberg, New York: Springer 1993

[2] B. Hoppe: *Mikrolelektronik 2*. Würzburg: Vogel 1997

[3] N. H. Weste und K. Eshraghian: *Principles of CMOS VLSI Design, A Systems Perspective*. 2nd Ed. Reading Massachusetts: Addison Wesley 1993

[4] N. Sakashita et al.: *A 1.6GB/s Data Rate 1Gb Synchronous DRAM with Hierarchical Square Shaped Memory Block and Distributed Bank Architecture*. IEEE Journal of Solid State Circuits, Bd. 31 (1996), Nr. 11, S. 1645 ff.

[5] M. Kuhn: *Entwurf und Realisierung eines 1kBit SRAMs im 2,4μm CMOS-Prozeß von Mietec/Alcatel*. Diplomarbeit, FH Darmstadt, 1995

[6] K. Ishibashai et al.: *A 6ns CMOS-4Mb-SRAM with offset voltage insensitive current sense amplifiers*. Proc. of the 1994 VLSI Circuits Conference, S. 107 ff.

9 Layout-Erstellung mit ICgraph

Bei integrierten Halbleiterschaltungen lassen sich Entwurf und Herstellung klar trennen. Die Schnittstelle ist der technologiespezifische Maskensatz. Die Masken werden aus dem IC-Layout erzeugt, das die gesamte geometrische Information für alle Strukturen des ICs in hierarchischer Form enthält. In bezug auf den SRAM-Entwurf bedeutet dies, daß Layoutstrukturen für alle Funktionsblöcke benötigt werden, die dann zum Gesamtlayout zusammengesetzt werden können. In diesem Kapitel werden die Methoden vorgestellt, mit denen Maskenlayouts der Grundzellen des SRAMs entworfen werden können. Wie man aus diesen Grundzellen ein komplettes Maskenlayout generiert, behandelt Kap. 12.

In Abschn. 9.1 wird das Programmpaket *ICStation* des MENTOR-GRAPHICS-V8-Entwurfssystems vorgestellt. Abschnitt 9.2 beschreibt die Layouterstellung auf Transistorebene mit den Methoden des Full-Custom-Entwurfs. Die Begriffe Zelle, Hierarchie und Prozeßdaten werden erläutert. Das Konzept der Layoutebenen (*Layer*) wird diskutiert, und die verschiedenen Editiermöglichkeiten für Layoutgeometrien werden behandelt.

Abschnitt 9.3 beschäftigt sich mit der Verifikation von neu erstellten oder abgeänderten Layouts mit den Programmen *ICrules* und *ICextract*. Die wesentlichen Leistungsmerkmale dieser Programme zur *Design-Rule*-Prüfung bzw. zur Netzlistenextraktion für die Nachsimulation mit SPICE werden vorgestellt.

Das Kapitel stützt sich auf folgende Dokumente aus der Dokumentation der MENTOR-GRAPHICS-V8-Entwurfssoftware:
- IC Station User's Manual, Software Version 8.6_2,
- IC Station Reference Manual, Software Version 8.6_2,
- Getting Started with ICStation, Software Version 8.4_1,
- Properties Reference Manual, Software Release B2,
- ICverify Manual Software Version V8.6_2.

9.1
Das Programmpaket ICStation

Das Programmpaket, das sich im Rahmen der MENTOR-Design-Software mit dem IC-Layout befaßt, heißt *ICStation* und enthält, wie in Abschn. 7.1.6.2 in Übersicht vorgestellt, verschiedene Werkzeuge zum Full-Custom-Entwurf, zur

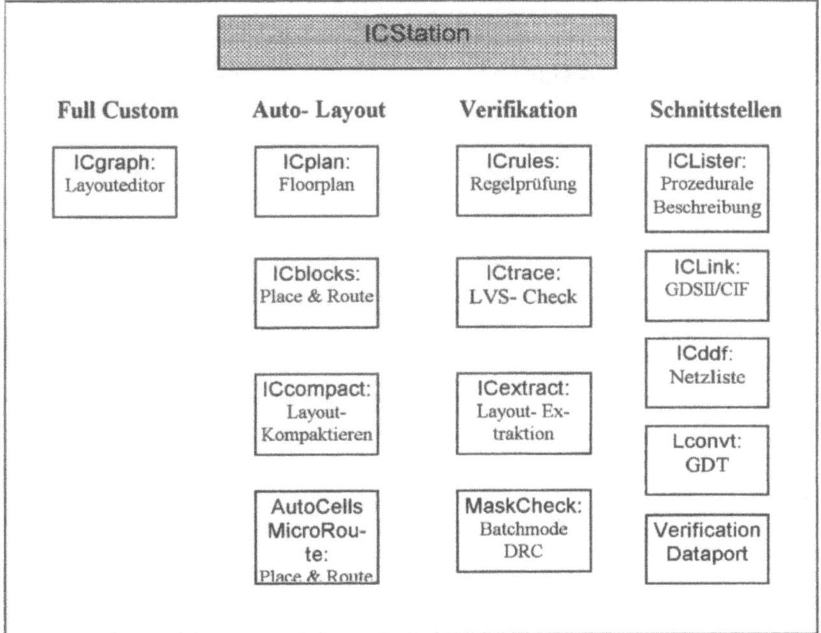

Bild 9-1. Die wichtigsten Programme innerhalb der *ICStation*

automatischen Layoutgenerierung, zur Verifikation und zum Export des Designs über verschiedene Schnittstellen (s. Bild 9.1).

Der wichtigste Bestandteil des Programmpakets ist der Layout-Editor *ICgraph*, mit dem Layoutstrukturen erzeugt und bearbeitet werden können. Mit den Programmen *ICplan*, *ICblocks* und *ICcompact* können fertige Layoutzellen automatisch plaziert, verdrahtet und anschließend *kompaktiert* werden. Beim Kompaktieren werden die Strukturen unter Einhaltung der Entwurfsregeln so nah wie möglich aneinander geschoben. *ICrules*, *ICtrace* und *ICextract* sind die Programme, mit denen Entwürfe auf Einhaltung der geometrischen Regeln, auf Vollständigkeit (Vergleich von Layout und Schaltplan) sowie auf Einhaltung elektrischen Vorgaben geprüft werden können.

Das Programm *ICLister* ermöglicht den Zugang zur Design-Datenbasis. *ICLink* ist ein Umsetzprogramm, das mit *ICgraph* erzeugte Layouts in die Standard-Datenformate GDSII und CIF umsetzt. Mit *Lconvt* werden Layoutdaten in das GDT-Format überstetzt und können dann mit dem Place- und Route-Werkzeug *AutoCells* automatisch zusammengesetzt werden. Viele Halbleiterhersteller setzen zum Test von abgegebenen Layoutdaten das DRC- und ERC-Programm DRACULA ein, das nicht zur MENTOR-GRAPHICS-V8-Familie gehört. Mit dem *VerificationDataport* können die grafisch aufbereiteten Resultate dieses Prüfprogramms eingelesen und dann in *ICStation* korrigiert werden.

9.2
Full Custom Design mit dem Programm ICgraph

Das Maskenlayout einer Zelle besteht aus geometrischen Objekten, die auf einer Fläche angeordnet sind. Diese Layoutgeometrien werden mit den Funktionen des Programms *ICgraph* eingegeben und editiert. *ICgraph* ist ein sog. *Layouteditor*. Dies sind Spezialprogramme, mit denen geometrische Figuren, meist Polygone oder Rechtecke, auf einfache Weise erzeugt werden können. Wichtig bei einem Layouteditor ist vor allem das schnelle Auffinden und Manipulieren von Objekten aus sehr großen Datenmengen. Mit Layouteditoren lassen sich Teile des Layouts drehen, ausschneiden und kopieren. Man kann Layoutzellen definieren, um das Layout hierarchisch aufzubauen. Neu eingegebene Strukturen lassen sich online auf Einhaltung der Entwurfsregeln prüfen und zur Nachsimulation extrahieren. Zur Erhöhung der Übersichtlichkeit des gezeichneten Layouts können einzelnen Ebenen unterschiedliche Farben und Füllungen zugeordnet werden.

9.2.1
Full Custom Editing

Beim *Full Custom Editing* werden Maskenlayouts mit Layouteditoren auf Transistorebene „per Hand" gezeichnet. Full Custom Editing ist immer dann erforderlich, wenn Schaltungen besonders hohen Anforderungen (Signalverarbeitungsgeschwindigkeit, Präzision, Flächenbedarf) genügen sollen. Dann werden die unterschiedlichen Objekte im Layout per Hand eingegeben, optimal geformt und plaziert. Nur mit Handlayout lassen sich die Möglichkeiten einer Halbleitertechnologie vollständig nutzen. Dieser Layoutstil ist auch heute noch weit verbreitet, obwohl mittlerweile unterschiedliche Werkzeuge zur automatischen oder teilautomatischen Layoutgenerierung zur Verfügung stehen. Layoutsynthese ist aber nur dann möglich, wenn vorgefertigte Zellen aus einer Standardzellbibliothek zur Darstellung der gewünschten elektrischen Funktionen benutzt werden können oder sog. *Device Generatoren* zur Verfügung stehen, die automatisch die Layoutgeometrien von Transistoren oder anderen Bauelementen erzeugen.

9.2.1.1
Starten von ICstation

Um das Programmpaket *IC-Station* aufzurufen, benutzt man das Toolsfenster des DesignManagers oder öffnet eine UNIX-Shell und gibt das Programmkürzel (z.B. IC) ein. Daraufhin öffnet sich das *IC-Environment Session Window*. Dann wählt man das Arbeitsverzeichnis, in dem später die neu entworfene Zelle gespeichert werden soll. Dazu wird das Pull-Down-Menü des *Session Window* benutzt: **MGC > Location map > Set working directory … .** Es erscheint eine Dialogbox. Hier wird über den Navigator die entsprechende Directory gesucht und mit dem OK-Wahlfeld in das Textfenster übernommen.

Als nächstes sind zwei Dateien aus dem *Design Kit* zu laden, in denen die Eigenschaften der verwendeten Halbleitertechnologie definiert werden: das *Process-* und das *Rules-File*. Diese Dateien heißen beim ALCATEL-MICROELECTRONICS-2,4-µm-CMOS-Prozeß

.../mietec_lib_v1.0/layout/cmos24/process/mietec_cmos24 bzw.

.../mietec_lib_v1.0/layout/cmos24/process/mietec_cmos24_rules.

Um die beiden Files zu laden, wird wieder das Pull-Down-Menü eingesetzt: **File > Load Rules...** bzw. **File > Process > Load ...** . Navigatoren erleichtern auch hier die Suche nach den korrekten Speicheradressen. Der Aufbau und die Funktion der Process- und Rules-Files wird genauer in den Abschnitten 9.2.3.3 und 12.5 diskutiert.

Die Arbeitsumgebung innerhalb der IC-Station kann nach Benutzerwünschen eingerichtet werden. Über die Pull-Down-Menü-Einträge **setup > IC...** kann ein entsprechendes Dialogfeld geöffnet werden. Die meisten der Default-Einträge in diesem Fenster können belassen werden. Praktisch sind aber Änderungen des „**Undo Levels**" auf beispielsweise 30; damit können 30 Befehle rückgängig gemacht werden, sowie das Aktivieren des Buttons **on** hinter **port/pin name display**. Der Default ist hier **off** und das bedeutet, daß die Namen der Zellanschlüsse (Ports oder Pins) mit den Voreinstellungen *nicht* im Layout angezeigt werden.

Die Füllungen und Farben der Layoutebenen (*Layer*) sind aufgrund des geladenen Process-Files voreingestellt. Man kann das Erscheinungsbild den persönlichen Wünschen anpassen, indem das *Layer-Appearance*-Dialogfeld über den Pull-Down-Menü-Eintrag **other > Layers > Set Layer appearance** aufgerufen wird. Mit dieser Funktion können die Ebenendefinitionen des benutzten Process Files temporär abgeändert werden. Die Einstellmöglichkeiten der *Set-Layer-Appearance*-Funktion wird in Abschn. 12.5.2.1 genauer behandelt.

9.2.1.2
Neue Zellen

Um eine neue Layoutzelle zu erstellen, wird die *Cell Create*-Funktion benutzt, die durch **File > Cell > Create ...** gestartet wird. Daraufhin öffnet sich das *Create-Cell*-Dialog-Fenster, das im Detail ebenfalls erst im Kapitel über Layoutsynthese (Abschn. 12.2) diskutiert wird. Bei einfachen Zellen, die im Full-Custom-Entwurfsstil entwickelt werden sollen, genügt es, bei bereits geladenem Process- und Rules-File im Cell-Create-Dialogfenster nur den Zellnamen einzugeben. Ansonsten werden die Voreinstellungen belassen: Der Zelltyp ist in der Regel – wie per Default selektiert – ein *Block* mit beliebigen Zellabmessungen und keine neue Standardzelle. Im Layout können mit den Voreinstellungen nur Winkel im 45°-Raster gezeichnet werden, was in der Regel keine Einschränkung bedeutet, und der Editiermodus ist der GE-Mode. Alle weiteren Textfelder brauchen nicht ausgefüllt zu werden.

Die Bibliotheken (*Libraries*), die über spezielle Textfelder zugeladen werden können, werden nur für den Standardzellentwurf benötigt. Als Prozeß (*Process*)

wird für die Zelle das bereits geladene *Process-File* übernommen. Der Parameter *Site Types* bezieht sich ebenfalls auf Standardzellen und braucht daher nicht spezifiziert zu werden. Nach der Bestätigung der Einstellungen in der Create-Cell-Dialog-Box mit **OK** erscheint das leere schwarze Editierfenster (*ICwindow*) mit voreingestelltem Grid im 1-μm-Raster.

Da in den Entwurfsregeln für den ALCATEL-MICROELECTRONICS-2,4-μm-CMOS-Prozeß Abstände auftreten, die Vielfache von einem halben Mikrometer sind, ist das Grid-Rastermaß 1μm zu grob. Um das Grid auf ein Raster von 0,5μm zu setzen, wird das IC-Window der neuen Zelle durch Anklicken aktiviert. Danach selektiert man die *Set-Grid*-Funktion mit dem Pull-Down-Menü: **Others > Window > Set Grid ...** In der erscheinenden Dialog-Box ist bei : *Snap x*: **0,5** *y*: **0,5** einzugeben. Die Einträge in den Wahlfeldern *Minor* = 1 bzw. *Major* = 5 bewirken, daß jeder fünfte Gridpunkt hervorgehoben wird. Dies erleichtert die visuelle Abstandsmessung im Zellayout.

9.2.2
Zellen und Hierarchie

Ein Layoutentwurf besteht aus *Zellen*, genau wie sich ein Schaltplan aus Komponenten zusammensetzt. Eine Zelle innerhalb eines Chiplayouts ist per Definition ein zusammengehöriger Satz von Geometrien, die zu einer funktionellen Einheit der Schaltung gehören. Dabei kann es sich um einen einzelnen Transistor oder auch um einen komplexen Schaltungsblock, wie etwa einen Mikroprozessorkern, handeln.

Zu jeder Zelle gehört neben den Layoutdaten ein Schaltplan (s. Kap. 10). Ist der Schaltplan des gesamten ICs hierarchisch aufgebaut, überträgt sich die Hierarchie über die zugehörigen Zellen in das IC-Layout. Dadurch steigt wie in der Schematic auch im Layout die Übersichtlichkeit, und der Speicherbedarf für das Layout sinkt.

Bild 9.2 zeigt eine aufbauende hierarchische Gliederung eines Layouts beginnend auf der Transistorebene (Bild 9.2.a). Werden die Layoutgeometrien der Transistoren zu Gattern zusammengefaßt, entsteht das in Bild 9.2b gezeigte hierarchische Layout auf Gatterebene. In Bild 9.2c ist das gleiche Layout auf der Ebene von funktionalen Blöcken zu sehen. Mit zunehmender Hierarchisierung wird offensichtlich immer mehr von Layoutdetails abstrahiert. In Bild 9.3 ist das Konzept der Layouthierarchie aus der Sicht des zergliedernden Top-Down-Entwurfs nochmals dargestellt. Beginnend auf der Blockebene (Level 0) wird das Layout sukzessive in Gatter und dann in Transistoren zerlegt.

Eine Hierarchie in Layoutzellen entsteht automatisch, wenn Zellen als Layoutstruktur in andere Zellen eingesetzt werden (*instance*, engl. für Beispiel, Zitat). Die eingesetzten (instanziierten) Zellen erscheinen in einem hierarchischen Entwurf nicht mit allen Layoutgeometrien, sondern nur als Symbol. Ein Rahmen (*Cell Boundary*) gibt dabei die Layoutfläche an, die von der eingesetzte Zelle in Anspruch genommen wird.

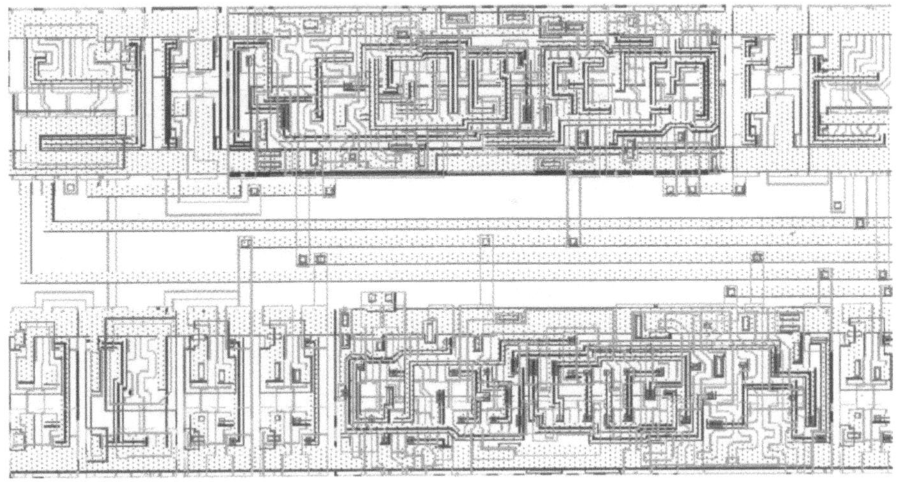

Bild 9-2a. Flaches Chiplayout ohne Hierarchie [1]

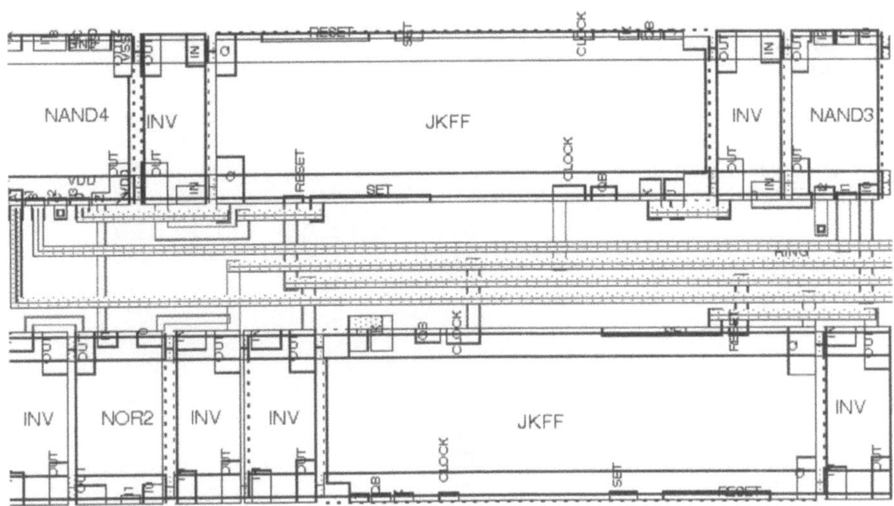

Bild 9-2b. Chiplayout mit Hierarchie auf Gatterebene [1]

Zu jeder eingesetzten Zelle wird ein Verweis (engl. *reference*) in der Layout-datenbasis angelegt, der den Speicherbereich auf der Festplatte angibt, in dem das komplette Layout der verwendeten Zelle abgelegt ist. Diese Zellen werden deshalb auch als „referenzierte Zellen"(engl. *referenced cells*) bezeichnet. Die Zellen der niedrigsten Hierarchiestufe sind „flach" und enthalten keine Querverweise auf andere Zellen mehr. Bild 9.4 verdeutlicht dieses Konzept an einem Beispiel.

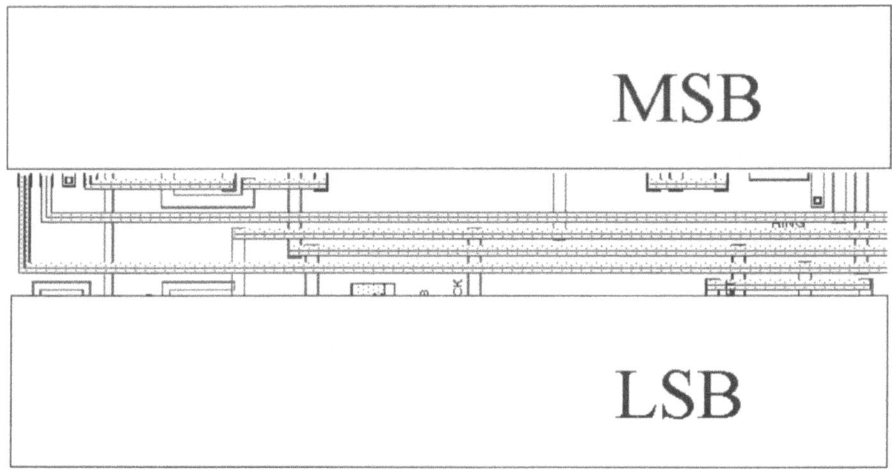

Bild 9-2c. Chiplayout mit Hierarchie auf Blockebene [1]

Bild 9-3. Zergliedernde Hierarchie im Chiplayout [1]: Blockebene (Level 0), Gatterebene (Level 1) und Transistorebene (Level 2). Auf der Transistorebene ist nur das Layout des Inverters (Zelle INV) gezeigt

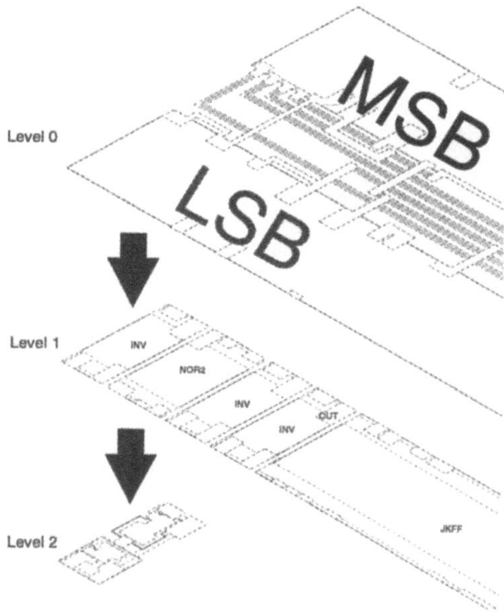

Besonders nützlich sind Hierarchien im Layout bei regulären Entwürfen, die nur aus wenigen Basiszellen bestehen, wie etwa bei Speicherbausteinen oder bei Multipliziererschaltungen. Das Zellenfeld eines statischen Speicherbausteins setzt sich z.B. aus vielen identischen 6-Transistorzellen zusammen. Die wiederholte Darstellung ein und desselben Speicherzellayouts bietet keine zusätzliche

Bild 9-4. Referenzierte Zellen in den verschiedenen Hierarchiestufen des Chiplayouts [1] aus Bild 9-2. Das Gesamtlayout ist als Zelle CHIP abgelegt und enthält Verweise auf die Zellen MSB und LSB. Die Zellen MSB und LSB verweisen wiederum auf die Zellen INV, JKFF, und NAND4 bzw. auf NOR2 INV und JKFF

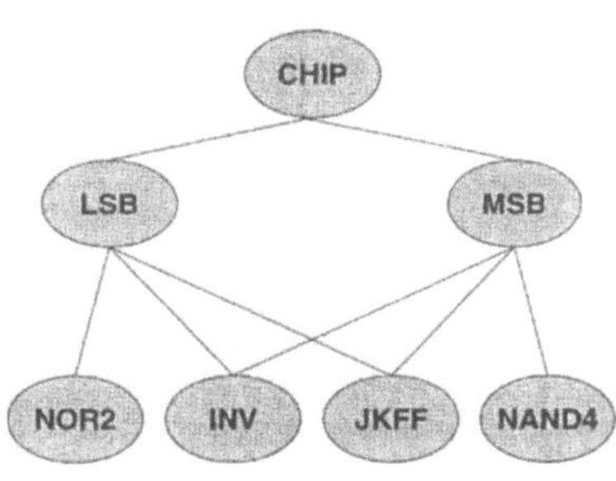

Information. Die Speicherzelle wird einmal für die Layoutbibliothek entworfen und im Zellenfeld so oft wie nötig instanziiert. Nur bei sehr unregelmäßigen Transistoranordnungen in Analogblöcken oder in kleineren Logikschaltungen sind die Layouts flach, enthalten also keine Hierarchie.

Auch in hierarchisch aufgebauten Layouts sind die Geometriedaten in allen Hierarchiestufen verfügbar und können mit *ICgraph* auf dem Bildschirm dargestellt werden. Dazu wird die jeweilige Zelle selektiert und im Pull-Down-Menü der Eintrag **Peek** angeklickt (**Context > Hierarchy > Peek area:**). In die erscheinende *Prompt-Bar-Zeile* ist einzugeben, wieviele Hierarchieebenen gezeigt werden sollen. Mit der linken Maustaste wird dann ein Rechteck aufgespannt, das den interessierenden Zellbereich umschließt.

9.2.2.1
Zelltypen

Layoutzellen werden in zwei Kategorien eingeteilt: *Standardzellen* oder *Blöcke*. Der Zelltyp wird, wie in 9.2.1.2 beschrieben, in der **Create Cell**-Dialogbox festgelegt. In Kap. 7 haben wir bereits verschiedene Typen von *Standardzellen* kennengelernt. Standardzellen zeichnen sich durch eine feste Zellhöhe und ein bestimmtes Raster in der Zellbreite aus. Bei *Blöcken* handelt es sich meist um komplexere (Full-Custom-)Zellen mit beliebigen Abmessungen, die in der Regel intern noch hierarchisch gegliedert sind. Bild 9.2c enthält z.B. die Blöcke MSB und LSB.

Das typische an der IC-Entwicklungsmethodik ist das Arbeiten mit komplementären Sichten (Verhalten, Struktur und Geometrie). Bei diesem verzahnten Vorgehen werden jeder Layoutzelle Schaltplansegmente in der Schematic des ICs zugeordnet. Im Layout gibt es aber auch Zellen, die sich nicht in der Schematic wiederfinden. Dies sind spezielle Zellen in Standardzellreihen, die keine Bauelemente enthalten, sondern Zellreihen abschließen (Endzellen: *Left and Right Cap Cells*) oder Verbindungszellen, die die Versorgungsleitungen über freie Bereiche in Standardzellreihen führen. Diese *Feed Thru Cells* ermöglichen es, Signalleitungen auch senkrecht zu den Verdrahtungskanälen über Standardzellreihen zu führen. *Cap Cells* oder *Feed Thru Cells* werden von *ICgraph* als weitere eigenständige Zelltypen behandelt.

9.2.2.2
Layoutaspekte

Jede Layoutzelle setzt sich aus verschiedenen Objektgruppen zusammen. Layoutgeometrien, die die Innenstruktur der Zelle darstellen, gehören, wie Bild 9.5a zeigt, zum internen Aufbau der Zelle (*internal aspect*, inneres Erscheinungsbild). Layoutstrukturen, die die physikalischen Schnittstellen zu anderen Zellen (Bild 9.5b) sowie der Zellumriß bilden, werden als der externe Aufbau *(external aspect)* der Zelle bezeichnet.

Der externe Aspekt wird beim Einsetzen der Zelle in der nächsten Hierarchieebene auf dem Bildschirm gezeigt und repräsentiert die Zelle auf symbolische Weise. Die Bestandteile des internen Erscheinungsbilds, die eigentlichen Maskengeometrien der Zelle, werden sichtbar, wenn der Zellinhalt per **Peek**-Befehl auf den Bildschirm gebracht wird.

Objekte in einer Zelle können nicht nur zum externen oder internen Erscheinungsbild gehören (Typ: *Internal* oder *External Only*), sondern auch beiden Aspekten zugeordnet sein (Typ: *Both*). Beispiele sind die Portsstrukturen, die sowohl als externe als auch als interne Geometrien zu behandeln sind. Diese Objekte werden in der externen Sicht als *Pins* und in der internen Sicht als *Ports* bezeichnet.

9.2.3
Logische und grafische Objekte im Layout

Ein Layout setzt sich aus unterschiedlichen Objekten zusammen, die entweder grafischer Natur sind (z.B. Polygone) und physikalische Maskengeometrien repräsentieren, oder logische Informationen (z.B. Anschlüsse „Pins") darstellen,

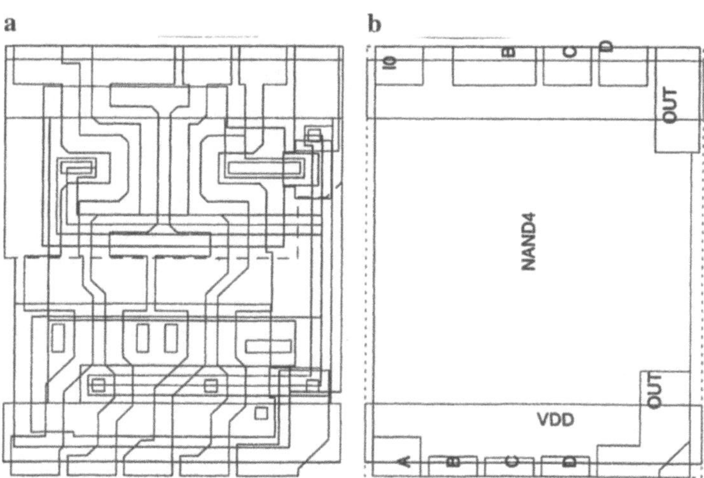

Bild 9-5. **a)** Interner und **b)** externer Aspekt der Zelle NAND 4

die nur beschreibenden Charakter haben und später nicht direkt als Maskengeometrie auftauchen.

9.2.3.1
Grafische Objekte

Shapes sind der häufigste Bestandteil eines Layouts. Ein Shape (engl. der Umriß) ist ein Polygon (Vieleck) mit maximal 4096 Ecken, das in einer Layoutebene definiert ist (Bild 9.6).

Ein *Path* (engl. Pfad) ist ein spezielles Polygon, das meist für Verbindungsleitungen genutzt wird (Bild 9.7). Diese Strukturen haben eine konstante Breite bei variabler Länge und werden geometrisch durch eine Mittellinie (*Center Line*) und eine (feste) Weite beschrieben. Die Editierkommandos für Verbindungsleitungen wirken auf die Mittellinie. Dies vereinfacht das Verschieben, Verlängern und Verbiegen der Pathes.

Property-Texte repräsentieren *Properties* (engl. für Eigenschaften), also logische oder elektrische Qualitäten einer Schaltung, die selbst nicht grafisch dargestellt werden können, aber im Layout als Text vermerkt werden müssen. Bild 9.8 zeigt den Property-Text *Clock* an einer Taktsignalleitung und den Text *VDD* an der Leitung für die Versorgungsspannung.

Für Property-Texte wird eine spezielle Layoutebene festgelegt. Durch Eingabe des Property-Textes wird dem selektierten Objekt die entsprechende Eigenschaft zugeordnet (s. nächster Abschnitt).

Instanzen, also eingesetzte Zellen in einem hierarchischen Layout können auch regelmäßig als Zeile oder Feld angeordnet sein und ein *Array* bilden. Bild 9.9 zeigt das Beispiel eines matrixförmig angeordneten Feldes von 32 Speicherzellen.

Bild 9-6. Ein Polygon (*Shape*)

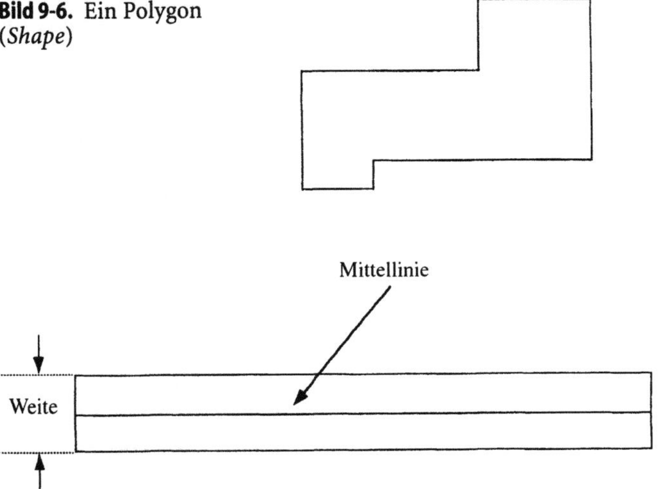

Bild 9-7. Eine Verbindungsleitung (*Path*)

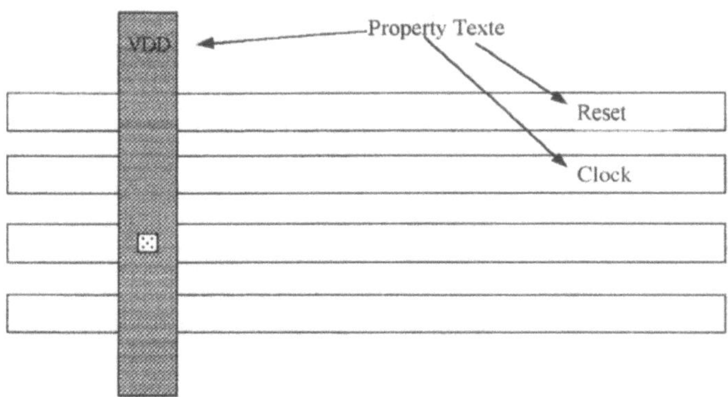

Bild 9-8. *Property Texte*: Clock, Reset und VDD an Takt- und Versorgungsleitungen

Bild 9-9. Beispiel für ein Array [1]: Die Speicherzelle RAM_1 wird 32 mal eingesetzt und bildet eine matrixförmige Anordnung mit 4×8 Zeilen bzw. Spalten

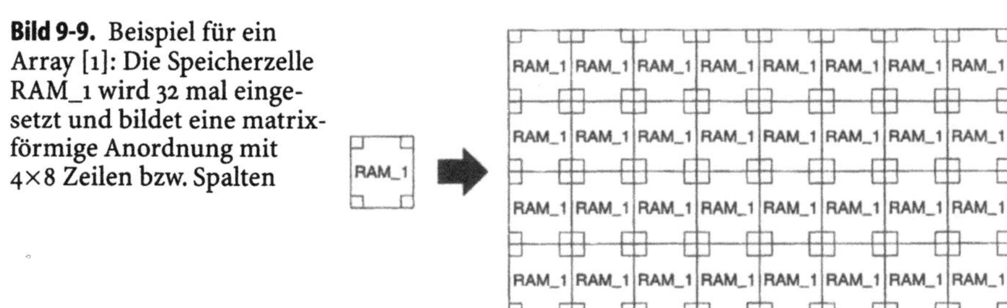

9.2.3.2
Logische Objekte: Properties, Pins, Ports und Netze

Properties sind nicht nur kommentierende Texte, sondern Designobjekte, die grafisch nicht darstellbare Informationen bestimmten Layoutstrukturen zuordnen. Properties sind, wie bereits mehrfach erwähnt, nicht nur im IC-Layout zu finden, sondern ein integrales Konzept der MENTOR-GRAPHICS-V8-Entwurfssoftware. Sie sind einem bestimmten Layoutobjekt in der Zelle zugeordnet, z.B. einem bestimmten Polygon. Jede Property hat deshalb einen Property-Besitzer (*Owner*). Properties haben einen Namen (*Property Name*), der eine reservierte Buchstabenkombination ist (z. B. *port, net* oder *inst*), und einen Wert (*Property Value*), das ist eine Zeichenfolge, die die entsprechende Information kodiert.

Ports sind logische Objekte, die Stellen einer Zelle kennzeichnen, an denen elektrische Verbindungen heraus- (und hinein-)führen (Bild 9.10). Ports setzen sich aus verschiedenen *Shapes* und Verbindungsleitungen zusammen, die als *Port Members* (*member*, engl. Mitglied) bezeichnet werden. Diese geometrischen Elemente definieren die räumliche Position des Ports und gehören automatisch zu den internen und externen Aspekten der Zelle. Der Name des Ports ist über den Wert der PHY_PIN- oder PIN-Property definiert. In Layoutzellen

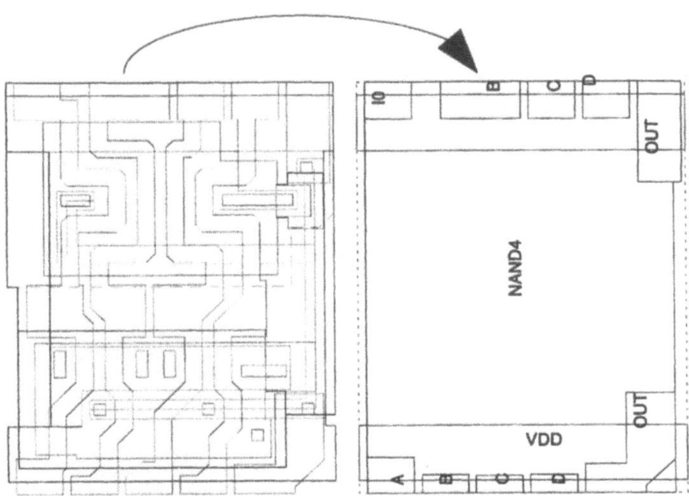

Bild 9-10. Die Ports IO, A, B, C, D und OUT bei einer Standardzelle

Bild 9-11. Eingesetzte Standardzellen mit Pins (IN, OUT, I 1 IO) in einem Standardzellentwurf

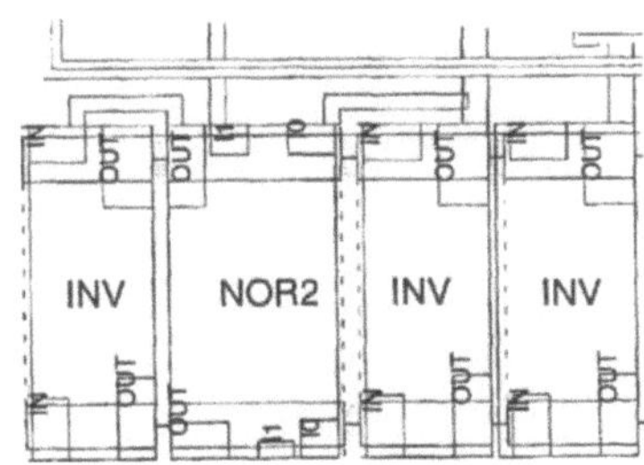

wird typischerweise die PHY_PIN-Property benutzt, während die PIN-Property in Schaltplänen Verwendung findet.

Wird eine Zelle in eine andere Zelle eingesetzt, bilden alle Geometrien, die zu einem Port gehören, in der nächsten Hierarchieebene einen *Pin*. Ein Pin ist also ein logisches Objekt, das zu einer eingesetzten Zelle („Instanz") gehört und dort symbolisch einen elektrischen Anschluß markiert (Bild 9.11). Die geometrischen Strukturen, die physikalisch auf Maskenebene den Anschluß repräsentieren, sind die Port Members im Layout der eingesetzten Zelle. Pins erhalten den gleichen Namen wie die entsprechenden Ports in der instanziierten Zelle.

Netze (*Nets*) sind elektrische Verbindungen, die im Layout mit geometrischen Objekten (Shapes, Pathes) und logischen Objekten wie Pins, Ports aber auch sog. *Overflows* und *Vias* dargestellt werden.

Wird das Layout automatisch aus dem Schaltplan per *Place&Route*-Prozedur erstellt, dann können bei der Verbindung der Zellen (Routing) *Overflows* auftreten, wenn sich Teile eines Netzes physikalisch nicht verbinden lassen. Die Ursache kann z.B. ein zu enger Verdrahtungskanal sein. Zwei offene Verbindungen werden durch einen „Overflow" überbrückt. Das sind Linien (per Voreinstellung

Bild 9-12. Overflows in
einem Standardzellayout [1]

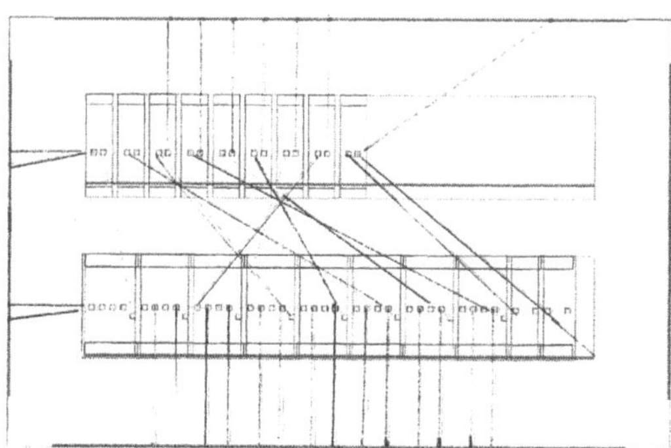

Aufsicht: Metall 1
unter Via und Metall 2

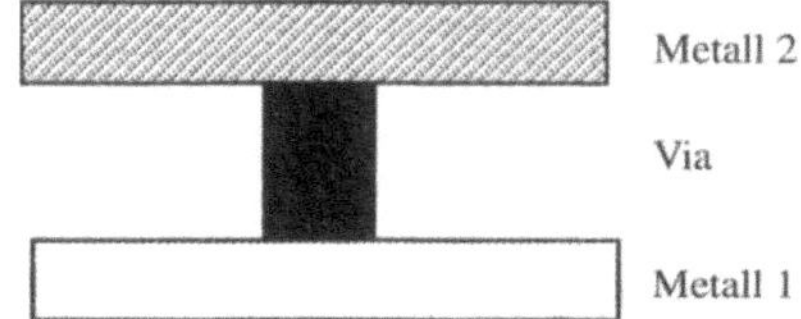

Bild 9-13. Via-Objekt

in gelb), die zwischen den entsprechenden Anschlüssen verlaufen (Bild 9.12).
Diese Linien befinden sich in einer gesonderten Layoutebene, die ebenfalls mit
„Overflow" bezeichnet wird.

Bei einem *Via*-Objekt, einer weiteren Struktur, die in Netzen auftreten kann,
handelt es sich um eine Verbindung zweier Layoutebenen. Dieses Objekt ist von
den einzelnen Zwischenkontakten (*Via-Holes*) im Maskenlayout zu unterscheiden, die in einer eigenständigen Maskenebene zusammengefaßt werden und die
Stellen auf der Siliziumscheibe markieren, an denen die Zwischenmetall-Isola-
tionsschicht durchätzt wird [3]. Ein Via-Objekt (Bild 9.13) besteht aus einem Via-
Hole und zwei überlappenden Polygonen in den beiden Metallisierungslagen
(Metall1 und Metall2), die durch das Via-Objekt verbunden werden sollen. Statt
dreier Rechtecke in verschiedenen Ebenen ist nur der Querverweis auf das Via-
Objekt zu verwalten. Da Zwischenkontakte zu den häufigsten Strukturen im
Layout zählen – 100.000 Vias pro IC sind keine Seltenheit – lassen über diese
Technik erhebliche Reduktionen der Datenmenge des IC-Layouts erreichen.

9.2.3.3
Die Prozeßdaten

Layoutstrukturen werden für einen bestimmten Herstellprozeß erstellt, dessen
layoutspezifische Eigenschaften in den Process- und Rules-Files festgelegt werden. Diese Datenfiles stellen Halbleiterhersteller meist als Teil des Design-Kits

zur Verfügung. Die Prozeßdaten enthalten Informationen über die Technologie (CMOS, Bipolar etc.), die Entwurfsregeln (Minimalbreiten, -abstände und Überlappungen der einzelnen Layoutebenen) und andere Informationen, wie etwa die Zuordnung der Layoutebenen zu den späteren Maskenschritten.

Jeder Zelle wird daher bei der Zellerzeugung ein Prozeßdatenfile zugewiesen, das der Zelle fest zugeordnet bleibt. Der Process, der zu einer Zelle gehört, kann mit dem **Set-Cell-Process**-Kommando geändert werden, das über das Pull-Down-Menü aufgerufen wird (**File > Cell > Set Cell Process**).

Die Prozeßdaten werden in zwei Prozeß-Definitionsdateien gespeichert (*Process Definition Fileset*), der eigentlichen Prozeß-Definitionsdatei (*PDF, Process Definition File*) und der Regeldatei (*Rule Set*). In der PDF-Datei (beim ALCATEL-MICROELECTRONICS-Design-Kit heißt diese Datei *mietec_24_pdf*) stehen die Ebenenbezeichnungen, die minimale Strukturbreite, die Verdrahtungsebenen und andere technologische Daten. Die Regeldatei (*mietec_24_rules*) enthält die DRC-Daten, mit denen später die Entwurfsregelprüfungen durchgeführt werden. Außerdem finden sich dort die Verbindungsdaten (*Connectivity Data*). *Connect*-Anweisungen definieren, welche der Layoutebenen miteinander elektrisch verbunden werden. Modellparameter geben die Parasitäten (*Parasitic Extraction Parameter Statements*) der verschiedenen Layoutebenen an, wie etwa die Widerstands- und Kapazitätsbeläge von Leitungen. *Device Recognition Data* geben vor, wie Bauelemente und Kapazitäten im Layout bei der Extraktion zu erkennen sind.

9.2.3.4
Die Layoutebenen

Im Programm *ICgraph* können die Layoutstrukturen bis zu 4096 verschiedenen Ebenen zugeordnet werden. In der Regel liegen die Ebenen, die in einer bestimmten Technologie benutzt werden, von vornherein fest und werden über die Process-Definitionsdateien automatisch ausgewählt. Tabelle 9.1 zeigt die Ebenenzuordnung für den MIETEC-2,4-µm-CMOS-Prozeß.

Während der Layoutbearbeitung können nichtrelevante Ebenen auf dem Bildschirm unterdrückt werden. Dies geschieht mit dem Befehl **Set Visible Layers**. Den einzelnen, per Default nur durch Ziffern gekennzeichneten Ebenen können auch Namen zugewiesen werden (z.B. METAL1, NWELL, ..., s. Tabelle 9.1). Für Verbindungsleitungen (*Pathes*) lassen sich Standardweiten vorgeben, und das Erscheinungsbild der einzelnen Ebenen läßt sich mit verschiedenen Füllungen, Linienarten und Farbe gestalten.

9.2.3.5
Die ICgraph-Konfigurationen

Das Programm *ICgraph* überwacht automatisch während der Layoutbearbeitung die Einhaltung von Entwurfsregeln (*Rule Checks*) und Änderungen der elektrischen Verbindungen im Layout (*Connectivity Checks*). Es gibt drei ver-

Tabelle 9-1. Ebenenbelegung im Design Kit des 2,4-µm-CMOS-Prozesses von ALCATEL MICROELECTRONICS

Farbe/Füllung	Nummer	Bezeichnung
gelb/leer	1	N-Well
grün/leer	2	Active_area
rot/leer	4	Poly_1
braun/leer	5	P+Diffusion
hellbraun/leer	7	Poly_2
weiß/leer	8	Contact
blau/leer	9	Metal1
rosa/gefüllt	10	Passivation
braun/punktiert	11	Via
türkis/leer	12	Metal2

schiedene Konfigurationen des Programms, mit unterschiedlicher Online-Prüftiefe:
- *Geometry Editing* (GE-Mode),
- *Connectivity Editing* (CE-Mode),
- *Correct by Construction Mode* (CBC-Mode).

Die Tiefe der Regelprüfungen nimmt vom GE- zum CBC-Mode zu. Je „intelligenter" der Editierprozeß gestaltet wird, desto leichter lassen sich zwar Fehler vermeiden, desto langsamer laufen aber die Editieroperationen ab.

Die Auswahl des Editier-Modus erfolgt bereits beim Erzeugen der Zelle mit dem **Create-Cell**-Kommando. Der Editiermodus für eine Zelle läßt sich mit dem Pull-Down-Menü über die Befehlsfolge **Context > Set Cell > Config > Geometry Editing/Connectivity Editing/Correct by Construction** nachträglich wieder ändern.

Im GE-Mode können beliebige Layoutänderungen und -eingaben vorgenommen werden. Alle Prüfungen sind abgeschaltet. Mit diesem restriktionsfreien Layoutstil werden insbesondere (neue) Full-Custom-Zellen erstellt und bearbeitet. Dabei können aber sowohl Entwurfsregelverletzungen als auch Fehler in der Verbindungsstruktur auftreten, die während der abschließenden Layoutverifikation beseitigt werden müssen.

Im CE-Mode wird die Verbindungsstruktur einer Zelle online im Layout erfaßt und mit den Layoutdaten der Zelle gespeichert. Damit Verbindungen im Layout von der Software erkannt werden können, dürfen Leitungen nur mit den Layoutebenen gezeichnet werden, die in den *Connect*-Anweisungen des *Rule File* definiert wurden (Bild 9.14a). Ohne *Connect*-Anweisungen kann der CE-Mode nicht benutzt werden.

Die CE-Methode eignet sich zum Überarbeiten fertiger Zellen, bei denen man die *Connectivity* nicht ohne expliziten Hinweis verändern möchte. Anhand der gespeicherten Verbindungsdaten wird geprüft, ob beim Löschen von Lay-

CONNECT STATEMENTS

CONNECT „METAL1" „POLY_NO_RES" BY „CONTACT"

CONNECT „METAL1" „POLY2" BY „CONTACT"

CONNECT „METAL1" „N+SOURCE_DRAIN_AREA_NO_RES" BY „CONTACT"
CONNECT „METAL1" „P+SOURCE_DRAIN_AREA_NO_RES" BY „CONTACT"

CONNECT „METAL1" „METAL2" BY „VIA"

CONNECT „N+SOURCE_DRAIN_AREA_NO_RES" „N-WELL_NO_RES"
CONNECT „P+SOURCE_DRAIN_AREA_NO_RES" „P-SUBSTRAT"

Bild 9-14a. Die *Connect*-Anweisungen in *mietec_24_rules*: Metall1 und Poly1 bzw. Poly2 sind durch Strukturen der Ebene „Kontakt" verbunden. Das gleiche gilt für die Source/ Drain-Gebiete der Transistoren. Zwischen Metall1 und Metall2 liegen die Zwischen- kontakte („Via"). Substrat und Wannenanschlüsse sind mit P+ bzw. N+ diffundierten Zo- nen anzuschließen

Routing Level Definitions

extern ic_process@$routing_level = [[„ROUTING_LEVEL_METAL1", @horizontal 3.000. „METAL1", „METAL1.BLKG"], [„ROUTING_LEVEL_METAL2", @vertical 4.000. „METAL2", „METAL2.BLKG"]]

Wiring Type Definition

extern ic_process@$wiring_type = [[1, [„METAL1",4.0], [„Metal2"], 5.0]]

Power Styles Definitions

extern ic_process@$power_styles = [

[@left_vertical_bus, „VSS", 1, „METAL1", 40.0, 0.0, 1], ...]]

Bild 9-14b. Die Definitionen von *Power Styles*, *Routing Levels* und *Wiring Types* in *mietec_24_process*: Die Ebenen für die automatische globale Verdrahtung (*Routing*) sind demnach 3 µm breite Metall1-Bahnen für horizontale und 4 µm breite Metall2 vertikale Verbindungen. Die Bahnen für sonstige Metall1- oder Metall2-Leitungen in der lokalen Verdrahtung sind 4 µm bzw. 5 µm breit. Die automatisch erzeugten Versorgungsleitungen für VSS sind hier in Metall1 geführt und 40 µm breit

outstrukturen in den *Connect-Layers* Leitungsunterbrechungen entstehen oder ob beim Editieren vorher getrennte Netze kurzgeschlossen werden. Vor solchen Änderungen erfolgt eine Warnung, allerdings nur, wenn im Setup IC-Dialogfeld die Funktion *$set_query_on_merge* aktiviert wird. Die Layoutoperation, z.B. das Kurzschließen zweier Netze, kann aber trotzdem ausgeführt werden.

Der CBC-Mode verhindert hingegen alle Editieroperationen, die zu Regelver- letzungen und zu Änderungen der Verbindungsstruktur führen. Der CBC-Mode bezieht sich dazu auf die Verbindungsstruktur im zugeordneten Schaltplan. CBC- und CE-Mode legen also für die Connectivity-Prüfung unterschiedliche Verbindungsstrukturen zugrunde. Im CBC-Mode sind nicht wie im CE-Mode die Layoutebenen ausschlaggebend, die in den *Connect*-Anweisungen definiert sind, sondern die Strukturen der Ebenen, die in den *Routing-Level-*, *Wiring-Ty- pe-* und *Power-Styles*-Anweisungen des PDF-Files spezifiziert wurden (Bild 9.14b). Jede neue Operation wird vor der Ausführung vom Programm geprüft. Editieroperationen, die die Verbindungsstruktur verändern oder etwa Kurzschlüsse verursachen, werden nicht zugelassen. Offene Verbindungen in Netzen werden angezeigt. Der CBC-Modus wird bei der automatischen Layoutsynthese mit den Werkzeugen von *ICblocks* verwendet.

Im CBC-Mode sind auch Online-DRC-Prüfungen möglich. Da DRC-Regelsätze sehr umfangreich sein können, ist es aus Zeitgründen sinnvoll, nur eine Untermenge der DRC-Regeln aus dem Rules-File online zu prüfen. Die Regeln, die beim Online-DRC berücksichtigt werden sollen, werden in einem gesonderten Bereich des *Rules-File* abgelegt, der *continuous_drc_group* heißt.

9.2.4
Bearbeitung und Erzeugung von Layoutstrukturen

Bevor eine Layoutzelle editiert, kopiert oder verändert werden kann, muß diese Zelle von der Festplatte in ein Arbeitsfenster (*IC-Window*) geladen werden. Beim Öffnen einer Zelle wird eine Kopie der Zelle erzeugt und in den Arbeitsspeicher gelegt. Die Zellkopie ist allerdings nur les- und nicht editierbar (*Read Only*). Editierbar wird die aktive Zelle erst durch Eingabe des *Reserve-Cell*-Kommandos: **File > Cell > Reserve**. Dieses Kommando vergibt die Editierrechte an einen Benutzer. Alle anderen Benutzer im Netzwerk können die Zelle zwar ebenfalls verwenden, aber nur im *Read-Only-Modus*. Damit wird verhindert, daß zeitgleich mehrere Designer eine Zelle editieren können.

Die verschiedenen Editieroperationen, die Selektion von Objekten und der Aufbau von Arbeitsfenstern wird im folgenden dargestellt. Alle Editieroperationen wirken nur auf die Zellkopie im Arbeitsspeicher und werden erst mit dem Kommando **File > Cell > Save Cell** auf die Festplatte übernommen.

9.2.4.1
Selection Sets

Alle Layoutobjekte, die mit den Werkzeugen der *ICstation* editiert werden sollen, sind vor Eingabe des entsprechenden Kommandos durch Anklicken mit der linken Maustaste zu *selektieren* (*Select-Operate*-Prozedur).

Wird ein Objekt im Zellayout selektiert, wird es auf dem Bildschirm optisch hervorgehoben und in die Liste der selektierten Designobjekte (*Current Selection Set*) aufgenommen. Nach einer Operation, z.B. einer Verschiebung mit dem Befehl (MOVE), wird der *Selection Set* geschlossen. Die helle Darstellung der Objekte bleibt erhalten. Die bearbeiteten Objekte bleiben selektiert. Erst wenn eine neue Selektion erfolgt, wird der alte Selection Set gelöscht. Die hellen Linien verschwinden bei den alten Objekten und ein neuer Selection Set wird angefangen.

Das Arbeiten mit Selection Sets wird durch die Kommandos *Close Selection Set* (**Select > Close Selection**) und *Reopen Selection Set* (**Select > Reopen Selection**) erleichtert: Der erste Befehl schließt einen aktuellen Selection Set und der zweite Befehl reaktiviert einen Selection Set, um z.B. die vorhandenen Selektionen zu ergänzen und so einen umfangreicheren Selection Set zu erzeugen.

Mit dem **Unselect-All**-Befehl können alle Selektionen rückgängig gemacht werden. Dieser Befehl löscht aber alle Selection Sets, ein *Reopen* ist nicht mehr möglich.

9.2.4.2
ICStation-Windows

In *ICStation-Windows* werden Layout-Zellen editiert (Bild 9.15). Die Zahl der geöffneten Fenster ist dabei nicht beschränkt. Bearbeitbar ist aber immer nur **ein** Fenster, das auch nur **eine** Zelle enthalten kann. Die Titelzeile des Fensters der aktiven Zelle wird zur Unterscheidung optisch heller dargestellt. Die Zelle im aktiven Fenster heißt *Active Context Cell*. Der Name der Active Context Cell wird in der Status-Leiste des *IC-Environment-Session*-Fensters angezeigt und steht hinter dem Eintrag **Context:**. Die Statusleiste zeigt außerdem den aktuellen Prozeß an (z.B. mietec_cmos24), enthält die Cursor-Koordinaten (**Cursor:**), gibt die aktive Layoutebene im IC-Window an (**Layer:**) und zeigt die Zahl der selektierten Objekte in der Active Context Cell (**Sel:**).

Nachdem eine neue Zelle mit dem Kommando *Create Cell* generiert worden ist, (Eintrag **Create** im Palettenmenü) öffnet sich automatisch ein *ICStation-Window* und die neue Zelle wird zur *Active Context Cell*. Bereits vorhandene Zellen werden mit dem Kommando *Open Cell* geöffnet (Eintrag **Open** im Session-Palettenmenü) und als *Active Context Cell* in einem neuen *ICStation-Window* angezeigt .

Das Palettenmenü am Rand des IC-Windows ändert sich, sobald die *Active Context Cell* aktiviert wird. Zur Aktivierung genügt das Anklicken eines beliebigen Punktes innerhalb des Windows mit der linken Maustaste. Statt des Session-Palettenmenüs erscheint dann ein Menü mit der Überschrift **IC Palettes**. Die wichtigsten Einträge sind: *Easy Edit, ..., ICRules, ICExtract, ..., Place/ Route*. Über diese Wahlknöpfe können die verschiedenen IC-Station-Applikationsprogramme (s. Bild 9.1) gestartet werden. Unter jedem Eintrag verbirgt sich ein weiteres Palettenmenü, das sich auf das aktivierte Applikationsprogramm bezieht.

9.2.4.3
Das Selektieren von Objekten

Bevor man ein Objekt in der *Active Context Cell* bearbeiten kann (verschieben, löschen etc.) muß dieses Objekt selektiert werden. Man kann im Prinzip beliebig viele Objekte durch Anklicken selektieren und zum *Current Selection Set* hinzufügen. Wird dabei ein Objekt selektiert, dessen Layer auf „nicht sichtbar" eingestellt war, so erscheint das Objekt trotzdem auf dem Bildschirm.

Es gibt Filterfunktionen, um bestimmte Untermengen (*Object Types*) von Layoutobjekten gezielt zu selektieren. Man kann nach Objekttypen filtern (*Shapes, Pathes, Instances, Pins, Overflows, Arrays, Rows* und *Property Text*) oder Objekte in bestimmten Layoutbereichen auswählen, indem mit der linken Maustaste Rechtecke um die zu selektierenden Objekte gelegt werden (*Area Re-*

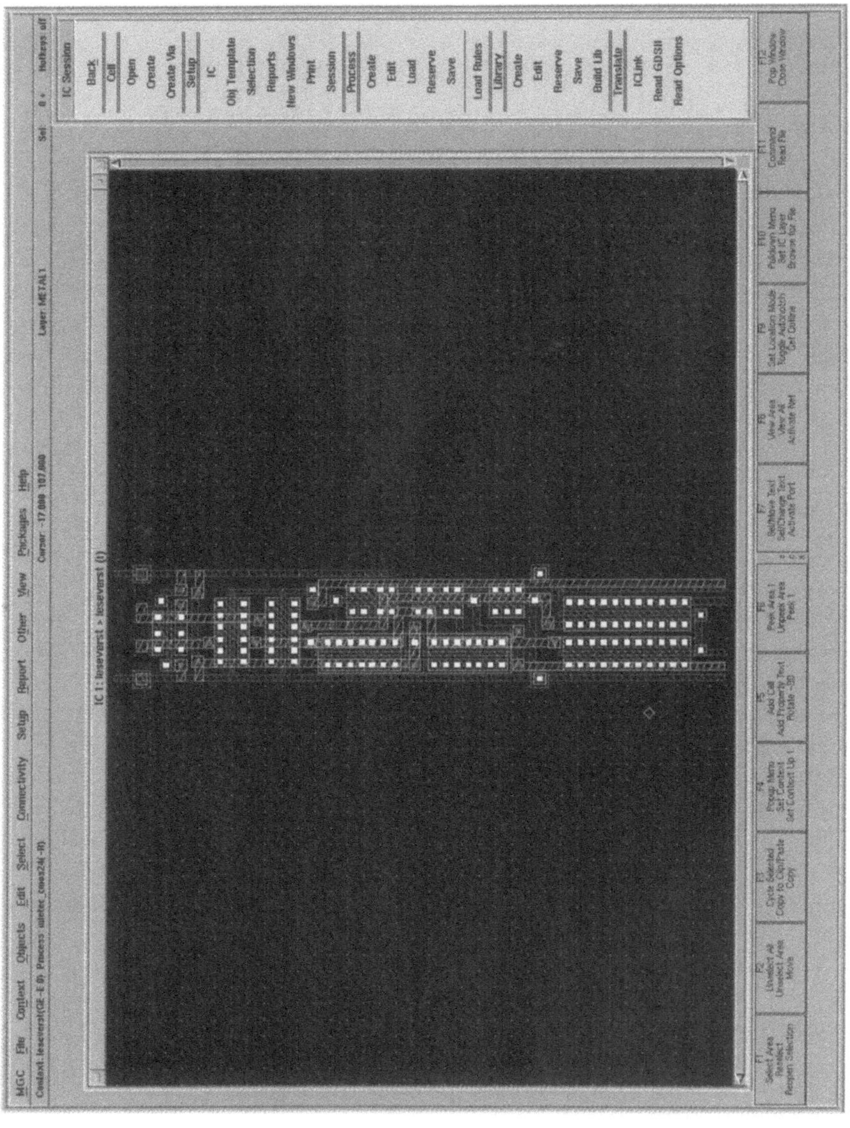

Bild 9-15. Das ICStation-Window *IC1* mit dem IC-Palettes Menü. Geladen ist die Zelle *leseverst*

lationship). Je nach Einstellung können Objekte selektiert werden, die innerhalb oder außerhalb dieser Fläche liegen oder auch diese Fläche nur schneiden. Einmal eingestellte Selektionsfilter bleiben erhalten, bis der Filter geändert oder die Bearbeitung der Zelle beendet wird. Selektionsfilter werden in einem Dialog-Feld eingestellt, das über das Pull-Down-Menü mit **Select > Setup Selection Filter ...** geöffnet wird.

Die Zahl der selektierten Objekte in der aktiven Zelle wird in der Statuszeile des IC-Windows angezeigt (**Sel:**). Erscheint hinter der entsprechenden Zahl ein „+"-Zeichen, ist der aktuelle Current Selection Set geöffnet (im Zustand *open*). Nach dem Aufruf der zu bearbeitenden Zelle beginnt *ICgraph* mit einer offenen und leeren Selektionsmenge.

9.2.4.4
Die wichtigsten Editieroperationen

Die wichtigsten Editierfunktionen sind das Verschieben (*Move*), Kopieren (*Copy*), Modifizieren und Drehen (*Rotate*) von Layoutobjekten. Aufrufen kann man diese Funktonen aus dem *Easy-Edit*-Palettenmenü, dem *IC-Window-Pop-Up-Menü* oder über das Pull-Down-Menü (**Object > ...**). Weiterhin können auch Strokes benutzt werden.

Die Funktion MOVE
Mit dieser Funktion können selektierte Objekte auf vorgegebene Positionen geschoben werden. Der Befehl MOVE wird angewählt, indem man z.B. im IC-Station-Session-Palettenmenü den Eintrag **Edit** anklickt und dort den Eintrag **Move** selektiert. Danach erscheint die *MOVE*-Prompt-Bar-Zeile mit dem in Bild 9.16 gezeigten Aufbau.

Zunächst ist hier der Eintrag *From* rot eingerahmt. Durch Anklicken eines Bezugspunktes am selektierten Objekt (linke Maustaste) wird der Ausgangspunkt der Verschiebungsstrecke festgelegt. Danach springt der rote Rahmen einen Eintrag weiter. Bei *To* ist ein zweiter Punkt innerhalb der aktiven Zelle einzugeben. Auf diesen Zielpunkt wird der Ausgangspunkt versetzt. Im Textfeld nach *Direction* können die Verschieberichtungen eingestellt werden: *vertical, horizontal* oder *any*. Das Textfeld nach *Objects* steht per Voreinstellung auf *selected*, d.h., nur selektierte Objekte werden verschoben. Nach dem Quittieren mit **OK** (oder dem Abbruch mit **Cancel**) wird die Move-Operation ausgeführt (oder nicht).

Um aus dem *Easy-Edit*-Palettenmenü in das IC-Station-Palettenmenü zurückzugelangen, genügt das Anklicken des Wahlfeldes **Back**.

Die Funktion COPY
Auch bei dieser Funktion erscheint eine Prompt-Bar-Zeile, die genauso aufgebaut ist wie die der MOVE-Operation. Die COPY-Funktion unterscheidet sich von der MOVE-Funktion nur dadurch, daß die selektierten Objekte am neuen Zielpunkt erscheinen, ohne daß die Objekte gleichzeitig am Ausgangspunkt gelöscht werden.

Bild 9-16. Die *MOVE-Prompt-Bar-Zeile*

Die Funktion ROTATE

Das selektierte Objekt kann durch die Funktion ROTATE um vorgegebene Winkel gedreht werden. Positive Winkel bewirken Drehungen im Uhrzeigersinn, negative Winkel im Gegenuhrzeigersinn. Die ROTATE-Prompt-Bar-Zeile zeigt Bild 9.17.

Bei *Point To Rotate About* in der Prompt-Bar-Zeile ist ein Punkt im Layout anzuklicken, um den die Figur gedreht wird (im Beispiel um 45°). Gedreht werden bei den Einträgen im Bild 9-17 nur die selektierten Objekte.

Die Funktion MOVE EDGE

Mit diesem Befehl kann man Kanten von Objekten mit den gleichen Mausoperationen verschieben, die auch Begrenzungen eines Windows auf dem Bildschirm vergrößern oder verkleinern (Selektieren und Ziehen). Zur Selektierung einer Kante wird die Befehlsfolge **Select > Edge** aus dem IC-Window-Popup-Menü verwendet. Zur Verschiebung kann die MOVE-EDGE-Funktion über das *Easy-Edit*-Palettenmenü aufgerufen werden oder man selektiert die *Pop-Up-Menü*-Befehlsfolge **Edit > Move > unconstrained**.

Nachdem die MOVE-EDGE-Funktion aufgerufen wurde, erscheint eine Linie, die die selektierte Kante repräsentiert. Die Linie kann mit dem Mauszeiger beliebig verschoben werden. Nach Loslassen der linken Maustaste füllt die entsprechende Figur die Fläche bis zur verschobenen Kante aus (Bild 9.18).

Die Funktion STRETCH

Mit dieser Anweisung (*to stretch* engl. dehnen) können einzelne oder mehrere Kanten von selektierten Polygonen oder Pathes verschoben werden. Alle nicht

| ROT | degrees | 45 | Point to rotate about | ╋ | Objects | selected | OK | Cancel |

Bild 9-17. Die *ROTATE-Prompt-Bar-Zeile*

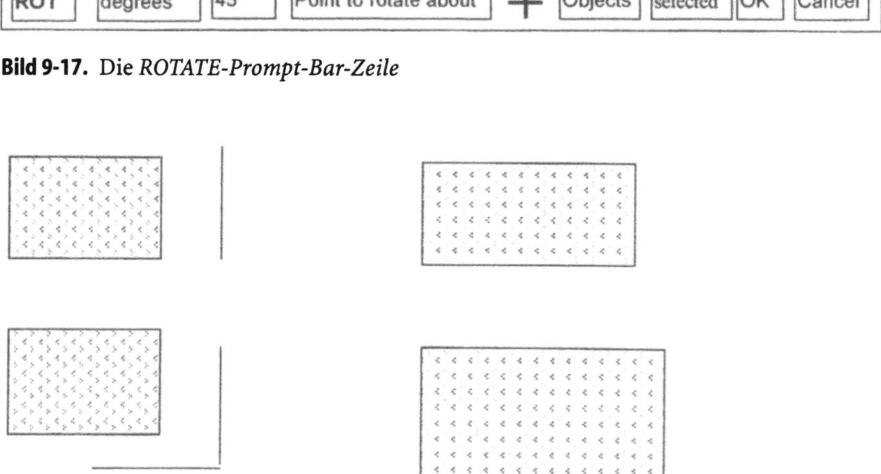

Bild 9-18. Kantenverschiebung mit MOVE EDGE für einzelne (*Single Edge Move*) und mehrere selektierte Kanten (*Multiple Edge Move*). Links ist der Ausgangszustand und rechts das Endergebnis gezeigt

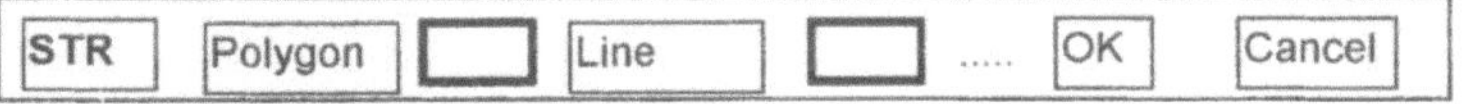

Bild 9-19. Die *STRETCH-Prompt-Bar-Zeile*

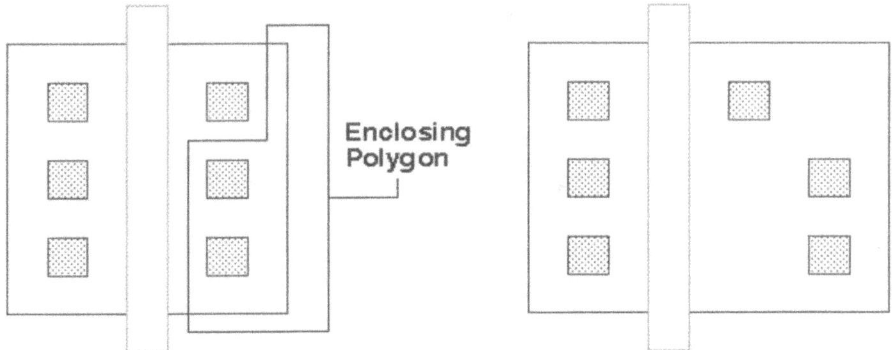

Bild 9-20. Die Anwendung des Stretch-Befehls auf Polygone. Links sieht man den Ausgangszustand mit dem Hilfspolygon, rechts das Ergebnis der Operation

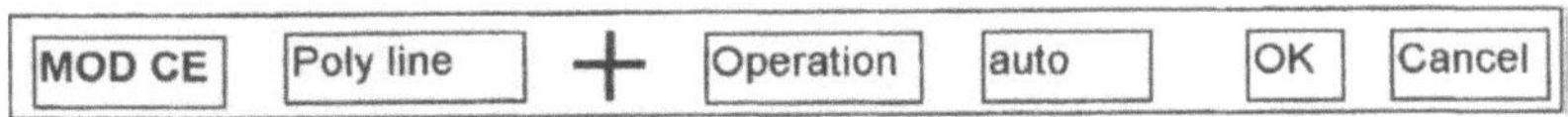

Bild 9-21. Die *MODIFY-CENTERLINE-Prompt-Bar-Zeile*

selektierten Kanten der Objekte bleiben fest. Die Auswahl der zu verschiebenden Kanten wird durch Einzeichnen eines Hilfspolygons getroffen. Bei einem Path ist die gestretchte Kante die Mittellinie (*Center Line*). Bild 9.19 zeigt die Stretch-Prompt-Bar-Zeile.

Zunächst ist in der Prompt Bar der Eintrag *Polygon* aktiviert und rot eingerahmt. Durch Aufspannen des Hilfspolygons mit der linken Maustaste wird die relevante Kante des selektierten Objekts gekennzeichnet. Jetzt ist die Linie (*Line*) einzugeben, die festlegt, um welche Strecke und in welche Richtung die zu versetzende Kante gezogen werden soll.

Bild 9.20 zeigt ein Beispiel für eine Stretch-Operation an einem Transistorlayout. Das *Active-Area*-Gebiet wird vergrößert, wobei zwei Kontakte ebenfalls verschoben werden, weil ihre Kanten vollständig über das Hilfspolygon selektiert wurden.

Die Funktion MODIFY CENTERLINE

Diese Anweisung wirkt nur auf Leitungen (*Pathes*) und verändert den Leitungsverlauf oder die Länge nach Maßgabe einer eingezeichneten Hilfslinie. Bild 9.22 zeigt, wie einfach sich durch diese Operation der Leitungsverlauf beeinflussen läßt. In der *MODIFY CENTERLINE*-Prompt-Bar-Zeile (Bild 9.21) ist eine Poly-

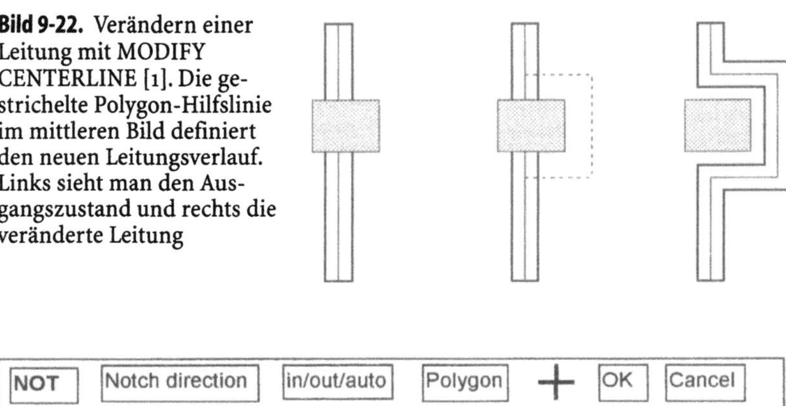

Bild 9-22. Verändern einer Leitung mit MODIFY CENTERLINE [1]. Die gestrichelte Polygon-Hilfslinie im mittleren Bild definiert den neuen Leitungsverlauf. Links sieht man den Ausgangszustand und rechts die veränderte Leitung

Bild 9-23. Die *NOTCH-Prompt-Bar-Zeile*

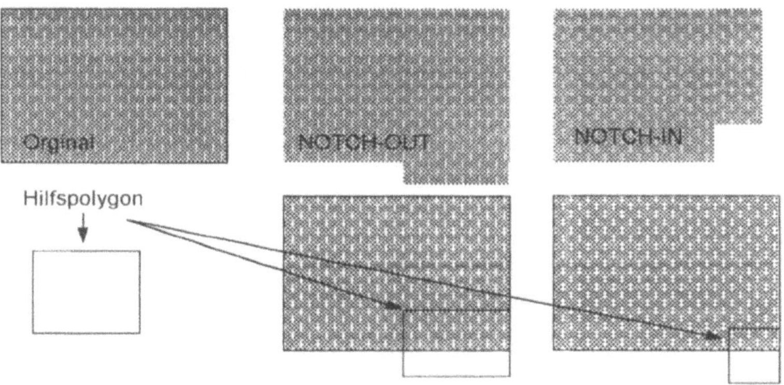

Bild 9-24. Die Anwendung des NOTCH-Befehls auf Polygone. Die Flächen des Hilfspolygons und des zu ändernden Polygons werden so verknüpft, daß bei NOTCH-IN eine Einkerbung und bei NOTCH-OUT eine Auswölbung entsteht

gonlinie einzugeben, die den neuen Verlauf der Mittellinie definiert. Nach dem Doppelklick zum Abschluß der Linie wird mit **OK** quittiert.

Die Funktion NOTCH

Mit dieser Funktion (notch, engl. Kerbe, Ausschnitt) können selektierte Polygone an Kanten ergänzt oder eingeschnitten werden. Die *NOTCH*-Prompt-Bar-Zeile ist in Bild 9.23 gezeigt.

Der Eintrag *Notch Direction* legt die Art der Notch-Operation fest (*Notch In, Notch Out*). Mit *Notch Auto* lassen sich Löcher in vorhandene Polygone schneiden. Nach Aktivierung von *Polygon* wird ein Hilfspolygon gezeichnet, dessen Überlappungsbereich mit dem selektierten Objekt die Formänderung bestimmt (Bild 9.24).

9.2.4.5
Die wichtigsten Eingabefunktionen

Während Editierbefehle die Strukturen in der Active Context Cell verändern, werden mit Eingabefunktionen neue Objekte hinzugefügt. Aufrufen kann man diese Funktionen aus dem *Easy Edit*-Palettenmenü, dem *IC-Window-Pop-Up*-Menü oder dem *Pull-Down*-Menü (unter **Object**).

ADD PATH und ADD SHAPE
Mit diesen Funktionen werden Pathes und Polygone erzeugt. Nach dem Aufruf erscheint die *Add-Shape-* oder *Add-Path*-Prompt-Bar-Zeile. Der Mauszeiger im IC-Window verändert seine Form und wird zum Fadenkreuz (*The Mark*). Die Cursor-Position in der Titelzeile des IC-Windows wechselt auf die Darstellung von Relativkoordinaten, damit Figuren bestimmter Größe leichter einzugeben sind.

In der *Add-Shape*-Zeile (Bild 9.25) kann nach Anklicken des Eintrags *Polygon* ein Rechteck auf dem Bildschirm gezeichnet werden. Dazu ist die linke Maustaste zu drücken und zu halten. Bewegt man den Cursor, zeigt sich ein dynamisches Viereck. Die Koordinatenanzeige gibt den x-y-Abstand zum Aufhängepunkt des dynamischen Vierecks an. Läßt man die linke Maustaste los, erscheint das Viereck in der *aktiven* Ebene, die in einer Dialogbox vorgegeben werden kann, die nach Anklicken des Prompt-Bar-Eintrags *Options* erscheint.

Die ADD-PATH-Funktion hat eine ähnliche Prompt-Bar-Zeile und die Befehlsabfolge ist nahezu identisch. Lediglich statt eines dynamischen Vierecks wird ein dynamischer Polygonzug auf den Bildschirm gezeichnet, der später in die Centerline der Leitung übergeht. Der Endpunkt der Strecke wird mit einem Doppelklick gekennzeichnet. In der Dialog-Box (Anklicken von *Options* in der Prompt-Bar) stehen neben der Layerliste zusätzliche Auswahlfelder zu Verfügung, mit denen die Weite der Leitung (in µm) festgelegt und der Path-Typ bestimmt werden kann.

Die Funktion MAKE PORT
Mit dieser Funktion können *selektierte* Shapes und Pathes zu einem Port zusammengefaßt werden. Die Befehlsfolge besteht aus folgenden *Pull-Down*-Menü-Einträgen **Connectivity > Port > Make Port**. Das Eintippen von MAK PO in die *Pop-Up-Command-Line* ist äquivalent. Jedem Port kann ein Name zugewiesen werden, der in der erscheinenden Prompt-Bar-Zeile eingeragen wird. Die Funktion kann im CBC-Mode nicht benutzt werden.

Es gibt verschiedene Porttypen, die in der Prompt-Bar-Zeile abgefragt werden (*Power*, *Signal* oder *Feedthru*). Die Signalrichtungen *in*, *out* oder *bi* (für bi-direktional) müssen ebenfalls definiert werden. Bei einem Power-Port, der eine VDD- oder VSS-Leitung kennzeichnet, ist nur die Richtung *in* zulässig.

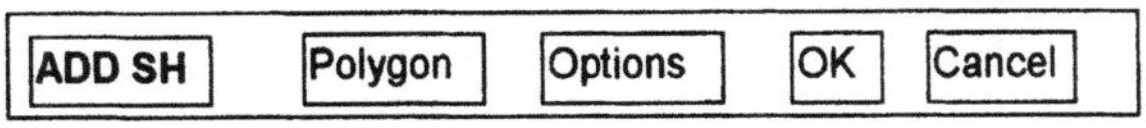

Bild 9-25. Die *ADD-SHAPE-Prompt-Bar-Zeile* | **ADD SH** | Polygon | Options | OK | Cancel |

| ADD CE | **Cell Name** | | Location | Options | OK | Cancel |

Bild 9-26. Die *ADD-CELL-Prompt-Bar-Zeile*

Die Funktion ADD CELL

Mit dieser Funktion kann man eine Zelle als Instanz in der Active Context Cell plazieren. Die eingesetzte Zelle wird als Umriß mit Pins und Zellnamen dargestellt (externer Aspekt der Zelle). Die ADD-CELL-Funktion wird über die in Bild 9.26 gezeigte Prompt-Bar-Zeile gesteuert.

Hinter *Cell Name* trägt man den Namen und den Pfad der einzufügenden Zelle ein. Da die Speicheradresse einer Zelle meist nicht explizit vorliegt, kann mit der Tastenkombination *cntrl – F10* ein Navigatorfenster geöffnet werden, über das die gewünschte Zelle gesucht werden kann. Über *Options* läßt sich die Art bestimmen, wie die Zelle eingesetzt werden soll (Zelle gedreht, gespiegelt etc.). Nach dem Anklicken des Wahlfelds *Location* erscheint der Zellumriß dynamisch im IC-Window und kann bei gedrückter linker Maustaste beliebig im IC-Window verschoben werden. Nach dem Loslassen der linken Maustaste wird die Zelle mit ihrem Nullpunkt an der aktuellen Cursor-Position eingesetzt.

Die Funktion MAKE ARRAY

Diese Funktion vervielfacht eingesetzte und selektierte Zellen in der Active Context Cell. Ruft man diese Funktion auf, so öffnet sich eine Prompt-Bar-Zeile, in der durch Angabe von Zeilen- und Spaltenzahl eine matrixförmige Anordnung von identischen Zellen vorgegeben werden kann. Die Ausgangszelle hat dabei die Zeilen- und Spaltenindices (1,1).

Die Funktion steht nur im GE-Editing Mode zur Verfügung. Sollen Layoutstrukturen vervielfacht werden, müssen diese vor Auslösen des *MAKE-ARRAY-*Befehls in eine Zelle verwandelt werden (Pull-Down-Menü: **Objects > Make > Cell...**). In der erscheinenden Dialog-Box wird neben anderen selbsterklärenden Einträgen der Zellname und -typ (z.B. *Block*) definiert.

Die *MAKE-ARRAY*-Funktion wird über **Objects > Make > Array:** aufgerufen. Die *MAKE-ARRAY*-Prompt-Bar-Zeile enthält Textfelder, in die die Zahl der Zeilen und Spalten eingegeben werden kann. Außerdem lassen über die Eingabe von *Offsets* in x- und y-Richtung die Zellen relativ zueinander verschieben, so daß die Strukturen auch überlappend eingesetzt werden können.

Die Funktionen ADD ROUTE und ROUTE POINT TO POINT

In *ICgraph* können während der Editierung von Full-Custom-Layouts automatisch Verbindungsleitungen gezogen werden.

Die *ROUTE-POINT-TO-POINT*-Funktion verdrahtet automatisch zwei vorher eingegebene Punkte im Layout. Damit die Verbindungsleitung möglichst kurz ausfällt, faßt das Programm die beiden Punkte als diagonal gegenüberliegende Ecken eines Rechtecks auf und beschränkt sich bei der Suche nach Verbindungsmöglichkeiten auf das Gebiet des Rechtecks. In einer Prompt-Bar-Zeile können

Start- und Ziel-Ebene für die Verdrahtung eingegeben werden, um z.B. eine Leitung in METAL1 zu beginnen und in METAL2 abzuschließen.

Die *ADD-ROUTE*-Funktion ermöglicht die interaktive Verdrahtung zwischen oder innerhalb von Zellen. Während der Ausführung von ADD ROUTE werden die Bereiche im Layout angezeigt, in denen die fragliche Leitung mit dem Cursor gezogen werden kann. Mögliche Via-Positionen werden ebenfalls zu Anzeige gebracht und können durch Anklicken des Select Mouse Buttons gesetzt werden. Mit der Abstandstaste auf der Tastatur kann während der Ausführung eines *Add-Route*-Kommandos die Verdrahtungsebene gewechselt werden. Mit der F9-Taste wird die Verdrahtungsrichtung geändert. Das Drücken der Backspace-Taste löscht das zuletzt eingegebene Leitungselement. Ein Doppelklick auf den Endpunkt des letzten Verdrahtungssegments schließt die Prozedur ab und speichert die erzeugte Verbindung.

Beide Routing-Funktionen lassen sich im Menü *IC-Palettes* durch Anklicken des Eintrags *Place & Route* aufrufen. Danach erscheint das *Place & Route*-Palettenmenü.

9.3
Design-Verifikation mit den ICverify-Tools

Sobald das Layout einer Zelle komplett eingegeben worden ist, beginnt – falls nicht im CBC-Mode gearbeitet wurde – die Verifikation der Zellgeometrien. Die Zelle wird auf *Design-Rule*-Fehler überprüft und anhand von extrahierten Netzlisten durch Nachsimulation auf korrekte Implementierung der elektrischen Funktion getestet.

9.3.1
Design-Rule-Prüfung und Netzlistenextraktion

Mit den *ICverify*-Werkzeugen auf Maskenebene (*Mask Mode Verification*) werden die Layoutdaten über alle Ebenen der Hierarchie hinweg bis hinunter zu den Transistorgeometrien aufgelöst und analysiert. Grundlage für alle Prüfungen ist das Rules File. Diese Datei enthält alle Entwurfsregeln für die verwendete Technologie, alle Connect-Informationen sowie die Parameter, die die Berechnung der parasitären Elemente in der Schaltung ermöglichen, und Device Recognition *Data*, die definieren, welche Bauelemente im verwendeten Prozeß möglich sind.

9.3.1.1
Die DRC-Prüfung

Für diese Prüfung wird im IC-Session-Palettenmenü der Eintrag **ICrules** selektiert. Das *ICrules*-Palettenmenü erscheint (Bild 9.27) Gegebenenfalls ist vorher mit **Back** die laufende Applikation (z.B. *Easy Edit*) zu beenden. Jede Anwendung eines ICverify-Werkzeugs setzt voraus, daß ein geeignetes Rule File geladen ist.

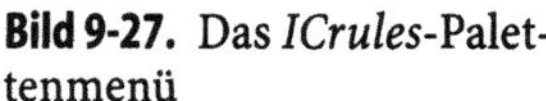

Bild 9-27. Das *ICrules*-Palettenmenü

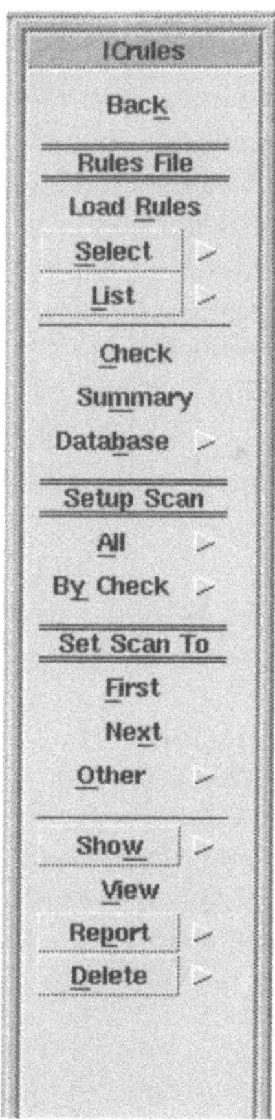

Normalerweise müssen während der Verifikation alle Designregeln geprüft werden. Sollen nur bestimmte Regeln geprüft werden, kann über den Eintrag SELECT im Palettenmenü ein Untermenü aufgerufen werden, das die Einträge *Select, All* und *Unselect All* enthält. Wird *Select* angeklickt, erscheint ein Dialogfeld, in dem die gewünschten Regeln aus den vorhandenen DRC-Regeln ausgewählt werden können. Der Eintrag *All* bewirkt die Anwendung aller Regeln und *Unselect All* deaktiviert alle Regeln im geladenen Rules-File.

Die genaue Spezifikation von Regeln kann man sich im *List*-Menü anzeigen lassen, das im *ICrules*-Paletten-Menü über den Eintrag LIST zugänglich ist.

Um einen DRC zu starten, wird der Eintrag CHECK in der *ICrules-Palette* selektiert. Daraufhin erscheint die *Check DRC Prompt-Bar* Zeile (Bild 9.28). Um die Routine mit den voreingestellten Optionen zu starten, was für praktische Zwecke völlig ausreichend ist, wird das Feld OK angeklickt. Soll nur ein Ausschnitt des Layouts geprüft werden, kann über das Wahlfeld *Optional Area* in der *Prompt-Bar*-Zeile ein bestimmtes Layoutsegment vorgegeben werden. Alle *De-*

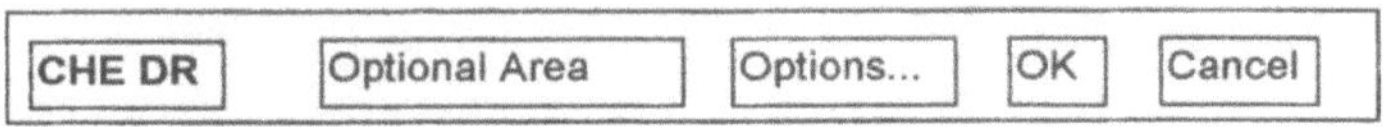

Bild 9-28. Die *CHECK-DRC-Prompt-Bar-Zeile*

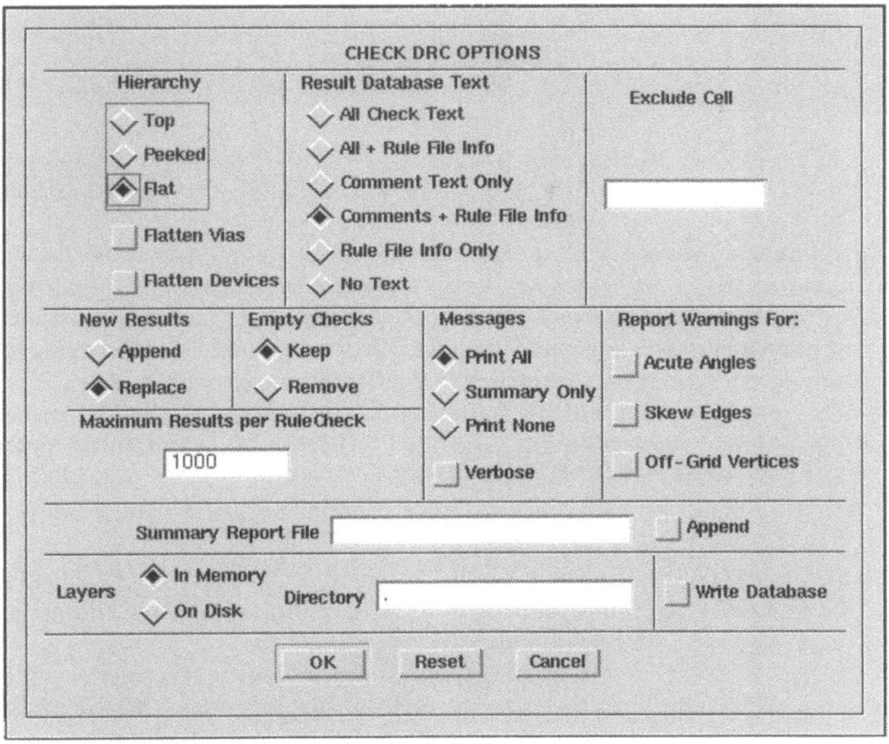

Bild 9-29. Das *ICrules-Check-DRC*-Dialogfeld

sign-Rule-Verletzungen werden nacheinander in der *Message Area* des *Session Windows* angezeigt und in der DRC-Datenbasis abgelegt.

Mit dem Wahlfeld *Options...* in der Prompt-Bar läßt sich ein Dialogfeld öffnen (Bild 9.29), in dem die Programmeinstellungen für *ICrules* abgeändert werden können. Die einzelnen Wahlmöglichkeiten sowie die Voreinstellungen werden im folgenden kurz erläutert. Details können in der Online-Dokumentation des Entwurfssystems nachgeschlagen werden [2].

– *Hierarchy*: Die Argumente *Top*, *Peeked* und *Flat* definieren, inwieweit der hierarchische Aufbau des Layouts, falls vorhanden, bei der DRC-Prüfung aufgelöst werden soll. Die umfassenste Anwendung eines DRC-Programms ist das Prüfen aller eingesetzten Zellen über alle vorhandenen Hierarchiestufen bis hinunter zur Transistorebene. Diese Prüfung wird im voreingestellten *Flat Mode* vorgenommen.

- *Result Database Text*: In diesem Feld kann festgelegt werden, wieviel Textinformation aus dem Rule File in die Ergebnisdatei des DRC-Programms übernommen wird. Diese Textinformation erleichtert die spätere Fehlerkorrektur. Voreingestellt ist *Comments + Rule File Info*, d.h. die Kommentierungen zu den einzelnen Designregeln (z. B. *Poly-Poly-Distance*) werden zusammen mit allen Informationen über das Rules File (z.B. dessen Pfadnamen) übernommen.

- *Exclude Cell*: Hier können bestimmte Zellen im Layout von der DRC-Prüfung ausgenommen werden, z.B. wenn verschiedene Design-Regelsätze innerhalb eines Layouts zur Anwendung kommen.

- *New Results*: Die Einstellungen *Append* und *Replace* definieren, wie mit Fehlern einer gegebenen Prüfkategorie (z.B. der Metall1-Metall1-Abstandsprüfung) verfahren wird. *Append* bewirkt, daß bei einem Check-DRC-Run neu gefundene Fehler der entsprechenden Kategorie den vorhandenen Fehlern aus vorherigen Prüfläufen hinzugefügt werden. Ist *Replace* aktiv, werden die vorhandenen Einträge in der DRC-Datenbasis überschrieben. Dies ist wohl die naheliegendere Variante, allerdings kann der *Append Mode* dann sinnvoll sein, wenn sukzessive verschiedene Layoutausschnitte geprüft werden.

- *Empty Checks*: Dies sind DRC-Prüfungen, denen keine explizite Fehlermeldung, sondern andere Einträge (z.B. Rule-File-Information) zugeordnet sind. Die Ergebnisse dieser Checks werden wie tatsächliche DRC-Fehler gespeichert (Default), können aber auch mit dem Wahlfeld *Remove* vollständig aus den DRC-Daten gelöscht werden.

- *Messages*: Die verschiedenen Wahlfelder legen fest, in welchem Umfang Meldungen des Programms während der DRC-Prüfung im Session-Window angezeigt werden. Voreingestellt ist der Button *Print All*.

- *Report Warnings For:* Die drei Einträge in dieser Parameterkategorie spezifizieren, ob Warnungen ausgegeben werden sollen, wenn das DRC-Programm beim Einlesen der Layoutdaten bestimmte Auffälligkeiten findet. Ein Beispiel sind Kanten, die nicht auf dem definierten Abstandsraster liegen. Mit den Default-Einstellungen meldet *ICrules* solche Fälle nicht.

- *Maximum Results per Check:* In diesem Textfeld wird eingetragen, wie viele Fehler pro Prüfung zugelassen werden. Die Voreinstellung sind 1000 Fehlermeldungen pro Entwurfsregel. Eine Begrenzung ist sinnvoll, damit man bei der Korrektur der Regelverletzungen im Layout die Übersicht behält.

- *Summary Report File:* Hier kann der Pfadname für einen DRC-Bericht eingegeben werden, der alle Fehlermeldungen eines Check DRC-Runs enthält.

- *Layers:* Während der DRC-Prüfung werden Hilfsebenen aus den Layoutdaten erzeugt, die im Zwischenspeicher gehalten werden. Man kann diese Ebenen durch Anklicken des *On-Disk-Buttons* und Angabe eines Pfadnamens auf die Festplatte übertragen. Der Pfadname ist in das entsprechende Textfeld einzutragen.

9.3.1.2
Grafisch unterstütztes Bearbeiten von DRC-Fehlern

Die Daten in der DRC-Ergebnisdatei (*ICrules DRC Results Database*) spezifizieren die Lage und die Art der DRC-Fehler in grafischer Form (*Edge Clusters*). Die Design-Fehler werden in bestimmten, für Fehler reservierten Ebenen mit abgeleiteten Polygonen, Kanten und Fehlergeometrien (*Derived Polygon*, *Edge* und *Error Layers*) gekennzeichnet.

Die abgeleiteten Ebenen enthalten verschmolzene oder aufgeblähte bzw. geschrumpfte Polygone, die zur DRC-Prüfung aus den Layoutdaten erzeugt werden. So kann man (Bild 9.30) den Mindestabstand d von Strukturen in einer Layoutebene (etwa Metall1) prüfen, indem man alle Strukturen in der relevanten Ebene in eine Hilfsebene kopiert, dort um $d/2$ expandiert und dann alle Überlappungen der entstandenen Geometrien in eine neue (abgeleitete) Ebene speichert. Wird die Abstandsregel eingehalten, dann ist die abgeleitete Ebene leer. Ist dies nicht der Fall, werden die Kanten der Fehlerpolygone in der Hilfsebene auf die Kanten der Originallayoutdaten abgebildet und als Fehlerinformation im *Error-Layer* gespeichert: Später können die Fehler durch Überblenden von Originallayout und Fehlerebene grafisch leicht lokalisiert werden.

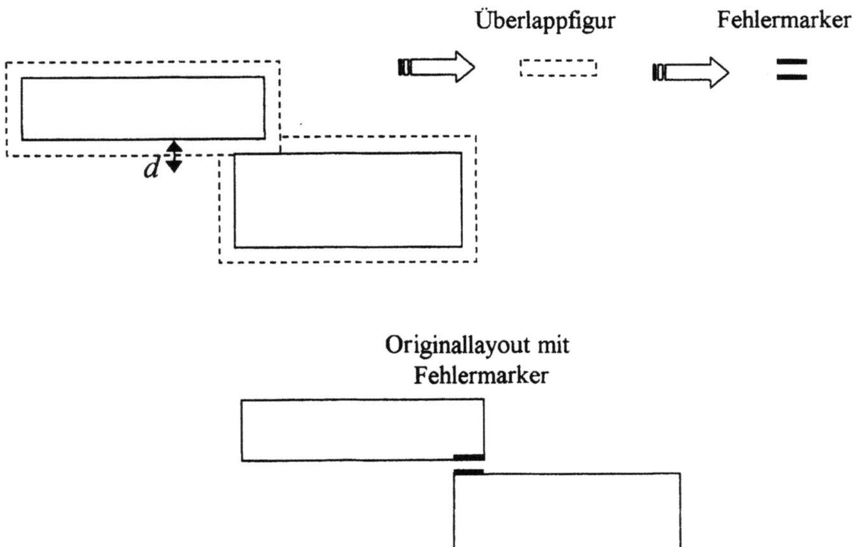

Bild 9-30. DRC-Regelprüfung des Mindestabstands d für zwei Rechtecke mit Polygonalgebra. Die Layoutstukturen werden um den halben Mindestabstand gebläht (gestrichelte Rechtecke). Die Überlappung der gestrichelten Figuren wird ermittelt und entsprechende Fehlermarker (dicke Striche) werden erzeugt. Zum Darstellen der Fehler im Originallayout werden die Fehlermarker in die Layoutgeometrien der geprüften Schaltung projiziert

Diese grafische Abspeicherung der Fehler bei *ICrules* ermöglicht den direkten Zugriff im Layoutfenster von *ICgraph*. Die an einem Fehler beteiligten Layoutstrukturen können im IC-Window optisch hervorgehoben werden. Über Mitteilungsfenster läßt sich der Fehler textlich näher beschreiben. Die so identifizierten Fehler können i.d.R. mit geeigneten Layout-Operationen leicht beseitigt werden. Ist die komplette Fehlerliste abgearbeitet, wird die gesamte Zelle erneut geprüft.

Bei älteren Design-Tools war das Auffinden von bestimmten Fehlern im Layout viel mühsamer. Hier wurden die DRC-Fehler über die Layoutkoordinaten gekennzeichnet, die im ASCII-Format gespeichert wurden und anhand eines Ausdrucks der Fehlerliste über die Cursorposition im Layout gesucht werden mußten.

Zur besseren Visualisierung der DRC-Fehler verfügt *ICrules* über eine *Scan*-Funktion, mit der sukzessive die Fehler aus der DRC-Datenbasis im Layout angefahren und inspiziert werden können. So lassen sich die Fehler im Layout nacheinander korrigieren oder aus der DRC-Datenbasis entfernen. Die Fehlermenge, die zur Anzeige kommen soll, wird als *Scan* bezeichnet. Der an erster Stelle im Scan eingetragene Fehler heißt *Current Result*.

Die Scan-Datei wird nach jedem Aufruf von Check-DRC aus den neu lokalisierten Fehlern zusammengestellt. Falls keine neuen Fehler aufgetreten sind, bleibt die *Scan*-Datei leer. Mit dem RESTORE-Befehl (unter dem Eintrag DATABASE im *ICrules*-Palettenmenü zu finden) können bei Bedarf alle eventuell bereits bearbeiteten Fehler erneut aus der DRC-Datei in die Scan-Datei übertragen werden.

Die DRC-Fehler in der DRC-Datenbasis und in der Scan-Datei werden von *ICrules* in zwei Gruppen unterteilt: die sichtbaren DRC-Fehler, die im Layout der untersuchten Zelle bereits grafisch eingeblendet sind, und die noch nicht sichtbaren DRC-Fehler. Nach einem Check-DRC-Prüflauf oder nach dem RESTORE-Kommando sind alle DRC-Resultate zunächst noch nicht sichtbar. Mit den Kommandos des *Show/View*-Menüs (Bild 9.31), das durch Anklicken des Wahlfelds *Show* im *ICrules*-Palettenmenü (siehe Bild 9.27) geöffnet werden kann, lassen sich DRC-Fehler aus der DRC-Datenbasis ins Layout einblenden (*visible*):

Bild 9-31. Das *Show/View*-Menü

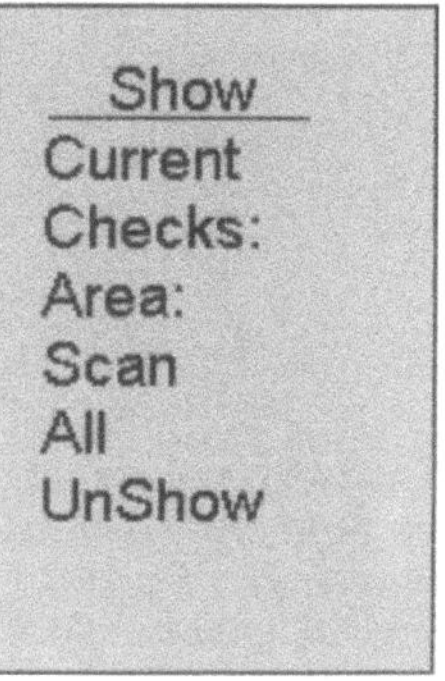

– *View*: Dieses Wahlfeld (in der *ICrules*-Palette) zeigt alle derzeit sichtbaren DRC-Fehler mit den zugehörigen Layoutgeometrien bildfüllend im IC-Window an.

– *Show Current*: Wird dieses Wahlfeld angeklickt, dann erhält der aktuelle DRC-Fehler (*Current Result*) das Attribut „sichtbar". Liegt der Fehler nicht im aktuellen Layoutauschnitt, wird der Fehlerbereich bildfüllend im IC-Window dargestellt. Die fehlerhaften Strukturen hebt das Programm mit einer kurzen Erhöhung der Bildhelligkeit (Blinken) optisch hervor. Alle anderen DRC-Fehler bleiben unsichtbar.

– *Show Checks*: Das Feld zeigt die jeweils relevanten Prüfbedingungen zu den einzelnen Fehlergruppen in der DRC-Datenbasis an. Wird eine bestimmte Bedingung selektiert, erscheinen alle DRC-Resultate aus der zugehörigen Fehlerklasse auf dem Bildschirm.

– *Show Area* und *Show All*: Mit dem ersten Befehl können DRC-Fehler in einem bestimmten Layoutbereich dargestellt werden. Mit der *Show-All*-Funktion werden alle DRC-Fehler in der DRC-Datenbasis zur Anzeige gebracht.

– *Show/Unshow*: Mit diesem Eintrag lassen sich alle DRC-Fehler wieder in den nicht sichtbaren Zustand versetzen.

Um die Scan-Datei zu bearbeiten, stehen im *ICrules*-Palettenmenü verschiedene Befehle unter den Einträgen *Setup Scan* und *Set Scan To* zur Verfügung (Bild 9.32).

– *Setup Scan All*: Mit diesem Wahlfeld können alle DRC-Fehler in der DRC-Datenbasis erfaßt werden. Wenn zusätzlich ein Flächensegment spezifiziert wird, betrifft das nur die Fehler, die innerhalb dieses Bildausschnitts liegen. Die so definierte Fehlermenge wird in die Scan Datei kopiert und genau wie bei der *Show-Current*-Funktion angezeigt.

– *Setup Scan By Check*: Diese Funktion ermöglicht die Darstellung aller DRC-Fehler, die zu einer bestimmten DRC-Fehlerklasse gehören.

– *Set Scan To First*: Der erste Fehler in der Scan-Datei wird als aktueller Fehler (*Current Result*) wie bei der Show-Current-Funktion angezeigt.

– *Set Scan To Next*: Der nächste Fehler in der Scan-Datei wird zum aktuellen Fehler und zur Anzeige gebracht. War der zuletzt gezeigte DRC-Fehler bereits der letzte Eintrag in der Scan-Datei, wird eine Warnung ausgegeben und kein neues Fehlerbild im IC-Window angezeigt.

Bild 9-32. Das *Scan*-Menü

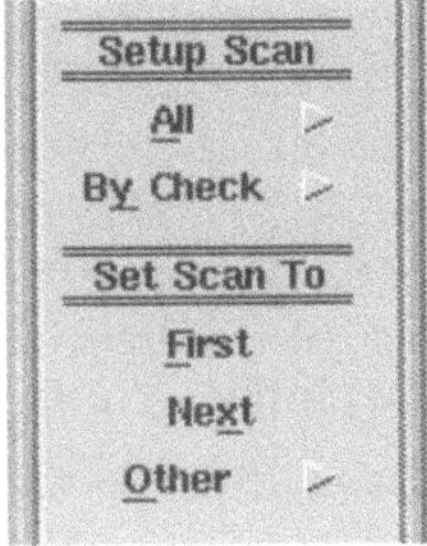

- *Set Scan To Other/Last:* Der letzte Fehler in der *Scan*-Datei wird zur Anzeige gebracht.
- *Set Scan To Other/Previous:* Der vorherige Fehler, der eine Position über dem aktuellen Fehler in der *Scan*-Datei abgelegt ist, wird zur Anzeige gebracht. Wird diese Routine aufgerufen, während der erste Fehler in der Scan-Datei aktiviert ist, gibt das System eine Warnung aus.
- *Set Scan To Other Result, Check, Skip* und *Jump:* Mit diesen Kommandos können bestimmte Fehlertypen zur Anzeige gebracht werden (*Result* und *Check*) bzw. bestimmte Einträge in der Scan-Datei übersprungen (*Skip*) oder gezielt angefahren (*Jump*) werden.

Mit diesen Kommandos lassen sich die DRC-Fehler flexibel und nach Anwenderwünschen im Layout als sichtbare (*visible*) Fehler darstellen. Die sichtbaren Fehler kopiert das System in eine spezielle Layoutebene, die den Namen „drc_results" trägt. Diese Ebene kann wie jede andere Layoutebene bearbeitet werden. So kann das Erscheinungsbild der Fehlergeometrien (Farbe: weiß, Strichstärke: 3 und Füllung: keine) mit der *Set Layer-Appearance*-Funktion (s. Abschn. 12.5.2.1) nach Belieben temporär geändert werden. *Temporär* bedeutet, daß nach dem nächsten Aufruf von *ICstation* die alten Einstellungen wieder gelten.

Zur Untersützung der grafischen DRC-Fehler-Darstellung bietet *ICrules* zusätzliche *Report Commands*, mit denen Textinformation in einem *Message*-Feld zu den aktuellen DRC-Fehlern (*Report Current:*) bzw. zu bestimmten Fehlerklassen (*Report Checks:*) eingeblendet werden kann. Diese Report-Kommandos werden aus einem mit Report überschriebenen Menü (Bild 9.33) ausgewählt, das sich nach Anklicken von *Report* im *ICrules*-Palettenmenü öffnet. Die weiteren Wahlmöglichkeiten bei den Report-Kommandos sind die Einträge *Area:, Point, Scan* und *All. Area* und *Point* generieren Statusmeldungen für die DRC-Fehler in einem gegebenen Layoutausschnitt bzw. für den DRC-Fehler, der am nächsten an einem vorgegebenen Punkt liegt. Das Selektieren von *Scan* und *All* erzeugt ein *Reportlisting* für jeden DRC-Fehler, der sich in der *Scan*-Datei bzw. in der DRC-Datenbasis befindet.

Häufig lassen sich DRC-Fehler nicht bearbeiten, weil es sich um Pseudofehler handelt (s. *Notches* in Abschn. 3.3.4) oder weil diese Fehler in nicht zugänglichen Standardzellen liegen. Dann ist es praktisch, diese Fehler nicht zur Anzeige zubringen und aus der Scan-Datei bzw. aus der DRC-Datenbasis zu entfernen. Im *ICrules*-Palettenmenü findet sich dazu der Eintrag *Delete*, über den das *Delete*-Untermenü (Bild 9.34) geöffnet werden kann. Die Einträge *Current, Checks, Area, Point:, Scan* und *All* löschen die gleichen Fehler bzw. Fehlerklassen, die bei den entsprechenden Report-Kommandos mit Textinformation in Messagefeldern dokumentiert werden. *Delete Current* löscht z.B. den aktuellen DRC-Fehler oder *Delete All* alle Einträge in der DRC-Datenbasis. *Undelete* holt den letzten gelöschten aktuellen DRC-Fehler (*Current Result*) wieder als neuen aktuellen Fehler in die Scan-Datei zurück.

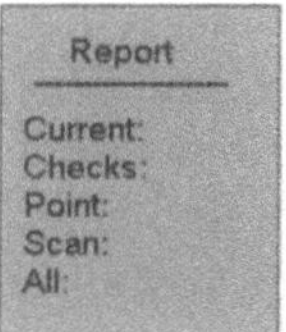

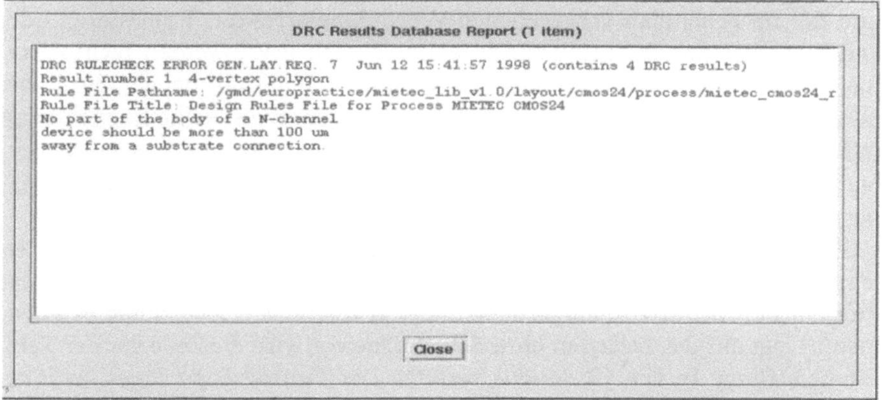

Bild 9-33. Das *Report*-Menü und das *Message*-Feld für den aktuellen DRC-Fehler

Bild 9-34. Das *Delete*-Menü

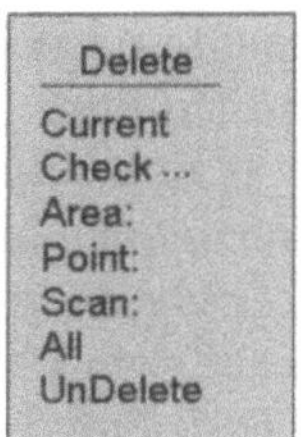

9.3.2
Layout-Extraktion

Nach der geometrischen Verifikation des Schaltungslayouts durch den DRC-Check wird geprüft, ob die Layoutstrukturen auch die korrekte elektrische Funktion repräsentieren. Die einfachste Methode dazu ist die Umwandlung der Layoutgeometrien in eine SPICE-Netzliste, die anschließend nachsimuliert wird. Bei dieser als Extraktion bezeichneten Umsetzung aus dem Geometrie- in den Strukturbereich werden gleichzeitig die parasitären Kapazitäten und Widerstände erfaßt, die während der Entwurfsphase noch nicht berücksichtigt werden konnten. Das *ICverify*-Tool *ICextract* führt die Extraktion des Layouts aus.

Generell arbeiten die Verifikationswerkzeuge von MENTOR GRAPHICS in zwei Betriebsarten: dem sog. *Direct* und dem sog. *Mask* Mode. Der Direct Mode wird in der Regel bei Standardzellentwürfen eingesetzt, bei denen aus einem Schaltplan mit bestimmten Zellen und einer vorgegebenen Verbindungsstruktur (*Connectivity*) automatisch ein Layout erstellt wird (s. Kap. 12). Im Direct-Modus wird im wesentlichen die Konnektivität überprüft, und zwar im Hinblick auf parasitäre Belastung und die Übereinstimmung zwischen der extrahierten und der im Schaltplan vorgegebenen Verbindungsstruktur. Transistoren oder andere Schaltungselemente (Widerstände, Dioden usw.) werden nicht extrahiert. Bei den hier interessierenden Full-Custom-Zellen sind aber gerade die elementaren Bauelemente wichtig. Hier liegt außerdem meist keine Konnektivität in Form eines Schaltplans vor und muß bei der Verifikation aus dem Maskenlayout herausgelesen werden. Die geeigneten Verifikationswerkzeuge arbeiten daher im Mask Mode, wie auch bereits der vorgestellte DRC-Check mit *ICrules*.

Zur Ableitung einer SPICE-Netzliste aus dem Layout wird das *ICrules* Palettenmenü mit **Back** verlassen und dann aus dem *IC-Station*-Palettenmenü das Programm *ICextract(M)* aufgerufen. Bild 9.35 zeigt das erscheinende Palettenmenü. Liegt nur das Zellayout ohne Schaltpläne vor, wird die Zelle vor der Netzlistenerstellung in den GE-Modus versetzt. Der Eintrag *Load Rules* im *ICextract(M)*-Palettenmenü öffnet ein Dialogfeld, mit dessen Hilfe das für die Extraktion zu verwendende Rules File geladen werden kann. Um eine Netzliste mit Parasitäten zu extrahieren, genügt z.B. das Anklicken von *Lumped* oder *Distributed* im Palettenmenü. Die beiden Verfahren unterscheiden sich in der Behandlung der parasitären Leitungslaufzeiten. Mit *Lumped* gibt das Programm eine Netzliste aus, bei der die Kapazitäten und Widerstände der Leitungen auf Netzwerkknoten zusammengefaßt sind (*to lump*, engl. für Zusammenfassen). Diese Näherung liefert in der Regel etwas zu kleine Leitungslaufzeiten. Bild 9.36 zeigt das das *Extract-Lumped-Parameters*-Dialogfeld.

Genauer betrachtet, setzen sich die Leitungsparasitäten aus den Widerstands- und Kapazitätsbelägen der Leitungen auf dem Chip zusammen und sind also verteilte Strukturen. Dies wird bei der *Distributed*-Extraktion mit *ICextract* dadurch nachgebildet, daß längere Netze in einzelne Leitungselemente zerlegt werden, für die dann Widerstands- und Kapazitätswerte berechnet werden. Aus diesen Werten lassen sich mit den Formeln von Pennfield und Rubinstein [4] genaue Laufzeiten ableiten, die dann den Netzen als Properties zugewiesen werden.

Die Einstellmöglichkeiten im *ICextract-Mask-Lumped-Parameters*-Dialogfeld haben folgende Bedeutung:

- *Write Database*: Wird der Eintrag *Yes* aktiviert, erstellt das System die sog. *Parasitics Database*, eine Datei, mit deren Hilfe man die Parasitätswerte und alle extrahierten Elemente grafisch darstellen kann. Der Dateiname und andere Einstellungen können in einem weiteren Dialogfeld eingetragen werden, das nach selektieren des *Yes*-Buttons automatisch erscheint.
- *Export File Name*: Hier kann eine Datei angegeben werden, in die bei Bedarf die *Parasitics Database* im ASCII-Format abgespeichert wird.

Bild 9-35. Das *ICextract(M)* Palettenmenü

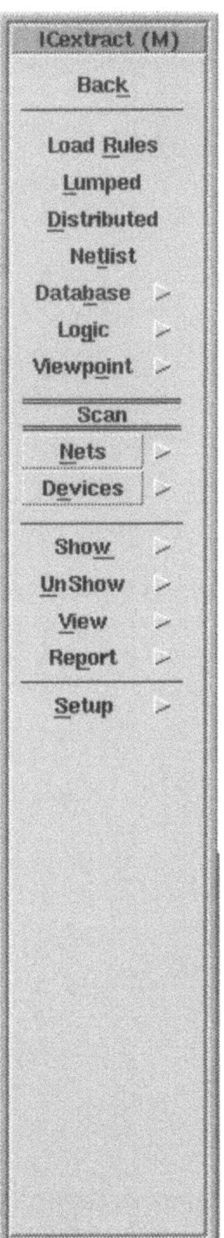

– *Netlist*: Hier wird definiert, ob eine Netzliste der extrahierten Komponenten erstellt werden soll. Die Netzlistenerzeugung kann durch Anklicken des Buttons *Yes* gestartet werden. Danach erweitert sich das Dialogfeld (Bild 9.37). Im Textfeld hinter *Netlist Name* wird der Name der Netzliste eingetragen. Die Liste wird in der Current Working Directory gespeichert. Netzlisten können mit

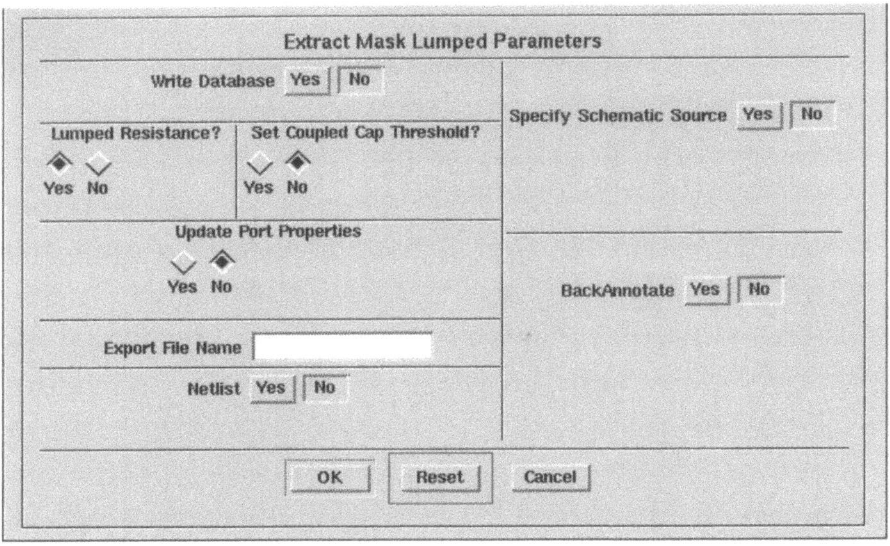

Bild 9-36. Das *ICextract-Mask-Lumped Parameters*-Dialogfeld

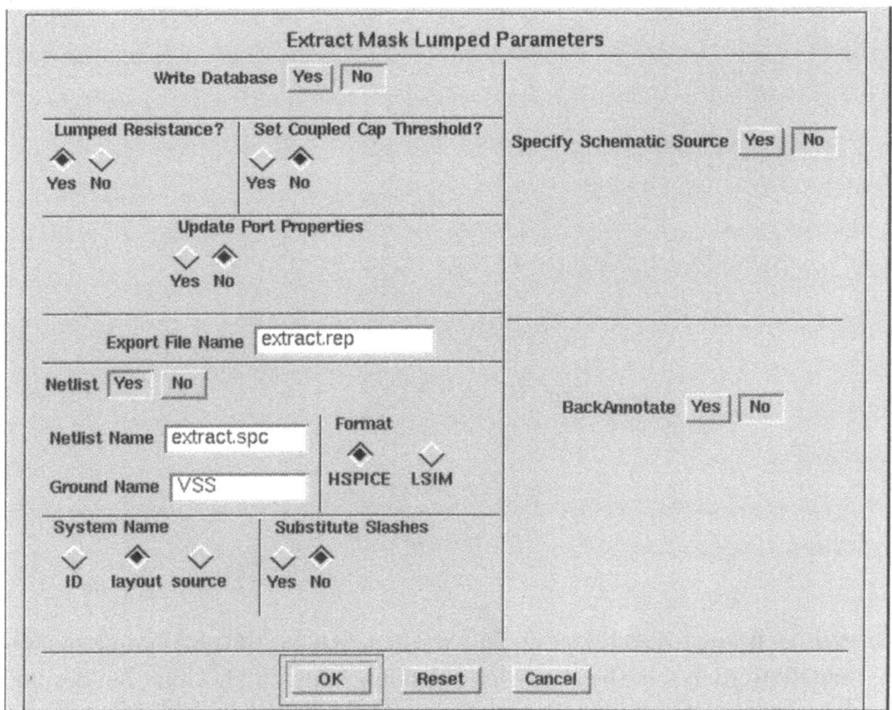

Bild 9-37. *Das ICextract-Mask-Lumped-Parameters*-Dialogfeld nach der Wahl der Netz-listenoption

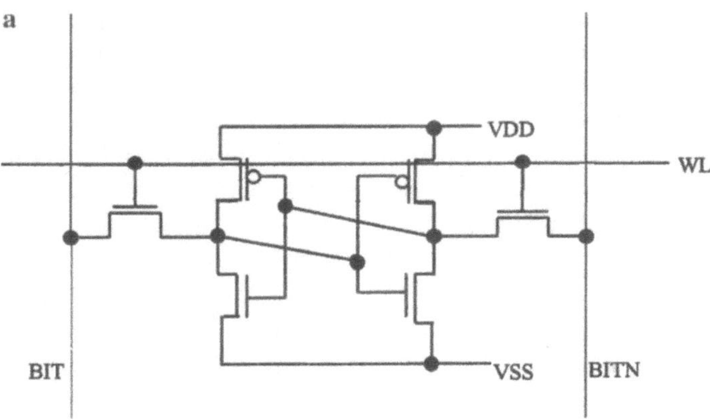

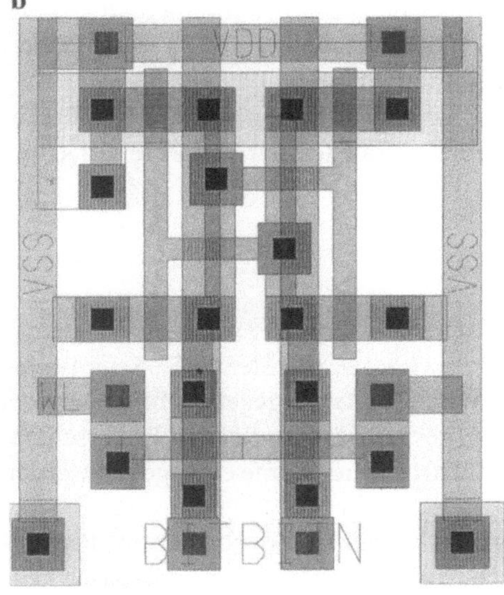

c

```
.subckt 6t_zelle11 BIT BITN VDD VSS VSS WL
* devices:
m0 5 6 VSS VSS nmos l=3u w=6u
m1 5 WL BIT VSS nmos l=3u w=6u
m2 6 WL BITN VSS nmos l=3u w=6u
m3 VSS 5 6 VSS nmos l=3u w=6u
m4 5 6 VDD VDD pmos l=3u w=6u
m5 VDD 5 6 VDD pmos l=3u w=6u
* lumped capacitances:
cp1 VDD VSS 22f
cp2 VDD VSS 3.5f
cp3 WL VSS 22.4f
cp4 WL VSS 2.5f
cp5 BIT VSS 8.04f
cp6 BIT VDD 2.5f
cp7 BIT WL 0.78f
cp8 5 VSS 25.5f
cp9 5 BIT 16.4f
cp10 6 VSS 25.7f
cp11 6 BIT 0.468f
cp12 6 5 1.99f
cp13 BITN VSS 7.96f
cp14 BITN VDD 2.5f
cp15 BITN WL 0.78f
cp16 BITN 5 0.468f
cp17 BITN 6 16.7f
.ends 6t_zelle11
```

Bild 9-38. Der Schaltplan **(a)**, das Layout **(b)** und die extrahierte SPICE-Netzliste **(c)** einer Sechs-Transistor-Speicherzelle

dem *Notepad Editor* eingesehen werden (Pull-Down-Menü: **MGC > Notepad > Open > Read only**). Im Textfeld hinter *Ground Name* ist der Name des Masseknotens im Layout einzutragen (z.B. VSS). Die Wahlknöpfe unter *Format* legen das Netzlistenformat fest. Zur Auswahl stehen HSPICE (für eine SPICE-Netzliste) und LSIM.

- *System Name*: Hier wird festgelegt, aus welcher Quelle die extrahierten Netz- und Instanzennamen entnommen werden sollen. Bei der Voreinstellung auf *Layout* werden diese Namen aus dem Layout extrahiert.

Die Extraktion beginnt nach Anklicken des Wahlfelds OK bzw. nach Betätigen der Eingabetaste. Die parasitären Belastungen auf den Leitungen in der geprüften Zelle kann man sich durch Anklicken des Eintrags **Report > All Nets** in der *ICextract*-Palette anschauen.

Als Beispiel für eine aus dem Layout generierte Netzliste ist in Bild 9.38 die SPICE-Netzliste der Sechs-Transistor-Speicherzelle des SRAMs, zusammen mit dem Layout und dem Schaltplan dargestellt.

Netzkapazitäten sind nicht die einzigen Parasitäten, die Signallaufzeiten negativ beeinflussen. Bei der SRAM-Zelle kommen auch die Sperrschichtkapazitäten der Source- und Draingebiete hinzu, die wesentlich in die Leitungsdelays der Bitleitungen BIT und BITN eingehen. Bei der Extraktion von SPICE-Netzlisten mit *ICextract* werden diese Kapazitäten nicht automatisch erfaßt. Man kann die Sperrschichteffekte entweder manuell in die Netzliste eintragen und mit den SPICE-Modell-Parametern AS, AD, PS und PD für MOS-Transistoren berücksichtigen, wobei die aus dem Layout herausgelesenen Source/Drain-Flächen zugrundegelegt werden. Man kann auch die Device Recognition Data im Rules File abändern und definiert Dioden, die die spannungsabhängigen Sperrschichtkapazitäten der Source/Drain-Gebiete nachbilden.

Zur Simulation der ausgegebenen SPICE-Netzliste kommt das MENTOR-Programm Accusim oder PSPICE (nach einem Transfer der Netzliste auf einen DOS-Rechner) in Frage.

9.4
Abspeichern geprüfter Zellen

Um eine Zelle zu speichern, wird über das Pull-Down-Menü die Befehlsfolge **File > cell > save cell** oder **File > cell > save cell > As:** eingegeben. Im ersten Fall wird die Zelle unter dem aktuellen Namen gespeichert, im zweiten Fall erscheint eine Prompt-Bar-Zeile, in die ein frei wählbarer neuer Name eingegeben werden kann.

Eine Zelle ist nach dem Abspeichern nicht mehr editierbar, denn das Programm speichert die Zelle automatisch und gibt die *Edit-Reservierung* der Zelle für alle anderen Benutzer im Netzwerk wieder frei. Soll das Layout weiter bearbeitet werden, muß die Zelle geschlossen und danach wieder neu geöffnet werden. Die Befehlsfolge ist **File > open > cell** (Pull-Down-Menü). In der Open-Cell-Dialog-Box ist der Zellname einzutragen. **File > Cell > Reserve** bringt die Zelle wieder in den editierbaren Zustand.

Für die Zwischenspeicherung einer gerade editierten Zelle steht alternativ die Befehlsfolge **File > cell > checkpoint cell > current context** aus dem Pull-Down-Menü zur Verfügung. Hier wird die Arbeitskopie der Zelle im aktiven *IC-Window* gespeichert. Die Zelle bleibt editierbar und der Zellname erhalten. Beim Abspeichern über *Checkpoint Cell* werden die Zelldaten unabhängig von den vier Versionen, die von jeder Zelle auf der Festplatte gehalten werden, abgelegt. Diese Daten werden nach der Eingabe von **save cell** wieder gelöscht. Die Versionsnummer wird erst nach dem **save cell** Kommando hochgezählt. Bei Anwendung von **checkpoint cell** wird weniger Speicherplatz auf der Festplatte reserviert, als beim normalen Abspeichern. Bei einem Systemfehler gehen übrigens die mit *Checkpoint Cell* zwischengespeicherten Zellen nicht verloren, sondern können mit dem Kommando **File > cell > salvage cell** wiederhergestellt werden.

9.5
Zusammenfassung

In diesem Kapitel wurde die Editierung und Erzeugung von Layoutzellen mit dem *Full-Custom*-Verfahren beschrieben. Die benötigten Werkzeuge werden im Programmpaket *ICStation* bereitgestellt.

Ein Chiplayout setzt sich aus Layoutebenen (Layer) zusammen, die sich auf ein einheitliches Gitternetz beziehen. In jeder Layoutebene finden sich logische und grafische Objekte, wie Properties, Pins oder Ports, bzw. Rechtecke, Polygone oder *Pathes*, die zum Zeichnen von Bauelementstrukturen und Verbindungsleitungen benutzt werden. Die spezifischen Eigenschaften des gewählten Herstellverfahrens werden zusammen mit dem Layoutentwurf in den zugehörigen Prozeßdaten (Process) gespeichert.

Die Geometriedaten in einem Layout sind sehr umfangreich und enthalten bei einem komplexeren Chip einige 10 MB. Aus Gründen der Übersichtlichkeit werden deshalb die Chiplayouts sowie die Schaltpläne hierarchisch strukturiert. Wird die Schaltplanhierarchie 1:1 im Layout übernommen, indem für jede Komponente eine zugehörige Layoutzelle entworfen wird, kann die korrekte Umsetzung des Schaltplans in ein Maskenlayout mit einem speziellen Verifikationsprogrammen, dem LVS-Check (siehe Abschnitt 12.7), auf einfache und effektive Weise überprüft werden.

Das Werkzeug in der *ICstation* zur Eingabe von Layoutgeometrien und zur Instanziierung von Zellen beim hierarchischen Layoutentwurf ist der Layouteditor *ICgraph*. Dieser Editor bietet verschiedene problemangepaßte Editier-und Eingabemöglichkeiten und vereinfacht die Layouterstellung deutlich im Vergleich zu älteren Tools. *ICgraph* kann in drei verschiedenen Konfigurationen betrieben werden: dem *Geometrie-Editing-*, dem *Connectivity-Editing-* und dem *Correct-by-Construction*-Modus. Während im GE-Mode alle Editieroperationen ohne Restriktionen durchgeführt werden können, überwacht das Programm in den beiden anderen Moden den Layoutprozeß, um unabsichtliche Fehler bei der Layouteditierung zu verhindern.

Auch wenn im CBC-Modus gearbeitet wird, muß jedes Layout grundsätzlich *verifiziert*, d.h. auf Regeleinhaltungen und korrekte elektrische Funktionalität überprüft werden. Diese Designverifikation ist extrem wichtig. Jeder Fehler in einem Entwurf kann zu nichtfunktionsfähigen Chips führen. Korrekturen sind teuer, ein neuer Maskensatz kostet ca. 100.000 DM, und ein weiterer Fertigungsdurchlauf dauert einige Monate. Um die Entwurfsrisiken zu minimieren, werden Layouts mit den *ICverify*-Programmen *ICrules* und *ICextract* geprüft.

ICrules ist ein sog. *Design Rule Checker* (DRC), mit dem alle Layoutgeometrien in einer Zelle oder einem kompletten Layout auf Konformität mit dem Entwurfsregelsatz geprüft werden können. Passiert ein Design den DRC-Check, kann man davon ausgehen, daß der Layoutentwurf an die technologischen Möglichkeiten des Herstellverfahrens angepaßt ist und ohne größere Ausbeuteverluste gefertigt werden kann. Da in größeren Layouts sehr viele DRC-Fehler verborgen sein können, ist die Interpretation der DRC-Resultate und die entsprechenden Korrekturen eine zeitaufwendige Aufgabe. Das Programm *ICrules* bietet deshalb zahlreiche Möglichkeiten, die den Zugriff und die Interpretation von DRC-Fehlern erleichtern. Mit diesen vorwiegend grafisch arbeitenden Hilfsmitteln können Fehler leicht lokalisiert, in Gruppen sortiert und komplett oder zunächst nur in einzelnen Layoutbereichen abgearbeitet werden. Die Fehlerkorrektur wird durch Einblenden der relevanten Designregeln vereinfacht. Da sich bei den Korrekturen meist neue Fehler einschleichen, darf die erneute DRC-Prüfung nach der Fehlerbeseitigung nicht vergessen werden.

ICextract ist ein Layoutextraktor, mit dessen Hilfe sich das zu erwartende elektrische Verhalten der Chips sehr genau vorhersagen und mit den Entwurfsvorgaben abgleichen läßt. Dieses Programm übersetzt Layoutgeometrien in eine simulationsfähige SPICE-Netzliste. Stimmen die Simulationsresultate für diese Netzliste mit den Ergebnissen der Simulationen überein, die während Schaltungsentwicklung gewonnen wurden, ist gezeigt, daß die Schaltung korrekt in die Layoutform gebracht wurde. Die Extraktion bietet auch die Möglichkeit, alle Parasitäten der Schaltung, die stark geometrieabhängig sind, mit aus den Layoutdaten herauszuziehen. Die Nachsimulationen (*Post Layout Simulations*) zeigen dann schon alle wesentliche Laufzeit- und Funktionsveränderungen, die während der Schaltungsentwurfsphase noch nicht berücksichtigt werden konnten. Ohne Nachsimulation wären diese Effekte erst beim Vermessen der Prototypen-ICs feststellbar gewesen, und eventuell notwendige Layout- oder Schaltplankorrekturen hätten ein Redesign erfordert.

In diesem Kapitel lag der Schwerpunkt auf den Full-Custom-Entwurfsmethoden, mit denen Layouts beginnend auf der Transistorebene erstellt werden. Die Betrachtungen haben gezeigt, daß der Layoutentwurf sehr komplexe Verfahrensschritte umfaßt und deshalb sehr zeitaufwendig ist. Um die Entwurfszeiten zu verkürzen, werden heute – begünstigt durch Technologien mit sehr feinen Strukturbreiten – meist zellbasierte Entwürfe durchgeführt, bei denen ein Teil der Layoutprozesse automatisiert werden kann (s. Kap. 12).

9.6
Übungsaufgaben

1. In welcher *ICgraph*-Konfiguration werden Standardzellayouts erstellt?
2. Aus welchen Daten wird im CE-Mode die Konnektivität in einer Layoutzelle ermittelt?
3. Was versteht man unter einem *DRC-Scan*?
4. Wie wird die *Active Context Cell* aktiviert?
5. Wie heißen die Verifikationsprogamme, die für die DRC-Prüfung und die Layoutextraktion eingesetzt werden. In welcher Konfiguration werden diese

Programme eingesetzt, wenn ein Full-Custom-Entwurf auf Transitorebene geprüft werden soll?

6. Welche Parasitäten werden bei der Extraktion von SPICE-Netzlisten nicht automatisch erfaßt und müssen per Hand über SPICE-Parameter in der Netzliste nachgetragen werden?

7. Was ist ein *Selection Set*?

8. Welche Möglichkeiten gibt es zum Abspeichern von Layoutzellen? Erläutern Sie Vor- und Nachteile der beiden Methoden.

9. Beschreiben Sie, welche Informationen im Prozeß- und Rules File eines Herstellprozesses gespeichert werden und erläutern Sie, für welche Prozeduren die verschiedenen Daten während der Layouterstellung gebraucht werden.

10. Was versteht man unter einem *Path*, was ist das *Grid* und was sind *Layer*?

Literaturverweise

[1] IC Station User´s Manual V8.6_2. Mentor Graphics Corporation, 1996

[2] ICverify Manual V8.6_2. Mentor Graphics Corporation, 1996

[3] Hoppe, B: *Mikroelektronik 2.* Würzburg: Vogel 1997

[4] J. Rubinstein, P. Penfield Jr. und M.A. Horowitz: *Signal Delay in RC Networks.* IEEE Trans. on Computer Aided Design, Bd. 2 Nr. 3, S. 202–211, 1983

10 Schaltplan- und Symbolerstellung mit DESIGN ARCHITECT

In diesem Kapitel wird die strukturelle Beschreibung elektronischer Schaltungen mit Schaltplänen und Symbolen behandelt. Die Schaltplaneingabe (*Schematic Entry*) und das Zeichnen von Symbolen (*Symbol Editing*) wird im Rahmen der MENTOR-GRAPHICS-V8-Softwareumgebung mit dem Werkzeug DESIGN ARCHITECT durchgeführt. Die so erstellten Objekte bilden das sog. *Electronic Design Data Model (EDDM)* der zu entwickelnden Schaltung (Abschn. 10.1). Die verschiedenen Elemente eines Schaltplans stellt Abschn. 10.2 vor. Die Schaltplaneingabe mit dem *Schematic Editor* wird in Abschn. 10.3 erläutert. Die Symboleditierung behandelt Abschn. 10.4.

Symbole und Schaltpläne sind grafische Darstellungen von elektronischen Schaltungen. Allerdings können nicht alle Eigenschaften einer Schaltung in Bildern dokumentiert werden. Textliche Informationen, wie die Bezeichnung von Netzen oder die Werte von Signallaufzeiten, werden wie bei der Layouterstellung mit sog. *Properties* (deutsch: Eigenschaften) dargestellt. Mit den Property-Typen und der Editierung dieser textlichen Designinformationen beschäftigt sich Abschn. 10.6.

Schaltpläne sind nur die Basis für weitergehende Applikationsprogramme (*Down Stream Tools*), mit denen Schaltungsentwürfe im Verlauf des IC-Design-Prozesses durch Simulationen und Syntheseverfahren vervollständigt und in Layoutstrukturen umgesetzt werden können. Für jedes weiterführende Programm sind spezifische Aufbereitungen der Designdaten notwendig, die bei MENTOR als *Viewpoints* (Sichtweisen) bezeichnet werden. Diese Objekte werden mit dem DESIGN VIEWPOINT EDITOR (DVE) erstellt, mit dessen Bedienung und Aufbau sich Abschn. 10.7 beschäftigt.

Dieses Kapitel stützt sich auf folgende Dokumente aus der Dokumentation der MENTOR-GRAPHICS-V8-Entwurfssoftware:
- Design Architect Training Workbook, Software Version 8.4_1,
- Getting Started with Design Architect, Software Version 8.4_1,
- Properties Reference Manual, Software Release B2.

10.1
Electronic Design Data Model (EDDM)

Das Programm DESIGN ARCHITECT ist ein Werkzeug zum Erzeugen und Bearbeiten von elektronischen Designs mit Tools zum Editieren von Symbolen,

Schaltplänen und Texten. Die Dateien, die mit DESIGN ARCHITECT erzeugt werden, bilden das *Electronic Design Data Model (EDDM)* der zu entwickelnden Schaltung. Die Grundelemente *(Design Primitives)* stammen dabei aus Modellbibliotheken, die entweder von MENTOR GRAPHICS (sog. *Generic Libraries*) oder von Halbleiterherstellern *(Design Kits)* stammen.

Die Grundstuktur des *EDDM* ist die *Komponente*. Jede Komponente besteht, wie bereits in Kap. 7.1 und 7.2 dargelegt, aus einem Symbol, einem Schaltplan und der Component-Interface-Datei. Die Designdaten innerhalb des *EDDM* werden objektorientiert verwaltet. Jedes Objekt ist dabei ein File oder eine Directory in einer UNIX-Dateienstruktur. *Ikonen* (Sinnbilder) für die Objekte erleich-tern den Zugriff. Da eine Komponente aus mehreren Objekten besteht, wird für jede Komponente eine UNIX-Directory, der *Komponentencontainer*, angelegt (Bild 10.1).

Das *Symbol* repräsentiert die Komponente in Schaltplänen. Ein Symbol besteht aus dem Symbolkörper *(Body)*, den Anschlußstellen *(Pins)*, den nichtgrafischen Modellinformationen *(Properties)* und der Beschriftung *(Comment Text)*.

Schaltpläne beschreiben die Funktion von Komponenten und sind aus Symbolen von vernetzten, hierarchisch niederwertigeren Komponenten aufgebaut. Die Anschlußstellen der instanziierten Symbole heißen *Ports* und müssen in Anzahl und Datenflußrichtung (IN, OUT, I/O) mit den *Pins* des Symbols korrespondieren.

Die Component Interface Datei, die im *Part Object* der Komponenten-Directory abgelegt ist, verknüpft die verschiedenen Modelle einer Komponente mit dem Symbol und listet die *Ports*, *Pins* und *Properties* der Komponente auf. Die Zuordnung eines Modells, etwa einer VHDL-Beschreibung, zu einer Komponente erfolgt durch den Eintrag in die Modell-Tabelle *(Model Table)* der Component-Interface-Datei. Dies wird als *Registrierung* bezeichnet. Die Pin-Liste *(Pin List)* gibt die Namen und die Eigenschaften an, die zu den verschiedenen Pins des Symbols gehören. Die *Body-Property*-Liste enthält alle Properties, die zum Symbolkörper gehören und benennt z.B. das verwendete funktionale Modell oder Pindelays und Treiberstärken.

Neue Komponenten werden mit dem Programm DESIGN ARCHITECT erzeugt, indem ein neuer Schaltplan geöffnet und ein neues Entwurfsblatt *(Design Sheet)* angelegt wird. In diesem *Sheet* werden dann vorhandene Komponenten plaziert und vernetzt. Dem Schaltplan kann wieder ein Symbol zugeordnet werden. Die Schematic wird dabei in der Component-Interface-Datei der Komponente registriert. Damit ist die EDDM-Struktur der neuen Komponente komplett. Da sich die neue Komponente aus bestehenden Komponenten zusammensetzt, entsteht eine *Designhierarchie*.

10.2
Die Elemente eines Schaltplans

Der Schaltplan – auch als Stromlaufplan oder Schematic bezeichnet – ist die Beschreibung einer elektronischen Schaltung aus der Struktursicht (s. Abschn. 3.1).

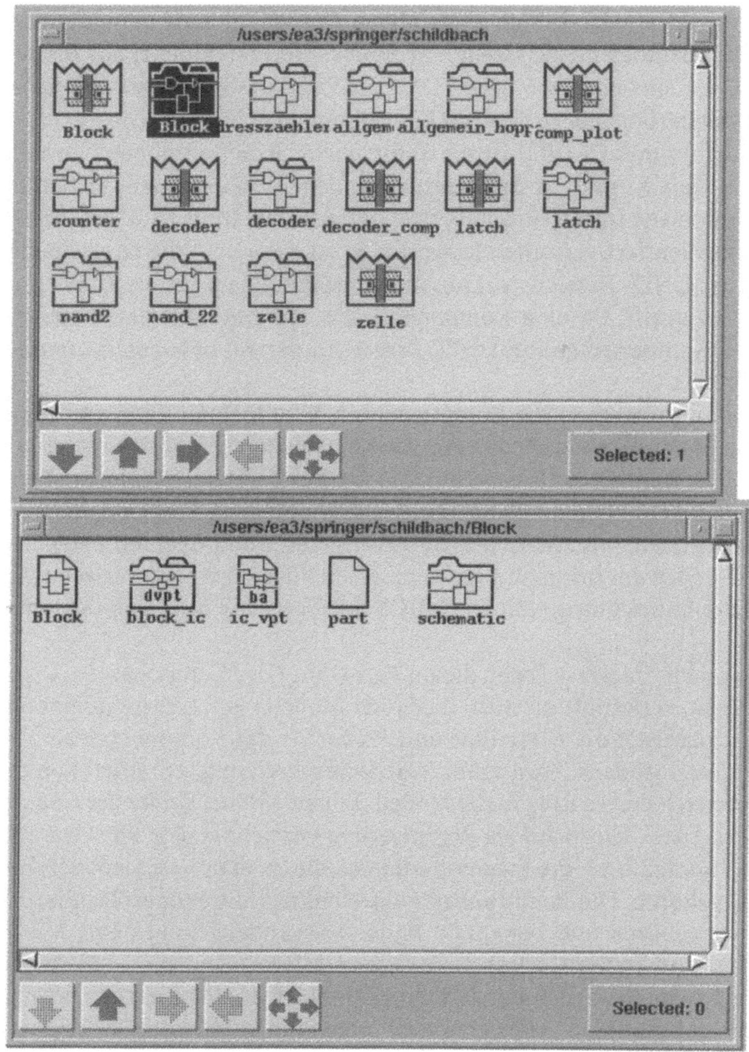

Bild 10-1. Komponentencontainer der Komponente Block, mit den Objekten *Block* (Symbol), *Block_ic* (Viewpoint), *ic_vpt* (Back Annotation Object), *Part* (Part Object mit Component Interface) und *Schematic* (Schaltplan))

Ein Schaltplan stellt eine funktionelles Model der Schaltung dar, das simuliert und weiterbearbeitet werden kann, und besteht aus den Elementen, die Bild 10.2 zeigt:

– *Instanzen (Instances)*: Dies sind in den Schaltplan eingesetzte (*instanziierte*) Komponenten aus Bauteilbibliotheken (s. Abschn. 6.3). Bei der Instanziie-

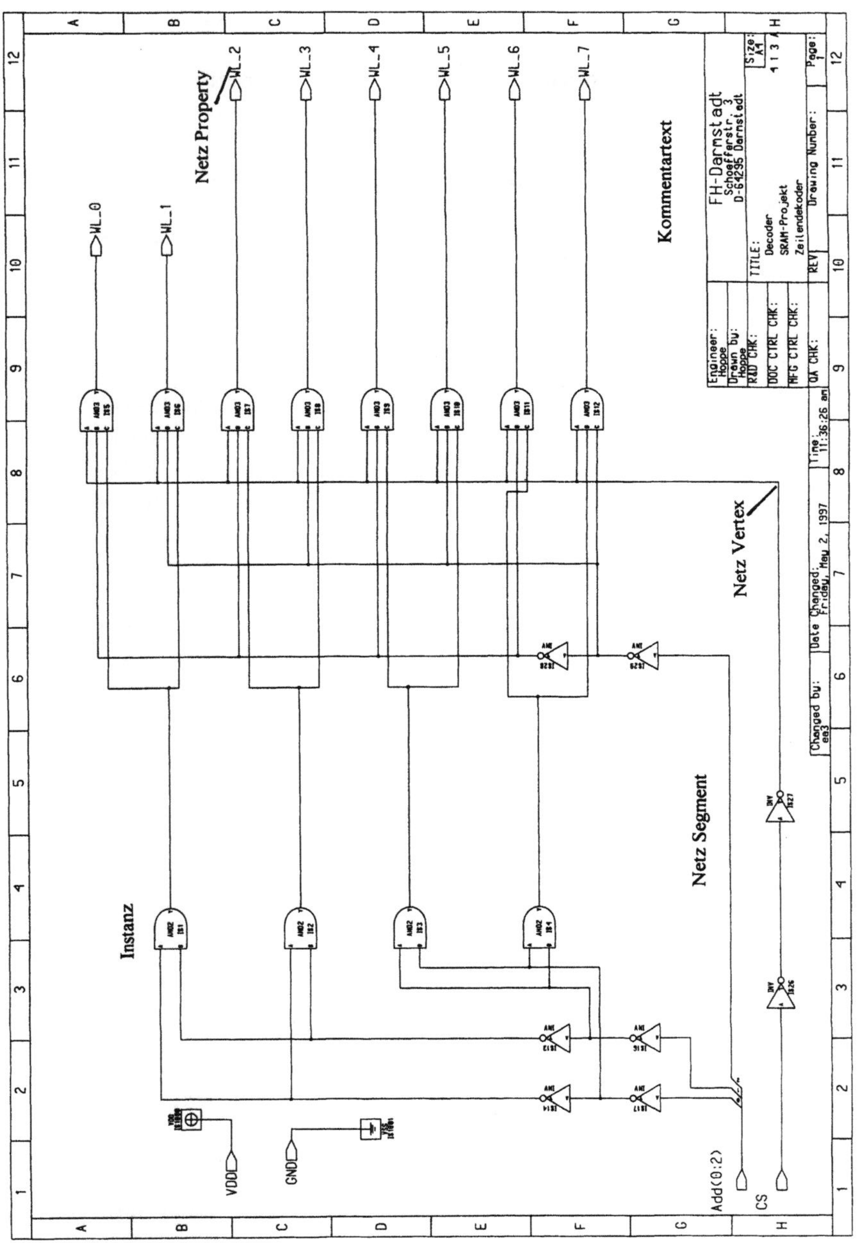

Bild 10-2. Schaltplan mit Instanzen, Netzen, Properties und Kommentartexten

rung werden diese Bibliothekselemente nicht in den Schaltplan kopiert, sondern über einen Verweis auf das Bibliotheksobjekt „eingeblendet". Eine individuelle Kennung (*Handle*) identifiziert die Instanz. Diese Kennung wird automatisch vergeben und hat die Form I\$X. X ist eine Zahl. Das erste instanzi-

ierte Symbol auf dem Schaltplan erhält die Kennung I\$1, die zweite I\$2 usw. Ein bestimmtes Objekt kann mehrfach in einen Schaltplan eingesetzt sein. Die einzelnen Instanzen tragen dann verschiedene Kennungen. Änderungen des referenzierten Bibliothekselements wirken sich auf alle Instanzen aus. Instanzen haben wie Symbole einen Körper (*Instance Body*), der im Programm DESIGN ARCHITECT bei den Default-Bildschirmfarben blau erscheint und Pins (*Instance Pins*), die violett dargestellt werden. Im Gegensatz zu den Pins des Symbols können an Instance Pins Netze angeschlossen werden, weil an diesen Pins automatisch ein Netzendpunkt (*Vertex*) liegt.

- *Netze (Nets)*: Ein Netz symbolisiert die elektrische Verbindung der Pins von Instanzen durch Leitungen. Jedes Netz besteht aus Netzkanten oder Segmenten (*Net Segment*) und Netzecken (*Vertices*, Einzahl *Vertex*). Die Enden von Signalleitungen werden ebenfalls als Vertex bezeichnet. Netzknotenpunkte (*Net Junctions*) verbinden zwei Netze. Wie die Instanzen hat jedes Netz einen individuellen Namen. Mehrere Netze lassen sich zu einem n-bit breiten *Bus* zusammenfassen. Busse werden durch breitere Bahnen dargestellt und sind mit einem Namen, aus dem die Busbreite hervorgeht, zu kennzeichnen, z.B. **addr(0:7)** für einen 8-bit-Addreßbus. Netze werden im Programm DESIGN ARCHITECT gelb dargestellt.
- *Properties*: Wie bereits in Abschn. 7.1.3 diskutiert, sind Properties Zuweisungen von grafisch nichtdarstellbaren Informationen, die sich aus Namen und Werten zusammensetzen. Properties *gehören* zu einem Objekt (*Property Ownership*) und haben deshalb die gleiche Farbe wie das Objekt, auf das sich die Zuweisung bezieht (*Owner*), zumindest solange, bis explizit mit der Anweisungsfolge **Change > Property > Text values** eine andere Farbgebung eingestellt wird. Im Schaltplan wird nur der Wert der Property sichtbar.
- *Kommentartexte und Grafiken*: Schaltpläne können mit Rahmen und Texten zu Dokumentationszwecken gegliedert werden. Diese Dokumentationshilfsmittel erscheinen im Programm DESIGN ARCHITECT grün auf dem Bildschirm und haben keinen Einfluß auf das Verhalten der Komponente. Das gilt allerdings nur für *Comment Text*. Der Begriff *Text* ist für Texteingaben *Properties* reserviert, die sich durchaus auf das Schaltungsverhalten auswirken können.

10.3
Schaltplaneditierung mit dem Programm DESIGN ARCHITECT

Schaltpläne werden mit Schematic-Editoren erstellt. Das Programm DESIGN ARCHITECT enthält einen solchen Schaltplan-Editor (s. Abschn. 7.1.6.1). Das Programm kann in einem „*hpterm*"-Fenster mit der Eingabe des Befehls \$MGC_HOME/bin/da (siehe Kapitel 7.2) oder durch Doppelklicken auf die Design Architect-Ikone im *Tools Window* (Werkzeugfenster) des Programms DESIGNMANAGER gestartet werden. Daraufhin erscheint die in Bild 10.3 dargestellte Arbeitsoberfläche, die durch Anklicken des *Maximize Buttons* auf Bildschirmgröße gebracht werden kann.

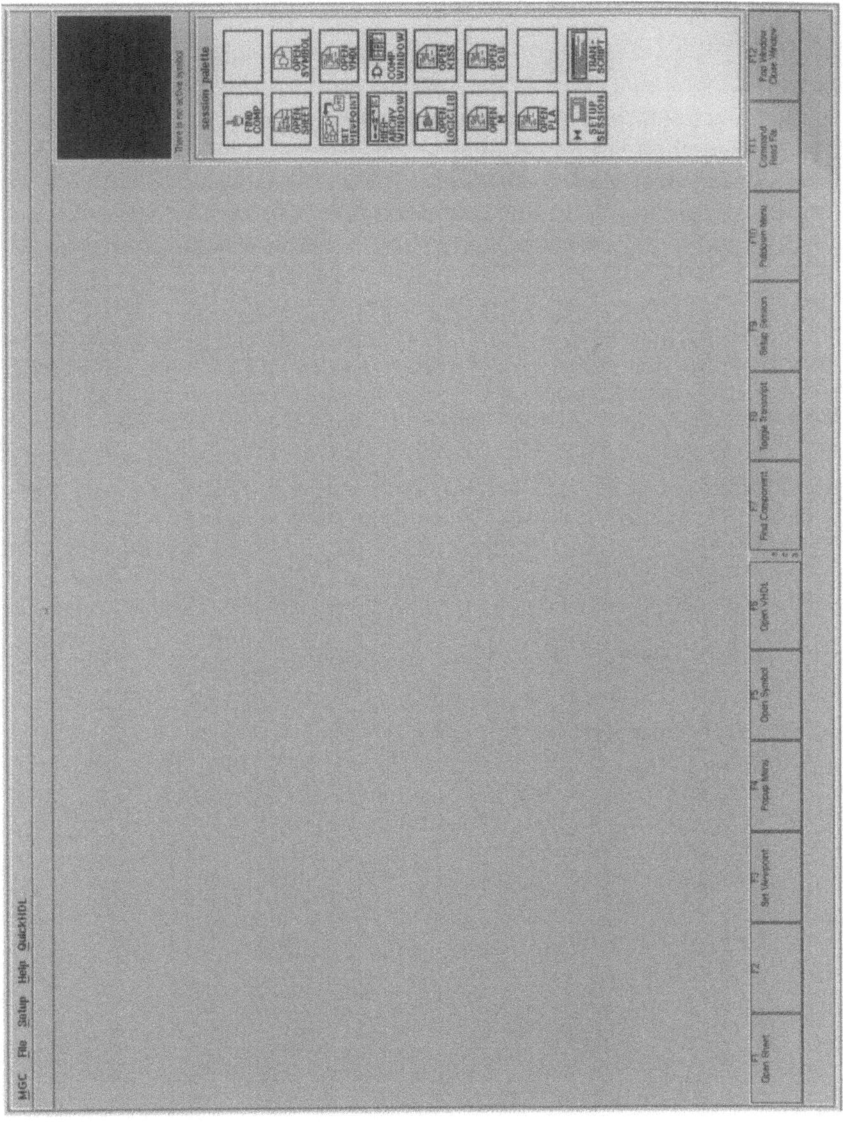

Bild 10-3. *Session Window* des Programms Design Architekt

Als erstes wird nach dem Start des Programms in der Regel das Arbeitsdatei-enverzeichnis festgelegt (**MGC > Location Map > Set Working Directory**). Auf dieses Verzeichnis beziehen sich alle Pfadnamen, die später vergeben werden. Wenn Programme aus dem Design Manager aufgerufen werden, übergibt das System die Einstellungen des Design Manager inklusive der *Working Directory*. Deshalb ist es praktisch, im Design Manager gleich zu Beginn der Session das Arbeitsverzeichnis festzulegen.

10.3.1
Anlegen und Aufrufen von Schaltplänen

Schaltpläne füllen *DesignSheets*. Um einen (neuen) Schaltplan zu öffnen, wird das Wahlfeld **Open Sheet** im Session-Palettenmenü auf der rechten Seite des angeklickt. Dadurch öffnet sich das *Schematic Editor*-Fenster des DESIGN ARCHITECT. Menüleiste und Palettenmenü wechseln: Es erscheint das *Sheet-Menü*, mit den Pull-Down-Menüs **MGC**, **File**, **Edit**, **Setup**, **Miscellaneous**, **Libraries**, **Report**, **Check**, **View** und **Help** und das Palettenmenü *schematic_add_route* (s. Bild 10.4). Auf dem Bildschirm erscheint die *Open-Sheet*-Dialog-Box (Bild 10.5).

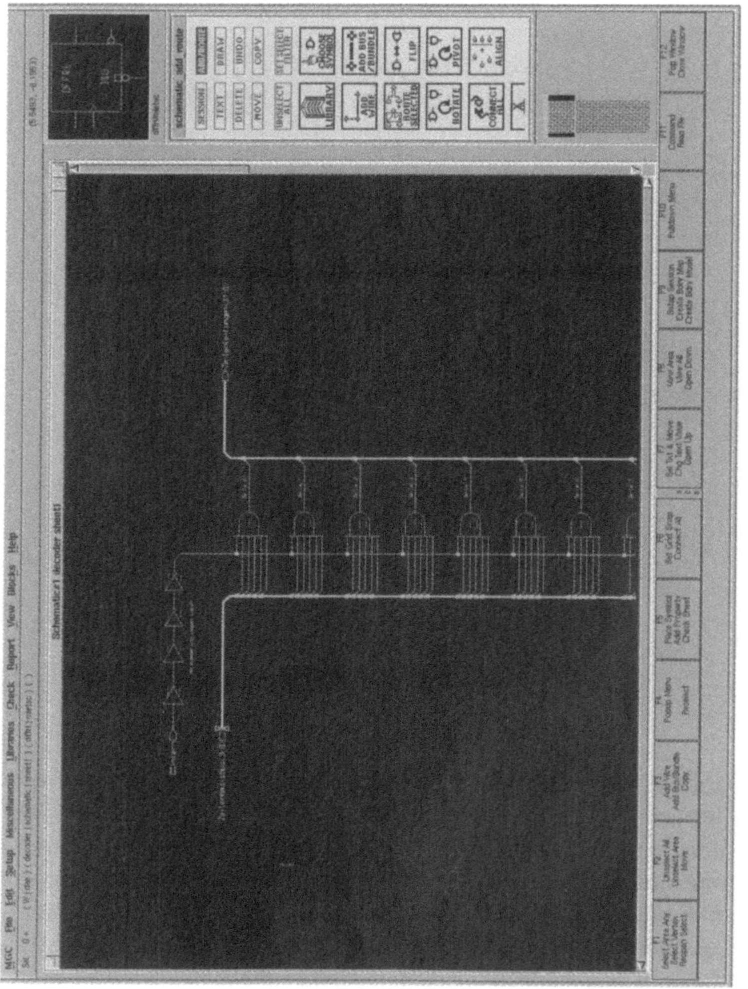

Bild 10-4. Fensteraufbau des DESIGN ARCHITEKT-Schematic-Editor: Im Editierfenster, hier überschrieben mit schematic#1 können Schaltpläne gezeichnet werden. Im *Active Symbol Window* wird die zuletzt eingesetzte Komponente gezeigt, hier das Symbol eines D-Flip- Flops DFFRL. Das Kontext-Fenster unter der *Schematic_add_route*-Palette zeigt Lage und relative Abmessungen des Editierfensters bezogen auf den gesamten Schaltplan

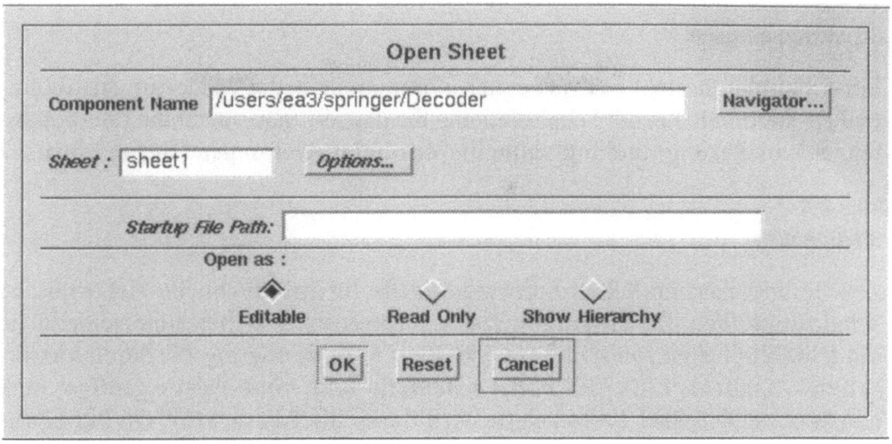

Der Datenpfad für die zugehörige Komponente ist in das Textfeld *Component Name* einzutragen. Soll ein bereits erstellter Schaltplan überarbeitet werden, ist es einfacher, das NAVIGATOR-Wahlfeld anzuklicken und den Schaltplan mit den Navi.gator-Befehlen aus Abschn. 7.4.2 zu suchen. Der Dateiname der selektierten Komponente wird dann per Doppelklick als Component Name übernommen.

Existiert die Komponente noch nicht, wird von der Open-Sheet-Routine ein neuer Komponentencontainer unter der eingegebenen Pfad-Adresse angelegt. Der Schematic-Editor zeigt ein leeres Design-Sheet. Der Name des Sheets ist dabei per Default auf *Sheet1* eingestellt. Mit dem Menüpunkt *Options* in der Open-Sheet-Dialog-Box kann ein Zeichnungsrahmen um das Sheet gelegt werden, in den der Name der Schaltplans, der Name des Design-Ingenieurs und andere Daten eingetragen werden können. Nach Anklicken von Options erscheint eine weitere Dialog-Box, in der der Eintrag *New Sheet* selektiert wird. Daraufhin erscheinen die Schaltflächen *Sheet Border* **Yes/No** und *Size*. In weiteren Wahlfeldern können dann die Fläche des Sheets definiert (etwa DINA4) und die verschiedenen Texteinträge vorgenommen werden.

Im Editierfenster des Schematic-Editors wird ein Hilfsraster (*Grid*) verwendet, mit dem die geometrischen Ablagepunkte für die Instanzen, die Netzverläufe und die Lage der Pins erfaßt werden. Per Voreinstellung liegen vier Gridpunkte zwischen den zwei Pins einer Instanz. Dieser Abstand entspricht per Default 0,25 Inches ($\approx$ 0,6 cm). Eine Einrastfunktion (*Snap*) bewirkt, daß Leitungsenden automatisch auf Gridpunkte gezogen werden, auf denen auch die Pins sitzen. Die Grideinstellung kann über das Pull-Down-Menü mit **Set Grid > Grid/Report/Color > Grid** verändert werden.

10.3.2
Schaltplaneingabe

Ein Schaltplan besteht aus vernetzten Komponenten, die wiederum aus Bibliotheken stammen. Bei der Schaltplaneingabe plaziert man zuerst die Komponenten (Instanziierung) und fügt dann die Verbindungsleitungen (Netze) hinzu.

10.3.2.1
Bibliotheken

Zell-Bibliotheken enthalten Softwaremodelle für gebräuchliche elektronische Schaltfunktionen. Im Programm Design Architect stehen unterschiedliche Modellbibliotheken von MENTOR GRAPHICS zur Verfügung, die durch Anklikken des Wahlfelds LIBRARY in der *schematic_add_route*-Palette geöffnet werden können. Die *Add_route*-Palette wird durch die Palette *MGC Digital Libraries* ersetzt, aus der die gesuchte Bibliothek ausgewählt werden kann.

Die wichtigste Bibliothek für den funktionalen Schaltungsentwurf heißt **gen_lib** (Bild 10.6) und enthält technologieunabhängige Modelle für die Logik-

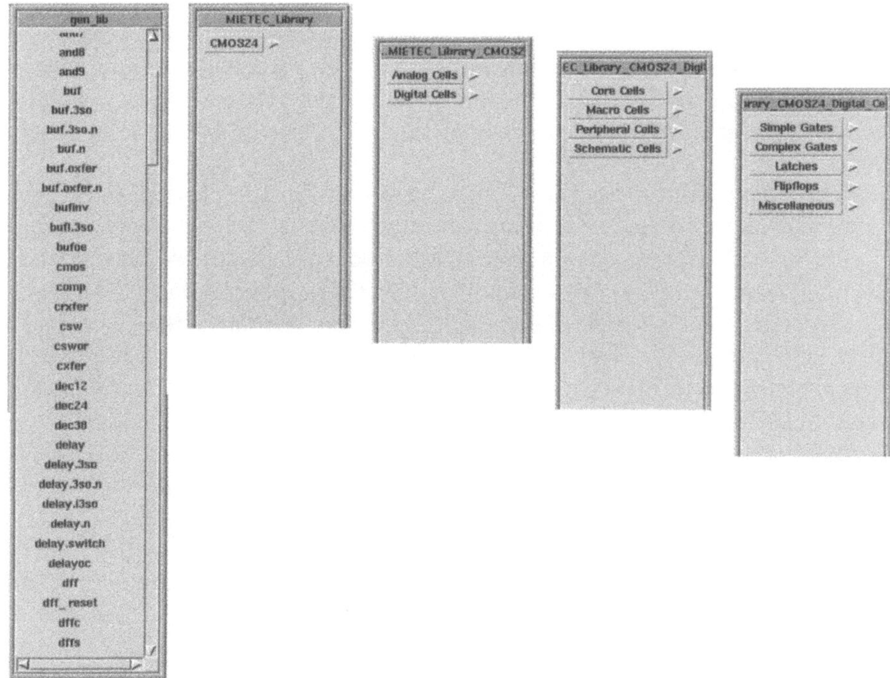

Bild 10-6. Links: Auszug aus der Bibliotheksliste der **gen_lib**-Bibliothek von MENTOR GRAPHICS. *and8* ist beispielsweise ein UND-Gatter mit acht Eingängen, dff ist ein D-Flip-Flop. Rechts ist die Menükaskade für die Mietec-2,4µm-CMOS Zellbibliothek gezeigt: CMOS24 > Digital Cells > Core Cells

CMOS24							
Analog Cells				Digital Cells			
Block cells	Core Cells	Peripheral Cells	Schematic Cells	Core Cells	Macro cells	Peripheral Cells	Schematic Cells
ad081 da081	OpAmps Comparators Voltage Refs . . .	RC Ocillators Crystal Oscillators Miscellaneous . . .	portin portout portbi . . .	Simple Gates Complex Gates Latches . .	DFFs Shift Reg . . .	Inputs Outputs Level Shifters Biderectional Cells .	portin portout portbi ripper . .

Bild 10-7. Struktur der Standardzellenbibliothek für den 2,4 µm-CMOS-Prozeß von Alcatel Microelectronics. Die Unterbibliotheken auf der untersten Hierarchieebene verzweigen sich noch weiter

funktionen (Gatter, Flip-Flops etc.). Sollen Schaltpläne für eine spezifische Halbleitertechnologie entwickelt werden, ist es zweckmäßig, die Komponenten aus den Standardzellbibliotheken des jeweiligen Design Kits zu entnehmen. Zur Komponentenbibliothek der 2,4-µm-CMOS-Technologie von ALCATEL MICROELECTRONICS gelangt man über die Menüleiste des Schematic-Editor Windows: **Libraries > Mietec Library**. Statt der Palette *MGC Digital Libraries* erscheint eine Palette für die MIETEC-Bibliotheken. Der Eintrag CMOS24 verweist auf die Bibliotheken für den 2,4-µm-CMOS-Prozeß, die sich in Unterbibliotheken *Analog Cells* und *Digital Cells* und danach noch weiter verzweigen (Bild 10.6). Die Bibliotheksstruktur ist in Bild 10.7 gezeigt. Die Zelle INV erreicht man durch Selektion der Einträge **CMOS24 > Digital Cells > Core Cells > Simple Gates > INV**.

Die Listen für die Bibliothekselemente können sehr lang sein. Mit dem Pop-Up-Menü, das nach Anklicken der Library-Palette mit der rechten Maustaste erscheint, können Laufleisten (*Scroll Bars*) eingeblendet werden. Das Wahlfeld **Back** im Pop-Up-Menü führt in die nächst höhere Menüebene zurück, z. B. aus der Liste der **gen_lib**-Bibliothekselemente in die *MGC Digital Libraries*-Palette.

10.3.2.2
Instanziierung von Bibliothekszellen

Soll ein bestimmtes Bibliothekselement in den Schaltplan eingesetzt werden, wählt man die Zelle durch Selektieren in der Elementliste in der entsprechenden Bibliothek aus. Das Symbol der Komponente wird in das *Active Symbol Window* rechts oben neben dem Editierfenster geladen (s. Bild 10.4). Das Symbol kann durch Mausbewegung im Editierfenster plaziert werden. Der Ablagepunkt wird durch Anklicken mit der linken Maustaste definiert. Bei der Ablage wird aus dem Symbol eine Instanz.

Das zuletzt eingesetzte Symbol ist, wie die heller dargestellten Umrisse das Symbols zeigen, immer selektiert und kann, wie weiter unten beschrieben wird, *manipuliert*, d.h. verschoben, kopiert, gespiegelt, gedreht oder gelöscht werden. Die im Laufe der Schaltplaneingabe plazierten Bibliothekselemente schreibt das

Programm in eine Liste (*Symbol History*). Die Symbol-History-Liste läßt sich über das Pop-Up-Menü des Active Symbol Windows zur Anzeige bringen. Durch Anklicken mit der linken Maustaste kann jedes Element der Liste reaktiviert und ins *Active* Symbol Window geladen werden.

10.3.2.3
Selektion und Objektmanipulationen

Vor jeder Objektmanipulation, wie Kopieren, Drehen, Verschieben oder Löschen, sind die entsprechenden Instanzen zu selektieren. Dadurch wird festgelegt, welches Objekt bearbeitet werden soll. Die Statusleiste des DESIGN ARCHITECT-Session Windows gibt die Zahl der selektierten Objekte im Editierfenster durch den Eintrag **Sel:** Zahl+ an. Das Pluszeichen zeigt, daß noch weitere Objekte im Fenster selektiert werden können. Die Zahl gibt die Anzahl der Elemente im *Current Selection Set* an (s. Abschn. 9.4.2.1).

Selektionsmodus und Selektionsfilter definieren, wie und was selektiert wird. Es gibt zwei Selektiermoden: Voreingestellt ist die sog. *additive Selektion*. Hier bleibt das Objekt bei einer weiteren Selektion angewählt. Der zweite Modus wird als *individuelle Selektion* bezeichnet. Hier wird ein Objekt automatisch deselektiert wenn ein anderes Element selektiert wird. Die Voreinstellung kann über das Pull-Down-Menü mit der Befehlsfolge **setup > Set > Individual Selection Model** geändert werden.

Der Selektionsfilter wird über **setup > Select Filter** eingestellt. Bild 10.8 zeigt die *Setup-Select-Filter*-Dialog-Box. Per Default sind im *Schematic_add_route*-Betrieb

Bild 10-8. Dialog Box zur Einstellung des Selektionsfilters

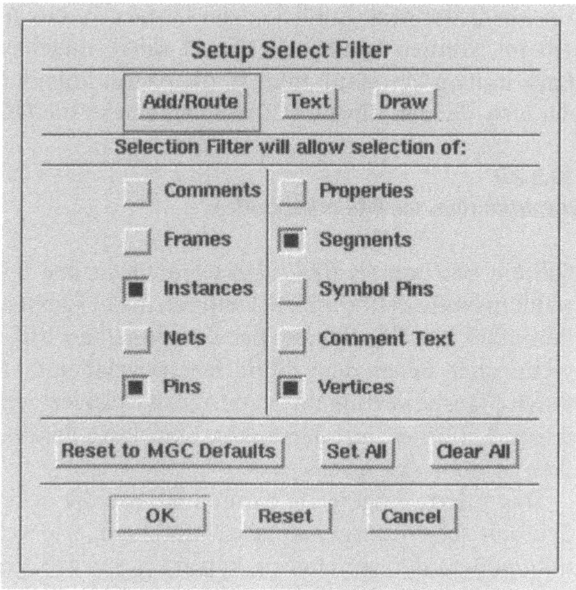

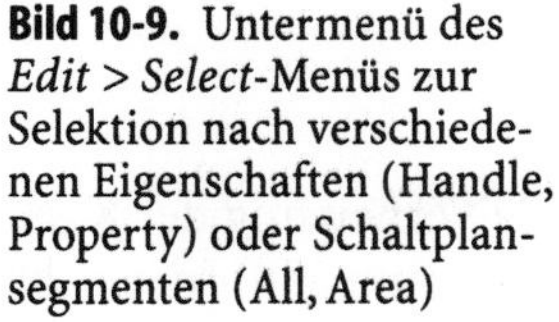

Bild 10-9. Untermenü des *Edit > Select*-Menüs zur Selektion nach verschiedenen Eigenschaften (Handle, Property) oder Schaltplansegmenten (All, Area)

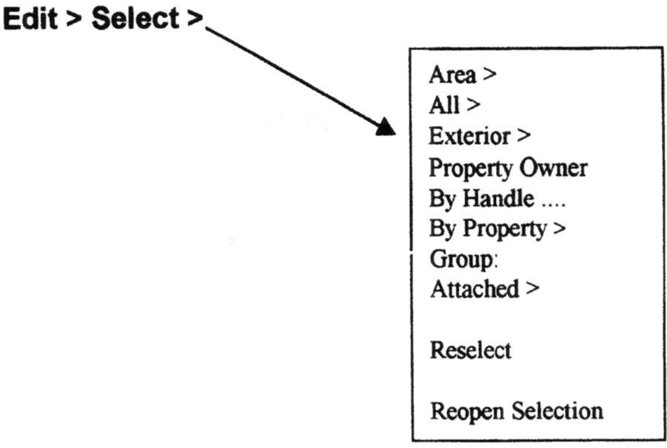

Instanzen, Pins, Netzsegmente und Netzvertices selektierbar. Durch Anklicken der anderen Wahlfelder kann diese Grundeinstellung erweitert oder verändert werden.

Die einfachste Art der Selektion eines Objekts im Editierfenster ist das Anklicken mit der linken Maustaste (*Punktselektion*) oder das Zeichnen eines Rahmens um das zu selektierende Objekt mit dem Mauszeiger bei gedrückter linker Maustaste (*Flächenselektion*). Alternativ kann die Objektauswahl auch über das **Edit**-Pull-Down-Menü erfolgen. Bild 10.9 zeigt ein Untermenü, mit dem die Objektselektion nach den unterschiedlichsten Kriterien gesteuert werden kann. Mt **Edit > Select Area > Instance** erfolgt eine Flächenselektion von Instanzen innerhalb eines mit dem Mauszeiger definierten Gebietes. Eine weitere Möglichkeit ist die Selektion mit der Funktionstaste **F1**. Dazu wird der Mauszeiger auf das gewünschte Objekt gefahren. Nach dem Drücken der F1-Taste ist das Objekt selektiert.

Es ist zu beachten, daß nur bei der Selektion mit dem Mauszeiger die Selektionsfiltereinstellung wirksam ist. Bei den anderen Methoden (Edit-Menü und F1-Taste) wird der Selektionsfilter abgeschaltet, dann ist jedes Objekt selektierbar. Direkt nach Ausführung des Selektionsbefehls wird der Filter automatisch wieder aktiviert.

Um Selektionen aufzuheben, wird das fragliche Objekt wieder mit der linken Maustaste angeklickt. Sollen nicht nur einzelne Objekte, sondern alle Objekte deselektiert werden, ist das Feld **Unselect All** im **Schematic_add_route**-Palettenmenü anzuwählen. Praktisch ist auch der Einsatz des *Unselect All Stroke* („U") mit der Stroke ID: 1478963.

Die wichtigsten Befehle, mit denen Objekte manipuliert werden können, sind im **Schematic_add_route**-Palettenmenü als Wahlfelder enthalten: MOVE, COPY, DELETE, UNDO, FLIP, ROTATE und PIVOT. Bei MOVE und COPY erscheinen Prompt-Bars, mit denen die Operation spezifiziert und mit weiteren Manipulationsbefehlen, wie etwa ROTATE, FLIP oder PIVOT, kombiniert werden können. Der Befehl FLIP löst eine vertikale bzw. horizontale Spiegelung aus. PIVOT und ROTATE drehen die selektierten Objekte um bestimmte Winkel. Bei Einzelobjekten ergeben sich keine Unterschiede. Sind jedoch mehrere Objekte selektiert, dann bewirkt ROTATE die Drehung der gesamten Gruppe von Objekten um den eingegebenen Winkel, während PIVOT jedes einzelne Objekt aus der Gruppe dreht.

10.3.2.4
Netze

Sind alle Symbole im Schaltplan instanziiert, beginnt die Vernetzung der Komponenten. Um Netze hinzuzufügen, wird für 1bit breite Leitungen oder n-bit breite Busse das Wahlfeld **Add Wire** bzw. **Add Bus** im **Schematic_add_ route**-Menü angeklickt. Die Netzeingabe kann manuell, teilautomatisch und vollautomatisch (*Autorouting*) erfolgen. Bei der manuellen Variante wird der Startpunkt der Leitung (*Wire* oder *Bus*) durch Anklicken mit der linken Maustaste definiert. Meist handelt es dabei um den Pin einer Instanz. Netzecken (*Vertices*) werden mit einem einfachen Mausklick eingefügt. Das Ende einer Leitung markiert ein Doppelklick (Bild 10.10).

Während der Netzeingabe erscheint die ADD WI- oder ADD BUS-Prompt-Bar. Solange diese Zeile eingeblendet ist, können weitere Netze eingeben werden. Um den *ADD-Wire (Bus)*-Mode zu verlassen, ist das Wahlfeld *Cancel* der Prompt-Bar anzuklicken. Die *BackSpace*-Taste entfernt den letzten, bei der Netzeingabe definierten Vertex.

Das Erscheinungsbild der Netze bestimmt man über die *Set-Up-Net*-Dialogbox (Bild 10.11). Dieses Wahlfeld wird über **Setup > Net/Comment/Page > Net** aus dem Pull-Down-Menü aufgerufen.

Die Optionen *Dot-Style* (*-Size*), *Net-Style* (*-Width*) legen die Form (Größe) von Knotenpunkten, sowie die Strichart und Strichdicke von 1 bit breiten und n bit breiten Netzen (Wires und Busse) fest. Voreingestellt sind eckige Netzknotenpunkte, durchgezogene Linien und Strichstärken von 1 Pixel für *Wires* und von 3 Pixel für Busse. Ist die Option *Snap* aktiviert, werden Leitungen, die einem Pin einer Instanz näher als ein Drittel des Gridabstands kommen, automatisch ankontaktiert. Mit *Set Ortho* können Netze, die um einem bestimmten Winkelbetrag

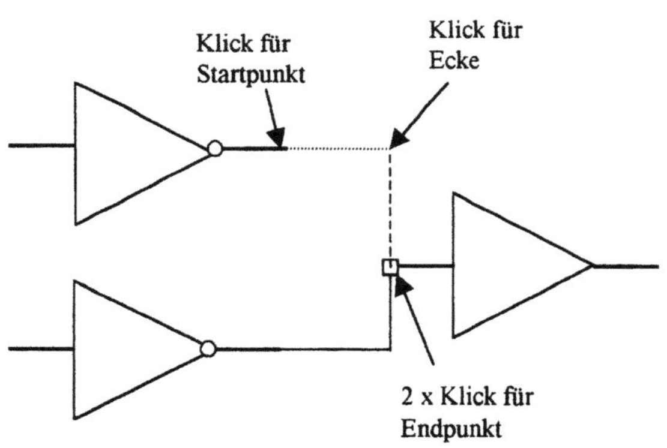

Bild 10-10. *Add-Wire-Prompt-Bar*-Zeile und manuelle Netzeingabe über Mausklicks

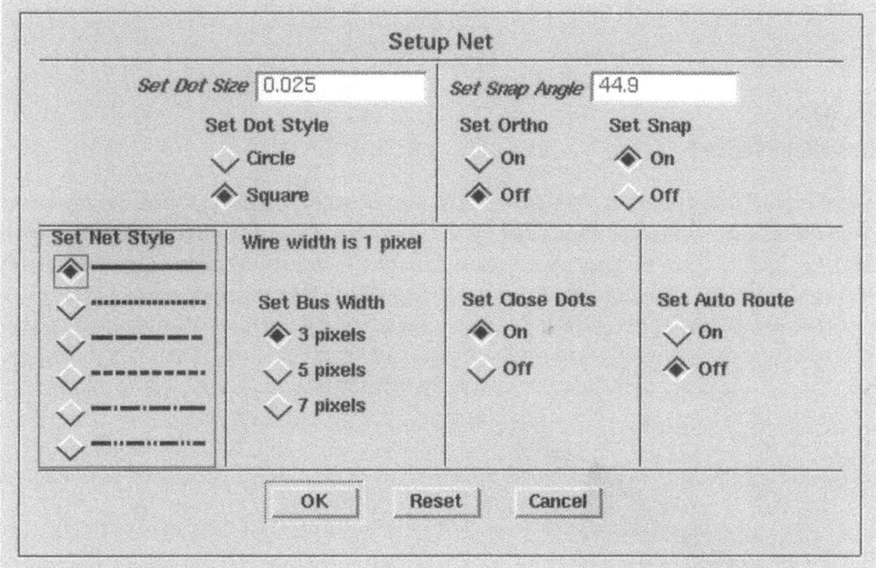

Bild 10-11. *Setup Net Dialogbox* für die Netzeingabe

Bild 10-12. Halbautomatisches Routen von Netzen

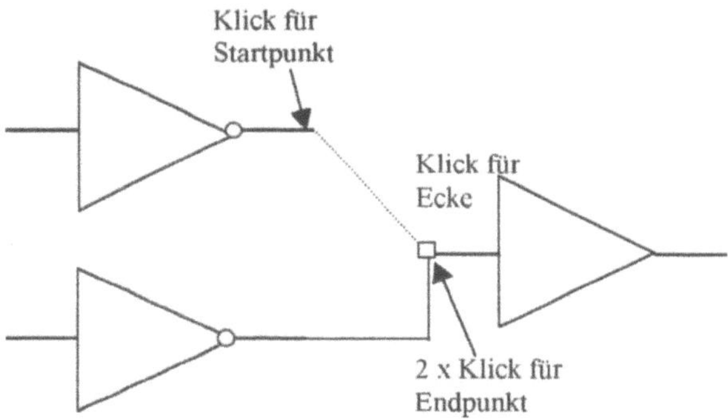

(Snap Angle) von. der Horizontalen bzw. Vertikalen abweichen, automatisch waagerecht oder senkrecht ausgerichtet werden. Bei dem voreingestellten Snap Angle von 44,9 sind nur rechtwinklig zueinander stehende Netzsegmente möglich.

Beim halbautomatischen Routen definiert der Benutzer nur gradlinige, direkte Verbindungen zwischen Anfangs- und Endpunkten einer geplanten Leitung von Pin zu Pin. Die eingegebene Gerade bleibt selektiert. Nach Anwahl des ROUTE-SELECTED-Wahlfelds im Palettenmenü sucht das Autorouting-Programm einen Pfad für das Netz, das an Instanzen und Kommentartexten vorbeiläuft und anderen Netze meidet. Bild 10.12 zeigt als Beispiel das Autorouting eines in Bild 10.10 gezeigten Netzes

Ist in der Set-Up-Net-Dialogbox die *Option Autoroute On* eingestellt, wird die Zweipunktverbindung ohne Anwahl des ROUTE SELECTED Buttons sofort zum Netz.

10.3.2.5
Netzverbindungen

Zwei Netze können miteinander verbunden werden, wenn beim Überkreuzen die vorhandene Leitung angeklickt wird (Bild 10.13). Bei Editieroperationen wie MOVE, COPY usw. können auch unbeabsichtigt neue Verbindungen zwischen Netzen entstehen. Deshalb ändert das System die Verbindungsstruktur (*Connectivity*) nach solchen Operationen nicht sofort. Werden Netze, die an selektierten Instanzen angeschlossen sind, beim Editieren über Pins und Vertices gezogen, entstehen zunächst noch keine elektrischen Kontakte, sondern als Vorstufe nur grafische Verbindungen *(Not Dots)*. Bild 10.14 zeigt ein Beispiel.

In der Abbildung wird der Inverter selektiert und per MOVE-Befehl so weit nach unten gezogen, daß das Netz den Anschlußpin des NAND-Gatters berührt. Der Not Dot zeigt an, daß durch die Objektmanipulation eine grafische Verbindung zustande gekommen ist.

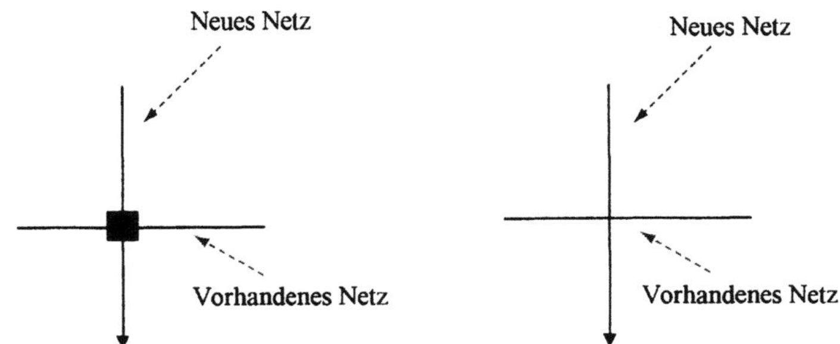

Bild 10-13. Verbinden und Kreuzen von Netzen

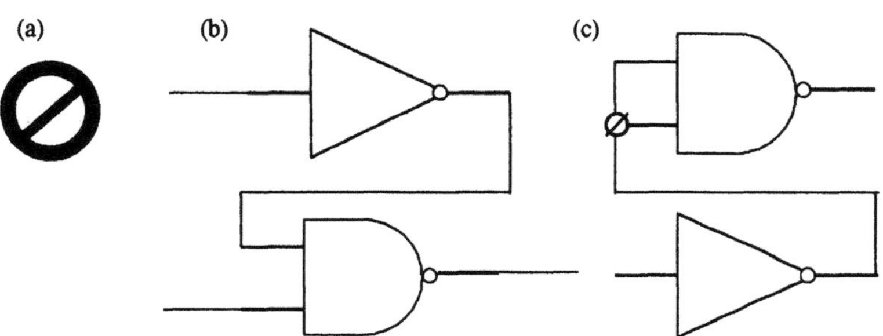

Bild 10-14. (a) Not Dot, (b) Inverter und NAND-Gatter vor einer MOVE-Operation, (c) nach der MOVE- Operation

Sollen *Not Dots* in elektrische Verbindungen umgewandelt werden, dann ist das Wahlfeld CONNECT ALL im **Schematic_add_route**-Palettenmenü anzuwählen oder der *Connect All Stroke* zu zeichnen. Sind nur einige Not Dots in Kontakte zu überführen, so sind die betreffenden Stellen zu selektieren. Hier kommt dann der *Connect Selected Stroke* zum Einsatz.

Um Netze an andere Pins zu verschieben, kann man das Pop-Up-Menü im Editierfeld aufrufen und **ADD > Connections > Disconnect Area** eingeben. Durch Selektieren einer Fläche um den betroffenen Pin wird die Leitung abkontaktiert, eine MOVE-Operation versetzt den freien Vertex des Netzes an die gewünschte Stelle.

10.3.2.6
Ports

Die Netze eines Schaltplans enden an den Schaltungsein- und -ausgängen an *Ports*. Über diese speziellen Verbindungsstrukturen wird die *vertikale Konnektivität* in hierarchischen Schaltungsentwürfen hergestellt.

Je nach Datenflußrichtung stehen Port-Symbole für Eingänge (*Portin*), Ausgänge (*Portout*) und bidirektionale Ports (*Portbi*) zur Verfügung (Bild 10.15). Diese Elemente finden sich in der **gen_lib** oder im ALCATEL MICROELECTRONICS Design Kit unter **CMOS24 > Digital Cells > Schematic Cells >Portin/Portout/Portbi** (s Bild 10.7).

10.3.2.7
Strukturelle Entwurfseigenschaften (SLD-Properties)

SLD-Properties (*Structured Logic Design Properties*) identifizieren Instanzen und Netze. Netze werden mit Namen gekennzeichnet, die entweder automatisch vergeben oder explizit zugewiesen werden können. Der Name wird als Wert der SLD-Property NET abgespeichert. Instanzen erhalten im Schaltplan die erwähnten *Handles*. Eine Liste aller SLD-Eigenschaften mit den jeweiligen Property-Besitzern findet sich in Tabelle 10.1.

10.3.2.8
Netzeditierung und Verbindungsstrukturen

Als *Netzeditierung* wird die Wertezuweisung für die SLD-Eigenschaft NET bezechnet. Die natürlichen Besitzer (*Owner*) der NET-Eigenschaft sind Eck- oder Endpunkte (*Vertices*) von Wires und Bussen. Die 1bit breiten Wires erhalten bei

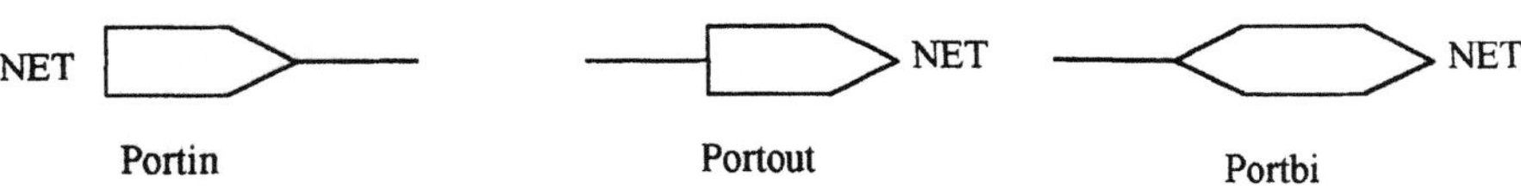

Bild 10-15. Portsymbole

Tabelle 10-1. *SLD-Properties*

SLD-Property	Besitzer	Zweck
NET	Netzvertex Symbol-Pin	Definiert die Verbindungsstruktur innerhalb eines Schaltplans (*horizontale Konnektivität*)
PIN	Symbol Pin	Wert dieser Property definiert den Pinnamen
RULE	Symbol Pin	Legt fest, welche Leitungen von einem Bus abzweigen
INST	Instanzenkörper	Legt einen individuellen Namen für eine Instanz fest
CLASS	Instanzenkörper Symbolkörper	Definiert eine spezielle Verbindung (s. Tabelle 10.2)
GLOBAL	Symbolkörper	Wert definiert einen globalen Netznamen für das gesamte Design

CHA PR VA Property Name NET	New Value NET	Type String ▲▼ OK	Cancel

Bild 10-16. Die *Change Property Value* Prompt Bar. Durch Überschreiben des Eintrags NET im New-Value-Feld wird der neue Property-Wert eingegeben. Der Typ der NET-Property ist String (Zeichenfolge)

der Schaltplaneingabe automatisch einen Namen von der Form NX$. X ist wie bei den Handles der Instanzen eine ganze positive Zahl, die eindeutig das Netz kennzeichnet. Tragen zwei Netze den gleichen Namen, werden die beiden Netze vom Programm DESIGN ARCHITECT als elektrisch verbunden betrachtet. Nach Verbinden eines Netzes mit einem Instanzenpin wird deshalb der Wert der NET-Property der angeschlossenen Leitung automatisch auch dem Pinvertex der Instanz zugewiesen. Dadurch erhält das entsprechende Netz in der tieferliegenden Hierarchie den gleichen Namen und die vertikale Konnektivität ist hergestellt. Alle Portsymbole, die nach der Instanziierung in einem neuen Schaltplan noch den voreingestellten Namen „NET" tragen, sind folglich, um Kurzschlüsse zu vermeiden, mit einem individuellen Namen zu versehen.

Für die explizite Namensvergabe gibt es die *Name Nets*-Funktion. Zuerst werden alle Netze, die direkt mit den Ports verbunden sind, selektiert. Im Pop-Up-Menü, das nach Drücken der rechten Maustaste erscheint, wird der Eintrag **Name Nets** angeklickt. Die *Change Property Value* Prompt Bar erscheint für jedes Netz, beginnend bei dem am weitesten oben auf dem Sheet befindlichen Netz (Bild 10.16). Nachdem der neue Netzname eingegeben ist, wird der Änderungsvorgang mit OK oder dem Drücken der Returntaste abgeschlossen. Daraufhin erscheint die Prompt Bar für das nächste selektierte Netz.

Um komplexe Schaltpläne in einer Hierachiestufe auf mehrere *Sheets* zu verteilen, benutzt man spezielle Verbindungskomponenten, die als *Offpage-Konnektoren* bezeichnet werden. Die Leitungsenden werden mit einem *Offpage.out*-Symbol und die Leitungsanfänge mit einem *Offpage.in*-Symbol versehen (Bild 10.17).

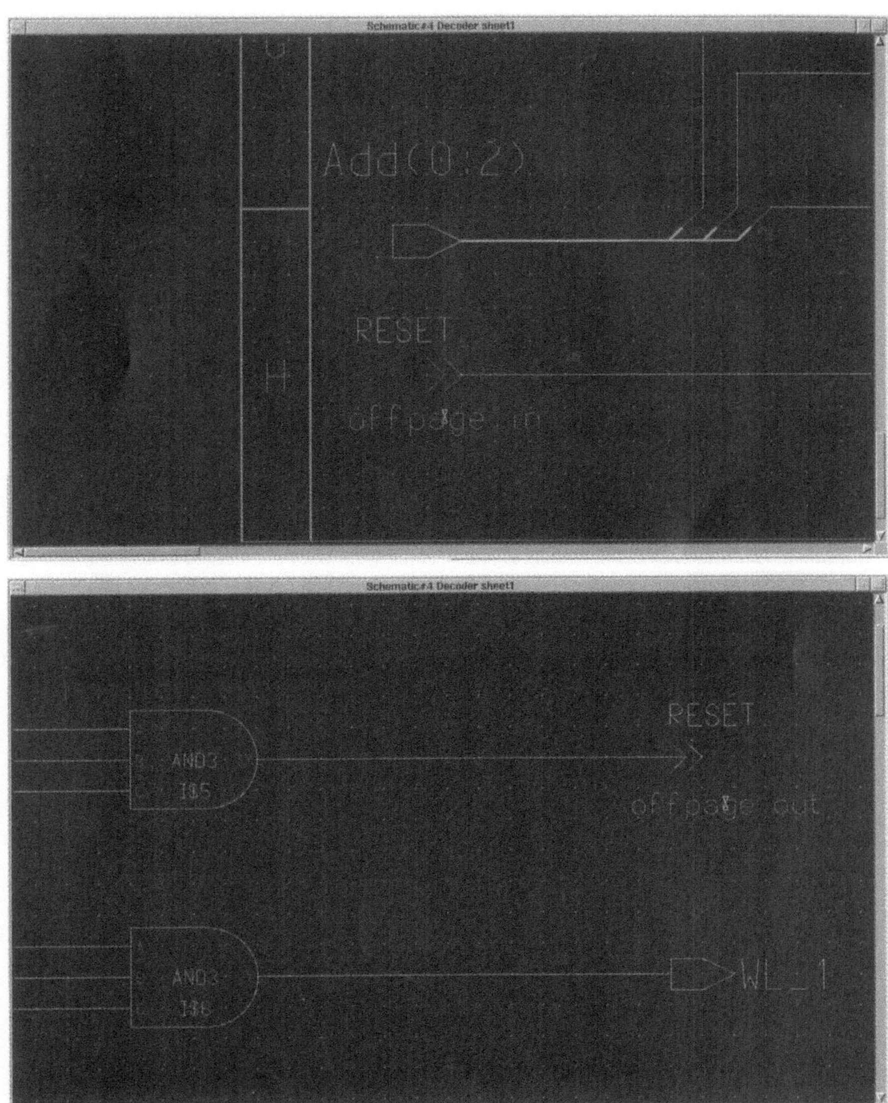

Bild 10-17. Offpage-Konnektoren zur Verbindung von Netzen auf verschiedenen Schalt-
planblättern (*Sheets*)

Busse erscheinen auf dem Bildschirm als breite Bahnen (3 Pixel). Dies ist aber
nur ein grafisches Hilfsmittel, damit Schaltpläne besser gelesen werden können.
Elektrisch gesehen, repräsentiert ein Bus eine bestimmte Anzahl von elektrischen Leitungen. Die Busbreite wird durch Zuweisung einer NET-Property definiert. Ohne *explizite* Zuweisung eines entsprechenden Property-Wertes bleibt

Tabelle 10-2. Werte der SLD-Property CLASS mit einigen Beispielen (rechts)

Property-Value		
c	Connector: Verbindet verschieden benannte Netze	**portin** / NET···p
g	Global: Verbindet Netze innerhalb und zwischen verschiedenen Sheets. Innerhalb eines hierarchischen Designs werden alle Netze und Netzteile, die den Wert Global tragen und gleich bezeichnet sind, vom System auf gleiches Potential gelegt, auch ohne daß globale Leitungen vorhanden sind.	**ground** g
p	Port: Definiert einen externen Anschluß an einem Schaltplan. Bei einem hierarchischen Design stellen Ports die Verbindung zwischen den Entwurfsebenen her.	
r	Ripper: Definiert einen Busabzweig	
o	Off-Page Connector: Verbindet Netze mit gleichem Namen auf verschiedenen Design Sheets	**dangle**
dangle	Definiert ein offenes Netz bzw. einen nicht angeschlossenen Pin an einer Instanz. Nach Einfügen dieser Property werden offene Netze nicht mehr als Warnung in Prüfprogrammen gemeldet.	r **2x1 rip**

die Busbreite unbestimmt. Der Name eines Busses wird nach der folgenden Regel vergeben: *Bus_name(höchstwertiges Bit:niedrigwertigstes Bit)*. Out(0:3) definiert also einen 4bit breiten Bus, dessen einzelne Leitungen über Out(0), Out(1), Out(2) und Out(3) angesprochen werden können. Out(0) hat dabei die höchste Wertigkeit.

Busse, *Ports* und *Offpage-Konnektoren* sind Verbindungsstrukturen, deren Eigenschaften durch einen Wert der SLD-*Property* CLASS noch weiter spezifiziert werden. Die möglichen Werte sind in Tabelle 10.2 zu finden.

10.3.2.9
Busabzweigstellen: Ripper

In einem Schaltplan sind häufig einzelne Busleitungen an Instanzen anzuschließen oder mehrere Netze zu einem Bus zusammenzufassen. Die Komponente, die in definierter Weise Leitungen oder Unterbusse aus Bussen heraus- oder zusammenführt heißt *Busripper* (Busabzweigungsstelle) und steht in verschiedenen Varianten zur Verfügung. Bild 10.18 zeigt das 8×1-Ripper-Symbol mit dem ein 8-bit-Bus in 8 Leitungen aufgeteilt werden kann. Diese Komponenten finden sich entweder in der **gen_lib** oder unter **CMOS24 > Digital Cells > Schematic Cells > rip/offpage** .

Jeder Busripper hat eine CLASS-Property mit dem Wert „r" (s. Tabelle 10.2), die angibt, daß es sich bei der Komponente um einen Busabzweig handelt. Der

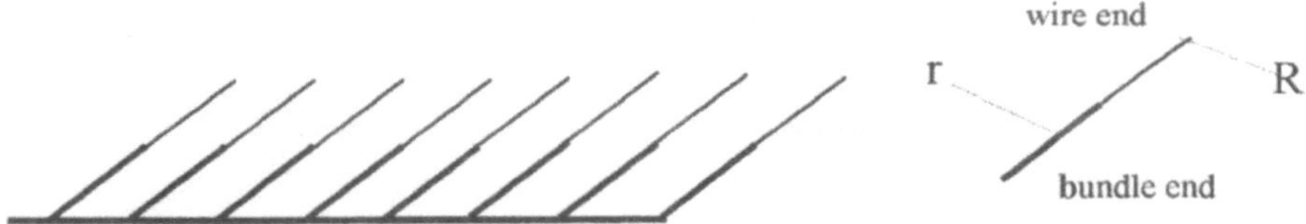

Bild 10-18. *8×1-Busripper* und *1×1-Busripper* mit Details: Class Property Value „r" und Rule Property Value „R"

Eigentümer dieser Property ist das dicke Ende (*Bundle End*) für den Busanschluß. An den Pin des dünnen Endes (*Wire End*) wird die 1bit breite Leitung angeschlossen. Jeder Pin am Rippersymbol trägt eine RULE-Property (s. Tabelle 10.1), die vorgibt, welche Busleitung mit dem Ripperpin verbunden ist. Beim Einsetzen des Symbols hat die RULE-Property den voreingestellten Wert „R". Dieser Wert ist durch die Bitnummer der Busleitung zu ersetzen, von der abgezweigt werden soll. Dies geschieht folgendermaßen: Nach Selektieren des Pins und Anklicken des Wahlfeldes CHANGE VALUE im **Schematic_text**-Palettenmenü erscheint wieder die *Change Property Value*-Prompt Bar, mit der die aktuelle Bitnummer der abzweigenden Busleitung festgelegt werden kann. In das **Schematic_text**-Palettenmenü gelangt man durch Anklicken des Wahlfeldes TEXT in der **Schematic_add_route**-Palette. Außer der CHANGE VALUE-Ikone steht zur Änderung auch noch der *Modify Property* Stroke zur Verfügung.

Generell ist zubeachten, daß Property-Werte immer erst dann geändert werden können, wenn entweder der Property-Text selbst oder der Eigentümer der Eigenschaft, wie oben der Pin, selektiert wurde.

Zum Editieren der RULE-Eigenschaften bei Abzweigungen von breiteren Bussen gibt es eine teilautomatisierte Methode (Bild 10.19), die durch Anklicken der Ikone SEQUENCE TEXT gestartet wird. In der erscheinenden Sequence Text-Dialogbox wird die erste Bitnummer (meist „0") und das Bitnummerinkrement (meist „1") eingegeben. Ist *Sequence Type Auto* aktiviert, läuft die Numerierung automatisch ab. Mit der Einstellung *Manual* können die Bitnummern einzeln zugewiesen werden. Nach dem Quittieren der Dialogbox mit OK erscheint die *Select Area* Prompt Bar. Die relevanten Netzbereiche werden selektiert (helles Rechteck in der Abbildung), und nach Betätigen von OK ändern sich die RULE-Eigenschaften wie gewünscht.

10.3.3
Prüfen und Speichern eines Schaltplans

Bevor ein neu gezeichneter Schaltplan weiterverarbeitet werden kann, sind bestimmte Prüfungen vorzunehmen, ansonsten werden bei Folgeapplikationen, etwa beim Aufruf eines Simulators Fehler gemeldet. Neben den vorgeschriebenen Prüfungen (*Required Checks*), die im folgenden Abschnitt genauer behandelt werden, können noch weitere Prüfungen ausgewählt oder festgelegt wer-

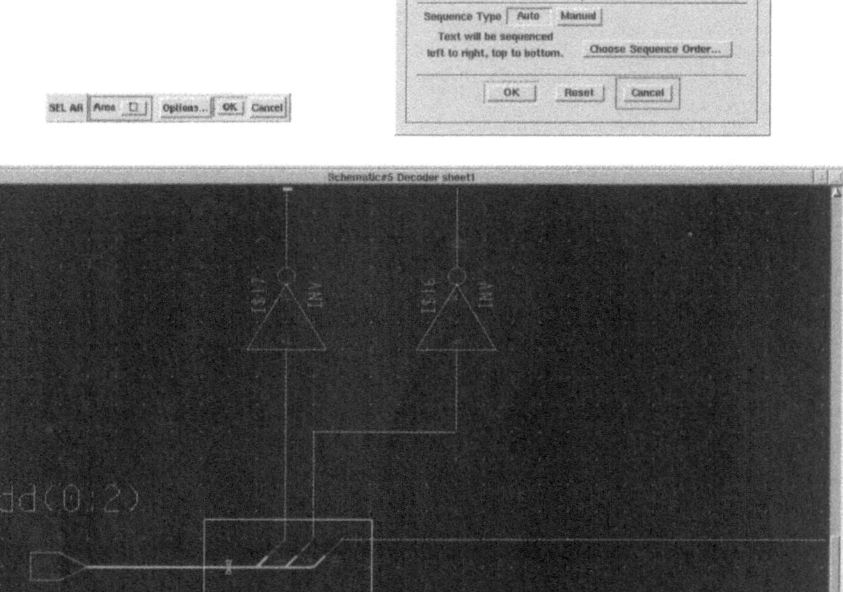

Bild 10-19. Austausch der RULE- Eigenschaftswerte mit der SEQUENCE-TEXT-Funktion

den. Welche Prüfungen ausgeführt werden sollen, definiert die *Default Sheet Check Settings*-Dialogbox (Bild 10.20). Dieses Wahlfeld erscheint nach der Eingabe von **Check > Sheet > Default Settings**.

Um einen Schaltplan den voreingestellten Prüfungen zu unterziehen, wird die Prüfroutine mit dem Aufruf **Check > Sheet > With Defaults** gestartet. Geprüft wird stets das Sheet im aktiven Fenster. Fehler und Warnungen werden in einem *Check-Status*-Fenster und im *Transcript-Window* angezeigt. Die vorgeschriebenen Prüfungen erfassen, wie in Bild 10.20 gezeigt,

- Instanzen,
- spezielle Instanzen,
- Netze und
- Symbol Pins.

Die sog. *Frames* werden in diesem Buch nicht behandelt. Bei den *Instanzen* wird z.B. geprüft, ob jede Instanz die Instance-Property hat und ob der Wert dieser *Property* nur einmal vergeben wurde.

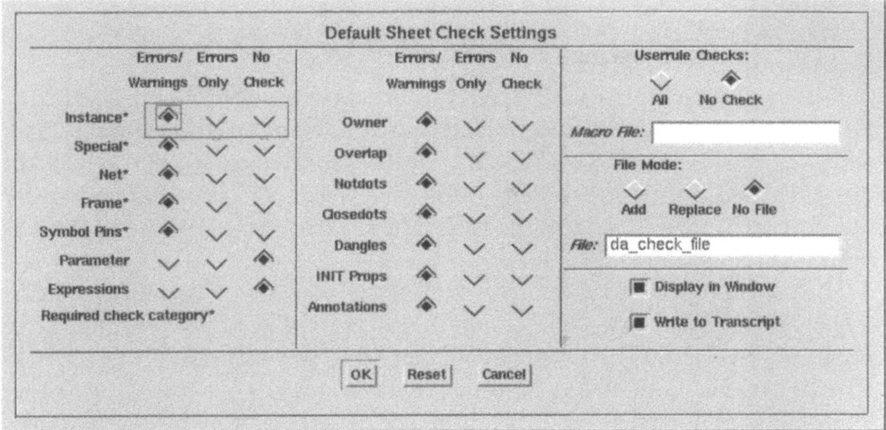

Bild 10-20. Die *Default-Sheet-Check-Settings*-Dialogbox im voreingestellten Zustand. Die vorgeschriebenen Prüfungen sind mit einem Stern gekennzeichnet

Spezielle Instanzen sind Ports, Offpage-Konnektoren, Busripper und globale Netze. Hier werden Eigenschaftswerte und der konsistente Aufbau der Verbindungsstrukturen überprüft.

NET-Prüfungen vergleichen Busbreiten, kontrollieren die Gültigkeit der Netznamen und testen, ob unterschiedliche Netze den gleichen Namen aufweisen. Die Prüfung Symbol Pins untersucht, ob sich Symbol Pins auf dem Schaltplan befinden.

In der *Default-Sheet-Check-Settings*-Dialogbox in Bild 10.20 sind neben den Required Checks einige weitere Prüfkategorien aktiviert, die die Property Owner, Überlappungen (*Overlap*), Not Dots, Close Dots, Dangles und die INIT-Properties kontrollieren. Dabei wird u.a. geprüft, ob alle Properties den richtigen Eigentümern zugeordnet sind, ob Kontaktbereiche zweier Instanzen überlappen oder ob sich noch Not Dots auf dem Schaltplan befinden. *Close Dots* sind Verbindungspunkte, die beim Kontaktieren zweier Netze gesetzt werden. Die Close-Dot-Prüfung verifiziert, daß an allen Berührungsstellen von Leitungen auch *Close Dots* sitzen. Dangles sind Pins ohne angeschlossene Leitungen oder Leitungen ohne Anschlüsse an Instanzen. Solche meist fehlerhaften Strukturen werden mit der Dangle-Prüfung gesucht. Die ebenfalls untersuchten INIT-Eigenschaften legen für die Schaltungssimulation den Initialisierungszustand von Netzen oder Schaltungsein- und -ausgängen fest. Eigentümer sind Netz-Vertices oder Instance-Pins. Schaltungseingänge erhalten automatisch einen INIT-Wert, der diese Komponenten für eine QUICKSIMII-Simulation auf den Zustand XR, also resistiv unbestimmt legt. Diese INIT-Properties werden mit der INIT-Prüfung auf Konsistenz und Vollständigkeit kontrolliert.

Die vom System eingestellten Prüfungen können temporär für einen bestimmten Schaltplan verändert werden. Dazu ist aus dem Pull-Down-Menü die Funktion **Check > Set Defaults > Sheet** anzuwählen. Durch entsprechende Veränderung der Einträge in der *Default-Sheet-Check-Settings*-Dialogbox können Warnungen und bestimmte Prüfungen ausgeblendet werden (Anklicken von **Errors Only** bzw. **No Check**).

Besteht ein Schaltplan aus mehreren Sheets, ist es zweckmäßig, zusätzlich die *Check-Schematic-Prüfung* (**Check > Schematic > Default**) durchzuführen. Dabei wird der gesamte Schaltplan überprüft; insbesondere werden alle Verbindung zwischen den Sheets kontrolliert. Außerdem testet die Prüfroutine, ob dem Schaltplan ein Symbol zugeordnet ist, bei dem ein Symbol-Pin für jeden Port des Schaltplans vorhanden ist.

Die geprüfte Schaltung kann durch Anwahl von **File > Save Sheet > Default Registration** in der Arbeitsdirectory gespeichert werden. Dabei wird die Schaltung automatisch in die Component-Interface-Datei eingetragen (*registriert*). Existiert in der Component Directory bereits ein Symbol für die Schaltung, dann läuft automatisch eine Prüfroutine ab, die wie die Check Schematic-Prüfung die Konsistenz von Ports und Pins testet. Treten dabei keine Fehler auf, kennzeichnet das System den Schaltplan als „gültig" (*Valid*), andernfalls mit „nicht gültig" (*Non Valid*). Es gibt Applikationsprogramme, die nur gültige Schaltpläne verarbeiten. Andere Programmen ignorieren *Non-Valid*-Einträge.

10.4
Symbole

Schaltpläne werden in hierarchischen Designs zu Symbolen zusammengefaßt. Ein typisches Symbol zeigt Bild 10.21. Ein Symbol besteht aus vier Elementen:
- Symbolkörper (*Symbol Body*): Dies ist die grafische Darstellung des Symbols. Die Ausgestaltung richtet sich dabei meistens nach Industrienormen.
- *Symbol Pins*: Dies sind Anschlußpunkte, an denen Netze nach der Instanziierung des Symbols in einem Schaltplan angeschlossen werden können. Die Pinnamen müssen mit den Portbezeichnungen der zugrundeliegenden Schematic übereinstimmen.

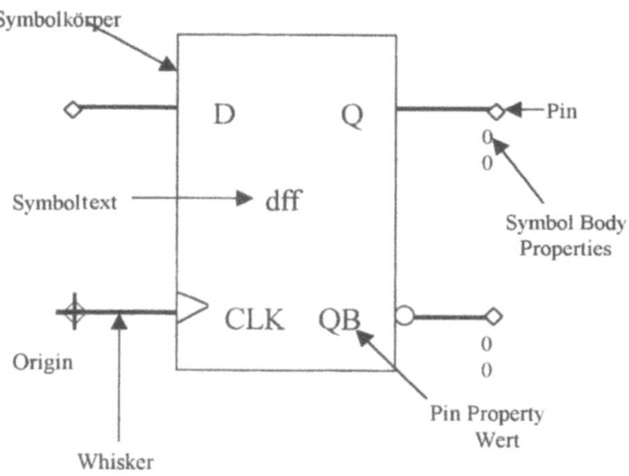

Bild 10-21. Bestandteile eines Symbols

- Ursprung (*Origin*): Dieser Punkt ist der geometrische Referenzpunkt, an dem sich die Lage des Symbols in einem Schaltplan orientiert.
- Properties: Diese Einträge legen die Eigenschaften des Symbols fest.

Die folgenden optionalen Strukturen verbessern das grafische Erscheinungsbild von Symbolen:

- *Whiskers*: An Symbolkörpern sind kurze Linien zulässig, die rechtwinklig vom Symbolkörper weglaufen und an der Spitze Symbolpins tragen. Dadurch wird deutlicher, wo Netze an instanziierte Symbole angeschlossen werden können.
- *Symboltexte*: Dabei handelt es sich um erklärende Kommentare, die aber nicht wie Properties elektrische Eigenschaften des Symbols repräsentieren, sondern deskriptiven Charakter haben. Da Texte bei der Instanziierung der Symbole im Gegensatz zu den Symbol Properties mit angezeigt werden, erleichtern diese Informationen die Interpretation der Schaltpläne.

10.5
Der Symboleditor des Programms Design Architect

Symbole werden mit dem Symboleditor des Programms Design Architect erstellt. Mit diesem Editor können neue Symbole gezeichnet oder vorhandene verändert werden. Die elektrische Funktion der Komponente, die durch ein Symbol dargestellt wird, kann – muß aber noch nicht – bei der Symbolerstellung festgelegt sein.

Symbolerzeugung

Den Symboleditor) ruft man aus der **Session**-Palette des Programms Design Architect über das Wahlfeld OPEN SYMBOL auf. Das Palettenmenü wechselt, und die **symbol_draw**-Palette erscheint. Auf dem Bildschirm wird die *Open-Symbol*-Dialogbox geöffnet (Bild 10.22). Der Datenpfad für die zu bearbeitende Kompo-

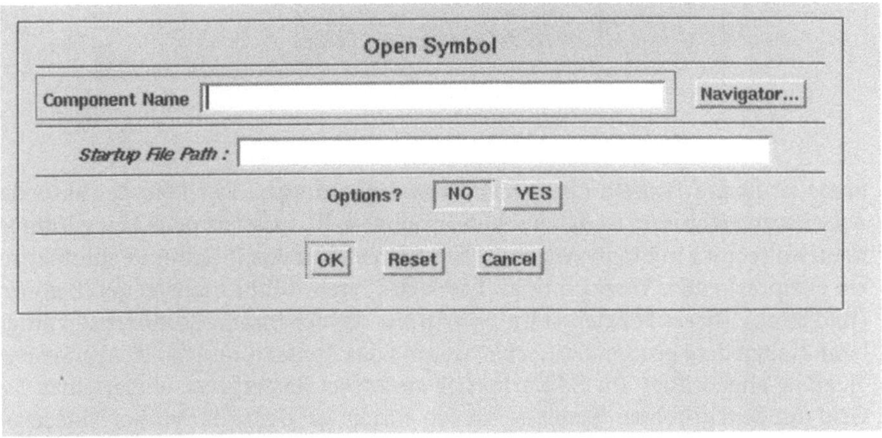

Bild 10-22. Die *Open Symbol*-Dialogbox

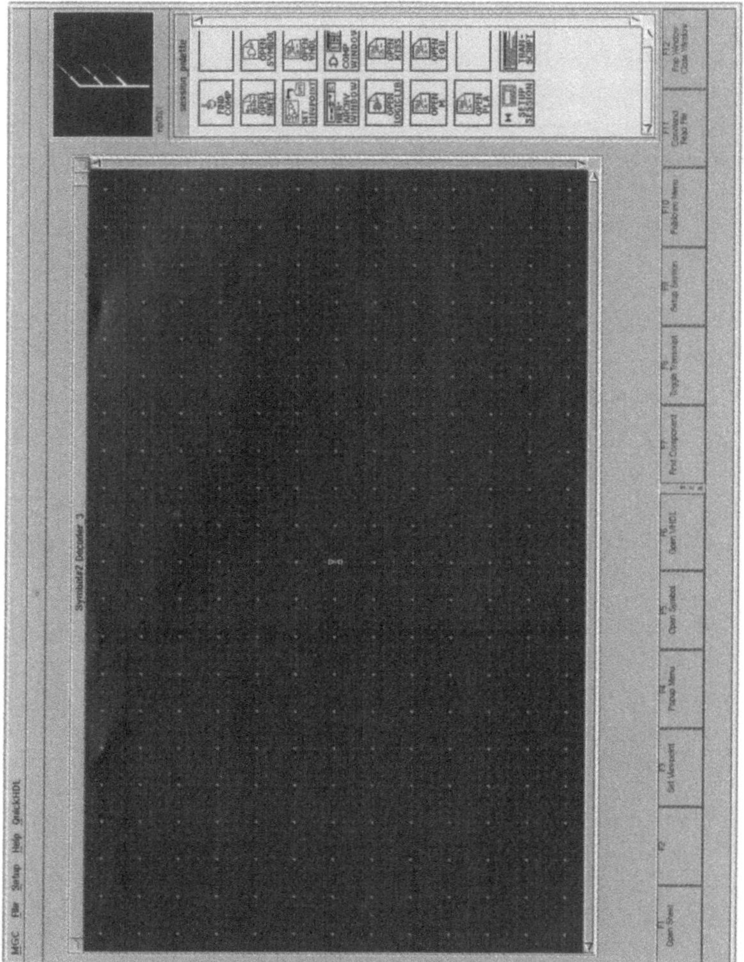

Bild 10-23. Fensteraufbau des DESIGN ARCHITECT-Symbol-Editors: Im Editierfenster (schwarz mit Gridpunkten gerastert) werden Symbole gezeichnet oder editiert. Das *Active Symbol Window* (oben rechts) und das Kontext-Fenster haben die gleichen Funktionen wie beim Schematic Editor. Die symbol_draw-Palette ersetzt nach dem Aufruf die session-Palette des Programms DESIGN ARCHITECT. Das *Pin-Grid* besteht aus Kreuzen und das *Snap-Grid* aus Punkten

nente ist in das Textfeld *Component Name* einzutragen. Der Pfad des aktuellen Arbeitsverzeichnisses ist dabei schon voreingestellt. Existiert noch keine Komponentendirectory mit dem eingegebenen Namen, legt das Programm automatisch ein entsprechendes Verzeichnis an, bevor das Symbol-Editorfenster geöffnet wird (Bild 10.23). Dieses Fenster ist im Prinzip wie das Schematic-Editorfenster aufgebaut: Neben dem großen Editierfenster sind das *Kontext-* und das *Active-Symbol-Window* angeordnet. Im Editierfenster sind zwei Rastergitter eingerichtet. Das Grid mit dem gröberen Raster ist das Pin-Raster, auf dem alle Symbol-Pins liegen müssen. Das feinere Gitter heißt *Snap*-Gitter (Einrastgitter). Hier liegen alle Linien und Ecken der grafischen Strukturen, aus denen das Symbol aufgebaut ist.

Symbolkörper und -pins werden mit Hilfe der *symbol_draw*-Palette gezeichnet (Bild 10.23). Der Symbolkörper ist üblicherweise ein Rechteck, kann aber auch als beliebige geometrische Figur aus Polygonzügen, Kreisen und Kreissegmenten aufgebaut sein. Die voreingestellten Strichstärken, Texthöhen etc. für die Symbolerstellung sind veränderbar. Mit **Setup > Symbol Body** oder mit der SETUP-GRAPHICS-Ikone kann dazu die *Set-Up-Symbol-Body*-Dialogbox geöffnet werden.

Nachdem der Symbolkörper gezeichnet ist, werden die Pins hinzugefügt. Pins repräsentieren die Ports von Schaltplänen, die Symbolen als funktionale Modelle unterlegt sein können. Beim Einsetzen von Symbolen in Schaltpläne werden aus den Symbolpins die Instanzenpins mit einem Netzvertex.

Zur Definition und Eingabe von Pins gibt es im Symboleditor die *Add-Pin(s)-Dialogbox* (Bild 10.24), die über das Pop-Up-Menü **Add > Pins** bzw. über die ADD-PIN-Ikone aufgerufen werden kann. Der Eintrag *Name Height* definiert die Größe des Pinnamens relativ zum Pin-Raster. Pinnamen werden im Textfeld unter *Pin Name(s):* eingegeben. Mit den drei Wahlfeldern hinter *Name Placement* kann die Position des Pinnamens eingestellt werden. Mit *Manual* sind Pin- und Textposition frei wählbar. Bei der Selektion des Wahlfelds mit Raute und dem Eintrag *Name* wird das Pinssymbol, die Raute, auf dem Rand des Symbolkörpers erzeugt und der Namenstext daneben abgelegt. Wird das Feld *Name* mit Raute und Whisker angeklickt, erzeugt das System Whisker und Raute und plaziert den Text des Pinnamens in der Nähe. Die Datenflußrichtung des Pins legt die *Pintype Property* fest. Die erlaubten Eigenschaftswerte sind IN, OUT und IN-OUT. Wird *omit* angeklickt, wird diese Pineigenschaft nicht festgelegt. Mit *Pin Placement* kann man die Pins auf die Berandung des Symbolkörpers verteilen (links, oben, unten, rechts).

Wie Schaltpläne sind auch Symbole nur dann weiter verarbeitbar, wenn sie gewisse Prüfungen ohne Fehler passiert haben. Die folgenden Prüfkategorien sind für alle Mentor-Graphics-Applikationen erforderlich:

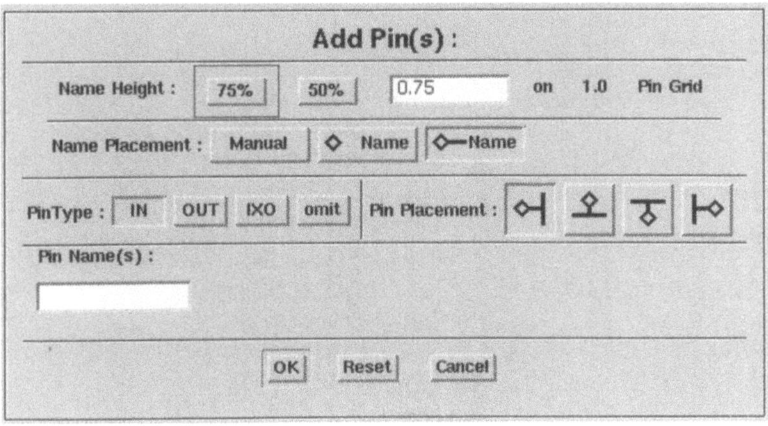

Bild 10-24. Die *Add Pin(s)*-Dialogbox

– *Symbol Pin*: Hier wird abgefragt, ob wenigstens ein Pin am Symbolkörper vorhanden ist, ob alle Pins individuelle Namen besitzen und ob die Werte der Symboleigenschaften syntaktisch einwandfrei sind.
– *Symbol Body*: Hier wird verifiziert, daß eine Symbolkörperzeichnung vorhanden ist, und die Propertysyntax wird für die Symbolkörpereigenschaften gecheckt.
– *Special Symbol:* Hier wird der Aufbau besonderer Symbole, wie etwa die Busripper, überprüft.

Darüber hinaus ist es sinnvoll und deshalb in der Default-Einstellung der Symbolprüfroutine vorgesehen, auch das *Symbol Interface* zu kontrollieren. Diese Prüfung stellt sicher, daß die Pins und Eigenschaften des Symbols zur Component-Interface-Datei der Komponente passen, für die das Symbol registriert werden soll.

Die Symbolprüfung mit den voreingestellten Prüfkategorien wird aus dem Pull-Down Menü mit **Check > With Defaults** gestartet. Wie beim Schematic- oder Sheet-Check erscheinen die Fehlermeldungen und Warnungen in einem *Check-Status-Fenster* und im *Transcript-Window*. Will man die Prüfungen abändern, so ist **Check > Set Defaults** einzugeben. Bild 10.25 zeigt die daraufhin erscheinende *Default Symbol Check Settings*-Dialogbox.

Nachdem das Symbol alle Prüfungen passiert hat, wird es im voreingestellten Pfad mit **File > Save Symbol > Default Registration** gespeichert.

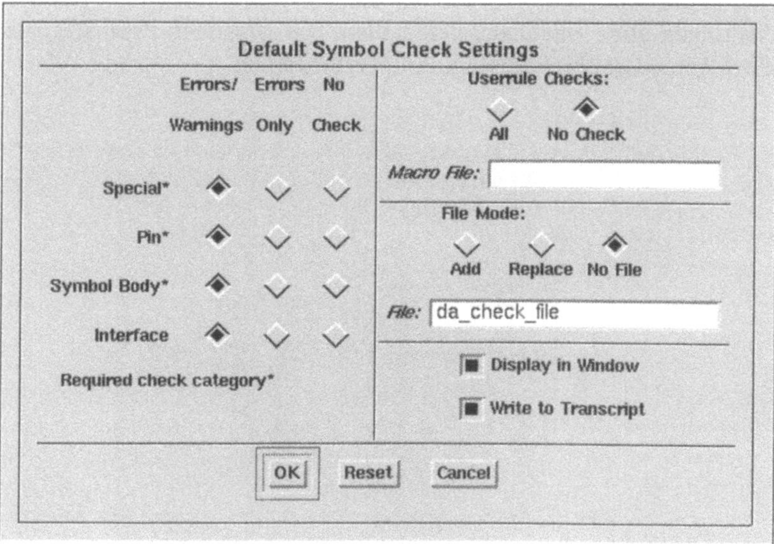

Bild 10-25. Die *Default-Symbol-Check-Settings*-Dialogbox im voreingestellten Zustand. Die vorgeschriebenen Prüfungen sind mit einem Stern gekennzeichnet

10.6
Properties

Im folgenden werden die Properties vorgestellt, die bei Anwendungen des Programms DESIGN ARCHITECT vergeben werden können. Die wichtigsten Definitionen aus Abschn. 7.1.3 sind eingangs nochmals zusammengestellt.

10.6.1
Property Owner

Im Programm DESIGN ARCHITECT können die folgenden Objekte als Eigentümer von Properties sein:
- Symbolkörper,
- Symbolpins,
- Instanzenkörper,
- Instanzenpins,
- Netze (Wires und Busse).

10.6.2
Property Values

Properties haben eigenschaftsspezifische *Werte* (*Values*). Ein Beispiel ist der Wert „p" der CLASS-Property, der einen Port in einem Schaltplan kennzeichnet (s. Tabelle 10.2). Um die Zuordnung zwischen Besitzer und Eigenschaftswerten optisch hervorzuheben, haben Eigentümer und Wert auf dem Bildschirm die gleiche Farbe. Außerdem zeigen Hilfslinien auf den *Owner*, sobald ein Wert selektiert wurde.

Wird der Wert einer Property angezeigt, erhält diese Bildschirmdarstellung der Property die Bezeichnung *Property Text*. Das Erscheinungsbild wird für jeden Wert über Textattribute vereinbart. Die Attribute geben den Einfügepunkt relativ zum Mauszeiger an (*Justification*), die Textorientierung (*Orientation*: von oben nach unten, von links nach rechts etc.), die Buchstabengröße (*Height*) und den Zeichensatz (*Font*).

Ob ein Property-Wert überhaupt angezeigt wird, kann über die Parameter *Hidden* und *Visible* bei der Wertvergabe eingestellt werden (*Property Visibility*

Tabelle 10-3. Änderungsmöglichkeiten bei Properties

Property Stability Switch	Werteänderung an der Instanz	Löschbarkeit an der Instanz
Fixed	Nein	Nein
Protected	Erlaubt bei der Instanziierung	Nein
Variable	Ja	ja
Nonremovable	Ja	Nein

Switch). Properties von Symbolen können nach oder bei der Instanziierung auf dem Schaltplan durch *Change-Property*-Kommandos geändert werden. Die Änderungsmöglichkeiten gibt der Stabilitätsparameter (*Property Stability Switch*) vor (s. Tabelle 10.3).

Eigenschaften von Pins sind auf die Schalterstellungen *Visible* und *Fixed* voreingestellt. Bei den anderen Properties sind die Defaults *Visible* und *Variable*. Diese Einstellungen können aber bei der Propertyeingabe geändert werden.

10.6.3
Property Types

Werte dürfen nur in einer bestimmten Form eingegeben werden, die vom Eigenschaftstyp abhängt. Die zulässigen Datentypen der Propertywerte bezeichnet man als *Property Type*. Die zulässigen Datentypen sind (Beispiele in Klammern):

- *String*: Eine Kette von ASCII-Zeichen (IN),
- *Number*: Eine Zahl in ganzzahliger, reelwertiger oder exponentieller Darstellung (2.5),
- *Expression*: Eine Formel aus Variablen, Konstanten und Operatoren (x + 5),
- *Triplet*: dreiwertige Eigenschaft zur Erfassung der Laufzeitparameterstreuung bei Technologieschwankungen (5 10 15). Die drei Ziffern werden durch Leerstellen oder Kommata getrennt.

10.6.4
Properties für die Schaltungssimulation

In den Schaltplänen und bei Symbolen werden verschiedene Kategorien von Properties verwendet. SLD-Properties zur Definition der Verbindungsstruktur in Schaltplänen sind bereits behandelt worden. Im folgenden werden Properties vorgestellt, die zur Parametrisierung des QUICKSIMII-Simulationsprogramms benötigt werden.

Pin-Properties für QUICKSIMII
- PINTYPE: Diese Eigenschaft legt die Datenflußrichtung eines Symbolpins fest. Unidirektionale Pins werden mit den Werten IN und OUT gekennzeichnet, bidirektionale Pins mit IXO. Mit dem Wert OMITTED können Pins ohne definierte Datenflußrichtung definiert werden.
- RISE und FALL: Diese Properties legen die Anstiegs- bzw. Abfallzeiten der Ausgangssignale von Logikgattern fest, die mit Built-in-Modellen beschrieben werden. Der Owner dieser Eigenschaften ist der Ausgangspin des Gattersymbols. Mit Werten vom Property-Type Triplet können diese Verzögerungszeiten für Best-case-, typische und Worst-case-Bedingungen vorgegeben werden.
- DRIVE: Diese Eigenschaft legt die Treiberstärke von Ausgangspins digitaler Gatter fest. Der Typ dieser Eigenschaft ist String, und die möglichen Werte

sind Kombinationen der Buchstaben S, R, Z (Strong, Resistiv, Hochohmig). Der erste und der letzte Buchstabe kennzeichnet die Treiberstärke des Gatters bei Übergängen in den logischen Zustand „Low" bzw. „High". Der mittlere Buchstabe beschreibt die Signalstärke für Übergänge in den Zustand „X" (unbestimmt).

- INIT: Diese Property definiert Signalzustände für den Simulationsstart (*Initialisierung*). Eingangsports werden automatisch mit dem Zustand XR belegt. Bei Net-Vertices und Instance Pins können Startzustände mit Strings aus drei Zeichen zugewiesen werden: Das erste Zeichen gibt den logischen Signalzustand (0, 1, X) an, das zweite Zeichen die Signalstärke (S, R, Z, I), und am Ende steht „T" oder „F" für *Temporary* bzw. *Fixed*. Bei „F" bleibt der Signalzustand während der gesamten Simulation erhalten (s. Abschn. 11.1.1) und bei „T" nur solange, bis ein anderer Zustand an das Netz oder den Pin propagiert ist.

Body-Properties für QuicksimII

- MODEL: Diese Eigenschaft legt fest, welche funktionalen und dynamischen Modelle bei der digitalen Simulation verwendet werden sollen. Der Wert dieser Property wird bei der Auswertung der Schaltung während der Viewpointerstellung mit den Modellnamen in der Komponentenbibliothek verglichen. Um ein spezifisches Modell zuzuordnen, wird als Propertywert der betreffende Modellname eingegeben. Handelt es sich z.B. um ein logisches Grundgatter, kann bei entsprechenden Bezeichnungen in der Modellbibliothek der Propertywert *INV (Inverter)*, *AND* (UND-Gatter) oder *XOR (Exklusiv ODER)* lauten. Bei Modellen, deren Verhalten über Schaltpläne definiert ist, ist *Schematic* als Propertywert einzutragen.

10.6.5
Properties für die analoge Simulation und die Layoutsynthese

Symbole für Full Custom Designs auf Transistorebene sind mit Properties zu versehen, die ein funktionales Modell (z.B. SPICE-Subcircuit) und eine Layoutzelle zuordnen. Zunächst wird der vom Symbol dargestellten Komponente über die COMP Property ein individueller Name zugewiesen. Die Modell- und Layoutzuordnung erfolgt über die *Body Properties* ELEMENT und MODEL. Wird der Wert der ELEMENT Property auf X gesetzt, existiert für die Komponente eine Layoutzelle gleichen Namens in der Zellbibliothek (*Library*) des Place- and Route-Programms von ICStation. Der Name der Textdatei, die die SPICE-Netzliste als Modell enthält, wird über den Wert der MODEL-Property angegeben. Die kompletten Pfadnamen der Zell- bzw. der Netzlistenbibliothek werden bei der Viewpointerstellung für die AccusimII-Simulation bzw. für die Layoutsynthese übergeben.

Ist z.B. ein Layout für eine Differenzstufe erstellt worden, deren extrahierte SPICE-Netzliste *diff_amp* heißt, dann könnten die Property-Eingaben (Name/Wert) für den Körper des Symbols der zugeordneten Komponente mit Namen *diff_stufe* folgendermaßen aussehen:

- COMP/ diff_stufe,
- ELEMENT/X,
- MODEL/diff_amp.

10.6.6
Die Eingabe von Properties

Für die Eingabe von Properties existieren im Programm DESIGN ARCHITECT unterschiedliche Menüs, über die *Name/Value*-Paare neu definiert oder editiert werden können. Bei jedem Objekt, für das Properties eingegeben werden sollen, ist *vorher* der Eigentümer (*Owner*) der gewünschten Property (*Body* oder *Pin*)zu *selektieren*. Properties können während der Symbol-, der Schaltplan- sowie auch während der Viewpoint-Editierung eingegeben werden.

Um einzelne Properties zuzuweisen, verwendet man die *Add-Property*-Funktion, die über die Ikone ADD PROPERTY im TEXT-Palettenmenü oder über das Pop-Up-Menü mit **Properties > Add > Single Property** aufgerufen wird. Nach diesen Eingaben öffnet sich die *Add-Property*-Dialogbox (Bild 10.26). In der rechten oberen Ecke sind die Namen der Properties angegeben, die das selek-

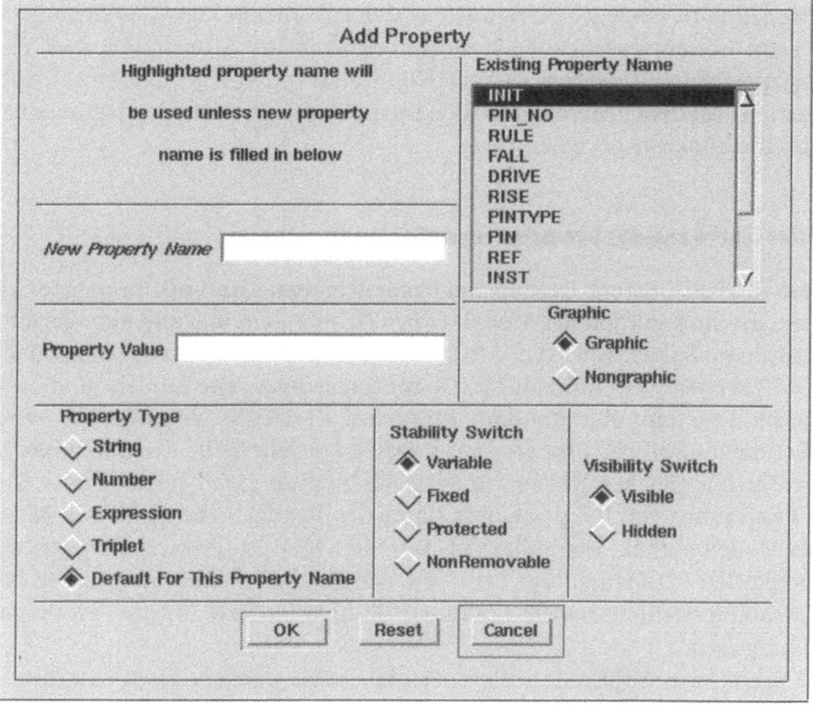

Bild 10-26. Die *Add-Property*-Dialogbox nach der Selektion eines Pins im *Symbol Editor*. Die typischen Property-Namen INIT, PIN_NO, RULE etc. werden vom System vorgeschlagen

tierte Objekt i.d.R. trägt (*Existing Property Name*). Zur Auswahl wird der gewünschte Name angeklickt. Der Propertytyp wird automatisch zugeordnet, wenn der Button *Default For This Property Name* gewählt ist. Ist der gesuchte Name nicht in der Liste enthalten, wird er im Textfeld *New Property Name* eingetippt. Der passende Propertytyp läßt sich in der *Property-Type*-Liste selektieren.

Ob der Propertytext in Schaltplänen zu sehen ist oder nicht, entscheidet der selektierte Button (*on* oder *off*) des *Property Visibility Switches*.

Sollen mehrere Properties mit gleichen Attributen (Owner, Type etc.) zugewiesen werden, benutzt man die Befehlsfolge **Properties > Add > Multiple Properties** aus dem Pop-Up-Menü. Es öffnet sich eine Dialogbox, die die gleichen Eingabemöglichkeiten enthält, wie das in Bild 10.26 gezeigte Dialogfeld. Allerdings können hier mehrere Name/Value-Paare in das Dialogfeld eingetragen werden. In der Liste mit der Überschrift *Existing Property Name* kann nichts selektiert werden. Die Liste informiert nur über die Namen der wichtigsten Properties.

Nach dem Ausfüllen der Dialogbox für die Zuweisung einzelner oder multipler Properties erscheint die *Add Property* Prompt Bar, über die die neuen Properties im Symbol, an den gewünschten Pins oder im Schaltplan an Netzen oder Ports plaziert werden können.

10.6.7
Das Editieren von Properties

Per Voreinstellung sind alle Properties *variable*, also editierbar. Mit den Attributen *Fixed* und *Protected* (Tab. 10.3), die den Properties bei der Eingabe zugewiesen werden können, lassen sich Properties generell vor Änderungen schützen. Bei *Protected* bestehen Editiermöglichkeiten nur während der Instanziierung, bei *Fixed* sind keine Änderungen an Instanzen möglich.

Vor einem Editiervorgang muß die zu bearbeitende Property über den *Namen*, den *Besitzer* oder den *Text* dieser Property selektiert werden. Die einfachste Methode ist, den *Property Owner* zu selektieren. Haben mehrere Properties den gleichen Besitzer, kann man den relevanten Property Text mit **Select > Area(All) > Poperty** (Pop-Up-Menü) per Rahmenselektion auswählen.

Die direkteste Methode zur Änderung des Propertywertes ist die Betätigung der CANGE VALUE-Ikone in der Textpalette. Daraufhin erscheint die *Change Property Value* Prompt Bar, in die der neue Wert der Property eingetippt werden kann (Bild 10.27).

Property-Attribute (Schrifthöhe, Font etc.) lassen sich am leichtesten über das Pop-Up-Menü verändern: **Change Height, Change Attributes.**

CHA PR V B H	New Value:	Name:	Type:	OK	Cancel

Bild 10-27. Die *Change Property Value* Prompt Bar

10.6.8
Reports über Properties

Um sich über die vorhandenen Properties in einem Design zu informieren, gibt es verschiedene Möglichkeiten. Den einfachsten Zugang bietet die *Get-Text-Information*-Funktion. Um diese Funktion zu aktivieren, wechselt man in das TEXT-Palettenmenü. Dazu wird auf den in jeder Palette vorhandenen TEXT-Button geklickt. Nach Betätigen der TEXT-Ikone erscheint die *Get-Text-Information*-Prompt-Bar-Zeile. Als nächstes wird mit der linken Maustaste in die Nähe eines Propertytextes geklickt. Daraufhin erscheint ein Report über die zugehörige Property im Message Feld am unteren Rand des DESIGN ARCHITECT-Session-Fensters. In diesem Report finden sich der Name, der Wert und alle relevanten Attribute der selektierten Eigenschaft. Solange die Get-Text-Information-Funktion aktiv ist, lassen sich weitere Properties durch Anklicken der entsprechenden Texteinträge im Schaltplan anzeigen. Die Get-Text-Information-Funktion wird über den *Cancel* Button in der Prompt-Bar-Zeile beendet.

10.7
Designdatenaufbereitung mit dem Design Viewpoint Editor

Für jede Weiterbearbeitung eines mit dem DESIGN ARCHITECT erstellten Designs ist eine spezifische Datenaufbereitung notwendig. Ohne ein als *Design Viewpoint* bezeichnetes Datenobjekt können andere Werkzeuge (*Downstream Tools*) die Designdaten nicht interpretieren, weil Informationen über die zugrundeliegende Technologie oder den hierarchischen Aufbau des Designs fehlen (s. Abschn. 7.1.5). Nur mit einem Viewpoint wird eine Komponente zum weiterverarbeitbaren Design. Jedes Downstream Tool benötigt einen eigenen Viewpoint. Deshalb sind separate Viewpoints für die Programme *ICStation*, QUICKSIMII und ACCUSIM zu erstellen. Da ein Viewpoint die kompletten Designdaten eines Entwurfs enthält, kann über den Viewpoint die gesamte hierarchische Struktur des Designs (*Design Tree*) analysiert und geprüft werden.

Viewpoint-Objekte werden im Rahmen des MENTOR-GRAPHICS-V8-Systems mit einem Werkzeug namens DESIGN VIEWPOINT EDITOR (DVE) erzeugt und editiert. Viewpoints lassen sich zusätzlich für die wichtigsten Werkzeuge (*ICStation*, QUICKSIMII, ACCUSIM) auch automatisch ohne Einsatz des DVE erstellen. Dazu wird das Design-Werkzeug im DESIGN MANAGER nicht im Tools-Fenster, sondern im Navigator-Fenster geöffnet, indem eine Komponente selektiert und über die rechte Maustaste der Befehl **Open** ausgelöst und das Menü der vorhandenen Mentor-Tools benutzt wird. Ist bereits ein Viewpoint vorhanden, verwendet die Applikation auch bei dieser Methode automatisch die aktuellste Version, allerdings muß die Datei den voreingestellten Namen (*Default Name*) für das gewählte Werkzeug tragen. Bei QUICKSIMII ist der Default Name beispielsweise *default*.

Zur Erzeugung von technologie-spezifischen Viewpoint-Dateien liefern die meisten Halbleiterhersteller mit den Design Kits sog. *Skript-Dateien* mit, die nach Aufruf im Hintergrund ablaufen und geeignete Design Viewpoints für die benötigten Applikationsprogramme generieren.

10.7.1
Erzeugen eines Design Viewpoints

In diesem Abschnitt wird das Erstellen von Design-Viewpoint-Objekten für die Anwendungen QUIKSIMII, ACCUSIM und *ICStation* behandelt.

Um den DESIGN VIEWPOINT EDITOR zu öffnen, kann man entweder im *Tools Window* des DESIGN MANAGER zweimal auf die DVE-Ikone klicken oder eine Komponente im *Navigator-Fenster* selektieren, dann die rechte Maustaste drük-

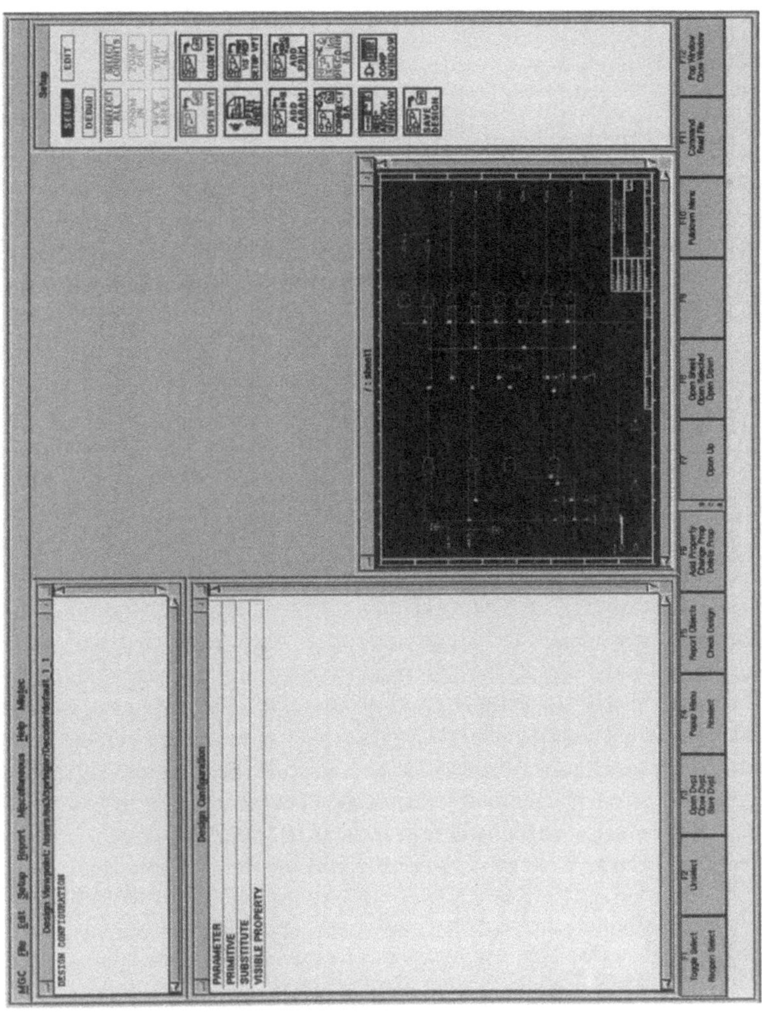

Bild 10-28. Die Arbeitsoberfläche des DESIGN VIEWPOINT EDITORs nach Öffnen eines neuen Viewpoints mit *Design-Viewpoint-Fenster, Design-Konfigurationsfenster*, Schaltplan der Komponente und dem SetUp-Palettenmenü. Das *Schematic View Window* mit dem Schaltplan der zu bearbeitenden Komponente wird durch Anklicken der Ikone **OPEN SHEET** geöffnet

ken und **Open > DVE** wählen. Daraufhin erscheint die Arbeitsoberfläche des
Design Viewpoint Editors (Bild 10.28).

Um einen neuen Viewpoint anzulegen oder einen bereits erstellten Design-
Viewpoint zu öffnen, klickt man auf die **OPEN VPT**-Ikone im Palettenmenü. Danach erscheint die mit *Open Design Viewpoint* überschriebene Dialogbox, in der
folgende Einträge vorgenommen werden können:

- *Component Name*: Pfadname der Komponentendirectory, in der der zu bearbeitende Schaltplan abgelegt ist.
- *Viewpoint Name*: Der voreingestellte Name ist *default*. Diesen Namen kann
  man beibehalten oder überschreiben. Es hat sich bewährt, bei Viewpoints für
  QuicksimII die Voreinstellung beizubehalten. Für andere Zielanwendungen
  ist es sinnvoll, neue Namen einzugeben, die abhängig von der Zielapplikation
  gewählt werden, etwa *accusim_vpt* oder *ICStation_vpt*.
- *Open As*: *Editable*. Nur bei dieser Einstellung kann die Viewpointdatei editiert
  werden.
- *Options*: No.

Nach Betätigen des OK-Wahlfelds öffnen sich zwei Fenster, das *Design-Viewpoint-Fenster* und das *Design-Konfigurationsfenster* (Bild 10.28). Im Design-
Viewpoint-Fenster, das mit dem Pfadnamen des Viewpoints überschrieben ist,
werden alle Komponenten aufgeführt, aus denen sich die Viewpoint-Datei zusammensetzt. Bei der Erstellung eines Viewpoints ist stets der Eintrag DESIGN
CONFIGURATION vorhanden. Sollen später *Back-Annotation-Dateien* zugeladen werden, erscheinen diese Dateien ebenfalls im Fenster.

Im Design-Konfigurationsfenster werden alle Konfigurationseinträge angezeigt, die zur Aufbereitung der Design-Daten definiert werden müssen. Die Abbildung zeigt das Fenster für eine neu zu erstellende Viewpoint-Datei, in der
noch keine Konfigurationen eingetragen sind.

Das Fenster zeigt nur die Überschriften: PARAMETER, PRIMITIVE, SUBSTI-
TUTE und VISIBLE PROPERTY. Konfigurationen werden mit Hilfe des Setup-
Palettenmenüs für den geöffneten Viewpoint erstellt. Die einzelnen Kategorien
haben folgende Bedeutung:

- PARAMETER: Parametern ersetzen Variable in rechnerischen Ausdrücken,
  die in den Designdaten z.B. für Signallaufzeiten zugewiesen wurden. Diese
  Formelausdrücke werden durch Properties mit dem Type *Expression* eingetragen. Bevor ein Design bearbeitet und ausgewertet werden kann, müssen
  alle Variablen in den Formeln durch konkrete Parameterwerte ersetzt werden. In Abschn. 7.1.5, Bild 7.12 findet sich ein Beispiel: Hier ist die Variable X
  im Design, die über den Viewpoint durch den Parameter „10" zu ersetzen.
  Diese Zuweisung erfolgt durch Anklicken der **ADD PARAM**-Ikone und den
  entsprechenden Eintrag in der *Add-Parameter-Dialogbox* (Bild 10.29).
- PRIMITIVE: Eine primitive Komponente in einem Schaltplan wird im Rahmen der Auswertung des Schaltplans mit Applikationsprogrammen nicht
  weiter geöffnet. Es kann sich also um eine Komponente ohne unterlegten
  Schaltplan (*Design Primitive*) handeln oder auch um eine Komponenten mit

Bild 10-29. *Add-Parameter-*
Dialogbox

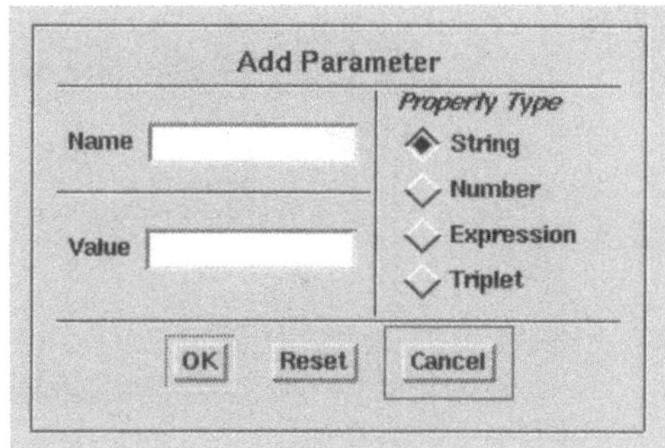

Bild 10-30. *Add-Substitute-*
Dialogfeld

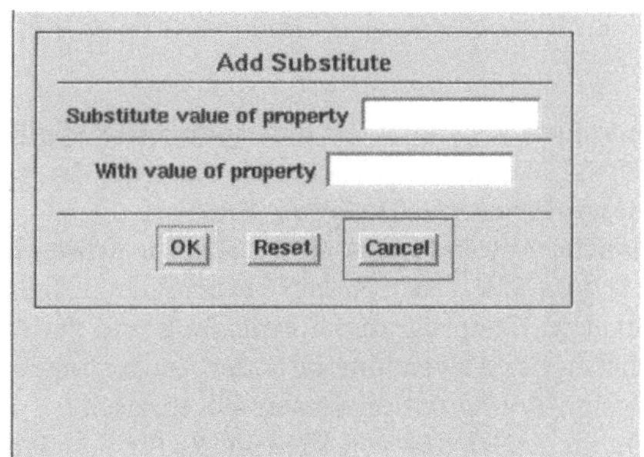

interner Hierarchie, die aber nicht berücksichtigt werden soll. Die primitiven Instanzen im Schaltplan werden mit Propertynamen und -werten gekennzeichnet. Die Propertynamen, die Instanzen vor der Auflösung schützen, stehen in einer Liste, die als PRIMITIVE-Konfigurationsregeln bezeichnet werden. Einträge in die Liste können über die **ADD PRIM**-Ikone oder über den Eintrag **Add >** im **Edit**-Pull-Down-Menü des Konfigurationsfensters vorgenommen werden.

– SUBSTITUTE: Diese Einträge geben die Propertynamen an, deren Werte sich gegenseitig ersetzen können. Beispielsweise kann man einen Entwurf, in dem verschiedenen Laufzeiten für steigende und fallende Eingangssignale vereinbart wurden, mit gleichen Signalanstiegs-und -abfallzeiten simulieren, wenn man das *Add-Substitute*-Dialogfeld (Bild 10.30) entsprechend ausfüllt. Das Dialogfeld kann über das **Edit**-Pull-Down-Menü mit **Add > Substitute** aufgerufen werden.

– VISIBLE PROPERTY: Diese Regeln legen fest, welche Properties für das *Design File Interface* (DFI) und andere Werkzeuge zur Verfügung gestellt werden.

Bild 10-31. *SetUp-Viewpoint-*
Dialogfeld

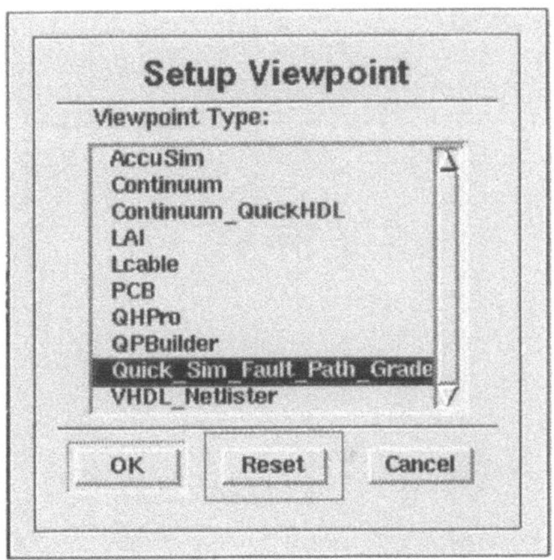

Um einen Viewpoint für eine spezifische Applikation zu erstellen, wird die SETUP-VPT-Ikone angeklickt. Die Auswahl des gewünschten Tools erfolgt in der *Setup-Viewpoint-Dialogbox* (Bild 10.31).

Manche Anwendungen sind dabei zu Anwendungsgruppen zusammengefaßt: *(Quick)SIM, Fault, Path & Grade* sind z.B. digitale Simulatoren zur Designverifikation, Testprogrammentwicklung und zur kritischen Pfadanalyse. Nach Anklicken der Anwendung oder der Anwendungsgruppe erfolgen die Einträge im Design-Konfigurationsfenster automatisch.

Für die Erzeugung von Viewpoints für den MIETEC-2,4-μm-CMOS-Prozeß sind spezielle Skriptfiles im Design Kit enthalten, die nach der Installation des Kits über die Menüleiste des DVE-Fensters aufgerufen werden können. Nach Anklicken des Eintrags **Mietec** erscheint ein Pull-Down-Menü mit folgender Auswahlliste:
- Setup *(Quick)SIM, Fault, Path & Grade,*
- Setup *Accusim,*
- Setup *ICgraph,*
- *Quick Check ERC.*

Bild 10.32 zeigt das Design-Konfigurationsfenster für einen QUICKSIMII-Viewpoint, der mit **Mietec > Setup (Quick)SIM, Fault, Path & Grade** erstellt wurde.

10.7.2
Regelprüfungen mit dem Design Viewpoint Editor

Mit dem DESIGN VIEWPOINT EDITOR können Syntax-Prüfungen für einen kompletten hierarchischen Entwurf durchgeführt werden. Diese Tests gehen über die Check-Funktionen (*Check Sheet* und *Check Symbol*) des Programms DESIGN ARCHITECT hinaus, denn hier werden nicht nur einzelnen Blätter des Schaltplans oder mehrere Blätter des Schaltplans auf gleicher Hierarchiestufe über-

```
                              Design Configuration
PARAMETER
PRIMITIVE
   model         (cmos24, INV, BUF, AND, OR, NAND, NOR, XOR, XNOR, DEL, RES, NULL, XFER, RX
SUBSTITUTE
VISIBLE PROPERTY
   max_drive     (              , pin,        , ,  )
   cap_pin       (              , pin,        , ,  )
   cap_net       (              ,      , net, ,    )
   dtime         (              ,      , net, ,    )   -UPCASE
   decay         (              ,      , net, ,    )   -UPCASE
   init          (              ,      , net, ,    )   -UPCASE
   pintype       (              , pin,        , ,  )   -UPCASE
   drive         (              , pin,        , ,  )   -UPCASE
   fall          (              , pin,        , ,  )   -UPCASE
   rise          (              , pin,        , ,  )   -UPCASE
   modelcode     ( instance,           ,    , ,  )
   modelfile     ( instance,           ,    , ,  )
   timefile      ( instance,           ,    , ,  )
   model         ( instance,           ,    , ,  )   -UPCASE
   nofault       ( instance, pin, net, ,     )   -UPCASE
```

Bild 10-32. Design-Konfigurationsfenster eines QuicksimII-*Viewpoints* für den Alcatel-Micro-Electronics-2,4 µm-CMOS Prozeß

prüft, sondern die gesamten Entwurfsdaten über alle Hierarchiestufen hinweg. Die syntaktischen Prüfungen erfassen z.B. unterschiedliche Namen bei verbundenen Netzen, nicht angeschlossene Netze, Pins ohne vorgeschaltete Treiber oder Kurzschlüsse zwischen zwei Ausgangspins. Die Prüfungen können aus der Menüleiste des DVE mit **Miscellaneous > Check Design > Basic Checks** gestartet werden.

Das Ergebnis der Regelprüfung ist ein Check Report, der in einem eigenen Fenster angezeigt wird. Fehlerhafte Strukturen werden dabei über Pfadnamen in der hierarchischen Designdatenstruktur referenziert. Die Pfadnamen ähneln der hierarchischen Datenstruktur des UNIX-Betriebssystems. Der Schaltplan auf der höchsten Hierarchieebene wird als *Design Root* bezeichnet. Der Pin OUT einer Instanz in einer tieferen Hierarchieebene kann dann über einen Pfadnamen z.B. /I$1/I$3/OUT angesprochen werden (s. Bild 10.33).

Ist der Design Kit des Alcatel-Microelectronics-2,4-µm-CMOS-Prozesses installiert, so kann darüber hinaus der *Quick Check* ERC durchgeführt werden. Bei einem ERC handelt es sich um eine elektrische Regelprüfung (*Electrical Rule Check*). Bei dieser Routine wird u.a. geprüft, ob die maximal zulässigen Ausgangslasten der einzelnen Standardzellen die Treiberfähigkeit der jeweiligen Zellen nicht überschreiten.

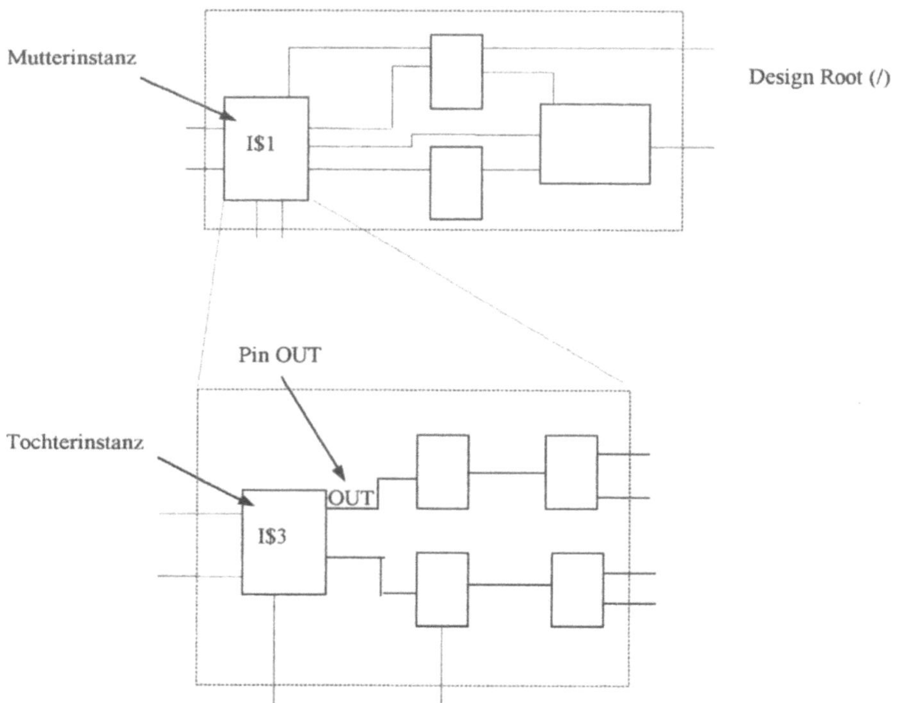

Bild 10-33. Zugriff auf die Komponente /I$1/I$3/OUT in einer hierarchischen Design-datenstruktur: I$1 ist die Mutterinstanz auf Root- Ebene, I$3 bezeichnet eine Instanz im Schaltplan der Mutterinstanz I$1 und OUT ist der fragliche Pin der Tochterinstanz I$3

Fehlerhafte Netze und Instanzen können über die Fehlerliste (Check Reports) leicht identifiziert werden, wenn der Schaltplan der getesteten Schaltung im Schematic View Window geöffnet wird. Das Erscheinungsbild dieses Fensters entspricht dem Schematic View Window im Programm Design Architect. Die Editiermöglichkeiten sind aber stark eingeschränkt und erstrecken sich nur auf Properties, die nicht vom SLD-Typ sind. Selektiert man die *Handles* der Instanzen, die im Check Report aufgelistet sind, werden diese Strukturen im Schaltplan optisch hervorgehoben.

Zur Korrektur der ERC-Fehler kann man das Programm Design Architect in einer zweiten UNIX-Shell öffnen, die Fehler korrigieren, die Komponente im Design Architect checken und abspeichern. Die korrigierte Schaltung läßt sich erneut ohne gesonderte Erzeugung eines neuen Viewpoints ERC prüfen: Dazu wird in der Menüleiste des Programms DVE der Eintrag **Edit > Reload Models** angeklickt, danach werden die geänderten Modelle oder auch alle Modelle der Schaltung neu geladen. Jetzt kann die erneute ERC-Prüfung erfolgen.

10.7.3
Speichern eines Design Viewpoints

Viewpoints werden aus der Menüleiste über **File > Save Design Viewpoint** gespeichert. Werden zu einer Komponente mehrere Viewpoints für die gleiche Zielanwendung erzeugt, vergibt das Programm automatisch Versionsnummern. Die Applikationsprogramme verwenden per Voreinstellung den aktuellsten Viewpoint mit der höchsten Versionsnummer.

10.8
Zusammenfassung

Mit dem Werkzeug DESIGN ARCHITECT werden die wichtigsten Bestandteile eines ASIC-Designs erstellt:
- der Schaltplan und
- die Symbole des Schaltplans.

Mit den Werkzeugen des Programms wird der strukturelle Aufbau der Schaltung inklusive der hierarchischen Gliederung festgelegt.

Die spezifische Aufbereitungen dieser als EDDM (Electronic Design Data Model) bezeichneten Entwurfsgrundlage für die weitergehende Designbearbeitung erfolgt mit dem DESIGN VIEWPOINT EDITOR (DVE).

10.9
Übungsaufgaben

1. Welche Selektionsverfahren gibt es in Schaltplänen?
2. Was ist ein *Selection Set*?
3. Welche Prüfungen sind vor dem Abspeichern eines Schaltplans oder eines Symbols obligatorisch? Warum sind solche Prüfungen erforderlich?
4. Welche Möglichkeiten gibt es, Hierarchien in Schaltungen einzuführen?
5. Was versteht man unter *SLD-Properties*?
6. Was unterscheidet Properties von kommentierenden Texten (*Comment Text*)?
7. Was unterscheidet das *Pin Grid* vom *Snap Grid*?
8. Zu welchem Zweck setzt man *Bus Ripper* ein?
9. Wie kann man ein Design über alle Hierarchiestufen hinweg prüfen?
10. Welche Möglichkeiten bestehen, um *Design Viewpoints* zu erzeugen? Für welchen Zweck werden diese Objekte verwendet?
11. Wie werden Objekte in einem hierarchischen Design referenziert?
12. Welche Fenster hat der *Design Viewpoint Editor*?
13. Erläutern Sie den Aufbau des *Electronic Design Data Models (EDDM)*.
14. Welche Elemente enthält ein Schaltplan?
15. Wodurch unterscheiden sich Komponenten und Instanzen? Was versteht man unter *Instanziierung*?

11 Digital- und Analogsimulation mit QUICKSIMII und ACCUSIM

In diesem Kapitel werden Simulationswerkzeuge der MENTOR-GRAPHICS-V8-Entwurfsumgebung zur Logik- und Schaltkreisanalyse behandelt. Im Vordergrund stehen Bedienung und Möglichkeiten der Programme, während die Modellbildung sowie die numerischen Methoden zur Schaltungssimulation bereits in Kap. 5 behandelt wurden. Die beiden Programme QUICKSIMII und ACCUSIM sind im FALCON FRAMEWORK des MENTOR-GRAPHICS-V8-Entwurfssystems eingebunden und verwenden weitgehend ähnliche Fenstertechniken und Methoden zur Verwaltung von Simulationsergebnissen und der stimulierenden Signale. Beide Simulatoren sind interaktiv, d.h., Simulationsbedingungen und Schaltpläne können ohne Verlassen der Werkzeuge modifiziert werden, um Entwurfsalternativen zu explorieren.

Der erste Abschnitt gibt einen Überblick über die Eigenschaften und Möglichkeiten des Digitalsimulators QUICKSIMII. Mit der Bedienung des Simulators beschäftigt sich Abschn. 11.2. Es wird gezeigt, wie der Simulator aufgerufen wird, welche Voreinstellungen möglich sind und welche Fenster zur Ergebnisdarstellung zur Verfügung stehen (11.2.1). Fragen der Schaltungsinitialisierung, der Signaleingabe (periodisch, aperiodisch, Busstimuli) und der sog. *Waveform Databases* zur Verwaltung und Ablage von Eingabepattern und Simulationsresultaten werden in den Abschn. 11.2.2 bis 11.2.5 behandelt.

Mit QUICKSIMII sind neben Simulationsläufen mit vorgegebener Laufzeit auch Simulationen mit Abbruchbedingungen möglich, die sich auf bestimmte, vordefinierte Signalkombinationen beziehen. Simulationszustände lassen sich außerdem speichern und wieder reaktivieren (Abschn. 11.2.6). Diese komfortablen Eigenschaften des Simulators erleichtern die Benutzung und reduzieren den Aufwand bei der Verifikation umfangreicher Schaltungen.

In Abschn. 11.3 wird der Analogsimulator ACCUSIMII vorgestellt. Die wichtigsten Konzepte (Fensteraufbau, *Waveform*-Datenbasen usw.) sind die gleichen wie bei QUICKSIMII. Der Simulator bietet vielfältige Anwendungsmöglichkeiten und ist nicht auf integrierte elektronische Schaltungen beschränkt: Magnetkreise oder analog arbeitenden Leiterplattenschaltungen können ebenfalls analysiert werden. Die Grundkonzepte des Simulators werden in Abschn. 11.3.1 beschrieben. Mit den ACCUSIM-Fenstern beschäftigt sich Abschn. 11.3.2. In Abschn. 11.4 wird die Gleichstrom- und Wechselanalyse von elektronischen Schaltungen am Beispiel einer CMOS-Inverterstufe behandelt. Eine abschließende

Diskussion und Zusammenfassung gibt Abschn. 11.5. Diese Kapitel stützt sich auf folgende Dokumente aus dem Dokumentationsumfang der MENTOR-GRA-PHICS-V8-Entwurfssoftware:
- Getting Started with AccuSimII, Software Version 8.4_1,
- Analog Simulator´s Users Manual, Software Version 8.5_1,
- Getting Started with QuickSimII, Software Version 8.4_1,
- V8 QuickSimII Training Workbook, Software Version 8.2,
- V8 Design Architect Training Workbook, Software Version 8.4_1.

11.1
Der Digitalsimulator QuicksimII im Überblick

Mit Logiksimulatoren wie QUICKSIMII wird das funktionale Verhalten digitaler Entwürfe überprüft. Die zugrundeliegenden Schaltungen werden mit dem *Schematic Editor* des Programms DESIGN ARCHITECT erstellt oder per Synthese aus Hardwarebeschreibungen erzeugt. Das Programm QUICKSIMII hat folgenden Leistungsumfang:
- QUICKSIMII stellt elektrische Signalpegel durch zwölf Signalzustände dar, die aus den beiden logischen Zuständen „0", „1", dem unbestimmten Zustand „X" sowie vier Signalstärken aufgebaut sind.
- Die Simulationsergebnisse können grafisch oder in Listenform ausgegeben werden. Die grafische Ausgabe ist dem Bildschirm eines Logikanalysators nachempfunden.
- Der Simulator kann *interaktiv* gesteuert werden. Simulationszeiten, Stimuli und Darstellungsart können ohne Verlassen des Programms für jedes Signal variiert werden. Die Simulation kann über eine Zeitvorgabe oder über die Definition von Signalverknüpfungen und -bedingungen beendet werden (*Breakpoints*).
- Alle Systemeinstellungen (*Setups*), Signalstimuli, Simulationsergebnisse können selektiv gespeichert und für Folgesimulationen als Vergleich oder Vorgabe herangezogen werden.
- Innerhalb des Programms QUICKSIMII sind inkrementale Designänderungen erlaubt. Objekte können in einem zu simulierenden Entwurf verändert werden, ohne daß der Simulator verlassen und ein neuer Viewpoint erstellt werden müßte. Die Änderungen dürfen sich sogar auf die Konnektivität und das Timing der Komponenten erstrecken.
- Da der Simulationsaufwand mit der Genauigkeit der Laufzeitmodelle stark zunimmt, bietet QUICKSIMII verschiedene Genauigkeitsstufen bei der Laufzeitberechnung an. So läßt sich je nach Stand des Verifikationsprozesses die Laufzeitgenauigkeit anpassen.

11.1.1
Signalzustände

Der Simulator QUICKSIMII stellt die elektrischen Signalpegel in einer realen Schaltung durch Signalzustände dar, die, wie Abschn. 5.2.2.1 bereits erläutert,

Tabelle 11-1. Signalzustände des Digitalsimulators QUICKSIMII

Signalstärke	Signalpegel		
	high	low	unknown
strong	1S	0S	XS
resistive	1R	0R	XR
highimpedance	1Z	0Z	XZ
indeterminate	1I	0I	XI

aus Kombinationen logischer Werte und Treiberstärken aufgebaut sind (Tabelle 11.1). Die logischen Werte sind *High* (1), *Low* (0) und unbekannt (*Unknown*, X). Über die Treiberstärke kann beim Zusammentreffen mehrerer Signale ein resultierender Signalzustand ermittelt werden. Treiberstärken kennzeichnen den Quellenwiderstand der einzelnen Komponenten. Niedrige Quellenwiderstände werden durch die Treiberstärke „stark" (*Strong*, S), mittlere durch „resistiv" (*Resistive*, R) und hohe Quellenwiderstände durch „hochohmig" (*High Impedance*, Z) gekennzeichnet. Unbekannte Signalstärken erhalten die Treiberstärke „unbestimmt" (*indeterminate*, I).

Treffen mehrere Signale zusammen, verwendet QUICKSIMII folgende Additionsregeln (*resolution functions*, engl. für Auflösungsvorschriften):

1. Unterschiedliche Zustände führen bei gleicher Signalstärke zu einem unbestimmten logischen Zustand, z.B. ergibt sich für die Signalzustände 1S und 0S der Zustand XS.
2. Bei gleichem logischen Zustand setzt sich die größere Signalstärke durch: 1S und 1Z ergibt 1S. Die Reihenfolge der Signalstärken ist dabei S, I, R und Z.
3. Der Zustand X überschreibt alle anderen logischen Zustände, denn wenn ein Signal mit gleicher Wahrscheinlichkeit auf „0" oder „1" liegt, dann ist nicht vorhersagbar, welcher Logikpegel sich bei der Überlagerung mit einem anderen Signal einstellt. Der resultierende Signalpegel ist unbestimmt, also „X".

Tabelle 11.2 zeigt die möglichen Signalkombinationen. Treffen an einem Knoten mehr als zwei Signale zusammen, werden die resultierenden Signalzustände iterativ berechnet. Das Programm teilt die zusammenkommenden Signale in zwei Gruppen: Signale mit der Signalstärke *I* (indeterminate*)* und Signale mit den Treiberstärken *R, S* und *Z*. Für jede Gruppe werden sukzessive nach Tabelle 11.2 paarweise die Signale zusammengefaßt. Die Kombination der für die *I*- und für die *R,S,Z*-Gruppe berechneten Ergebnisse ergibt das Endresultat.

Folgendes Beispiel verdeutlicht diese iterative Signalauflösung: An einem Knoten treffen 7 Signalleitungen zusammen. Die einzelnen Signale haben die Zustände XS, 1S, 0Z, XI, 0I, 0R und 1I. Die Signale lassen sich folgendermaßen einteilen: Die Menge {XS, 1S, 0Z, 0R} umfaßt die Signale mit definierter Signalstärke und die Menge {XI, 0I, 1I} setzt sich aus den Signalen mit unbestimmter Stärke zusammen. Paarweises Zusammenfassen der ersten Teilmenge ergibt XS ∪ 1S = XS, sowie 0Z ∪ 0R = 0R und damit XS ∪ 0R = XS als Endzustand der ersten

Tabelle 11.2. Signalauflösungstabelle für den Digitalsimulator QuicksimII

Zustand	1S	1R	1Z	1I	0S	0R	0Z	0I	XS	XR	XZ	XI
1S	1S	1S	1S	1S	XS	1S	1S	XS	XS	1S	1S	XS
1R	1S	1R	1R	1I	0S	XR	1R	XI	XS	XR	1R	XI
1Z	1S	1R	1Z	1I	0S	0R	XZ	XI	XS	XR	XZ	XI
1I	1S	1I	1I	1I	XS	XI	XI	XI	XS	XI	XI	XI
0S	XS	0S	0S	XS	0S	0S	0S	0S	XS	0S	0S	XS
0R	1S	XR	0R	XI	0S	0R	0R	0I	XS	XR	XR	XI
0Z	1S	1R	XZ	XI	0S	0R	0Z	0I	XS	XR	XZ	XI
0I	XS	XI	XI	XI	0S	0I	0I	0I	XS	XI	XI	XI
XS	XS	XS	XS	XS	XS	XS	XS	XS	XS	XS	XS	XS
XR	1S	XR	XR	XI	0S	XR	XR	XI	XS	XR	XR	XI
XZ	1S	1R	XZ	XI	0S	XR	XZ	XI	XS	XR	XZ	XI
XI	XS	XI	XI	XI	XS	XI	XI	XI	XS	XI	XI	XI

Gruppe. Für die zweite Teilmenge erhält man XI $\cup$ 0I = XI und 0I $\cup$ 1I = XI. Damit ist XI der Endzustand der zweiten Gruppe. Die Auflösungstabelle liefert für die Kombination der Zustände XI und XS den Endzustand XS für den betrachteten Signalknoten.

Neben den bisher diskutierten Signalstärken, die gemäß der Auflösungsregeln durch andere Signale überschrieben werden können, gibt es einen speziellen Signaltyp mit der Treiberstärke *fixed* (feststehend). Ein feststehender Signalzustand wird durch Anhängen des Buchstabens F gekennzeichnet. Der Zustand 1SF überschreibt beim Zusammentreffen jeden anderen Signalzustand. Mit feststehenden Signalzuständen werden Signale beschrieben, die aus den Versorgungsnetzen abgeleitet werden, die fest auf VDD, VCC (Betriebspotential) bzw. VSS (Massepotential) liegen.

11.1.2
Simulationsgenauigkeit

Wie bereits in Abschn. 5.2.2 diskutiert, lassen sich mit Logiksimulatoren dynamische Eigenschaften von Schaltungen berechnen. Außer den Signallaufzeiten können auch wichtige Zeitbedingungen simulativ geprüft werden. Dabei handelt es sich um Mindestpulsbreiten, Grenzfrequenzen sowie Setup- und Hold-Zeiten (*Timing Constraints*). Stellt sich während der Simualtion beispielsweise heraus, daß an bestimmten Flip-Flops die Setup-Zeit nicht eingehalten wird, dann erscheint eine Meldung auf dem Bildschirm, die den Schaltungsentwickler auf dieses Problem hinweist.

Die Genauigkeit der Zeitvorhersagen des Simulators hängt prinzipiell von drei Einflußgrößen ab:
- der *Zeitauflösung* des Simulators, dem sog. Zeitschritt (*Timestep*) der auf 0,1 ns voreingestellt ist,

- der Genauigkeit der *Modellattribute*, wie Pindelays oder minimale, typische und maximale Pin-zu Pin-Laufzeiten, die mit technologiespezifischen Laufzeitmodellen berechnet werden,
- und der Genauigkeit, mit der *layoutbedingte Lasten* erfaßt werden. Diese geometrieabhängigen Verzögerungszeiten werden über die Extraktion von Layoutdaten ermittelt und mit bestimmten vereinfachenden Modellen in Verzögerungszeiten umgerechnet.

Die Einflußmöglichkeiten des Designers auf die Simulationsgenauigkeit sind gering:

Die zeitliche Auflösung kann auf kürzere Intervalle eingestellt werden. Dadurch steigt der Rechenaufwand, ob allerdings auch die Genauigkeit der dynamischen Simulation steigt, ist fraglich, denn die Abweichungen der üblichen Laufzeitmodelle gegenüber Meßdaten liegen bei einigen Prozent.

Die Modellattribute werden bei der Verwendung von Design Kits automatisch festgelegt. Der Halbleiterhersteller hat diese Parameter mit Messungen verifiziert und die zugrundeliegenden Laufzeitmodelle für die jeweilige Technologie optimiert. Änderungen dieser Voreinstellungen sind deshalb in der Regel nicht sinnvoll.

Die Lastabhängigkeiten können nach einer Layoutextraktion über Back Annotation Files zugeladen werden. Die Berechnung der parisitätsbedingten Delays kann mit verschiedenen Verfahren erfolgen, die sich im Aufwand, aber auch in der Genauigkeit unterscheiden (s. Abschn. 9.3.2).

Timing Modes

Der Simulator kann mit unterschiedlichen Zeitmodellen arbeiten. Da die Rechenzeit mit dem Aufwand steigt, der für die Laufzeitermittlung getrieben wird, ist es sinnvoll, am Anfang der Schaltungsentwicklung einfache Laufzeitmodelle zu verwenden, um zunächst alle Logik- und Verdrahtungsfehler zu eliminieren (s. Abschn. 5.2.1.2). Die Validierung der dynamischen Kennwerte mit den genaueren Laufzeitmodellen erfolgt erst am logisch einwandfreien Schaltplan. Das Programm QUICKSIMII bietet folgende Laufzeitberechnungsverfahren (*Timing Modes*) an:

- **Einheitslaufzeiten** (*Unit Delays*): Dies ist der voreingestellte Modus. Der Simulator kann die Schaltung sehr schnell auswerten, weil die Laufzeiten nur rudimentär berücksichtigt werden: Jeder bidirektionale und jeder Ausgangspin erhält die minimale Pinlaufzeit von einem Zeitschritt (z.B. 0,1 ns) zugewiesen. Eingangsdelays werden auf Null gesetzt und die Technologiedaten aus dem Design Kit ignoriert.
- **Lineare Laufzeitmodelle** (*Linear Timing*): Hier wird mit *ganzzahligen* Laufzeiten gerechnet. Die dynamischen Schaltungseigenschaften werden so mit moderatem Rechenaufwand in groben Zügen nachgebildet. Diese Methode liefert schnell Simulationsergebnisse, kann aber nur dann eingesetzt werden, wenn entsprechende lineare Modellparameter in den Technologiedaten enthalten sind.

- **Vollständige Laufzeitmodelle** (*Full Timing*): Bei dieser Methode werden Laufzeiten bis auf Dezimalstellen genau ausgerechnet. Der Einfluß der Gatterlaufzeiten auf das Schaltungsverhalten wird so vollständig wie möglich erfaßt. Mit typischen, minimalen und maximalen Laufzeiten lassen sich Prozeßeinflüsse nachbilden.
- **Vollständige Laufzeitmodelle mit Prüfung der Grenzbedingungen** (*Full Timing With Constraint Checking*): Dies ist die genaueste Methode zur Laufzeitanalyse. Hier werden die oben erwähnten dynamischen Grenzbedingungen analysiert und die bereits in Abschn. 5.2.2.3 erwähnten *Spikes* und zusätzlich sog. *Hazards* angezeigt. Bei einem Hazard werden Ausgangspins während der Simulation gleichzeitig mehrere Ergebnisse zugewiesen und der resultierende physikalische Zustand der Schaltung läßt sich simulativ nicht ermitteln.

11.1.3
Stimulation von Schaltungseingängen und internen Netzen

Zur Analyse von Schaltungen werden bestimmte Signalfolgen an Eingangspins gelegt und die Auswirkungen auf die Zustände der Ausgangspins und der internen Netze analysiert. Die Signaleingabe wird im Englischen meist als das Anlegen von Forces bezeichnet. Bei einer Simulation mit dem Programm QUICKSIMII können mit *Forces* beliebige (interne) Knoten stimuliert werden. Ein *Force*-Kommando legt Signalzustände zu bestimmten Zeitpunkten fest und hat folgende Syntax:

force *signal_name state time* <-type> <-relativ/absolut> <-repeat>. *signal_name* bezeichnet den Namen des zu stimulierenden Netzes. *State* ist der Zustand, den das Netz zum Zeitpunkt *Time* (in ns) annehmen soll. Es können mehrere Zeit/Zustandspaare eingegeben werden. Der letzte vorgegebene Signalzustand bleibt erhalten. Die Anweisung **force** *PRE 1Z 100* setzt z.B. das Signal PRE zum Simulationszeitpunkt 100 ns in den Signalzustand *1Z*. Ohne explizite Zuweisung einer Signalstärke im Force-Kommando erhalten die Signale die Treiberstärke *S*.

Die Parameter in spitzen Klammern in der Force-Anweisung sind entweder optionale oder per Default eingestellte Größen. Bei der Eingabe von *relativ* werden die Zeitangaben auf die aktuelle Simulationszeit bezogen. Bei der Anwahl von *absolut* sind absolute Zeiten in das Force-Kommando einzutragen, also Zeiten, die sich auf den Zeitnullpunkt beziehen. Voreingestellt sind relative Zeitwerte.

Der Signaltyp *type* legt fest, wie sich das mit einem *Force*-Signal angesteuerte Netz verhält, wenn neue Stimuli oder andere Signale auf das betrachtete Netz gelangen. Insgesamt stehen vier Force-Typen zur Auswahl:
- *Fixed*: Der angelegte („geforcte") Signalzustand bleibt fest und kann nicht durch andere Signale geändert werden.
- *Charge*: Der eingeprägte Signalzustand bleibt solange erhalten, bis ein neuer Stimulus oder ein intern erzeugtes Signal an das stimulierte Netz gelangt. Dieser Signaltyp ist voreingestellt.

- *Wired*: Das eingeprägte Signal verhält sich wie ein intern erzeugtes Signal. Beim Zusammentreffen mit anderen internen Signalen oder externen Stimuli gelten die Signalauflösungsregeln aus Abschn. 11.1.1.
- *Old*: Das Signal verhält sich wie ein Signal vom Typ *Charge*, kann aber nur von Signalen oder Simuli mit größerer Treiberstärke überschrieben werden.

Wired- und Old-Forces behalten, nachdem sie überschrieben wurden, den neuen Signalzustand, auch wenn das stärkere Signal nicht mehr anliegt.

Über die Option **repeat** können sich zyklisch wiederholende Signalfolgen, z.B. Takte, generiert werden. Mit dem Kommando *Set Clock Period* ist aber zuerst die Periodendauer festzulegen. Durch die Kommandos

- *Set Clock Period* 100
- force clk 0 0-repeat
- *force clk 1 50-repeat*

wird ein Taktsignal mit 100 ns Periodendauer und 50% Tastverhältnis definiert.

Das Programm QUICKSIMII stellt sog. *Force Functions* bereit, mit denen die Signale über Tabellenfelder oder Wahlmenüs schnell und einfach eingegeben werden können. So kann das angegebene Taktsignal auf einfachere Weise mit der *add_clock*-Funktion vorgegeben werden (s. Abschn. 11.2.4.3). Die explizite Eingabe von Force-Kommandos ist daher meist unnötig. Allerdings zeigt das Transcriptfenster bei automatisch erzeugten Stimuli die Signaleingabe stets in der Form von Force-Kommandos an.

11.1.4
Fenstertechniken: Ergebnis- und Schaltplanfenster

Wie bei allen modernen Simulatoren werden bei QUICKSIMII die Simulationsergebnisse in Fenstern als Kurvenzüge oder in Listenform ausgegeben.

Im Programm QUICKSIMII gibt es insgesamt drei Ausgabefenster:
- das *Trace Window* für die grafische Darstellung von Signalverläufen,
- das *List Window* zur Ausgabe der zeitlichen Entwicklung von Signalzuständen in Listenform und
- das Monitorfenster (*Monitor Window*), in dem die Signalzustände zur aktuellen Simulationszeit abgelesen werden können.

Diese drei Fenster werden in Bild 11.1 gezeigt.

Im Trace Window ist die Zeitbasis als graue Kreuzreihe dargestellt. Die logischen Signalzustände liegen bei einer logischen „1" oberhalb der Kreuzreihe und bei einer logischen „0" unterhalb der Kreuzreihe. Linien die genau auf der Kreuzreihe verlaufen, stellen unbestimmte Logikpegel dar. Die Treiberstärken sind farblich und über die Strichstärke kodiert. Starke Signale (S) werden türkis mit dünnen Linien abgebildet, resisitive Signale (R) blau gestrichelt, hochimpedante Signalzustände (Z) sind grün gepunktet und unbestimmte Signalstärken sind gelbe, dicke, durchgezogene Linien.

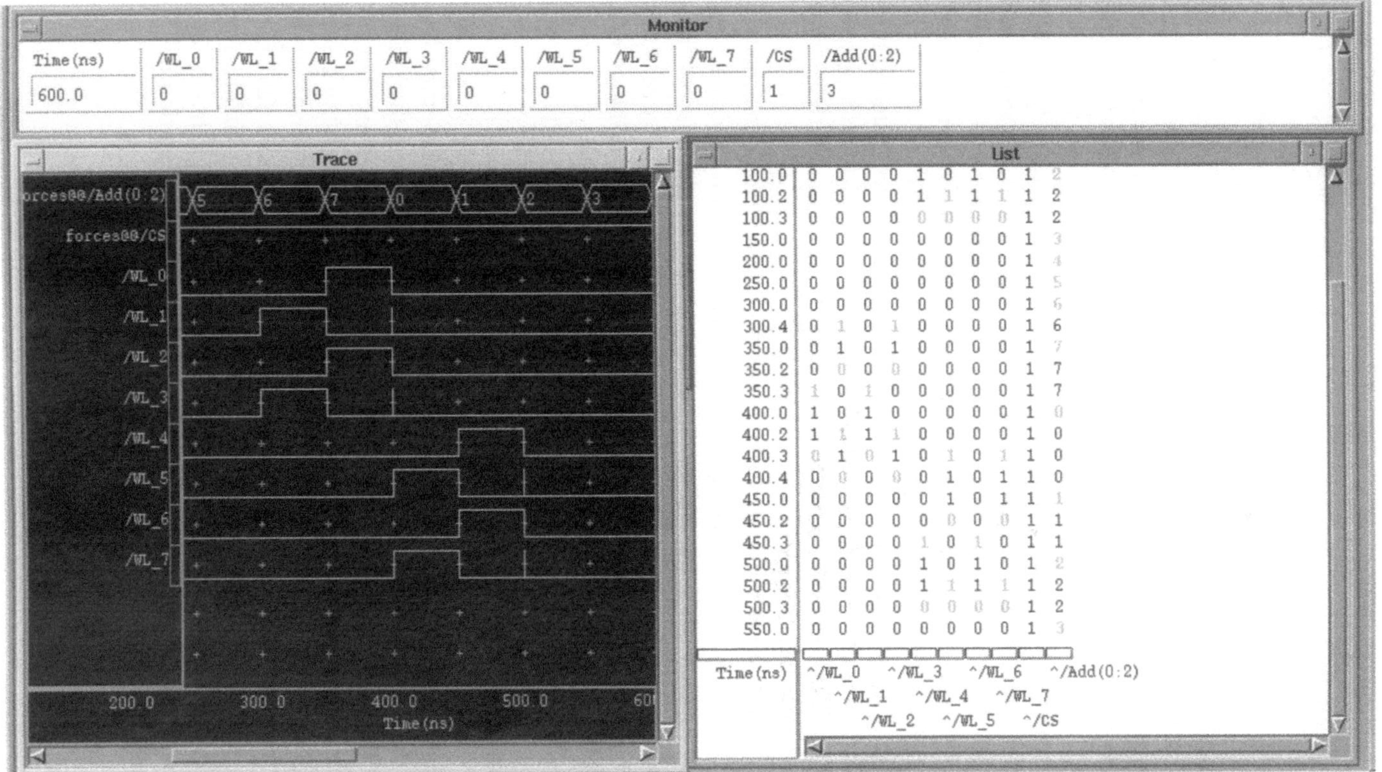

Bild 11-1. Trace-, List- und Monitorfenster

Bild 11-2. Hexadezimale
Darstellung von Bussignalen
im Tracefenster

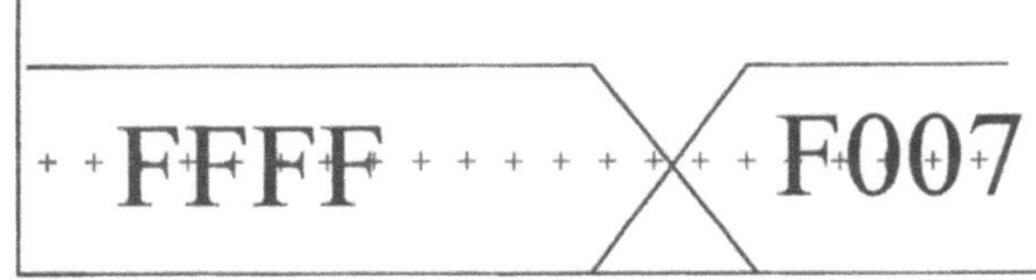

Bei Datenbussen können Signalwerte kompakter dargestellt werden, wenn
statt Binärzahlen andere Zahlenbasen als die Zahl 2 verwendet werden (oktal,
dezimal, hexadezimal). Die Ziffern- oder Zeichenfolge wird dazu in den Kurvenzug des jeweiligen Signals eingeblendet (Bild 11.2). Ein weiteres Beispiel ist der
Bus /Add(0:2) in Bild 11.1 im Tracefenster.

Das Listenfenster stellt die Signalzustände in Textform dar. Die Signalstärke
S wird dabei nicht explizit angegeben (z.B. 1 = 1S). Immer wenn sich Signale verändern, wird die Liste um eine Zeile ergänzt. Signaländerungen werden dabei
grafisch hervorgehoben. Alternativ kann man sich die Signalwerte auch in regelmäßigen Zeitabständen ausgeben lassen.

Das Monitorfenster enthält den zeitlich letzten Eintrag des Listenfensters,
also die Signalzustände zur aktuellen Simulationszeit. Eine Rückverfolgung der
zeitlichen Entwicklung der einzelnen Signalzustände ist im Monitorfenster anders als im Trace- oder Listenfenster nicht möglich.

Der Zugriff auf Netze, Pins oder Instanzen in der zu simulierenden Schaltung
wird bei QUICKSIMII durch das sog. *Schematic View Window* erleichtert, mit
dem der Schaltplan der untersuchten Schaltung in die Simulationsoberfläche
eingeblendet werden kann (Bild 11.3). Im Schaltplan können alle Netze selektiert
werden, an die Eingabesignale (Forces) gelegt oder deren Signalzustände während der Simulation ausgegeben werden sollen.

11.1.5
Zwischenfensterselektion

Designobjekte können in verschiedenen Fenstern des QUICKSIMII *Session Windows* auftauchen. Das System verknüpft Objekte und ihre Eigenschaften in den
einzelnen Fenstern. So wird ein Netz im Schematic View-Fenster mit den entsprechenden Signalzuständen im Trace- oder Listfenster in Beziehung gesetzt.
Ein Bezug besteht auch zu allen Fehlermeldungen, in die das Netz involviert ist.
Dies wird sichtbar, wenn ein Objekt selektiert wird. Dann erscheint das Objekt
bzw. seine assoziierten Eigenschaften in allen anderen Fenstern ebenfalls optisch hervorgehoben und ist selektiert. Diese Verkopplung ermöglicht eine Zwischenfensterselektion (*Cross Window Selection*), die die Interpretation der Simulationsdaten stark vereinfacht.

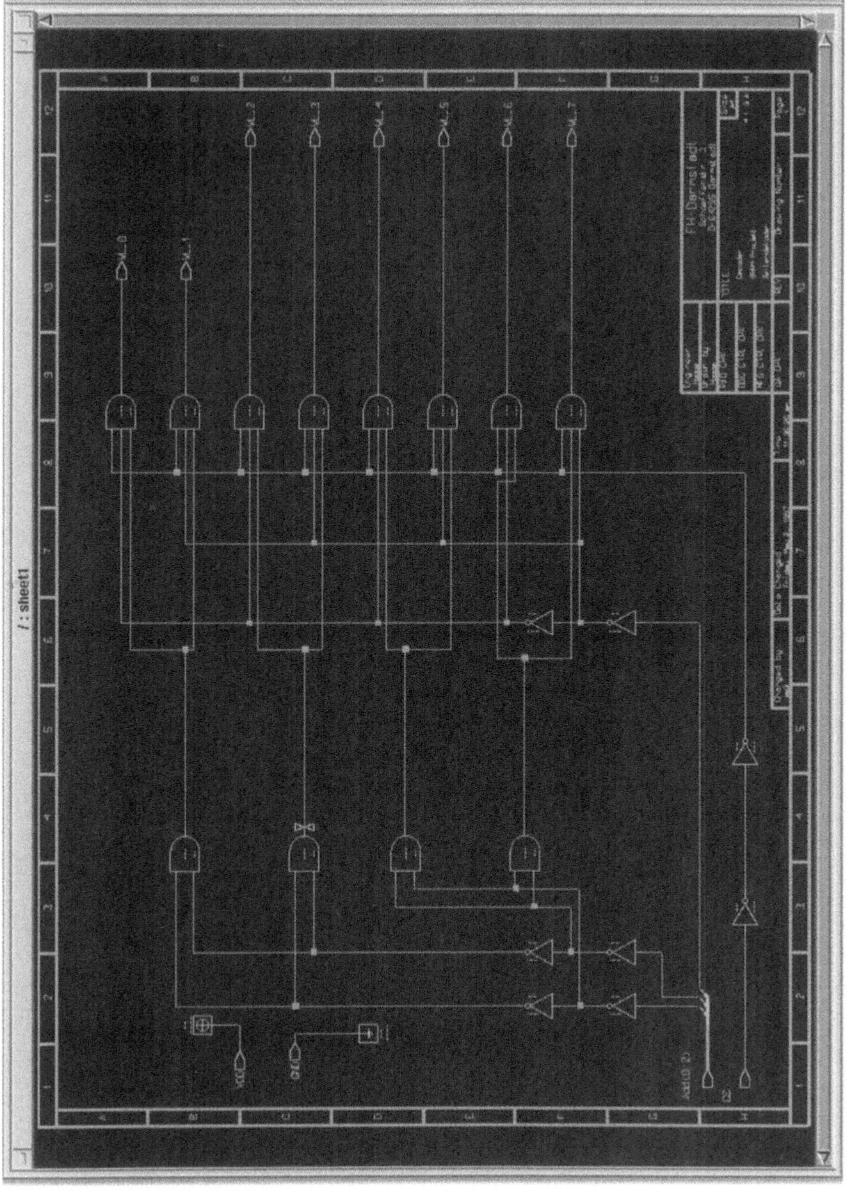

Bild 11-3. Das Schaltplanfenster (Schematic View Window) im Programm QuicksimII

11.2
Bedienung des Simulators QuicksimII

Simuliert werden können mit dem Programm DESIGN ARCHITECT erstellte Schaltpläne, die alle geforderten Checks passiert haben und für die ein entsprechender Design Viewpoint vorliegt. Existiert kein Viewpoint für die zu untersuchende Schaltung, legt das Programm QUICKSIMII nach dem Aufruf automatisch eine Viewpointdatei ein, die einen minimalen Satz von Konfigurationsregeln enthält. Bei Schaltungen, die ausschließlich aus Zellen der *Generic Library* von MENTOR GRAPHICS bestehen, ist dies ausreichend, bei Schaltplänen mit Standardzellen aus einer Herstellerbibliothek nicht. Hier muß vor dem Aufruf von QUICKSIMII ein Design Viewpoint mit dem *Viewpoint Editor* (DVE) erstellt und anschließend in der Komponenten-Directory abgelegt werden.

11.2.1
Aufruf, Voreinstellungen und Palettenmenüs

Beim Start des Simulators aus dem Programm DESIGN MANAGER lassen sich die Voreinstellungen für das Programm besonders einfach eingeben. Ein Doppelklick auf die *QuickSimII*-Ikone im Toolsfenster öffnet dazu die *QuickSimII*-Dialogbox (Bild 11.4).

Im Textfeld *Design* ist der Pfadname der zu simulierenden Schaltung einzugeben. Zur Suche der entsprechenden Component Directory kann der Navigator benutzt werden: Ein Klick auf das Navigator-Wahlfeld öffnet die *Navigator-Dialogbox*. Sobald die gewünschte Komponente gefunden wurde, wird die Directory selektiert. Nach der Bestätigung mit OK wird der Pfadnamen der Schaltung in das Textfeld Design übernommen und die Navigator-Dialogbox verschwindet.

Für die Textfelder *Symbol* und *Interface* in der *QuickSimII*-Dialogbox sind bei der Simulation von Schaltplänen keine Einträge notwendig.

Besonders wichtig sind die Voreinstellungen, die über die Wahlfelder hinter dem Eintrag *Timing Mode* selektiert werden können. Diese Parameter bestimmen, welches Laufzeitmodell (*Unit-, Linear-, Full Delays*) verwendet und welche Technologievariante (*typ, min, max*) eingesetzt wird, ob zeitliche Grenzbedingungen (*Constraints*) und die Signalstabilität getestet werden (*Spikes, Hazards, Contention* usw.). Es gibt folgende Einstellmöglichkeiten:
- *Timing Mode:* Hier wird das Laufzeitmodell voreingestellt. *Previous* wählt die gleiche Einstellung wie bei der letzten vorher durchgeführten Simulation. Über das Wahlfeld *Unit* kann eine Simulation mit Einheitsdelays gestartet werden. Die Laufzeiteinheit ist dabei der Zeitschrittweite des Simulators, der über das Textfeld *Simulator Resolution* im gleichen Dialogfeld festgelegt wird. Über den Eintrag *Delay* kann auf die verschiedenen Laufzeitmodelle zugegriffen werden. Die Betätigung des Buttons *Constraint* veranlaßt den Simulator, zeitliche Grenzbedingungen zu untersuchen. Die Voreinstellung bei den verschiedenen Timing Modes ist *Unit*.

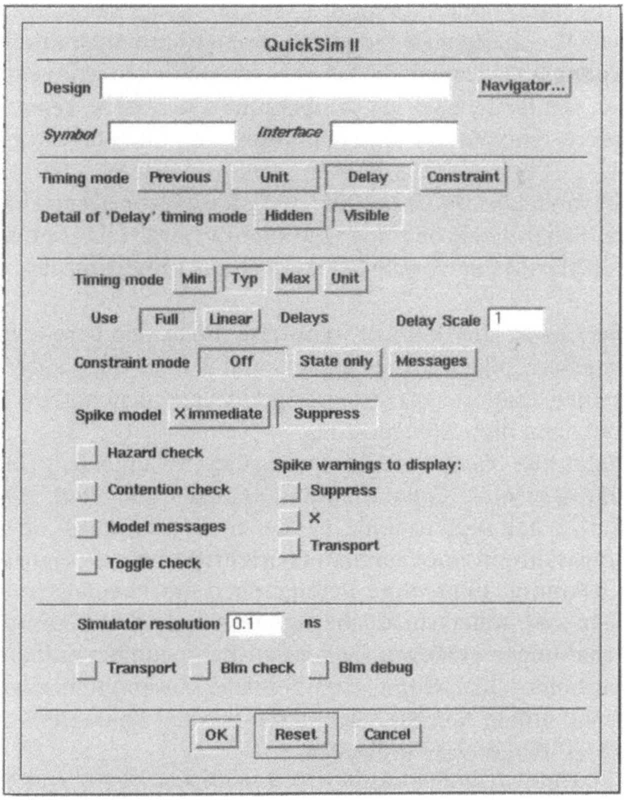

Bild 11-4. Das Set-Up- Fenster des Programms QuicksimII

Zur Auswahl von bestimmten Laufzeitmodellen ist der Parameter *Detail Of Delay Timing Mode* auf *Visible* zu setzen, wie in Bild 11.4 geschehen. Dann erscheinen die folgenden Wahlfelder und Texteinträge im Dialogfeld.

- *Min, Typ, Max, Unit:* Mit diesen Knöpfen können die Laufzeitmodelle für die Technologievarianten mit minimalen, typischen oder maximalen Signalverzögerungszeiten angewählt werden. Die Voreinstellung ist hier *Typ* für typische Laufzeiten.
- *Full, Linear:* Mit vollen (*full*) Laufzeitformeln werden die Delays mit Dezimalstellen berechnet. Bei *Linear* verwendet der Simulator gerundete ganzzahlige Laufzeitmodelle, die mit geringerem Rechenaufwand ausgewertet werden können. Die Systemvoreinstellung ist *Full*.
- *Delay Scale:* Skalenfaktoren dehnen oder stauchen alle Laufzeiten um einen Zahlenfaktor. Der voreingestellte Faktor hat den Wert „1" und wirkt sich nicht aus. Bei einem größeren (kleineren) Faktor dehnt (verkleinert) sich die Zeit-

skala der simulierten Schaltung. Durch geeignete Skalenfaktoren lassen sich die Einflüsse von Temperatur- oder Versorgungsspannungsschwankungen berücksichtigen: Bei MOS-Schaltungen reduzieren hohe Chiptemperaturen sowie niedrige Versorgungsspannungen die Schaltgeschwindigkeit jedes einzelnen Gatters (Faktor kleiner 1), niedrige Temperaturen und hohe Versorgungsspannung hingegen erhöhen den Datendurchsatz von MOS-Schaltungen (Faktor größer 1).

- *Constraint Mode:* Die Wahlfelder *Off*, *State Only* und *Messages* beziehen sich auf Prüfungen der zeitlichen Grenzbedingungen (Setup- und Hold-Zeiten, Mindestpulsweiten). In der Systemvoreinstellung werden keine Prüfungen durchgeführt (*Off*).

- *Spike Model* und *Spike Check:* Hier können wahlweise die beiden bereits in Abschn. 5.2.2.4 vorgestellten Spikemodelle *Suppress* und *X immediate* eingestellt werden. Die Voreinstellung ist *Suppress* und *Spike Check* nicht aktiviert. Das Programm arbeitet dann ohne Spikeprüfung.

- *Hazard Check* und *Contention Check:* Bei Aktivierung dieser Wahlfelder prüft das Programm, ob *Hazards* oder *Contention*-Bedingungen auftreten. *Hazards* sind, wie erwähnt, Schaltungszustände, bei denen ein Ausgangs- oder I/O-Pin in der Schaltung während eines Simulatorzeitschritts mehrere Signalzustände zugewiesen bekommt. *Contention*-Bedingungen sind ebenfalls problematisch. Hier treiben zwei unterschiedliche Signale zeitgleich ein einzelnes Netz. In realen Schaltungen erzeugen *Contention*-Bedingungen unklare Signalzustände und erhöhte Querströme. Das zeitliche Zusammentreffen verschiedener Signale auf einem Netz läßt sich in der Simulation durch Setzen des *Contention-Check*-Parameters aufdecken.

- *Toggle Check* und *Model Messages:* Der *Toggle Check* prüft, wie oft die einzelnen Schaltungsknoten während der Simulation den logischen Zustand („0" oder „1") wechseln (*to toggle*, kippen). Anhand der Toggle-Statistik sind Rückschlüsse auf die Effektivität der Simulationsstimuli bei der Suche von Schaltungsfehlern möglich. Dies ist wichtig, weil häufig die Simulationspattern die Vorlage für die Prüfmuster von Testautomaten bilden. Nur wenn die Pattern alle Netze der simulierten Schaltung in die unterschiedlichen logischen Zustände bringen, wird das resultierende Testprogramm beim Warenausgangstest des Halbleiterherstellers auch sensitiv für sämtliche Herstellfehler sein. Mit *Model Messages* können bestimmte Bedingungen innerhalb der simulierten Schaltung auf den Bildschirm gegeben werden.

- *Simulator Resolution:* Dies ist der elementare Zeitschritt des Simulators. Die voreingestellte Schrittweite beträgt 0,1 ns. Der kleinste mögliche Wert liegt bei 1 fs = 0,000001 ns. Der voreingestellte Wert ist für aktuelle CMOS-Schaltungen ausreichend. Hier betragen die minimalen Gatedelays noch einige hundert Picosekunden. Kleinere Schrittweiten verbessern nicht notwendigerweise die Simulationsgenauigkeit, erhöhen aber auf jeden Fall den Rechenaufwand und verlangsamen damit die Simulation.

- *Transport:* Über dieses Wahlfeld kann der voreingestellte *Inertial Delay* Algorithmus durch den *Transport*-Modus ersetzt werden (vgl. Abschn. 5.2.2.3).

– *Blm Check* und *Blm Debug:* Bei der Anwahl dieser beiden Parameter überprüft der Simulator, ob die verwendeten Blm-Modelle (*Built In Models*) korrekt sind. Für die Simulation von Standardzellendesigns sind solche Prüfungen nicht notwendig.

Bild 11-5. Das Sessionfenster des Programms QuicksimII

Nach der Auswahl der verschiedenen Simulationsoptionen wird das Dialogfeld mit OK abgeschlossen. Dann öffnet sich das Sessionfenster des QUICKSIMII-Simulators (Bild 11.5).

Die Default-Voreinstellungen im Setup-Dialogfeld eignen sich besonders für eine erste Simulation einer neuen Schaltung zur logischen Funktionsüberprüfung mit minimalem Aufwand. Bei späteren und genaueren Simulationen können die Defaultparameter über das Pull-Down-Menü mit **Setup > Kernel** geändert werden. Dann öffnet sich das *Set-Up-Analysis*-Dialogfeld (Bild 11.6) mit allen Wahlmöglichkeiten.

Die Defaulteinstellungen kommen auch immer dann zu tragen, wenn der Simulator nicht aus dem Toolsfenster des DESIGNMANAGER gestartet wurde, sondern aus dem Navigatorfenster. Hier wird zum Aufruf von QUICKSIMII die Komponente selektiert, die simuliert werden soll. Die rechte Maustaste aktiviert ein Pop-Up-Menü, in dem der Menüeintrag *Quicksim* selektiert wird. Dann erscheint sofort das Sessionfenster des Simulators.

Im Sessionfenster des Simulators (Bild 11.5), das wie bei DESIGNARCHITECT dem *Common-User-Interface*-Standard genügt, stehen wieder eine Pull-Down-Menü-Leiste, verschiedene Softkeys und am rechten Rand das QUICKSIMII-Set-Up-Palettenmenü zur Verfügung (Bild 11.7). Über das Palettenmenü kann fast der gesamte Simulationsablauf gesteuert werden, ohne daß man sich durch Menüleisten und Untermenüs arbeiten muß.

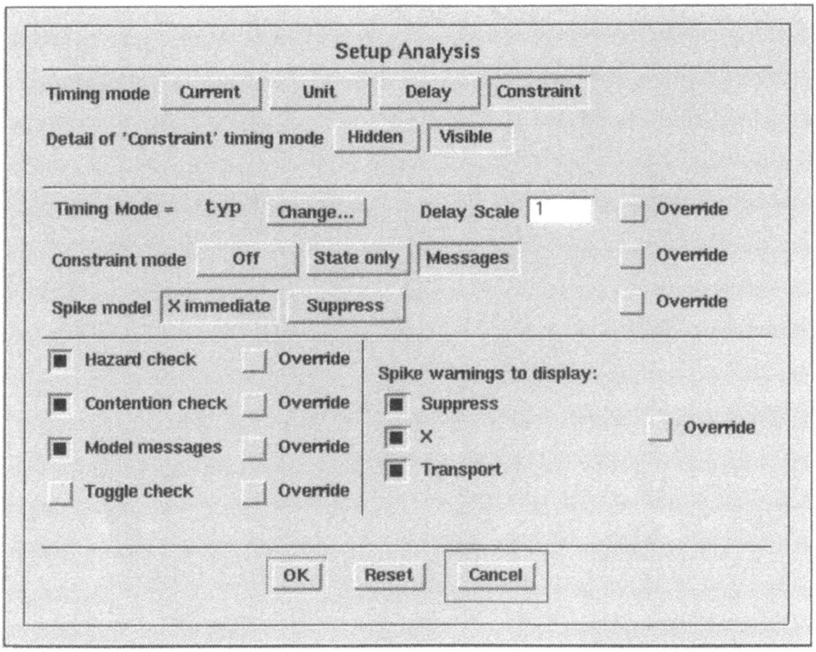

Bild 11-6. Das *Set-Up-Analysis*-Dialogfeld des Programms QUICKSIMII

Bild 11-7. Das *Set-Up*-Palettenmenü des Programms QuicksimII

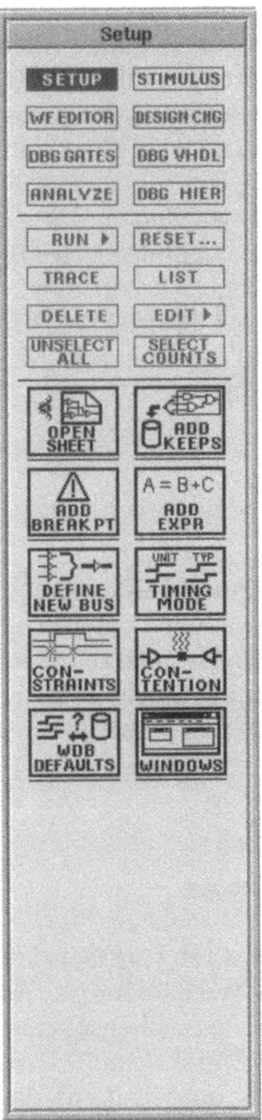

Die einzelnen Wahlfelder des *Set-Up*-Palettenmenüs lassen sich in drei Kategorien einteilen. Die erste Kategorie sind die oberen acht Wahlfelder (von SETUP bis DBG HIER), die weitere Palettenmenüs öffnen. Jedes dieser neuen Menüs enthält wieder diese acht Einträge an identischer Stelle. Der Eintrag für das jeweils selektierte Palettenmenü ist optisch hervorgehoben (im Bild SETUP). Die wichtigsten Palettenmenüs für die Analyse von Schaltplänen digitaler ICs sind die *Stimulus*-Palette, mit der Signale an Schaltungseingänge gelegt werden können, die *WF-Editor*-Palette, über die Signalverläufe editiert werden und die

DBG-Gates-Palette, die Ikonen für Analyseroutinen bereitstellt, mit denen die Simulationsergebnisse leichter ausgewertet werden können.

Unter den Palettenauswahlknöpfen sitzen als zweite Kategorie Buttons, die die üblichen Editiertätigkeiten während der Simulation unterstützen (von RUN bis SELECT COUNTS). Auch diese Wahlfelder sind in jedem QUICKSIMII-Palettenmenüs verfügbar.

Die palettenspezifischen Ikonen sind als dritte Kategorie im unteren Bereich der Palettenmenüs angeordnet. So finden sich z.B. im Set-Up-Menü Ikonen für das Öffnen des Schaltplanfensters (*Schematic View Window*, OPEN SHEET) oder zur Auswahl des Timing Modes (TIMING MODE). Die anderen Palettenmenüs werden im Zusammenhang mit der Stimulieingabe und der Auswertung von Simulationsergebnissen vorgestellt.

11.2.2
Die Ergebnisfenster

Das Erscheinungsbild der Ergebnisfenster (List-, Trace- und Monitorfenster) kann wie der Simulationsalgorithmus benutzerspezifisch konfektioniert werden. Das Tracefenster stellt Simulationsergebnisse und Signaleingaben grafisch dar und ist deshalb das wichtigste Ergebnisfenster des Simulators. Die Einstellungsmöglichkeiten sind bei diesem Fenster besonders vielfältig und werden im folgenden vorgestellt.

11.2.2.1
Tracefenster: Öffnen und Signaleingabe

Die Einstellungen bei Tracefenstern legt man über das Pull-Down-Menü mit **Setup > Window Attributes > Trace Defaults...** fest. Bild 11.8 zeigt die sich öffnende Dialogbox mit den voreingestellten Werten. Die Einträge *Domain Label Intervall, Domain Pixel Intervall* und *Domain Area Height* spezifizieren die Achsenteilung der Zeitachse (in 100-ns-Schritten), die Zahl der Pixel pro *Label Intervall* (100) sowie die Höhe des Beschriftung an der Zeitachse (40). *Curve Height, Curve Spacing* und *Margin* legen die Amplitude der Kurvenzüge, den Abstand der Kurvenzüge und den oberen Bildrand im Tracefenster fest. Die Farben der Beschriftung, des Hinter- und Vordergrunds können in der Rubrik *Colors* verändert werden. Die Einstellungen der Farben für die Signalstärke (*Curve Strengths*) und die grafische Kennzeichnung beim automatischen Vergleich von Signalverläufen (*Waveform Compare*) können in diesem Menü nicht verändert werden, um Fehlinterpretationen der Simulationsergebnisse zu verhindern.

Ein Tracefenster kann über die Menüleiste oder über Palettenikonen geöffnet werden. Dabei sind im Prinzip beliebig viele Tracefenster zugelassen. Die Befehlsfolge **Setup > Open New Window > Trace** erzeugt ein leeres Tracefenster, dessen Name auf „Trace" voreingestellt ist. Das nächste Tracefenster erhält den Namen „Trace#2" usw.

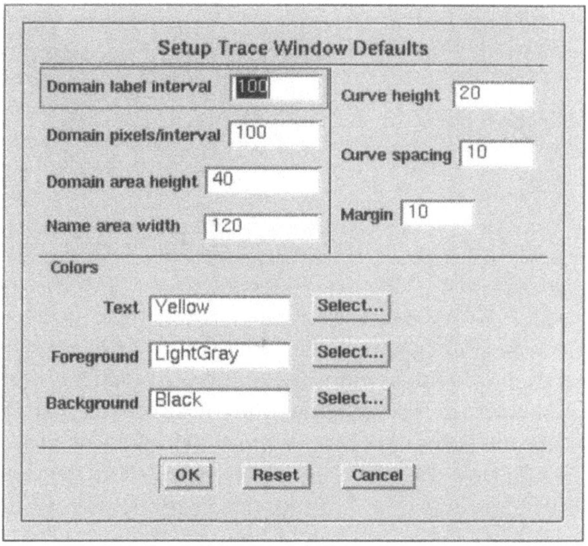

Bild 11-8. Das *Set-Up Trace-Window-Defaults*-Dialogfeld des Programms QuICKSIMII

Bild 11-9. Das *Add-Traces*-Dialogfeld des Programms QuICKSIMII

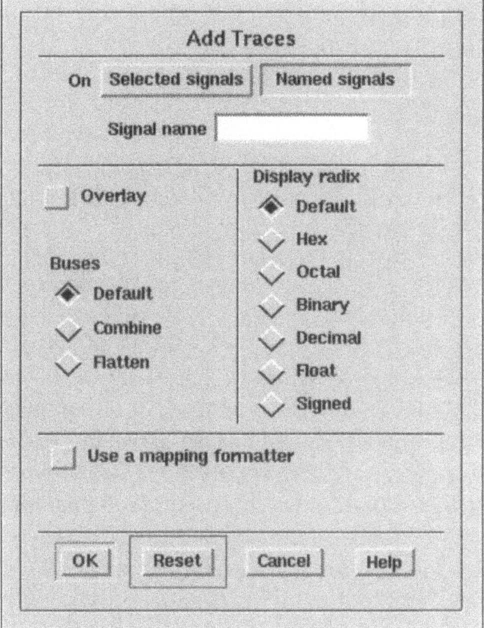

Soll ein Tracefenster mit Signalen geöffnet oder sollen Signale einem vorhandenen Tracefenster zugewiesen werden, benutzt man das Palettenwahlfeld TRACE. Die Signalauswahl erfolgt dabei entweder durch Selektion der entsprechenden Netze im Schaltplanfenster oder über die Eingabe der entsprechenden Signalnamen im *Add-Traces*-Dialogfeld (Bild 11.9), das nach der Eingabe von TRACE automatisch auf dem Bildschirm erscheint, wenn keine Signale selektiert worden sind.

Signale sind im Tracefenster normalerweise untereinander dargestellt. Sollen die Signale in eine gemeinsame Spur gelegt werden, so ist der Button *Overlay* im *Add Traces*-Dialogfeld anzuklicken.

Bild 11.10 zeigt ein typisches Tracefenster mit vier Signalen. *CS* und *Add(0:2)* sind mit Force-Kommandos erzeugte Eingabesignale, die wie noch gezeigt wird, genau wie die in der Simulation berechneten Signale grafisch dargestellt werden können. Forces erkennt man im Tracefenster am Zusatz *forces@@* vor dem Signalnamen. Bei *WL_0* und *WL_1* handelt es sich um Simulationsergebnisse. Die Signale wurden im Schaltplan selektiert und mit dem Palettenwahlfeld TRACE automatisch in das Ergebnisfenster übernommen. Die Zeitachse des Tracefensters ist gemäß den *Setup Traces Window Defaults* in 100-ns-Schritten geteilt. Eine dünne graue senkrechte Linie markiert die aktuelle Simulationszeit (800 ns). Alle berechneten Signale enden an dieser Linie. Vorgegebene Signalformen (*Forces*) können sich, wie im Bild gezeigt, über diese Zeitgrenze hinaus fortsetzen. Zeiten, die später als die aktuelle Simulationszeit liegen, sind auf der Zeitachse kursiv eingetragen.

11.2.2.2
Signalmanipulation im Tracefenster

Die Signalformen im Tracefenster lassen sich auf vielfältige Art und Weise manipulieren. In der Regel müssen die dargestellten Signale dazu vorher selektiert werden. Zur Selektion eines Signalverlaufs wird mit der linken Maustaste in das Signalselektionsfenster (*Gadget*) geklickt, das sich am linken Rand des Kurvenzuges direkt hinter dem Signalnamen befindet. Das selektierte Signal wird dann durch einen E-förmigen Kursor und Selektionspunkte längs des Kurvenzugs markiert (Bild 11.11). Nach einer Selektion über das Gadget kann man das grafische Erscheinungsbild von Signalen im Tracefenster ändern. So kann z.B. die Einblendung des Wertes eines Bussignals von der Hexadezimaldarstellung in die binäre Kodierung konvertiert werden. Dazu werden die entsprechenden Gadgets selektiert, danach wird über die Menüleiste mit **Edit > Change** das *Change-Trace-Attributes*-Dialogfeld geöffnet, das die entsprechenden Einträge enthält.

Soll das Signal selbst, und nicht nur die grafische Darstellung selektiert werden, ist der Signalname im Tracefenster oder das entsprechende Netz im Schematic View Window anzuklicken. Um spezielle Zeitwerte zu markieren, werden diese Zeiten auf der Zeitachse des Tracefensters selektiert. Die selektierten Signale erscheinen in allen offenen Fenstern optisch hervorgehoben, die Zeitwerte nur in den anderen Ergebnisfenstern (*Cross Window Selection*).

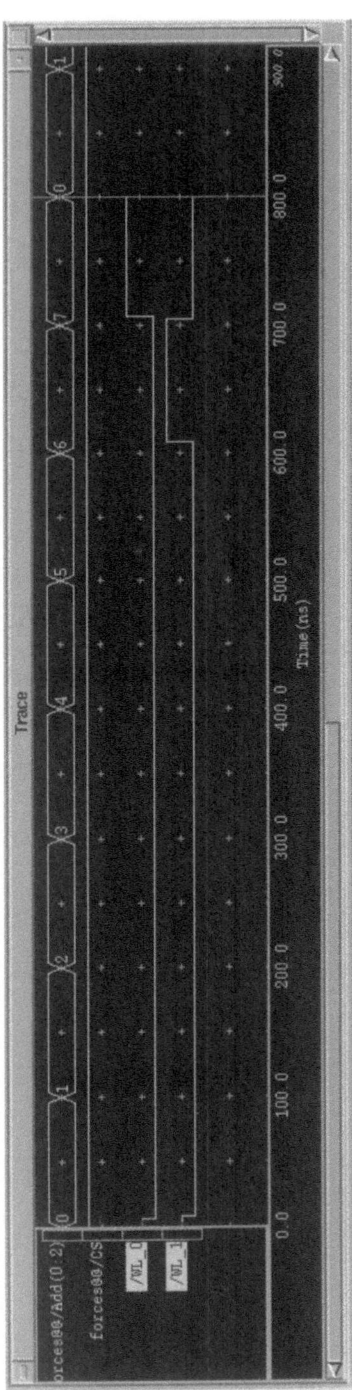

Bild 11-10. Tracefenster mit Forces und Ergebnissignalen

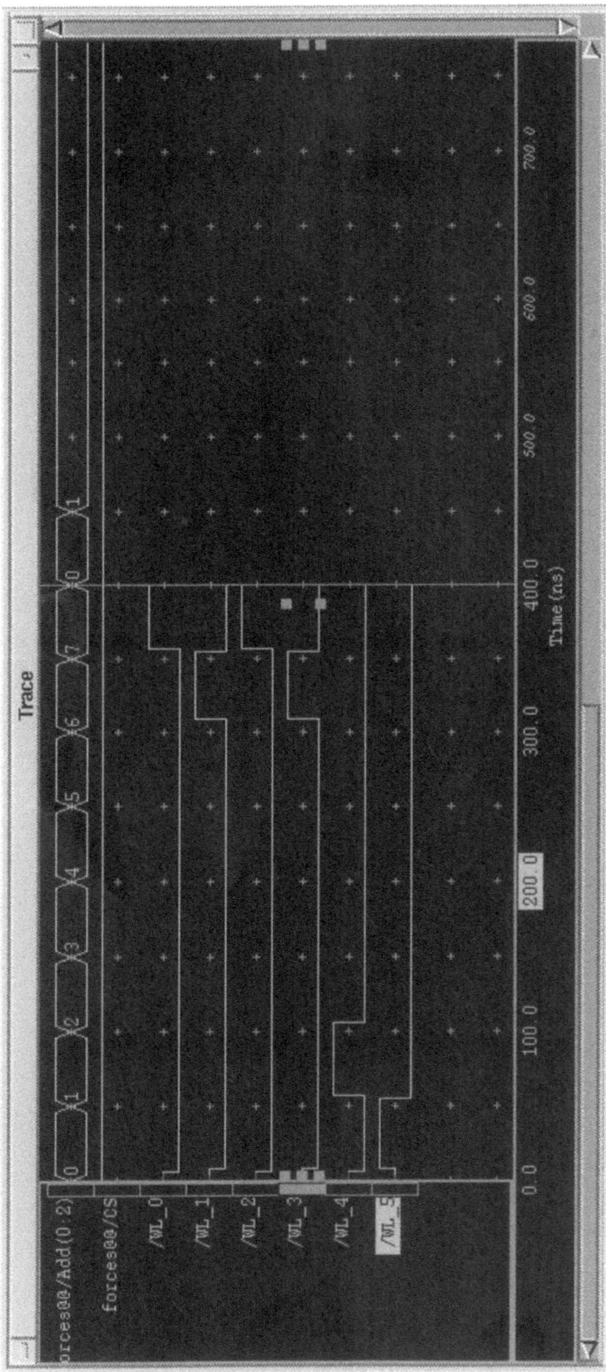

Bild 11-11. Selektierungen im Tracefenster: Signalverlauf (WL_3) mit *Gadget*, Signal (WL_5) und Zeitwert (2oo.o)

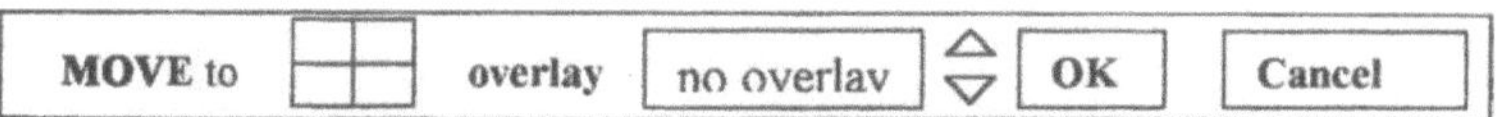

Bild 11-12. Die MOVE-Prompt-Bar Zeile

Bild 11-13. Die *Delete-Traces*-Dialogbox

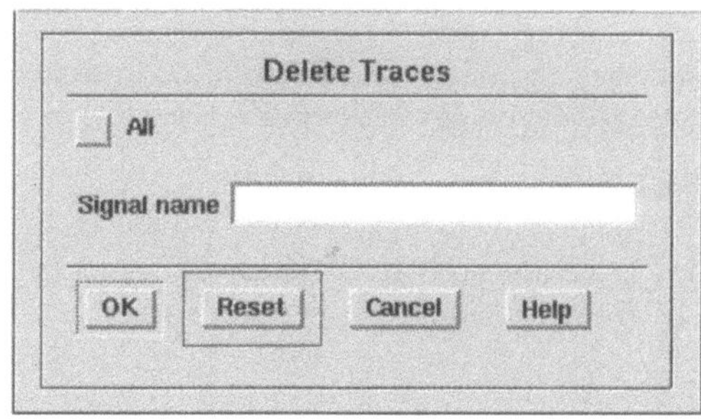

Um den Kurvenzug im Tracefenster an eine andere Stelle zu verlegen, werden das Signal oder der Signalverlauf selbst selektiert. Die Verschiebung erfolgt über das Pop-Up-Menü. Nach der Eingabe von **Edit > Move** erscheint die *MOVE-Prompt Bar*-Zeile (Bild 11.12) und ein rotes Fadenkreuz im Bildschirm, das mit der linken Maustaste an die gewünschte Signalposition gezogen wird. Mit einem Klick der linken Maustaste wird der selektierte Signalkurvenzug an die ausgewählte Stelle verschoben. Sollen zwei Signale übereinandergelegt werden, wählt man in der Prompt Bar den Eintrag *Overlay* aus, bevor man das Fadenkreuz und das Signal positioniert.

Um selektierte Signale aus dem Tracefenster zu entfernen, verwendet man den *Delete Stroke,* das mit der mittleren Maustaste gezeichnete große „D", oder das Pop-Up-Menü mit der Eingabe **Delete > Traces** (Bild 11.13). Nach der Eingabe des *Delete Strokes* verschwinden die selektierten Signale sofort. Nach **Delete > Traces** öffnet sich zunächst ein Dialogfeld, in das die Namen der zu löschenden Signale eingegeben werden können. Die Aktivierung des Buttons *All* löscht alle Signale im Fenster.

11.2.2.3
Analysehilfsmittel im Tracefenster

Zur Analyse der Ergebnisse stehen verschiedene Datenaufbereitungsroutinen zur Verfügung. Die grafische Darstellung der Kurvenzüge im Tracefenster kann über die *Zoom In-, Zoom Out-, View All-* und *View-Area*-Strokes angepaßt werden, denen die gleichen Strichsymbole wie im Programm DESIGN ARCHITECT zugeordnet sind. Die im Programm QUICKSIMII verfügbaren Strokes können bei Bedarf über die Menüleiste **Help > On Strokes** bzw. mit dem *Help Stroke* (das gezeichnete Fragezeichen ohne Punkt) aufgelistet werden. Kurvenzüge lassen sich auch über Menübefehle zeitlich raffen, dehnen, zentrieren oder verschieben. Wichtige Hilfsmittel sind dabei die sog. Kursoren *(Cursors).* Dies sind Hilfs-

Bild 11-14. Die VIEW-TIME-Prompt-Bar-Zeile im Tracefenster

linien, mit denen Signalzustände erfaßt, Zeitmessungen durchgeführt sowie bestimmte Signalereignisse (*Events*) gesucht werden können.

Das View Time Menü

Um den zeitlichen Verlauf eines Kurvenzuges leichter verfolgen zu können, gibt es im Pop-Up-Menü des Tracefensters die Funktion *View Time*. Wird der entsprechende Eintrag selektiert, erscheint folgende Liste: *Selected, Specified, Time Zero, End of Data* und *Current Sim Time*. Ist im Fenster bereits eine Zeit selektiert, kann dieser Zeitpunkt durch Anklicken des Eintrags *Selected* in die Mitte der im Bild angezeigten Zeitachse gesetzt werden. *Time Zero* und *End of Data* rücken den Simulationsnullpunkt bzw. das Simulationsende an den linken bzw. rechten Bildrand des Fensters. Mit der Anwahl von *Current Simulation Time* schiebt sich der derzeitige Simulationsendpunkt in die Bildmitte. Über *Specified* kann man das Tracefenster um feste Zeiten verschieben: Nach dem Anklicken erscheint die *View Time* Prompt Bar (Bild 11.14). Die Einträge **Time:** *300,* **Mode:** *relative* **Position:** *void* verschieben die Zeitachse um 300 ns nach links. Wird **Time:** *500,* **Mode:** *absolute:* **Position:** *right* eingetragen, rückt der Zeitpunkt 500 ns an den rechten Bildrand.

Hilfslinien (Cursors)

Mit diesen vertikalen Hilfslinien lassen sich Signalzustände zu gegebenen Zeiten auflisten. Mehrfachhilfslinien ermöglichen die grafische Ermittlung von Zeitdifferenzen zwischen Signalflanken oder Ereignissen. Ein Cursor wird über das *DBG-Gates*-Palettenmenü durch Anklicken der Ikone ADD CURSOR definiert (Bild 11.15). In die beiden Textfelder wird zur Identifizierung ein Name für die Hilfslinie eingegeben und die absolute Zeit definiert, bei der der Cursor die Signalverläufe in vertikaler Richtung schneiden soll. Nach der Bestätigung der Eingaben über das OK-Wahlfeld erscheint die Hilfslinie mit ihrem Namen am gewählten Zeitpunkt. An den Schnittpunkten mit den einzelnen Kurvenzügen werden die jeweiligen Signalzustände eingeblendet (Bild 11.16).

Cursors können durch Anklicken mit der linken Maustaste selektiert und dann verschoben oder wieder gelöscht werden. Selektierte Kursoren werden grün gestrichelt dargestellt. Zum Bewegen von Hilfslinien gibt es im DBG-Palettenmenü das Feld MOVE A CURSOR. Die Linie kann auch nach der Selektion bei gedrückter linker Maustaste verschoben werden. Zum Löschen eines Cursors stehen der *Delete*-Stroke „D" oder das Palettenwahlfeld DELETE zur Verfügung.

Zeitdifferenzen und zeitliche Absolutwerte von Signalwechseln

Zum Messen von Zeitdifferenzen werden nacheinander zwei Hilfslinien gesetzt. Nach dem Plazieren des zweiten Cursors zeigt dieser zusätzlich den zeitlichen

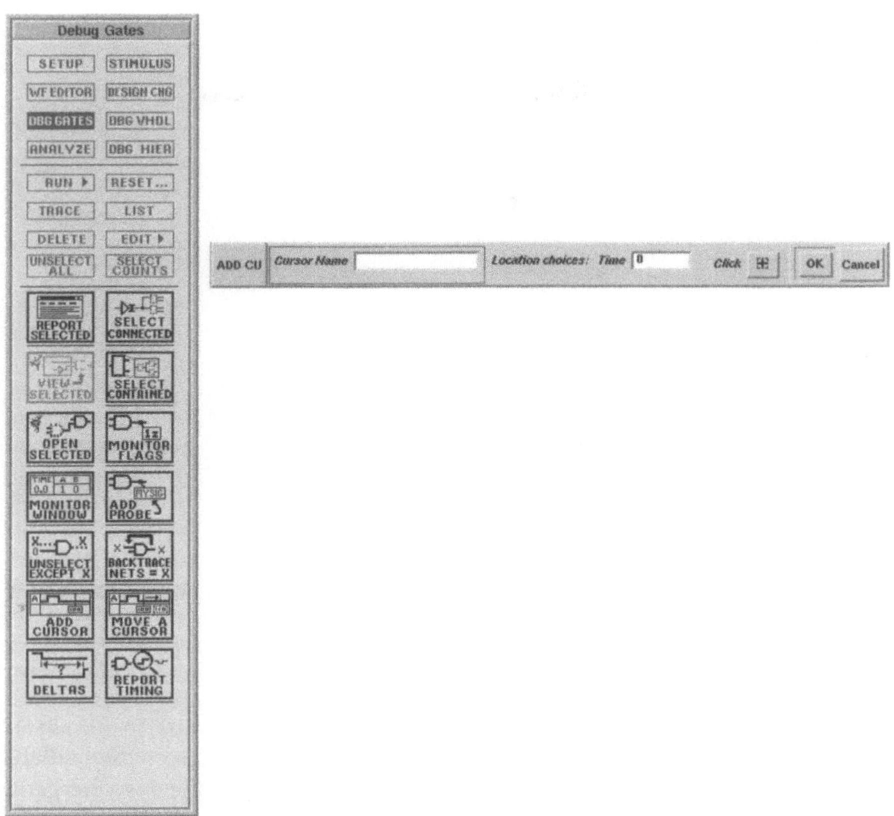

Bild 11-15. Das *Debug-Gates*-Palettenmenü und die ADD-CURSOR- Prompt-Bar-Zeile

Abstand zur ersten Hilfslinie an. Dieses Verfahren wird von den Funktionen *Waveform Edge Deltas*- bzw. *Nearest Event* unterstützt. Hier genügt es, die Hilfslinien in die Nähe und nicht mehr genau auf die interessierenden Signalwechsel zu legen.

Die Waveform-Edge-Deltas-Funktion ruft man über die DELTAS-Ikone im *Waveform-Editor*-Palettenmenü auf (Bild 11.17). Es erscheint eine Hilfslinie, die mit der Maus über die verschiedenen Kurvenzüge im Tracefenster bewegt werden kann. Ein Sichtfenster gibt den Signalzustand und die Zeit des überstrichenen Signals an (Bild 11.17). Zusätzlich wird die *Click-nearest-FIRST-edge*-Prompt-Bar-Zeile eingeblendet, mit der der nächste Signalwechsel des überstrichenen Signals lokalisiert werden kann. Dazu klickt man mit der linken Maustaste in die Nähe des interessierenden Signalwechsels. Im der *Message Area* an unteren Rand des QUICKSIMII-Sessionfensters erscheint der Name des Signals, der Signalzustand nach dem Wechsel sowie der genaue Zeitpunkt der Flanke.

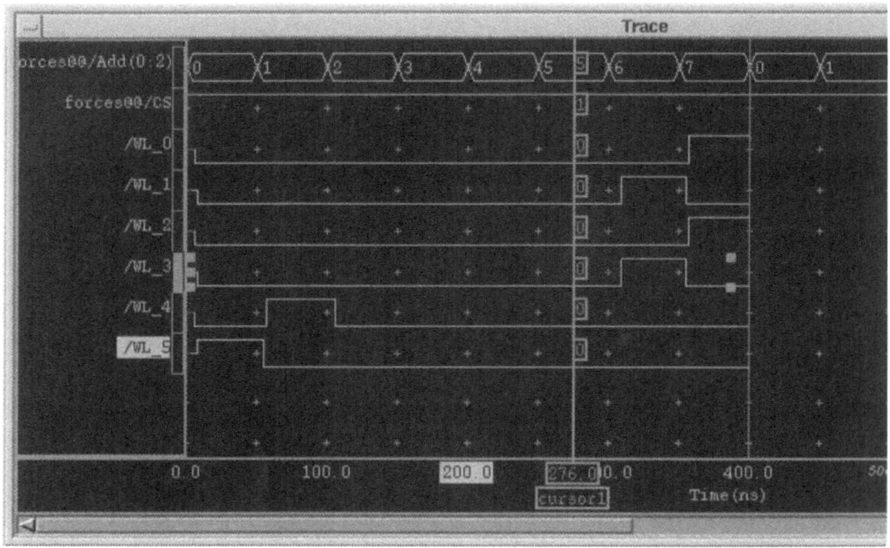

Bild 11-16. Tracefenster mit den Kurvenzügen WL_0 bis WL_5, Add(2:0) und CS. Der Cursor mit dem Namen Cursor1 schneidet die Signalverläufe bei 276ns

Nach der Wahl der ersten Flanke erscheint die *Click-near/towards-the-SE-COND-edge*-Prompt-Bar-Zeile, mit der die zweite interessierende Signalflanke ausgewählt wird. Auch hier genügt ein Anklicken in der Nähe des Übergangs. Bei dieser zweiten Flanke muß es sich nicht um einen Wechsel des bereits einmal erfaßten Signals handeln. Vielmehr können mit der *Waveform-Edge-Deltas*-Funktion die Zeitabstände zwischen Flanken von beliebigen Signalpaaren im Tracefenster ermittelt werden. Die Ergebnisse können in der Infozeile abgelesen werden.

Die gleiche Funktion steht auch für *Events* zur Verfügung. Bei einem Event wechseln nicht notwendigerweise die logischen Zustände eines Signals. Es genügt, daß sich z.B. die Treiberstärke ändert. Solche Wechsel sind optisch im Tracefenster schwieriger wahrzunehmen als Signalflanken. Die *Delta*-Funktion für *Events* wird wie die EDGE-Funktion bedient, aber im *Stimulus*-Palettenmenü mit der Ikone DELTAS aufgerufen.

Interessiert nur die zeitliche Lage eines Events, klickt man im *Stimulus*-Palettenmenü die Funktion *Nearest Event* (Wahlfeld NEAREST) an. Daraufhin erscheint ein Cursor und die *Nearest-event*-Prompt-Bar-Zeile. Nach einem Selektionsklick in die Nähe des Events wird im Session Window der Zeitpunkt des Events, sowie der Zustand und der Name des selektierten Signals ausgegeben.

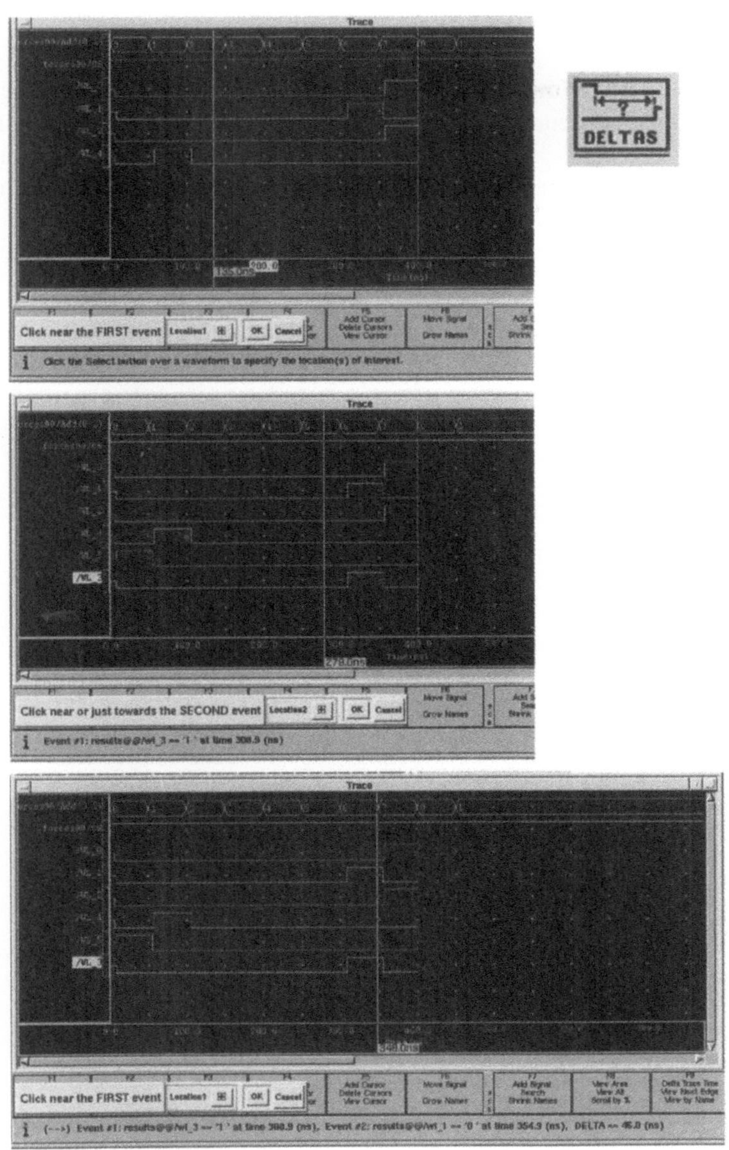

Bild 11-17. Anwendung der DELTAs-Funktion: Nach Anklicken der DELTAs Ikone erscheint die *Click-near-the-FIRST-Event*-Prompt-Bar-Zeile. Sobald der Mauszeiger in das Tracefenster geführt wird, erscheint der *Edge Delta Cursor* (Mitte). Ein Mausklick in die Nähe des ersten *Events* erfaßt den ersten Signalwechsel, dessen Koordinaten in der Infozeile ausgegeben werden (Bild in der Mitte: Event#1:...). Die Prompt Bar wechselt und die *Click-near-the-SECOND-Event*-Prompt-Bar-Zeile wird eingeblendet. Nachdem der zweite Signalwechsel durch einen Mausklick definiert worden ist, erscheint wieder die erste Prompt-Bar-Zeile und der zeitliche Abstand (hier 46,0ns) zwischen den beiden selektierten Events wird angezeigt (unten)

11.2.2.4
Voreinstellung und Ergebnisbearbeitung im List- und Monitorfenster

Das Listfenster enthält die Simulationsergebnisse in Tabellenform. Jede Zeile der Tabelle listet die interessierenden Signalzustände zu einer festen, gemeinsamen Zeit auf. Bild 11.18 zeigt ein Beispiel. Die Signalstärke S wird dabei der Kürze halber weggelassen. Signalwechsel werden zur leichteren Identifizierung optisch im Fenster hervorgehoben.

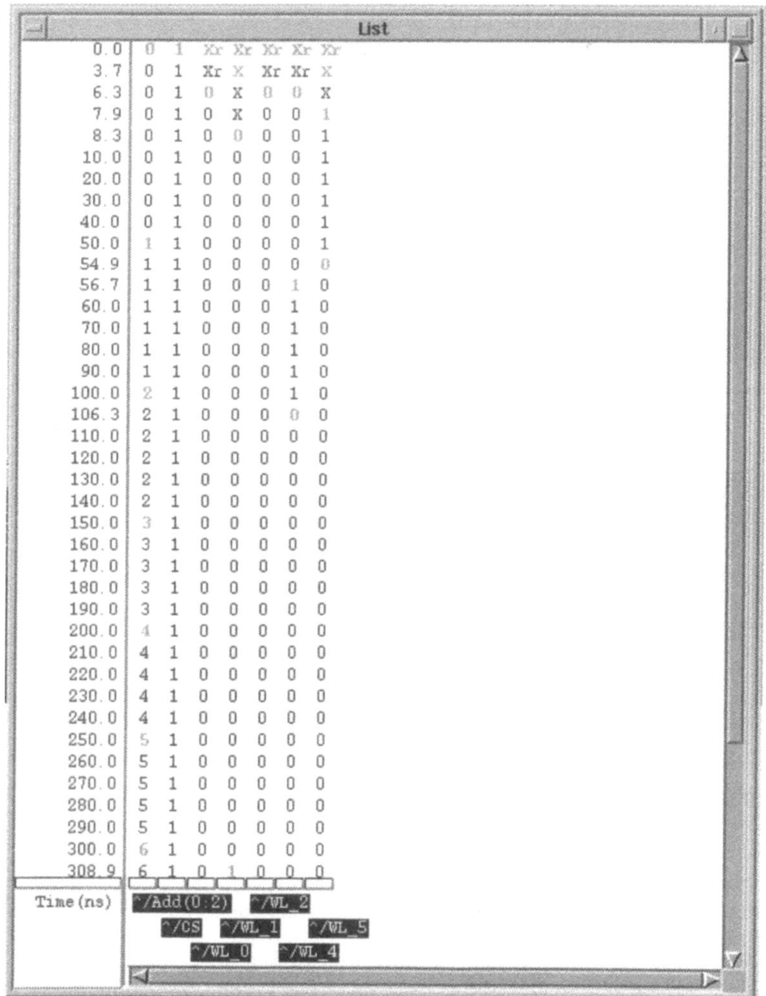

Bild 11-18. Listfenster zur Ergebnisausgabe in Tabellenform. Die Signale Add(0:2), WL_2 usw. sind noch selektiert. Die *Selection Boxes* zur Auswahl von bestimmten Spalten in der Tabelle sind die grauen Rechtecke, die sich über den Signalnamen befinden

Bild 11-19. *Add-Lists-* Dialogfeld

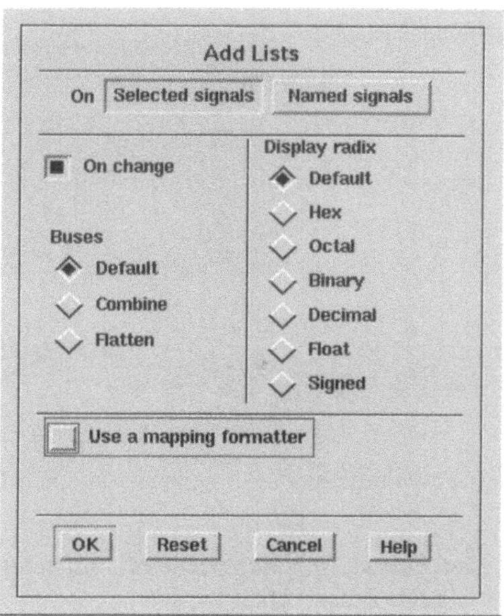

Man kann verschiedene Listfenster öffnen, die mit *List, List#2, List#3* usw. bezeichnet werden. Signale werden mit den gleichen Methoden in Listfenster aufgenommen wie bei Tracefenstern. Selektierte Signale erscheinen automatisch im Fenster, wenn in einer Palette das Wahlfeld LIST angewählt wird. Sind keine Signale selektiert, so erscheint das *Add-Lists-*Dialogfeld (Bild 11.19), in das die Signalnamen eingetragen werden können. Das Wahlfeld *On Change* in der Dialogbox ist per Voreinstellung aktiviert. In diesem Modus werden die Zustände aller angewählten Signale bei jeder Signaländerung aktualisiert.

Zur Selektion von Signalen im Listfenster gibt es Selektionsbereiche (*Selection Boxes*) über den Signalnamen im unteren Bereich des Fensters (Bild 11.18). Selektierte Signale können gelöscht (Wahlfeld DELETE im Palettenmenü) oder über ein Fadenkreuz verschoben werden, das nach Betätigen des Wahlfelds MOVE im Palettenmenü erscheint.

Voreinstellungen des Listfensters

Die gewünschten Ausgabezeiten der aufgelisteten Signalzustände werden in der *Set-Up-List-Window-Defaults-*Dialogbox (Bild 11.20) eingestellt. Dieses Dialogfeld wird über die Menüleiste mit **Setup > Window attributes > Set Defaults** aufgerufen.

Sollen die Ergebnisse zusätzlich in regelmäßigen Zeitabständen ausgegeben werden, kann man im *Set-Up-List-Window-Defaults-*Dialogfeld unter *List Period* den gewünschten Zeitabstand einstellen. In Bild 11.18 beträgt die Zeitperiode 10ns. Mit einem Eintrag eines zeitlichen *Ausgabeoffsets* in das Textfeld hinter *Offset*, kann man die Ergebnisausgabe bis zum eingegebenen Zeitpunkt unter-

Bild 11-20. *Set-Up-List-Window-Defaults*-Dialogbox

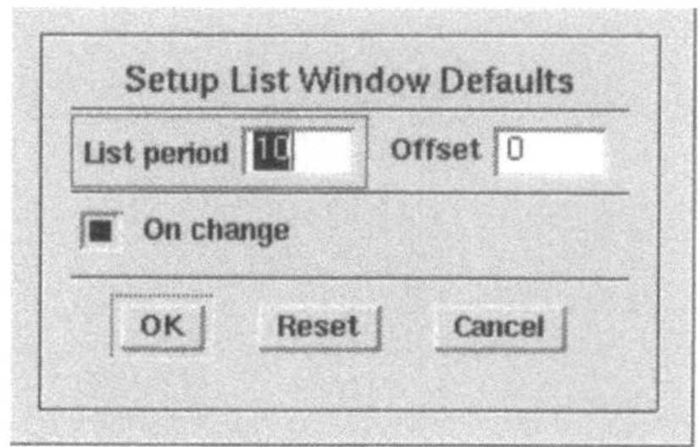

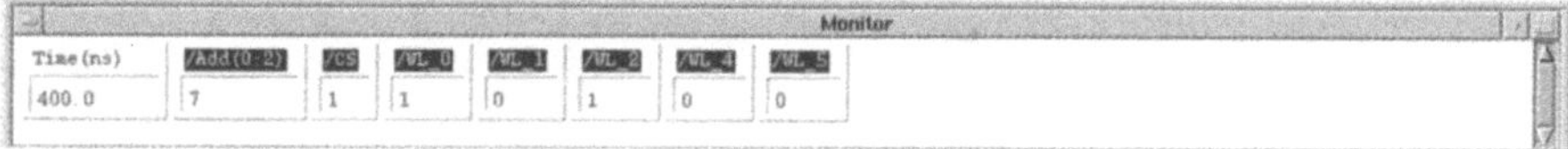

Bild 11-21. Das Monitorfenster des Programms QUICKSIMII

drücken. Der Button *On Change* bleibt sinnvollerweise stets aktiviert, damit auch jeder Signalwechsel erfaßt wird.

Das Monitorfenster

Das Monitorfenster zeigt die letzte Zeile des Listfensters und damit die Signalzustände am Ende der Simulation als Textzeile an (Bild 11.21). Der Aufruf des Fensters erfolgt über das Menü **Add > Monitor** oder über die DBG-Gates-Palette durch Anklicken des Sinnbildes MONITOR WINDOW. Die darzustellenden Signale können wieder durch Selektion oder über die Eingabe der Signalnamen im *Add-Monitors*-Dialogfenster ausgewählt werden. Selektierte Signale lassen sich im Monitorfenster wie bei den anderen Ergebnisfenstern mit Hilfe des Wahlfelds DELETE im Palettenmenü löschen. Alle Informationen des Monitorfensters sind, wie der nächste Abschnitt zeigt, auch direkt im Schaltplan über sog. *Monitor Flags* darstellbar.

11.2.2.5
Analysehilfsmittel im Schaltplanfenster

Das Schaltplanfenster wird über die Ikone OPEN SHEET aus dem *Set-Up*-Palettenmenü heraus geöffnet und zeigt die Schematic der Schaltung, die simuliert werden soll. Mit der Menüleiste kann über **View > All** bzw. **View > Area** der gesamter Schaltplan oder ein Ausschnitt eingeblendet werden. Außerdem stehen die aus dem Programm DESIGNARCHITECT bekannten *Zoom In-, Zoom Out-, View All-* und *View-Area*-Strokes zur Verfügung.

Die Schaltungshierarchie läßt sich mit der Open-Down-Funktion untersuchen. Einzelnen Instanzen werden dazu im Schaltplan selektiert und über das Pop-Up-Menü mit **Open > Down** lassen sich die zugrundeliegenden Schaltpläne öffnen. Im geöffneten Schaltplan sind weitere *Open-Down*-Operation möglich, wodurch die gesamte Schaltungshierarchie analysiert werden kann. Zur nächst-

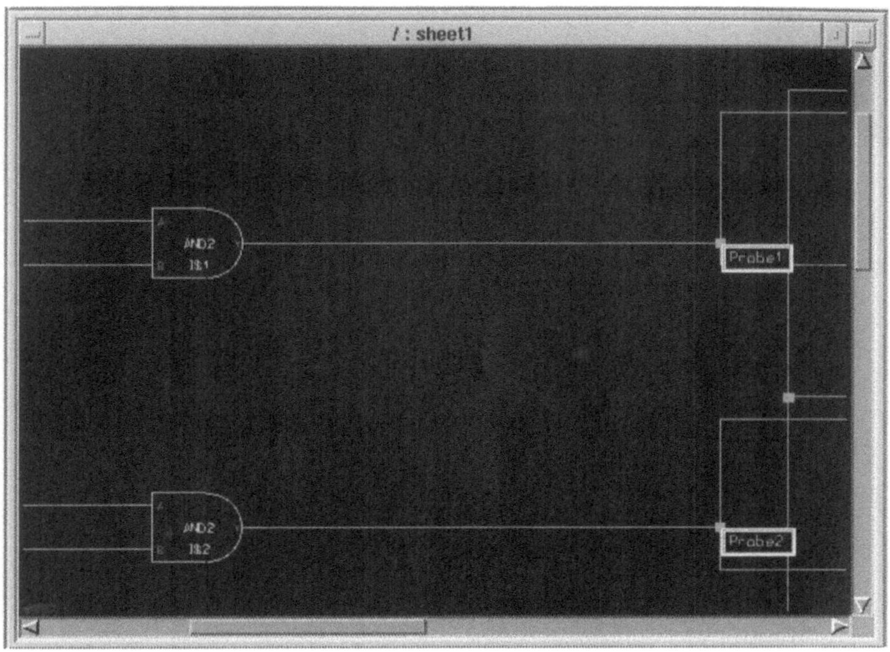

Bild 11-22. Schaltplan mit Prüfspitzen *Probe 1* und *Probe 2*

höher liegenden Hierarchiestufe führt die Befehlsfolge **Open > Up** zurück. Liegt unter einer Instanz kein Schaltplan, erscheint nach Eingabe von **Open > Down** die Meldung: *Warning: Instance* instance_name *is a primitive.*

Prüfspitzen

Um die Signalzustände von internen Netzen zu untersuchen, können Prüfspitzen (*Probes*) gesetzt werden. Bild 11.22 zeigt einen Ausschnitt eines Schaltplans mit solchen Probes. Probes sind grafische Synonyme, mit denen internen Objekten leicht merkbare Namen wie OUT1 gegeben werden können, die komplizierte Pfadnamen wie etwa /I\$23/I\$221/N\$414 ersetzen. Über die neuen Namen können Objekte dann viel leichter angesprochen werden. Probes repräsentieren nicht nur Pfadnamen, sondern setzen zusätzlich grafische Symbole in den Schaltplan *(Flags),* in denen der Name der *Probe* angezeigt wird.

Zum Einbringen einer Prüfspitze wird zuerst das interessierende Netz selektiert. Die ADD-PROBE-Ikone im *DBG-Gates*-Palettenmenü bringt das *Add-Probe*-Dialogfeld zur Anzeige (Bild 11.23). In das Textfeld *Probe Name* wird der Name der Prüfspitze eingetragen. Ist kein Objekt im Schaltplan selektiert, kann durch Anklicken von *Named Object* ein weiteres Textfeld geöffnet werden, um den Pfadnamen zu spezifizieren. Wird das Wahlfeld *Location* im *Add-Probe*-Dialogfeld angewählt, können Prüfspitzen nach Schließen des *Add-Probe*-Dialogfelds mit einem Fadenkreuz direkt im Schaltplan ohne Selektion gesetzt werden.

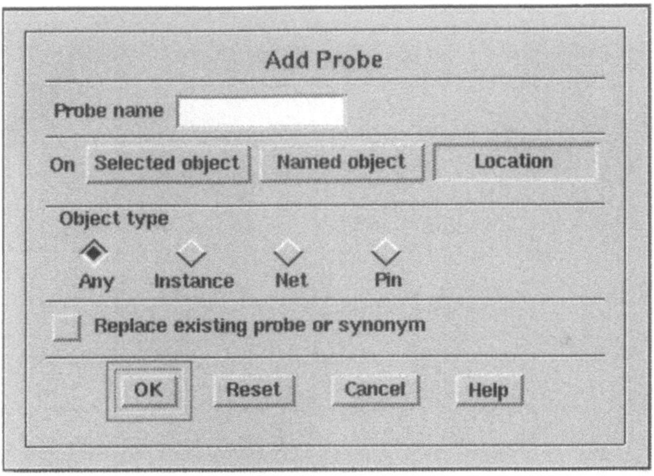

Bild 11-23. Das *Add Probe*-Dialogfeld

Dies ist eine Ausnahme von der bei Mentor üblichen „Erst Selektion, dann Operation"-Methode.

Probes lassen sich nicht nur Netzen, sondern auch Instanzen oder Pins zuweisen. Der Objekttyp wird über die Buttons *Any, Instance, Net* oder *Pin* im *Add-Probe*-Dialogfeld vorgegeben. Ist der Button *Any* aktiviert, läßt sich die Prüfspitze an jedes geeignete Designobjekt heften. Ist *Net* (Pin) aktiviert, dann wird im *Location-Modus* die Prüfspitze dem Netz (Pin) zugewiesen, das (der) sich beim Betätigen der linken Maustaste in nächster Nachbarschaft zum Fadenkreuz befindet.

Probes werden über den Menüeintrag **Delete > Probe** gelöscht. In einer Dialogbox ist dazu der Name der zu löschenden Spitze einzugeben. Wird im Dialogfeld der Button *All* aktiviert, verschwinden alle Probes im Schaltplan. Die Befehlsfolge **Report > Setup > Probes** in der Session-Menüleiste listet alle Prüfspitzen im Schaltplan auf.

Sollen Netze, die mit Probes versehen sind, in Ergebnisfenster gebracht und dort mit dem Probenamen angesprochen werden, muß der Probenamen explizit im *Add-Traces*-Dialogfeld eingegeben werden. Wird das Netz als selektiertes Objekt in das Ergebnisfenster gesetzt, erscheint dort der *Net-Handle* (/N$xx) und nicht das Synonym (z.B. OUT1).

Monitor Flags

Interessiert der Signalzustand eines Netzes direkt im Schaltplan, so kann man diesem Netz ein Ergebnisfeld (*Monitor Flag*) zuordnen, in dem der Signalzustand zur aktuellen Simulationszeit eingeblendet wird. Monitor Flags bieten damit die gleiche Information, wie das Monitorfenster. Zum Hinzufügen von Monitor Flags wird das interessierende Netz selektiert und das MONITOR-FLAGS-Sinnbild im *DBG-Gates*-Palettenmenü betätigt. Bild 11.24 zeigt einen Schaltplan mit diesen Ergebnisfeldern.

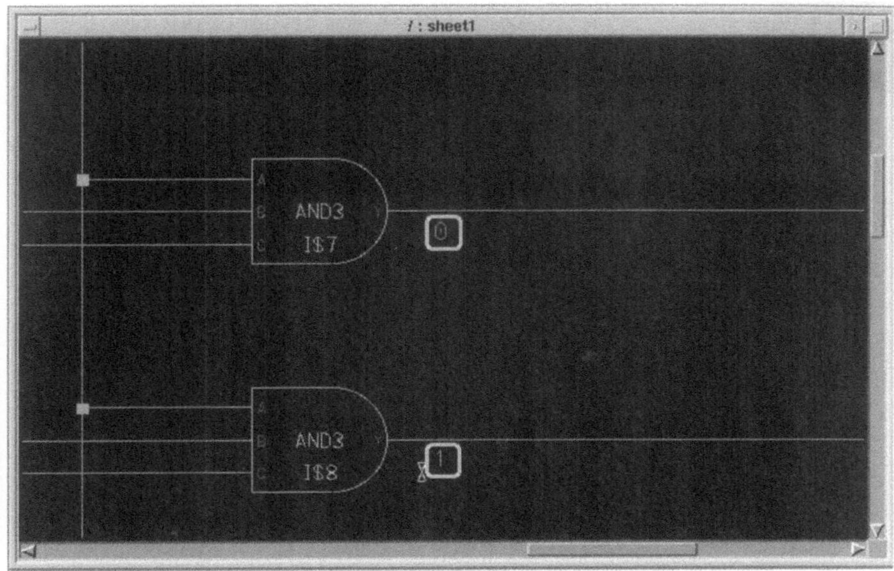

Bild 11-24. Schaltplanausschnitt mit *Monitor Flags*. Die Signalzustände sind 0 und 1

11.2.3
Initialisierung

Wie in Abschn. 5.2.2.5 bereits diskutiert, sind Schaltungen vor dem Simulations-start oder nach Zurücksetzen des Simulators zu *initialisieren*. Bei diesem Prozeß werden Anfangszustände für die Pins der einzelnen Instanzen ermittelt, auf die sich der Simulator bei der Zeitanalyse bezieht.

Das Programm QuicksimII kennt zwei unterschiedliche Initialisierungsar-ten, die *Default*-Initialisierung, die automatisch beim Aufruf des Programms durchgeführt wird, und die sog. klassische Initialisierung (*Classic Initializati-on*). Beide Intialisierungsverfahren berücksichtigen zunächst alle über INIT-Properties vorgegebenen Anfangswerte für Signalzustände. Die klassische Vari-ante schließt Schaltungsinstabilitäten beim Simulationsstart aus, die bei der De-fault-Initialisierung auftreten können. Deshalb ist es bei Default-Initialisierun-gen empfehlenswert, den Simulator einige Hundert Nanosekunden laufen zu lassen, bevor Eingabesignale angelegt werden. Die klassische Initialisierung kann allerdings bei Schaltplänen, die mit VHDL-Modellen beschriebene Kom-ponenten enthalten, nicht verwendet werden.

Die Schaltungsinitialisierung wird über die Menüleiste mit **Run > Initialize** gestartet. In der INIT-Prompt-Bar-Zeile (Bild 11.25) kann der Signalzustand *State Value* definiert werden, mit dem bei der Initialisierung alle Netze ohne INIT-Property belegt werden. Voreingestellt ist der Zustand XR. Mit dem Wahl-feld *Init Type* legt man den Initialisierungsmodus (*Default* oder *Classic*) fest.

Bild 11-25. Die INIT-Prompt-Bar-Zeile

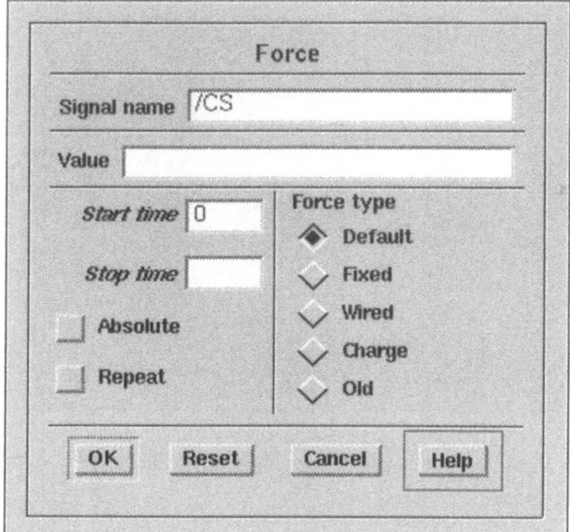

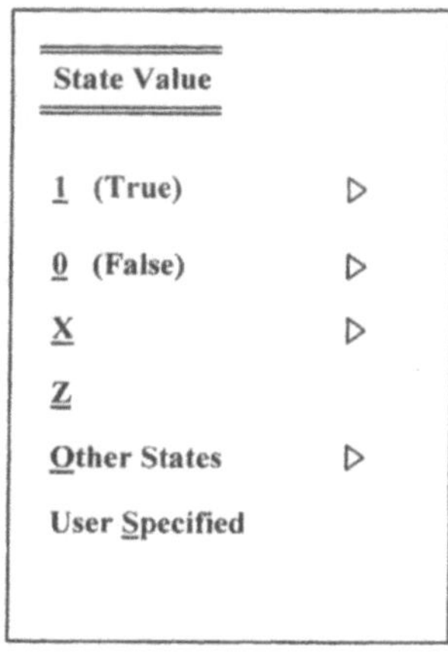

Bild 11-26. Die *State-Value*-Menü und das *Force*-Dialogfeld

11.2.4
Signaleingabe

Es ist unbequem, die in Abschn. 11.1.3 eingeführten Force-Kommandos in Textform einzugeben. Das Programm QUICKSIMII bietet deshalb verschiedene menügeführte Routinen zum Einprägen von Force-Signalen.

11.2.4.1
Feste Signalzustände (Single Forces)

Um ein oder mehrere Netzen auf einen festen Signalzustand zu legen, selektiert man die betreffenden Netze im Schematic View Window. Ein Anklicken der FORCE-TO-STATE-Ikone im *Stimulus*-Palettenmenü öffnet das *State-Value*-Menü (Bild 11.26), aus dem der geeignete Signalzustand ausgewählt werden kann. Dieser Zustand wird solange beibehalten, bis ein neuer Zustand über ein weiteres Force-Kommando vorgegeben wird.

Sollen für den eingeprägten Zustand definierte Anfangs- und Endzeiten gelten, wird das Signal über die Menüleiste mit **Setup > Force > Single Value** eingegeben. Im *Force*-Dialogfeld (Bild 11.26) können das gewünschte Zeitintervall so-

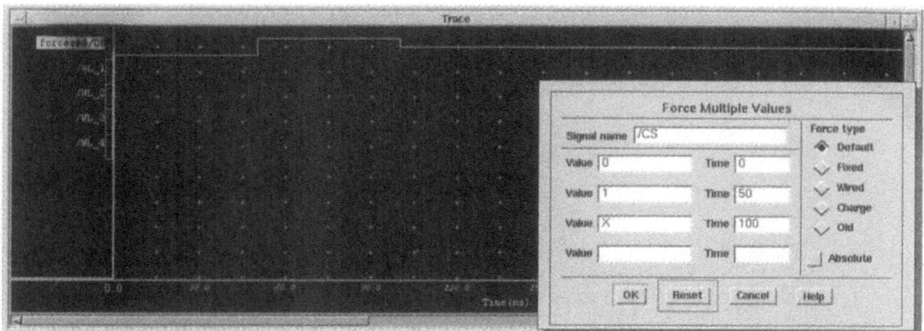

Bild 11-27. Das ausgefüllte *Add-Multiple-Forces*-Dialogfeld mit zugehöriger Signalform

wie der *Force-Type* definiert werden. Die Anfangs- und Endzeiten sind dabei auf die aktuelle Simulationszeit bezogen. Wird das Feld *Absolute* im *Force*-Dialogfeld aktiviert, beziehen sich diese Zeiten hingegen auf den Zeitpunkt „0", den Simulationsstart.

11.2.4.2
Aperiodische Signale (Multiple Forces)

Für Signalstimuli mit mehreren Signalwechselzeiten wird die *Multiple-Force*-Option verwendet. Das gewünschte Netz wird selektiert. Über die Anwahl der ADD-FORCES-Ikone im *Stimulus*-Palettenmenü wird das *Force-Multiple-Values*-Dialogfeld (Bild 11.27) geöffnet. Der Name des selektierten Netzes wird dabei automatisch übernommen. Ohne Selektion ist der Name des interessierenden Signals hinter *Signal Name* einzutragen. Den Verlauf des Eingabesignals bestimmen Zeitpunkt/Zustandspaare, die hinter *Time* und *Value* eingegeben werden. Die Zeitangaben werden dabei relativ zur momentanen Simulationszeit interpretiert. Nach Aktivieren des Buttons *Absolute* können auch absolute Zeitwerte eingetippt werden. Es stehen verschiedene Force-Typen zur Auswahl (s. Abschn. 11.3). Mit der Voreinstellung (Button *Default*) werden Eingängen Forces vom Typ *Charge* und allen bidirektionalen Schaltungsports Signale vom Type *Wired* zugewiesen.

11.2.4.3
Taktsignale (Clock Forces)

Taktsignale (*Clocks*) werden über die Ikone ADD CLOCK im *Stimulus*-Palettenmenü und das *Force-Clock*-Dialogfeld (Bild 11.28) eingegeben. Der Signalname wird bei Selektion eines Netzes automatisch übernommen und ist ansonsten hinter *Signal Name* einzutragen. Die Taktperiodendauer wird in Nanosekunden im Textfeld *Period* vorgegeben. Ohne explizite Vorgabe für die Abbruchzeit (*Stop Time*) läuft das Signal ohne zeitliche Beschränkung weiter.

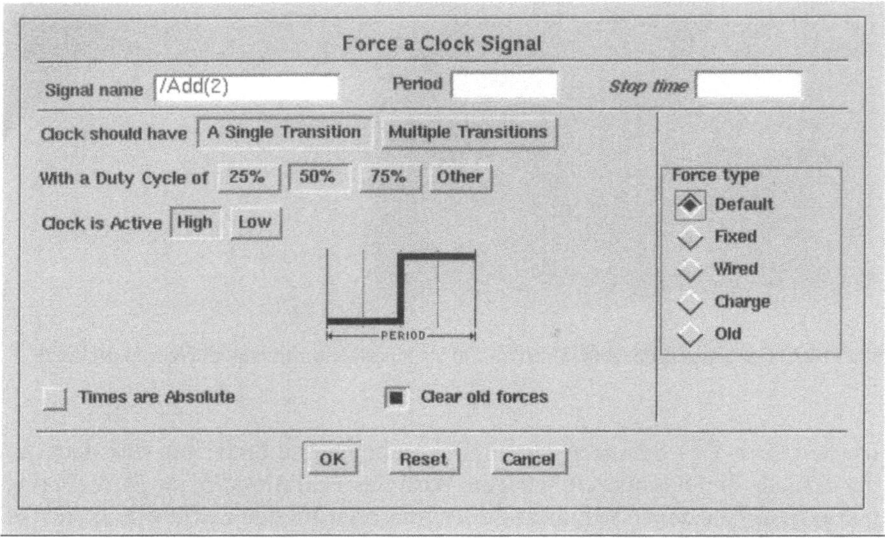

Bild 11-28. Das *Force-Clocks*-Dialogfeld

Mit den Wahlfeldern *Single Transition* und *Multiple Transition* hinter *Clock Should Have* können periodische Signale mit einem oder mehreren Signalwechseln pro Periode erzeugt werden. Mit den Wahlfeldern *High* oder *Low* hinter *Clock Is Active* können *high*-aktive oder *low*-aktive Takte definiert werden. Dieser Eintrag wird relevant, wenn asymmetrische Taktsignale definiert werden sollen. Die Dauer der High- oder Low-Phase wird aus dem *Duty Cycle* z.B. 25% oder 50% berechnet, der ebenfalls im Dialogfeld vorgegeben wird. Der Duty Cycle bestimmt den Zeitanteil, den der Takt pro Periode im aktiven Zustand ist.

Der per Voreinstellung aktivierte Button *Clear Old Forces* löscht vorhandene Clock-Einträge. Mit *Multiple Transitions* können beliebige periodische Signalwechsel über Zeit/Signalzustands-Paare erzeugt werden.

11.2.4.4
Bussignale

Mit den bisher beschriebenen Routinen zur Signaleingabe dauert es bei breiteren Bussen u.U. sehr lange, bis der gewünschte Buszustand vollständig definiert ist. Dieser Editieraufwand kann mit einem Patterngenerator (*pattern*, engl. das Muster) reduziert werden, mit dem sich häufig verwendete Signalfolgen teilautomatisch erzeugen lassen.

Der Patterngenerator wird über die Ikone PATTERN GENERATOR im *Stimulus*-Palettenmenü aufgerufen. Die *Force-Pattern-Generator*-Dialogbox zeigt Bild 11.29. Sind Busse selektiert, werden die Namen automatisch in das Textfeld hinter *Signal to generate pattern for* übernommen, ansonsten ist der Name wie üb-

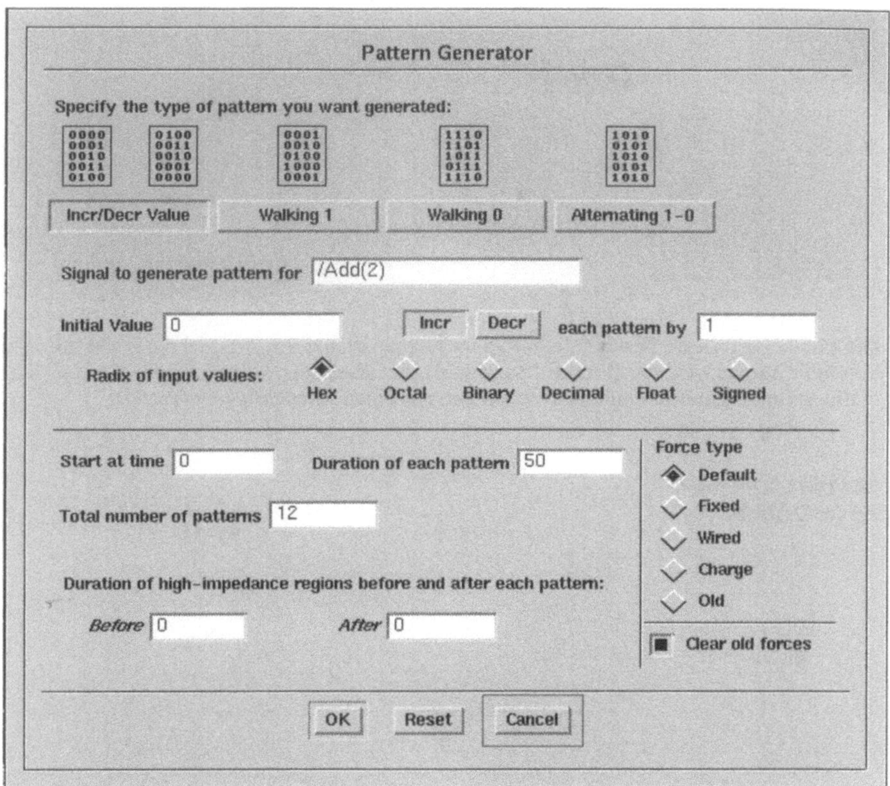

Bild 11-29. Das *Force-Pattern-Generator*-Dialogfeld

lich dort einzutippen. Der Patterngenerator erzeugt vier unterschiedliche Signalmuster (s. Bild 11.30):

- *Incr/Decr Value*: Hier wird ein Binärwort hochgezählt oder im Wert sukzessive erniedrigt. Der Anfangswert (*Initial Value*) und das Inkrement bzw. Dekrement sind einzugeben.
- *Walking One*: Hier wird eine logische „1" durch ein Binärwort mit lauter Nullen „geschoben". Die Position der „1" ändert sich dabei von Muster zu Muster um eine Stelle.
- *Walking Zero*: Hier wird das invertierte Muster eines Walking One Patterns erzeugt, d.h., eine Null wandert durch lauter Einsen.
- *Alternating 1-0*: Hier werden Signalmuster generiert, in denen sich in jedem Wort die Positionen der Nullen und Einsen abwechseln. Die Lage der Nullen und Einsen ist dabei von Wort zu Wort vertauscht (Schachbrettmuster).

Die weiteren Eingabefelder im Force-Pattern-Generator-Dialogfeld legen die Anfangszeit (*Start Time*) des Musters fest, definieren, wie lange ein Muster an-

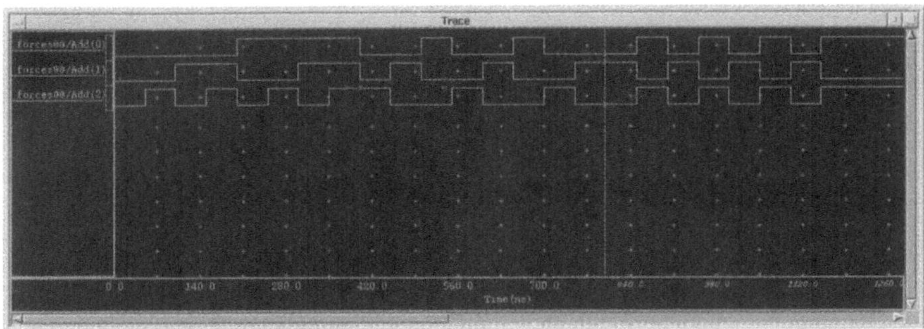

Bild 11-30. Generierte Bussignale mit 50 ns Periodendauer am Beispiel eines 3-bit Busses: Von 0 bis 400 ns wird der Wert des Bussignals inkrementiert. Danach werden 400 ns lang *Walking One*-Signale erzeugt. Die letzten 400 ns zeigen *Alternating-1-0-Pattern*

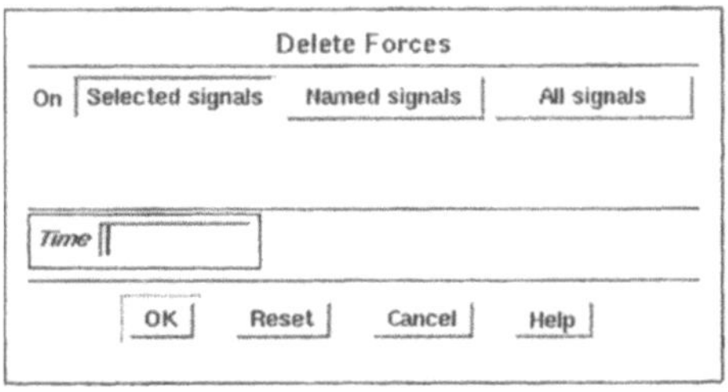

Bild 11-31. Die *Delete-Forces*-Dialogbox

liegt (*Duration of Pattern*), oder geben an, wie viele Muster generiert werden sollen (*Total Number of Patterns*). Zwischen zwei Mustern können hochohmige Zwischenzustände eingefügt werden. Die Zeitdauer dieser Zwischenzustände vor (*Before*) bzw. hinter (*After*) einem Pattern können unter *Duration of high impedance regions for each pattern* eingetragen werden. Die Buszustände werden per Voreinstellung als Hexadezimalzahlen dargestellt. Andere Zahlenbasen sind ebenfalls möglich (Buttons *Octal, Binary, Decimal, Float* und *Signed* für Oktal-, Binär-, Dezimal-, Fließkommazahlen bzw. vorzeichenbehaftete Binärzahlen in der Zweierkomplementdarstellung).

Bei der Pattern-Generator-Dialogbox sind übrigens alle offenen Eingabefelder konsistent auszufüllen, sonst werden keine Signalmuster erzeugt.

11.2.4.5
Löschen von Force-Signalen

Zum Löschen von Eingabesignalen gibt es die DELETE-FORCES-Ikone im *Stimulus*-Palettenmenü. Es können selektierte Signale, per Namenseingabe definierte Signale oder alle Signale gelöscht werden. Die entsprechenden Wahlfelder in der *Delete-Forces*-Dialogbox (Bild 11.31) heißen *Selected Signals, Named Signals* und *All Signals*.

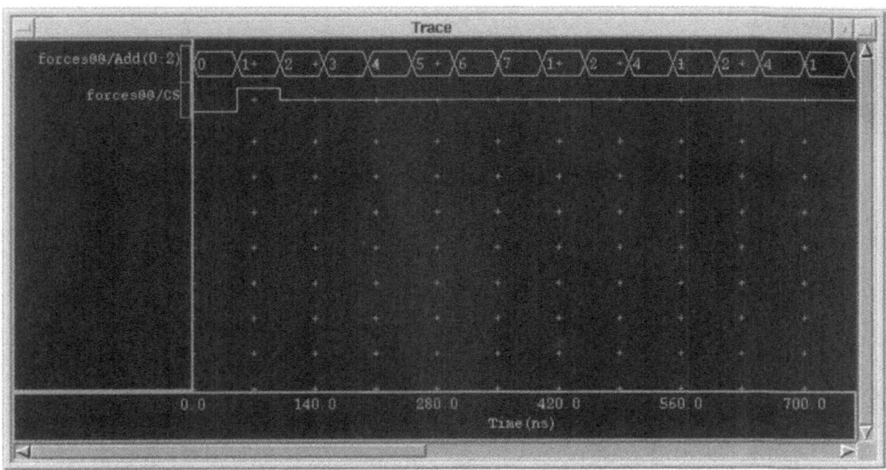

Bild 11-32. Das Tracefenster mit selektierten Signalen und den Kopien aus der *Forces*-Waveform-Datenbasis

11.2.4.6
Anzeigen von Forces vor dem Simulationsstart

Eingangssignale werden von Simulatoren üblicherweise erst nach der Simulation zusammen mit den berechneten Signalen in den Ergebnisfenstern ausgegeben. Zur Fehlervermeidung ist es aber sinnvoll, die Signalverläufe der eingegebenen Forces vorab zu kontrollieren. Dazu selektiert man die interessierenden Signale und aktiviert den *Waveform Editor* durch Anklicken der EDIT-WAVE-FORM-Ikone im *Stimulus*-Palettenmenü. Daraufhin erscheint bei jedem selektierten Eingabesignal im Tracefenster eine Kopie des Signalverlaufs der eingegebenen Forces, die mit *forces@@/signal_name* bezeichnet ist (Bild 11.32). Diese kopierten Signalverläufe stammen aus der sog. *Forces-Waveform Datenbasis*, die automatisch beim Aufruf des Simulators angelegt wird und in die alle erzeugten Eingabesignale abgelegt werden. Sind noch keine Forces vorhanden, weist der Waveform Editor den Signalen einen Default-Zustand (XR) zu. Der Verlauf der Signale kann dann mit den bereits besprochenen Force-Kommandos sowie über grafische Editiermethoden (s. Abschn. 11.2.5.2) verändert und an die Erfordernisse der geplanten Simulation angepaßt werden.

11.2.5
Waveform-Datenbasen

Waveform-Datenbasen (WDBs) sind Design-Objekte, in denen Signalverläufe in kompilierter Form nach Events geordnet und damit für den Simulator schnell auswertbar kompakt abgespeichert werden. Im Programm QuicksimII gibt es

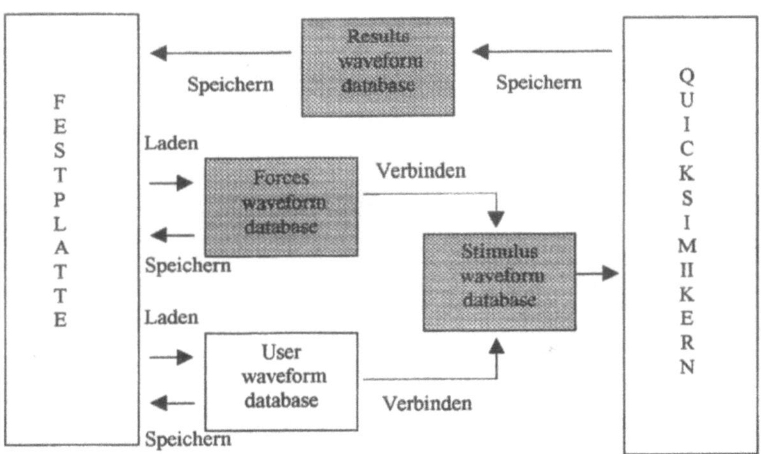

Bild 11-33. Die *Waveform-Datenbasen* zum Datentransfer zwischen Festplatte und Simulatorkern. Grau unterlegte WDBs werden automatisch vom Simulator erzeugt

vier verschiedene WDB-Typen, die automatisch oder benutzerdefiniert erzeugt werden (Bild 11.33):
- Waveform-Datenbasis für Simulationsresultate (*Results Waveform Database*): Hier werden alle Simulationsresultate abgelegt, die in Ergebnisfenstern zur Anzeige gebracht oder bei Simulationen mit *Breakpoints* (s. Abschn. 11.2.6.2) zur Ermittlung von Abbruchbedingungen benutzt werden. Diese Datenbasis wird automatisch beim Aufruf des Simulators als voreingestellte Datenbasis geladen.
- *Stimulus*-Datenbasis (*Stimulus Waveform Database*): Hier werden alle Stimulisignale, die über Force-Kommandos oder extern erzeugte Textfiles bereitgestellt werden, zusammengefaßt und zeitlich geordnet dem Simulator-Kern zugeführt. Der Inhalt dieser Datenbasis kann nicht direkt auf die Festplatte geschrieben werden, sondern muß vorher mit dem Waveform Editor in *Force-Files* übersetzt werden.
- *Forces*-Datenbasis (*Forces Waveform Database*): Diese bereits erwähnte Datei enthält alle Eingabesignale, die mit Force-Kommandos erstellt worden sind, und ist automatisch mit der Stimulus-Datenbasis verbunden.
- Sonstige Datenbasen (*User Defined Waveform Database*): Diese WDBs können in die Stimulus Waveform Database geladen werden. Dabei kann es sich beispielsweise um Simulationsergebnisse anderer Schaltungsblöcke handeln, die als Stimuli verwendet werden sollen.

Waveform Databases haben die folgenden Eigenschaften:
1. WDBs lassen sich verknüpfen: verschiedene WDBs können zur Synthese von neuen Stimulationspattern kopiert, editiert und zusammengesetzt werden.

2. Waveform-Datenbasen können in Ergebnisfenstern grafisch dargestellt und mit dem Waveform Editor bearbeitet werden. Zur Bearbeitung werden die Daten zuerst in die Forces Waveform Database geladen.

11.2.5.1
Laden und Speichern

Sollen gespeicherte Waveform-Datenbasen, etwa eine alte Force-WDB, bei einer neuen Simulation verwendet werden, so müssen die WDB-Dateien von der Festplatte in den Programmspeicher der Workstation geladen werden. Dieser Vorgang kann mit den Menüeinträgen **File > Load > Waveform DB** oder mit der Ikone LOAD WDB im *Stimulus*-Palettenmenü gestartet werden. Daraufhin öffnet sich die *Load-Waveform-DB*-Dialogbox (Bild 11.34). Der Pfadname der gewünschten WDB kann, falls bekannt, direkt in das Textfeld *Pathname* eingegeben oder mit Hilfe des Navigators bestimmt und übernommen werden. Im zwei-

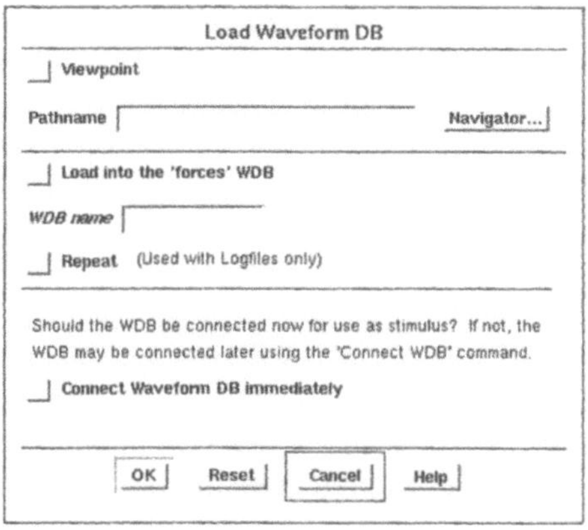

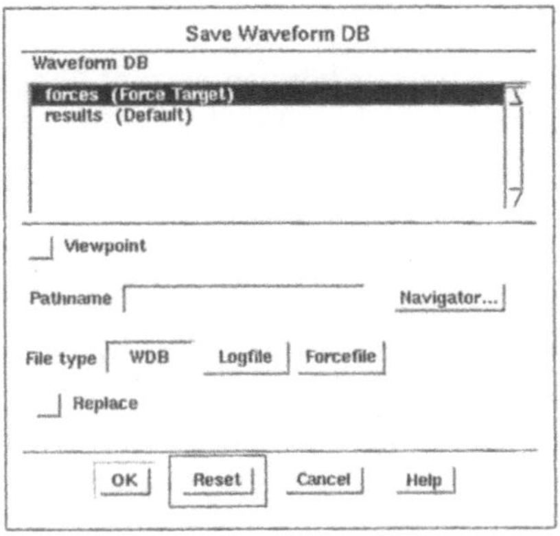

Bild 11-34. Die *Load-Waveform-DB* – und die *Save-Waveform*-Dialogbox

ten mit *WDB Name* betitelten Textfeld ist der Name einzugeben, an dem die WDB im Programmspeicher identifiziert werden kann. Ohne Eintrag wird automatisch der Objektname der WDB (letzter Eintrag im Pfadnamen) auf der Festplatte übernommen. Werden die beiden Buttons *Load into „Forces" WDB* und *Connect Waveform DB Immediately* aktiviert, wird die geladene WDB in die per Default angelegte *Forces-WDB* abgelegt und sofort in die *Stimulus-WDB* übertragen.

Sollen WDBs auf die Festplatte geschrieben werden, wird über die Session-Menüleiste **File > Save > Waveform DB** eingegeben bzw. das Sinnbild SAVE WDB im *Stimulus*-Palettenmenü angeklickt. Im *Save-Waveform DB*-Dialogfeld (Bild 11.35) sind alle aktuell im Programmspeicher residenten WDBs aufgelistet. Die zu speichernde Datenbasis wird selektiert. Der gewünschte Pfadname für die gespeicherte WDB auf der Festplatte kann über den Navigator definiert oder explizit eingetippt werden. Soll die WDB in den gleichen Speicherbereich geschrieben werden aus dem sie vorher geladen wurde, ist der *Replace*-Button zu betätigen. Der OK-Button startet die Übertragung der ausgewählten WDB auf die Festplatte.

Für das vereinfachte Wiederauffinden von WDBs ist es praktisch, diese Dateien in der gleichen Directory abzulegen, in der sich der Design Viewpoint der Schaltung befindet (Button *Viewpoint* im *Save-Waveform-DB*-Dialogfeld.

Bei Forces gibt es auch die Möglichkeit, WDBs als ASCII-Files in Form der bereits in Abschn. 11.1.3 definierten Force-Kommandos abzuspeichern (s. Bild 11.35). Um solche ASCII-Dateien zu erstellen, ist der Button *Forcefile* im *Save-Waveform-DB*-Dialogfeld anzuklicken.

WDBs können bei Bedarf auch während einer Simulation aus dem Programmspeicher entfernt werden (*Unloading*). **File > Unload > Waveform DB** öffnet die *Unload-Waveform-DB*-Dialogbox (Bild 11.36). In der angezeigten Liste der aktiven WDBs wird die fragliche Datenbasis selektiert und mit OK aus dem Programmspeicher gelöscht. Ist der Button *Save* aktiv, kann die WDB vor dem Löschen noch auf die Festplatte geschrieben werden. Der zu verwendende Pfadname wird dazu in das entsprechende Textfeld eingegeben.

11.2.5.2
Editierung

Neue Eingangssignalmuster können sowohl über Force-Kommandos als auch durch Modifikation bereits bestehender Waveform-Datenbasen erzeugt werden. Die zweite Methode ist immer dann zeitsparender, wenn nur geringfügige Änderungen vorhandener Daten notwendig sind. Die Abänderung von Signalverläufen wird vom *Waveform Editor* des Programms QUICKSIMII unterstützt. Der Waveform Editor hat ein eigenes Palettenmenü (Bild 11.37). Mit diesem Editor können nur Signalverläufe aus der *Forces*-Datenbasis bearbeitet werden, die in einem *Trace Window* dargestellt sind.

Der Waveform Editor wird über das Palettenwahlfeld WF EDITOR aktiviert. Dieses Wahlfeld steht aber erst zur Verfügung, wenn mindestens ein Trace Window geöffnet ist. Im *Set-Up-Waveform-Editor*-Dialogfeld (Bild 11.38), das über

Bild 11-35. *Forcefile* erstellt aus einer WDB

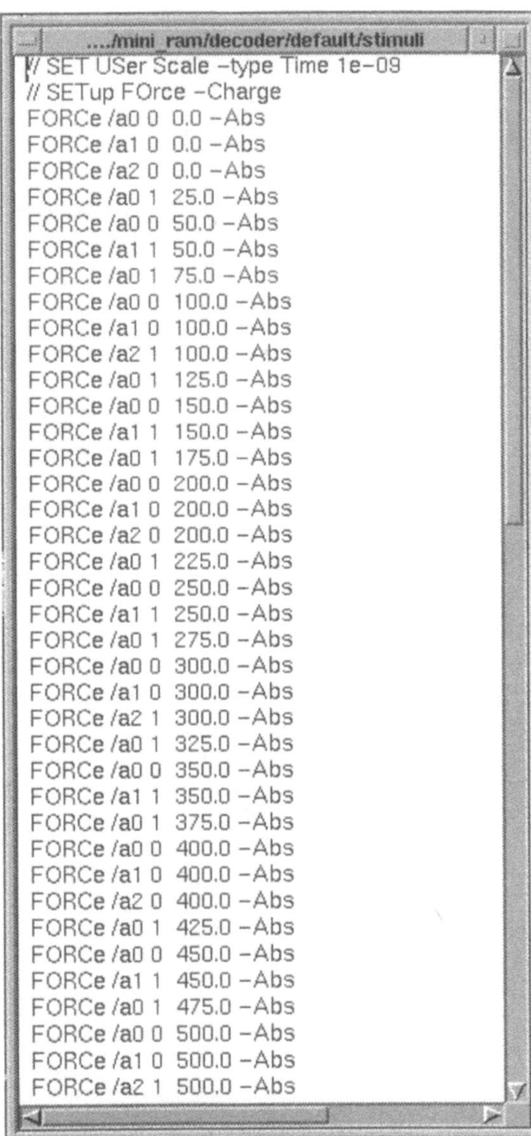

die SETUP-WAVEFORM-EDITOR-Ikone im Palettenmenü geöffnet wird, kann die zu bearbeitende Waveform Datenbasis spezifiziert werden. Im Prinzip lassen sich alle vorhandenen WDBs editieren, mit Ausnahme der *Results*-WDBs. Voreingestellt ist die aktuelle *Forces*-WDB. Die zu bearbeitenden Signale aus der gewählten WDB-Datei werden im Schaltplanfenster selektiert und in das Tracefenster geladen.

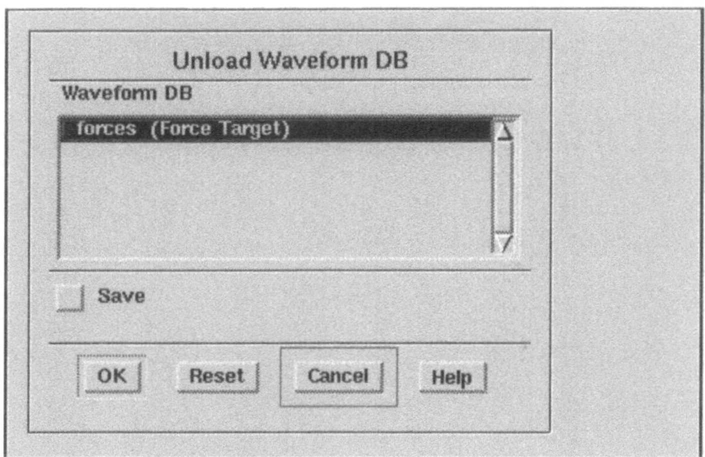

Bild 11-36. Die *Unload-Waveform-DB-Dialogbox*

Finden sich in der Waveform-Datenbasis keine gespeicherte Kurvenformen des selektierten Signals, erzeugt das Programm einen Dauerzustand. Die Voreinstellung für diesen Zustand ist *XR*. Andere Zustände können über *Initial Values for New Waveforms (12 State Logic)* eingestellt werden. Zur einfacheren Editierung kann ein Einrastgitter für die Zeitachse der Signalverläufe verwendet werden. Dazu ist der Button *Snap Edges to Timegrid* anzuklicken und das Zeitraster zu definieren. Voreingestellt sind 10ns. Der Eintrag hinter *Time Grid Offset* verschiebt das Zeitraster um einen konstanten Wert. Wird -5 eingegeben, dann liegen die Gridpunkte bei 5, 15, 25, ... statt bei 0, 10, 20, ...

Kurvenformen von selektierten Signalen können mit dem Editor in verschiedener Weise bearbeitet werden. Mit der Ikone ADD im Waveform-Editor-Palettenmenü lassen sich Pulse auf die selektierte Signalform aufprägen. Nach dem Anklicken der Ikone erscheint eine Prompt-Bar-Zeile mit dem Titel *Click where the event is to be added* (Bild 11.39). Mit einem Fadenkreuz lassen sich die Pulsflanken längs des Signalverlaufs verschieben. Das Fadenkreuz wird auf die gewünschte Zeit für die erste Flanke gesetzt. Eine Feinjustage ist nicht nötig, denn die Pulsflanken werden später automatisch auf das voreingestellte Zeitraster (z.B. 10ns) gesetzt. Dann wird die linke Maustaste betätigt und gedrückt gehalten. Durch ein weiteres Verschieben des Fadenkreuzes spannt sich ein Rechteck auf, das nach Loslassen der linken Maustaste die Pulsbreite definiert (Bild 11.40). Sollen bereits vorhandene Signalflanken grafisch verschoben werden, selektiert man das relevante Signal im Tracefenster und aktiviert die MOVE-Ikone im Waveform-Editor-Palettenmenü. Die MOVE-Prompt-Bar-Zeile erscheint. Die Kantenverschiebung erfolgt wieder mittels der linken Maustaste. Zuerst wird die gewünschte Signalflanke angeklickt und dann wird mit gedrückter linker Maustaste ein Rechteck definiert, dessen Breite die Verschiebungsstrecke der Flanke

Bild 11-37. Das *Waveform-Editor*-Palettenmenü

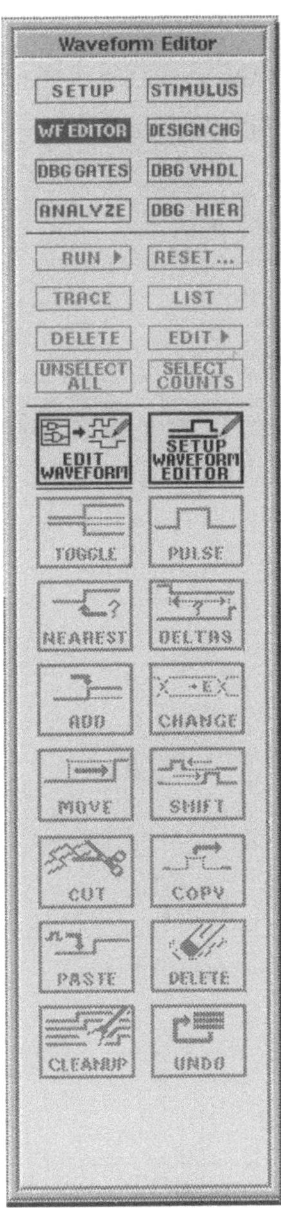

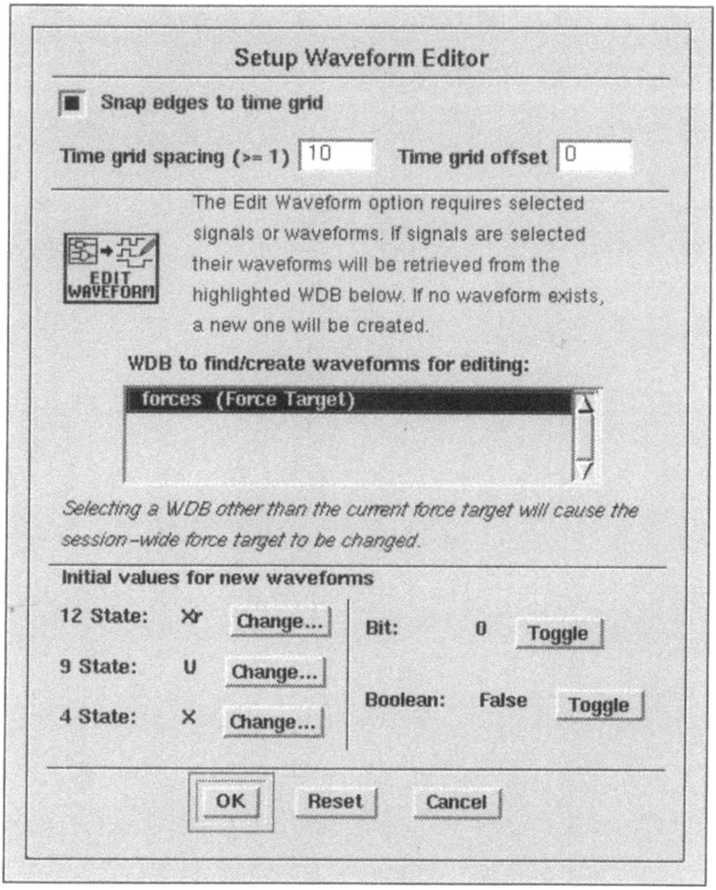

Bild 11-38. Die *Set-Up-Waveform-Editor*-Dialogbox

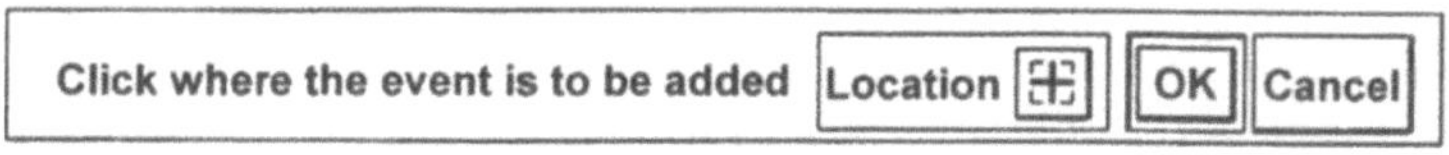

Bild 11-39. Die *Add-Pulse*- und die *Click-where-event-is-to-be-added*-Prompt-Bar-Zeilen

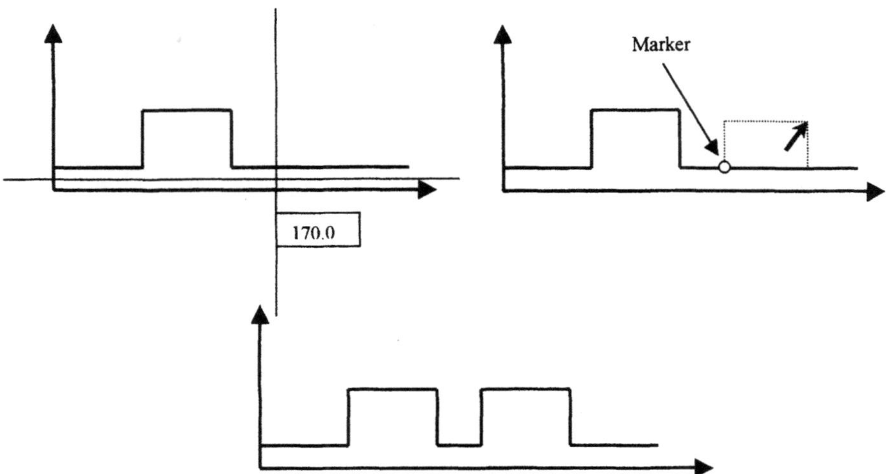

Bild 11-40. Das Einfügen eines Pulses mit Fadenkreuz und aufgespanntem Rechteck. Am Fadenkreuz hängt ein Anzeigefenster, mit dessen Hilfe der Startzeitpunkt für den Puls definiert werden kann (links oben). Mit einem Mausklick setzt man einen Zeitmarker ab und spannt dann ein Rechteck auf, daß die Pulsbreite festlegt (rechts oben). Das untere Diagramm zeigt den grafisch generierten Puls

vorgibt. Nach dem Loslassen der Maustaste rasten die Flanken auf die Zeitrasterpunkte ein.

Logische Pegel von Signalen lassen sich mit dem Editor umkehren. Mit der Ikone TOGGLE wird die *Toggle*-Prompt-Bar-Zeile geöffnet. Auch bei dieser Routine kann man über das Fadenkreuz und Anklicken Zeitpunkte längs der Signalform definieren, an denen sich der logische Zustand der Signale ändern soll, z.B. von „1" auf „0".

Um Signalwechsel zu löschen, gibt es im Palettenmenü des Waveform Editors die DELETE-Ikone. Nach dem Anklicken erscheint die *Delete*-Prompt-Bar-Zeile und Fadenkreuz mit dem die zu löschende Signalkante angefahren wird. Nach dem Anklicken mit der linken Maustaste verschwindet der Signalwechsel bzw. der zugehörige Signalpuls. Zwei rote Markierungspunkte kennzeichnen die Flankenpunkte des gelöschten Signalwechsels.

Um ungewollte Editiervorgänge rückgängig zu machen, gibt es auch eine UNDO-Ikone im *Waveform-Editor*-Palettenmenü.

11.2.5.3
Wiederverwenden von Stimuli-Pattern

Häufig ergeben sich bei Simulationen Fehler, die mit dem Schematic Editor des DESIGNARCHITECT korrigiert werden müssen. Dann ist der Simulator zu verlassen, die Korrektur durchzuführen und ein neuer Viewpoint für das korrigierte Design zu erstellen. Um den Erfolg der Korrekturmaßnahme zu testen, wird die neue Schaltung sinnvollerweise mit den gleichen Schaltungsstimuli simuliert, die beim alten Stand das Fehlverhalten ausgelöst hatten. Statt diese Eingabesignale noch einmal einzugeben, kann man die fraglichen Simulationspattern vor Verlassen von QUICKSIMII als *Force*-WDB speichern und nach der Schaltungskorrektur mit der *Load-Waveform-Database*-Routine erneut zu laden. Ist bereits eine *Forces*-WDB eingebunden, dann muß diese Datei vor dem Laden mit *Unload WDB* abgekoppelt werden. Soll die wieder geladene WDB sofort als Stimulus für die Simulation zur Verfügung stehen, ist im *Load-Waveform-Database*-Dialogfeld (Bild 11.34) der Button *Connect Waveform DB Immediately* anzuklikken. Daraufhin erscheinen neue Textfelder und Buttons, mit denen bestimmte Zeitbereiche aus dem Force File ausgewählt werden können. Wichtig ist, daß ein Stop-Zeitpunkt vorgegeben wird, bis zu dem die Eingabesignale aus der WDB ausgelesen werden.

11.2.6
Starten eines Simulationslaufes

Simulationen mit dem Programm QUICKSIMII können mit vorgegebenen Zeitintervallen oder mit spezifizierten Abbruchbedingen durchgeführt werden.

11.2.6.1
Simulation mit vorgegebener Laufzeit

Simulationen von bestimmter Dauer werden mit dem RUN-Kommando gestartet. Dieses Kommando wird über die Menüleiste mit **RUN > Simulation > For Time** eingegeben. Danach erscheint die *Run Simulation* Prompt Bar. Alternativ kann *Run* und die gewünschte Simulationsdauer direkt in die *Popup Command Line* eingetippt werden. Run 1000 z.B. startet eine Simulation von ons bis zur Simulationszeit 1000ns.

Ohne Zeitvorgabe läuft der Simulator bis er auf eine Abbruchbedingung stößt oder die maximale Simulationszeit erreicht wird, die im QUICKSIM-*Setup* vereinbart werden kann. Soll eine laufende Simulation vorzeitig abgebrochen werden, kann ein Stop-Kommando mit der Tastenkombination *Ctrl-C* abgesetzt werden.

Zum Zurücksetzen des Simulationszeitpunkts auf Null gibt es einen Reset-Befehl, der im Stimulus-Palettenmenü durch Anklicken der RESET-Ikone ausgelöst wird. In der *Reset-Dialogbox* (Bild 11.41) wird das Wahlfeld *State* aktiviert und mit OK quittiert. Dadurch wird die Simulationszeit auf Null gesetzt und der Inhalt der *Results*-WDB gelöscht. Sollen die Ergebnisse der WDB vor dem Löschen gespeichert werden, aktiviert man den Button *Save results Waveform Database*. Daraufhin erscheinen weitere Eingabemöglichkeiten, mit denen die gleichen Angaben wie in der *Save WDB*-Dialogbox eingegeben werden können. Um zusätzlich den *Setup* des Simulators und die Fenstereinstellungen zu speichern, gibt es den Button *Setup* in der Reset-Dialogbox.

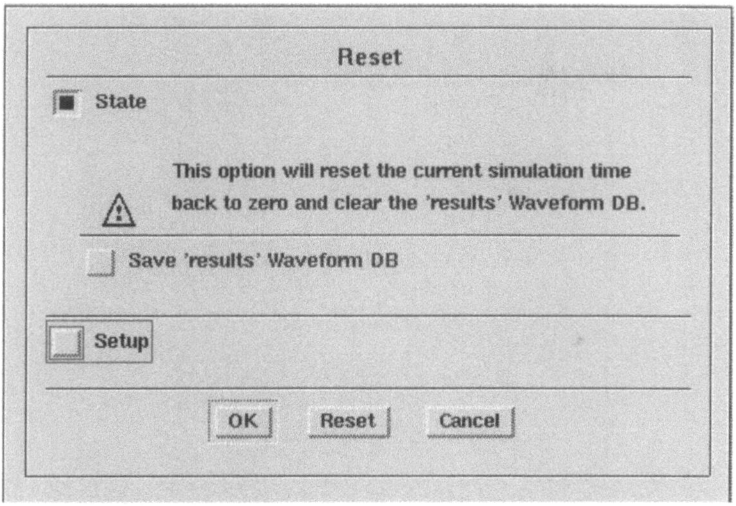

Bild 11-41. *Reset*-Dialogbox

11.2.6.2
Simulationsläufe mit Abbruchbedingungen

Bei komplexen Designs mit vielen Ausgabesignalen oder bei der Suche nach seltenen Fehlerbedingungen ist es zeitsparend, Simulationen über sog. Abbruchbedingungen (*Breakpoints*) auszuwerten. Die Simulation wird dann ohne Zeitlimit gestartet und läuft solange, bis die Ausgabesignale die eingegebene Bedingung erfüllen. Das Startkommando ohne Zeitlimit kann mit Eintippen von *Run* erfolgen oder über die Menüleiste mit den Befehlen **Run > Until Stop**.

Abbruchbedingungen werden über sog. *Expressions* gesetzt. Das sind Verknüpfungen von Signalen, die als Ergebnis einen Boolschen Wert zurückgeben. Bei Expressions ist eine bestimmte Syntax einzuhalten. Beispiele finden sich weiter unten. Der Wechsel des Expressionwertes von *falsch* auf *wahr* löst den Stop des Simulators aus. Gleichzeitig wird der Zeitpunkt an dem der Zustandswechsel stattgefunden hat, in einem Dialogfeld ausgegeben.

Breakpoints und die zugehörigen Expressions werden über die *Add-Breakpoint*-Ikone im *Set-Up*-Palettenmenü festgelegt. Nach Anklicken der Ikone öffnet sich das *Add-Breakpoint*-Dialogfeld (Bild 11.42). Die gewünschte Expression wird in das entsprechende Textfeld eingegeben. Der Button *On Change* kann gesetzt werden, wenn die Simulation bei *jeder* Änderung der *Expression* unterbrochen werden soll und nicht nur bei einem Wechsel in den Zustand *wahr*. Der *End-Of-Timestep*-Button verzögert den Simulationsstop, bis alle Iterationen des aktuellen Zeitschritts abgearbeitet sind.

Mit dem Wahlfeld *Delay Actions* kann der Breakpoint bis zum n-ten Auftreten der Abbruchbedingung verzögert werden, eine Option, die insbesondere bei se-

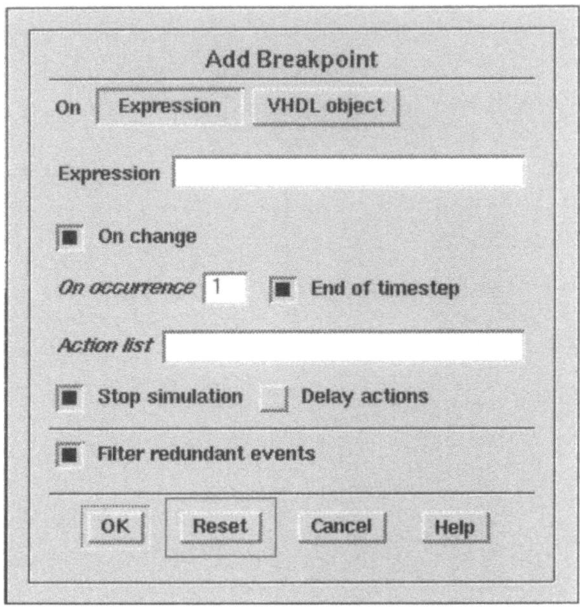

Bild 11-42. *Add-Breakpoint-*Dialogbox

quentiellen Schaltungen hilfreich sein kann. Wird hier der Wert 100 spezifiziert, bleiben 99 Abbruchbedingungen unberücksichtigt und der Simulationsstop erfolgt erst, wenn die Expression zum hundertsten Mal in den Zustand *wahr* wechselt.

Um eingegebene Breakpoints zu löschen, öffnet man das *Report-Breakpoint-*Fenster über die Menüleiste **Report > Setup > Breakpoint**. Das Fenster zeigt eine Liste der vorhandenen Breakpoints. Durch Selektion und mit der *Delete*-Ikone im Palettenmenü wird der interessierende Breakpoint gelöscht.

11.2.6.3
Beispiele für Breakpoint-Expressions

Am einfachsten sind Abbruchbedingungen für einzelne Signale. Soll der Abbruch erfolgen, wenn zwei Signale den gleichen Zustand annehmen, lautet die Abbruchbedingung: *signal_1 == signal_2* . Eine Expression der Form *signal_1 = = 1S* stoppt den Simulator, wenn das Signal in den Zustand 1S wechselt. *Signal_1* als Expression und Betätigen des Wahlfeldes *On Change* stoppt die Simulation, wenn dieses Signal seinen Zustand ändert. Soll die Simulation genau dann abgebrochen werden, wenn zwei Signale gleichzeitig bestimmte Zustände annehmen, lautet die geeignete Expression z.B. *((signal_1 == 1S))&&((signal_2 == XI))*.

Zustände von Busleitungen können mit Expressions einzeln durch Angabe der Bitposition (address(27)) oder in Gruppen geprüft werden. Die Expression vom Typ *(address(31:28, 3:0)== 0xFF)* testet, ob die vier höchstwertigsten und vier niederwertigsten Bits des 32-bit-Adreßbusses binär den Zustand (1111) annehmen. Die zu überwachenden Busleitungen sind als 8-bit-Bus zusammengefaßt und der gesuchte Zustand ist hexadezimal kodiert (FF). Die Zahlenbasis wird in der Expression durch *ox* gekennzeichnet. Bei einer binären Kodierung wäre *ob* einzutragen.

11.2.6.4
Speichern und Reaktivieren von Simulationszuständen

Um einen bestimmten Zustand der Ausgabesignale (*State*) für einen späteren Vergleich zu speichern, kann man statt der kompletten *Results-WDB* auch nur die aktuellen Signalzustände aller Signale im Tracefenster abspeichern. Dazu wird über die Menüleiste **File > Save > State** eingegeben und es öffnet sich die *Save-State-Dialogbox* (Bild 11.43). Die Schaltungszustände können in der Viewpoint-Datei des bearbeiteten Designs (*Viewpoint*-Button aktiv) oder unter einem beliebigen Pfadnamen abgelegt werden. Der voreingestellte Name der *State*-Datei ist *quicksim_state*. Existiert bereits eine Datei gleichen Namens, wird deren Inhalt mit den aktuellen Zuständen überschrieben, wenn der Button *Replace* aktiviert ist.

Soll der interne Zustand der Schaltung wieder hergestellt werden, dann wird über die Menüleiste **File > Restore > State** eingegeben und in der *Restore-State*-Dialogbox (Bild 11.44) der Pfadname der *State*-Datei eingegeben. Die Restore-Operation setzt lediglich die internen Schaltungszustände auf den letzten Wert der alten Simulation. Die Window-Einstellungen und sonstigen Setups des Programms werden nicht mit restauriert. Um die Suche nach State-Dateien zu erleichtern, sind diese Dateien in den Navigatorfenstern mit einem stilisierten Vorhängeschloß gekennzeichnet. Wurden die Daten zusammen mit dem Viewpoint abgespeichert, ist der Button *Viewpoint* anzuklicken; daraufhin erscheint automatisch der Dateinamen (z.B. *quicksim_state*) im Textfeld.

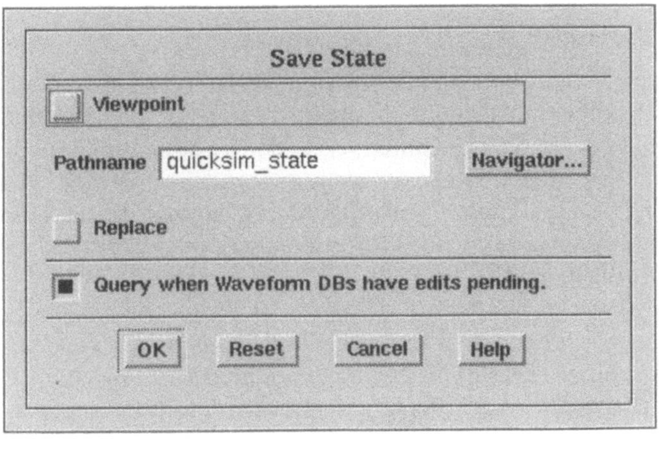

Bild 11-43. Die *Save-State*-Dialogbox

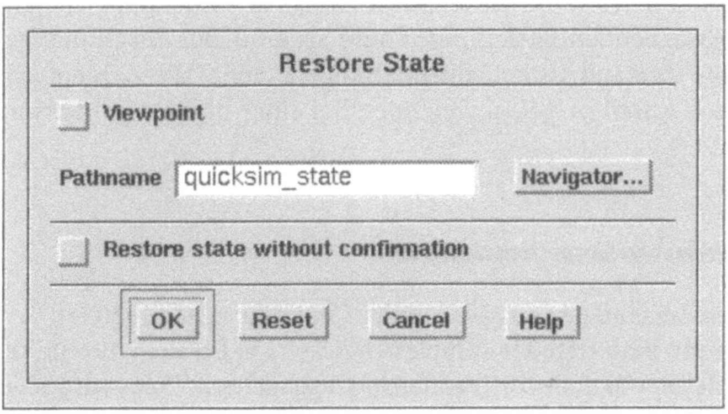

Bild 11-44. Die *Restore-State*-Dialogbox

Bild 11-45. Die *Exit Quicksim*-Dialogbox

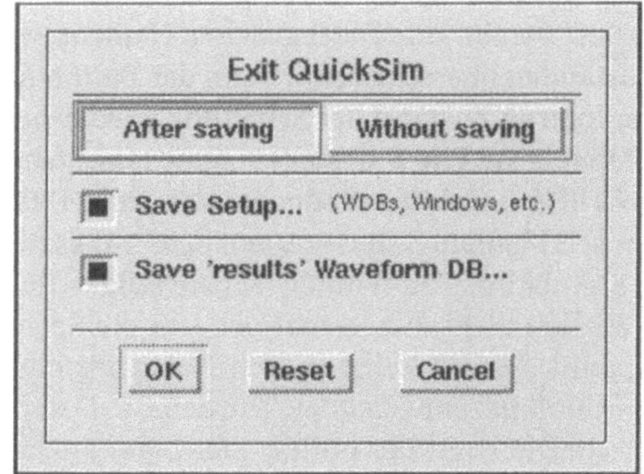

11.2.7
Beenden einer QUICKSIMII-Session

Eine QUICKSIMII-Session wird mit dem Palettenmenü-Wahlfeld EXIT oder durch Schließen des Session-Fensters des Simulators beendet. In beiden Fällen erscheint die *Exit-Quicksim*-Dialogbox (Bild 11.45). Sollen keinerlei simulations-bezogene Dateien wie Viewpoints, Setups, WDBs usw. gespeichert werden, wird das Wahlfeld *Without Saving* aktiviert. Mit *After Saving* können die zu spei-chernden Dateien über die entsprechenden Buttons ausgewählt werden. *Cancel* unterbricht den Exit-Vorgang.

Im Prinzip ist der Simulator nur dann zu schließen, wenn ein anderes Design simuliert werden soll, oder um die Workstation abzuschalten. Design-Änderun-gen zur Korrektur von Fehlern sind mit geöffnetem Simulator möglich. Dazu wird der Schaltplan der simulierten Komponente geöffnet und neue Instanzen eingefügt oder Leitungen neu gezogen. Danach wird wieder ein Viewpoint unter dem gleichem Namen erzeugt und in die Quicksim-Session gewechselt. Mit den

Menübefehlen **File > Load > New Models > All** wird der neue Schaltplan geladen und kann zum Vergleich mit den noch aktiven *Forces* simuliert werden.

11.3
Der Analogsimulator ACCUSIMII im Überblick

ACCUSIMII ist ein nichtlinearer, interaktiver Schaltkreissimulator, mit dem Schaltpläne mit analogen Komponenten analysiert werden können. Der prinzipielle Aufbau der Simulatorbenutzeroberfläche sowie der Kommando- und Datenstruktur ähnelt dem Programm QUICKSIMII. Der Simulator kann verschiedene Beschreibungsformen analoger Funktionsblöcke interpretieren, insbesondere auch die für die hier vorgestellten Anwendungsbeispiele besonders wichtigen *SPICE-Subcircuit*-Dateien.

Das Programm ACCUSIMII hat folgenden Leistungsumfang:

- *Analysemöglichkeiten*: Analoge Schaltungen können mit Gleich- und Wechselstromanalysen (s. Abschn. 5.1.7) untersucht werden. Im Gleichstromfall lassen sich Arbeitspunkte und Kennlinien ermitteln. Zur Untersuchung der dynamischen Schaltungseigenschaften stehen Zeit- und Frequenzanalysen zur Verfügung.
- Die Simulationsergebnisse können grafisch oder in Listenform ausgegeben werden. Zum Abspeichern von Stimuli (*Forces*) und Simulationsergebnissen werden wieder WDBs verwendet.
- Der Simulator kann *interaktiv* gesteuert werden. Zur Variation von Simulationszeiten, Stimuli und Darstellungsart braucht das Programms nicht verlassen zu werden. Die Simulationsergebnisse können mit Signalverarbeitungsverfahren, wie etwa der schnellen Fourieranalyse (FFT), aufbereitet werden.

11.3.1
Grundkonzepte

Wie bei QUICKSIMII besteht ein mit ACCUSIMII simulierbarer Schaltungsentwurf aus einer Komponente, deren struktureller Aufbau durch einen Schaltplan dargestellt wird, und einem Design Viewpoint.

Das elektrische Verhalten der Schaltplankomponenten beschreiben hier aber Modelle, die keine diskreten Zustände, sondern kontinuierliche Strom-Spannungskurven an den Pins und internen Knoten definieren. Analoge Komponenten werden mit sog. Netzlisten (*Netlistfiles*) modelliert. Dabei handelt es sich um Textdateien, die in der Syntax des Simulators SPICE abgefaßt sein können. Die Verknüpfung zwischen Netzliste und Symbol einer Komponente erfolgt über spezielle Properties. Bei Designänderungen können die Netzlisten während einer ACCUSIMII-*Session* editiert oder ausgetauscht werden.

Stimulussignale und Simulationsresultate werden wie bei QUICKSIMII über Waveform-Datenbasen verwaltet (Bild 11.46).

Neben den bekannten Forces-, Results-, Stimulus- und User-defined-WDBs werden bei ACCUSIM zusätzlich *Aux*-WDBs angelegt, in denen die Simulations-

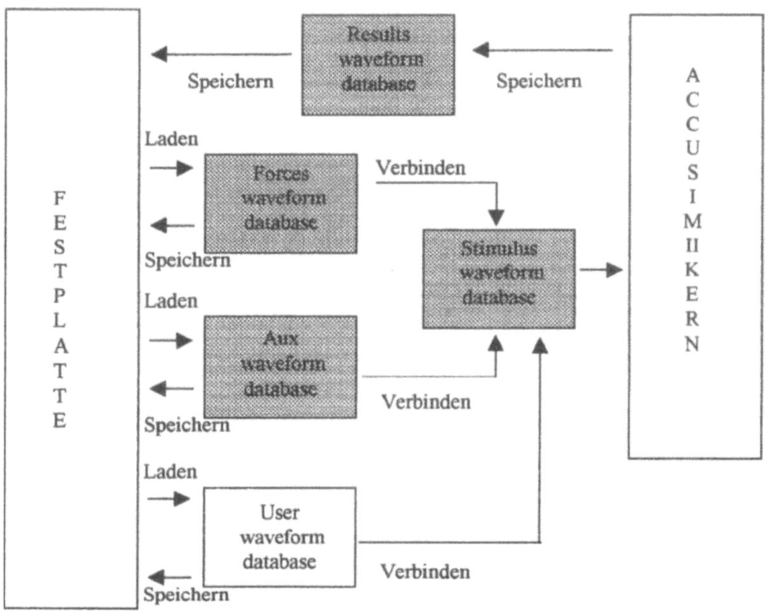

Bild 11-46. Die *Waveform-Datenbasen* des Programms ACCUSIMII zum Datentransfer zwischen Festplatte und Simulator-Kern. Grau unterlegte WDBs werden automatisch vom Simulator erzeugt

ergebnisse in aufbereiteter Form (z.B. in fouriertransformierter Form) abgespeichert werden können.

Bei ACCUSIM-Simulation können mit Force-Kommandos die gleichen Eingangssignaltypen definiert werden, die bereits aus der Diskussion der unabhängigen Signalquellen des Programms PSPICE in Abschn. 5.1.6.3 bekannt sind: Wechselstrom-Kleinsignalquellen, Gleichsignalstrom- und -Spannungsquellen (AC- bzw. DC-Signale), Pulse sowie exponentielle Spannungs- und Stromverläufe, Sinusquellen und Polygonquellen. Diese Forcesignale werden innerhalb des Programms mit grafisch unterstützten Routinen erstellt, in *Forces*-WDBs geschrieben und automatisch mit der *Stimulus*-WDB verknüpft.

Das Programm ACCUSIMII bietet bei transienten Simulationen die Möglichkeit, die Simulation zu unterbrechen und die simulierten Schaltungszustände abzuspeichern. Diese virtuellen Simulationsunterbrechungen ähneln den Breakpoints von QUICKSIMII, heißen hier aber *Checkpoints*. Diese Checkpoints werden in regelmäßigen Zeitabständen in Checkpoint Files geschrieben und können später als Startwerte für weitere Simulationen herangezogen werden. So lassen sich Rechenzeiten für die Schaltungsinitialisierung einsparen. Mit sog. *Freezepoints* können zusätzlich die Simulationsdaten zu einer definierten Zeit vor Ende der Simulation in ein *Freezepoint File* geschrieben werden. Freezepoints lassen sich ebenfalls als Startkonfiguration für spätere Simulationen einsetzen und ermöglichen so die Partitionierung langer Simulationsläufe.

11.3.2
Die wichtigsten ACCUSIM-Fenster

Der Simulationsablauf wird bei AccusimII mit den gleichen Fenstern visualisiert und gesteuert, wie bei QuicksimII: Die wesentlichen Windows sind das Sessionfenster sowie die Trace-, List- und Schaltplanfenster.

11.3.2.1
Das Sessionfenster

Bild 11.47 zeigt das Sessionfenster von AccusimII, das sich nach Aufruf des Programms, z.B. aus dem Toolsfenster des DESIGN MANAGERS, öffnet. Die Simulation und die Ergebnisausgabe lassen sich wie bei QuicksimII über verschiedene Pop-Up-, Pull-Down- und Palettenmenüs steuern.

Die Pull-Down-Menüleiste enthält die vertrauten Menüs, wie **MGC, File, Edit, Add.** Die Pop-Up-Menüs sind teilweise kontextsensitiv, d.h., die verfügbaren Befehle hängen z.T. davon ab, in welchem Fenster die jeweiligen Menüs aufgerufen werden. Auch die verfügbaren Palettenmenüs sind kontextabhängig. Das aktive Palettenmenü wird vom Typ der Schaltungsanalyse bestimmt, die gerade durchgeführt wird. Bei einer DC-, AC- oder einer Zeitanalyse werden automatisch die *DC-Mode-, Frequency-Mode-* bzw. die *Time-Mode*-Paletten angezeigt (Bild 11.48). Nach Aufruf des Programms erscheint, wie in Bild 11.47 gezeigt, die *DC-Mode*-Palette. Designänderungen und die Ergebnisdarstellung werden durch zwei eigene Palettenmenüs unterstützt: die *Result*-Palette und die *Design-Changes*-Palette.

Die einzelnen Palettenmenüs sind wie bei QuicksimII in drei Bereiche geteilt: Der obere Bereich enthält in jeder Palette die Paletten-Auswahl-Buttons, mit denen zwischen verschiedenen Palettenmenüs gewechselt werden kann. Die mittleren Ikonen finden sich auch bei allen Menüs und lösen Kommandos aus, die bei allen Simulationsformen benötigt werden, wie etwa TRACE, LIST und DELETE, mit denen Windows geöffnet oder Signalverläufe gelöscht werden können.

11.3.2.2
Ergebnis- und Schaltplanfenster

Im Gegensatz zu QuicksimII wird das Schaltplanfenster bei AccusimII automatisch mit dem Sessionfenster geöffnet. Über das *Schematic Window* werden Signale selektiert, die angezeigt oder stimuliert werden sollen. In diesem Fenster kann die Design Hierarchie über *Open-Down*-Befehle analysiert werden. Bild 11.49 zeigt das Schematic Window eines CMOS-Inverters.

Backannotations werden im Schaltplanfenster optisch hervorgehoben angezeigt, lassen sich aber auch ausblenden. Schaltplanfenster werden mit dem

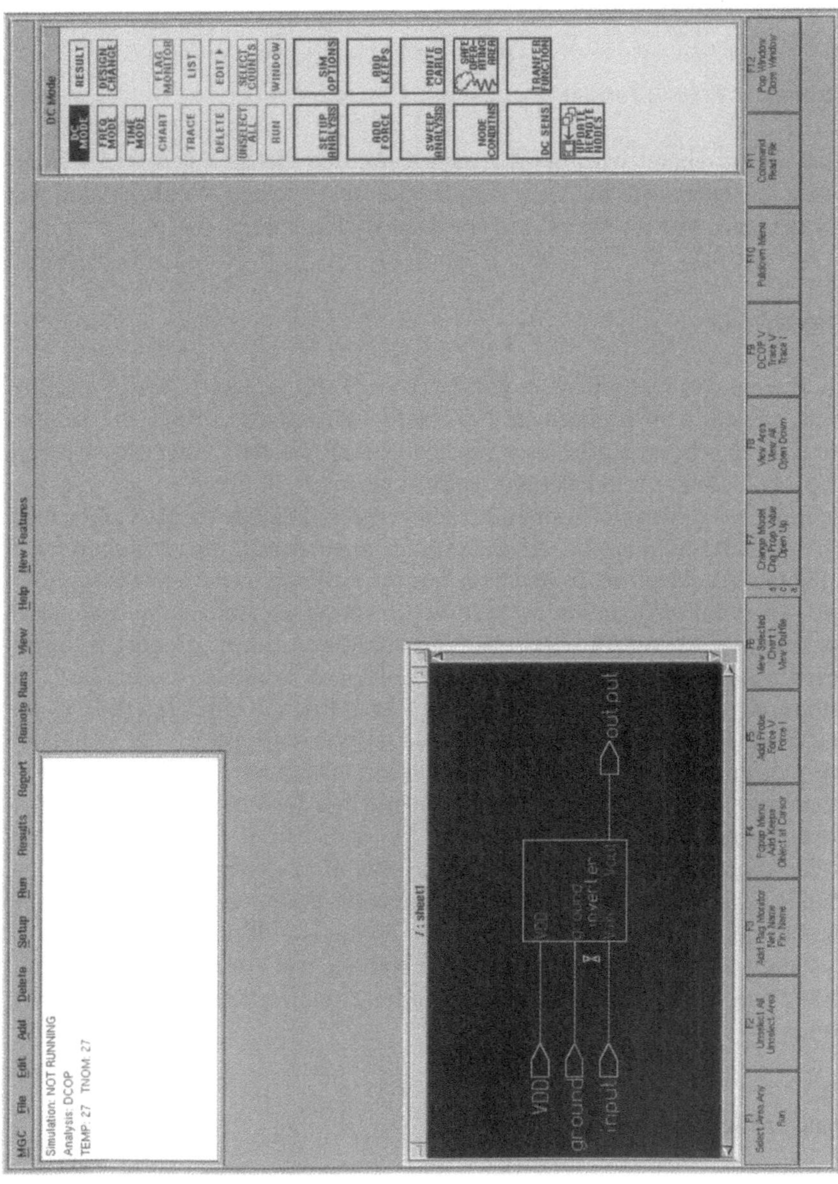

Bild 11-47. Das Sessionfenster des Programms ACCUSIMII

„-"-Button in der linken oberen Ecke des Fensters geschlossen und über das
Pull-Down-Menü mit **File > Schematic Sheet > Open Sheet** (wieder) geöffnet.

Mit den Fenstern *List*, *Trace* und *Chart* können Simulationsergebnisse ausgegeben werden. Die ersten beiden Fenster sind von QUICKSIMII her bekannt und
zeigen die Verläufe von Simulationen als Liste oder als Kurve wie bei der

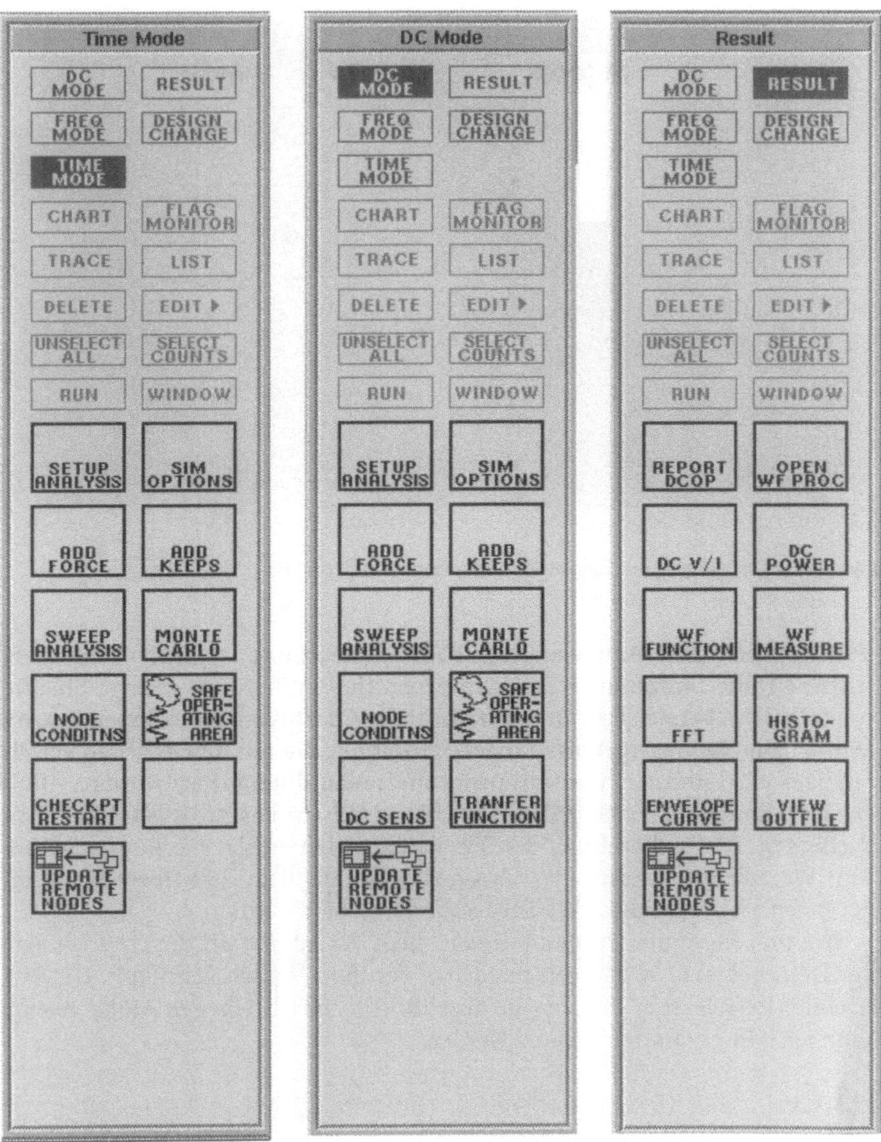

Bild 11-48. Das *Time-Mode-*, *DC-Mode-* und *Result*-Palettenmenü des Programms AccusimII

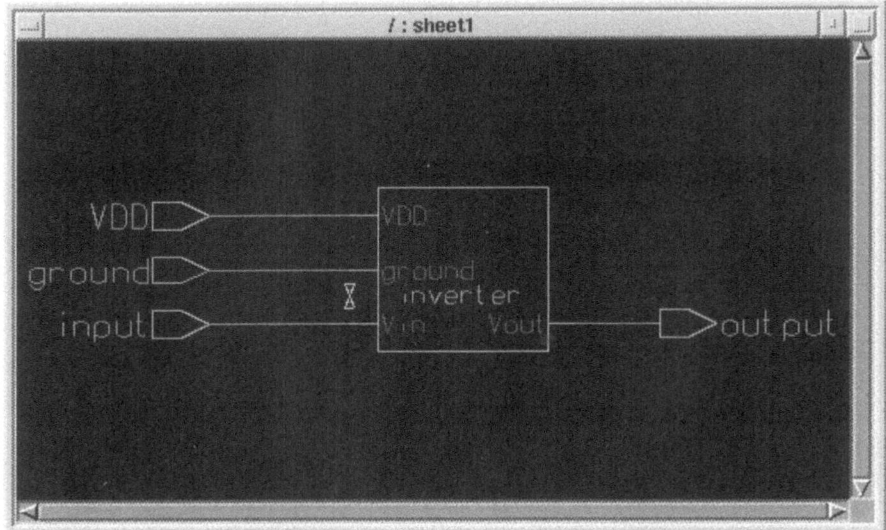

Bild 11-49. Das Schematic- Fenster des Programms ACCUSIMII

.PRINT- und .PLOT-Anweisung von PSPICE (Abschn. 5.1.7). Trace- und Chartfenster für die Laufzeitanalyse des Inverters sind in Bild 11.50 gezeigt. Eine Besonderheit im Vergleich zu QUICKSIMII ist das *Chart Window*. In diesem Fenster
können Simulationsergebnisse angezeigt werden, die mit numerischen Verfahren bearbeitet und, z.B. fouriertransformiert oder differenziert wurden. Ähnliche Funktionen stehen bei PSPICE über den grafische Postprozessor PROBE zur
Verfügung. Die Aufbereitung der Simulationsdaten erfolgt bei ACCUSIMII mit
dem Waveform-Prozessor (*WF Processor*), der aus dem Pull-Down-Menü mit
der Befehlsfolge **Results > WF Processor** aufgerufen wird.

Wie im Programm QUICKSIMII sind auch bei ACCUSIMII die Darstellungen
der Designobjekte in den verschiedenen Fenstern logisch verknüpft. Die Zwischenfensterselektion mit den in Abschn. 11.1.5 beschriebenen Möglichkeiten
kann auch in ACCUSIMII genutzt werden.

11.3.2.3
Das Statusfenster

Im Sessionfenster wird automatisch bei Programmaufruf ein Statusfenster (Bild
11.51) geöffnet, in dem die eingestellte Schaltungsanalyse, die voreingestellten
Anfangs- und Endwerte der Simulation sowie die Temperatur des simulierten
Schaltkreises angezeigt werden. Ein Balkendiagramm gibt bei transienten Simulationen die aktuell vom Rechner bearbeitete Simulationszeit an.

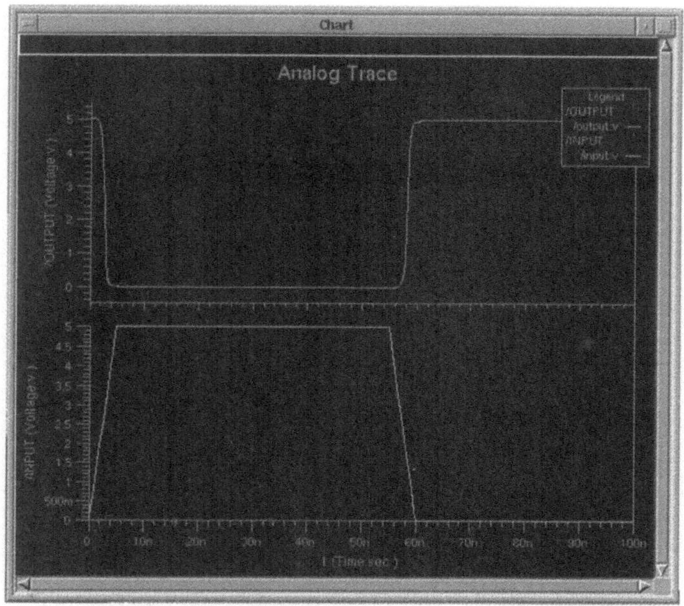

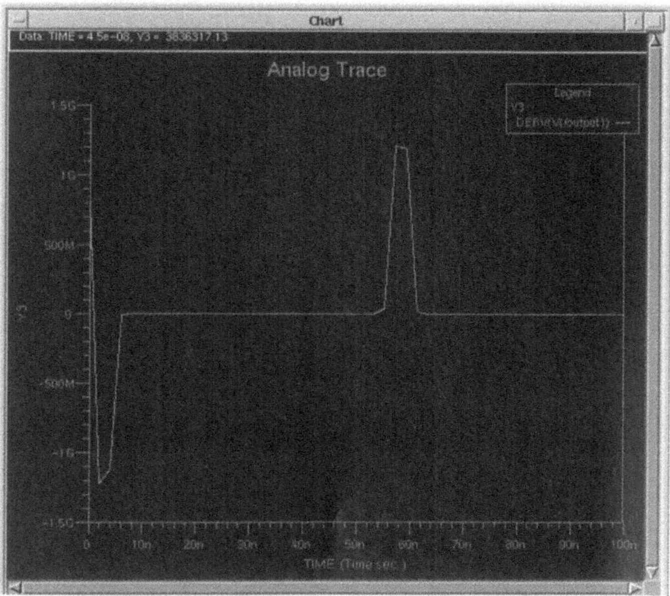

Bild 11-50. *Trace-* und *Chart-Windows* des Programms ACCUSIMII. Gezeigt sind Ergebnisse von Simulationen für eine CMOS-Inverterschaltung. Das Tracefenster (oben) zeigt ein pulsförmiges Eingangssignal (/INPUT (Voltage:v)) und die zugehörige invertierte Ausgangsspannung mit den schaltungsbedingten Verundungen (/OUTPUT (Voltage:v)). Als Beispiel für die Möglichkeiten der Ergebnisaufbereitung ist die zeitliche Ableitung der Ausgangsspannung (DERV(V(/output)) im Chartfenster (unten) abgebildet

```
Simulation: NOT RUNNING
Analysis: TRAN
TimeStep: 0.1Ns    StopTime: 0.1Us
TEMP: 27   TNOM: 27
```

Bild 11-51. Statusfenster für eine transiente Simulation (*Timing Analysis*)

11.4
Bedienung des Simulators ACCUSIMII

Der Simulator bietet in Hinblick auf die Schaltkreissimulation die gleichen Analysemöglichkeiten wie PSPICE, allerdings integriert in das MENTOR-V8-Entwurfssystem und unter einer viel komfortableren grafischen Oberfläche. Im folgenden werden die Gleichstromanalyse sowie die Zeitanalyse beschrieben. Der Schwerpunkt der Darstellung liegt auf der Simulation von analogen Schaltungsblöcken, die in *Full-* bzw. in *Semicustom*-Technik erstellt wurden. In diesen Fällen ist meist eine gesonderte Datenaufbereitung mit dem DESIGN VIEWPOINT EDITOR erforderlich, insbesondere wenn Schaltungen Komponenten enthalten, die mit selbst erstellten oder aus dem Layout extrahierten Netzlisten beschrieben werden. Simulationen von Schaltplänen mit Analogzellen aus den Standardbibliotheken von MENTOR GRAPHICS, wie etwa der *Generic_lib*, oder aus der *AccuParts*-Bibliothek, benötigen hingegen keine gesonderte Datenaufbereitung.

11.4.1
Aufruf und Einstellung

Der Simulator kann genau wie QUICKSIMII im Programm DESIGNMANAGER aus dem Toolsfenster oder für eine selektierte Komponente auch direkt aus dem Navigatorfenster gestartet werden. Die zweite Methode erfordert den geringeren Bedienungsaufwand und wird daher bevorzugt verwendet.

Die gewünschte Schaltungsanalyse wird im ACCUSIMII-Sessionfenster im *Setup-Analysis*-Dialogfeld (Bild 11.52)ausgewählt, das sich nach Betätigen der SETUP-ANALYSIS-Ikone im Palettenmenü öffnet. Im Dialogfeld finden sich vier Buttons aus denen eine der vier Möglichkeiten *DCOP*, *DC Sweep*, *AC* und *Transient* gewählt werden kann.

Voreingestellt ist DCOP, die Arbeitspunktberechnung im Rahmen einer Gleichstromanalyse (*DC Operating Point*). Hier werden für den eingeschwungenen Zustand alle Ströme in den Zweigen des Schaltungsnetzwerks und die Span

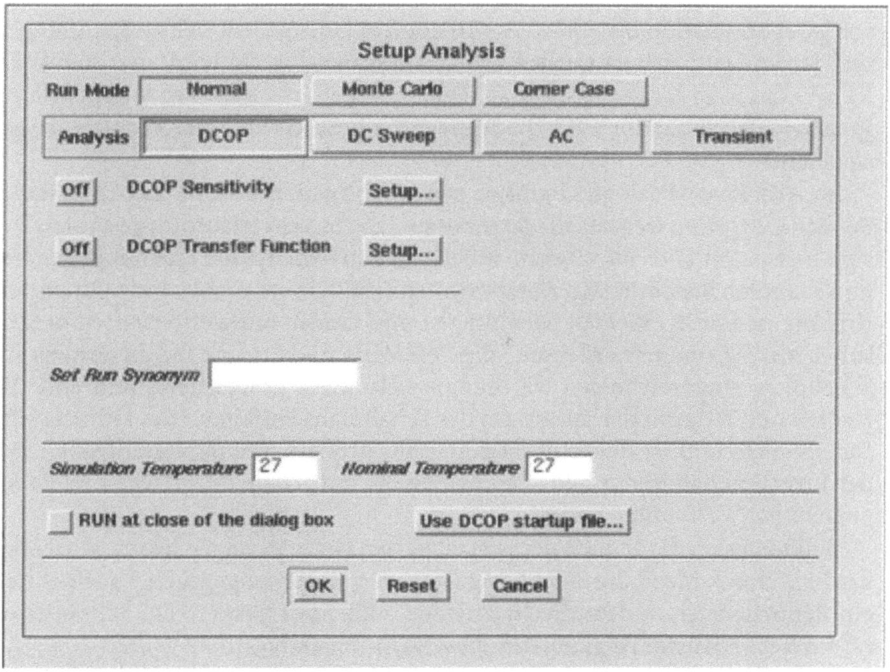

Bild 11-52. Das *Set-Up-Analysis*-Dialogfeld

nungen zwischen den Knoten des Netzes und dem Massepotential berechnet. AccusimII führt diese Berechnung vor jeder Schaltungsanalyse automatisch durch. Bei Zeitanalysen werden auf diese Weise stabile Initialisierungszustände für die Schaltung ermittelt.

Mit einer *DC-Sweep*-Analyse (Button *DC Sweep*) können Gleichstromkennlinien berechnet werden, bei denen Spannungen oder Ströme von verschiedenen Knoten gegeneinander aufgetragen werden. Ein Beispiel ist die Übertragungskennlinie des CMOS-Inverters, die weiter unten behandelt wird.

AC-Analysen (Wahlfeld *AC*) sind Simulationen des Kleinsignal-Schaltverhaltens in der Frequenzdomäne. Hier werden die Schaltungen mit periodischen Eingangssignalen angesteuert und ihr Ausgangsverhalten analysiert.

Transient-Analysen (Button *Transient*) untersuchen das Großsignalverhalten von Schaltungen bei beliebigen aperiodischen Eingangssignalverläufen. Dies ist die allgemeinste und damit die am häufigsten eingesetzte Analyseform.

Bei jeder Analyse berechnet der Simulator die Strom- und Spannungswerte für alle Knoten im Design. Während bei der Digitalsimulation nur zwölf mögliche Zustände Berücksichtigung finden, werden bei der analogen Simulation mit AccusimII die Knotenspannungen bzw. Ströme in der Dezimaldarstellung ausgewertet. Diese Fließkommagrößen haben je nach Komplexität des Designs und der Anzahl der Simulationsschritte erheblichen Speicherplatzbedarf. Deshalb ist vor jeder Simulation im *Add-Keeps*-Dialogfeld einzugeben, welche Spannungen und Ströme gespeichert werden sollen. Dieses Dialogfeld wird über die ADD-KEEPS-Ikone in jedem ACCUSIMII-Palettenmenü geöffnet. Per Voreinstellung speichert der Simulator auch die Signale, die grafisch im Trace Window dargestellt sind.

Im *Add-Keeps*-Dialogfeld gibt es zwei wichtige Buttons: *All* und *Schematic*. Bei der *All*-Option werden alle Spannungs- und Stromverläufe im gesamten Design und damit auch alle Signale innerhalb von *Subcircuit*-Beschreibungen der im Schaltplan instantiierten Komponenten erfaßt. Diese umfassende Datenspeicherung ist nur bei kleinen Schaltungen und kurzen Simulationszeiten praktikabel. Mit *Schematic* werden nur die Potentiale und Ströme für die explizit im Schaltplan eingezeichneten Verbindungsleitungen gespeichert, während die Knoten und Netze in den Instanzen des Schaltplans entfallen. Dies reduziert die Datenmenge und ist daher die Variante für größere Simulationsaufgaben. Bei der Inverterschaltung in Bild 11.49 heißen die mit *Schematic* erfaßten Netze *Input, Output, VDD* und *Ground*.

Will man sich die Namen der gespeicherten Netze anzeigen lassen, wird über das Pull-Down-Menü die Befehlsfolge **Report** > **Keeps** eingegeben. Es öffnet sich ein Reportfenster, in dem die Netznamen aufgelistet werden. Ein Schrägstrich „/" im Reportfenster zeigt an, daß die *All*-Option aktiv ist.

Um nicht mehr benötigte Simulationsdaten zu löschen, wird die Befehlsfolge **Delete** > **Keeps** aus dem Pull-Down-Menü selektiert. Es erscheint die *Delete-Keeps*-Dialogbox. Die Option *All* löscht alle Daten, sollen selektiv nur die Daten von bestimmten Signalen entfernt werden, können die Namen der betreffenden Objekte eingegeben werden: z.B. IN1 für das Signal mit Namen IN1.

11.4.2
Gleichstromanalysen

Gleichstromanalysen mit ACCUSIMII im DC-Mode entsprechen PSPICE-Simulationen mit der DC-Steueranweisung (s. Abschn. 5.1.7.1). Spannungs- oder Stromquellen zur Stimulation einer Schaltung werden auch bei ACCUSIMII über (analoge) *Forces* definiert. Die ADD-FORCE-Ikone im Palettenmenü öffnet die *Add-Force*-Dialogbox (Bild 11.53). Der Name des zu stimulierenden Netzes wird entweder in das Textfeld hinter Signal eingetippt oder nach der Selektion des interessierenden Netzes im Schematic Window automatisch übernommen.

Wahlknöpfe bestimmen, ob eine Spannung oder ein Strom eingespeist wird (*Forcing: Voltage* oder *Current*). Der Signalname beginnt mit einem Schrägstrich, also wird der Pin IN1 als Signal /IN1 angesprochen. Spannungen sind Potentialdifferenzen. Deshalb sind bei Spannungssignalen Bezugsknoten (*References*) anzugeben (z.B. der globale Masseanschluß //ground).

Der geeignete Quellentyp kann über die Buttons hinter dem Eintrag *Mode* selektiert werden. *DC* definiert eine Gleichstromquelle, *Frequency* eine Kleinsignal-Wechselstromquelle, und beim Anklicken von *Time* öffnet sich ein Unter-

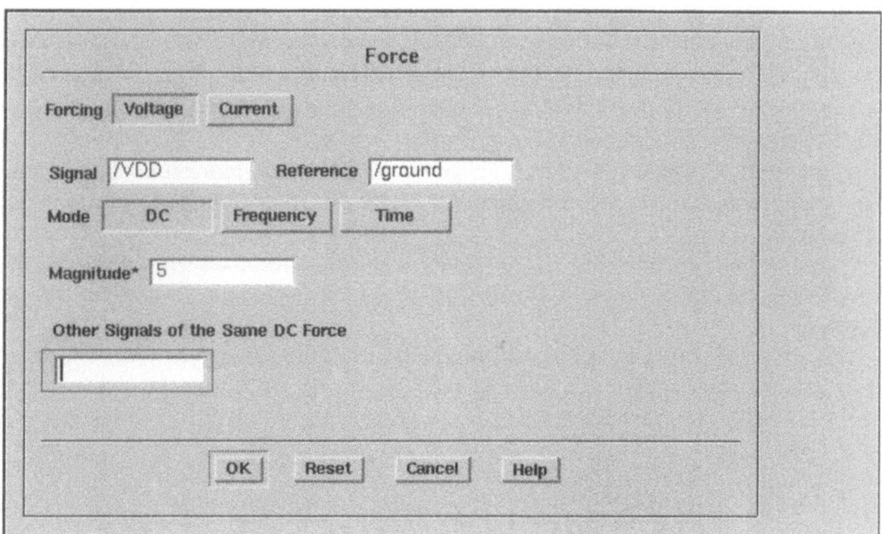

Bild 11-53. Die *Add-Force-Dialogbox*. Die gezeigten Einstellungen definieren für die CMOS-Inverterschaltung eine Gleichspannungsquelle mit 5 V für das Signal *VDD*, bezogen auf das Massepotential/*ground*

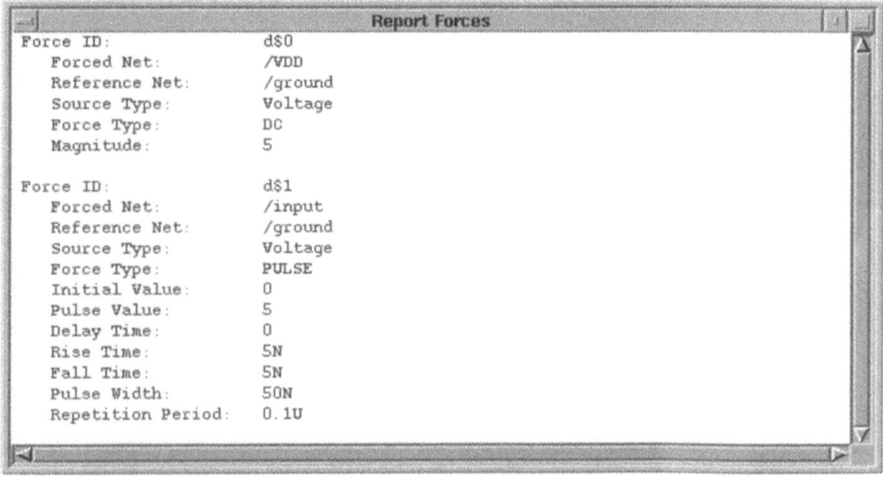

Bild 11-54. *Forces Report* Fenster. Für das Signal *VDD* ist eine Gleichspannungsquelle (*DC Force*) definiert. Der Invertereingang *input* wird mit einem 5 V-Pulssignal (Weite 50 ns, Anstiegs- und Abfallzeit 5 ns) mit der *Force ID d$1* angesteuert. Die zugehörigen Simulationsresultate zeigt das Trace-Window in Bild 11-50

menü, in dem verschiedene zeitabhängige Quellen (Exponential-, Puls- und Polygonquellen sowie frequenzmodulierte Quellen und Sinussignalverläufe) vorgegeben werden können. Für eine Gleichstromanalyse kommen nur *DC-Forces* in Frage. Der Eintrag im Textfeld hinter *Magnitude* gibt den Spannungs- bzw. Strompegel der DC-Quelle an.

Um weitere Signale mit der eingegebenen DC-Force anzusteuern, gibt man die entsprechenden Signalnamen in das Textfeld *Other Signals of the same DC force* ein.

Nach Bestätigen der Force-Dialogbox wird das definiertes Force-Signal mit den eingegebenen Einstellungen in die *Forces Waveform Database* übernommen.

Jedes neu erstellte Force-Kommando kann zu Kontrollzwecken über das Pull-Down-Menü mit der Befehlsfolge **Report > Forces** zur Anzeige gebracht werden. Bild 11.54 zeigt einen *Force-Report* für eine transiente Analyse des CMOS-Inverters. Das Programm vergibt automatisch zur Kennzeichnung der Quellsignale sog. *Force-IDs* (d$0, d$1, ...).

Forces können über das Pull-Down-Menü mit **Delete > Forces** wieder gelöscht werden. Das zu diesem Kommando gehörige *Delete-Forces*-Dialogfeld ist genauso gestaltet wie beim Digitalsimulator QUICKSIMII (Bild 11.31).

11.4.2.1
Arbeitspunktanalyse, Übertragungsfunktionen

Um den Arbeitspunkt einer Schaltung zu berechnen, werden zuerst die geeigneten Eingangssignalquellen mit Force-Anweisungen vorgegeben. Für den CMOS-Inverter kann z.B. das Eingangssignal *Input* mit DC-Forces in die Nähe des für das Kleinsignalübertragungsverhalten interessanten Inverterkippunktes gesetzt werden. Bei einer Versorgungsspannung VDD = 5V liegt die Kippschwelle bei etwa 2.5V. Danach wird in der DC-Mode-Palette die Ikone SETUP ANALYSIS angeklickt. Das Programm zeigt das *Set-Up-Analysis*-Dialogfeld an (s. Bild 11.52). Hier ist bereits per Voreinstellung der DCOP-Button für die Arbeitspunktberechnung selektiert.

Die Kleinsignal-Übertragungsfunktion der Schaltung wird zusätzlich ermittelt, wenn die Option *Transfer Function* auf *ON* gesetzt wird. Der Button *Setup..* blendet die *Setup TF Analysis Box* ein (Bild 11.55). Soll für die Inverterschaltung das Übertragungsverhalten zwischen dem Eingangsknoten *Input* und dem Ausgangsknoten *Output* berechnet werden, dann wird der Name des Ausgangssignals (*Output*) nach Betätigen des Wahlfeldes *V(Net)* in das zugehörige Textfeld eingetragen. Das relevante Eingangssignal *Input* für die Übertragungsfunktion ist im Textfeld *Input Source/ Force Name* über die zugehörige Force ID anzusprechen, die mit **Report > Forces** ermittelt werden kann. Mit der Betätigung des OK-Wahlfeldes schließt sich die *Setup-TF-Analysis-Dialogbox*. Die Einstellungen in der weiterhin eingeblendeten *Setup-Analysis-Dialogbox* werden nach der Bestätigung mit OK übernommen und können über das Pull-Down-Menü mit der Befehlsfolge **Report > Analysis Setup** kontrolliert werden.

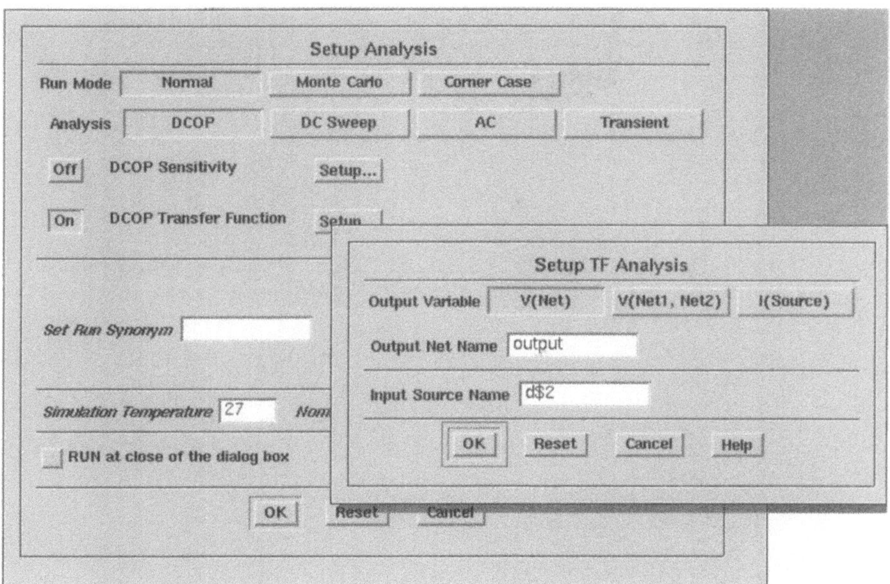

Bild 11-55. Das *Setup-Analysis-* und das *Setup-Tranfer-Analysis*-Dialogfeld zur Berechnung von Arbeitspunkt und Kleinsignal-Übertragungsfunktion des CMOS-Inverters

Bild 11-57. Kleinsignal-Übertragungsfunktion für den Arbeitspunkt des Inverters aus Bild 11-56

Sind Forces und Analyseform vorgegeben, wird der Simulator über das Kommando RUN im Palettenmenü gestartet. Sobald im Statusfenster die Anzeige *Server Stopped* wieder erscheint, ist die Simulation abgeschlossen und die Ergebnisse können zur Anzeige gebracht werden. Mit dem Pull-Down-Menü Eintrag **Results > DCOP** wird das DCOP-Listfenster geöffnet (Bild 11.56), das Spannungs- und Stromwerte der einzelnen Schaltungsknoten im Arbeitspunkt anzeigt. Der Pfad **Results > DCOP > Transfer Function** bringt die Resultate für die Übertragungsfunktion zur Anzeige (Bild 11.57). Man kann die Kleinsignalverstärkung (*Transfer Function*) sowie die berechneten Werte für Eingangs- und Ausgangswiderstand (*Input-* bzw. *Output Resistance*) ablesen.

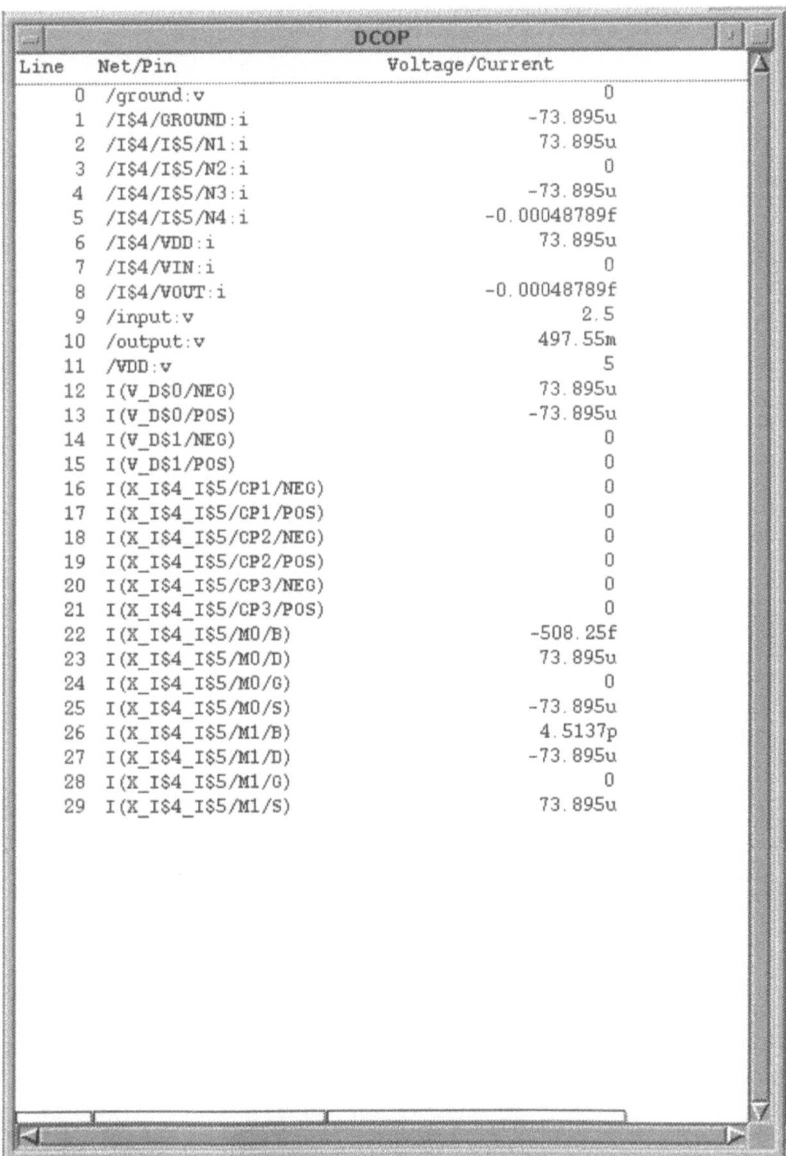

Bild 11-56. Das DCOP-Listfenster für den Inverterarbeitspunkt mit einer Eingangsspannung, die bei 50 % des Versorgungspotentials liegt. Die Ausgangsspannung erreicht 0,497 V und ergibt sich aus der Teilung der Versorgungsspannung durch die beiden MOS-Transistoren, deren An-Widerstand von der Gate-Source-Spannung festgelegt wird

11.4.2.2
Kennlinien

Die Gleichstromübertragungsfunktion (*DC Sweep*) einer Komponente setzt sich aus den Arbeitspunkten für ganze Wertebereiche der Eingangsquelle zusammen. Zur Berechnung der Inverterkennlinie ist der zugelassene Spannungsbereich des Eingangssignals von 0V bis zur Betriebsspannung VDD abzufahren. Für jeden Spannungswert berechnet der Simulator den Arbeitspunkt und setzt die Ergebnisse anschließend zur Kennlinie zusammen.

In SPICE wird diese Analyse mit einer .DC-Sweep-Anweisung gestartet, bei AccusimII ist dafür das Wahlfeld DC Sweep in der *Set-Up-Analysis-Dialogbox* (Bild 11.52) anzuklicken. Vorher sind allerdings meist neue Forces zu definieren. In unserem Beispiel ist der Spannungswert für das Eingangssignal *Input* auf 0V zu legen, denn hier beginnt der interessierende Spannungsbereich. Die *DC-Sweep-Setup-Analysis-Box* ist in Bild 11.58 gezeigt. Der Parameterbereich der Eingangssignalquelle wird in den Textfeldern *Start* und *Stop* festgelegt. Im Beispiel sind bei der üblichen Betriebsspannung VDD = 5V die Werte *Start = 0* und *Stop = 5* eingetragen. Die Feinheit der Auflösung der Kennlinie kann über das Textfeld *Incr* definiert werden. Ein sinnvoller Wert ist z.B. 0,1. Dann besteht die Kennlinie aus 50 Arbeitspunkten.

Um die Kennlinie zur Anzeige zu bringen, sind die Signalverläufe an den interessierenden Pins und Netzen gegeneinander aufzulisten oder aufzutragen. Dazu werden die als Waveform Database abgelegten Signalverläufe der Spannungen (oder Ströme) benötigt. Die Namen der Dateien mit den Simulationsergebnissen kann man sich über die Pull-Down-Menübefehle **Report > Waveforms** in einem Reportfenster anzeigen lassen. Das sich öffnende *Report-Waveforms*-Dialogfenster gibt alle vorhandenen Waveform-Datenbasen an. Die interessierenden

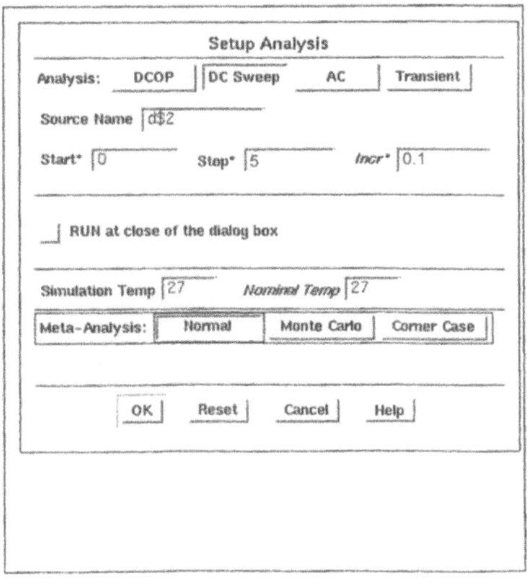

Bild 11-58. *DC-Sweep-Setup-Analysis-Dialogbox* für die Kennlinienberechnung eines CMOS-Inverters

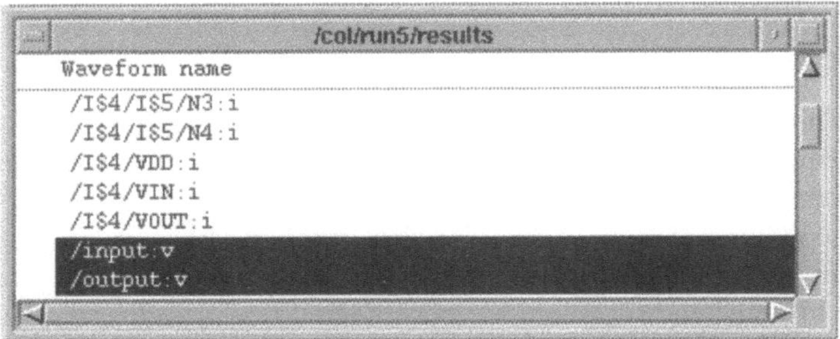

Bild 11-59. Liste der Dateien in der Ergebnis-Waveform-Datenbasis des Simulationslaufes Nr. 5 (run 5)

Dateien mit den Simulationsergebnissen tragen die Bezeichnung */col/run/results* und können durch Anklicken mit der linken Maustaste selektiert werden.

Nach dem Quittieren des Report-Waveforms-Dialogfensters mit OK öffnet ACCUSIMII ein Fenster, das eine Liste mit den Netz- und Pinnamen aller in der Ergebnisdatenbasis auftretenden Signale enthält (Bild 11.59). Bei der Namensvergabe wird folgende Syntax verwendet: nach dem Pfadnamen der interessierenden Ergebnisdatenbasis folgt der Netz- und Pinname: /col/run/results@@Instanz/signalname: v oder i. Ein kleines v am Ende kennzeichnet eine Spannung, ein kleines i einen Strom. Die Netze und Pins, die in der höchsten Hierarchiestufe direkt im Schaltplan liegen, werden ohne Instanzverweis angesprochen. Im Schaltplan des Inverters sind dies z.B. die Netze *VDD* oder *Ground*. Die Simulationsresultate für Netze und Pins innerhalb bzw. an den instanziierten Symbolen erkennt man an der Instanzkennung.

In dieser Liste werden nun die Ergebnisdateien für die Signalverläufe am Inverterein- und -ausgang gesucht. Die relevanten Dateien *input:v* und *output:v* werden durch Anklicken selektiert. Zur Listenausgabe gibt man über das Pop-Up-Menü die Befehle **List > Selected** ein. Daraufhin öffnet sich das in Bild 11.60 gezeigte Fenster, das eine Tabelle mit drei Spalten für die variierte Spannung sowie die Signalwerte am Inverterein- und -ausgang enthält. Da die Spannung am Pin *Input* hochgefahren wird, sind die erste und dritte Spalte im gezeigten Beispiel gleich. Im allgemeinen trifft dies aber nicht zu.

Zur grafischen Auftragung der Kennlinie in einem *Chartfenster* (Bild 11.61) selektiert man die gleichen Ergebnisdateien wie zur Listendarstellung und klickt den Button CHART im *Results*-Palettenmenü an (s. Bild 11.48).

11.4.3
Wechselstromanalysen

Neben Kleinsignalanalysen (*AC Analysis*), die hier nicht näher behandelt werden sollen, können mit ACCUSIMII vor allem Untersuchungen des transienten Großsignalverhaltens von Schaltungen durchgeführt werden. Solche Simulationen spiegeln des tatsächliche Verhalten von Schaltungen am besten wieder.

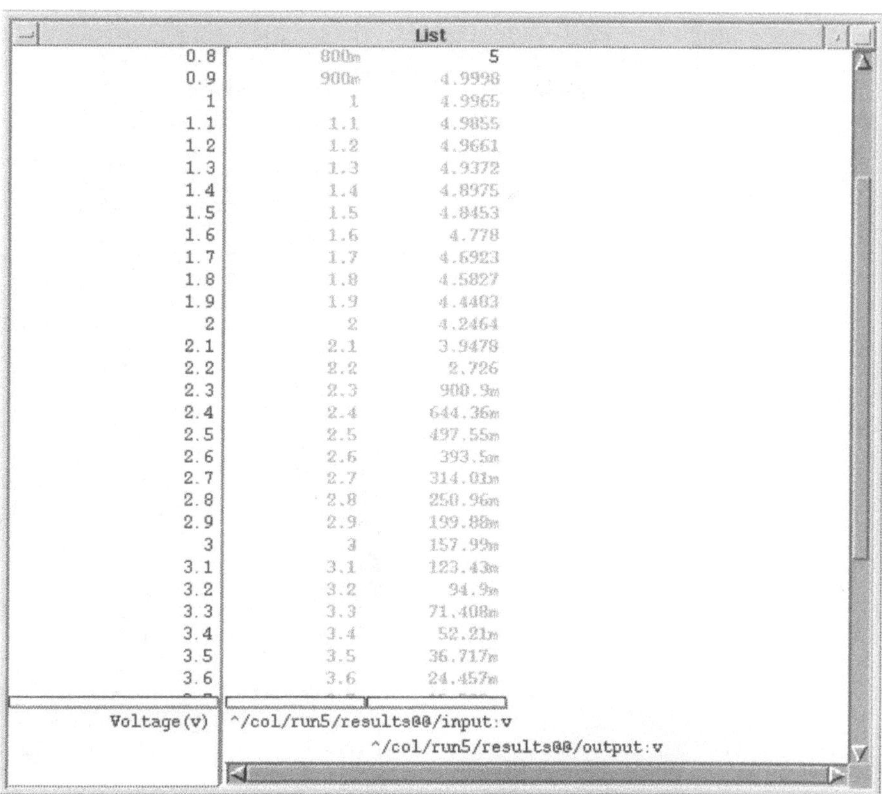

Bild 11-60. Listing für die Inverterkennlinie. Die erste Spalte gibt den Wert der vorgegebenen Spannung (Voltage(v)) an, die zweite Spalte listet die Eingangsspannungswerte (…input:v) und die dritte Spannung die Ausgangsspannungen (…output:v) auf

Zum Starten einer solchen transienten Simulation wird nach Aufruf des Simulators im *DC-Mode*-Palettenmenü die Ikone TIME MODE angeklickt. Das *Time-Mode*-Palettenmenü erscheint. Die *Setup-Analysis-Dialogbox* (Bild 11.62) öffnet sich nach Betätigen der Ikone SETUP im Palettenmenü und die Simulationsparameter, wie die Analyseart (*Transient*), Simulationsdauer (*Stop Time*) und der Zeitschritt (*Time Step*), können, wie in der Abbildung gezeigt, eingestellt werden.

Wie bei der DC-Analyse beginnen zeitliche Untersuchungen mit der Definition der abzuspeichernden Signalverläufe. Bei kleineren Schaltungen, wie bei der hier behandelten Inverterschaltung, können alle Informationen gespeichert werden. In der Add-Keeps-Dialogbox wird der Button *All* angeklickt

Wurde vor der Transient-Analyse eine DC-Simulation durchgeführt, stehen noch alte Forces in der Forces Waveform Database. Mit dem Pop-Up-Menü wird

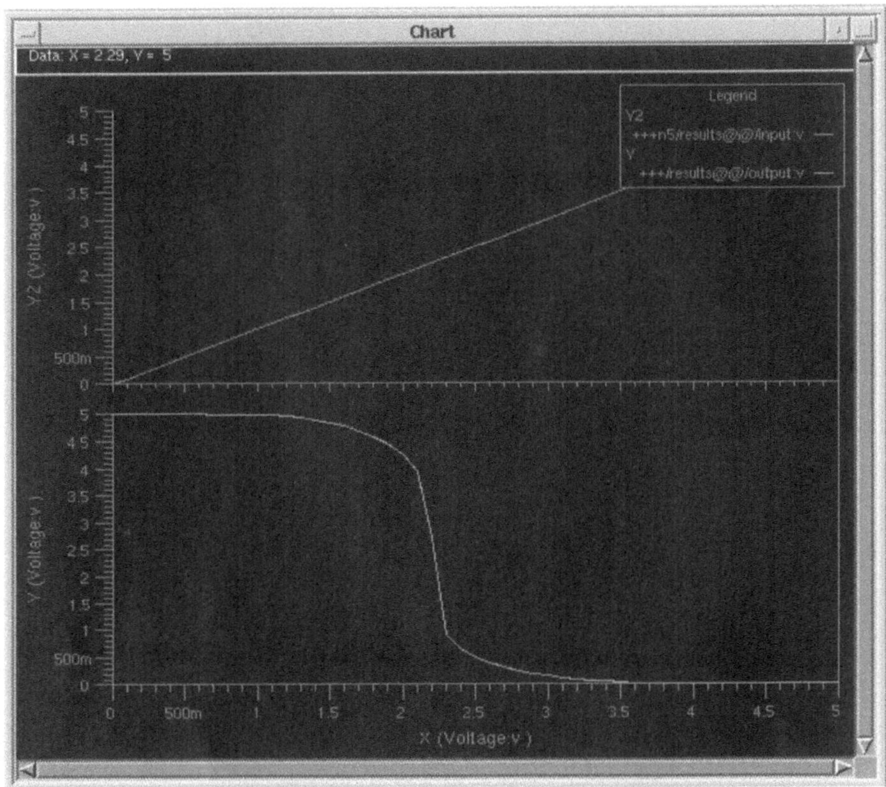

Bild 11-61. Grafische Darstellung der Inverterkennlinie: Aufgetragen ist die Eingangs-
spannungsrampe (oben) und die Ausgangsspannung gegen die eingeprägte Eingangsspannung (unten)

deshalb die Befehlsfolge *Delete* > **Forces** eingegeben. In der sich öffnenden Dialogbox wird der *All*-Wahlknopf betätigt. Sollen neue zeitabhängige Eingabesignale definiert werden, wird wie bei der DC-Analyse das **Setup** > **Forces**-Kom-
mando aus dem Pull-Down-Menü verwendet. Danach erscheint die *Forces-Dialogbox* (Bild 11.63).

Für transiente Simulationen stehen neben den bereits im letzten Abschnitt
diskutierten DC-Forces verschiedene Typen von zeitabhängigen Eingangssignalen zur Auswahl. Die wichtigsten sind :

Pulsquellen: Diese Signalformen (Bild 11.64) sind durch eine Pulsweite (*Pulse
Width*), Anstiegs- und Abfallzeiten (*Rise-* und *Fall-Times*) sowie den Anfangs-
und Pulswert (*Initial-* und *Pulse Value*) gekennzeichnet. Über ein *Delay* kann
der Puls verzögert werden. Pulse lassen sich periodisch wiederholen, wenn eine
Repetitionszeit (*Repetion Period*) vorgegeben wird.

Sinusquellen: Diese Quellen geben sinusförmige Ströme oder Spannungen
vor, die um die Zeitachse oszillieren. Bei CMOS-Schaltungen sind negative

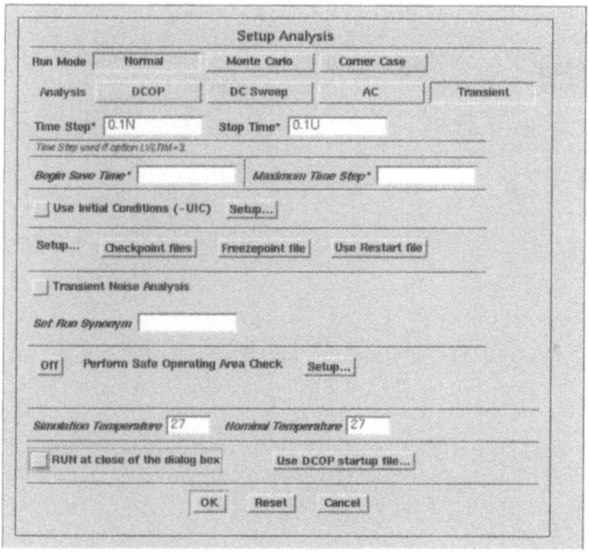

Bild 11-62. Die *Setup-Analysis-Dialogbox* für eine Zeitanalyse

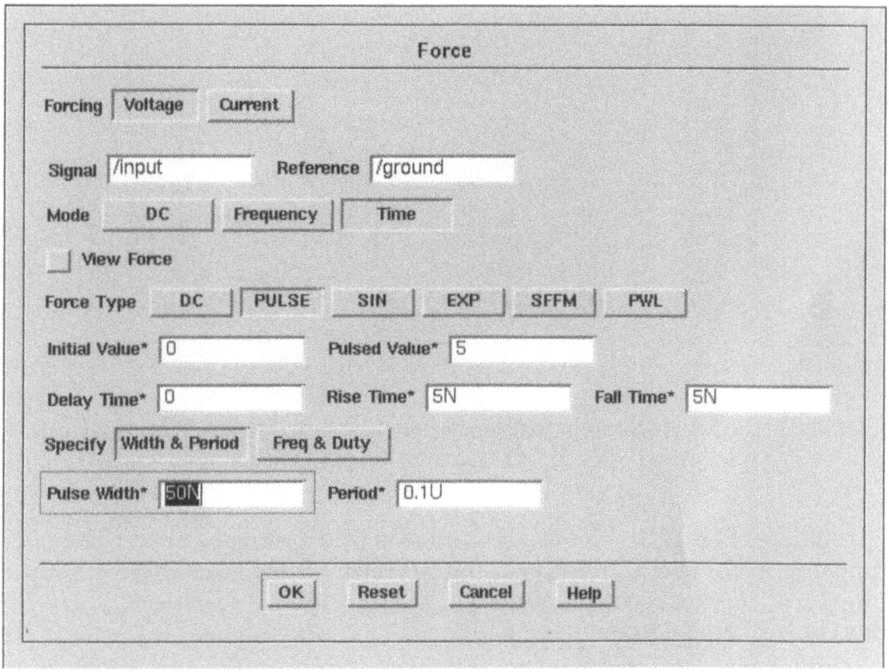

Bild 11-63 . Die *Forces-Dialogbox* für die Eingabe einer zeitabhängigen, pulsförmigen Eingangsspannung

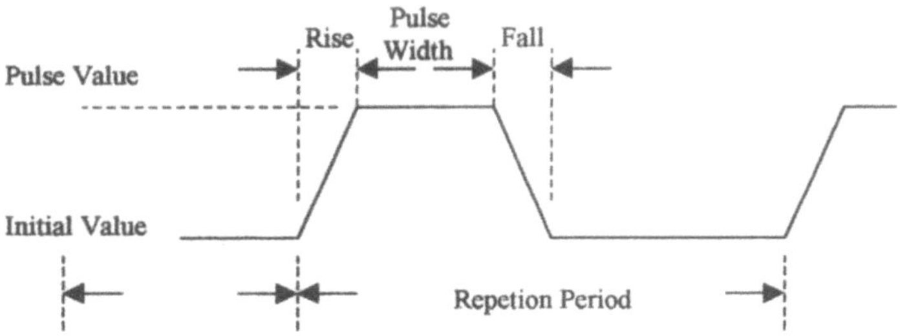

Bild 11-64. Kenngrößen eines Pulssignals

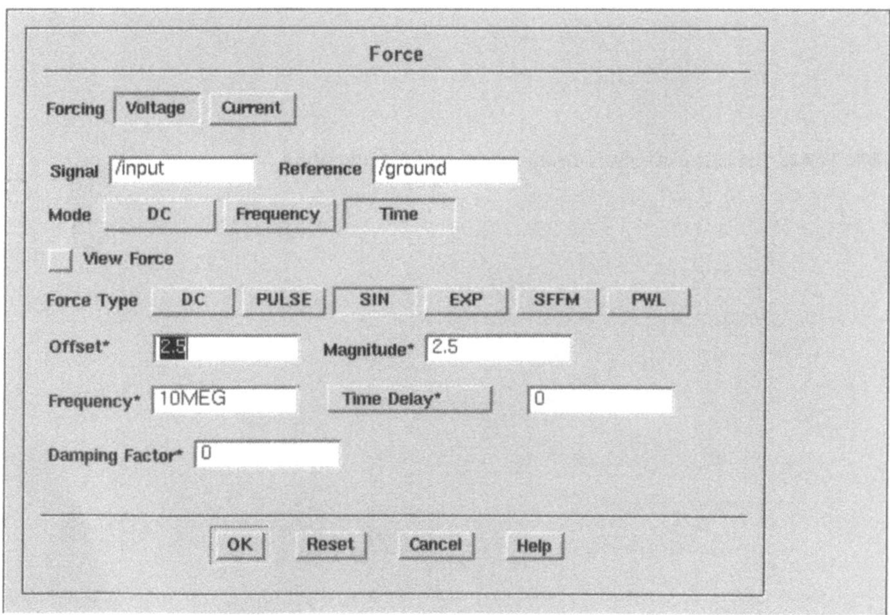

Bild 11-65. Die *Forces-Dialogbox* für die Eingabe eines sinusförmigen Eingangssignals

Spannungen bezüglich des Massepotentials nicht zulässig, da unter diesen Bedingungen der Latch-Up-Effekt ausgelöst werden kann. Deshalb sind die Span-
nungsverläufe entsprechend gegen die Zeitachse zu verschieben. Bild 11.65 zeigt
das Force-Dialogfenster zur Definition einer Sinusspannungsquelle mit 2,5-V-
Amplitude und einem *Offset* von 2,5V für den Eingang *Input* des Inverters. Die
Frequenz des Signals beträgt 10MHz. Simulationsergebnisse für dieses Eingangssignal finden sich in Bild 11.66.

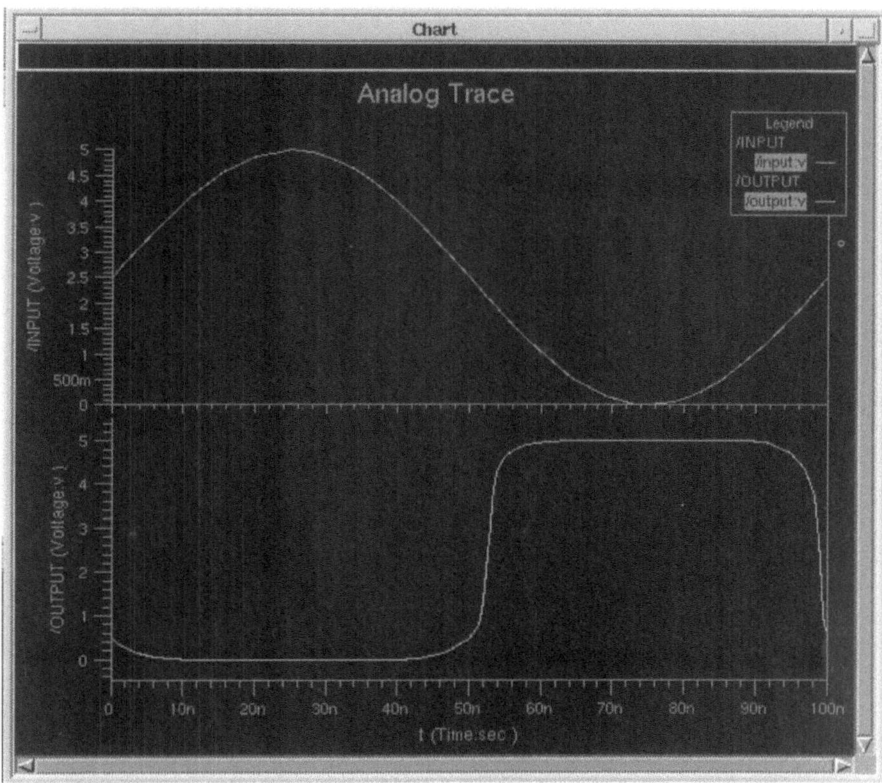

Bild 11-66. Simulationsergebnisse im Tracefenster für den Inverter mit sinusförmigem Eingabesignal

Polygonquellen: Bei diesen Quellen setzen sich zeitlich veränderliche Ströme oder Spannungen stückweise aus Geraden zusammen (im Englischen: *Piecewise Linear* oder PWL). Die Forces-Dialogbox für PWL-Quellen zeigt Bild 11.67. Die Signalverläufe werden über Zeit/Werte-Paare (*Time/Value*) definiert. In der abgebildeten Forces-Dialogbox sind die Vorgaben für eine trapezförmige Spannung mit 5ns Anstiegs- bzw. Abfallzeit eingetragen. Die Breite des Signals beträgt 25ns. Nach Betätigen des Buttons *View Force* kann man sich den Signalverlauf ansehen. Bei komplizierteren Signalverläufen wird aufgrund der vielen Time/Value-Paare der untere Teil des Dialogfelds nicht mehr zur Anzeige gebracht. Um den OK-Button zu finden, muß man die *Scroll-Down*-Taste benutzen. Bild 11.68 zeigt eine Simulation für das vorgegebene PWL-Eingangssignal.

Die beschriebenen Eingangssignale sind Idealisierungen tatsächlicher Signalverläufe in elektronischen Schaltungen. Um Schaltungen mit realistischeren Signalen zu stimulieren, können zur Signalformung zusätzliche Logikgatter in den Schaltplan aufgenommen werden, die die Eingangssignale für die zu untersuchenden Komponenten generieren. So könnte man, um die Inverterverzöge-

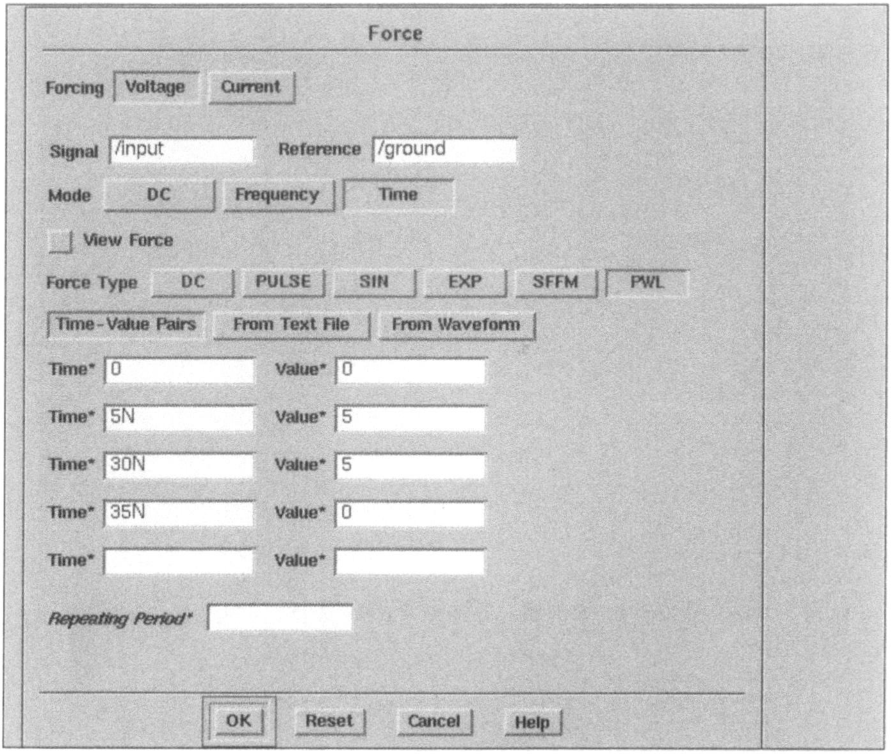

Bild 11-67. Die *Forces-Dialogbox* für die Eingabe von PWL-Signalen

rungszeit genau zu ermitteln, weitere Inverter vorschalten, die ein realistisches Treibersignal für das Gatter erzeugen.

Zeitabhängige Eingangssignale können übrigens ohne Probleme mit DC-Forces gemischt werden, die nach wie vor etwa für die Spannungsversorgung oder das Massepotential vorgegeben werden müssen. In der Beispielschaltung CMOS-Inverter wurde für die gezeigten Simulationen der VDD-Anschluß auf 5V gegenüber dem Bezugspotential *Ground* gelegt.

Zur Analyse und Dokumentation der Simulatoreinstellungen oder der eingegebenen Forces stehen wieder Report-Routinen zur Verfügung, die sog. *Info Messages* zur Anzeige bringen. Aus dem Pull-Down-Menü lassen sich mit **Report > Analysis Setup** die Einstellungen von ACCUSIMII einblenden (Bild 11.69). Das Kommando **Report > Forces** listet die aktuell aktiven Stimulisignale auf.

11.4.4
Beenden einer Simulationssession

Sind alle gewünschten Simulationen durchgeführt, wird das Programm durch Anklicken des Window-Menü-Buttons oben links im Sessionfenster geschlos-

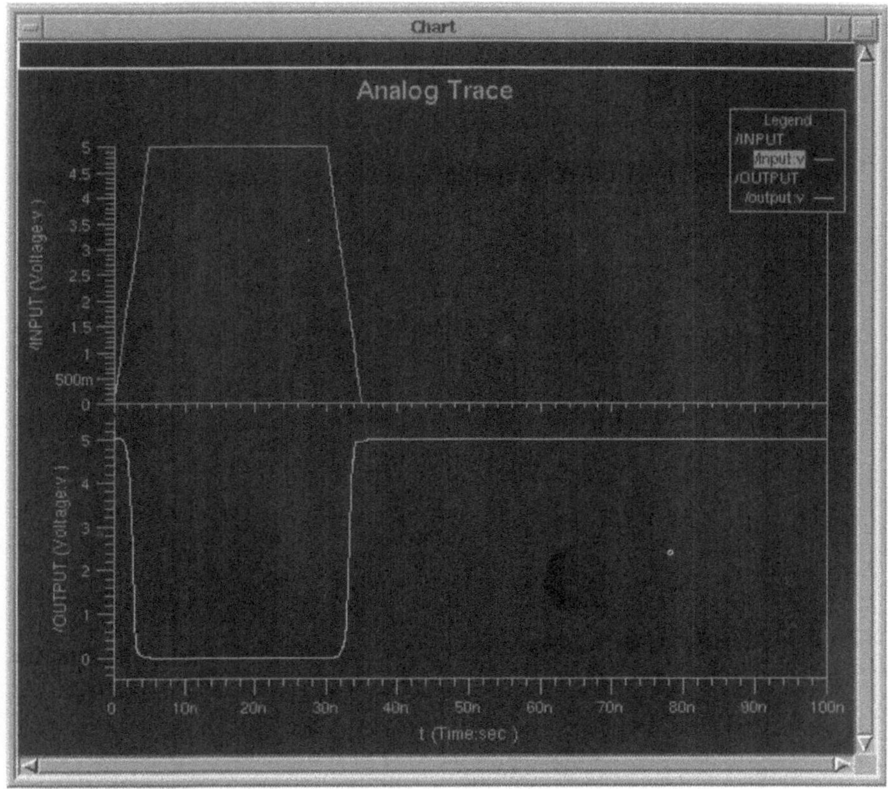

Bild 11-68. Simulationsergebnisse für den CMOS-Inverter mit PWL-Eingangssignal

sen. Nach dem Anklicken des Buttons erscheint ein Pop-Up-Menü, in dem der unterste Eintrag *Close* selektiert wird. Daraufhin öffnet sich eine Dialogbox, die mit *Exit SimView* überschrieben ist (Bild 11.70). Normalerweise besteht kein Grund, die Simulationsergebnisse, Simulatoreinstellungen usw. zu speichern. Dementsprechend wird *Without Saving* gewählt, andernfalls *After Saving*. Nach der Bestätigung mit OK oder der Returntaste wird AccusimII beendet.

11.5
Zusammenfassung

Simulationen sind das wichtigste Werkzeug beim rechnergestützten Schaltungsentwurf. Der Zeitaufwand für Simulationen während einer Schaltungsentwicklung liegt etwa bei 80% der reinen Designzeit. Ohne effektive Simulationswerkzeuge können heute keine marktgerechten Schaltungen entwickelt werden, denn der zur Verfügung stehende Entwicklungszeitraum wird immer kürzer, während die Komplexität der Schaltungen ständig zunimmt.

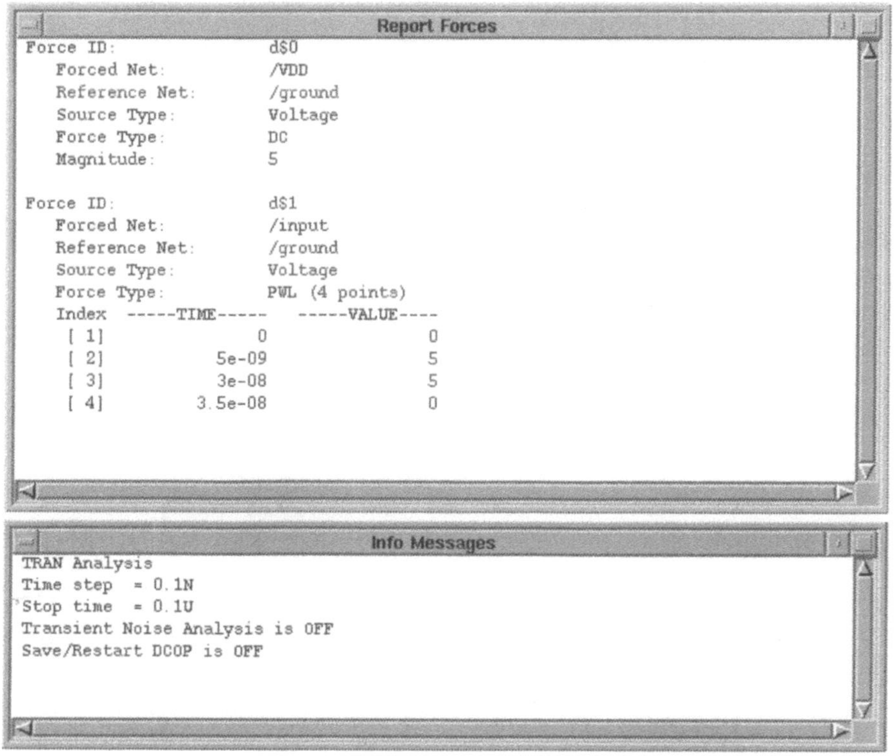

```
                               Report Forces
Force ID:                 d$0
   Forced Net:            /VDD
   Reference Net:         /ground
   Source Type:           Voltage
   Force Type:            DC
   Magnitude:             5

Force ID:                 d$1
   Forced Net:            /input
   Reference Net:         /ground
   Source Type:           Voltage
   Force Type:            PWL (4 points)
   Index   -----TIME-----      -----VALUE----
   [ 1]              0                 0
   [ 2]          5e-09                 5
   [ 3]          3e-08                 5
   [ 4]        3.5e-08                 0
```

```
                               Info Messages
TRAN Analysis
Time step   = 0.1N
Stop time   = 0.1U
Transient Noise Analysis is OFF
Save/Restart DCOP is OFF
```

Bild 11-69. *Report Windows* für die eingegebenen *Force*-Signale (oben) bzw. für die Simulatoreinstellung (unten)

Bild 11-70. *Exit-SimView-*
Dialogfenster

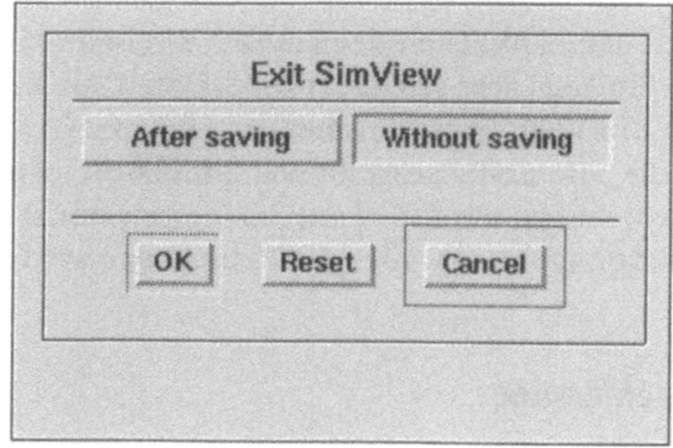

Diese ökonomischen und technischen Zwänge haben die Weiterentwicklung der Simulationswerkzeuge in den letzten zehn Jahren stark vorangetrieben. Da die ersten Simulatoren wir SPICE nur über Texte gesteuert werden konnten und die Ergebnisausgabe nur in Form von Listen oder sehr einfachen Grafiken erfolgte, dauerten Auswertungen und die Simulationen selbst auch aufgrund der begrenzten Leistungsfähigkeit der damaligen Rechner sehr lange.

Moderne Simulationsprogramme bieten durch weitgehend grafische Eingabemöglichkeiten eine deutlich verbesserte Benutzerunterstützung und vor allem eine durchgängige Simulations- und Entwurfsumgebung mit konsistenten Designdaten. Die vielfältigen Möglichkeiten zur Ergebnisaufbereitung ermöglichen systematische Analysen, die früher kaum möglich waren.

Waren die ersten Simulationsprogramme Analogsimulatoren, die mit Strömen- und Spannungsverläufen rechneten und deshalb auf relativ einfache Schaltungen mit einigen Dutzend aktiven Elementen beschränkt waren, können Logikanalysatoren wie der vorgestellte QUICKSIMII komplette Mikroprozessoren oder ASICs mit 100.000-Gattern simulieren. Da die grafische Ergebnisdarstellung durch Kurvenzüge bei größeren Schaltungen mit vielen Signalen leicht unübersichtlich werden kann, ermöglichen Verknüpfungen zwischen Signalen, sowie die Definition von bestimmten Abbruchbedingungen (*Breakpoints*) eine komfortable Auswertung der Simulationsresultate. Der Bedienungskomfort hat sich auch bei Analogsimulatoren stark verbessert. Wie die Beschreibung des Programms ACCUSIMII gezeigt hat, bestehen hier ähnlich komfortable Möglichkeiten zur Ergebnisaufbereitung und Signaldefinition wie bei modernen Logiksimulatoren.

In diesem Kapitel wurden die praktischen Bedienung sowie die Analyse- und Simulationsmöglichkeiten der MENTOR-GRAPHICS-Applikationen QUICKSIMII und ACCUSIMII in Grundzügen vorgestellt. Insbesondere der Analogsimulator bietet noch zahlreiche weitergehende Optionen, die in den eingangs genannten Handbüchern für das MENTOR-GRAPHICS-V8-Designsystem nachgeschlagen werden können. Die Ausführungen und Erläuterungen zeigen aber, daß mit einer relativ kleinen Untermenge von Kommandos und Routinen die meisten der typischen Simulationsaufgaben erledigt werden können. Dies ist eine Besonderheit der Mentor-Tools, die auch Anfänger sofort produktiv werden lassen. So wird der Einstieg in die modernen Methoden des rechnergestützten Schaltungsentwurfs erleichtert.

11.6
Übungsaufgaben

1. Welche Waveform-Datenbasen legt das Programm QUICKSIMII automatisch an?

2. Was ist eine *Resolution Function*? Welcher Signalzustand stellt sich ein, wenn auf einem Netz folgende Signale zusammentreffen: XS, XZ, 1S, 1I, 0R und XI?

3. Was versteht man unter *Contention Check* und *Hazards*? Nennen Sie Beispiele!

4. Wie wird bei einer Digitalsimulation im *Unit Delay Mode* die Signallaufzeit berechnet?

5. Welche Signalaufbereitungen sind mit dem Waveform Processor des Programms ACCUSIMII möglich? Nennen Sie Beispiele. In welcher Datenbasis werden die Ergebnisse abgelegt und in welchem Fenster werden sie zur Anzeige gebracht?

6. Wozu kann der Waveform-Editor des Programms QUICKSIMII eingesetzt werden?

7. Was sind *Breakpoints* und wie gibt man *Expressions* ein?

8. Welcher *Timing Mode* ergibt die genauesten Resultate bei der Digitalsimulation?

9. Wie heißen die drei Fenster zur Ergebnisausgabe bei QUICKSIMII?

10. Welche Initialisierungsverfahren stehen bei QUICKSIMII zur Verfügung?

11. Wie kann man bei QUICKSIMII Forces vor Start der Simulationen grafisch anzeigen lassen?

12. Welche Signalmuster können mit dem Patterngenerator des Programms QUICKSIMII automatisch erstellt werden?

13. Welche Gleichstromanalyseverfahren bietet der Analogsimulator ACCUSIMII?

14. Wie können bei Analogsimulationen realistische Eingangssignalverläufe erzeugt werden? Nennen Sie die Nachteile von Force-Signalen!

Literaturhinweise:

[1] SimView Common Simulation User´s Manual. Software Version 8.5_1
[2] Hoppe, B: Mikroelektronik 2. *Herstellprozesse für Integrierte Schaltungen*. Würzburg, Vogel: 1997

12 Automatische Layouterstellung mit ICStation

Wie frühere Kapitel gezeigt haben, wird zur Fertigung eines IC-Entwurfs ein sog. Maskenlayout benötigt, das die Strukturen der Lithografiemasken für den IC-Herstellprozeß vorgibt [1]. In Kap. 8 wurden bereits die Grundlagen der geometrischen Beschreibung eines Schaltungsentwurfs behandelt. Der Schwerpunkt lag dort auf der Layouterstellung für einzelne kleinere Zellen. Dieses Kapitel beschäftigt sich mit den Methoden zur Layouterzeugung von kompletten Chip-Designs, die auf Standardzellen basieren.

Das Kapitel stützt sich auf folgende Dokumente aus dem Dokumentationsumfang der MENTOR-GRAPHICS-V8-Entwurfssoftware:
- IC Station User´s Manual, Software Version 8.6_2,
- IC Station Reference Manual, Software Version 8.6_2,
- IC Station Automated Layout Reference Manual, Software Version 8.4_1,
- IC- Design with ICgraph/ICblocks Instructor Guide, Software Version 8.2_5,
- Getting Started with ICStation, Software Version 8.4_1,
- Properties Reference Manual, Software Release B2,
- ICverify Manual Software Version V8.6_2.

12.1
Der Layoutsyntheseprozeß im Überblick

Die automatische Layouterstellung erfolgt in mehreren Stufen, die in Bild 12.1 gezeigt sind. Ausgangspunkt ist eine sog. Zellenbibliothek (*Library*), die Layoutdarstellungen aller Komponenten im Schaltplan enthält.

Komponenten in einem Schaltplan werden im Layout auf Zellen abgebildet. Wie solche Zellen innerhalb des Programmpakets *ICstation* erzeugt werden, zeigt Abschn. 12.2. Die Zellen, die für ein bestimmtes Design benötigt werden, sind in der Zellbibliothek gespeichert. In der Library findet sich immer ein Verweis auf das *Process File*, in dem die geometrischen Voreinstellungen für die zu erstellenden Objekte abgelegt sind und die Zuordnungen von Layout- und Maskenebenen, sowie die Farben und Füllungen der Objekte in den einzelnen Layoutebenen enthalten sind.

Bei der Umsetzung des Schaltplans wird eine möglichst kleine Layoutfläche angestrebt, wobei andere Designvorgaben wie Verlustleistung oder Signallaufzeit einzuhalten sind. Da die Layoutgröße der Bibliothekszellen vorgegeben ist,

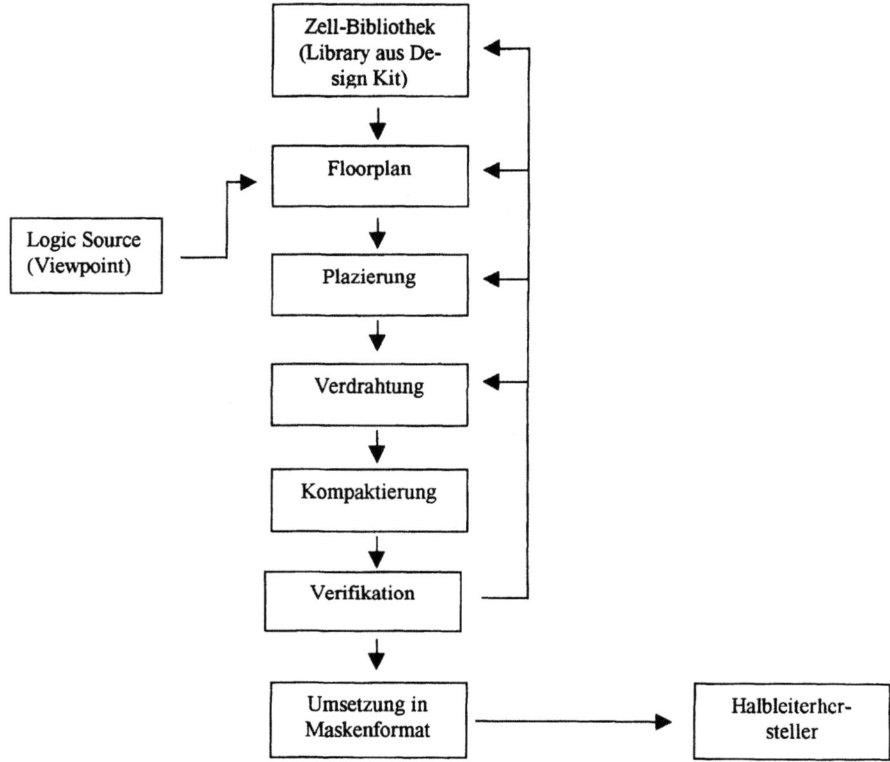

Bild 12-1. Flußdiagramm bei der automatischen Layouterstellung

kommt es auf die günstige Anordnung dieser Layoutstrukturen an. Sogenannte *Floorplanning*-Werkzeuge optimieren den Flächenbedarf einer Schaltung, in dem sie die Zellen im Gesamtlayout möglichst günstig verteilen. Diese Flächenabschätzung für das Layout kann grafisch als sog. Floorplan (s. Abschn. 12.3) ohne Details des internen Zellaufbaus dargestellt werden. Außer zur Flächenabschätzung wird der *Floorplan* im Entwurfsprozeß auch als Startkonfiguration bei der physikalischen Plazierung der Zellen im Layout benutzt. Das MENTOR-GRAPHICS-V8-Werkzeug zur Floorplanerstellung heißt *ICplan*.

Nach dem Floorplanning folgt die *Plazierung* der Zellen. Unter Plazierung (*Placement*) versteht man die Verteilung der Standardzellen oder größerer Blöcke im Layout nach den Vorgaben des Floorplans. Mit Optimierverfahren wird dabei versucht, die Chipfläche weiter zu verkleinern. Der nächste Schritt bei der automatischen Layouterzeugung ist das Verdrahten (*Routing*). Hier werden die Signal- und Versorgungsleitungen zwischen den einzelnen Standardzellen bzw. Blöcken im Layout gezogen. Placement und Routing sind Thema des Abschn. 12.4.

Für jede dieser Aufgaben sind detaillierte Informationen über die Möglichkeiten des zugrundeliegenden Herstellprozesses nötig. Diese Daten sind im *Pro-*

cess File gespeichert und enthalten z.B. die Entwurfsregeln und Angaben über die zu verwendenden Verdrahtungsebenen. Mit den Process Files beschäftigt sich Abschn. 12.5.

Für das Plazieren und Verdrahten stehen im Programmpaket ICSTATION mehrere Applikationsprogramme zur Verfügung. Für Designs, die aus Blöcken und Standardzellen bestehen, und das ist der typische Fall, wird innerhalb der ICstation ICBLOCKS eingesetzt. Für reine Standardzell- oder Blockdesigns können auch die Werkzeuge AUTOCELLS bzw. MICROROUTE verwendet werden. Für diese beiden Werkzeuge sind aber Einzellizenzen erforderlich.

Da bei der automatischen Verdrahtung die Entwurfsregeln des zugrundeliegenden Prozesses in der Regel nicht ausgenutzt werden können, lassen sich die Leitungen nach dem Verdrahten in den Verdrahtungskanälen noch etwas zusammenschieben. Diesen Prozeß bezeichnet man als *Kompaktierung* (s. Abschn. 12.6). Die benötigte Breite der Kanäle nimmt durch die Kompaktierung ab, und die Layoutstrukturen der einzelnen Zellen und Blöcke können enger aneinanderrücken. Im Programmpaket ICSTATION heißt das entsprechende Werkzeug zur Flächenminimierung eines automatisch erstellten Layouts ICCOMPACT.

Auch bei der automatisierten Layouterzeugung treten Fehler auf. Deshalb ist das Layout abschließend auf Übereinstimmung mit den Vorgaben des Schaltplans, sowie auf Einhaltung der Entwurfsregeln und der Zeitanforderungen aus der Spezifikation zu prüfen. Diesen Vorgang bezeichnet man als *Verifikation*. Die verschiedenen Verifikationsschritte zeigt Abschn. 12.7. Verifizierte Zellen werden in die Zell-Bibliothek übernommen, damit sie bei der Layoutsynthese von hierarchisch höherwertigen Zellen als Blöcke eingesetzt werden können. Das Editieren von Zellbibliotheken behandelt Abschn. 12.8. Die unterschiedlichen Prozeduren und Vorgehensweisen bei der Erstellung von hierarchischen Layouts beschreibt Abschn. 12.9.

Sind alle Arbeitsschritte komplett und fehlerfrei durchgeführt worden, können die Layoutgeometrien in standardisierte Übergabeformate, wie etwa GDSII übersetzt werden (Abschn. 12.10). Die erzeugte Layoutdatei wird dann per Datenträger (*Maskentape*)an den Halbleiterhersteller übergeben.

12.2
Erzeugen einer Zelle für die Layoutsynthese

Die Zellerzeugung wird anhand eines Beispiels erläutert, bei dem das Layout für eine mit Standardzellen aufgebaute Komponente erstellt werden soll, die später als Block in einer höheren Hierarchiestufe des Designs benötigt wird. Beim SRAM-Design treffen diese Annahmen auf den Adressen-Dekoder *Decod* zu.

Die Layoutsynthesewerkzeuge können für eine neue Zelle nur dann benutzt werden, wenn sich diese Zelle im sog. *CBC-Mode* (vgl. Abschn. 9.2.3.5) befindet. Dazu muß die Zelle im CBC-Mode erzeugt werden. Dazu sind aber vorab geeignete Process- und Rules Files zu laden:

Werden die Prozeßdaten direkt nach dem Öffnen des Programms *ICstation* über das Pull-Down-Menü mit den Befehlen **File** > **Process** > **Load** zugeladen, wird ein sog. *Session-Prozeß* definiert, der bis zum nächsten Logout aus der *IC-station*, per Default allen neuen Zellen zugeordnet wird. In der *Load Process* Prompt Bar ist dabei der Pfadname der Prozeßdatei einzugeben. Für den hier als Beispiel verwendeten ALCATEL-MICROELECTRONICS-2,4-µm-CMOS-Prozeß sind die letzten Einträge im Pfadnamen …/mietec_lib_v1.0/layout/cmos24/process/mietec_cmos24. Erst nach dem Process File kann das Rules File geladen werden, da letzteres Verweise auf die Prozeßdaten enthält (**File > Load Rules**). Für den ALCATEL-MICROELECTRONICS-2,4-µm-CMOS-Prozeß endet der entsprechende   Pfadname   mit   …/mietec_lib_v1.0/layout/cmos24/process/mietec_ cmos24_rules.

Für die Erstellung des Dekoderlayouts wird mit dem *Create*-Befehl **File > Cell > Create** eine Zelle erzeugt, die den gleichen Namen wie die Komponente (im Beispiel decoder_1) hat und die vom Typ *Block* ist. Die Textfelder des *Create-Cell*-Dialogfelds (Bild 12.2) werden wie folgt ausgefüllt:

- *Cell Name:* Hier ist der Name und Pfad der zu erstellenden Layoutzelle ($HO-ME/layout_dir/decoder_1) einzugeben.
- *Cell Type:* Wenn keine neue Standardzelle, sondern ein Block erzeugt werden soll, ist das Wahlfeld **Block** anzuklicken.
- *Angle Mode:* Mit der Option *Forty Five* können die Winkel der Zellgeometrien Vielfache von 45° betragen.
- *Attach Library:* Hier ist der Pfadname der zu verwendenden Standardzellbibliothek einzugeben ./mietec_lib_v1.0/layout/cmos24/library/mietec_cmos24.
- *Process:* Wurde ein Sessionprozeß definiert, erscheint hier der Pfadname des Prozeßfiles, z.B.: …/mietec_lib_v1.0/layout/cmos24/process/mietec_cmos24. Soll ein anderer Prozeß verwendet werden, dann können diese Eintragungen überschrieben werden.
- *Rules:* Hier wird der Pfadnamen des *Rules-Files* eingetragen.
- *Operating Configuration:* Da hier eine Zelle für die automatische Layouterzeugung erstellt werden soll, ist der Eintrag **CBC** zu aktivieren. Daraufhin erscheinen weitere Dialogfelder, die ebenfalls bearbeitet werden müssen.
- *Logic Source:* Hier ist der zur Zelle gehörige Schaltplan zu definieren. Die Übergabe des Schaltplans an das Layoutwerkzeug erfolgt in aufbereiteter Form, d.h. als *Design-Viewpoint*. Der Viewpoint muß bei Aufruf der ICSTATION vorliegen und kann mit dem DESIGN VIEWPOINT EDITOR und den Zusatzroutinen aus dem Design Kit erzeugt werden. Der Pfad der Viewpoint Datei endet dabei mit der Komponentendirectory und dem Viewpoint-Namen, z.B …/decod/default.
- *Logic Source Type:* Das Programm ICSTATION kann die Schaltplaninformation als Viewpoint im Rahmen des EDDM-Modells von MENTOR GRAPHICS verarbeiten (Wahlfeld **Eddm**) oder als Netzliste importieren (Wahlfeld **Ddf**). Solche Netzlisten sind eine standardisierte Übergabeform für Schaltpläne und ermöglichen die Einbindung von Designs, die nicht mit einem Werkzeug von Mentor erstellt wurden. Im behandelten Beispiel wird mit einem Viewpoint gearbeitet, deshalb ist hier **Eddm** anzuklicken.

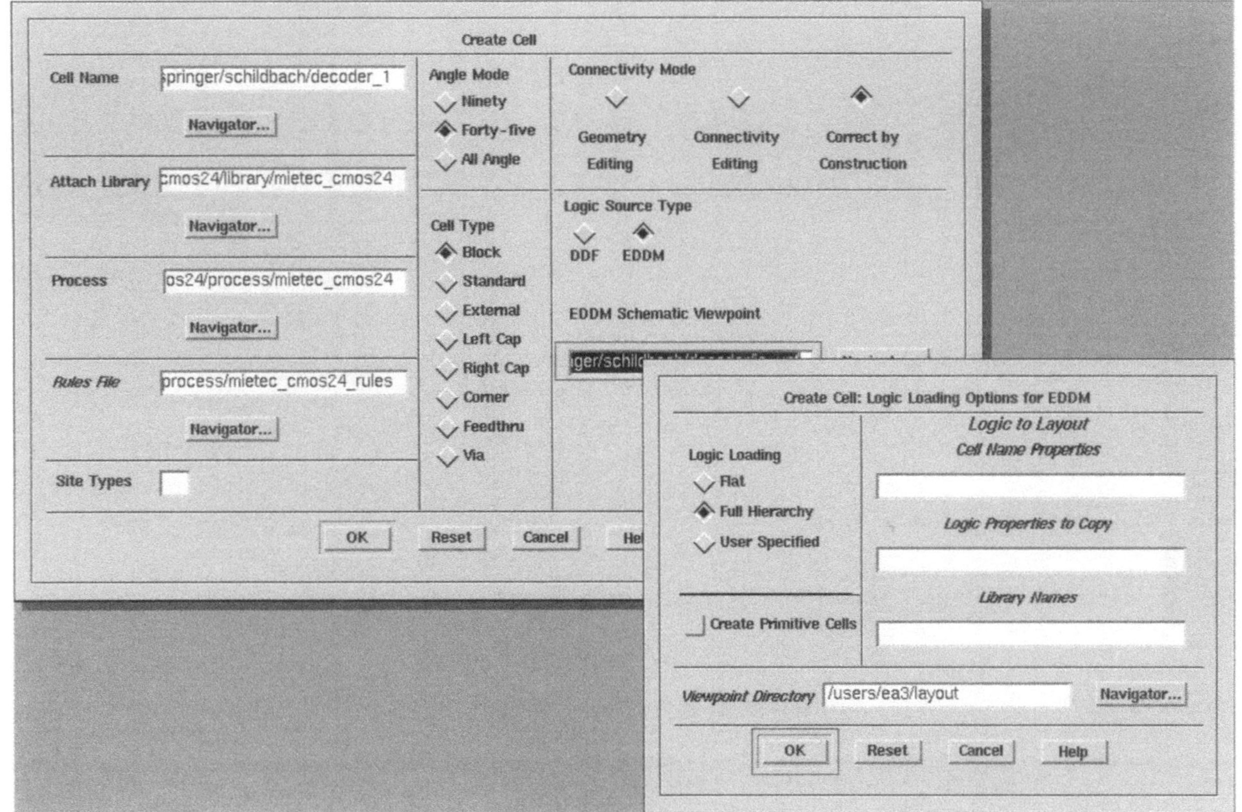

Bild 12-2.　Das *Create-Cell*-Dialogfenster und die zugehörige *Logic-Loading-Options*-Dialogbox mit den Eintragungen für den Dekoderblock *decoder_1* des SRAMs

- *Logic Loading:* Hier stehen die Optionen *Flat, Full Hierarchy* und *User Speci-fied* zur Auswahl. Diese Optionen legen fest, wie der hierarchische Aufbau des Schaltplans in das Layout umgesetzt wird. Mit *Flat* erzeugt die Layoutsynthe-se ein Layout ohne hierarchische Stufung. Die Hierarchien des Schaltplans werden aufgelöst. Die Option *Full Hierarchy* bewirkt, daß alle Hierarchiestu-fen des Schaltplans in das Layout übernommen werden. Mit der Option *User Specified* richtet sich die Layouthierarchie nach den PHY_COMP-Properties der einzelnen Instanzen im Schaltplan und unterschiedliche Hierarchien für Layout und Schematic sind möglich.
- *Viewpoint Directory:* In diese Datei werden die bei der Layoutsynthese auto-matisch erzeugten sog. intermediären Viewpoints abgespeichert, die beim Umsetzen der Schaltplanhierarchie entstehen. Bei Layouts ohne Hierarchie (Option *Flat*) ist hier kein Eintrag nötig.
- *Library Name:* In dem zugehörigen Textfeld können weitere Zellbibliotheken benannt werden, in denen das Programm nach Zellen sucht, die in der primä-ren, über *Attach Library* definierten Zellbibliothek nicht enthalten sind.
- *Logic to Layout Cell Name Properties:* Hier können die Propertynamen defi-niert werden, aus denen der Name der Layoutzelle für eine Instanz im Schalt-plan abgeleitet wird. Ohne Einträge werden die PHY_COMP- bzw. die COMP-Properties als Zellname verwendet.
- *Logic Properties to Copy:* Hier können die Properties definiert werden, die aus dem Schaltplan in das Layout übernommen werden sollen. Die System-Pro-perties werden automatisch kopiert. Einträge in das Textfeld sind deshalb meistens nicht nötig.
- *Create Primitive Cells:* Wird dieses Wahlfeld aktiviert, werden primitive Lay-outzellen für alle die Komponenten im Schaltplan erstellt, für die keine ent-sprechenden Bibliothekselemente in den Libraries gefunden wurden.

Nachdem das Dialogfeld mit dem OK-Button quittiert wurde, erscheint ein Zellenfenster (*IC-Window,* siehe Bild 12.3) im ICSTATION-Sessionwindow (Bild 9.15). In der Kopfzeile des IC-Windows findet sich der Name der neu angelegten Zelle. Unter der Pull-Down-Menüleiste ist Name der aktiven Zelle (*Active Con-text Cell*) mit dem Editiermode (hier CBC) und der Kennung für Editierbarkeit (-E), sowie der in der Create-Cell-Dialogbox definierte Prozeß angegeben.

Wenn beim Laden des Schaltplans Fehler oder Warnungen auftreten, wird die Zelle nicht wie vereinbart im CBC-Mode, sondern im weniger restriktiven *CE-*Mode (*Connectivity Editing*) erzeugt. Dies wird in der Statuszeile in Klammern hinter Active Context angezeigt. Ein typisches Beispiel für Fehler und Warnun-gen beim Laden des Schaltplans sind Komponenten in der Schematic, die nicht-angeschlossene Pins aufweisen. Da Flip-Flops in Standardzellbibliotheken meist einen invertierten und einen nichtinvertierten Ausgang haben, die nicht immer beide als Signal in der Schaltung auftauchen, ist der Wechsel in den *CE-*Mode aufgrund von *Not-Connected-Pin-*Warnungen sehr häufig. Bevor mit dem auto-matischen Layout begonnen werden kann, ist der Mode wieder auf CBC zu set-zen. Dies geschieht mit der Pull-Down-Menü-Befehlsfolge **Context > Set Cell**

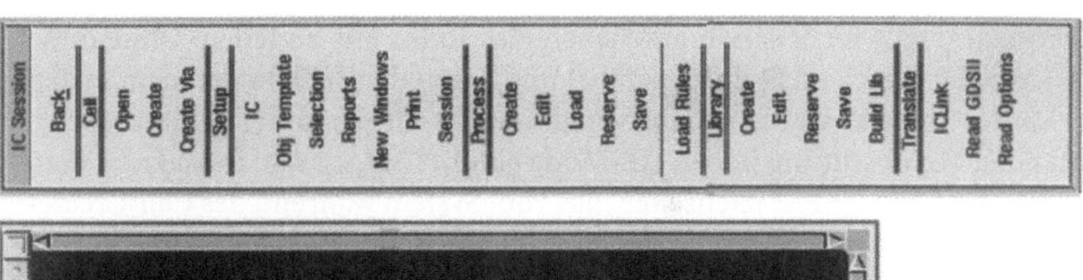

Bild 12-3. Das IC-Window für die neu erzeugte Zelle *decoder_1* und das *IC-Session*-Palettenmenü

Config > Correct By Construction. Bei dieser Umsetzung führt das Programm stets einen *On-Line-Design-Rule-Check* durch. Deshalb ist vor der Änderung des Zellkontextes, falls nicht schon geschehen, das Rules File zu laden. Ohne diese Datei kann der Check nicht durchgeführt und damit der Zellkontext nicht in den CBC-Modus versetzt werden. Selbstverständlich sollte man die Fehlerursache, die zu einer Herabstufung in den GE-Mode geführt hat, klären. Dazu kann man im *Logic_load_report-File* nachsehen, das vom System während des Cell-Create-Prozesses angelegt wird, oder die Einträge im Transcript-Fenster kontrollieren.

12.3
Floorplanning und Zellplazierung

Ein Floorplan (engl. für Grundriß) ist eine geometrische Anordnung von Zellreihen (*Rows*) oder von anderen geometrischen Figuren (*Shapes*), in die bei der Layoutsynthese später Zellen plaziert werden. Dieser Abschnitt beschäftigt sich mit dem Floorplanning für Standardzelldesigns mit dem Werkzeug *Autofloorplan*. Die hierarchische Layoutsynthese im Top-Down-Verfahren wird von den *ICTools* von MENTOR GRAPHICS ebenfalls unterstützt. Die entsprechenden Methoden, die beim hierarchischen Floorplanning mit dem Werkzeug *ICplan* eingesetzt werden, finden sich z.B. in [9].

Floorpläne für Standardzellayouts mit Autofloorplan

Der schematische Aufbau eines Floorplans für ein Standardzelldesign ist in Bild 12.4 gezeigt. Wie in Abschn. 6.3 bereits erwähnt wurde, setzt sich die Zellenbibliothek eines Design Kits aus unterschiedlichen Zelltypen zusammen. Im einfachsten Fall sind dies die bei ALCATEL MICROELECTRONICS als *Core Cells* bezeichneten internen Digital- und Analogzellen, sowie die externen Peripherie-Zellen, die die Pads und die Schutzstrukturen enthalten. Die Zellen werden beim Floorplanning in Reihen angeordnet. Dabei wird zwischen internen und externen Reihen (*Internal* und *External Rows*) unterschieden. Im Layoutfenster werden *Floorplan Shapes* als Platzhalter für die Zellreihen angezeigt. Die Zellreihen im Innenbereich des Layouts weisen regelmäßig Abstände auf. Die Reihen für die Randzellen umschließen die Core-Zellen.

Das Programm *Autofloorplan* erstellt den Floorplan nach bestimmten Vorgaben. Zahl und Länge der Reihen werden entweder automatisch nach bestimmten Algorithmen oder nach Vorgaben des Anwenders berechnet. Der entsprechende Programmparameter heißt *Compute Num Rows* und hat die Einstellmöglichkeiten *Auto Calculate* und *User Defined*. Bei der Floorplanerstellung können bestimmte Höhen- zu Weitenverhältnisse der entstehenden Zelle vorgegeben werden (*Aspect Ratio Limits*). Die maximale Ausdehnung des Floorplans läßt sich ebenfalls begrenzen (*Maximum Dimensions*). Der Abstand zwischen den Zellreihen wird mit dem Parameter *Compute Route Area Ratio* festgelegt. Auch hier sind Vorgaben des Anwenders möglich. Andernfalls erfolgt eine automatische Berechnung auf Basis der Zahl der nötigen elektrischen Verbindungen, die aus dem Schaltplan ermittelt wird. Ein weiterer Parameter, der den Abstand zwischen Core- und Peripherie-Zellen definiert, heißt *Edge Gap*. Dieser Abstand läßt sich in Einheiten des User Grids vorgeben oder wird auf der Basis der Gesamtzahl der elektrischen Verbindungen in der Schaltung automatisch festgelegt.

Die Programmeinstellungen erfolgen im *Autofloorplan-Options*-Dialogfeld (Bild 12.5), das mit den Pull-Down-Menüeinträgen **Packages** > **ICplan** > **Autofloorplan** oder aus dem IC-Palettenmenü *Floorplan* (Bild 12.5) über den Eintrag AUTOFLOORPLAN aufgerufen wird. Das Dialogfeld kann für weniger komplexe Schaltungen, wie den als Beispiel behandelten Dekoderblock, mit den Voreinstellungen quittiert werden. Das Ergebnis des Floorplannings kann man sich im aktiven Fenster (hier für die Zelle *decoder_1*) anzeigen lassen, indem man den *View-All-Stroke*, das Pull-Down-Menü **View** > **View all** oder die Tastenkombination *Shift F8* benutzt. Wenn der Schaltplan keine Peripheriezellen enthält, dann besteht der Floorplan nur aus Core-Zellen. Statt der Padzellen werden dann *Floorplan-Shapes* für die Ports der Zelle, die sog. *Port Shapes*, als dicke Linien an den vier Seiten des Floorplans vorgesehen (Bild 12.6).

Nachdem ein Floorplan vorliegt, können die Standardzellen mit Hilfe des Programms *ICblocks* plaziert und anschließend verdrahtet werden.

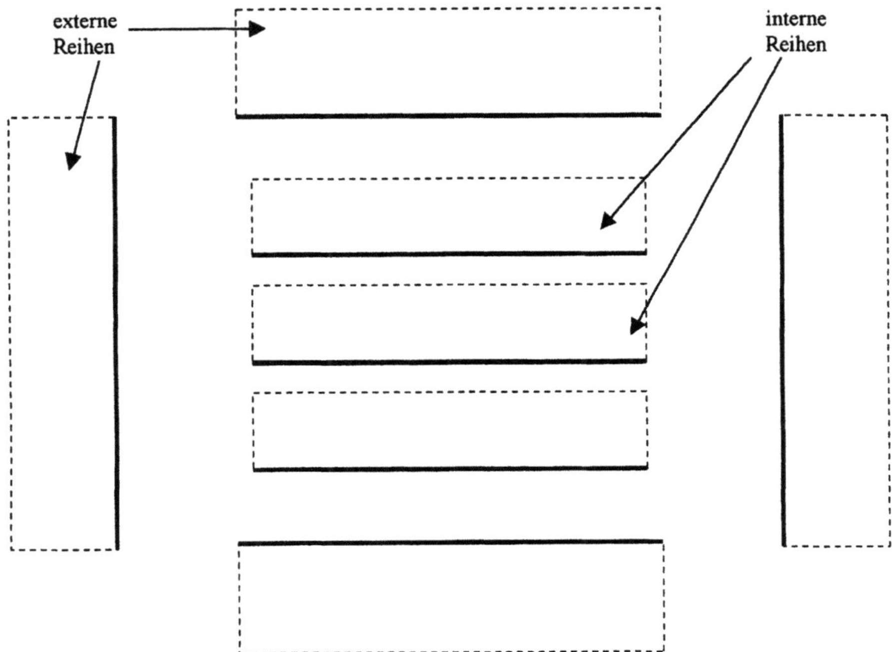

Bild 12-4. Ein Standardzell-Floorplan. Die dick eingezeichneten Linien dienen als Aufhängepunkte für die Standardzellen. Die gestrichelten Linien geben die Göße der Zellen an, die in der jeweiligen Zeile plaziert werden können

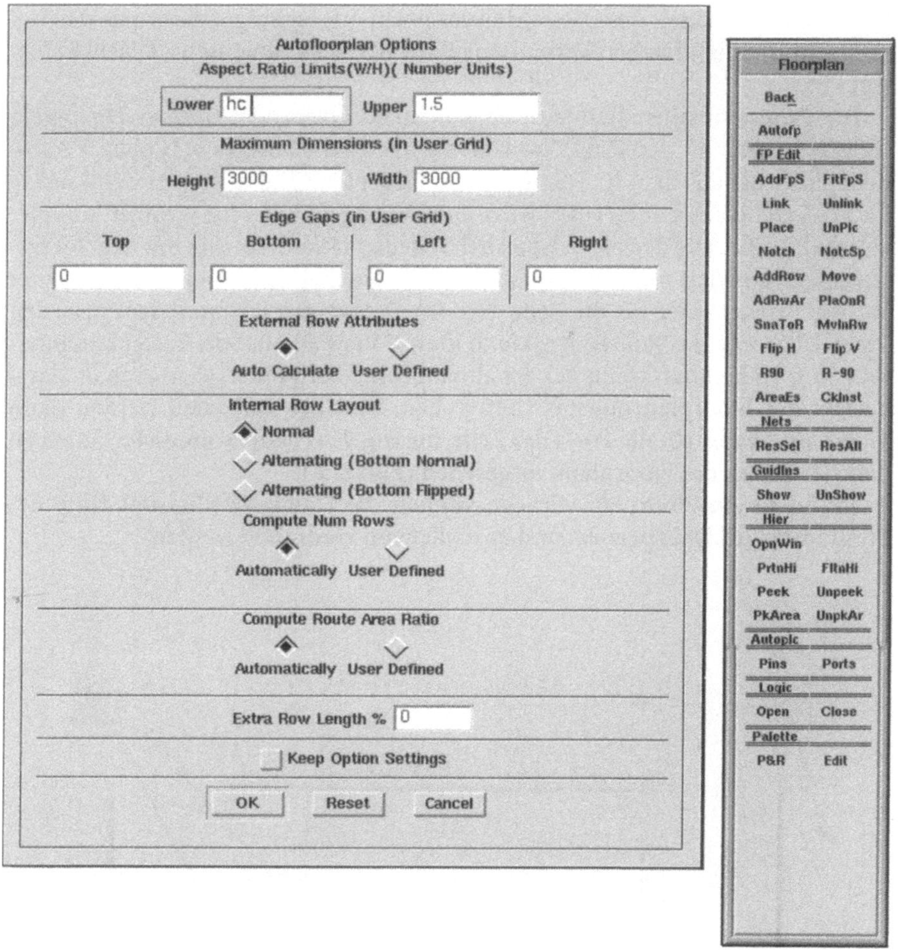

Bild 12-5. Das *Autofloorplan Options*-Dialogfenster mit den Default-Eintragungen und das *Floorplan*-Palettenmenü

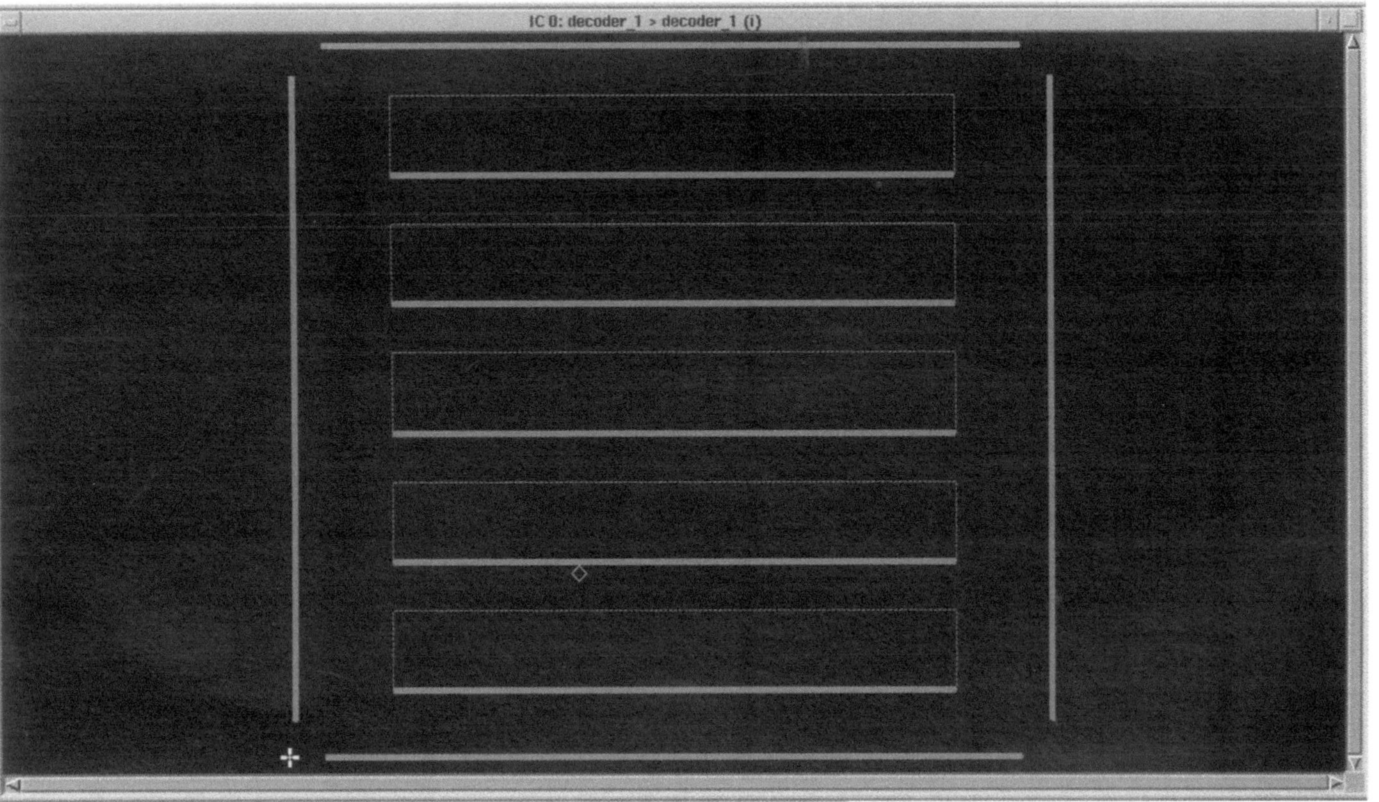

Bild 12-6. Der mit den Standardeinstellungen von *Autofloorplan* erstellte Floorplan für den Dekoderblock *decoder_1* des SRAMs

12.4
Layoutsynthese mit ICblocks

Das Programmpaket *ICblocks* besteht aus einem Werkzeug zur automatischen Plazierung von Zellen oder Blöcken (*Autoplacer* oder *Placer*) und einem Werkzeug zur Verdrahtung der im Layout instanziierten Zellen (*Autorouter* oder *Router*). Für die Erstellung von Floorplänen steht bei Bedarf zusätzlich auch das bereits besprochene Programm *Autofloorplan* zur Verfügung.

Das Entwurfsziel beim Plazieren und Verdrahten ist die Realisierung einer vollständigen Schaltung auf kleinstmöglicher Chipfläche, unter Beachtung aller geometrischer Entwurfsregeln und der Laufzeitvorgaben aus der Schaltungsspezifikation. Die optimale Verteilung der Zellen und Blöcke auf die zur Verfügung stehende Chipfläche ist im mathematischen Sinn ein komplexes kombinatorisches Minimierungsproblem mit Randbedingungen.

Im Prinzip müßten bei der Optimierung alle möglichen Plazierungen mit den zugehörigen Verdrahtungen durchprobiert werden, um das kleinste Layout unter den genannten Randbedingungen zu finden. Dieses Vorgehen ist aber nicht praktikabel, denn die Zahl der Möglichkeiten, N Zellen auf eine Fläche zu verteilen, nimmt exponentiell mit der Zellenzahl zu. Das Layoutoptimierungsproblem wird deshalb separiert und in einzelnen Stufen gelöst. Dabei kommen entweder heuristische Verfahren oder numerische Minimierungsverfahren mit geeigneten Kostenfunktionen zum Einsatz. So entsteht das bereits in Abschn. 3.3.3 vorgestellte und in Bild 12.1 gezeigte sukzessive Verfahren aus Floorplanning, Plazierung der Zellen, Verdrahtung, Layoutkompaktierung und Nachsimulation der Schaltung mit den extrahierten Leitungskapazitäten.

Die Aufteilung des Gesamtproblems in näherungsweise unabhängige Teilprobleme führt aber nur in Ausnahmefällen auf das globale Layoutoptimum. Dennoch stellt das mit der Separierung erzeugte Layout meist eine praktisch vernünftige Lösung dar.

12.4.1
Plazierung von Standardzellen und Blöcken

Der *Autoplacer* des Programms *ICblocks* plaziert automatisch Layoutblöcke, Standardzellen aller Kategorien sowie Ports und Pins nach den Vorgaben des vorhandenen Floorplans und der zugrundeliegenden Schematic. Damit die resultierende Layoutfläche und die Verdrahtungslänge möglichst klein bleibt, stehen verschiedene Programmfunktionen und Plazierungsstrategien zur Auswahl, die über Programmeinstellungen aktiviert werden können.

12.4.1.1
Plazierung von Standardzellen

Standardzellen werden mit der *$autoplace_standard_cells*-Funktion des Programms *ICblocks* auf die Standardzellreihen verteilt. Deshalb benötigt die Funktion auch stets einen Floorplan. Standardzellen lassen sich sowohl in vertikale als auch in horizontale Zellreihen setzen. Die Funktion schließt außerdem jede Standardzellreihe auf beiden Seiten automatisch mit sog. *Cap Cells* ab. Dabei handelt es sich um Hilfszellen, die nicht im Schaltplan auftreten. Diese Zellen komplettieren Layoutstrukturen in den Zellreihen, wie etwa Wannen, oder enthalten Ports zum Anschluß von Versorgungsleitungen. Cap Cells und andere Hilfszellen, wie die für die Verdrahtung benötigten *Feed Thru Cells*, findet das System in der gleichen Design-Library, in der auch die Standardzellen abgelegt sind.

Die *Autoplace_standard_cells*-Funktion wird über das *Place/Route*-Palettenmenü durch Betätigen des Eintrags *StdCel* im Autoplace-Abschnitt oder über die Pull-Down-Menüleiste mit **Packages > ICblocks > Autoplace Standard Cells** aufgerufen. Zur Plazierung der Zellen stehen in der *Standard Cell Placer Options Dialogbox* (Bild 12.7) verschiedene, im folgenden erläuterte Verfahren zur Auswahl.

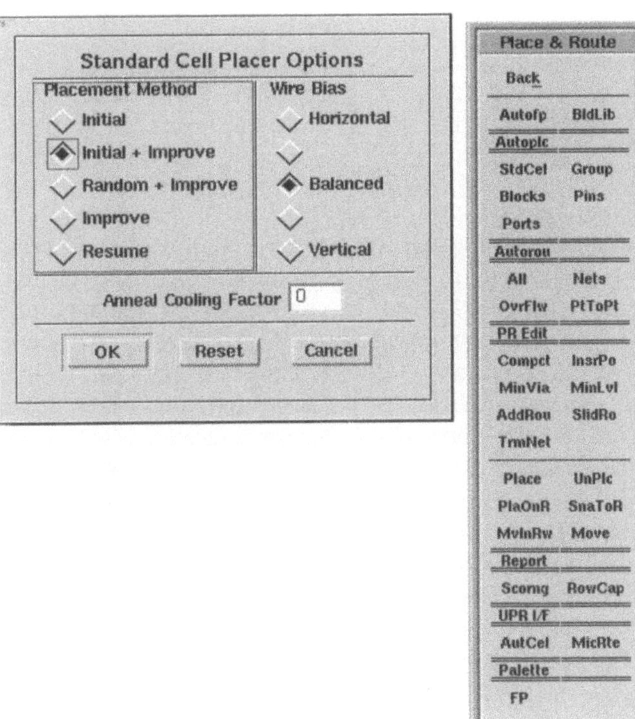

Bild 12-7. Die *Standard-Cells-Placer-Options-Dialogbox* der Autoplace-Funktion und das *Place & Route*-Palettenmenü

Initial Placement

Bei diesem Algorithmus werden die Zellen auf die verschiedenen Zeilen im Floorplan gesetzt und solange ausgetauscht und verschoben, bis die gesamte von den Zellen verbrauchte Fläche minimal wird. Damit dabei der Verdrahtungsaufwand unter Kontrolle bleibt, werden Methoden der minimalen Schnitte (*MinCut*) aus der Graphentheorie angewendet [2]. Dabei werden die Zellen nach dem Zufallsprinzip auf die Floorplan- Reihen verteilt. Dann wird die resultierende Fläche sukzessive durch Einbringen von Schnittlinien aufgeteilt („hierarchische Bipartitionierung") und die Zellen solange verschoben, bis die Anzahl der Verbindungsleitungen, die den jeweiligen Schnitt überqueren, minimal ist. Diese hierarchische Partitionierung kann solange betrieben werden, bis jedes Flächensegment nur noch eine Zelle enthält.

Initial and Improve

Hier wird die mit den Initial-Verfahren erstellte Plazierung nachoptimiert. Dabei ist die gesamte Leitungslänge die Kostenfunktion. Die Verdrahtungslänge korreliert mit dem Platzbedarf der Zellanordnung. Damit Zellen, zwischen denen besonders kritische Signalleitungen mit engen Laufzeitspezifikationen verlaufen, besonders nah zusammen plaziert werden, können die entsprechenden Leitungsstücke in der Kostenfunktion mit Gewichtsfaktoren (*Net Priorities*) versehen werden.

Zur Minimierung der (gewichteten) Gesamtleitungslänge wird eine *Monte-Carlo-Methode* eingesetzt, die als *Simulated-Annealing-Verfahren* [3] bezeichnet wird. Monte-Carlo-Verfahren haben bei der Schaltungsoptimierung grundlegende Bedeutung und werden daher im folgenden genauer dargestellt. Monte-Carlo-Verfahren stammen aus der statistischen Physik und werden dort zur Untersuchung von Phasenübergängen und kritischen Phänomenen genutzt. Ein Beispiel für die Anwendung von Simulated-Annealing-Verfahren sind Untersuchungen der Flüssig/Fest-Phasenübergänge beim Erstarren von Schmelzen [4]. Beim Erstarren bewegen sich die Moleküle in der Flüssigkeit mit sinkender Temperatur T immer langsamer, bis sie unterhalb der Erstarrungstemperatur an festen optimalen Gitterplätzen einrasten. Diese Dynamik wird bei allen Monte-Carlo-Verfahren durch eine artifizielle, nicht mehr mit Zeit verknüpfte Dynamik nachempfunden. Bei der sog. *Monte-Carlo-Dynamik* werden die Molekülpositionen nach einem Zufallsprinzip von einer Konfiguration zur nächsten neu ausgewürfelt. Nimmt die Energie E des Systems nach einem solchen Monte-Carlo-Schritt ab, werden die neuen Positionen der Moleküle akzeptiert. Andernfalls wird die neue Verteilung nur mit einer Wahrscheinlichkeit exp($-E/k_B*T$) zugelassen. k_B ist die Boltzmannkonstante.

Dieses Verfahren führt auf die thermodynamisch stabile Lösung, die durch ein globales Minimum der (freien) Energie gekennzeichnet ist. Lokale Minima, die bei sog. metastabilen Zuständen auftreten, können überwunden werden, denn der Algorithmus läßt auch Zustände zu, die kurzzeitig die Energie des Systems erhöhen. Energetisch ungünstigere Zustände können bei Simulated-Annealing-Verfahren um so leichter realisiert werden, je höher die Ausgangstemperatur gewählt wird und je langsamer der Abkühlvorgang verläuft. Ein solches Abkühlungsschema führt daher in die thermodynamisch stabile feste Phase.

Lokale Minima, die bei der Untersuchung von Phasenumwandlungen typisch sind, zeichnen auch viele andere Optimierprobleme aus. Man kann sich leicht vorstellen, daß auch bei der Zellenplazierung im Layout viele Lösungen mit lokal optimalem Platzbedarf existieren. Lokale Minima stoppen bei Minimierungsverfahren, die nicht vom Monte-Carlo-Typ sind, häufig den Algorithmus. Gradientenmethoden liefern z.B. keine weiteren Veränderungen der Entwurfsparameter, wenn ein Minimum gefunden wurde. Deshalb etablierten Kirkpatrick und seine Mitarbeitern [3] das Simulated-Annealing-Verfahren als universelles Optimierungsverfahren.

Faßt man die Leitungslänge L des Plazierungsproblems als Energie auf und führt eine fiktive Temperatur ein, läßt sich das Verfahren auch auf das Zellenplazierungsproblem übertragen. Statt der Moleküle bewegen sich die zu plazierenden Zellen im Layout. Ergibt sich durch eine Zellverschiebung eine Verkürzung der gewichteten Leitungslänge, wird die neue Plazierung akzeptiert, ansonsten wird wieder das Wahrscheinlichkeitskriterium in der Form $\exp(-L/k_B{*}T)$ verwendet. Auch hier beginnt man mit hohen fiktiven thermischen Energien $k_B{*}T$ und kühlt langsam ab. Das Resultat des Annealing-Prozesses ist die Plazierung der Zellen mit der minimalen Länge der gewichteten Verbindungsleitungen. Damit diese Kostenfunktion minimal wird, müssen die Zellen nicht nur möglichst eng beieinander sitzen, sondern auch so angeordnet sein, daß Zellen mit laufzeitkritischen Verbindungsleitungen benachbart sind. Hier wird also auch gezielt auf Einhaltung der Spezifikationswerte hin optimiert.

Die Flächenersparnis durch Monte-Carlo-Nachoptimierung liegt i.d.R. bei 10–20% im Vergleich zur Initial-Ausgangsplazierung. Die Rechenzeit für die Nachoptimierung ist aber typischerweise doppelt so lang wie die Rechenzeit zur Bestimmung der Ausgangsplazierung.

Random and Improve

Bei diesem Verfahren geschieht die Ausgangsplazierung der Zellen für die Monte-Carlo-Optimierung nach dem Zufallsprinzip statt mit einem Min-Cut-Verfahren durch Verteilung der Zellen auf die Floorplanreihen. So werden Nachteile des Bipartionierungsverfahrens vermieden, die dadurch entstehen, daß bei der Aufteilung der Fläche am Anfang nicht bekannt ist, zwischen welchen Zellen Verbindungen bestehen und zwischen welchen nicht. So können ungünstige Partitionierungen mit langen Verbindungsleitungen quer über die Chipfläche zustande kommen. Ob solche metastabilen Lösungen später bei der Nachoptimierung korrigiert werden können, ist nicht sicher und hängt von Details des Abkühlungsschemas ab.

Resume

Bei dieser Einstellung wird die Nachoptimierung in bezug auf eine minimale Verdrahtungslänge fortgesetzt. Als Starttemperatur beim Simulated-Annealing-Prozeß wird die letzte Temperatur vom vorherigen Durchlauf übernommen. Mit dieser Vorgehensweise kann man aus einem lokalen Plazierungsoptimum heraus eine weitere Verkleinerung des Layouts erreichen.

Improve

Bei dieser Einstellung wird die Simulated-Annealing-Prozedur erneut auf die aktuell berechnete Zellplazierung angewendet. Die Starttemperatur ist aber wieder auf den Hochtemperaturwert gesetzt, so daß die gesamte Abkühlphase nochmals durchlaufen wird. Aufgrund des statistischen Charakters der Monte Carlo Methode können auf diese Weise ebenfalls verbesserte Plazierungen gefunden werden.

12.4.1.2
Die Plazierung von Blöcken

Die optimale Plazierung von Blöcken mit verschiedenen Größen und vier oder mehr Ecken ist schwieriger zu finden als von regelmäßig geformten Standardzellen. Hier werden sog. *Clusteralgorithmen* angewendet, bei denen zunächst Teilmengen der zu plazierenden Zellen in Cluster zusammengefaßt werden. Die *$autoplace_blocks*-Funktion wird über die Pull-Down-Menüleiste mit **Packages > ICblocks > Autoplace Blocks** aufgerufen. Das Plazierungsverfahren bei der *$autoplace_blocks*-Funktion basiert auf dem folgenden Algorithmus:
- Im ersten Schritt (*Initial Clustering*) werden die Zellen in zwei Cluster plaziert.
- Im zweiten Schritt (*Bipartition Improvement*) werden die Zellen in beiden Clustern sukzessive umgeordnet, mit dem Ziel, zwei möglichst kleine Cluster gleicher Größe mit minimalem Verbindungsaufwand zwischen den Clustern zu erreichen.
- Im dritten Schritt werden Teilmengen der in den beiden Clustern plazierten Blöcke zusammengefaßt und mit einem Rechteck umschlossen (*Recursive Build*).

Die ersten beiden Schritte des Algorithmus werden solange wiederholt, bis gewisse Grenzwerte, die über die Set-Up-Parameter vorgegeben werden, unterschritten sind. Über diese Vorgaben kann die geometrische Form der Cluster sowie die Gewichtung von Flächenbedarf und Verbindungsaufwand bei der Ermittlung der Plazierung beeinflußt werden. Die Parameterwerte der *$autoplace _blocks*- Funktion können ähnlich wie bei der Standardzellen-Plazierung über das *Autoplace-Blocks*-Dialogfeld (Bild 12.8) eingestellt werden:

Cluster Area

Dies ist ein Parameter, der zwischen 0 und 100% liegt und der die Größe und die Zahl der Zellen pro Cluster beim *Initial Clustering* steuert. Der eingegebene Prozentwert legt das Gewicht der Clusterfläche im Vergleich zu der Zahl der Blöcke im Cluster bei der Anfangsplazierung fest. Bei kleinen Prozentwerten wird die gleiche Zahl von Blöcken pro Cluster angestrebt, bei großen Prozentzahlen ver-

Bild 12-8. Die *Autoplace-Blocks*-Dialogbox

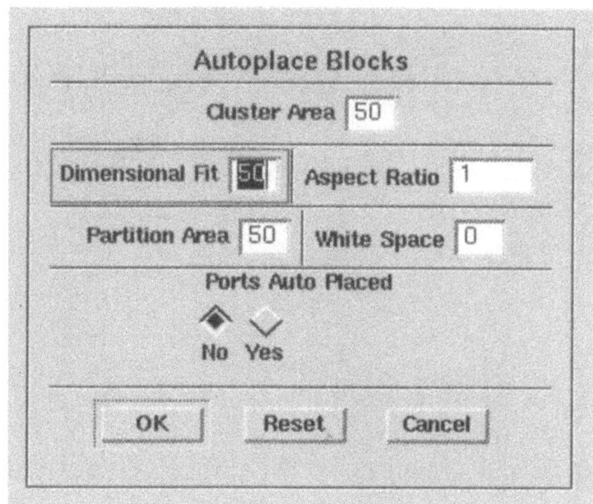

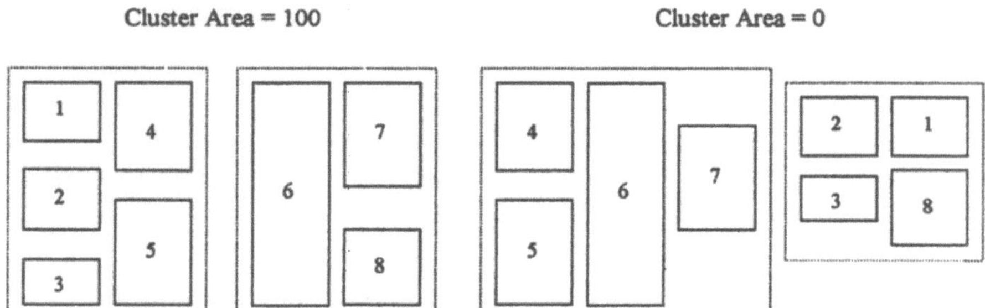

Bild 12-9. Die Blockplazierung mit verschiedenen Werten von *Cluster Area*. Die einzelnen Cluster der beiden Lösungen sind gestrichelt umrahmt

sucht das Programm die Clusterfläche zu minimieren. Bild 12.9 zeigt zwei Partitionierungen für 10 Blöcke für *Cluster Area* = 100 und *Cluster Area* = 0. Die Voreinstellung des Programms ist 50, d.h., kleine Fläche und gleiche Anzahl der Blöcke in jedem Cluster sind gleichwertige Ziele.

Partition Area

Mit diesem Parameter kann die Plazierung der Zellen in bezug auf Verbindungsaufwand und Flächenbedarf in den einzelnen Teilclustern beeinflußt werden. Dieser Parameter ist wieder ein Prozentwert. Bei 100 geht ausschließlich die Fläche ein, bei 0 werden die Blöcke so gesetzt, daß möglichst kurze Verbindungsleitungen entstehen. Auch bei diesem Parameter ist der mittlere Wert von 50 voreingestellt, mit dem Fläche und Verdrahtungsaufwand mit gleicher Priorität minimiert werden.

Dimensional Fit

Mit diesem Parameter kann die geometrische Form der Teilcluster beeinflußt werden. Bei hierarchischen Entwürfen sind Layouts mit rechteckiger Form gün-

Bild 12-10. Die Blockplazierung mit verschiedenen Werten von *Dimensional Fit.* Links wurde im Hinblick auf eine rechteckige Fläche und rechts mit dem Ziel der minimalen Verdrahrungslänge plaziert

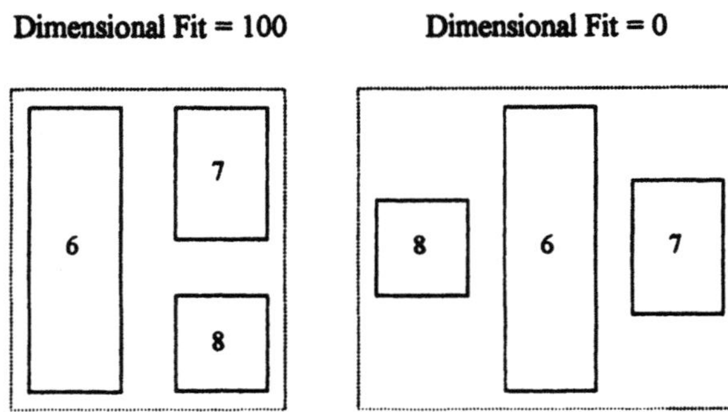

stig. Je größer der eingegebene Prozentwert, desto mehr wird bei der Plazierung der Blöcke auf ein rechteckiges Gesamtlayout geachtet. Bei kleinen Werten, z.B. Dimensional Fit = 0, wird die Verdrahtungslänge zum entscheidenden Plazierungskriterium. Bild 12.10 zeigt Beispiele. Das Programm gibt wieder als Defaultwert 50 vor. Dieser Wert wichtet die Plazierungskriterien Clusterform und Verdrahtungslänge gleich.

Aspect Ratio

Mit diesem Parameter kann das Höhen-zu-Weitenverhältnis der für die Plazierung der Blöcke zur Verfügung stehenden Layoutfläche vorgegeben werden. Voreingestellt ist der Wert 1.0, der einer quadratischen Layoutzelle entspricht.

White Space

Dies ist ein Prozentwert, der angibt, wieviel Prozent der Gesamtfläche der plazierten Blöcke zusätzlich als Verdrahtungsfläche zur Verfügung gestellt werden soll. Ein Wert von 50 erhöht die Layoutfläche um 50%. Voreingestellt ist der Wert 0. Sinnvoll ist ein Wert zwischen 0 und etwa 200.

12.4.1.3
Die Plazierung von Ports

Die Funktion *Autoplace Ports* bewirkt die Plazierung von Ports auf den Randlinien (*Boundaries*) der aktiven Zelle. Diese Funktion kann auch direkt beim Aufruf der *$autoplace_blocks*-Funktion aktiviert werden (Bild 12.8). Es gibt drei Plazierungsmethoden:
1. **detail:** Die Ports werden in gleichen Abständen um die Layoutzelle verteilt, in der die Blöcke sitzen. Danach werden die Ports verschoben, um die Verbindungslängen zu den Ports der internen Blöcke zu verkleinern.
2. **even:** Hier werden die Ports gleichförmig um die Blöcke verteilt. Positionsverschiebungen wie bei der Option detail finden nicht statt.
3. **local:** Die Ports werden so plaziert, daß möglichst kurze Verbindungen zu den internen Blöcken entstehen.

Die Plazierung der Ports bei Standardzellenlayouts kann zusätzlich auch benutzerdefiniert erfolgen. Mögliche Vorgaben sind dabei entweder die alphabetische Reihenfolge der Portnamen oder die Reihenfolge, in der die Ports im Schaltplanfenster selektiert werden. Das Schaltplanfenster läßt sich zur Selektion über das Pull-Down-Menü mit **File > Open > Logic** öffnen. Die Ports können vor oder nach den Standardzellen plaziert werden. Im ersten Fall richtet sich die Plazierung der Standardzellen auch nach der Lage der Ports, im zweiten Fall werden die Ports so plaziert, wie es die Verteilung der Standardzellen auf die Floorplanreihen vorgibt.

12.4.1.4
Die Plazierung von Pins

Pins markieren in einer hierarchischen Layoutzelle einen elektrischen Anschluß bei einer eingesetzten (instanziierten) Zelle. Beim Instanziieren wird der Port der Tochterzelle zu einem Pin in der Elternzelle. Pins können wie Ports ebenfalls automatisch gesetzt werden. Die Pins sind auf den Zellrand (*Boundary*) der selektierten Instanz plaziert. Vier Plazierungsmethoden stehen zur Auswahl:

1. **local:** Die Pins werden so plaziert, daß möglichst kurze Verbindungen zu den internen Blöcken entstehen.
2. **even:** Die Pins werden mit einheitlichem Abstand auf der Zellboundary verteilt.
3. **detailed:** Die Pins werden nach dem gleichen Verfahren gesetzt, das auch bei der detail-Portplazierung verwendet wird.
4. **user defined:** Hier können wieder Benutzervorgaben für die Pinplazierung eingegeben werden. Dabei läßt sich der Pinabstand, die Pinreihenfolge und der Startpunkt auf der Zellgrenze, an der der erste Pin gesetzt werden soll, spezifizieren.

12.4.1.5
Manuelle Plazierung und Editiermöglichkeiten

Mit *ICblocks* können nicht nur reine Standardzell- oder Blockdesigns plaziert werden, sondern Standardzellen und Blöcke lassen sich mit dem Programm auch gemischt in eine Layoutzelle setzen. *ICblocks* plaziert Blöcke und Standardzellen mit getrennten *Autoplace-* Operationen. Das Ergebnis der Plazierungsalgorithmen ist nicht immer befriedigend. Dies liegt daran, daß die verwendeten Algorithmen robust und universell einsetzbar sein müssen und deshalb nicht immer alle Aspekte der Verbindungsstruktur und der Zellgeometrien für eine spezifische Layoutaufgabe berücksichtigen können.

Um hier nachzubessern, gibt es verschiedene Ansätze. Am einfachsten ist es, die Autoplace-Funktion mit veränderten Parametern nochmals zu starten. Die alte Zellplazierung wird dazu vorher mit **Select > All** komplett selektiert und mit den Pull-Down-Menübefehlen **objects > unplace** aus dem Layout entfernt. Mit dieser Select/Unplace-Methode lassen sich auch Blöcke oder Zellen einzeln oder in Gruppen aus dem Layout herausnehmen und danach wieder manuell neu plazieren.

Um eine bestimmte Standardzelle oder einen Block zu plazieren, wird die interessierende Zelle im Schaltplanfenster oder im sog. *Hierarchy Window* (s. unten) selektiert. Dann aktiviert man das Layoutfenster, betätigt den Eintrag PLACE CELL im *Place/Route-* Palettenmenü, setzt die Zelle bzw. den Block an die gewünschte Stelle ins Layout und deselektiert die plazierte Struktur mit den Pop-Up-Menübefehlen **Unselect > All.**

Um die Verbindungsstruktur im Layout zu verbessern, oder um eine Flächenverkleinerungen zu erreichen, können auch bereits plazierte Blöcke verschoben oder gedreht werden. Der Pull-Down-Menübefehl **Edit > move > horizontal, vertical** oder **unconstrained** verschiebt Zellen in horizontaler, vertikaler oder beliebiger Richtung. Die neue Position wird mit gedrückter linker Maustaste angefahren. Während des Verschiebevorgangs wird die Zelle durch ein dynamisches Rechteck angezeigt. Mit **Edit > Flip > horizontal, vertical** kann die Zelle gespiegelt werden. Über **Edit > rotate > angle** wird die Zelle um einen bestimmten Winkel in mathematisch positiver Richtung gedreht.

Guidelines verdeutlichen beim Plazieren die Verbindungsdichte zwischen den einzelnen Instanzen grafisch durch helle Linien. Solange die Pins der Blöcke noch nicht plaziert sind, liegen die Anfangs- und Endpunkte der Linien auf den geometrischen Mittelpunkten der Zellen. Die Dicke der Guideline-Linie gibt die Zahl der Verbindungsleitungen zwischen zwei Blöcken an. Mit Hilfe der Guidelines kann die Zellanordnung so verändert werden, daß mehrfach verbundene Zellen möglichst eng nebeneinander sitzen und daß die Kanten der Zellboundaries mit hoher Pindichte zueinander orientiert sind.

Damit beim manuellen Neuplazieren von Zellen oder Blöcken keine Instanz vergessen oder mehrfach eingesetzt wird, kann ein spezielles Fenster geöffnet werden, das alle Instanzen im Schaltplan der bearbeiteten Komponente hierarchisch auflistet. Dieses Fenster ist das bereits erwähnte *Hierarchy Window* und kann über die Pull-Down-Menübefehle **File > open > hierarchy window** geöffnet werden. Bild 12.11 zeigt das Fenster mit dem entsprechende *ICwindow* und dem Schaltplanfenster. Im Hierarchiefenster wird jede noch nicht plazierte Instanz mit einem Buchstabenkürzel für den Zellentyp markiert (**E** für *External*, d.h. eine Padzelle, **B** für einen Block, und **S** kennzeichnet eine Standardzelle). SI\$3214 ist also eine nicht plazierte Standardzelle. Nach der Plazierung der entsprechenden Zelle im Layout verschwindet das Buchstabenkürzel vor dem Handle der Instanz.

Zum Darstellen des hierarchischen Aufbaus einer Instanz wird die Instanz im Hierarchy Window durch Anklicken selektiert und dann im *Floorplan*-Palettenmenü der Eintrag PEEK betätigt. Der Befehl UNPEEK schließt die Verzeichnisse der tieferliegenden Hierarchiestufen wieder.

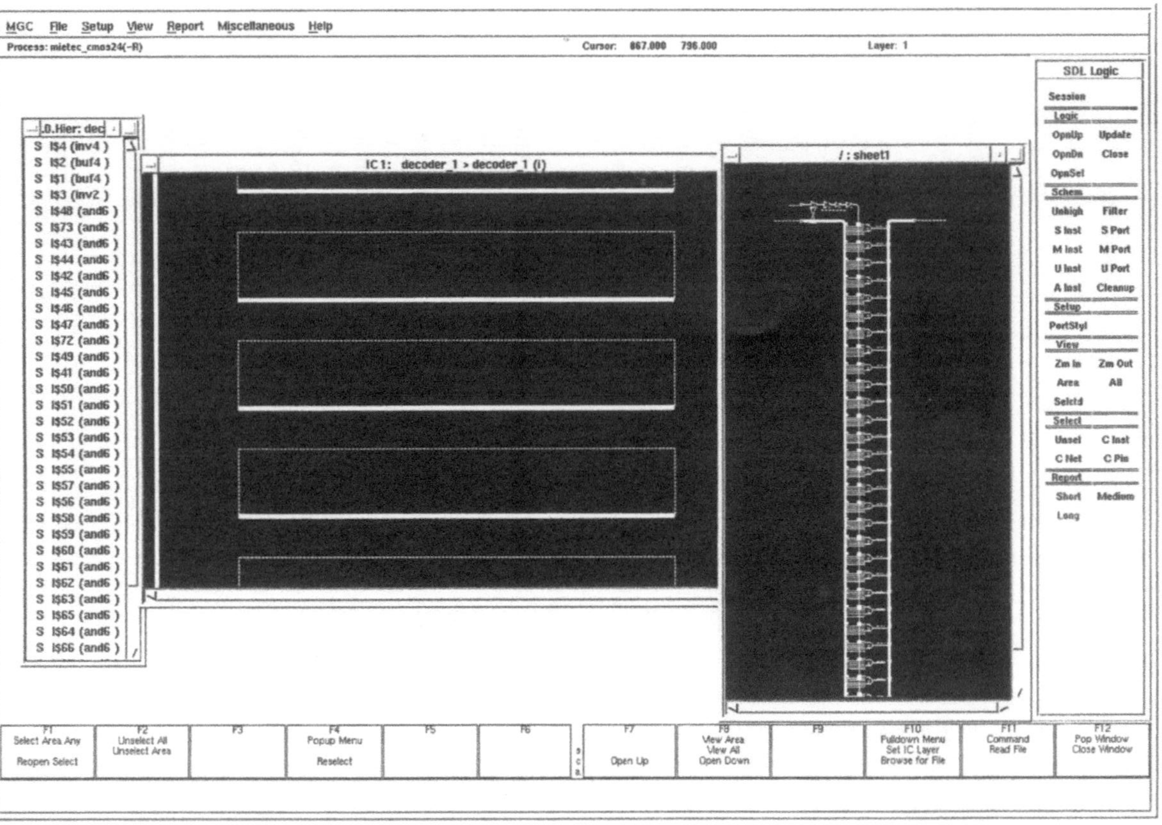

Bild 12-11. Die IC-Stationfenster *Hierarchy Window, ICwindow* und *Schematic Window* (von links nach rechts). Als Beispiel dient die Dekoderschaltung decoder_1

12.4.1.6
Beispiele für Zell- und Blockplazierung

Bild 12.12 zeigt die Plazierung der Zellen des Dekoderblocks decoder_1 aus Bild 12.11 der SRAM-Schaltung mit dem *Initial-* bzw. *Initial-and-Improve*-Verfahren. Das Programm *ICBlocks* unterstützt auch die gemischte Plazierung von Blöcken und Standardzellen und kann so hierarchische Schaltpläne ohne weitere Bearbeitung direkt in ein Layout umsetzen. Bild 12.13 zeigt eine gemischte Zelle: Oben sieht man eine Reihe mit Standardzellen, darunter eine regelmäßige Anordnung von 24 Blöcken.

12.4.2
Verdrahtungsverfahren

Nach der Plazierung aller Zellen wird die Layoutsynthese durch die Verdrahtung aller Pins und Ports abgeschlossen. Die Verdrahtung erfolgt dabei in vordefinierten Verdrahtungsebenen, in der Regel sind das die (beiden) Metallebenen und für kürzere Strecken die silizidierten Polysiliziumleiterbahnen. Der Verdrahtungsprozeß beeinflußt die Chipfläche mindestens im gleichen Maß, wie die Zellplazierung, denn für Leiterbahnen wird meist wesentlich mehr Fläche benötigt, wie für aktive Transistorgebiete oder Standardzellen.

Die automatische Verdrahtung eines Layouts ist keine triviale Aufgabe. Während eine Plazierung der Layoutzellen immer möglich ist, kann nicht jede Plazierung auch vollständig verdrahtet werden. Deshalb wird ähnlich wie beim gesamten Layoutprozeß versucht, sinnvolle Lösungen der Gesamtaufgabe durch die Lösung von Teilaufgaben zu finden, denn es zeigt sich, daß je nach Leitungsart (Versorgungs- oder Signalleitung) und Abstand der zu verbindenden Komponenten unterschiedliche Verdrahtungskonzepte zum Erfolg führen.

Bei der Zerlegung der Verdrahtungsaufgabe wird zwischen lokaler (*Detailed Routing*) und globaler Verdrahtung (*Global Routing*) über lange Strecken unterschieden. Außerdem wird die Verdrahtung der Versorgungsnetze (*Power Routing*) von der einfacheren Verbindung der Signalleitungen (*Routing of Nets*) getrennt. Zur kompakten Verdrahtung von Taktnetzen und anderen kritischen Verbindungen können Netzprioritäten festgelegt werden. Netze höherer Priorität werden zuerst geroutet.

Zur Aufteilung in globale und lokale Teilaufgaben wird die nicht von Zellen belegte Chipfläche in rechteckige Segmente, die sog. Verbindungsflächen [2], unterteilt. Bei reinen nichthierarchischen Standardzellendesigns sind dies die Verdrahtungskanäle. Beim globalen Verdrahten wird jedes Netz einer Teilmenge der Verbindungsflächen zugeordnet. Zur Verdrahtung innerhalb jeder Verbindungsfläche werden die lokalen Verdrahtungsalgorithmen [5] eingesetzt, die alle global gezogenen Netze mit den Pins der einzelnen Komponenten verbinden.

Zur automatischen Verdrahtung auf lokalem oder globalem Niveau existieren verschiedene Strategien und Algorithmen. Die Prinzipien der wichtigsten Verdrahtungsverfahren erläutern die folgenden drei Unterabschnitte.

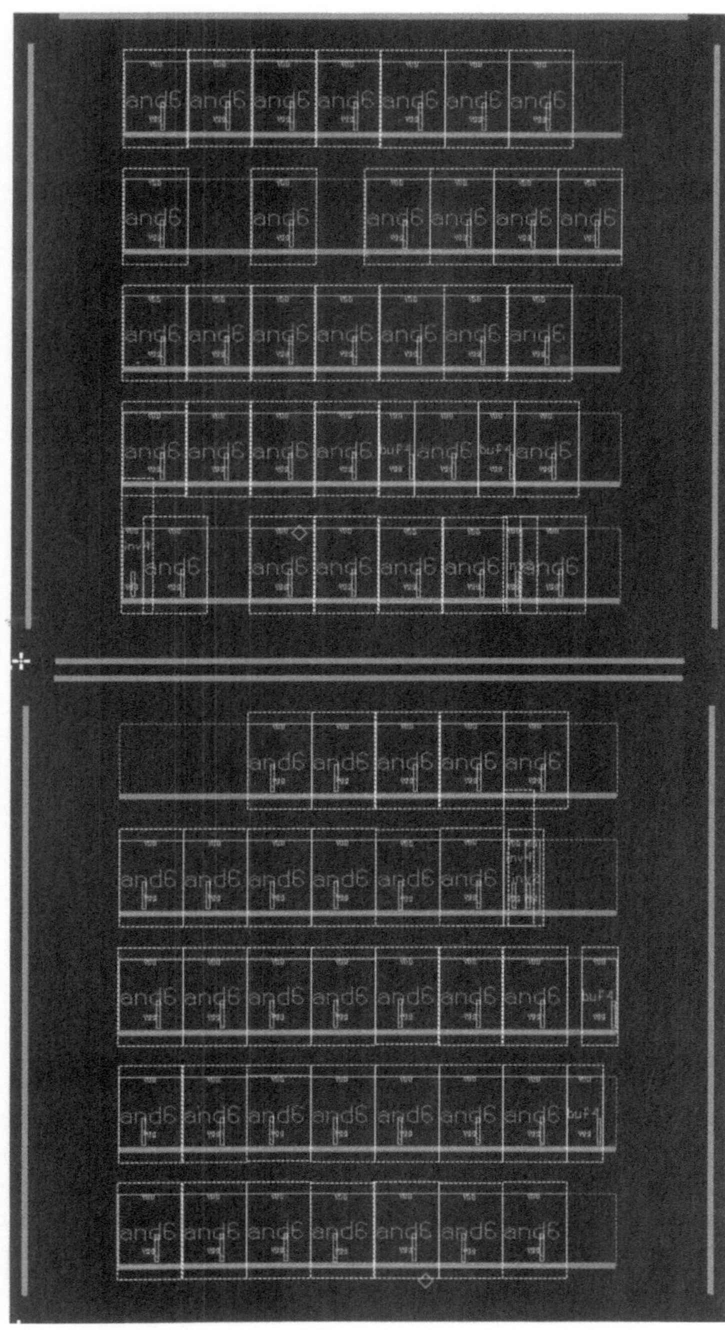

Bild 12-12. Die Zellplazierung für den Dekoderblock *decod_1* des SRAMs mit den Einstellung *Initial* (oben) und *Initial & Improve* (unten)

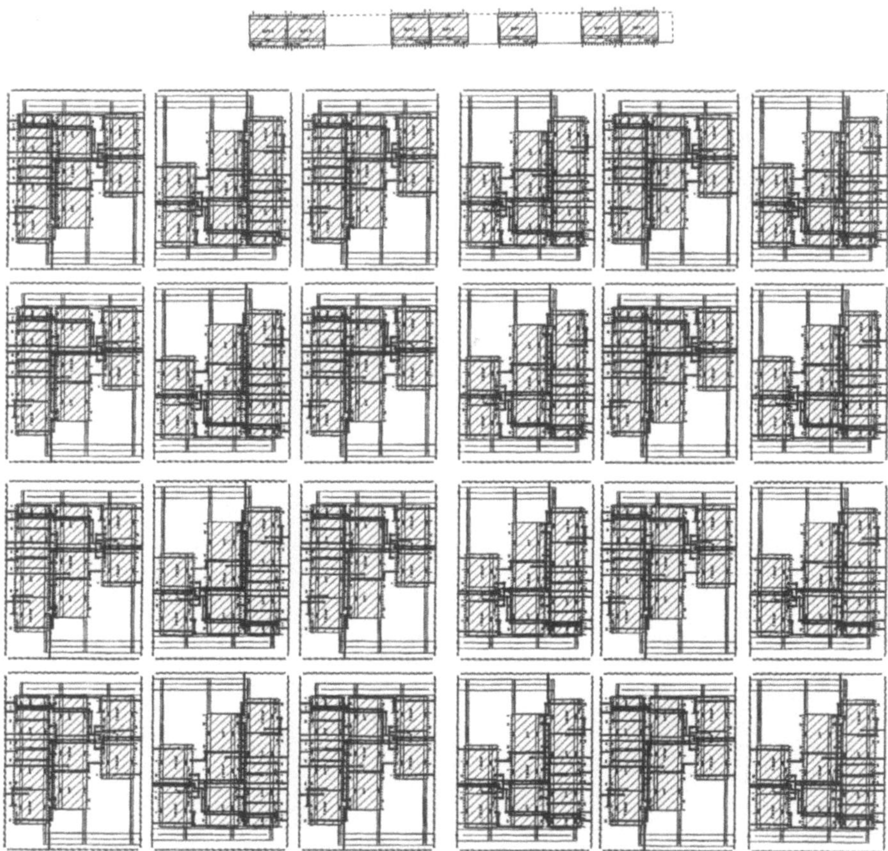

Bild 12-13. Gemischtes Layout aus 7 Standardzellen und 24 Blöcken nach der Plazierung

12.4.2.1
Der Labyrinth-Verdrahtungs-Algorithmus

Die erste Algorithmus, der zur Verdrahtung elektronischer Schaltungen entwik-
kelt wurde, ist der Algorithmus von Lee [6]. Bei diesem Verfahren wird das Problem der Verbindung von zwei Pins in einer integrierten Schaltung auf die Suche
nach dem kürzesten Pfad in einem Labyrinth zurückgeführt. Deshalb heißen
Verfahren, die auf dem Lee-Algorithmus aufbauen, auch *Maze Router* (*Maze*,
das Labyrinth).

Der Lee-Algorithmus kann am einfachsten für die Verdrahtung mit nur einer
Verdrahtungsebene erläutert werden. Diese Ebene wird gerastert, d.h., wie ein
Rechenblatt in gleiche Quadrate unterteilt, deren Kantenlänge dem Rastermaß
der Metallbahnen im verwendeten Herstellprozeß entspricht. Dieses Rastermaß

Bild 12-14. Verbindung der Punkte A und B durch Anwendung des Lee-Algorithmus. Grau unterlegt ist ein Hindernis, d.h. Verbindungsbereiche, die bereits für Verdrahtungsaufgaben verbraucht wurden

7	6	5	6	7	8				
6	5	4	5	6	7	8			
5	4	3	4		6	7	B		
4	3	2	3		5	6	7	8	
3	2	1	2		4	5	6	7	8
2	1	A	1		3	4	5	6	7
3	2	1	2	3	4	5	6	7	8

ist die Summe aus Leiterbahnbreite und dem Mindestabstand zwischen zwei Metallstrukturen, wie in den Design Rules definiert. Die Verbindungen werden ausschließlich aus solchen Quadraten zusammengesetzt. Aufgrund der Rasterung ist sichergestellt, daß bei der physikalischen Verbindung der Metallmindestabstand eingehalten wird (vgl. Abschn. 6.1.4).

Um die kürzeste Verbindung zwischen zwei Punkten A und B zu finden, wird einer der Punkte als Startpunkt gewählt (z.B. A). Dann werden die Quadrate mit ganzen Zahlen „i" markiert, die den jeweiligen Abstand vom Startpunkt angeben (Bild 12.14). Der Startpunkt selbst erhält den Wert i = 0, die nächsten Nachbarn den Index i = 1, die übernächsten Nachbarn den Index i = 2 und so weiter. Die Indizes geben den Abstand vom Zielpunkt gemessen in rechtwinkligen Strecken an. Man spricht von einer *Manhatten Metrik*.

Anschaulich entspricht die Zuweisung der Abstandswerte „i" einer Wellenfront, die sich, am Startpunkt beginnend, über die Verdrahtungsebene ausbreitet. Der Ausbreitevorgang wird gestoppt, wenn der Zielpunkt B erreicht, d.h. ebenfalls mit einem Abstandsindex versehen ist. Nach der Wellenausbreitung (engl. *wave propagation*) wird ein zusammenhängender Pfad zurück nach A bestimmt, indem benachbarte Quadrate gesucht werden, deren Markierung mit jedem Schritt kleiner wird (*backtrace*, engl. für zurückverfolgen). Da man sich nur über Quadrate mit sukzessive kleiner werdendem Abstand zurückbewegt, hat der so bestimmte Pfad eine minimale Länge, zumindest in der hier zugrundeliegenden Metrik.

Im letzen Schritt (*Clearance*) werden die Abstandsmarkierungen gelöscht und die Quadrate blockiert, die für den Pfad von A nach B verbraucht wurden. Diese Verdrahtungsflächen stehen für weitere Verbindungen nicht mehr zur Verfügung und sind Hindernisse bei der Suche nach weiteren Verbindungen.

Mit einem modifizierten Lee- Algorithmus können besonders leicht globale Verdrahtungsprobleme gelöst werden. Statt der Rasterung der gesamten Chipfläche werden hier Verdrahtungskanäle zwischen Standardzellen und der freie Raum zwischen den Blöcken als Verdrahtungsfläche verwendet und ggf. grob gerastert (*Coarse Grid*). Da in diesen Bereichen mehr als eine Metallbahn unterzubringen ist, wird jede Fläche mit einer sog. Verdrahtungskapazität gewichtet, die der Zahl der Leitungen entspricht, die durch das Flächensegment geführt werden kann. Jede Verbindung, die ein Flächensegment benutzt, verkleinert die

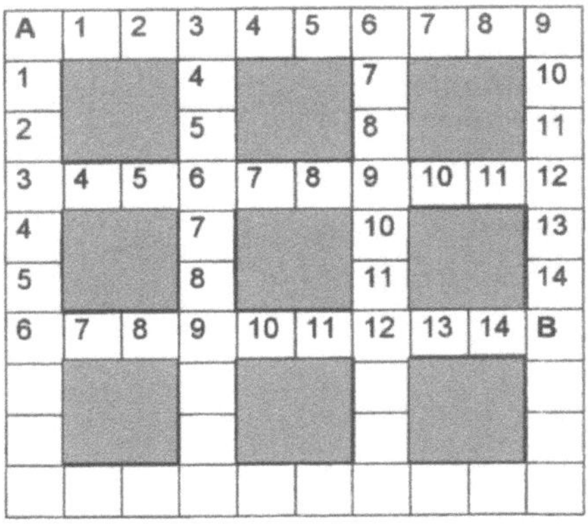

Bild 12-15. Coarse Grid zur globalen Verbindung der Punkte A und B durch Anwendung des Lee-Algorithmus

Kapazität um den Wert 1. Flächen mit der Kapazität „0" werden als Hindernisse interpretiert und sind für weitere Verbindungen gesperrt. Bild 12.15 zeigt ein Beispiel für die globale Verdrahtung mit dem Coarse-Grid-Verfahren.

12.4.2.2
Liniensuchalgorithmen

Der wesentliche Nachteil des Lee-Algorithmus ist der große Speicherbedarf für die Abstandsindizes. Beträgt der Abstand der zu verbindenden Punkte das n-fache des Rastermaßes (z.B. $3\,\mu m$), dann sind n^2 Rasterflächen zu erfassen. Bei langen Leitungen (einige Hundert μm) ist das Verfahren deshalb langsam. Auch dann, wenn über lange Strecken geradlinig zu verdrahten ist, sucht der Lee-Algorithmus in beiden Raumdimensionen. Diesen Nachteil vermeiden sog. Liniensuchalgorithmen (*Line Probe Algorithms*). Ein Beispiel für einen solchen Algorithmus ist das Liniensuchverfahren von Mikami und Tabuchi [7].

Auch bei Liniensuchverfahren wird die zur Verfügung stehende Verdrahtungsfläche gerastert, indem Gitterpunkte mit dem Abstand des Rastermaßes der Metallebenen über die Fläche gelegt werden. Verbindungen dürfen nur über die Gitterpunkte gezogen werden, und es sind nur rechtwinklige Knicke erlaubt. Bei dem Verfahren werden zuerst senkrechte und waagerechte Linien durch die beiden zu verbindenden Punkte gelegt (Bild 12.16). Schneiden sich diese sog. *Versuchslinien der Ebene 0*, ist bereits ein Verbindungsweg gefunden. Ist dies nicht der Fall, weil etwa Hindernisse den Weg blockieren, dann werden weitere Versuchslinien (Ebene 1) generiert. Dazu werden die Senkrechten durch jeden Rasterpunkt der vier Linien der Ebene 0 gelegt (Bild 12.16). Wenn sich Linien aus der auf den Startpunkt bezogenen Linienschar mit Linien schneiden, die vom Endpunkt ausgehen, läßt sich ein Verbindungsweg konstruieren. Ansonsten werden weitere Senkrechte durch die von Versuchslinien der Ebene 1 belegten Rasterpunkte errichtet und das Verfahren so zu höheren Ebenen fortgesetzt.

Bild 12-16. Line-Probe-Algorithmus zum Verbinden der Punkte A und B. Versuchlinien der Ebene 0 sind durchgezogen und die der Ebene 1 gestrichelt dargestellt. Die gefundene Verbindungsline ist dick durchgezogen

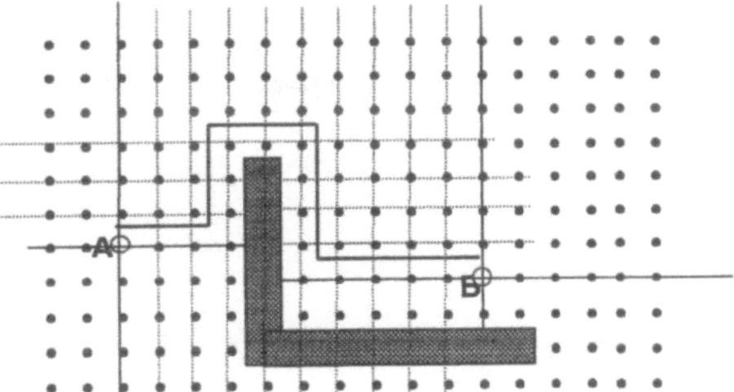

Bild 12-17. Kanalverdrahtungsproblem mit Spuren (horizontal, grau) und Spalten (vertikal, schwarz). Dünne Linien kennzeichnen die Verdrahtungswege zwischen Anschlüssen mit gleichen Kennummern (schematisch nach [2])

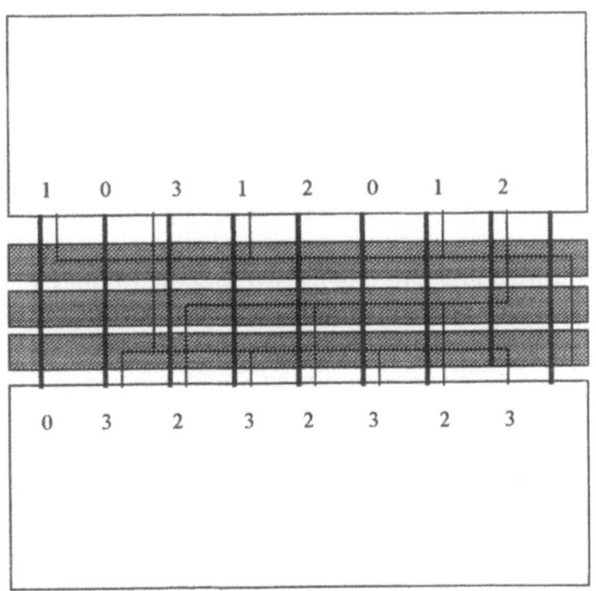

12.4.2.3
Kanalverdrahtung

Die Verdrahtung von Standardzellenpins über die Verdrahtungskanäle zwischen den Standardzellenreihen ist ein Problem mit relativ einfacher Topologie, denn hier sind Verbindungen in einer rechteckigen Fläche ohne Hindernisse herzustellen. Die Anschlüsse liegen dabei auf gegenüberliegenden Seiten senkrecht zur Kanalrichtung. Für die Verdrahtung in einem Kanal gibt es einige, an die einfachen Gegebenheiten angepaßte Algorithmen.

Bei der Kanalverdrahtung werden zuerst die Anschlüsse an den Standardzellen durchnumeriert. Pins, die von derselben Signalleitung kontaktiert werden müssen, erhalten dieselbe Nummer (Bild 12.17). Dann wird der Kanalbereich in

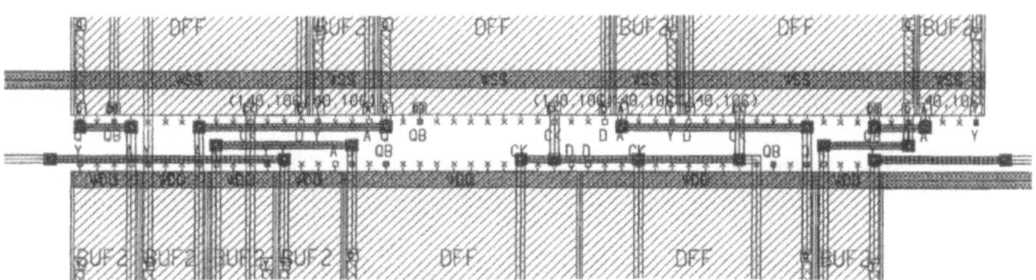

Bild 12-18. Kanalverdrahtung (Left Edge-Verfahren) bei einem Standardzellenlayout

horizontale (Spuren) und vertikale Bereiche (Spalten) aufgeteilt. Die Breite von Spuren und Spalten entspricht der Breite des Metallrasters. Bei den heute üblichen Zweilagenmetallisierungen können die Spuren und Spalten in jeweils unterschiedlichen Verdrahtungsebenen ausgeführt werden.

Für die Verteilung einer Verbindungsbahn auf Spuren und Spalten gibt es verschiedene Strategien. Beim sog. *restriktiven Verdrahten* darf jedes Netz nur über eine Spur geführt werden. Dies ist häufig erst nach Einfügen zusätzlicher Spalten möglich. Deshalb kann dieses Verfahren zwar einfach implementiert werden, nutzt die Kanalfläche aber nicht immer optimal aus. Ein Verfahren zum restriktiven Verdrahten ist der *Left-Edge*-Algorithmus. Bei diesem Verfahren wird jedem Netz ein Leitungslängenintervall (*Kante*) zugeordet, das die Spurlänge, also die horizontale Strecke angibt, die zur Verdrahtung benötigt wird. Diese Intervalle werden nach der linken Kante geordnet und danach den Spuren zugewiesen, wobei jedes Netz nur mit einer Spur auskommen muß.

Die Beschränkung auf eine Spur pro Netz wird beim *Dog-Leg*-Verfahren aufgegeben. Hier dürfen Netze mehrere Spuren benutzen, wobei die Verbindung zwischen den Spuren jeweils Spalten erfordert. Die entstehenden Netze haben häufig einen komplizierteren Verlauf, allerdings kommt man meist ohne die Einführung von Zusatzspalten aus, die beim restriktiven Verfahren typisch sind.

Bild 12.18 zeigt als Beispiel für restriktive Kanalverdrahtungsalgorithmen einen Ausschnitt aus einem Standardzellenlayout.

12.4.2.4
Limitierungen

Alle vorgestellten Verdrahtungsalgorithmen arbeiten sequentiell, d.h. eine Verbindungsbahn wird nach der anderen realisiert. Obwohl jede Leitung mit der jeweils minimal möglichen Leitungslänge gezogen wird, wird die Gesamtleitungslänge nicht optimal, denn vorhandene Verbindungsleitungen bestimmen den Verlauf der neuen Leitungen.

Da nicht berücksichtigt wird, wie eine Blockade sich auf die weiteren Leitungen auswirkt, werden manche Leitungen unnötig lang oder können überhaupt nicht mehr gezogen werden. Dann bleiben nicht geroutete Verbindungen (sog.

Overflows) übrig, die zum Schluß des Verdrahtungsvorgangs per Hand nachverdrahtet werden müssen.

Im Prinzip müßte das Verdrahtungsproblem deshalb nicht sequentiell, sondern in der Gesamtheit gelöst werden. Dies ist aber, wie eingangs erwähnt, zu kompliziert. Deshalb werden zusätzliche Freiheitsgrade eingebracht, um die sequentiell ermittelten Verdrahtungsverläufe zu optimieren:

Feed-Through-Zellen ermöglichen es, Leitungen über eine Standardzellreihe zu führen. *Kanalverbreiterungsalgorithmen* verbreitern bei Blockaden automatisch die Breite des Kanals. Mit *Netzprioritäten* können kritische Verbindungsleitungen zuerst verdrahtet werden. *Over-the-Cell-Routing*-(OCR)-Routinen ermöglichen es, Pins von Zellen direkt innerhalb der Standardzellreihen zu verbinden, ohne Leitbahnen im Kanal zu führen. Diese Möglichkeiten werden in Abschn. 12.4.3 an Hand der Routing-Methoden der Mentor-Werkzeuge genauer erläutert.

12.4.3
Globale und lokale Verdrahtung mit ICblocks

Das Programm *ICblocks* verwendet bei der Verdrahtung die beschriebenen Algorithmen in unterschiedlichen Kombinationen und Weiterentwicklungen. Das Programm unterscheidet beim Verdrahten zwischen drei Leitungstypen:
- *Nets*: Signalleitungen (Netze),
- *Power*: Versorgungsleitungen für V_{DD} und V_{SS},
- *Overflows*: Netze, die beim automatischen Routen nicht verdrahtet werden konnten und nachverdrahtet werden müssen.

Das Programm kann mit den Funktionen *$autoroute_nets* bzw. *$autoroute_overflows* selektiv einzelne Verbindungstypen verdrahten oder alle Verbindungen auf einmal ziehen (*$autoroute_all*). Die Funktionen *$autoroute_nets* und *$autoroute_overflows* verwenden Liniensuchalgorithmen. Die Funktion *$autoroute_all* wird mit einer Kombination von Liniensuch- und Kanalverdrahtungsalgorithmen ausgeführt. Die Verbindungsstruktur (*Connectivity*) der zu routenden Schaltung wird dem Schaltplan entnommen, der als Design Viewpoint bei der Erstellung der verwendeten Layoutzelle zugeladen wurde.

Die automatische Verdrahtung erfolgt in einem rechtwinkligen Raster, d.h., es sind nur Metallbahnen erlaubt, die parallel zu den Seitenkanten des Chips bzw. parallel oder senkrecht zur Richtung der Verdrahtungskanäle verlaufen. Bei der heute üblichen Zweilagenmetallisierung können feste Zuordnungen zwischen Verdrahtungsrichtung und Metallebene getroffen werden. Für Leitungen, die in Richtung der Verdrahtungskanäle verlaufen (die oben definierten Spuren), wird die sog. Vorzugsverdrahtungsebene (*Primary Routing Layer*) verwendet. Alle Verbindungen senkrecht zu diesen Leitungen werden in der zweiten Metallage (sekundäre Metallage) ausgeführt.

In Bild 12.19 ist die primäre Metallebene bei einem horizontal verlaufenden Kanal die Metal 1-Lage. Die sekundäre Ebene ist Metall-2. Hält man sich auch innerhalb der Standardzellen an die bevorzugte Ausrichtung der Metallagen, kön-

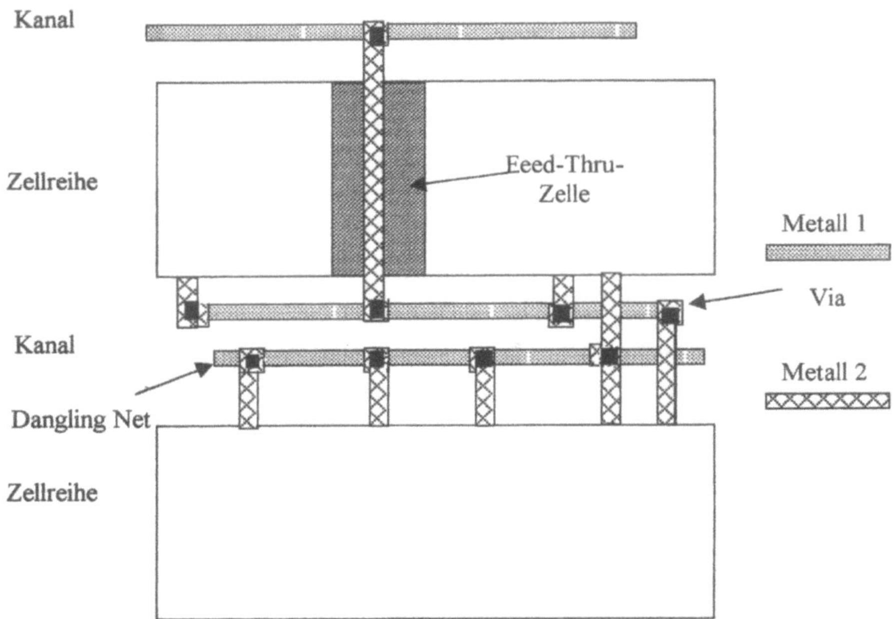

Bild 12-19. Kanalverdrahtung bei einem Standardzellenlayout mit horizontalem Kanalverlauf. Das Primary-Routing-Layer ist Metall 1. Feed-Thru-Zellen ermöglichen die Verdrahtung über Zellen. Dangling Nets sind überflüssige Leitungssegmente, hier kann das überstehende Leitungsstück links vom Via mit der *Cleanup-Routing*-Funktion gelöscht werden

nen nach Bedarf spezielle Feed-Thru-Zellen zwischen die Standardzellen gesetzt werden, die für die sekundäre Metallebene transparent sind. Diese Zellen sind bis auf die Weiterführungen der internen Versorgungsbahnen (im Primary Routing Layer) leer. So können Leitungen über die Zellen hinweg gelegt werden (Bild 12.19), um Pins in verschiedenen Verdrahtungskanälen zu verbinden.

ICblocks arbeitet bei der Verdrahtung sequentiell und löst das Verdrahtungsproblem in fünf Stufen:

1. *Over the Cell Routing*: Hier werden zunächst alle Pins in den einzelnen Zellen, die nicht am Zellrand liegen, mit Metallbahnen an den Zellrand geführt. Danach werden in alle Standardzellreihen, die beim Plazieren nicht vollständig mit Standardzellen belegt wurden, sog. *Internal-Feed-Thru*-Zellen eingesetzt.

2. *Global Routing*: Dieser Schritt wird nochmals unterteilt in *Initial Global Routing* und *Improved Global Routing*. Beim Initial Routing werden die Netze auf die Kanäle verteilt, wobei ausgehend vom Ausgangspin der nächstliegende Anschlußknoten an der Zielzelle gesucht und markiert wird. Die physikalische Verbindung durch entsprechende Layoutgeometrien findet erst beim *Final Routing* statt (s.u.). Beim Final Routing werden auch die vorhandenen internen Feed-Thru-Zellen sukzessive belegt. Ist keine dieser Zellen mehr frei, kann der Router weitere Feed-Thru-Zellen, sog, *External-Feed-Thru*-Zellen,

einfügen. was die betroffenen Standardzellreihen allerdings verlängert. Erweisen sich die beim Floorplanning definierten Kanalweiten als zu klein (groß), kann der Router die Kanäle erweitern (verkleinern). Die so gefundene Anfangslösung wird beim Improved Global Routing iterativ verbessert.

3. *Final Routing*: In diesem Schritt findet die physikalische Verbindung durch Synthese von Layoutgeometrien in den Metallagen und den Verbindungslayern (Via und Kontakt) statt. Die Versorgungsnetze werden bei diesem Schritt ebenfalls gezogen (Power-Routing). In den Bahnen fließen, je näher man an die V_{DD}- und V_{SS}-Padzellen kommt, immer größere Ströme. Dies macht das Power-Routing problematisch, denn die Metallbahnen sind nicht beliebig belastbar [1]. Als Richtwert gilt 1 mA pro µm Metallbahnbreite. Deshalb werden diese Leitungen, anders als Signalnetze, mit variabler Breite ausgeführt. Die entsprechenden Vorgaben stehen im Process-File (s. Abschn. 12.5).

4. Cleanup Routing: Bleiben nach dem Final Routing Netze übrig, für die bei den gegebenen Design Rules keine Metallgeometrien erzeugt werden können, werden für diese Verbindungen Overflows erzeugt. Beim Cleanup Routing versucht das Programm, diese Overflows mit einem Liniensuchverfahren zu verdrahten.

5. *Delete Dangling Nets*: Dieser letzte Schritt des Verdrahtungsalgorithmus eliminiert alle nicht benutzten Feed-Thru-Zellen und entfernt überstehende Leitungssegmente (*Dangling Nets*, Bild 12.19).

12.4.3.1
Die $autoroute-Funktion von ICblocks

Die Verdrahtungsroutinen von *ICblocks* werden über die Autoroute-Sektion des *Place/Route*-Palettenmenüs aufgerufen. Daraufhin erscheint die *Autoroute_all-Prompt-Bar*-Zeile (Bild 12.20). Im Stepper-Wahlfeld der Prompt Bar kann vorgegeben werden, bis zu welcher Stufe verdrahtet werden soll:

global_and_detail
Hier wird die Schaltung komplett verdrahtet. Alle oben beschriebenen Stufen des Verdrahtungsalgorithmus werden durchlaufen.

global_only
Bei dieser Option wird nur die globale Verdrahtung durchgeführt. Dabei werden lediglich die Flächen der Verdrahtungskanäle und die Zahl der Feed-Thru-Zellen an die zu führenden Leitungen angepaßt. Layoutgeometrien in den Verdrahtungsebenen entstehen bei dieser Prozedur noch nicht. Das Ergebnis läßt sich daher nur für Flächenabschätzungen verwenden.

Bild 12-20. Die *Autoroute_all*-Prompt-Bar-Zeile

power

Hier werden alle benötigten Versorgungsleitungen in den Kanälen gezogen, und die Verdrahtung der Versorgungsnetze zu den Ports am Zellrand wird vorgenommen. Die Versorgungsanschlüsse der Standardzellen in den einzelnen Zellreihen bleiben noch unverbunden.

row_power

Bei dieser Option werden die Versorgungsanschlüsse der Standardzellen verbunden. Diese Option führt auch die Verdrahtung zwischen Standardzellenreihen und dem Versorgungsleitungsnetz des Chips durch. Die dazu verwendeten Leitungsbreiten werden in den sog. *Power-Styles*-Spezifikationen des Process Files festgelegt (s. Abschn. 12.5).

Weitere Optionen beim Verdrahten können im *Batch-Channel-Router-Options*-Dialogfeld (Bild 12.21) ausgewählt werden, das durch Anklicken des Wahlfelds *Options* in der *Autoroute_all*-Prompt Bar geöffnet wird, oder beim Aufruf der Funktion über die Pop-up Commandline eingegeben werden.

Feed Bias

Hier wird mit einer ganzen Zahl zwischen 0 und 4 die Priorität festgelegt, mit der externe Feed-Thru-Zellen eingefügt werden sollen. Je kleiner diese Zahl ist, desto eher wird eine solche Zelle eingefügt. Der Router versucht, zuerst das anstehende Verdrahtungsproblem ausschließlich mit internen Feed-Thru-Zellen

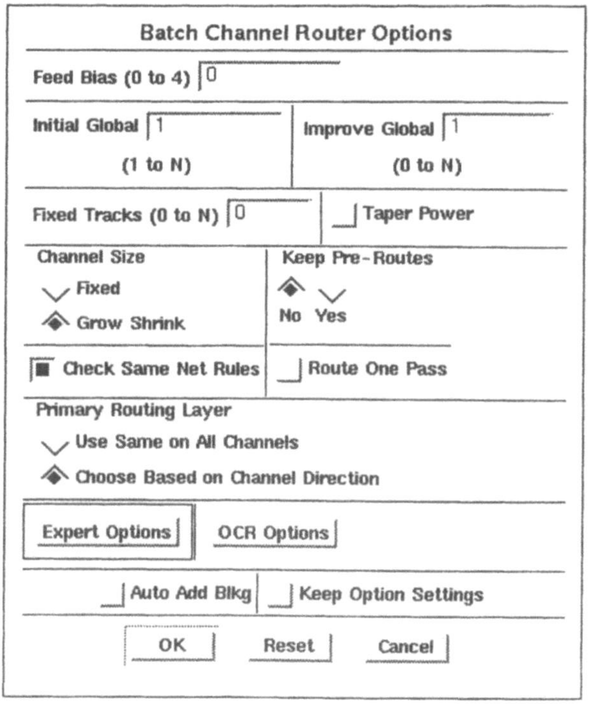

Bild 12-21. Das *Batch-Channel-Router-Options-*Dialogfeld

zu lösen. Die Zellreihe wird erst dann für eine externe Feed-Thru-Zelle unterbrochen, wenn das Werkzeug längs einer bestimmten Wegstrecke keine interne Feed-Thru-Zelle findet. Die Strecke wird in Einheiten des im Process File vereinbarten Rastermaßes (*User Grid*) gemessen, und ihre Länge bestimmt sich aus dem eingegebenen Feed-Bias-Wert:

feed bias = 0: Größe = 1 x User Grid (Default Wert);

feed bias = 1: Größe = 10 x User Grid;

feed bias = 2: Größe = 100 x User Grid;

feed bias = 3: Größe = 1000 x User Grid;

feed bias = 4: Größe = ∞ x User Grid (keine externen Feed Thrus).

Initial Global

Hier kann die Zahl der Iterationen definiert werden, die beim *Initial Global Routing* durchlaufen werden, um die gesamte Leitungslänge im Design zu minimieren. Die Anzahl kann beliebig hoch angesetzt werden; voreingestellt ist der Wert 1.

Improve Global

Auch hier wird über eine ganze Zahl bestimmt, wie oft das Programm versucht, die berechnete globale Verdrahtung iterativ zu verbessern. Ziel des *Improve*-Schrittes ist die Verkleinerung des Layouts durch Auftrennen und neues Verdrahten von Leitungen in besonders belasteten Kanälen. Kritische Netze (Netzpriorität > 1) werden bei diesem Verfahren ausgeklammert. Voreingestellt ist der Wert 1. Die Eingabe von 0 deaktiviert den Improve-Schritt.

Fixed Tracks

In diesem Textfeld kann vorgegeben werden, wie viele Spuren in den Verdrahtungskanälen beim automatischen Routen freigehalten werden. Dieser freie Platz läßt sich später für die manuelle Verdrahtung von Overflows oder zum Beseitigen von DRC-Fehlern nutzen. Damit das Layout aber nicht unnötig groß wird, empfiehlt es sich, hier eine kleine Zahl 1 oder 2 vorzugeben. Die Voreinstellung des Programms liegt bei 0.

Channel Size

Die beiden Wahlfelder spezifizieren, ob der *Router* die Kanalbreite während des Verdrahtens verändern darf (*Grow Shrink*) oder nicht (*Fixed*). Per Default ist die Option *Grow Shrink* aktiviert.

Keep Pre-Routes

Bei *Yes* werden bereits im Layout gezogene Verbindungen belassen, bei *No* gelöscht und neu erstellt.

Preseve Power Width

Ist der Parameter *Pre Route* über das Wahlfed *Yes* gesetzt, kann mit dieser Option festgelegt werden, ob die Weite und die Verdrahtungsebene von vorhandenen Versorgungsbahnen bei der Weiterverdrahtung beibehalten wird (Button selektiert) oder nicht.

Check Same Net Rules

Mit diesem Wahlfeld kann ein DRC gestartet werden, der die Design Rules innerhalb eines Netzes und einer Verdrahtungsebene prüft.

Route One Pass

Unter bestimmten Bedingungen können sich bei der Optimierung der Verdrahtung während der Improve-Schritte *Zyklen* ausbilden, bei denen verschiedene gleichwertige Verdrahtungsvarianten periodisch immer wieder erzeugt werden. Mit der gesetzten *Route-One-Pass*-Option wird jeder Kanal nur einmal verdrahtet und solche Zyklen können nicht auftreten.

Primary Routing Layer

Der Verdrahtungsalgorithmus verlegt die Verbindungsleitungen, die in Richtung der Verdrahtungskanäle verlaufen in der im Process File definierten Vorzugsverdrahtungssebene (*Primary Routing Layer*). Alle Verbindungen senkrecht zu diesen Leitungen werden in der zweiten Metallage (sekundäre Metallage) ausgeführt. Da wahlweise senkrechte und waagerechte Zellreihen und damit Kanäle definiert werden können, ist festzulegen, ob die Vorzugsverdrahtungsebene einheitlich (Option: *Use Same on All Channels*) oder nach Maßgabe der Kanalausrichtung in verschiedenen Metallisierungsebenen liegen soll (Option: *Choose based on the Channel Direction*).

Add Auto Blockage

Layoutbereiche, über die nicht verdrahtet werden soll, können mit einem *Blokkade-Layer*, das im Process File vereinbart wurde, geschützt werden. Beispiele sind Standardzellen oder Blöcke, in denen interne Verbindungen bereits in beiden Metallagen ausgeführt sind. Würde der Router Leitungen über diese Bereiche legen, käme es zu Kurzschlüssen. *Add Auto Blockage* legt automatisch nach Abschluß der Zellverdrahtung eine *Blockade* über die Zelle. Lediglich die Ports bleiben zugänglich. Alle externen Pins werden aber auch blockiert. Dies kann beim Anschließen der Zelle in höheren Hierarchiestufen zu Problemen führen. Diese Option ist deshalb per Voreinstellung abgeschaltet und sollte auch nicht aktiviert werden. Geeignete Blockadestrukturen, die alle Pins freilassen, können per Hand mit *ICgraph* hinzugefügt werden.

Keep Options Settings

Mit diesem Wahlfeld können die spezifierten Optionen auch für weitere Verdrahtungsläufe beibehalten (aktiviert) oder wieder die Default Werte gesetzt werde (Button nicht selektiert).

Expert Options und OCR (Over the Cell Routing) Options

Mit Betätigen dieser beiden Buttons werden weitere Dialogfelder geöffnet (Bild 12.22 und Bild 12.23). Die genaue Lage der einzelnen Wahlfelder hängt von der Software-Version ab.

Im *Expert-Options*-Dialogfeld sind die folgenden Einträge möglich:

Connect Block Power

Diese Anweisung bewirkt bei Designs, in denen Blöcke eingesetzt sind, daß alle Netze der Zellen, die auf Masse- bzw. Versorgungspotential liegen, an die Masse-

Bild 12-22. Das *Batch-Channel-Router-Expert Options*-Dialogfeld

Bild 12-23. Das *OCR-Options*-Dialogfeld

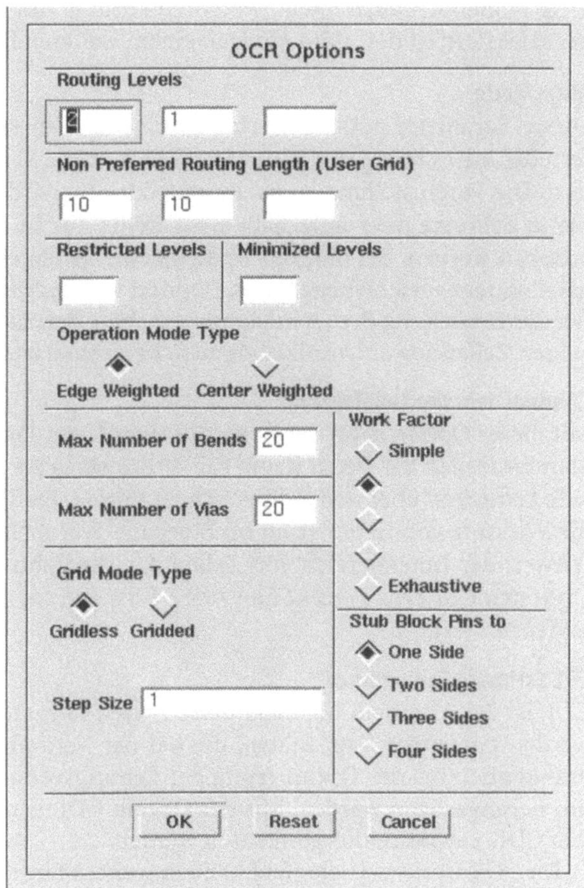

und Versorgungsbahnen außerhalb der Zelle (mehrfach) angeschlossen werden. Wird die Option nicht gesetzt, wird jeweils nur eine Verbindung zur externen Versorgungs- bzw.- Masseleitung vorgesehen.

Create Power Grid

Mit dieser Option kann die Dichte der Versorgungsleitungen im Layout erhöht werden. Der Begriff *Power Grid* bezeichnet ein Gitter von V_{DD}- und V_{SS}- Bahnen. Dieses Netzwerk wird von Versorgungsbahnen gebildet, die der Router durch alle Verdrahtungskanäle zieht. Standardzellbereiche werden dabei aber ausgeklammert, denn hier existieren bereits die internen Versorgungsleitungen in den einzelnen Zellreihen. Standardzellreihen werden an sog. vertikale Busse (*Left and Right Vertical Bus*) angeschlossen, die mit einer im Process File zu definierenden Weite, senkrecht zur Kanalorientierungen an den Rändern der Standardzellenfelder entlang geführt werden.

Align Block Cells (Yes / No)

Mit dieser Option lassen sich Blöcke und Standardzellen im Layout schachbrettartig einheitlich ausrichten. Die Voreinstellung des Systems liegt auf *No*. Wird *Yes* selektiert, ist der *Align Mode* in einem weiteren Dialogfeld festzulegen.

Align Mode

Dieser Parameter mit den Werten *Horizontal*, *Vertical* und *Both* steuert, inwiefern die Ausrichtung der Zellen und Blöcke beim Verdrahten verändert werden darf. Die Voreinstellung ist *horizontal*, d.h. Standardzellen dürfen nur als komplette Zellreihe oder innerhalb einer Reihe nur in horizontaler Richtung verschoben werden. Bei Blöcken sind einzelne Zellen ebenfalls nur horizontal gegeneinander verschiebbar. Für die Option *Vertical* wird entsprechend verfahren. Bei der Einstellung *Both* wird darauf geachtet, daß nach der Verdrahtung die einzelnen Zellen sowohl vertikal als auch horizontal ausgerichtet bleiben.

Channel over the Cell Routing

Mit dieser Option kann der Router veranlaßt werden, den internen Bereich von Standardzellen auf freien Raum für Verdrahtung zu untersuchen und ggf. vertikale Leitungen über den Zellbereich zu führen. Per Default ist diese Option, die die Wirkung von Geometrien im Blockadelayer nicht aufhebt, abgeschaltet. Inwieweit der Innenbereich von Zellen zur Verdrahtung genutzt wird, legen die Optionen *Cell Feed Percent* und *Block Feed Percent* aus dem *OCR-Options*-Dialogfenster fest.

CDL Estimate Capacitance

CDL ist das Akronym für *Capaitance Driven Layout*. Bei dieser Layoutmethode werden parasitäre Kapazitäten, die bei der Verdrahtung entstehen, berechnet und können bei der Optimierung der Leitungsverläufe als Optimalitätskriterium herangezogen werden. Mit der Option CDL Estimate Capacitance kann in den CDL-Layoutmodus gewechselt werden.

Im *OCR-Options*-Dialogfeld können weitere Einträge vorgenommen werden, die sich aber mit Ausnahme von *Routing Levels, Grid Mode Type, Step Size und*

Operation Mode Type nur auf den *OCR*-Part des Verdrahtungsalgorithmus beziehen.

Block Stub Mode (1 to 4):
Mit diesem Parameter kann bei Blocklayouts die Zahl der Blockseiten eingestellt werden, an die die internen Pins während des *Over the Cell Routings* (erste Phase des ICblocks-Verdrahtungsalgorithmus) geführt werden:

1: Der Pin wird an die nächstliegende Blockseite geführt;
2: Der Pin wird an die beiden nächstliegenden Blockseiten geführt;
3: Der Pin wird an die drei nächstliegenden Blockseiten geführt;
4: Der Pin wird an alle vier Blockseiten geführt.

Cell Feed Percent und *Block Feed Percent*
Hier kann in Prozent zwischen 0 und 100 eingestellt werden, welcher Anteil der internen Zell- bzw. Blockfläche für Verdrahtung genutzt werden darf. Bei den Zellen ist der Defaultwert 100% und bei Blöcken 0%.

Routing Levels
Dieser Parameter legt fest welche Verdrahtungsebene bevorzugt wird. Die zuerst im Textfeld genannte Ebene wird mit geringer Priorität, die an zweiter Stelle eingetragene Ebene wird mit hoher Priorität zur Verdrahtung herangezogen.

Non Preferred Routing Length
Wie bereits erwähnt, wird über die Festlegung von sog. Primary Routing Layers definiert, welche Verdrahtungsebene für horizontale bzw. vertikale Verbindungsleitungen eingesetzt wird. In den Eingabefeldern können für die erste, zweite und dritte Verdrahtungsebene nun Längen in Einheiten des *User Grids* eingegeben werden, über die von den Vorzugsrichtungen abgewichen werden darf. Diese Ausnahmen gelten aber nur beim *Over the Cell Routing*.

Restricted Levels
Hier können Verdrahtungsebenen definiert werden, die pro Netz nur einmal benutzt werden dürfen, und zwar dort, wo das Netz beginnt. Dieser Parameter wird sinnvollerweise nur für Verdrahtungen mit relativ hochohmigem Material, etwa Polysilizium eingesetzt, um laufzeitkritische Netze zu vermeiden. Wenn z.B. die Nummer der Verdrahtungsebene „Polysilizium" eingegeben wird, dann können Polysiliziumleitungen Ports in den Zellen kontaktieren, die ebenfalls in Polysilizium ausgeführt sind. Alle weiteren Segmente des entstehenden Netzes werden dann in Metall ausgeführt.

Minimized Levels
Hier kann die Verdrahtungsebene vorgegeben werden, die der Router möglichst nicht benutzen soll, aber bei Bedarf verwenden darf.

Max. Bends
Mit diesem Zahlenwert kann die Zahl der Biegungen (in 90°-Schritten) festgelegt werden, die beim *Line Probe Routing* zugelassen werden.

Max Vias

Diese Zahl definiert, wie oft innerhalb eines Netzes die Verdrahtungslage gewechselt werden darf.

Work Factor

Mit der hier eingegebenen Zahl zwischen 1 und 10 kann die Zahl der Versuche spezifiziert werden, die der *Line Probe Router* unternimmt, um über eine Zelle zu verdrahten.

Grid Mode Type

Mit dieser Option kann man festlegen, ob über Zellen verlaufende Leitungen auf dem Benutzergrid liegen müssen (*Gridded*) oder nicht (*Gridless*). Die Voreinstellung ist *Gridless*.

Step Size

Hier kann die Weglänge in Einheiten des *User Grids* definiert werden, über die beim *Gridless Routing* versucht wird, Leitungen weiterzuführen. Der Defaultwert ist 1.

Operation Mode Type

Die beiden Einstellmöglichkeiten dieses Parameters bestimmen die Verteilung der Leitungen. Mit der Option *Channel Edge Weighted* wird versucht, die Leitungen möglichst an die Kanalränder zu schieben. Mit der zweiten Option *Channel Center Weighted* werden die Leitungen bevorzugt in die Kanalmitte gelegt.

Die Vielzahl der Einstellmöglichkeiten, die beim Autorouting zur Verfügung stehen, zeigt, daß sich der Algorithmus an verschiedenste Verdrahtungsprobleme anpassen läßt. Wie sich die verschiedenen Möglichkeiten tatsächlich auf das Verdrahtungsergebnis auswirken, ist schwer vorherzusagen. Deshalb empfiehlt es sich, den Parameterraum experimentell zu explorieren, indem verschiedene Verdrahtungsläufe mit variierten Einstellungen durchgeführt werden. Verdrahtungen lassen sich durch die Eingabe von **del ro** (*Delete Routing*) mit der *Popup*-Command-Zeile löschen. Daraufhin erscheint die *Delete-Routing-Prompt-Bar*-Zeile. Über das Stepper-Wahlfeld wird festgelegt, ob alle oder nur die selektierten Netze bzw. nur bestimmte Netzklassen eliminiert werden sollen.

Häufig ist es auch zweckmäßig, vor einer Neuverdrahtung die Plazierung der Zellen, Ports und Blöcke zu modifizieren. Zur automatischen Neuplazierung aller Objekte genügt es, erneut die Funktionen *$autofloorplan* und *$autoplace_all* aufzurufen. Man kann auch einzelne Objekte selektieren und über das Pull-Down-Menü **Objects > unplace** aus dem Layout entfernen, um diese Strukturen anschließend manuell neu einzufügen (s. Abschn. 12.4.1.5). Letztendlich kann die Layoutgröße aber nur innerhalb der technologischen Möglichkeiten des verwendeten Halbleiterprozesses minimiert werden. Diese Randbedingungen, die von grundlegender Bedeutung für das Ergebnis der Verdrahtungs- und Plazierungsalgorithmen sind, werden im *Process File* festgelegt, mit dem sich der nächste Abschnitt beschäftigt.

12.5
Das Process File

Bereits bei der Erzeugung neuer Zellen muß der Prozeß (*Process*) angegeben werden, der beim Zelllayout zugrunde gelegt werden soll (s. Abschn. 9.2.3.3 und 12.2). Die Daten im *Process File* beschreiben die Halbleitertechnologie, für die das Layout erstellt wird und legen auch die Verdrahtungsebenen und weitere Details fest, die bei den beschriebenen Plazierungs- und Verdrahtungsalgorithmen benötigt werden (s.a. Abschn. 9.2.3.3). Diese technologischen Informationen werden in verschiedener Weise übergeben:

- als Prozeßvariable (*Process Variables*): Diese Größen nehmen in Algorithmen zur automatischen Layouterzeugung die Adaption an die Halbleitertechnologie vor. Diese Algorithmen liegen als Programm in der mentorspezifischen Hochsprache AMPLE vor. Variable in dieser Programmiersprache werden wie die bereits diskutierten Funktionen mit einem $-Zeichen gekennzeichnet. In *Process-Files* können sehr viele Variablen definiert werden. Drei Variable benötigt aber jeder Prozeß: *$process_name*, *$precision* und *$unit_length*. Die Erste legt einen Namen für den Prozeß fest, z.B. **epcd07** für den 0,7-µm-CMOS-Prozeß von ES2 oder **cmos24** für den hier verwendeten-2,4-µm-CMOS-Prozeß. Die Variable *Unit Length* (Einheitslänge) legt die Längenskala der Designdaten fest. Ein typischer Wert ist 10^{-6} m. Jede Koordinate im Layout wird in Vielfachen (sog. *User Units*) der Einheitslänge angegeben. Die *Cursor Position* x = 10.000 und y = 20.000 entspricht der geometrischen Koordinate x= $10.000*10^{-6}$ m , $y = 20.000*10^{-6}$ m. *Precision* bezeichnet die grafische Auflösung in der Datenbasis, d.h. die Zahl der pro Benutzerlängeneinheit gespeicherten Punkte. Ein typischer Wert ist 1000. Dann kann der Cursor zwischen zwei User Units auf 1000 Positionen gesetzt werden.
- als Prozeßfunktionen (*Process Functions*): Dies sind AMPLE-Funktionen, die bestimmte Algorithmen implementieren, die zur automatischen Layouterstellung benötigt werden. Ein wichtiges Beispiel für solche Funktionen sind sog. *Device Generatoren*, die nach den Vorgaben des Schaltplans Layoutgeometriesätze für bestimmte Bauelementtypen (MOS-Transistoren etc.) erzeugen.
- als Ebenentabellen (*Layer Table Information*): Hier werden die Ebenen im Layout den technologischen Maskenebenen zugeordnet. Innerhalb der Applikationen von *ICstation* stehen 4096 Layoutebenen zur Verfügung, die frei belegt werden können. Die Ebenen von 4097 bis 8191 werden vom Entwurfssystem benutzt. Anwender können diesen Ebenen keine Objekte zuweisen. Eine Auswahl dieser Systemlayers ist in Tabelle 12.1 zu finden. Einzelne Ebenen können über ihre Ebenennummer (1 bis 4096) oder anschaulicher über Namen (*Aliases*), wie etwa *Poly* oder *Metall2* angesprochen werden. Das grafische Erscheinungsbild von Strukturen in jeder benutzten Ebene kann ebenfalls eingestellt werden. Zum Erscheinungsbild (*Layer Appearance*) gehören: die Linienfarbe, die Strichstärke, die Strichart (punktiert, durchgezogen etc.), Füllungsfarbe und -muster sowie die Farbe von Textsymbolen. Layoutebenen

können durch Boolesche Verknüpfung zu sog. *Layersets* zusammengefaßt werden. Diese Layersets lassen sich dann als Gesamtheit editieren. Es ist nicht sinnvoll, in jedem ICwindow stets alle Ebenen gleichzeitig anzuzeigen. Über die Funktion *$set_visible_layers* kann man die interessierenden Ebenen auswählen.

- als Entwurfsregeldatei (*Rule File*): In dieser Datei werden die Entwurfsregeln (Mindestabstände und -breiten, Überlappungen usw.) und die Definitionen für die Konnektivität, zur Extraktion der parasitären Komponenten sowie der Baulemente abgelegt (*Device Recognition Data*). Nach den Vorgaben dieser Datei prüft das Programm *ICrules* die erzeugten Layoutstrukturen und extrahiert *ICtrace* SPICE-Netzlisten. *Connnect Statements* im Rule File definieren, mit welchen Via-Objekten welche Ebenen verbundenen werden oder ob bestimmte sich berührende Strukturen als elektrisch verbunden angesehen werden können oder nicht.

Die verschiedenen Prozeßvariablen und -funktionen sowie die Ebenentabellen werden als *Process Definition Fileset* (PDF) zusammengefaßt und in binärer Form für die Applikationen des Programms *ICstation* lesbar abgespeichert. Für das Rule File wird eine eigene Datei angelegt, das mit **File > Load Rules …** geladen werden kann. Neben der PDF- und der Rules-Datei enthält die Prozeß-Directory das sog. *Process Userware File* (PUF). Dabei handelt es sich um eine Sammlung von AMPLE-Statements, die zur Prozeßdefinition benötigt werden.

Der Prozeß spielt eine zentrale Rolle bei der Layouterstellung. Diese Datei ist für eine Layoutzelle genauso wichtig wie die einzelnen Layoutgeometrien. Eine neu erzeugte Layoutzelle kann nur dann abgespeichert werden, wenn der Zelle ein bestimmter Prozeß zugewiesen wurde. Ohne eine explizite Zuweisung eines Process Files wird die Zelle mit dem *Session Process* gespeichert. Bei jedem späteren Aufruf der Zelle wird der gewählte Prozeß mit geladen. Dieser Prozeß bleibt der Zelle zugeordnet, bis die Zelle wieder gelöscht wird. Er kann bei Bedarf aber abgeändert oder gewechselt werden. Mit den Kommandos **File > Process > Load** aus dem Pull-Down-Menü wird ein Navigatorfenster geöffnet, mit dem Prozeßdateien für die IC-Session oder bestimmte Zellen gesucht werden können (s. Abschn. 12.2).

Der Session Process legt den Prozeß für die Zelle im aktiven Kontext fest und wird bereits beim Aufruf der *ICStation* geladen. Wird eine Subzelle geöffnet, kann diese nur editiert werden, wenn ihr Prozeß mit dem Session-Prozeß kompatibel ist. Der sog. *Default*-Prozeß (s. Abschn. 12.5.1) ist dabei mit allen benutzerdefinierten Prozessen kompatibel. Sollen innerhalb eines Designs verschiedene Prozesse verwendet werden, so sind bei der Prozeßgenerierung bestimmte Kompatibilitätskriterien einzuhalten.

12.5.1
Der Default Process

Beim Öffnen der *ICstation* wird zunächst der sog. *Default Process* aktiviert. Die Tabellen 12.1 und 12.2 listen die Ebenendefinitionen und die Prozeßvariablen des Default-Prozesses auf. Dieser voreingestellte Prozeß enthält eine Minimalmenge von Parametern und bleibt aktiv, bis ein technologiespezifischer Prozeß eingestellt wird. Prozesse, die von Halbleiterherstellern im Rahmen von *Design Kits* mitgeliefert werden, bauen meist auf dem Default-Prozeß auf.

Tabelle 12-1. Ebenendefinitionen im Default-*Prozeß*

Nr.	Name	Alias	Farbe
1	Layer 1	Layer1	rot
2	Layer 2	Layer2	grün
3	Layer 3	Layer3	rosa
4	Layer 4	Layer4	türkis
5	Layer 5	Layer5	violett
6	Layer 6	Layer6	gelb
7	Layer 7	Layer7	hellblau
8	Layer 8	Layer8	mittelblau
4097	*row*: Sandardzellreihe	keine	grün
4098	*drc* : Fehler beim Design-Rule-Check	keine	weiß
4100	*masklv_results*: Fehler beim LVS-check	keine	weiß
4101	*overflow*: fehlende physikalische Verbindung	keine	gelb
4102	*device object*: Ausdehnung von Bauelementen	keine	grün
4103	*flyline*: zeigt Verbindungslinien (*guidelines*) zwischen Layoutobjekten beim Placement	keine	weiß
4104	*fp1*: zeigt Geometrien beim Floorplanning (*floorplan shapes*)	keine	grün
4105	*active overflow*: selektierter Overflow	keine	gelb
4106	*outline*: Zellumrandung von temporären Objekten, die durch Benutzerroutinen erzeugt werden	keine	weiß
4108	*gds_anchor*: Hilfsstrukturen, die beim Übersetzen von Mentor-V7-Layouts entstehen	keine	gelb
4109	*gds_error*: fehlerhafte Struktur, die beim Einlesen eines Layouts in GDSII-Format erzeugt wurde	keine	weiß
4110	*translate_text*: Zellnamen, die beim Übersetzen von Mentor-V7-Layouts entstehen	keine	weiß
4111	*power_strap*	keine	gelb

Tabelle 12-2. Prozeßvariable im *Default-Prozeß*

$closely_tied	Ebenen, die bei der Kompaktierung (s. Abschn. 12.6) zusammengezogen werden
$device_path	Pfadname zu den Bauelementdateien
$half_layer	legt fest, ob Polysilizium als zusätzliche (halbe) Verdrahtungsebene genutzt werden kann
$layer_spacing	Minimalabstand zwischen zwei Strukturen in verschiedenen Layoutebenen
$mfg-grid	Abstandsraster im Fertigungsprozeß (Auflösung bei der Maskenfertigung in der Halbleiterfabrik)
$port_height	Breite eines Ports in den Port Rows; legt die Breite der Anschlußbahn in der bächsten Hierarchieebene im Layout fest
$port_styles	Portvarianten
$power_net_names	Namen der Versorgungsnetze (z.B. VDD und VSS)
$power_styles	Vorgaben für die Ausführung der Versorgungsleitungen im Layout
$precision	Auflösung der Layoutdaten
$process_name	Name des Prozesses
$routing_level	Festlegung der Verdrahtungsebenen und deren Vorzugsrichtungen
$signal_via_cell	Name der Vias-Zelle, die beim Verdrahten benutzt werden soll
$site_types	Standardzelltypen (Type 1: core cell digital, Type 2: core cell analog, etc.); nur gleiche Typen dürfen auf eine Zellreihe gesetzt werden
$unit_length	Längeneinheit im Layout
$user_grid	Rastermaß im Layout
$wiring_type	Verdrahtungstypen im Layout

12.5.2
Das Editieren von Process Files

Der Inhalt einer Prozeßdatei kann verändert oder ergänzt werden. Zur Erstellung einer neuen Prozeßdatei können vorbereitete Routinen ($do_files) benutzt werden, die mit **File > Process > Create** aufgerufen werden. Soll ein bereits existierender Prozeß bearbeitet werden, dann muß diese Datei mit **File > Process > Reserve** in einen editierbaren Zustand versetzt werden. Der Default Process ist nicht editierbar, die Process Files von Design Kits sind in der Regel ebenfalls schreibgeschützt und müssen vor der Bearbeitung kopiert werden.

Der Umfang der in den Prozeßdateien notwendigen Definitionen richtet sich danach, ob nur Full-Custom-Layouts mit *ICgraph* (s. Kap. 9) im CE- oder GE-Modus erstellt werden oder ob die automatischen Verfahren zur Layouterstellung von *ICblocks* und *ICplan,* und damit der CBC-Mode, genutzt werden sollen. Im GE-Modus genügen im wesentlichen die Ebenenzuweisungen (Layer Table

Bild 12-24. Die *Edit-Process-*
Dialogbox

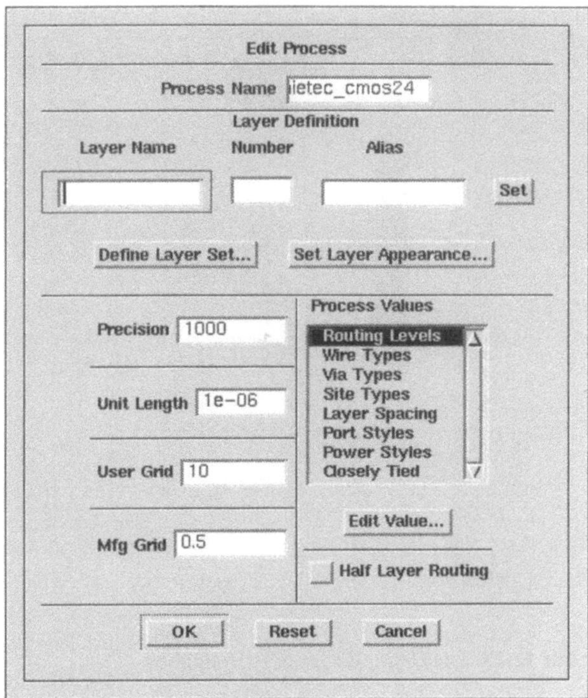

Information) , die Regeldatei (Rules File) sowie die Eingabe der *Device Recognition Data* für das Layoutextraktionsprogramm. Für den CBC Mode sind weitere Angaben nötig.

In der Regel werden von Anwendern keine vollständig neuen Prozesse erstellt, sondern vorhandene modifiziert. Diese Änderungen können in der *Edit-Process-Dialogbox* (Bild 12.24) eingeben werden, die mit den Pull-Down-Menübefehlen **Edit > Process** geöffnet wird.

Neue Ebenen werden in der Edit-Process-Dialogbox in die Textfelder unter *Layer Definition* eingegeben, indem z.B. auch bereits im Prozeß vorhandene Layers modifiziert werden. Soll z.B. die Ebene „0" als Substrat zum Prozeß hinzugefügt werden, tippt man unter *Layer Name* Substrat ein, unter *Number* 0 und unter *Alias* die Abkürzung *sub*. Dann kann diese Ebene nicht nur über die Nummer (0), sondern auch mit der Variable *sub* angesprochen werden. Die Wahlfelder *Define Layer Set..* und *Set Layer Appearance..* öffnen weitere Dialogfelder, in denen bestimmte Ebenen zu Layer Sets zusammengefaßt werden können bzw. in denen das grafische Erscheinungsbild einer Layoutebene definiert werden kann.

Layer Sets werden für Objekte definiert, die aus mehreren Ebenen bestehen. Ein Beispiel ist das Gate von MOS-Transistoren, das sich aus dem Überlappbereich der Ebenen *Active Area* und *Poly* zusammensetzt. Über den Layer Set Gate,

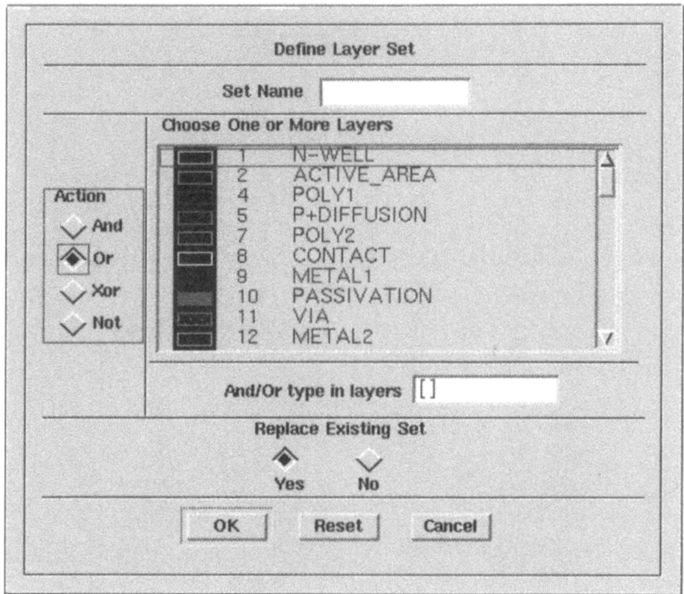

Bild 12-25. Die *Define-Layer-Sets*-Dialogbox

der aus der Verundung (*Active Area* AND *Poly*) besteht, können Transistor-Gates direkt angesprochen werden. Bild 12.25 zeigt die *Define-Layer-Sets*-Dialogbox.

12.5.2.1
Das Layer-Appearance-Dialogfenster

Im *Layer-Appearance*-Dialogfeld (Bild 12.26) legt man die sog. *Attribute* (Farben, Füllungen, Strichstärken usw.) von Objekten in Layoutebenen neu fest oder zeigt die alten Vorgaben an.

Auf der rechten Seite des Dialogfeldes findet sich eine Liste der Prozeßebenen. Vor der Eingabe oder der Auflistung von Attributen sind die interessierenden Ebenen zu selektieren. Die Ebenenauswahl erfolgt mit einem rot umrahmten Feld, das über die gewünschte Ebene per Mausklick (linke Taste) gezogen wird. Der entsprechende Listeneintrag erscheint dann schwarz unterlegt. In der Abbildung ist dies die Ebene METAL1. Alternativ kann man auch den Ebenennamen bzw. die Ebenennummer in das Textfeld unter *And/Or Type In Layers* eingeben. Die beiden Buttons *Set* oder *Get Layer Attributes* legen fest, ob die Attribute aufgelistet (*Get*) oder editiert (*Set*) werden sollen.

Bei fehlerhaften Eingaben im *Set Mode* können die Änderungen durch Betätigen des *Clear-Form*-Buttons wieder zurückgesetzt werden. Das Wahlfeld *Close* schließt die Set-Layer-Appearance-Dialogbox wieder.

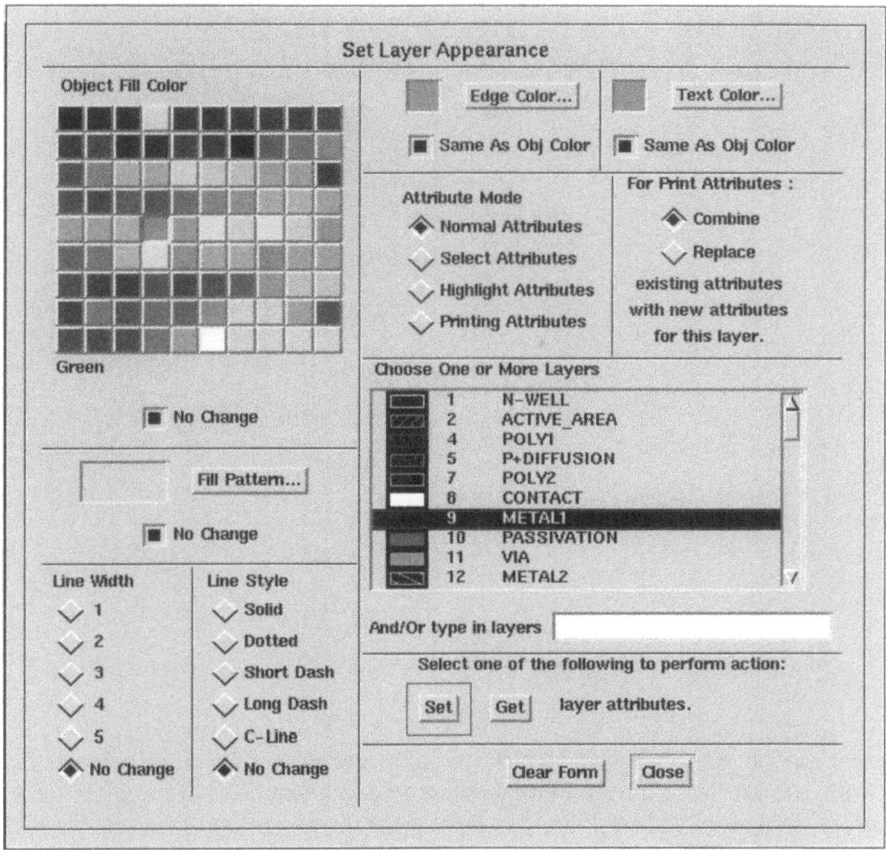

Bild 12-26. Die *Set Layer-Appearance*-Dialogbox

Die Füllfarbe von Objekten in einer Ebene bestimmt man in der *Object-Fill-Color*-Palette per Selektion mit der Maus. Die Berandungslinien und die zugeordneten Texte können beliebig oder im gleichen Ton eingefärbt werden (Wahlfelder *Edge Color..* bzw. *Text Color...*). Voreingestellt ist die gleiche Farbgebung (Button *Same as Obj Color* ist aktiviert). Die Füllung der Objekte wird über *Fill Pattern..* und durch Selektion des gewünschten Musters in der sich öffnenden Musterpalette (Bild 12.27) festgelegt. Linienweiten (zunehmend von 1 bis 5) und Linienarten (durchgezogen, gepunktet usw.) bestimmt man durch Anklicken des entsprechenden Buttons unter *Line Width* und *Line Style*.

Der *Attribute Mode* bestimmt, wann Objekte die vereinbarten Attribute, d.h. Farben, Füllungen, Strichstärken usw. auf dem Bildschrim zeigen. Voreingestellt ist *Normal Attributes*. In diesem Mode erhalten die Objekte im nichtselektierten Zustand die zugewiesenen Attribute. Mit *Select Attributes*, *Highlight Attributes* und *Printing Attributes* erscheinen die Objekte mit den eingegebenen Attributen

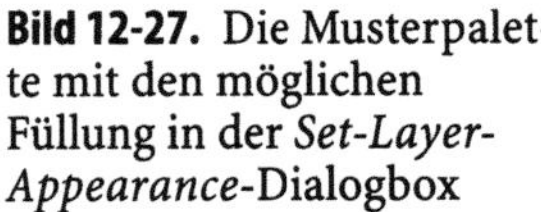

Bild 12-27. Die Musterpalette mit den möglichen Füllung in der *Set-Layer-Appearance*-Dialogbox

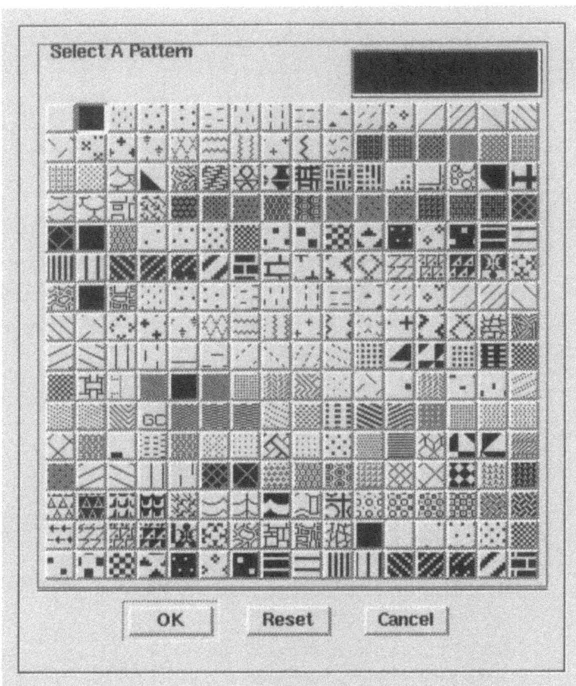

nur nach der Selektion bzw. im optisch hervorgehobenen Zustand oder auf Papierausdrucken. So kann z.B. das Druckbild für einen Schwarz/weiß-Drucker optimiert werden.

12.5.2.2
Das Editieren der Process Values

Im Edit-Process-Dialogfenster Bild 12.24 können Process-Variablen wie *Routing Levels*, *Wire Types*, *Via Types*, *Layer Spacing*, *Port Styles*, *Power Styles* und *Closely Tied* bearbeitet oder ergänzt werden. Der Zugriff auf bestimmte Variable erfolgt über die Selektion des jeweiligen Eintrags in der *Process-Values*-Liste auf der rechten Seite des Dialogfensters. Nach dem Anklicken von **Edit Value...** erscheint ein weiteres Dialogfeld, in dem die aktuellen Einstellungen aufgelistet sind. Änderungen können direkt in die Textfelder eingetippt und mit **File > Process > Save** gespeichert werden. Die verschiedenen *Process Values* haben die folgende Bedeutung.

Routing Levels
Diese Ebenen sind die Verdrahtungsebenen zur physikalischen Verbindung von Ports und Pins der Zellen und Blöcke im Layout. Nach dem Anklicken von Routing Levels in der Edit-Process-Dialogbox öffnet sich die *Set-Process-Routing-*

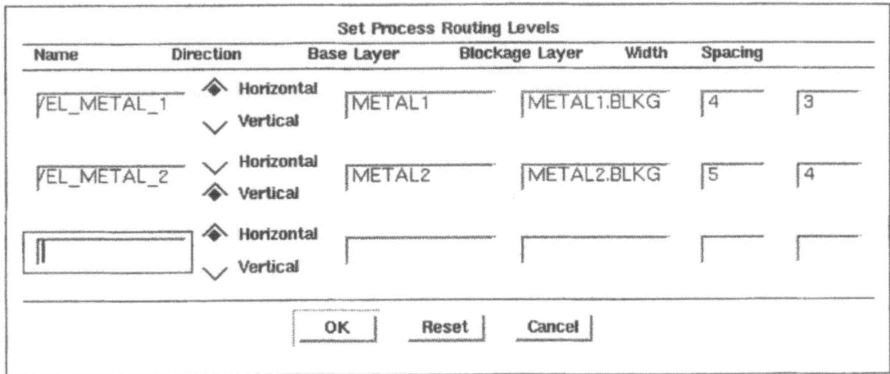

Bild 12-28. Die *Set-Process-Routing-Levels*-Dialogbox mit den Einträgen für die beiden Verdrahtungsebenen im CMOS24 - Prozeß

Bild 12-29. *Set-Process-Wire Types-Dialog-Window* für CMOS24-Prozeß

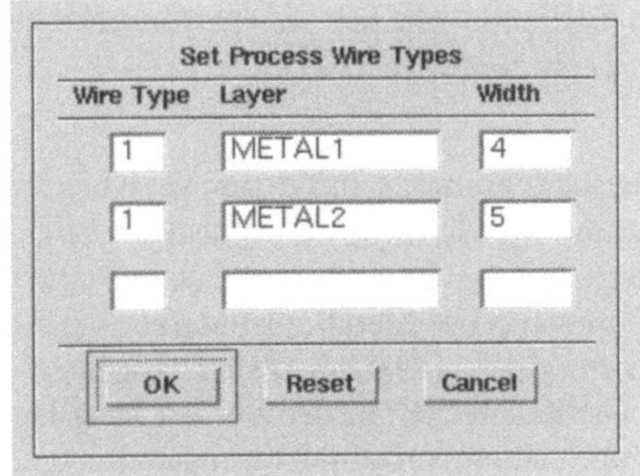

Levels-Dialogbox (Bild 12.28). Um ein Routing Level zu definieren, sind der Name, die Verdrahtungsrichtung (*Direction*), die Layoutebene (*Base Layer*) sowie das Blockadelayer (*Blockage Layer*) einzugeben. Damit die Entwurfsregeln beim automatischen Verdrahten eingehalten werden, sind die Mindestabstände (*Spacing*) einzugeben. Die Breite der Bahnen (*Width*) kann sich nach der Strombelastung in den Netzen richten, darf aber die vorgegebene Mindestweite im *Base Layer* nicht unterschreiten.

Wire Types

Mit den Angaben im *Set-Process-Wire-Types*-Dialogfenster (Bild 12.29) werden die Leitungstypen (*Wire Types*) definiert, die in bestimmten Verdrahtungsebenen (*Layer*) liegen und bestimmte Weiten (*Width*) aufweisen. Leitungstypen werden durch verschiedene positive ganze Zahlen (1, 2, 3, ...) gekennzeichnet. Im Prozeß muß mindestens ein Wire-Type-Wert für jede in der Set-Process-Routing-Levels-Dialogbox definierte Verdrahtungsebene vorgegeben werden. Durch Verwendung von verschiedenen Wire Types kann man z.B. einzelne stark

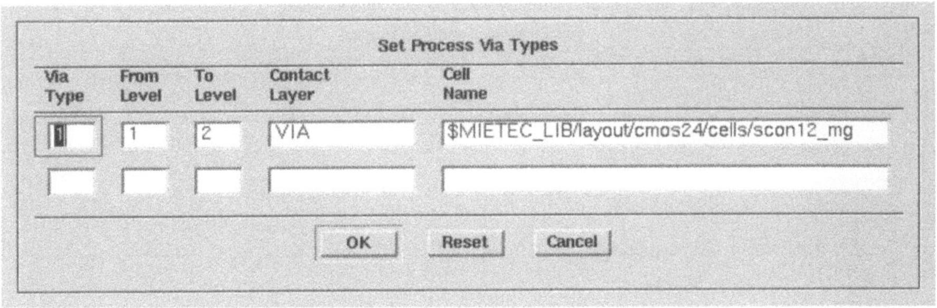

Bild 12-30. *Set-Process -Via-Types-Dialog-Window* für den CMOS24-Prozeß

belasteter Netze breiter auslegen lassen. In der Abbildung sind Netze in den beiden Verdrahtungsebenen METAL1 und METAL2 4µm bzw. 5µm breit und vom Wire Type „1". Man könnte jetzt weitere Leitungstypen mit anderen Breiten definieren, denen zur Unterscheidung dann eine Wire-Type-Variable „2", „3" usw. zugewiesen werden müßte. Die *Wire-Type*-Festlegung erfolgt im Schaltplan, indem den betroffenen Netzen die gewünschte Wire-Type-Variable über die WTYPE-Property zugewiesen wird.

Via Types

Vias sind Zwischenkontakte, mit denen verschiedene Verdrahtungsebenen elektrisch verbunden werden. Für den typischen Fall, daß zwei Metallagen zur Verfügung stehen, wie im betrachteten 2,4-µm-CMOS-Prozeß, gibt es nur einen Zwischenkontakttyp, der Metall1 mit Metall2 verbindet. Aus Speicherplatzgründen werden für die Vias fertige Zellen angelegt, sog. *Via Objects* (s. Abschn. 9.2.3.2), die aus Rechtecken in den beiden Metallagen mit ausreichenden Überlappungen und einem minimal dimensionierten Zwischenkontakt bestehen. Bild 12.30 zeigt das *Set-Process-Via-Types*-Fenster mit den Einträgen für den CMOS24-Prozeß.

Site Types

In einer Standardzell Bibliothek finden sich verschiedene Typen von Zellen, z.B. digitale Core-Zellen, analoge Core-Zellen oder Peripherie Zellen. Die einzelnen Zelltypen unterscheiden sich, wie in Abschn. 6.3 bereits ausgeführt, in der Höhe und in der Lage der Versorgungsbahnen. Deshalb können immer nur Zellen eines Typs in eine Zellreihe gesetzt werden. Die Zelltypen werden deshalb in sog. *Site Types* sortiert, die für den Prozeß über die *Set-Process-Site-Types-Dialogbox* (Bild 12.31) eingegeben werden.

Layer Spacing

Mit dieser Prozeßvariablen läßt sich der Abstand zwischen bestimmten Ebenen im Layout festlegen. Mindestabstände werden zwar von den Entwurfsregeln im Rules File vorgegeben, manchmal kann es aber auch sinnvoll sein, größere Abstände zu definieren, z.B. um Übersprechen auf sensitiven Leitungen zu vermeiden. Die nötigen Eingaben erfolgen in der *Set-Process-Layer-Spacing-Dialogbox*.

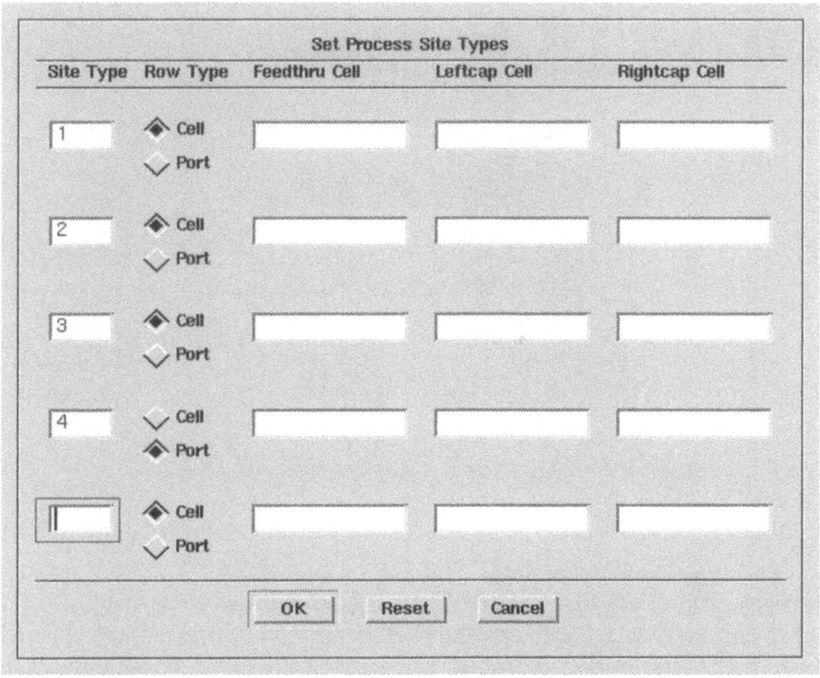

Bild 12-31. *Set-Process-Site-Types-Dialog-Window* für den CMOS24 - Prozeß

Port Styles

Ein Port ist ein Anschluß für Netze und Versorgungsbahnen an eine Zelle oder einen Block. Die Portstrukturen werden beim Floorplanning in gesonderte Reihen gesetzt (*Port Rows*). Ports bestehen aus *Shapes* (Rechtecken) in einer Verdrahtungsebene. Für die Definition der Abmessungen der Portstrukturen existiert wieder ein Dialogfenster, das durch Anklicken des Eintrags *Port Styles* in der Process-Values-Liste geöffnet werden kann (Bild 12.32). Die Höhe der Port Rows legt der Parameter *Port Height* fest. Signal-Ports in den beiden Routing Levels erhalten im abgebildeten Beispiel die Weiten (*Width* in μm) 4 und 5. Die Power Ports sind aufgrund der höheren Strombelastung entsprechend breiter (10μm). Nach diesen Vorgaben richten sich beim Routen die Abmessungen der Anschlußleitungen: Jeder Portanschluß an eine Zelle wird mit einer Leitung in der gleichen Verdrahtungsebene und mit der gleichen Weite ausgeführt, wie der Port Shape

Power Styles

Die Versorgungsnetze zeigen eine besonders komplexe Struktur. Die Versorgungsbahnen beginnen an den Versorgungspads und fächern sich auf, um den Strom bis zu einzelnen Zellen zu transportieren. Deshalb nimmt die Strombelastung der Bahnen vom Rand zur Chipmitte hin ab, und die Versorgungsleitun-

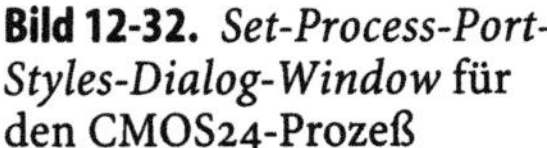

Bild 12-32. *Set-Process-Port-Styles-Dialog-Window* für den CMOS24-Prozeß

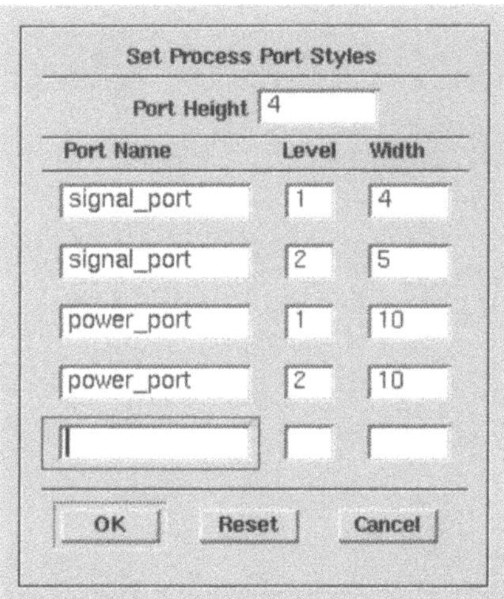

gen können im inneren Bereich des Chips immer schmaler ausgelegt werden. Um dies beim automatischen Layout zu erreichen, werden im Prozeß spezielle Regeln (*Power Styles*) für das Power Routing festgelegt. Um den Bahnen mit zunehmendem Abstand vom Pad immer kleinere Breiten zuzuweisen, wird das Netz der Versorgungsleitungen aus verschiedenen *Power-Routing*-Komponenten aufgebaut, die in Bild 12.33 schematisch dargestellt sind:

- *Left* und *Right Vertical Bus (1)*: Bus, der die Versorgungsleitungen in den Standardzellreihen (Rows) zusammenfaßt und an den vertikalen Seiten der Standardzellbereiche geführt wird,
- *Internal Vertical Bus (2)*: Bus, der bei breiten Standardzellbereichen in vertikaler Richtung zwischen die Standardzellblöcke gesetzt wird,
- *Top* und *Bottom Horizontal Bus (3)*: Versorgungsbahn, die in horizontaler Richtung unterhalb oder oberhalb der Standardzellbereiche verläuft,
- *Row to Bus (4)*: Strukturen, die interne Versorgungsleitungen in den *Rows* mit den vertikalen bzw. horizontalen Busstrukturen verbinden,
- *IO-Ring (5)*: Versorgungsbahn, verbindet die Poweranschlüsse der Input/Output-Padzellen, die neben den Bondingpads auch Transistoren zur verstärkung von Eingabe- oder Ausgabesignalen enthalten.
- *Internal Ring (6)*: Ringstruktur, umschließt den Bereich der Core-Zellen,
- *Tie Down (7)*: interne Versorgungsbahnen in den Standardzellen senkrecht zur Reihenausrichtung,
- *Internal Row (8)*: interne Versorgungsbahnen in den Standardzell-Rows,
- *Pad to Bus (9)*: Verbindung von den Power Pads zu den vertikalen und horizontalen Power-Busleitungen.

Die Ausführung der einzelnen Versorgungsnetztypen wird im *Set-Process-Power-Styles*-Dialogfenster definiert (Bild 12.34). Die einzelnen Komponenten

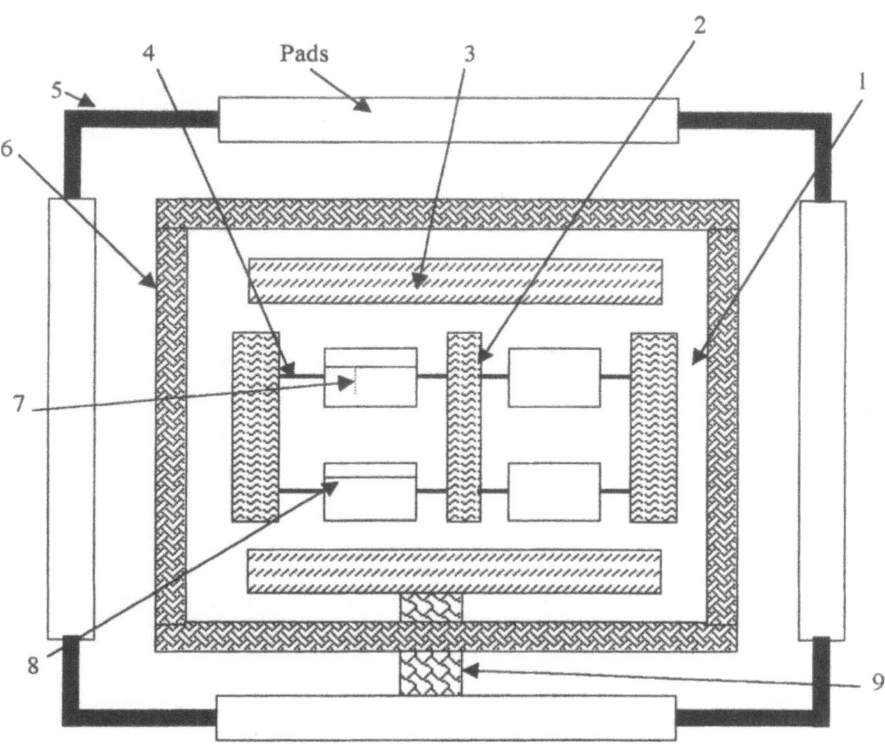

Bild 12-33. Power-Routing-Komponenten: Die verschiedenen Komponenten sind mit den gleichen Ziffern gekennzeichnet, die auch in der Aufstellung der Power-Styles-Typen im Text verwendet werden

werden mit *Name, Type, Level, Layer, Style, Width, Gap* und *Bus Count* gekennzeichnet.

Der Name (*Name*) gibt das Versorgungsnetz an, für das der Versorgungsleitungstyp eingesetzt werden darf. Beim CMOS24-Prozeß werden vier Versorgungsnetze verwendet: VDD und VSS für digitale Bereiche bzw. VDDA und VSSA für analoge Zellen. Der Eintrag in der Rubrik *Type* in den Power-Styles-Definitionen unterscheidet Massebahnen (*Ground*) und Versorgungsleitungen (*Power*). *Level* definiert die Verdrahtungsebene, in der der jeweilige Powerleitungstyp ausgeführt werden soll. Unter *Layer* wird die physikalische Layoutebene und unter *Width* die Breite der jeweiligen Struktur spezifiziert. Bei *Style* ist der gewünschte *Power Style*-Typ einzutragen. Mit *Gap* kann für den Power Style *Internal Ring* der Abstand zwischen der Ringleitung und den Standardzellenfeldern vorgegeben werden. Bei allen anderen Power Styles wird dieser Eintrag ignoriert. *Bus Count* legt für den Versorgungsleitungstyp *Internal vertical bus* fest, wie viele Busleitungen eingezogen werden sollen. Bei anderen Leitungstypen wird dieser Eintrag nicht ausgewertet.

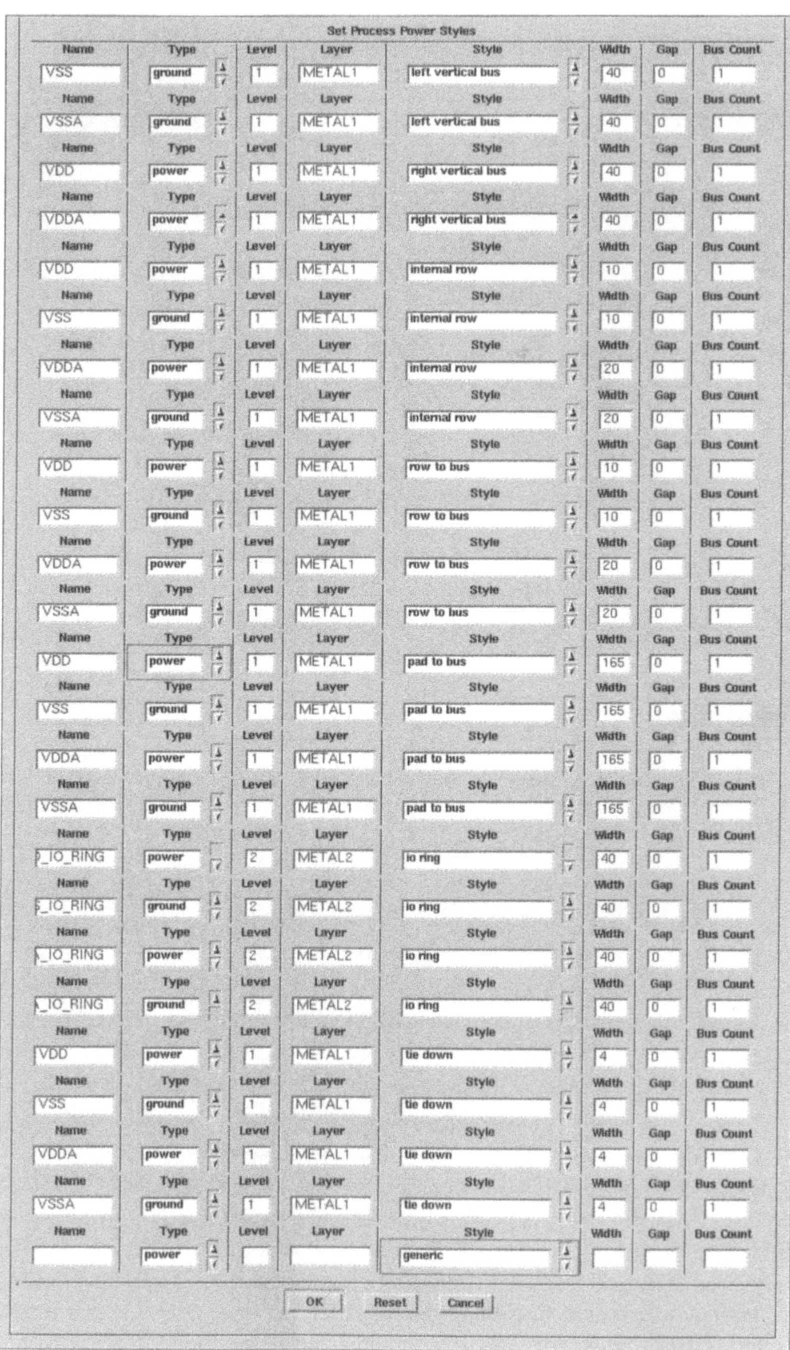

Bild 12-34. *Set-Process-Power-Styles-Dialog-Window* für den CMOS 24-Prozeß

Closely Tied

Sogenannte *Closely Tied Layer Sets* werden für Objekte deklariert, die bei der Kompaktierung nicht ebenenweise, sondern als Ganzes verschoben werden sollen. *Closely Tied* bedeutet fest verbunden. Ein Beispiel sind MOS-Transistoren, deren elementare Strukturen das Transistorgebiet (*Active Area*) und das Polysilizium-Gate sind (Bild 12.35). Wird der *Layer* active area *closely tied to* poly in die *Set-Closely-Tied-Dialogbox* (Bild 12.36) eingegeben, bewirkt dies bei der Kompaktierung, daß die Transistoren nur als Ganzes im Layout bewegt werden können (Bild 12.36).

Um Prozesse aus herstellerspezifischen Design Kits anzupassen, gibt es die Funktion **Edit > Process > Process Override...**, mit der Prozeßvariable, wie etwa

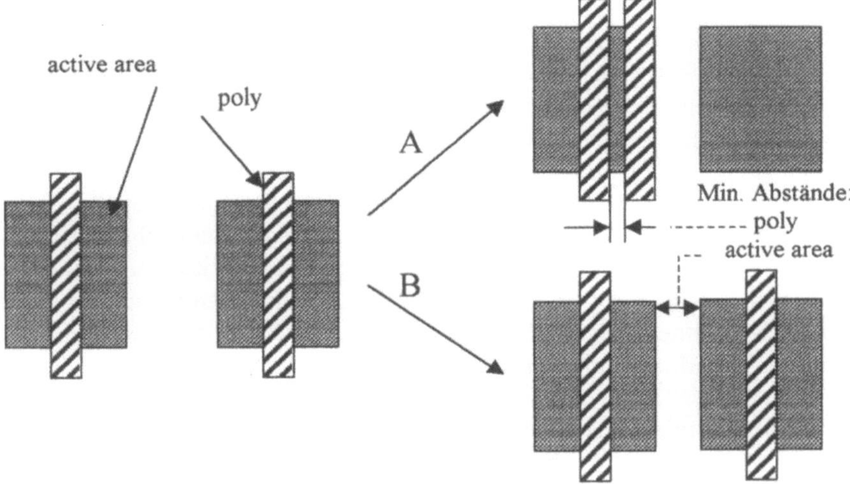

Bild 12-35 . Kompaktieren ohne (A) und mit (B) *Closely-Tied-Layer-Set*

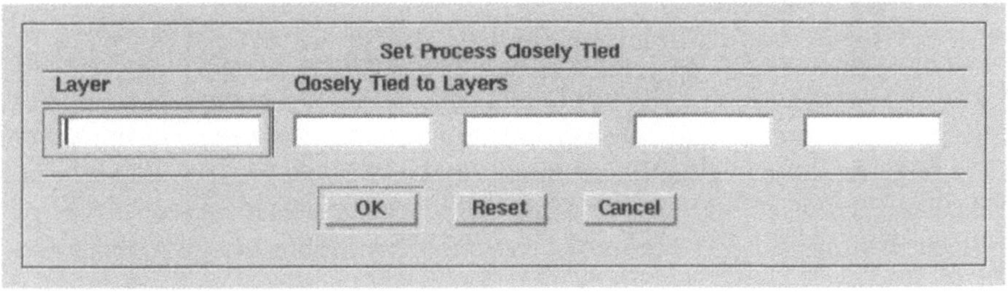

Bild 12-36. Die *Set-Pocess-Closely-Tied-Dialogbox*. Beim CMOS24-Prozeß sind die *Closely Tied Layer Sets* leer. Bei dem Prozeß handelt es sich um einen Prozeß für Standardzellendesigns. Die zu kompaktierenden Layoutgeometrien sind Netze und Via-Zellen, für die keine Closely Tied Layers vorgegeben werden müssen

Leiterbahnbreiten, temporär modifiziert werden können. Nach Eingabe der Kommandos öffnet sich ein Dialogfeld mit den gleichen Edtiermöglichkeiten, die auch die Edit-Process-Dialogbox bietet. So kann man z.B. die Versorgungsbahnen bei kleinen Zellen schmaler ausführen lassen, als im Process vorgesehen, um Platz im Layout zu sparen. Die Zelle behält die modifizierten Prozeßdaten. Nach Beenden der *ICstation* Session oder nach erneutem Laden des Orginalprozesses steht aber wieder das unveränderte Process File zur Verfügung.

12.6
Layout-Kompaktierung

Die Flächenminimierung eines vollständig plazierten und gerouteten Layouts wird als Kompaktierung (*Compaction*) bezeichnet. Diese Nachoptimierung ist nötig, weil die automatisierten Layoutwerkzeuge nicht alle technologischen Möglichkeiten bis an die untere Grenze der Entwurfsregeln ausnützen können. Beim Kompaktieren werden die einzelnen Layoutebenen unter Berücksichtigung der vereinbarten Closely Tied Layer Sets bis auf Minimalabstände und Mindestüberlappungen zusammengeschoben.

Das Werkzeug zur Layoutkompaktierung in der MENTOR-GRAPHICS-V8-Entwurfsumgebung heißt *ICcompact*. Man kann die Kompaktierung interaktiv oder auch vollautomatisch ablaufen lassen und entweder das gesamte Layout oder einen vorgegebenen Ausschnitt bearbeiten. Als Kompaktierungsrichtung, d.h. als Richtung, in der die Layoutgeometrien verschoben werden, kommen wahlweise links (*Left*), rechts (*Right*), nach oben (*Up*) oder nach unten (*Down*) in Frage. Layoutzellen können aber auch um eine vorgegebene Koordinate im Layout, den geometrischen Mittelpunkt der Zelle oder um eine vorgegebene Fläche herum verkleinert werden. Mit der interaktiven *Slide-Route*-Routine lassen sich Leitungen in den Verdrahtungskanälen verschieben, um so weitere Kompaktierungsmöglichkeiten zu schaffen. *ICcompact* nutzt ggf. auch verfeinerte Designrules bei verbesserten Herstellprozessen zum Shrinken der Oberfläche aus, ohne daß der gesamte Layoutprozeß erneut durchlaufen werden müsste.

12.6.1
Die $compact-Funktion

Um ein Layout zu kompaktieren, wird im *Place&Route*-Palettenmenü der Eintrag *Compact* angeklickt. Daraufhin öffnet sich die *COM-Prompt*-Bar-Zeile (Bild 12.37). Hier werden die wichtigen Steuerparameter *Direction*, *Reference* und *Area* eingestellt, sowie die Programmoptionen (*Options*) ausgewählt. *Direction* legt die Richtung fest, in die das Programm die Layoustrukturen schiebt (*Up*, *Down*, *Left*, *Right*). Der Parameter *Reference* kann über ein Steppermenü auf

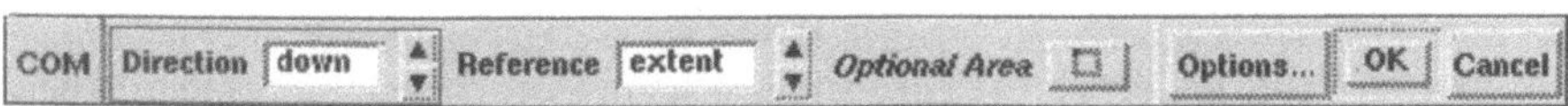

Bild 12-37. *COM(paction)-Prompt-Bar*

Mark, *Center* und *Extent* gesetzt werden und definiert den Bezugspunkt oder die Linie, auf die hin kompaktiert wird. Die Voreinstellung ist *Extent*, der Zellrand. Bei *Mark* wird ein beliebiger vorgegebener Punkt im Zellayout als Zielpunkt für den Kompaktieralgorithmus gewählt, und bei *Center* ist dieser Punkt der geometrische Zellmittelpunkt. Nach Anwahl von *Optional Area* ist eine Rechteckfläche einzugeben, in der kompaktiert werden soll. Ohne Betätigen des *Area-Buttons* wird die gesamte Zelle bearbeitet.

Das Wahlfeld *Options* öffnet ein Dialogfeld (Bild 12.38), in dem die Kompaktieralgorithmen an das aktuelle Layout angepaßt werden können. Folgende Vorgaben für die Verschiebung von Layoutobjekten sind möglich:

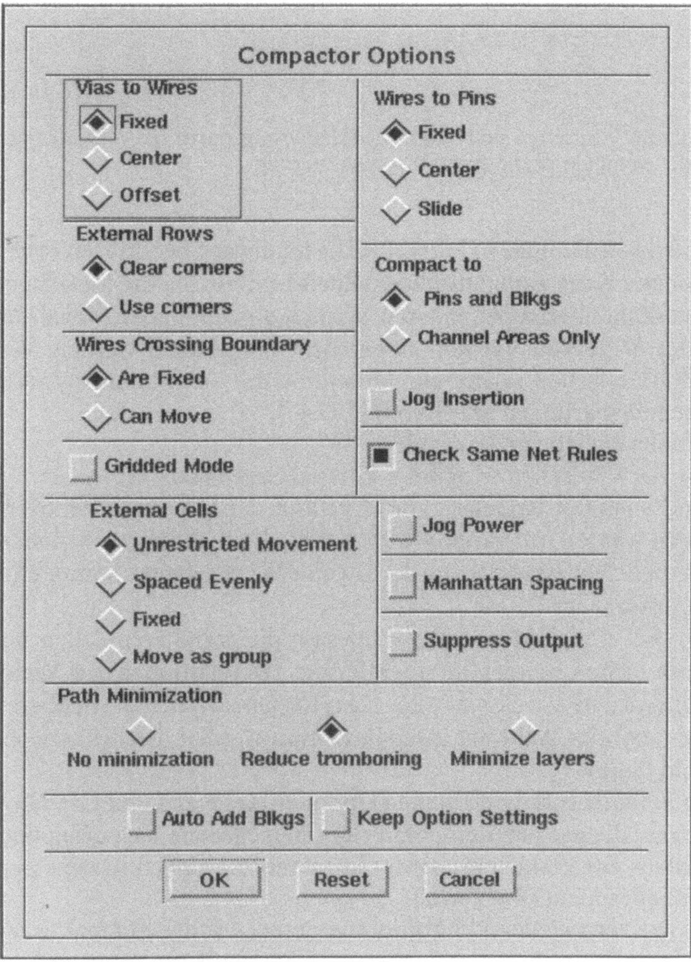

Bild 12-38. Die *Compactor-Options-Dialogbox*

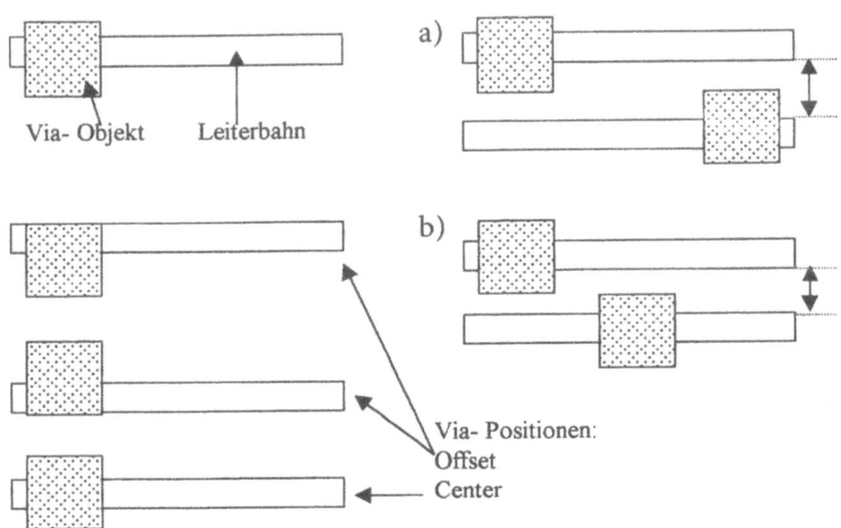

Bild 12-39. Via/Leitbahn-Positionen und Flächenverkleinerung durch Via-Verschiebung (*Via Offset*): **a:** vor der Kompaktierung, **b:** nach Kompaktierung

- *Vias to Wires*: Zwischenkontakte (*Vias*) sind die häufigsten Strukturen in den Verdrahtungsbenen eines automatisch erstellten Layouts. Da die Metallagen den Zwischenkontakt überlappen müssen, können die minimalen Metall-Rastermaße in der Nähe von Via-Kontakten nicht eingehalten werden. Verschiebt man die Via-Zellen relativ zur Mittellinie der Leiterbahnen, lassen sich u.U. Flächeneinsparungen erzielen (Bild 12.39).
Folgende Optionen stehen zur Auswahl:
Fixed: Die Lage der Via-Zellen wird beim Kompaktieren nicht verändert.
Center: Die Via-Zellen werden relativ zur Mittellinie der Leiterbahn zentriert.
Offset: Via-Zellen werden um variable Strecken in die Richtung verschoben, die eine größtmögliche Verkleinerung der Layouts bei gegebener Kompaktierungsrichtung ermöglicht.
- *External Rows*: Dies sind die Floorplan Shapes für die peripheren Zellen. Für diese Strukturen stehen bei der Kompaktierung zwei Optionen zur Verfügung: *Clear Corners* und *Use Corners*. Bei *Clear Corners* werden die Eckbereiche freigehalten, bei der Wahl der zweiten Option werden die Eckbereiche mitbenutzt (Bild 12.40).
- *Wires Crossing Boundary*: Mit den beiden Optionen *Are Fixed* und *Can Move* können Leitungen, die das zur Kompaktierung freigegebene Layoutsegment verlassen, ebenfalls zur Verkleinerung der Layoutabmessungen bewegt werden (*Can Move*) oder nicht (*Are Fixed*).
- *External Cells*: Die verschiedenen Buttons definieren, wie der Kompaktieralgorithmus die Peripheriezellen verschieben darf. Bei der Anordnung und der Position der peripheren Zellen gibt es häufig Vorgaben, denn die Lage dieser

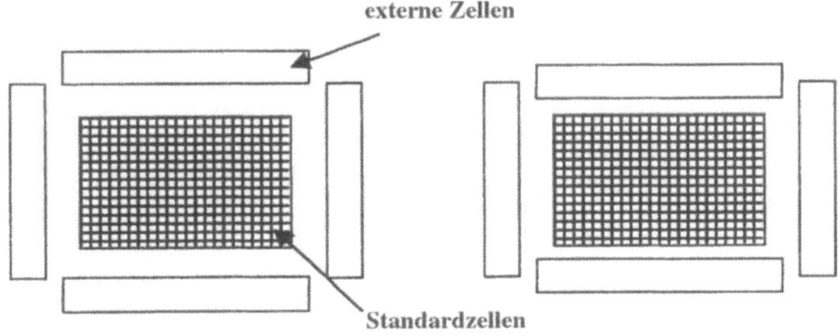

Bild 12-40. Die Optionen *Clear Corners* (links) und *Use Corners* (rechts) für die Kompaktierung der externen Zellreihen

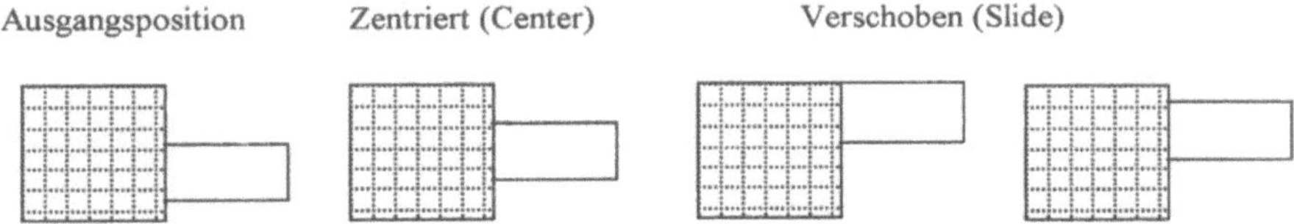

Bild 12-41. Anschlußpostionen von Leitbahnen an Pins (gefüllt): Die Ausgangsposition wird beim Kompaktieren mit der Option *Fixed* beibehalten. Ist *Center* oder *Slide* in der Kategorie *Wire to Pins* des *Compactor Options* Dialogfelds selektiert, werden die Leitungen zentriert an die Pins gesetzt bzw. kontinuierlich mit dem Ziel der Layoutverkleinerung verschoben

Zellen bestimmt sich aus der in der IC-Spezifikation vorgegebenen Anschlußbelegung (*Pinout*) des ICs. Weiterhin sind die Bondregeln (*Rules for Bonding*) für den gewünschten IC-Gehäusetyp einzuhalten. Die Voreinstellung in den Compactor Options liegt auf *Unrestricted Movement,* und die Zellen dürfen ohne Einschränkung verschoben werden. Wird *Spaced Evenly* aktiviert, werden die Zellen mit möglichst gleichen Abständen in den entsprechenden Rows angeordnet. Bei *Fixed* können die Zellen nicht bewegt werden, während bei *Move as Group* die Peripheriezellen an jeder Chipseite nur als Gesamtheit verschoben werden können. Die relative Anordnung bleibt dann erhalten.

- *Wires to Pins:* Häufig sind die Pins an den einzelnen Blöcken einer Schaltung breiter als die Anschlußleitungen, die automatisch gezogen wurden. Bei der Kompaktierung können diese Leitungen dann noch etwas verschoben werden. Positionsverschiebungen von Leitungen relativ zu Pins werden ähnlich wie bei den Via- Strukturen mit den Buttons *Center* und *Slide* gesteuert (Bild 12.41). Mit *Fixed* werden die Leitungen an den Pins nicht verschoben.

- *Compact to:* Dieser Parameter mit den Werten *Pins and Blockages* bzw. *Channel Areas Only* legt fest, welche Begrenzungsstrukturen der Zellen bei der Kompaktierung nicht übereinander geschoben werden dürfen. Bei der ersten Option sind dies die Pins und die Geometrien der Blockadeebenen, die beim Autorouting das Innere der Zellen von Leitbahnen freihalten. Die zweite

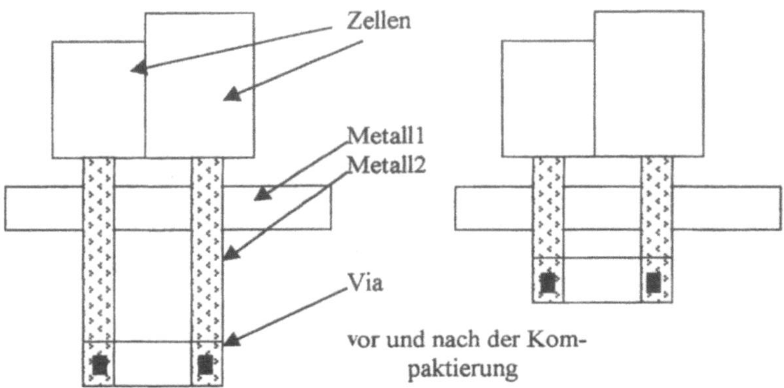

Bild 12-42. *Tromboning* (links) bei Verbindungen zweier Zellen und die Auswirkungen der *Reduce-Tromboning*-Option nach der Kompaktierung (rechts)

Möglichkeit Channel Areas Only verwendet die Zellberandung (*Cell Boundary*) als Kompaktierungsgrenze.

– *Jog Insertion* und *Jog Power:* Wird der Button *Jog Insertion* angeklickt, verändert der Kompaktieralgorithmus die Leitungsführung der Netze im Layout. Falls es die Fläche verringert, werden rechtwinklige Richtungsänderungen (*Jogs*) im Leitungsverlauf eingefügt. Ist zusätzlich der Eintrag *Jog Power* aktiviert, werden auch die Versorgungsnetze entsprechend überarbeitet.

– *Check Same Net Rules:* Dieser Eintrag bezieht sich auf elektrisch verbundene Leitungen (*Same Nets*). Ist das Wahlfeld selektiert, werden die Layoutgeometrien von Leiterbahnen, die zum gleichen Netz gehören, beim Kompaktieren bis zum Minimalabstand zusammengezogen. Häufig gelten für verbundene Netze spezielle Design Rules.

– *Path Minimization:* Mit dieser Optionen wird versucht, bei der Kompaktierung die Länge (und damit den Flächenbedarf) von Netzen zu minimieren. Mit dem Button *No Minimization* wird dies verhindert. Der Begriff *Tromboning* bezieht sich auf die Ausdehnung von Leiterbahnschleifen, die beim Überbrücken von Leitbahnen in den Verdrahtungskanälen entstehen können (Bild 12.42). Mit *Reduce Tromboning* werden unnötige Leiterbahnabstände beim Kompaktieren beseitigt. Die Option *Minimize Resistive Layers* kann zur Verkürzung von hochohmigen Leitbahnen (z.B. Polybahnen) eingesetzt werden. Dadurch wird nicht notwendigerweise die Fläche des Layouts verkleinert, wohl aber die RC-Laufzeit von Netzen. Bei den heute üblichen VLSI-Technologien, z.B. auch beim 2,4-μm-CMOS-Prozeß von ALCATEL MICROELECTRONICS, stehen mindestens zwei Metallagen zur Verfügung. Verdrahtungen mit Polybahnen sind deshalb nicht nötig.

– *Gridded Mode:* Die Grundlage bei der Verschiebung von Layoutgeometrien ist das Abstandsraster (Grid). In den Prozeßdaten sind zwei Raster definiert: das *User Grid* und das *Manufacturing Grid*, wobei das zweite Gitter feiner ist. Mit

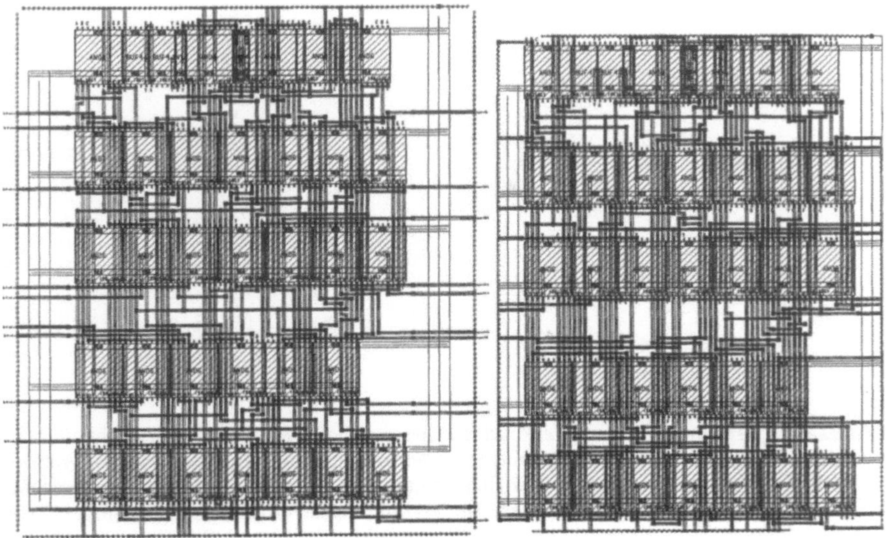

Bild 12-43. Layoutkompaktierung mit den Default-Einstellungen am Beispiel der Zeilendekodierschaltung des SRAM-Bausteins

dem Button *Gridded* wird das *User*-Raster zugrunde gelegt. Bei Selektion des Wahlfelds *Gridless* hingegen verwendet der Kompaktieralgorithmus das *Manufacturing*-Raster.

- *Auto Add Blockages*: Mit dieser Option wird nach der Kompaktierung ein Rechteck im Blockadelayer über die verkleinerte Zelle gelegt.

Zur Veranschaulichung zeigt Bild 12.43 ein automatisch erstelltes Layout vor und nach der Kompaktierung mit den Default-Optionen. Typischerweise lassen sich durch Kompaktieren Layoutflächen um 10 bis 20% verkleinern.

Das Programmpaket *ICstation* bietet noch weitere Routinen, die zur Layoutüberarbeitung eingesetzt werden können. Mit der Funktion *Minimize Vias* kann die Zahl der Via-Objekte minimiert werden, indem die Verdrahtungsebenen der Netze im Layout umsortiert werden, um überflüssige Vias und auf diese Weise auch Chipfläche einzusparen. Die *Minimize Vias-* Funktion wird im *Place&Route*-Palettenmenü aufgerufen, indem MINIM VIAS angeklickt wird. In der sich öffnenden Prompt-Bar-Zeile wird definiert, ob die Minimierung für selektierte Layoutausschnitte, selektierte Netze oder für das gesamte Layout durchgeführt werden soll.

Bei der Kompaktierung können Leiterbahnen in den Verdrahtungskanälen nur soweit verschoben werden, bis der zulässige Minimalabstand zur nächsten Bahn in der gleichen Verdrahtungsebene erreicht ist. Leiterbahnen werden nicht im Kanal umsortiert, obwohl dies die resultierende Verdrahtungsfläche verkleinern könnte. Mit der *Slide-Route*-Funktion, die ebenfalls aus dem *Place&Route*-

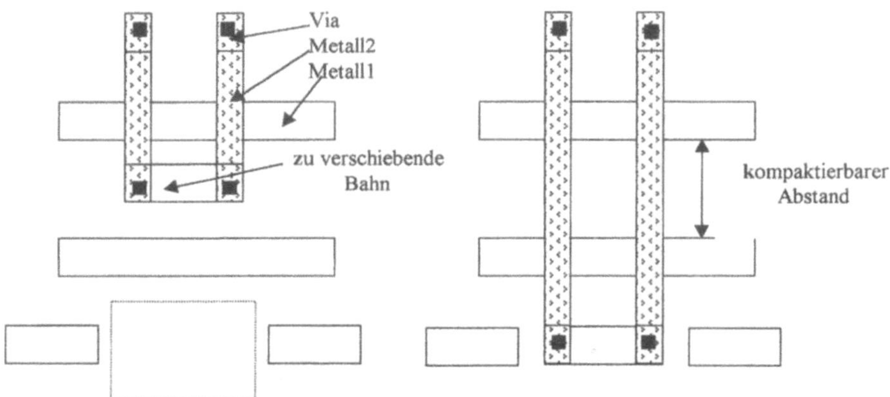

Bild 12-44. Der Einsatz der *Slide-Route*-Funktion schafft Kompaktiermöglichkeiten in Verdrahtungskanälen. Das linke Teilbild zeigt den Zustand vor der *Slide-Route*-Operation. Die erlaubte Verschieberegion ist gestrichelt gezeichnet. Rechts wurde die zu verschiebende Leitbahn nach unten verschoben. Alle Verbindungsstrukturen wurden mitgehalten. Bei der Kompaktierung können nun die Bahnen in vertikaler Richtung zusammengeschoben werden

Palettenmenü aufgerufen wird, lassen sich selektierte Leiterbahnen am Mauszeiger hängend in den Kanälen verschieben. Nach dem Absetzen der Leitung durch Loslassen des Selektmausbuttons werden automatisch alle Verbindungsleitungen, Vias und Kontakte an die entsprechenden Stellen verschoben und regelgerecht angeschlossen.

Die Verbindungsstruktur (Connectivity*)* kann mit Slide-Routes nicht verändert werden, denn nach dem Aufruf der Funktion erscheinen optisch hervorgehobenen Rechtecke, die Layoutbereiche vorgeben, in die das selektierte Leitungsstück geschoben werden kann. Der Versuch, die Leitung außerhalb der Vorgaben zu plazieren, führt dazu, daß die Leitbahn in die nächstbenachbarte erlaubte Region gesetzt wird.

Durch geschicktes Nutzen der Slide-Route-Funktion kann die Zahl der Verdrahtungsspuren (Tracks) in den Kanälen reduziert werden. Durch anschließendes Kompaktieren reduziert sich der Flächenbedarf des Designs (Bild 12.44).

12.7
Layout-Verifikation: DRC-, LVS- Check und Backannotation

Vor der Produktion eines Schaltkreises wird routinemäßig das Layout „verifiziert", um Fehler im Maskenlayout vor der aufwendigen Chipherstellung soweit wie möglich auszuschließen. Diese Verifikation garantiert, daß das geprüfte Maskenlayout drei Anforderungen erfüllt:

1. Die Geometrien in den Layoutebenen genügen den Entwurfsregeln. Dann ist das Design mit genügender Ausbeute produzierbar.

2. Das Layout setzt die im zugrundeliegenden Schaltplan definierten elektrischen Funktionen fehlerfrei um.
3. Die parasitären resistiven und kapazitiven Elemente verschlechtern das Schaltungsverhalten nicht soweit, daß Spezifikationswerte verletzt werden.

Die zugehörigen drei Verifikationsroutinen werden als *Design Rule Checking* (DRC), *Layout versus Schematic* (LVS) *Check* und *Parasitic Extraktion* (PEX) bezeichnet. Die entsprechenden Programme in der Mentor-Graphics-V8-Entwurfsumgebung bilden den *ICverify-Toolset* und heißen *ICrules, Direct ICtrace* bzw. *Mask ICtrace* sowie *Direct ICextract* bzw. *Mask ICextract*. Diese Programme werden in den nächsten Abschnitten vorgestellt.

Jede Anwendung eines *ICverify*-Werkzeugs setzt voraus, daß ein geeignetes Rule File geladen ist, das, wie bereits in Abschn. 12.5 ausgeführt, die Entwurfsregeln und alle technologierelevanten Informationen für die Extraktion von Verbindungen, Bauelementen und Parasitäten enthält.

12.7.1
DRC-Prüfung mit ICrules

Die DRC-Prüfung einer Layoutzelle wurde bereits in Kap. 9, Abschn. 9.3.1.1 behandelt. Da hier automatisch im CBC-Modus erstellte Layouts diskutiert werden, die aufgrund dieser Vorgehensweise fehlerfrei sein müßten (*Correct by Construction*) ist im Prinzip ein DRC überflüssig. Es gibt aber in der Praxis immer wieder scheinbare oder auch echte DRC-Regelverletzungen. Scheinbare DRC-Fehler sind die sog. *Notches* (s. Abschn. 3.3.4). Dabei handelt es sich um Mindestabstandsunterschreitungen bei Strukturen in den Metallisierungsebenen, die zum gleichen Netz gehören und daher physikalisch zu keiner Fehlfunktion der Schaltung führen können. Echte DRC-Fehler finden sich immer dann, wenn die Prozeßfiles falsche Einträge enthalten, was nie mit völliger Sicherheit auszuschließen ist. Deshalb werden auch automatisch erzeugte Layouts stets DRC-geprüft.

12.7.2
Der LVS Check

Der zentrale Verifikationsschritt bei automatisch erstellten Chiplayouts ist der Vergleich zwischen dem zugrundeliegenden Schaltplan, der *Schematic*, und den generierten Layouts (*Layout versus Schematic Check*). Auch hier gilt, wie bei der DRC-Prüfung, daß bei synthetisierten Layouts aufgrund der CBC-Algorithmen im Prinzip kein Fehler auftreten dürfte. Im CBC Mode ist es tatsächlich nicht möglich, falsche Zellen oder Netze im Layout zu erzeugen. Im CBC-Mode gibt es aber keine Fehlermeldung, wenn Netze beim Routing nicht plaziert werden konnten. Diese fehlenden Verbindungen werden im Layout durch *Overflows* substituiert. Die Zellkonnektivität bleibt damit einwandfrei, im physikalischen Layout fehlen aber die entsprechenden elektrischen Verbindungsleitungen.

Um solche Fehlerquellen auszuschließen, werden die Verbindungsstruktur und die instanziierten Komponenten aus dem Layout rückgelesen, in einen Schaltplan umgewandelt und mit der sog. *Source-Schematic* aus dem Design Viewpoint verglichen, auf deren Basis das Layout erzeugt wurde. Dieser Vergleich von zwei Schaltplänen (genauer von zwei Netzlisten) wird innerhalb der MENTOR-GRAPHICS-V8-Entwurfsumgebung mit dem Werkzeug *ICtrace LVS* durchgeführt.

ICtrace kann wie alle *ICverify*-Tools sowohl im *Mask-* als auch im *Direct*-Modus durchgeführt werden. Wie bereits in Abschn. 9.3.1 erwähnt, ist zur Prüfung einer Layoutzelle aus Standardzellen der *Direct*-Modus anzuwenden. Mit dem Programm *Direct ICtrace LVS* beschäftigen sich die folgenden Unterabschnitte. Dieses Programm prüft beim Vergleich mit der Source Schematic eine Zelle *ohne Auflösung der Hierarchie* auf LVS-Fehler und bezieht sich auf die Konnektivität der gerade im Layouteditor bearbeiteten aktiven *ICgraph*-Zelle. Deren Verbindungsstruktur kann im GE Mode mit dem *Extract Cell Connectivity Command* aus dem Layout gewonnen werden. Damit die aktuelle Konnektivität des Layouts und nicht die im CBC Mode der Zelle zugeordnete Konnektivität des Schaltplans extrahiert wird, ist die Zelle *unbedingt* in den *GE-Modus* zu versetzen. Ansonsten wird die mit der Zelle gespeicherte Verbindungsstruktur der Source Schematic ausgelesen, und damit vergleicht der LVS-Check den Source-Schaltplan mit sich selbst. Der LVS-Report ist dann zwar stets fehlerfrei, aber für Verifikationszwecke wertlos.

Die aus dem Layout gewonnene Verbindungsstruktur wird zusammen mit der Zelle gespeichert (**Save > Cell**). Nach Durchführung des LVS-Checks wird ein sog. LVS-Report erstellt, in dem alle Abweichungen zwischen Layout und Source aufgelistet werden. Die Lokalisierung der Fehler wird grafisch unterstützt. Netze und Instanzen können mit Cross-Probing-Verfahren simultan im Schaltplan und Layout selektiert werden. Fehler in der Verbindungsstruktur lassen sich optisch im Layout hervorheben. Bild 12.45 zeigt den Ablauf der LVS-Prüfung als Flußdiagramm.

In der Regel soll beim LVS die Schaltungshierarchie nicht bis zur Standardzellenebene aufgelöst werden, denn dadurch sinkt die Übersichtlichkeit. Man prüft daher die Schaltung, beginnend bei kleinen Zellen auf tiefer Hierarchieebene, und vergleicht auf höheren Hierarchieebenen nur noch die Verbindungen zwischen den bereits gecheckten Zellen. Die fehlerfreien Zellen werden in die Design Library übernommen. Mit PHY_COMP-Properties kann man im Schaltplan die Blöcke kennzeichnen, die nicht mehr aufgelöst werden müssen. Dazu trägt man im Design-Viewpoint-Editor im Schaltplanfenster mit der Add-Property-Funktion an alle bereits geprüften Blöcke PHY_COMP-Properties an. Der Property Value ist jeweils der Name der Layoutzelle in der Library. In den Voreinstellung des LVS-Programms wird dann eingegeben, daß das Layout bis zu allen Komponenten aufgelöst wird, die eine PHY_COMP-Property tragen. Dazu kann das Set-Up-LVS-Dialogfeld (s. Bild 12.47) oder das Pull-Down-Menü **Setup > LVS** benutzt werden.

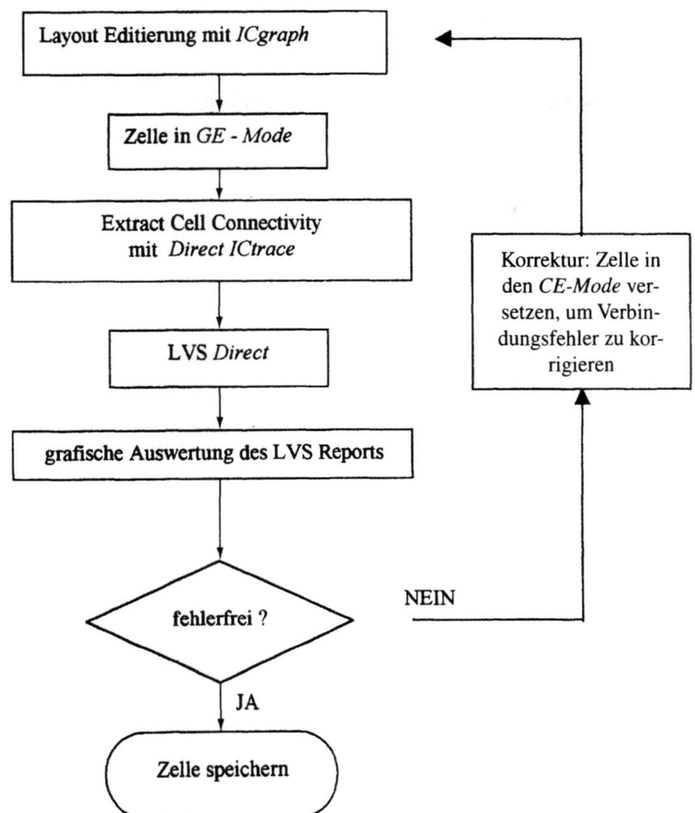

Bild 12-45. Flußdiagramm für den *Direct-LVS-Check* mit *ICtrace LVS*

Das ICtrace-Palettenmenü

Die Extraktion mit dem anschließenden *Direct*-LVS-*Check* wird aus dem *ICtrace*-(D)-Palettenmenü gestartet (Bild 12.46). Dieses Menü kann über den Eintrag *ICtrace* im *IC-Palettes*-Palettenmenü geöffnet werden. Die einzelnen Wahlfelder in der *ICtrace-(D)-Palette* haben folgende Bedeutung:

- *Load Rules*: Dieses Wahlfeld öffnet die Load-Rules-Dialogbox, über die das geeignete Rules File geladen werden kann.
- *LVS*: Über dieses Feld wird der LVS-Check gestartet.
- *Netlist*: Dieser Eintrag öffnet ein weiteres Menü, über das mit *ICextract* (s. Abschn. 9.3.2), einfache oder hierarchische Netzlisten extrahiert werden können.
- *Cnet*: *Cnets* sind kompilierte Netzlisten (*Compiled Netlist*). Diese Netzlisten sind an die interne Speicherstruktur des LVS-Programms angepaßt; mit kompilierten Netzlisten lassen sich LVS-Läufe mit geringerer Rechenzeit durchführen. Wird das Wahlfeld selektiert, öffnet sich ein weiteres Untermenü, mit dessen Hilfe *Cnet Files* erzeugt werden können.

Bild 12-46. Das *ICtrace* (D)-
Palettenmenü

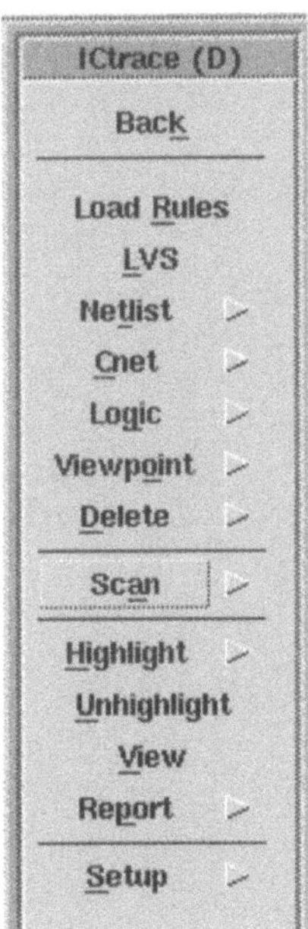

- *Logic* und *Viewpoint*: Mit diesen Wahlfeldern können die Viewpoints der Zelle im aktiven Kontext geöffnet und geschlossen werden.
- *Delete:* Mit diesem Wahlfeld löscht man LVS-Resultate.
- *Scan, Highlight, Unhighlight* und *View:* Diese Wahlfelder, mit denen sich entsprechende Submenüs öffnen lassen, erleichtern die Analyse der LVS-Fehler
durch grafische Unterstützung.
- *Report:* Mit diesem Eintrag lassen sich Reports über LVS-Fehlertypen erstellen.
- *Setup:* Dieses Wahlfeld öffnet die *Setup LVS-Dialogbox* (Bild 12.47), die noch
genauer behandelt wird.

Um einen LVS-Check durchzuführen, wird der Eintrag LVS angeklickt. Daraufhin öffnet sich ein Dialogfeld, das mit LVS (Direct) überschrieben ist (Bild
12.48). Im Textfeld oben links ist der Pfadname des Design Viewpoints der Komponente einzugeben, deren Schaltplan (als Schematic Source) geprüft werden
soll. Der erstellte LVS-Report wird unter dem voreingestellten Namen *lvs.rep* in
der aktuellen Arbeitsdatei (*Current Working Directory*) gespeichert.

Das Datenformat des aktuellen Source-Schaltplans (*eddm, erel, spice* und
cnet) wird mit *Source-Type*-Buttons fesetgelegt. Da es sich typischerweise um
Schaltpläne handelt, die mit dem Programm DESIGN ARCHITECT im mentorspezifischen EDDM-Format erzeugt wurden, liegt die Voreinstellung auf *eddm*. Man
kann aber auch Schaltpläne prüfen, die in Form einer SPICE-Netzliste oder im
Cnet-Format vorliegen. Das *erel*-Format ist das Schaltplanformat von älteren
MENTOR-GRAPHICS-EDA-Tools.

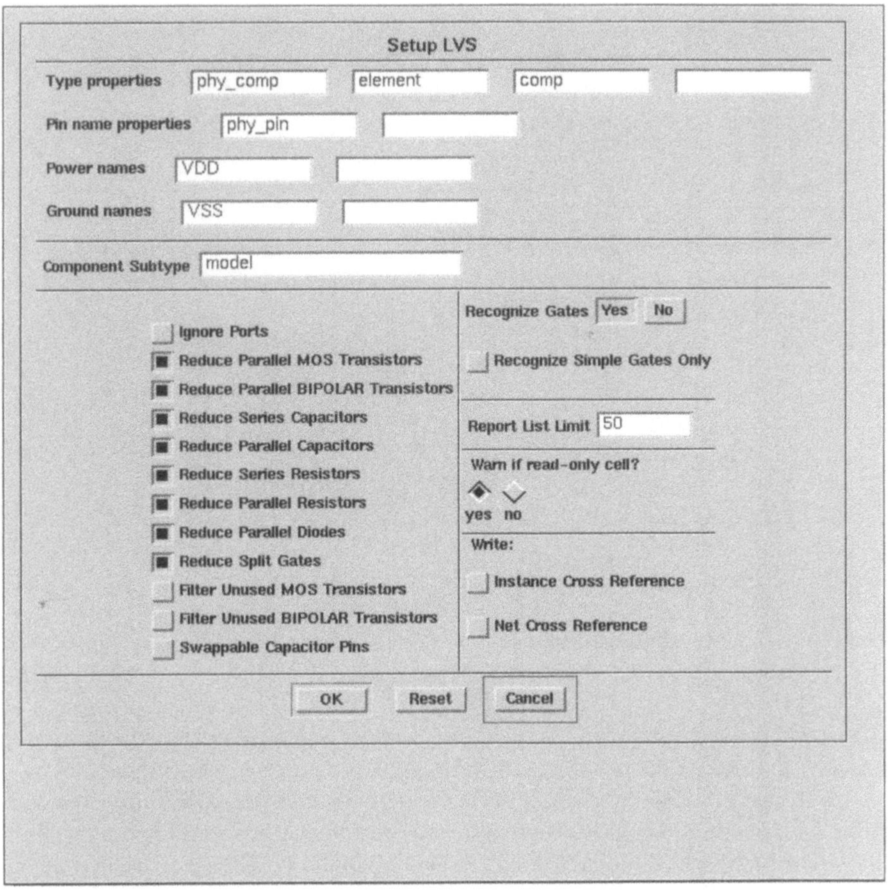

Bild 12-47. Das *Setup-LVS*-Dialogfeld

Die beiden Wahlfelder unter *Source Mode* (*Cell* und *Flat*) bestimmen bei EDDM-Designs, wie Hierarchien behandelt werden: Bei dem Defaultwert *Flat* wird die Hierarchie in der zu prüfenden Schaltung bis hinunter zu den primitiven Designkomponenten aufgelöst, die das System an den Properties *phy_comp* oder *comp* erkennt (s.o.). Im Cell-Modus vergleicht das Programm nur die oberste Hierarchiestufe (*Top Level*) der Source Schematic mit dem Layout.

Besonders wichtig sind die beiden Wahlmöglichkeiten *Use Existing Connectivity* (*Yes* oder *No*). Um die tatsächliche Verbindungsstruktur des Layouts mit dem Schaltplan vergleichen zu können, ist hier – wie voreingestellt – der Eintrag *No* zu selektieren und die Konnektivität der in der *ICstation* geladene Layoutzelle im GE-Mode zu extrahieren.

Die beiden Wahlfelder *Setup LVS* und *Setup Trace Props* öffnen Dialogfelder, in denen die Parameter für die LVS-Prüfung eingestellt werden können. *Setup*

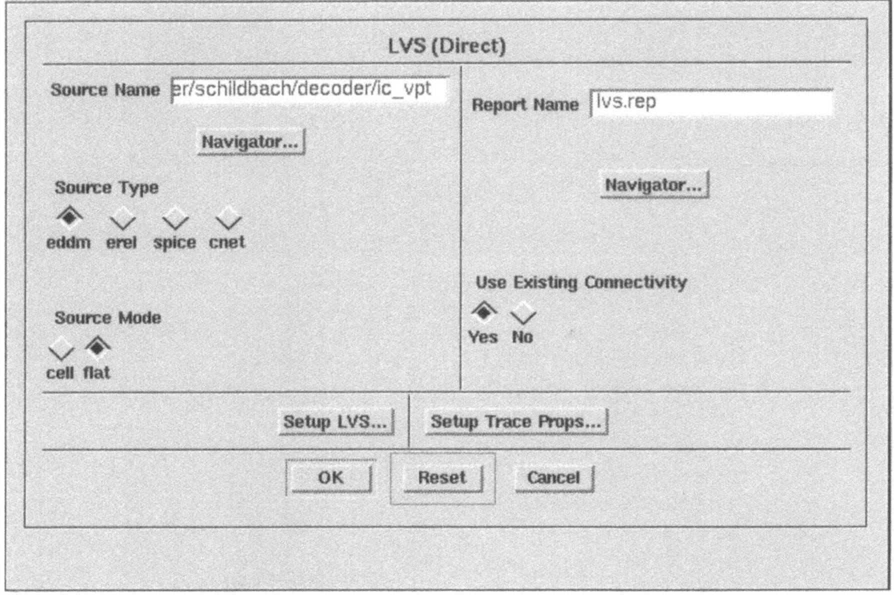

Bild 12-48. Das *LVS*-(Direct)-Dialogfeld

Trace Props bezieht sich auf den Vergleich von Property-Werten von Instanzen im Layout mit den Properties im Schaltplan während der LVS-Prüfung.

Über die Einträge im Set-Up-LVS-Dialogfeld (Bild 12.47) können die Vergleichsfunktionen des LVS-Programms an die Schaltungs- und Layoutgegebenheiten angepaßt werden:

- *Type Properties*: Hier werden die Property-Namen eingetragen, die festlegen, bis zu welcher Hierarchieebene Layoutstrukturen und Schaltpläne aufgelöst werden. Per Default sind die *Phy_comp*- oder die *Comp*- oder die *Element Property* eingetragen. Die Element Property kennzeichnet Einzelbauelemente (*Devices*) wie Widerstände, Kondensatoren, Dioden und Transistoren. Die Comp Property definiert den logischen Namen von Instanzen im Schaltplan und die Phy_comp Property spezifiziert den physikalischen Namen von Zellen im Layout.

- *Pin Name Properties*: Das LVS-Programm benutzt die Namen der Pins an Instanzen, um die Elemente in Layout und Schaltplan in Beziehung zu setzen. Um diese Namen zu ermitteln, werden die Properties ausgewertet, die in der *Pin-Name-Property-Liste* eingetragen sind. Die *Pin Property*, die Pins von Schaltplankomponenten definiert, ist dabei immer implizit als letzter Eintrag vorhanden. Zusätzlich ist in den Defaults die *Phy_pin Property* angegeben, mit der die Namen von Pins in Layoutzellen vergeben werden. Die Namen der Pins von Zellen und Instanzen im Schaltplan werden folgendermaßen abgeleitet: Besitzt der zum betrachteten Pin gehörige Port eine Pin Property, dann bestimmt der Wert dieser Property den Pinnamen. Andernfalls legt der Wert der Phy_pin Property den Pinnamen fest. Fehlen Pin- und Phy_pin Property, wird ein LVS-Fehler ausgegeben.

- *Power Names* und *Ground Names*: Hier können die verschiedenen Namen der Versorgungsnetze in der Schaltung eingetragen werden. Per Default sind dies die üblichen Namen VDD und VSS. Existieren weitere Versorgungs- und Massenetze, z.B. VDDA und VSSA bei gemischt analog/digitalen Entwürfen, dann können die entsprechenden Namen eingegeben werden.

- *Component Subtype:* Wenn eine Komponente im Schaltplan mit verschiedenen Modellen beschrieben wird, weil sich bei gleicher Funktion bestimmte andere Parameter der Komponente (etwa Signallaufzeiten) geändert haben, und für die verschiedenen Varianten auch Layouts vorhanden sind, dann können diese Varianten über *Component Subtypes* berücksichtigt werden. Diese Zuweisung erfolgt per Default über die im LVS-Set-Up eingetragene *Model Property.* Im LVS-Report werden nicht passende Subtypes gemeldet.

Unter den besprochenen Textfeldern finden sich mehrere Wahlfelder, mit denen die Verarbeitung von auf Transistorebene extrahierten Bauelementen (Kapazitäten, Dioden, Widerstände, Transistoren) spezifiziert werden kann. Für Standardzell-Entwürfe ist lediglich der Eintrag *Ignore Ports* interessant. Wird der entsprechende Button selektiert, werden Ports im Quellschaltplan und im Layout beim Vergleich weggelassen. *Recognize Gates* und *Recognize Simple Gates Only* geben an, ob die extrahierten Transistoren zu logischen Gattern zusammengefaßt werden sollen oder nicht.

Im Textfeld *Report List Limits* kann der Umfang des LVS-Reports bestimmt werden. Der voreingestellte Eintrag *50* limitiert die Zahl der Einträge in den verschiedenen Fehlerlisten des LVS-Reports auf *50*. Mit der Eingabe von *–1* können unbegrenzt lange Listen ausgegeben werden. Da die wichtigsten Fehlermeldungen immer an den Anfang der Listen gesetzt werden, können Begrenzungen der Listenlänge die Übersichtlichkeit des LVS-Reports deutlich verbessern, ohne daß zuviel relevante Information fehlt.

Sind die LVS-Variablen eingestellt, können die Werte mit der Betätigung des OK-Buttons übernommen werden. Das Set-Up-LVS-Dialogfeld schließt sich, und das LVS-(Direct)-Dialogfeld erscheint wieder im Vordergrund. Da normalerweise bei Standardzelldesigns keine gesonderten Einträge in der Trace-Props-Dialogbox nötig sind, kann das *ICtrace LVS-Direct*-Dialogfeld mit OK geschlossen werden, und der LVS-Prüflauf wird durchgeführt.

Die Ergebnisse der Prüfung werden im LVS-Report als Textfile ausgegeben. Bild 12.49 zeigt die erste Seite eines Reports für einen fehlerfreien und einen inkorrekten LVS-Prüflauf.

Jeder LVS-Report beginnt mit der Überschrift CALIBRE SYSTEM LVS REPORT. Darunter findet sich eine Liste (*LVS Header Section*) mit Angaben, welche Layoutzelle gegen welchen Schaltplan geprüft wurde, ob der *Direct-* oder *Mask-*LVS-Modus verwendet wurde, in welchem *ICgraph*-Modus (GE, CE, CBC) sich die geprüfte Zelle befand usw.

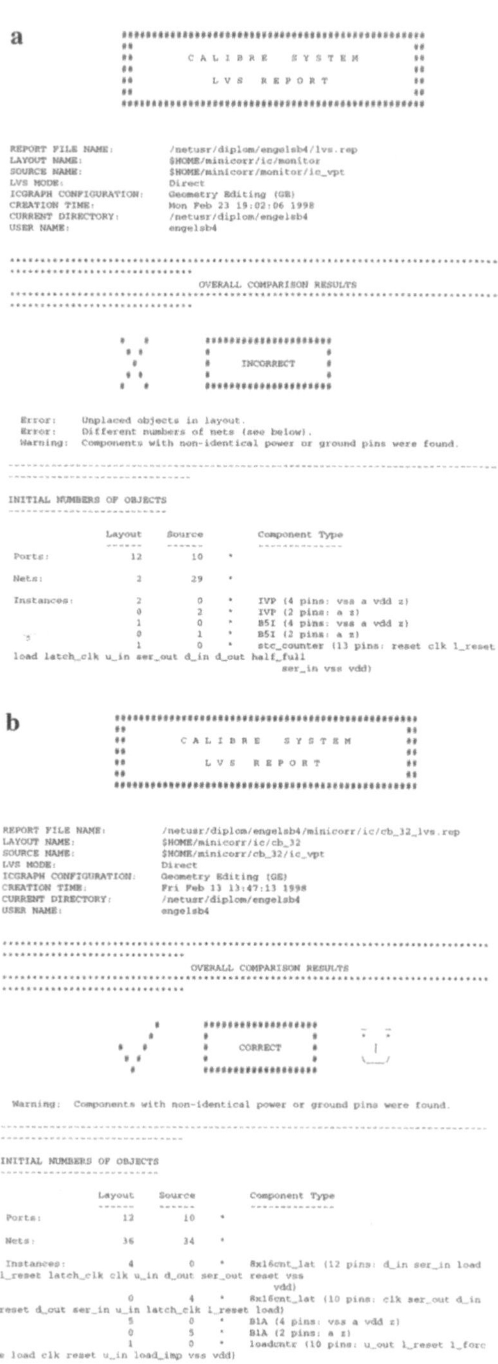

```
a       ###########################################################
        ##                                                       ##
        ##          C A L I B R E     S Y S T E M                ##
        ##                                                       ##
        ##              L V S    R E P O R T                     ##
        ##                                                       ##
        ###########################################################


REPORT FILE NAME:          /netusr/diplom/engelsb4/lvs.rep
LAYOUT NAME:               $HOME/minicorr/ic/monitor
SOURCE NAME:               $HOME/minicorr/monitor/ic_vpt
LVS MODE:                  Direct
ICGRAPH CONFIGURATION:     Geometry Editing (GE)
CREATION TIME:             Mon Feb 23 19:02:06 1998
CURRENT DIRECTORY:         /netusr/diplom/engelsb4
USER NAME:                 engelsb4


***********************************************************************
*******************************
                             OVERALL COMPARISON RESULTS
***********************************************************************
*******************************


         *   *        #########################
          * *        #                         #
           *         #      INCORRECT           #
          * *        #                         #
         *   *        #########################


 Error:    Unplaced objects in layout.
 Error:    Different numbers of nets (see below).
 Warning:  Components with non-identical power or ground pins were found.


-----------------------------------------------------------------------
--------------------------------

INITIAL NUMBERS OF OBJECTS
---------------------------------

               Layout    Source        Component Type
               ------    ------        --------------
Ports:           12        10      *

Nets:             2        29      *

Instances:        2         0      *     IVP (4 pins: vss a vdd z)
                  0         2      *     IVP (2 pins: a z)
                  1         0      *     B5I (4 pins: vss a vdd z)
                  0         1      *     B5I (2 pins: a z)
                  1         0      *     stc_counter (13 pins: reset clk l_reset
load latch_clk u_in ser_out d_in d_out half_full
                                        ser_in vss vdd)
```

```
b       ###########################################################
        ##                                                       ##
        ##          C A L I B R E     S Y S T E M                ##
        ##                                                       ##
        ##              L V S    R E P O R T                     ##
        ##                                                       ##
        ###########################################################


REPORT FILE NAME:          /netusr/diplom/engelsb4/minicorr/ic/cb_32_lvs.rep
LAYOUT NAME:               $HOME/minicorr/ic/cb_32
SOURCE NAME:               $HOME/minicorr/cb_32/ic_vpt
LVS MODE:                  Direct
ICGRAPH CONFIGURATION:     Geometry Editing (GE)
CREATION TIME:             Fri Feb 13 13:47:13 1998
CURRENT DIRECTORY:         /netusr/diplom/engelsb4
USER NAME:                 engelsb4


***********************************************************************
*******************************
                             OVERALL COMPARISON RESULTS
***********************************************************************
*******************************


          *          #########################       _   _
         * *         #                         #      *   *
        *   *        #      CORRECT            #       \_/
         * *         #                         #      \___/
          *          #########################

 Warning:  Components with non-identical power or ground pins were found.


-----------------------------------------------------------------------
--------------------------------

INITIAL NUMBERS OF OBJECTS
---------------------------------

               Layout    Source        Component Type
               ------    ------        --------------
Ports:           12        10      *

Nets:            36        34      *

Instances:        4         0      *     8x16cnt_lat (12 pins: d_in ser_in load
l_reset latch_clk clk u_in d_out ser_out reset vss
                                        vdd)
                  0         4      *     8x16cnt_lat (10 pins: clk ser_out d_in
reset d_out ser_in u_in latch_clk l_reset load)
                  5         0      *     B1A (4 pins: vss a vdd z)
                  0         5      *     B1A (2 pins: a z)
                  1         0      *     loadcntr (10 pins: u_out l_reset l_forc
e load clk reset u_in load_imp vss vdd)
```

Bild 12-49. Deckblatt eines LVS-Reports mit **(a)** und ohne Fehler **(b)**

Unter der Header Section stehen die *Overall Comparison Results*, in denen mitgeteilt wird, ob bei der Prüfung Fehler gefunden wurden oder nicht. Findet sich hier der Eintrag CORRECT, dann stimmt die Verbindungsstruktur von Schaltplan und Layout überein. Ist dies nicht der Fall, wird die Meldung INCORRECT ausgegeben. Konnte der LVS-Check nicht abgeschlossen werden, weil Probleme in den Layout- oder Schaltplandaten aufgetreten sind, wird dies durch den Eintrag NOT COMPARED angezeigt. Unter dieser Hauptüberschrift stehen Sekundärmeldungen, die die Fehler weiter eingrenzen. Dabei wird zwischen *Errors* und *Warnings* unterschieden. Für einen inkorrekten LVS-Check muß mindestens ein Error aufgetreten sein. Typische Fehlermeldungen sind:

- *Different Number of Ports:* Die Zahl der im Layout gefundenen Ports stimmt nicht mit der Zahl der Ports überein, die in der Source Schematic eingetragen sind.
- *Different Number of Nets:* Es gibt unterschiedlich viele Netze im Layout und im Schaltplan.
- *Different Number of Instances:* Die Zahl der eingesetzten Komponenten im Layout weicht von der Zahl der entsprechenden Instanzen im Schaltplan ab.
- *Unplaced Elements in the Layout* oder *Overflows in the Layout:* Im Layout fehlen Zellen, Netze oder Ports bzw. es wurden bei der Extraktion Overflows gefunden. Das Layout ist noch nicht vollständig.
- *Components with Non Identical Signal Pins Were Found*: Die Namen von Pins oder die Pin-Anzahl stimmen im Layout nicht mit den entsprechenden Werten aus dem Schaltplan überein. Die betroffenen Komponenten und die Pinnamen werden als Liste weiter unten im LVS-Report ausgegeben.

Die weiteren Fehlertypen können in [8] nachgeschlagen werden.

Zu den meisten Fehlertypen werden im LVS-Report Listen erzeugt, in denen die betroffenen Instanzen oder Netze aufgeführt sind. Diese Listen sind mit INCORRECT OBJECTS überschrieben. Das LVS-Programm gibt die einzelnen Fehlertypen in einer bestimmten Syntax aus. Fehlt das Netz mit der Net-Id /N\$781 in der Schematic im Layout, dann führt dies zu folgender Fehlermeldung:

Fehlernummer **missing net**   /N\$781

Nach den Fehlermeldungen folgt im LVS Report der Abschnitt *Information und Warnings.*

Der erste Eintrag gibt an, wieviele Instanzen von jedem Komponententyp gefunden wurden. Die Komponententypen, die mit abweichender Häufigkeit im Layout bzw. im Schaltplan auftreten, sind durch einen Stern (*) gekennzeichnet.

In der folgenden Tabelle werden sowohl die direkt nach der Extraktion gefundenen, originären Elemente ausgegeben *(Initial Number of Objects)* als auch die sog. *korrigierte* Anzahl. Ports und Netze lassen sich nämlich zusammenfassen, wenn sie sich auf identische Signale oder Versorgungsspannungen beziehen. Dadurch ergibt sich die korrigierte Zahl von Elementen *(Number of Objects after Transformation)*. Spätestens hier muß Übereinstimmung zwischen Layout und Schematic bestehen, ansonsten entspricht das Layout nicht den Vorgaben. Danach wird die Zahl der Ports, Netze und Instanzen angegeben, die beim LVS-Vergleich zugeordnet werden konnten (*Matched*) oder für die keine Zuordnung (*Unmatched*) möglich war.

In der Rubrik *Statistics* werden Zusatzinformationen über den LVS-Lauf ausgegeben. Dabei handelt sich z.B. um Angaben, wieviele Netze bei der Transformation als redundant erkannt und gelöscht wurden.

Unter *Component Types With Non-Identical Power or Ground Pins* sind die Komponenten aufgeführt, die unterschiedliche Versorgungs- und Massepins in Layout und Schaltplan aufweisen. Während unterschiedliche Signalpins als Fehler gewertet werden, führen Abweichungen bei den Versorgungspins nur zur Ausgabe von *Warnings*. Dies ist auch sinnvoll, denn häufig fehlen bei den Schaltplansymbolen von Standardzellen die Versorgungsanschlüsse, die in den zugehörigen Layoutzellen enthalten sein müssen.

Bei *Component Types That Were Found In The Layout and Ignored* handelt es sich um Komponententypen im Layout die vom LVS-Algorithmus ausgefiltert wurden. Bei Standardzelldesigns sind dies z.B. die Feed-Thru- oder End-Cap-Zellen, die keine logische Funktion und damit keine Entsprechung im Schaltplan haben.

Layout Names That Are Missing In The Source kennzeichnen Versorgungsleitungen im Layout, die in den zellbasierten Schaltplänen nicht eingetragen sind, anhand des Namens. Bei Designs mit dem CMOS24-Prozeß sind dies z.B. die Netz- und Portnamen VDD, VSS, VDDA, VSSA.

Unter *Initial Correspondence Points* werden die Elemente im Schaltplan und in der extrahierten Netzliste angegeben, die als Ausgangspunkte beim LVS-Vergleich herangezogen wurden. Der LVS-Algorithmus arbeitet sich durch den originalen und den extrahierten Schaltplan und beginnt dabei an diesen Initial Correspondence Points. Diese Bezugspunkte sind meist die Signal-Ports der geprüften Zelle.

Als letzte Einträge im LVS-Report wird unter SUMMARY die benötigte CPU-Zeit und die gesamte Bearbeitungsdauer (*Elapsed Time*) ausgegeben.

12.7.3
Layoutbedingte parasitäre Effekte: Backannotation

Nach dem DRC-Prüfung und dem LVS-Check werden im letzten Verifikationsschritt die parasitären Elemente des Layouts in die Schaltungssimulation einbezogen. Durch diese Nachsimulation lassen sich layoutbedingte Abweichungen von den beim Schaltplanentwurf ermittelten Signallaufzeiten erfassen. Wird dabei festgestellt, daß Spezifikationswerte aufgrund von Parasitäten nicht mehr eingehalten werden, ist das Layout entsprechend zu optimieren und danach erneut zu verifizieren.

Die parasitären Kapazitäts- und Widerstandswerte erfaßt das Extraktionsprogramm *ICextract* (vgl. Abschn. 9.3.2). Bei Standardzellentwürfen ist der *Direct*-Extraktionsmodus anzuwenden. Im *ICextract-(D)*-Palettenmenü wird über den Eintrag *Lumped* bzw. *Distributed* das entsprechende Dialogfeld geöffnet. Bei der Lumped-Extraktion werden die verteilten Leitungskapazitäten (Einheit *Picofarad*) und -widerstände (Einheit *Ohm*) auf Schaltungsknoten zusammengefaßt. Bei der *Distributed*-Extraktion hingegen werden nach bestimmten Modellen aus den verteilten parasitären Strukturen Signallaufzeiten (in *Nanosekunden*) berechnet. Die Extraktionsergebnisse können (s. Abschn. 9.3.2) in Listenform und grafisch über den Schaltplan ausgegeben werden.

Um die parasitären Effekte bei der Simulation zu erfassen, werden die extrahierten Werte in den Viewpoint des Schaltplans kopiert. Dazu wird im *ICextract-(D)*-Palettenmenü das Wahlfeld *Backannotate* selektiert. Das System erzeugt dann ein sog. *Backannotation-File* mit dem voreingestellten Namen pex_ba, das automatisch in die *Design Configuration* des aktuellen Viewpoints der Zelle eingetragen wird. Zur Nachsimulation startet man das Programm QuicksimII mit dem erweiterten Design Viewpoint. Die parasitären Laufzeiteffekte werden durch *Net Delay Properties* berücksichtigt.

12.8
Editierung von Zellenbibliotheken

In den Design Kits der Halbleiterhersteller werden die Standardzellen in sog. Bibliotheken abgelegt. Diese Bibliotheken sind sehr umfangreich, und da meist nicht alle Zellen in einer Bibliothek benötigt werden, erstellt man deshalb projektbezogene (Unter-)Bibliotheken. Hierbei ist zu beachten, daß auch alle Cap Cells und Feed Thru Cells mit aus der Originalbibliothek übernommen werden. In die angelegte Bibliothek werden auch alle neu erstellten Zellen aufgenommen, die beim *Bottom up Design* aus vorhandenen Standardzellen generiert wurden und die als Block auf einer höheren Stufe der Designhierarchie wieder eingesetzt werden sollen.

Um eine Zellenbibliothek zu erstellen, wird zuerst der Process geladen. Dieser Prozeß wird dann automatisch für die neue Bibliothek übernommen. Danach gibt man die Befehlsfolge **File > Library > Create** über das Pull-Down-Menü ein. Daraufhin erscheint die *Create-Library-Prompt-Bar*-Zeile, in die der logische Name der Bibliothek (z.B. my_lib) eingegeben wird. Zum Hinzufügen von Zellen wird das *Edit-Library*-Dialogfenster mit den Pull-Down-Menükommandos **File > Library > Edit** geöffnet (Bild 12.50).

Zur Auswahl der Zellen kann ein Navigatorfenster über das *Browse-Design*-Wahlfeld geöffnet werden. Danach wird die Directory gesucht, in der die einzufügenden Zellen abgelegt sind. Die gewünschten Zellen werden durch Anklicken (bei mehreren Zellen bei gedrückter CNTRL-Taste) selektiert. Nachdem das Navigatorfenster mit OK geschlossen wurde, erscheinen die Zellnamen in der mit *Cell List* überschriebenen Box des Edit-Library-Dialogfensters. Sind weitere Zellen aus anderen Directories hinzuzufügen, wiederholt man diese Prozedur. Die Gesamtliste der zu übernehmenden Zellen erscheint am Ende schwarz unterlegt im Cell-List-Fenster. Wenn der *Save Library Button* im Edit-Library-Dialogfeld aktiv ist, werden die Zellen nach dem Betätigen des OK-Wahlfeldes in die Bibliothek übernommen.

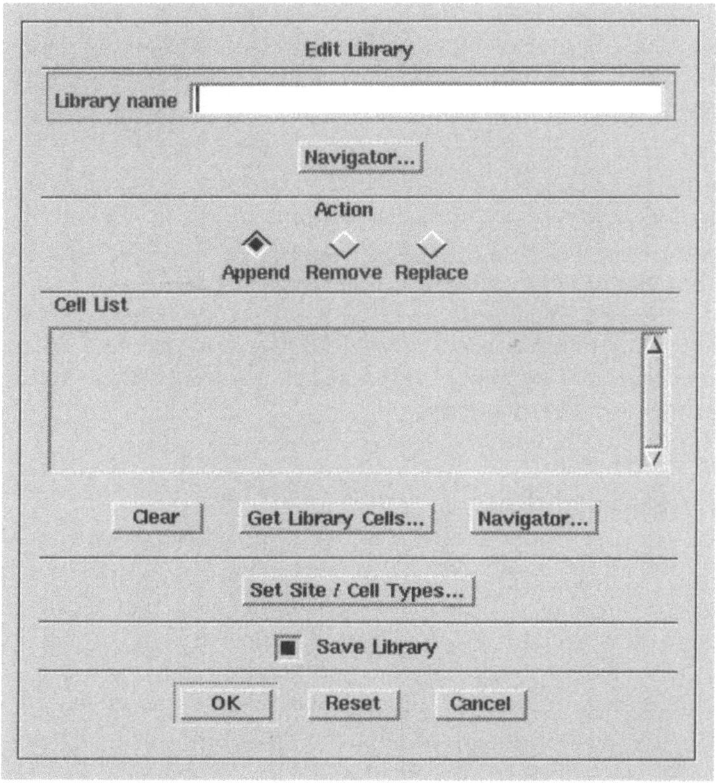

Edit Library

Library name

Navigator...

Action

Append   Remove   Replace

Cell List

Clear   Get Library Cells...   Navigator...

Set Site / Cell Types...

■ Save Library

OK   Reset   Cancel

Bild 12-50. Das *Edit-Library*-Dialogfeld

12.9
Standardzellayouts mit Hierarchie

Jedes komplexere Design hat zur Verbesserung der Übersichtlichkeit eine hierarchische Struktur. Obwohl es automatisierte Verfahren für die Layoutsynthese im zergliedernden Top-Down-Entwurfsstil gibt (s. [8]) ist die einfachste und überschaubarste Methode der aufbauende *Bottom-Up*-Zugang. Betrachten wir im folgenden einen Entwurf, der im Schaltplan mehrere Hierarchiestufen aufweist. Ein repräsentatives Beispiel sind die Schaltpläne des SRAM-Bausteins, die in Anhang 1 zu finden sind.

Beim Bottom-Up-Entwurfsverfahren setzen sich die Komponenten in der niedrigsten Hierarchiestufe aus Standardzellen zusammen oder sind im *Full-Custom*-Stil entworfen. Diese Komponenten bilden dann die Blöcke, die in höheren Hierarchiestufen eingesetzt werden und so wieder komplexere Blöcke bilden. Die höchste Hierarchiestufe besteht aus Blöcken und den peripheren Padzellen.

Der Layoutentwurf beginnt auf der niedrigsten Hierarchiestufe des Schaltplans. Für jede Komponente aus Standardzellen wird zuerst ein Design Viewpoint für das Programm *ICgraph* erzeugt und dann die *Phy_Comp-Property* als *Design Primitive* hinzugefügt. Dieser Viewpoint wird mit dem Design-Viewpoint-Editor (DVE) generiert (s. Abschn. 10.7.1). In der Open-Design-Viewpoint-Dialogbox sind die folgende Texte einzutragen:

Component Name: Name der Komponente

Viewpoint Name: Name des Viewpoints, z.B. icgraph_vpt

Die PHY_COMP-Property wird automatisch hinzugefügt, wenn im Pull-Down-Menü des DVE der Eintrag **Mietec > Setup ICgraph** angeklickt wird. Außerdem setzt diese Routine die PLACE-, PHY_PIN- und PIN-Property als *Visible Properties* ein. Diese Änderungen können im Design Configuration Window des DVE-Sessionfensters kontrolliert werden. Danach wird der Design Viewpoint mit dem Kommando **File > Save** gespeichert.

Der nächste Schritt ist die Erzeugung einer neuen Layoutzelle, die den gleichen Namen trägt, wie die zugehörige Komponente im Schaltplan. Die dazu notwendigen Prozeduren wurden bereits in Abschn. 12.2 erläutert. Es ist zu beachten, daß sich die neue Zelle im CBC-Mode befinden muß.

Der Layoutprozeß beginnt mit dem Floorplanning. Die in Abschn. 12.3.1 beschriebene Autofloorplanfunktion wird aus dem *Place&Route*-Palettenmenü (Bild 12.7) heraus gestartet. Sobald der Floorplan mit der abgeschätzten Zahl von Standardzellreihen (*Floorplan Rows*) und den Floorplanshapes für die Plazierung der Ports (*Port Rows*) vorliegt, können die Standardzellen mit Hilfe der *$autoplace_standard_cells*-Funktion eingesetzt werden (s. 12.4.1.1). Danach werden, wie in Abschn. 12.4.1.1 beschrieben, die Ports mit der *$autoplace_ports*-Funktion plaziert.

Um die Standardzellen und die Ports untereinander zu verdrahten, wird im *Place&Route*-Palettenmenü den Eintrag AUTOROUTE ALL aufgerufen. Um die Verdrahtung auf Vollständigkeit zu prüfen, wird das Layout nach Overflows durchsucht. Die einfachste Methode ist die gezielte Selektion dieser Strukturen. Dazu wird der Selektionsfilter auf Overflows gestellt. Mit den Pull-Down-Kommandos **Select > All** und **View > Selected** können alle vorhandenen Overflows zur Anzeige gebracht und mit der *$auto_route_overflow*-Funktion nachträglich verdrahtet werden (s. Abschn. 12.4.3). Eine zweite Möglichkeit, die Overflows zu finden, ist die $check_overflows-Funktion, die aus dem Pull-Down-Menü mit **Objects > Check > Overflows** aufgerufen wird.

Nach der Verdrahtung wird das Zellayout mit dem *ICcompact*-Programm kompaktiert (s. Abschn. 12.6). Zur Verifikation der neuen Zelle wird zuerst ein DRC-Check mit dem Werkzeug *ICrules* durchgeführt, anschließend folgt die LVS-Prüfung im *Direct Mode*, wie in Abschn. 12.7.2 beschrieben. Falls des Layout einwandfrei ist, kann zusätzlich mit *Backannotate* die Liste der parasitären Signallaufzeitbeiträge ermittelt und zur Nachsimulation in den Design Viewpoint (hier *Komponenten_name/icgraph_vpt*) kopiert werden. Treten auch bei der Postlayoutsimulation keine Fehler auf, dann kann die neue Zelle in die aktive

Zellbibliothek übernommen werden und steht nun als Layoutblock für weitere Syntheseschritte zur Verfügung. Dieses Procedere wird für alle die Komponenten wiederholt, die aus Standardzellen bestehen.

Um höhere Hierarchiestufen mit Blöcken zu bearbeiten, verfährt man bis zur Plazierungsroutine wie gerade beschrieben. Beim Floorplaning wird die benötigte Layoutfläche über eine dem internen Aufbau der Blöcke entsprechende Zahl von Standardzell-Reihen abgeschätzt. Statt der $autoplace_ standard_cells-Funktion kommt aber hier die *$autoplace_blocks*-Funktion zum Einsatz, die über die Pull-Down-Menüleiste mit **Packages > ICblocks > Autoplace Blocks** aufgerufen wird. Einzelne Blöcke können auch nach der Selektion im *Hierarchy Window* mit dem **Objects > Place > Selected**-Befehl manuell in das Layout gesetzt werden. Nach dem Block-Placement plaziert man die Ports, und dann folgt die automatische Verdrahtung mit $autoroute_all. Danach schließen sich die üblichen Verifikationsschritte an.

Sind Schaltpläne zu layouten, die sowohl Standardzellen als auch Blöcke enthalten, geht man folgendermaßen vor: Zuerst wird wieder ein Floorplan mit Hilfe der $autofloorplan-Routine erstellt. Dann erfolgt die Plazierung der Blöcke mit $autoplace_blocks. Damit die Standardzellen beim Plazieren nicht über Blöcke gesetzt werden, werden alle Floorplan Shapes unter den bereits plazierten Blöcken gelöscht oder entsprechend gekürzt. Dazu werden die Shapes selektiert, mit dem Delete-Stroke „D" eliminiert oder mit dem *Notch*-Befehl entsprechend zurechtgeschnitten. Da die Standardzellen in gemischten Layouts meist wenig Platz beanspruchen, genügen meist wenige und kurze Standard Cell Rows für diese Zellen. Bild 12.51 veranschaulicht das Editieren der Floorplan Shapes. Abgebildet ist der mit der $autofloorplan-Routine erstellte Floorplan und der editierte Floorplan nach dem Block-Placement.

Nachdem alle Zellen und Blöcke eingesetzt sind, folgt die Plazierung der Ports und die Gesamtverdrahtung mit der $autoroute_all-Funktion. Aus Gründen der Übersichtlichkeit wird zweistufig verdrahtet: Im ersten Schritt erfolgt das Routing der Versorgungsleitungen (*Power Routing*). Dazu ist im Stepperwahlfeld der Autoroute-All-Prompt-Bar-Zeile der Eintrag *Power* zu selektieren. Als Option wird hierbei im Expert-Options-Dialogfeld der Eintrag *Connect Block Power* selektiert, um alle Versorgungssanschlüsse der internen Blöcke (*Power Ports*) mit den VDD- und VSS- Ports der Layoutzelle zu verbinden.

Nach dem Routing wird durch optische Inspektion im Layout geprüft, ob jede Versorgungsbahn die notwendige Breite und damit die notwendige Strombelastbarkeit aufweist, denn wenn bestimmte *Power Styles,* die der Router verwendet, im Prozeß- File fehlen, werden die zugehörigen Bahnen mit minimaler Breite ausgeführt! Finden sich solche Bahnen, ist das Prozeßfile mit der *Edit-Process-Override*-Funktion entsprechend zu ergänzen und die Power-Verdrahtung erneut durchzuführen.

Im zweiten Schritt werden die Signalnetze mit *$autoroute_all_global_and_ detail* global und lokal verdrahtet. Auch hier sind zwei Parameter im Options-Wahlfeld zu setzen: Die logische Variable für *Keep Pre Routes* wird auf *YES* gesetzt und das *Preserve-Width*-Wahlfeld wird selektiert. Bei diesen Einstellungen

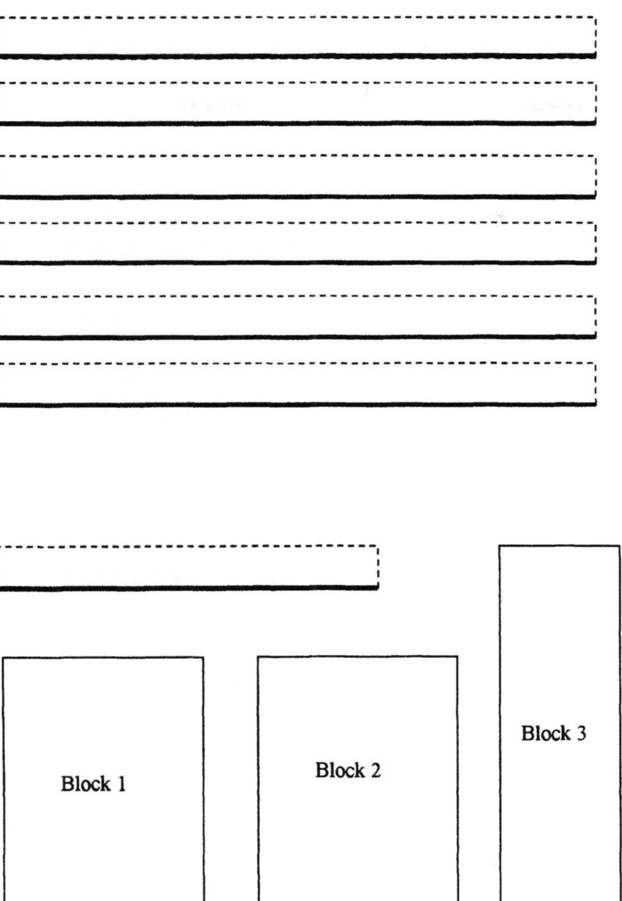

Bild 12-51. Floorplanning und Placement bei Zellen, die aus Standardzellen und Blöcken bestehen. Oben ist der automatisch erstellte Floorplan gezeigt. Die Blöcke werden von der $autoplace_blocks-Funktion über die vorhandenen Floorplan-Shapes gesetzt. Unten ist der Layoutstand nach der Editierung der Floorplan-Shapes gezeigt. Die Dimensionierung der verbliebenen Standard Cell Row(s) ist so zu bemessen, daß $autoplace_standard_cells alle im Schaltplan enthaltenen Standardzellen plazieren kann

werden die bereits vorhandenen Versorgungsleitungen nicht erneut geroutet, sondern übernommen, und die Breite dieser Bahnen wird für jeweils das gesamte Netz beibehalten. Die fertige Zelle wird kompaktiert, DRC- und LVS-geprüft, ggf. nachsimuliert und dann in die Library aufgenommen.

Die letzte Zelle, die bei einem Bottom-Up-Entwurf erstellt wird, heißt *Top-Level*-Zelle und besteht aus einem Block, der alle anderen hierarchisch aufgebauten Zellen enthält und den Peripherie-Zellen mit den Pads. Abweichend von den oben beschriebenen Methoden für gemischte Layouts aus Zellen und Blöcken sind auf der höchsten Hierarchieebene *Pins* statt Ports mit *$autoplace_pins_all* einzusetzen. Nach der Verdrahtung, dem DRC und dem letzten LVS-Direct-Prüflauf ist die Layouterstellung abgeschlossen.

12.10
Datenaufbereitung für den Halbleiterhersteller

Bei der Layoutentwicklung mit den Applikationen der *ICstation* werden die Zellen im Layout nur über Referenzen eingebunden. Sollen Layoutdaten übergeben werden, dann müssen diese Referenzen durch die tatsächlichen Geometriedaten ersetzt werden. Vor der Abgabe eines Layouts an den Halbleiterhersteller sind daher Aufbereitungen der Layoutdaten notwendig.

Das Übergabeformat bei Layouts ist üblicherweise das GDSII-Format. Das Programm zur Erzeugung von GDSII-Files aus *ICgraph*-Dateien heißt *IClink*. Dieses Programm wird aus dem *Session*-Palettenmenü (Bild 12.3) durch Anklikken des *IClink*-Buttons gestartet. Daraufhin öffnet sich die *IClink*-Dialogbox (Bild 11.52).

Hier wird der Zellenname, bei einem Chipentwurf ist dies der Name der Top-Level-Zelle, in das *ICgraph-Cell-Name*-Textfeld eingetragen, das Ziel- und das Quellformat (GDS bzw. ICgraph) ausgewählt und der Pfadname der Zieldatei für

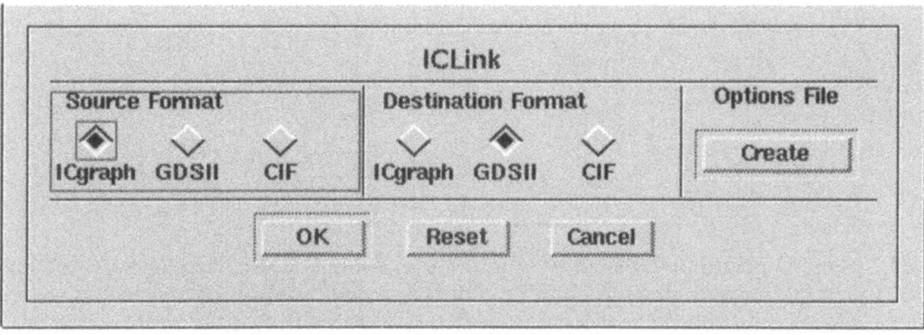

Bild 12-52. Die *IClink-Dialogbox*

das GDS-Layout angegeben. Optionen brauchen für die *ICgraph-GDS-*Transformation nicht eingegeben zu werden.

GDSII-Dateien können übrigens auch eingelesen werden. Dazu klickt man im *ICstation-Session-*Palettenmenü (Bild 12.3) den Button *Read GDSII* an.

12.11
Zusammenfassung

Der Layoutentwurf ist der zeitaufwendigste, kritischste und rechnerintensivste Abschnitt einer IC-Entwicklung. Hier passieren die meisten Fehler, denn bei diesem Schritt wird der Strukturbereich des Schaltungsentwurfs verlassen, in dem leistungsfähige Simulationswerkzeuge zur Verfügung stehen. Um das Entwurfsrisiko zu senken, wurden speziell für die Layoutverifikation Algorithmen und Prüfverfahren entwickelt, für deren konsequente Abarbeitung erhebliche Entwicklungszeit eingeplant werden muß. Deshalb bieten viele Halbleiterhersteller und Design-Häuser an, das Layout einer neuen Schaltung auf der Basis einer simulierten Netzliste als Dienstleistung zu erstellen, natürlich gegen die Berechnung des (erheblichen) Aufwands.

Die Umsetzung von Schaltplänen in Layouts wurde früher ausschließlich per Hand mit Layouteditoren ausgeführt. Dieses Vorgehen war wenig übersichtlich und vor allem langwierig. Deshalb setzten die ersten Werkzeuge zur Entwurfsautomatisierung im Layoutbereich an. Plazierungs- und Verdrahtungswerkzeuge, Floorplanner, Kompaktierer und Extraktoren stehen seit mehr als 10 Jahren zur Verfügung und mußten im Wettlauf mit der fast exponentiell wachsenden Zahl von Bauelementen pro Chip ständig verbessert und weiterentwickelt werden. In diesem Abschnitt wurden die aktuellen Werkzeuge aus dem Tool-Set der *ICstation* von MENTOR GRAPHICS vorgestellt.

Obwohl bei der automatisierten Layouterstellung Fehlerfreiheit das Entwurfsprinzip ist (CBC: *Correct By Construction*) sind Verifikationsschritte nach wie vor erforderlich, denn die Algorithmen setzen konsequent nur die Vorgaben des Entwicklers um. Wird dabei ein Netz vergessen oder eine Komponente nicht plaziert, kann dies fatale Folgen für die später produzierten Chips haben. Die vollständige Verifikation des Layouts ist deshalb nach wie vor von entscheidender Bedeutung für den Designerfolg einer IC-Entwicklung. Neben der Überprüfung der Entwurfsregeln spielt der Vergleich von Schaltplan und Layout eine besonders wichtige Rolle. Nur mit diesen LVS-Checks kann sichergestellt werden, daß sich alle Komponenten der Schematic, und nur diese (!), im Maskenlayout wiederfinden und korrekt verbunden sind. Die leistungsfähigen Verifikationswerkzeuge *ICextract* und der *ICrules*, die in diesem Kapitel vorgestellt wurden, beginnen sich mittlerweile auch als Einzelwerkzeuge außerhalb der *ICstation* durchzusetzen und werden von MENTOR GRAPHICS unter dem Namen *XCalibre* bzw. *Calibre* vertrieben.

Mit der Layouterstellung ist der eigentliche IC-Entwurf abgeschlossen. Bevor die Serienproduktion aufgenommen werden kann, sind aber noch weitere Entwicklungsarbeiten notwendig. So muß beispielsweise ein Testprogramm für die

Schaltung generiert werden. Prototypenuntersuchungen müssen zeigen, daß die neu entwickelte Schaltung auch der Spezifikation genügt. Bei sicherheitsrelevanten Schaltungen, wie etwa bei Kfz-Anwendungen, in der Medizintechnik oder Avionik, sind sog. Freigabeuntersuchungen zur Bewertung der Bauelementzuverlässigkeit notwendig. Diese Fragestellungen liegen nicht mehr innerhalb der inhaltlichen Ziele dieses Buches, das die rechnergestützte Entwicklung von ICs behandelt. Interessierte Leser finden Informationen zur Testproblematik und IC-Meßtechnik in der Literatur [10,11].

12.12
Übungsaufgaben

1. Mit welcher Prozeßvariablen werden die Abstände zwischen Signalleitungen festgelegt?
2. Was sind die wesentlichen Unterschiede zwischen einer Standardzelle und einem Block?
3. Beschreiben Sie die Vorgehensweise bei der Erstellung eines hierarchischen Layouts nach dem Bottom-up-Verfahren!
4. Benennen Sie die *Power-Routing*-Komponenten in der Abbildung!

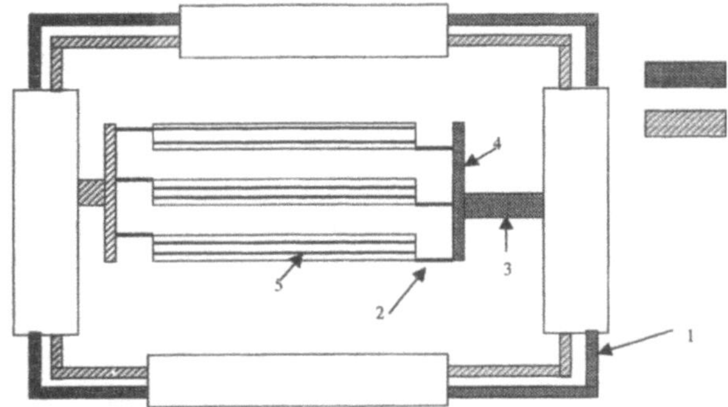

5. Kann eine Zelle mehrere *Site Type Properties* besitzen?
6. Was versteht man unter einem *Floorplan Shape*?
7. An welchen Properties erkennen die Programme der *ICstation* primitive Komponenten?
8. In welcher Zellkonfiguration laufen die automatischen Layoutverfahren ab: CBC, CE oder GE? In welcher Konfiguration wird beim LVS-Check die Zellkonnektivität extrahiert?
9. Benennen Sie die drei verschiedenen Plazierungsalgorithmen beim Standardzellentwurf mit *ICblocks*!
10. Welche Unterschiede bestehen zwischen den drei Verdrahtungsalgorithmen: Liniensuch-Verfahren, Labyrinth-Verdrahtung, Kanalverdrahtung?
11. Welche Vorteile haben Optimieralgorithmen, die auf dem Monte-Carlo-Prinzip basieren?
12. Wie können layoutbedingte parasitäre Effekte eingebunden werden?

Literaturverweise

[1] Hoppe, B: *Mikroelektronik 2. Herstellprozesse für Integrierte Schaltungen*. Würzburg: Vogel 1997

[2] Rosenstiehl, W. und Camposano, R.: *Rechnergestützter Entwurf hochintergrierter MOS-Schaltungen*. Berlin, Heidelberg, New York: Springer 1989

[3] Kirkpatrick, S., Gelatt, C. D. und Vecci, M. P.: *Optimization by Simulated Annealing*. Science, Bd. 220, Nr. 4598, 1983

[4] Metropolis, N. u.a.: *Equation of State Calculation by Fast Computing Machines*, Journal of Chemical Physics, Bd. 21, Nr. 6, 1953

[5] Marwedel, P.: *Synthese und Simulation von VLSI-Systemen*, München und Wien: Carl Hanser 1993

[6] Lee, C.: *An Algorithm for Path Connections and its Applications*. IRE Trans. on Electronic Computers, Bd. EC-10, 1961

[7] Mikami, K. und Tabuchi, K.: *A Computer Programm for Optimal Routing of Printed Circuit Connectors*. IFIPS Proceedings, Bd. 47, 1968

[8] ICverify Manual V8.6_2. Mentor Graphics Corporation 1996

[9] IC Station User´s Manual, V8.6_2. Mentor Graphics Corporation 1996

[10] M. Abramovici, M. A. Breuer und A. D. Friedman: *Digital Systems Testing and Testable Design*. New York: IEEE Press 1990

[11] G. W. Roberts und Albert K. Lu: *Analog Signal Generation for Built-In-Self-Test of Mixed Signal Integrated Circuits*. Boston, Dordrecht, London: Kluwer Academic Publishers 1996

Anhang: Layoutzellen und Schaltpläne des 1024x1/64x16-RAMs

In diesem Anhang sind die Schaltpläne und die Layoutzellen des 1024×1/64×16-SRAMs zusammengestellt. Die Gesamtschaltung ist in Bild A.1 gezeigt (1a: Schaltplan, 1b: Layout). Flächenbestimmend und daher nicht in Standardzellentechnik ausgeführt, sind die beiden Speicherzellenfelder am linken und rechten Bildrand im Layout. Das Schaltplansymbol für ein Speicherzellenfeld ist in Bild A.2a zu sehen. Bild A.2b zeigt das Layout für ein Zellenfeld aus 64 Speicherworten mit 8 bit Breite. Am unteren Ende des Layouts sind die Leseverstärker für jede Spalte im Zellenfeld zu erkennen. Der zugehörige Schaltplan ist schematisch für eine Spalte in Bild 8.10 abgebildet.

Die Adreßkodierung ist in der Beispielschaltung in drei Blöche unterteilt, die im Gesamtschaltplan (Bild A.1a) mit Zeilen-, Spalten- und Enddekodierung bezeichnet werden. Der Zeilendekoder wählt eine von 64 Wortleitungen aus. Diese 1:64-Dekodierung der Zeilenadreßbits (Ad(0) bis Ad(5)) wird in eine 1:32-Auswahlschaltung für Ad(0) bis Ad(4) zerlegt (Bild A.3), mit der 32 Zeilenpaare angesprochen werden können. Das 6. Zeilenbit (Ad(5)) selektiert über eine 1:2-Dekodierung die obere oder untere Wortleitung des angewählten Paares. Die 1:32-Auswahl wird mit einer zweistufigen Dekoderschaltung realisiert: Die Predekoderschaltung aus Bild A.4 ist zweimal eingesetzt und wertet 4 Adreßbits aus. Die Predekoderschaltung aus Bild A.5 ist einmal eingesetzt und dekodiert das fünfte Zeilenadreßbit. Die 10 Ausgangsleitungen der Predekodierschaltungen steuern die 1 aus 32 Schaltung an. Zwei Adreßlatches mit 7 bzw. 3 bit Speicherkapazität halten während des Dekodiervorgangs die Adreßeingangssignale für die Zeilen bzw. die Spalten stabil (Bild A.6 und Bild A.7).

Die Weiterdekodierung der 32 Ausgänge des in Bild A.3 gezeigten Dekoders erfolgt über das 6. Zeilenadreßbit (Ad(5)), das zusammen mit dem ersten Spaltenadreßbit (Ad(6)) ausgewertet wird. Die zugehörige Dekodierschaltung erfaßt zusätzlich das MODE-Signal, denn im 16-bit-Betrieb ist die Links/Rechts-Auswahl zu unterdrücken. Das *Chip-Select*-Signal (im Schaltplan A.8a mit *bsn* bezeichnet) wird ebenfalls ausgewertet und schaltet die aktivierten Ausgangssignale frei. So entsteht die in Bild A.8 gezeigte OULR-Dekoderschaltung.

Zur Ansteuerung der ausgewählten Wortleitung werden die Ausgangssignale des OULR-Blocks in das Enddekoderfeld geleitet. Diese Signale unterscheiden zwischen dem rechten und linken Segment sowie der oberen und unteren Leitung des über die 1:32-Dekoderschaltung angesprochenen Wortleitungspaar (oben/rechts, unten/rechts, oben/links, unten/links). Insgesamt sind 32 Enddekoderschaltungen (Bild A.9) eingesetzt, von denen je nach Adresse eine Schaltung bei aktiviertem CS-Signal eine bzw. zwei spezifische Wortleitung(en) ansteuert.

Für die Auswertung der Spaltenadressen (Ad(6) bis Ad(9) genügt im 1-bit-Betrieb ein *1:8*-Spaltendekoder (Bild A.10), der zweimal für jeden Speicherblock eingesetzt ist und die Adreßbits Ad(7) bis Ad(9) dekodiert. In Verbindung mit der Rechts/Links-Dekodierung im OULR-Block, die bereits das Adreßbit Ad(6) erfaßt hat, kann so jede der 16 Spalten des Speicherzellenfeldes angesprochen werden.

Im 16-bit-Betrieb wird sowohl die Rechts/Links-Auswahl als auch die Auswahl einer spezifischen Spalte in einem Speicherblock unterdrückt. Das geschieht mit der in Bild A.11 gezeigten MODE-Schaltung, die jedem Spaltendekoder nachgeschaltet ist und die bei MODE = 1 die 1:8-Auswahl des Spaltendekoders und die Rechts/Links-Auswahl im Enddekoder zurücksetzt.

Die dekodierten Spaltenadressen bestimmen, auf welches Bitleitungspaar bzw. auf welche Bitleitungspaare zugegriffen wird. Die Zuordnung der Pins der Speicherzellenfelder zu den einzelnen Datenpins D(0:15) hängt aber vom Betriebsmodus ab. Die Zuordnung treffen die Schreibleseschaltungen (s. Bild A.1a).

Die Schreibschaltung (Bild A.12) leitet im 1-bit-Modus beim Schreiben das Signal am Datenpin D(0) auf die von der Spaltendadresse definierte Speicherspalte. Im 16-bit-Modus werden alle 16 Eingangspins D(0) bis D(15) auf 16 Spalten des Speicherzellenfelds geschaltet.

Die Leseschaltung (Bild A.13) gibt im 1-bit-Modus das bewertete Bitleitungssignal der angewählten Spalte auf den Datenpin D(0). Im 16-bit-Modus werden wie bei der Schreibschaltung alle Datenausgangsleitungen der beiden Zellenfelder mit den Datenpins D(0) bis D(15) verbunden. Die Schreib- und Leseschaltungen werden gegeneinander verriegelt, damit gegenseitige Störungen auf dem internen bidirektionalen Datenbus vermieden werden.

Der Datenaufbereitungsblock (Bild A.14) stellt beim Einschreiben die 1-bit- bzw. 16-bit-Daten in invertierter und nicht invertierter Form für die Bitleitungspaare in den Zellenfeldern bereit.

Das Lies- und Schreibsignal (I,In), das die analogen Schreib- und Bewerteschaltungen am unteren Ende der Zellenfelder steuert und die Ausgangssignale der Differenzverstärkerstufen auf den internen Datenbus schaltet, wird direkt aus dem externen R/W-Signal gewonnen. Zwei Inverter mit einem Abgriff zwischen den beiden Gattern erzeugen die beiden Steuersignale mit hinreichender Treiberfähigkeit für die langen Signalleitungen (keine Abbildung).

Die Schreiberholschaltung (A.15) unterstützt die Bitleitungsvorladung aktiv. Sie wird über das *wrec*-Signal gesteuert, bei dem es sich um einen kurzen High-Puls handelt, der am Ende eines Schreibvorgangs mit der steigenden R/W-Flanke erzeugt wird.

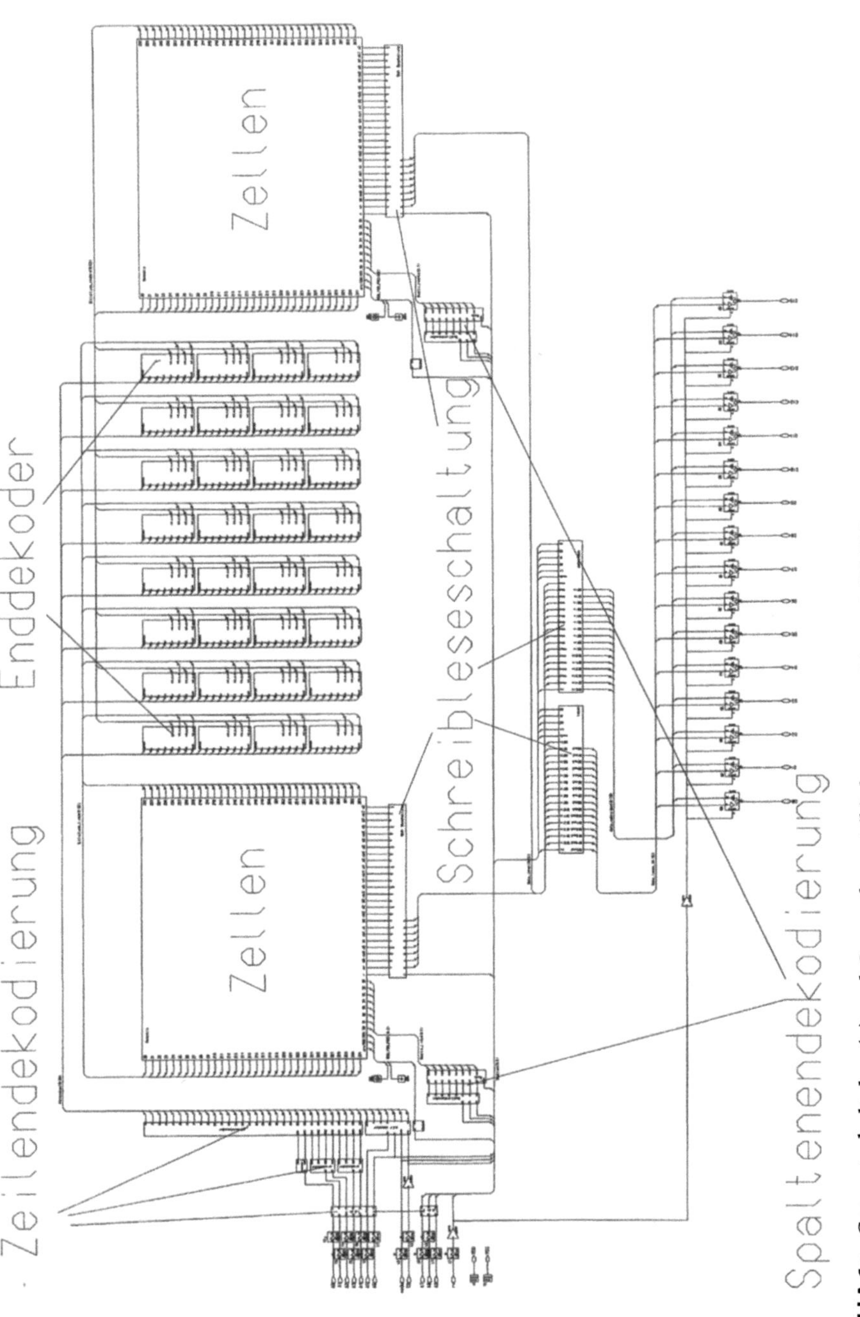

Bild A-1a. Gesamtschaltplan (**a**) und Gesamtlayout (**b**) des $1024 \times 1/64 \times 16$-SRAMs

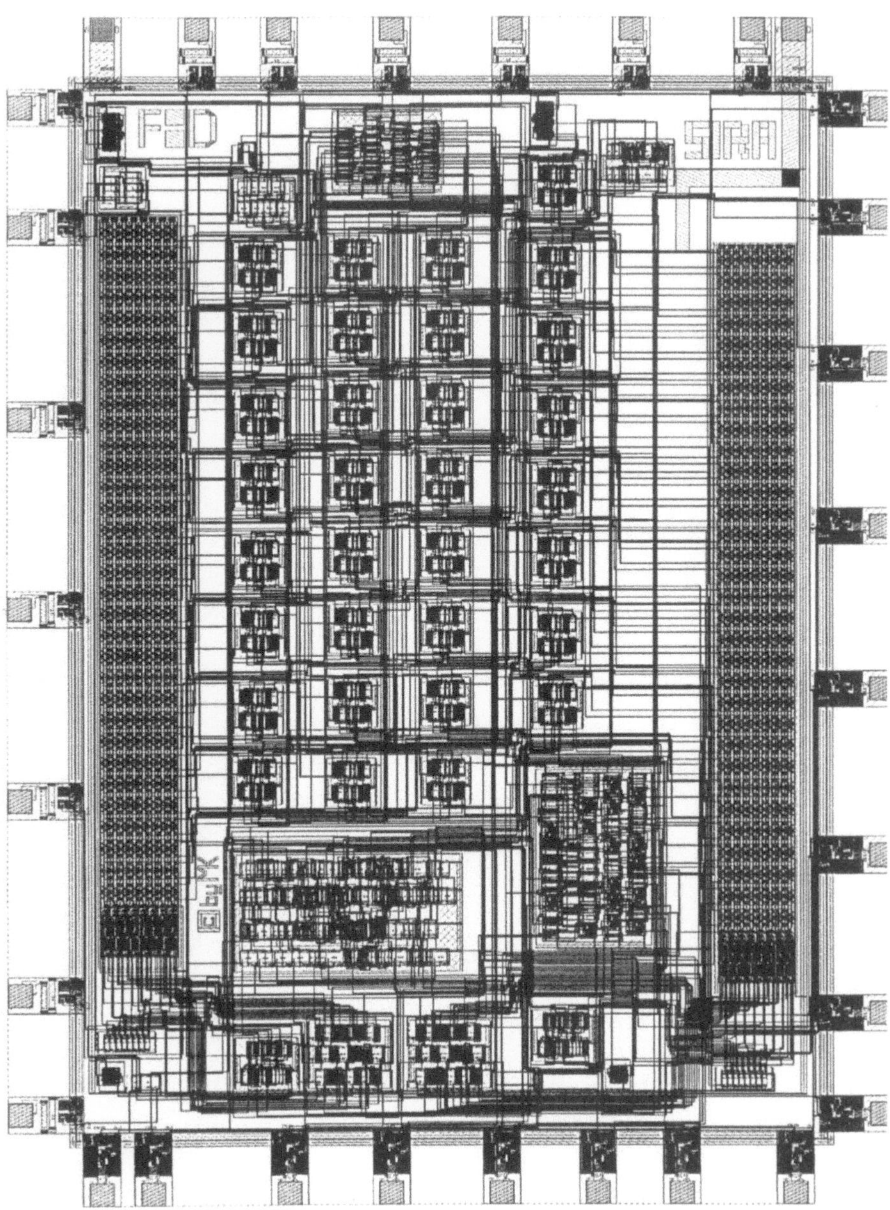

Bild A-1b. Gesamtlayout

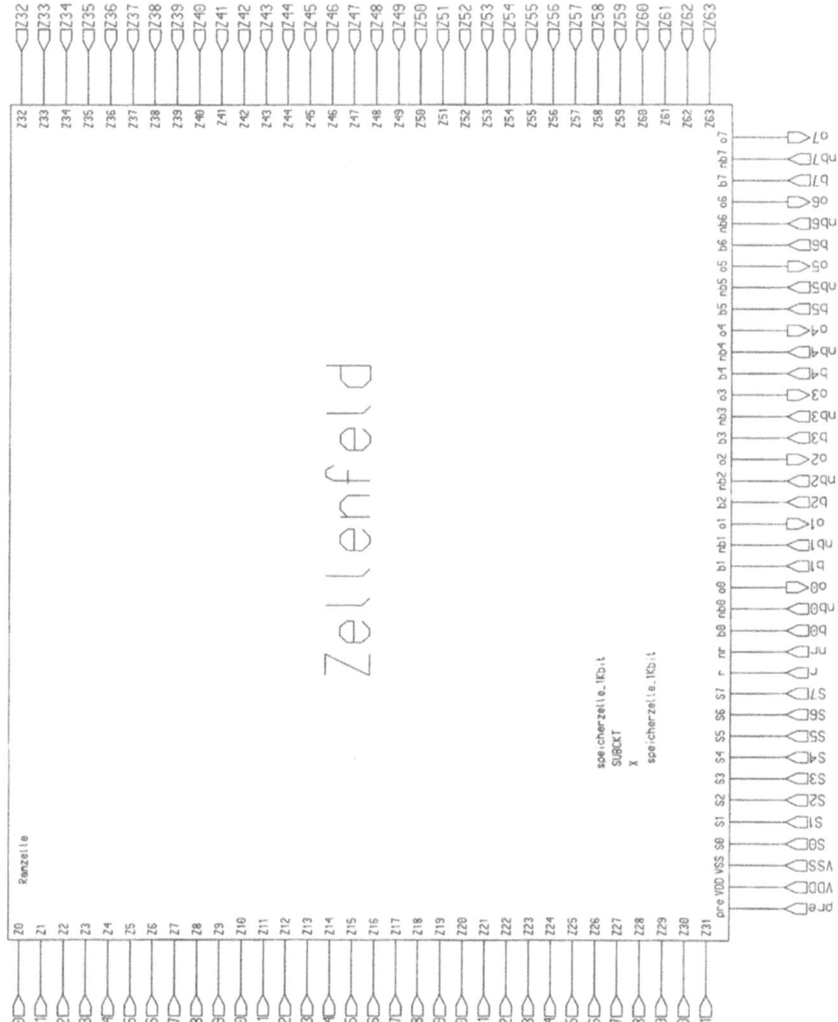

Bild A-2a. Schaltplansymbol (a) und Layout (b) eines 64 × 8-bit Speicherzellenfelds

Bild A-2b. Layout

Bild A-3a. 1:32-Hauptdekodierer für die Zeilenadressen: Schaltplan (**a**) und Layout (**b**)

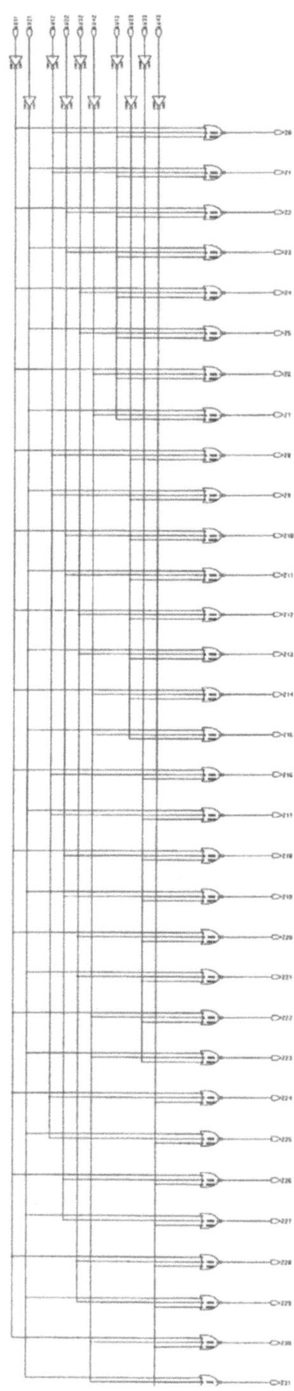

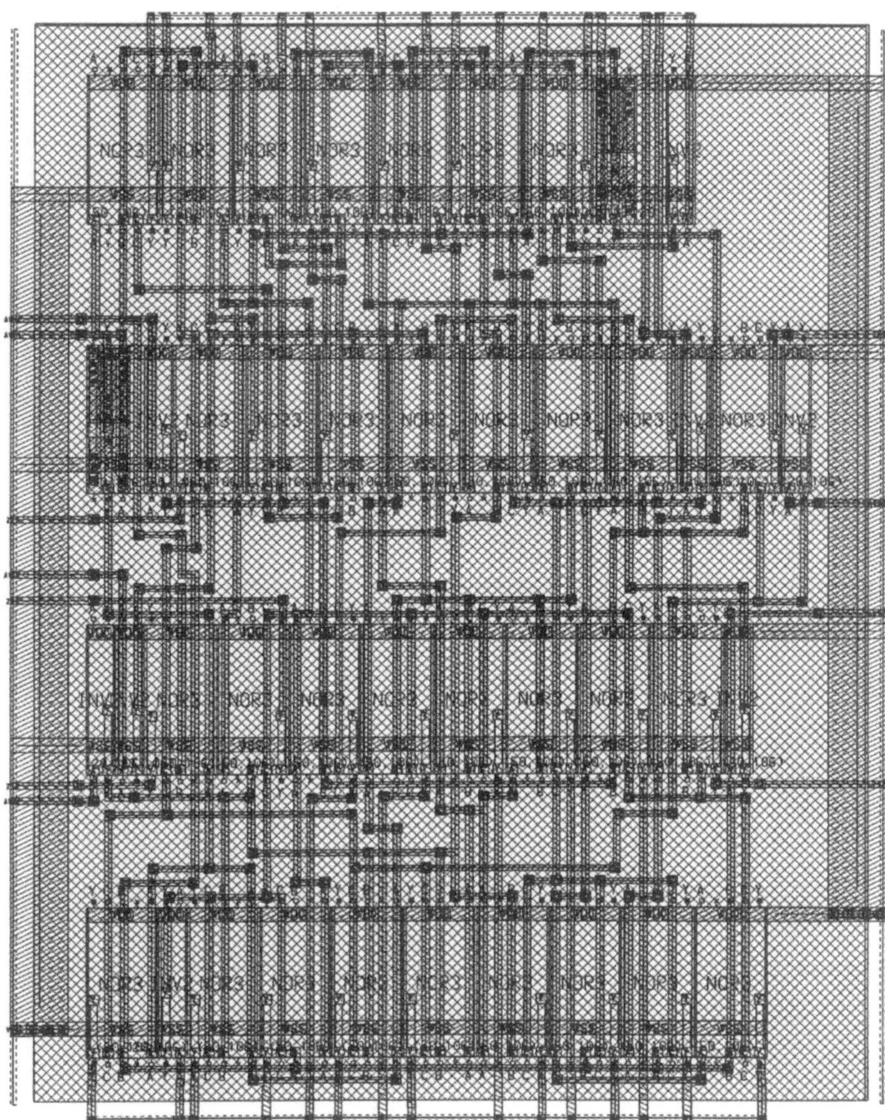

Bild A-3b. Layout

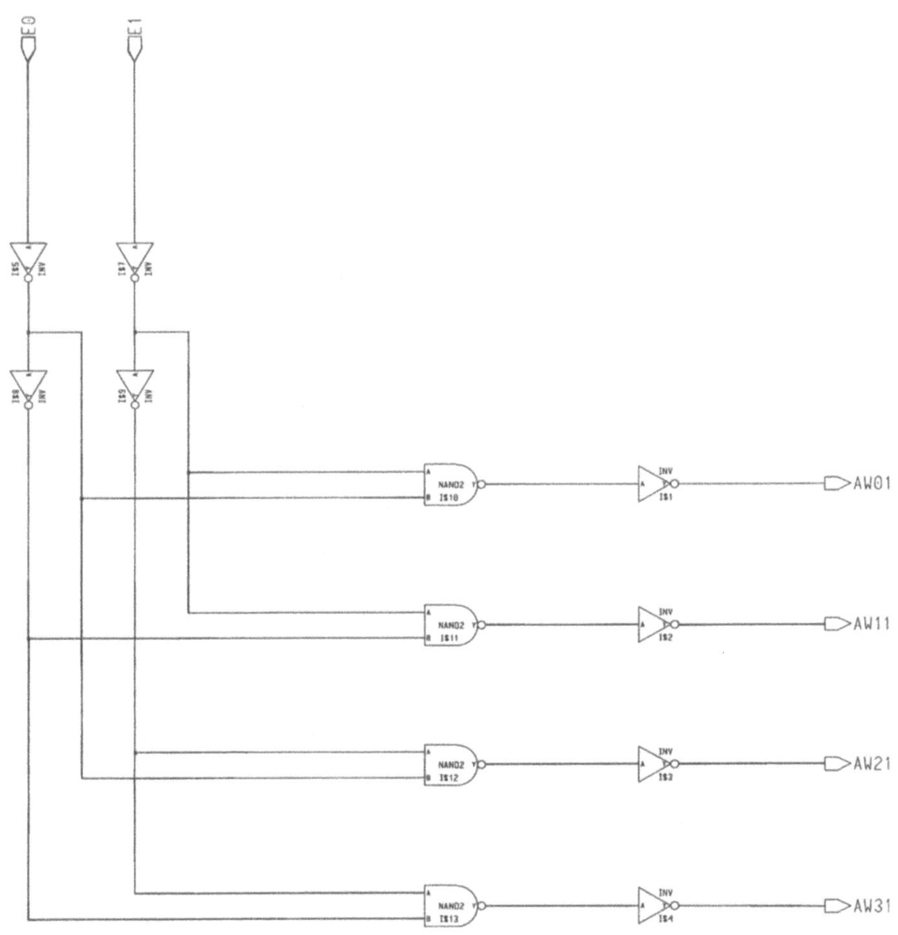

Bild A-4a. Schaltplan (a) und Layout (b) eines 2-bit Vordekodieres für Zeilenadressen

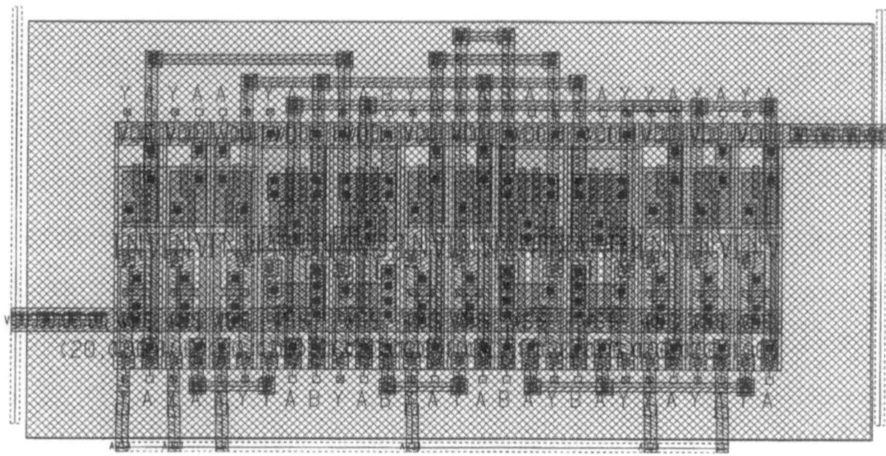

Bild A-4b. Layout

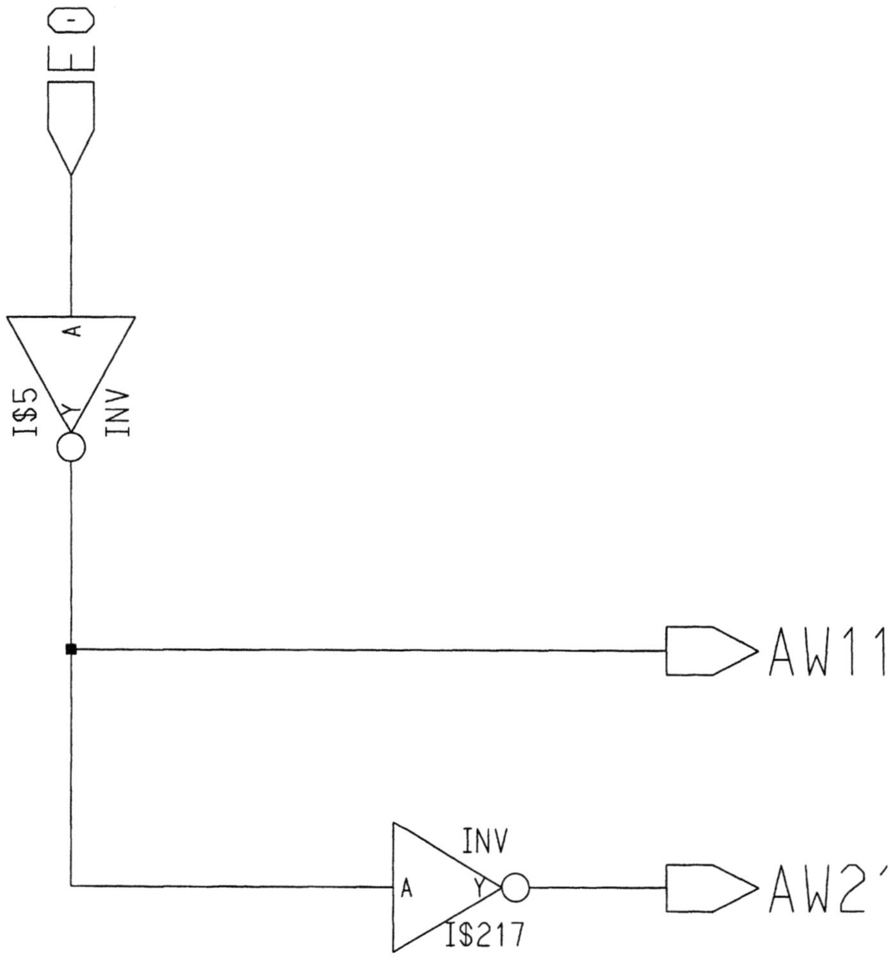

Bild A-5a. Schaltplan (**a**) und Layout (**b**) eines 1-bit Vordekodieres für Zeilenadressen

Bild A-5b. Layout

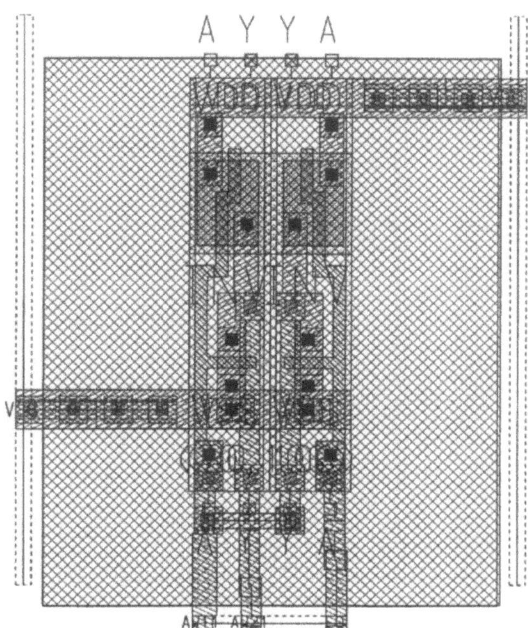

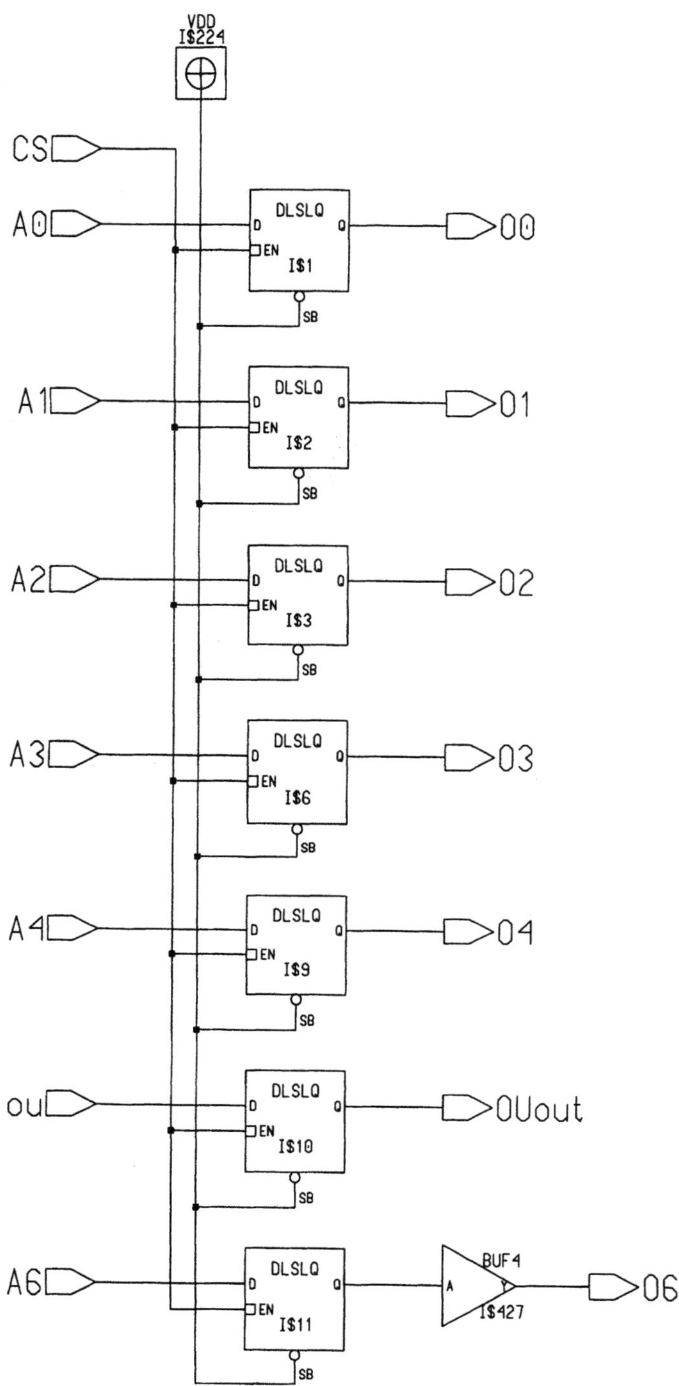

Bild A-6a. Schaltplan **(a)** und Layout **(b)** des Adreßlatches für die Zeilenadressen Ad(o) bis Ad(6). Das *Chip-Select-Signal* (CS) steuert die Datenübernahme

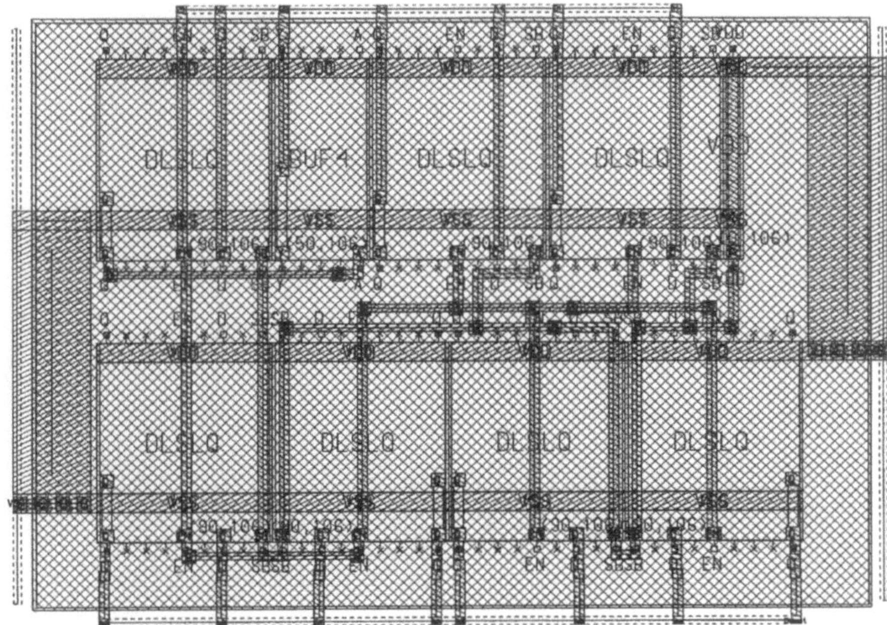

Bild A-6b. Layout

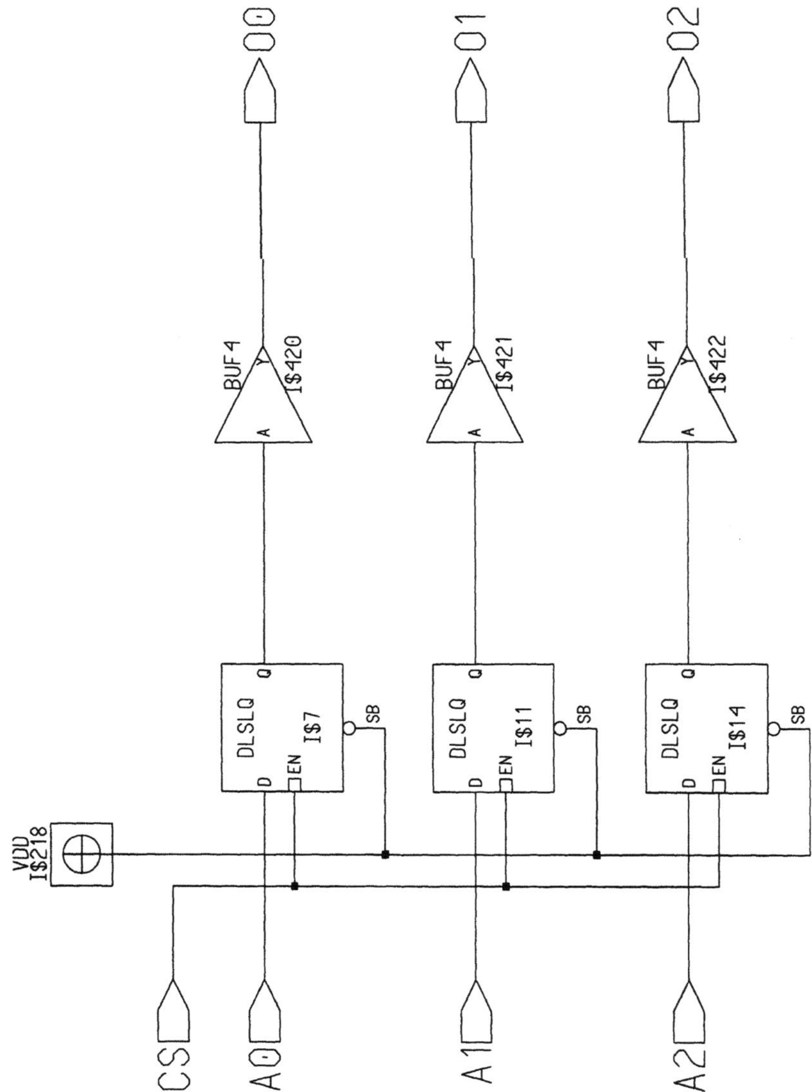

Bild A-7a. Schaltplan (a) und Layout (b) des Adreßlatches für die Spaltenadressen Ad(7) bis Ad(9) Das *Chip-Select-Signal* (CS) steuert die Datenübernahme

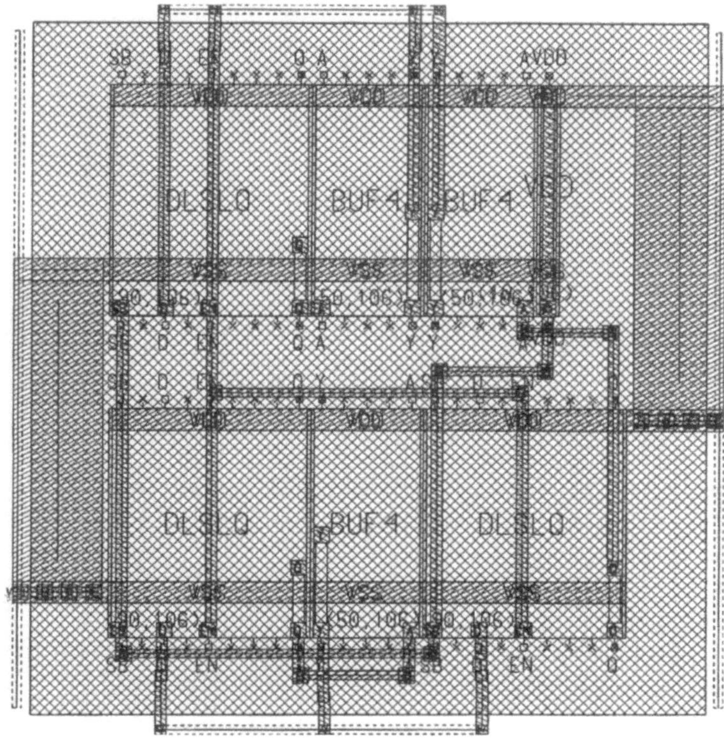

Bild A-7b. Layout

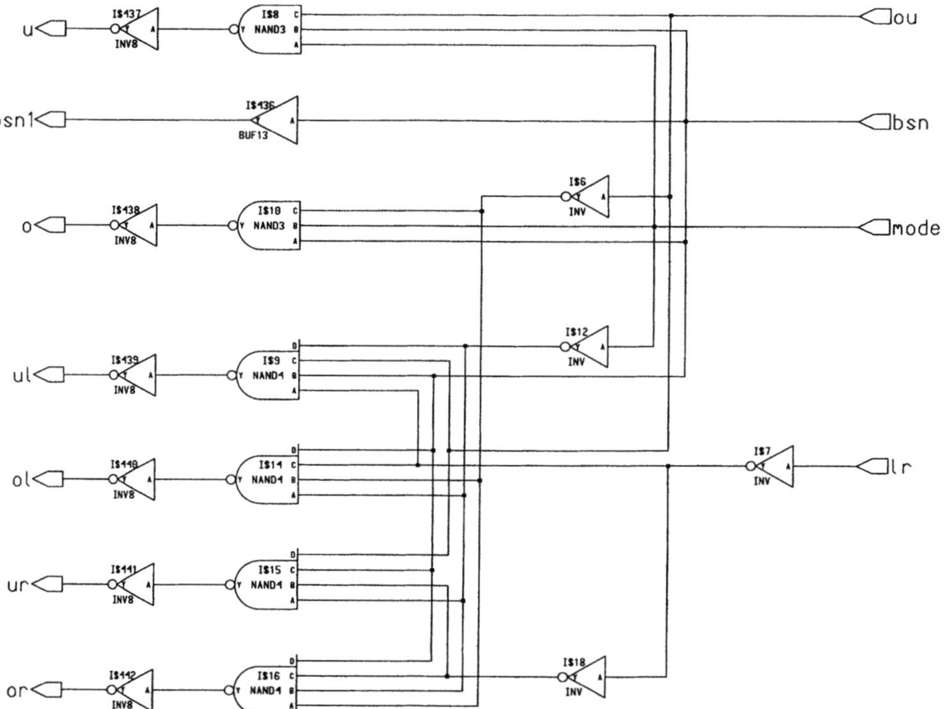

Bild A-8a. Schaltplan (a) und Layout (b) des Vordekodierers für die Oben/Unten-Links/Rechts-Auswahl von Wortleitungspaaren im linken und rechten 64x8-bit-Speicherzellenfeld. Je nach Zustand des *Mode*-Signals und der beiden Adreßbiteingänge *ou* und *lr* wird entweder einer der beiden Ausgänge *o* und *u* bzw. einer der vier Ausgänge *ur*, *ul*, *or*, *ol* angesprochen. Liegt das CS-Signal auf *Low*, bewirkt der *bsn*-Eingang, daß kein Ausgang aktiviert werden kann

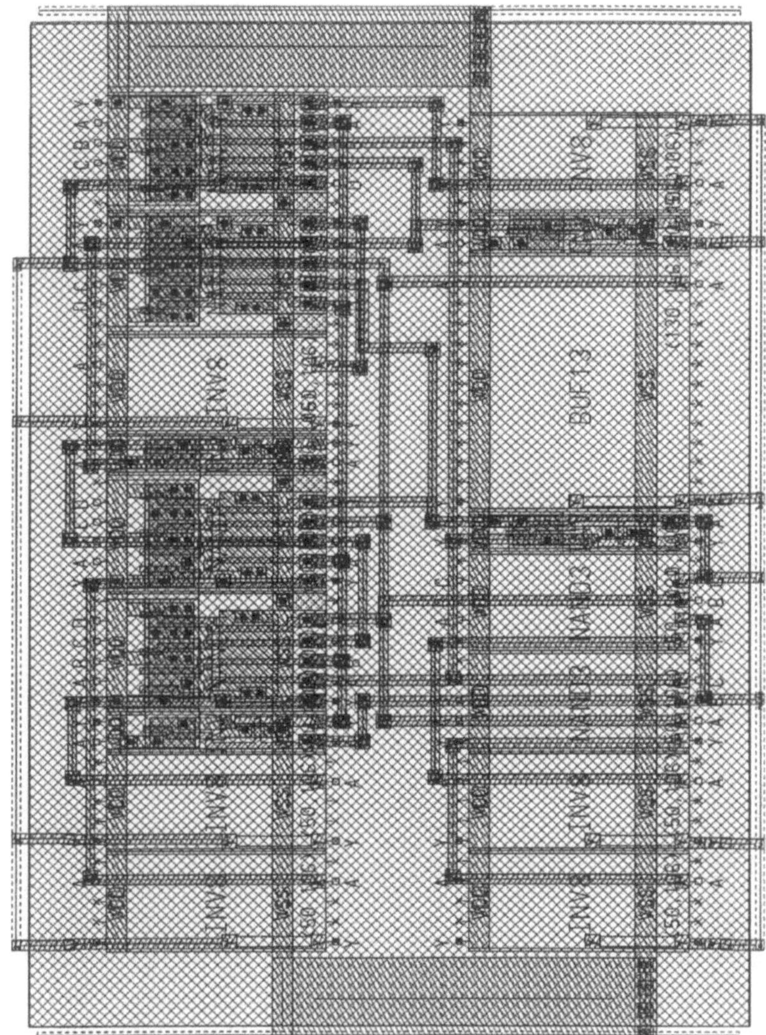

Bild A-8b. Layout

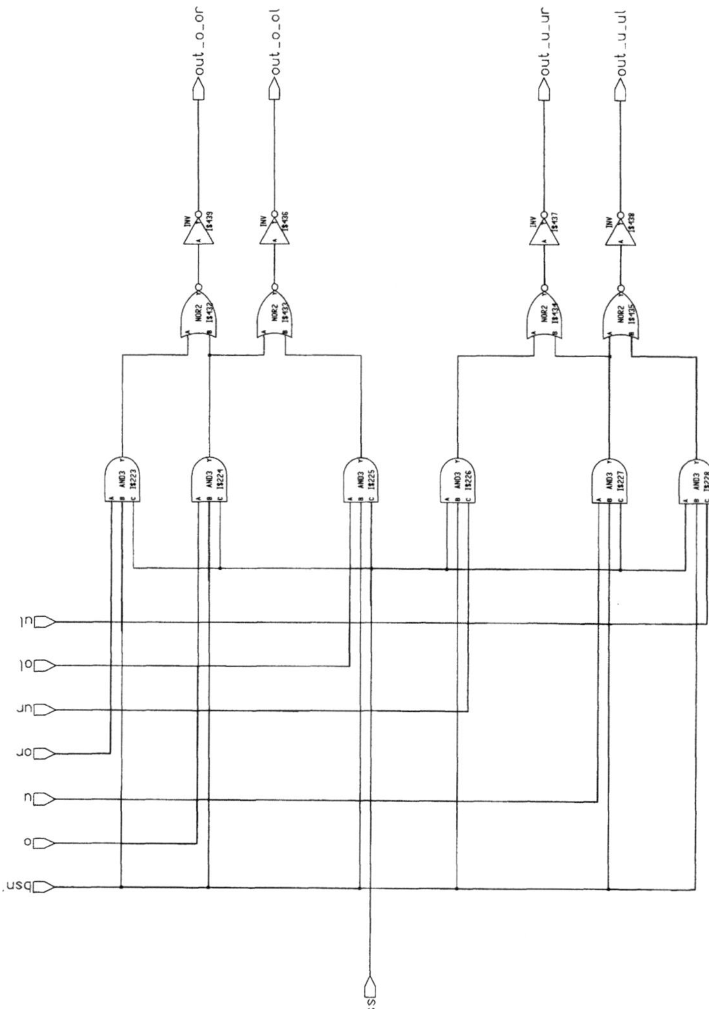

Bild A-9a. Schaltplan (a) und Layout (b) des Enddekodierers für die Oben/Unten-Links/Rechts-Auswahl von Wortleitungspaaren im linken und rechten 64×8-bit-Speicherzellenfeld. Die Ausgänge des in Bild A-8 gezeigten Dekoders werden mit jeweils einem Ausgang des 1:32-Dekoders aus Bild A-3 verknüpft. Je nach Zustand dieser Eingangssignale wird eine der vier Ausgangsleitungen *out_o_or* bis *out_u_ul* angesprochen oder, im 16-bit Betrieb, sowohl eine Wortleitung im rechten Zellenfeld *out_o_ol* bzw. *out_o_or* als auch im linken Zellenfeld *out_u_ur* bzw. *out_u_ul* aktiviert

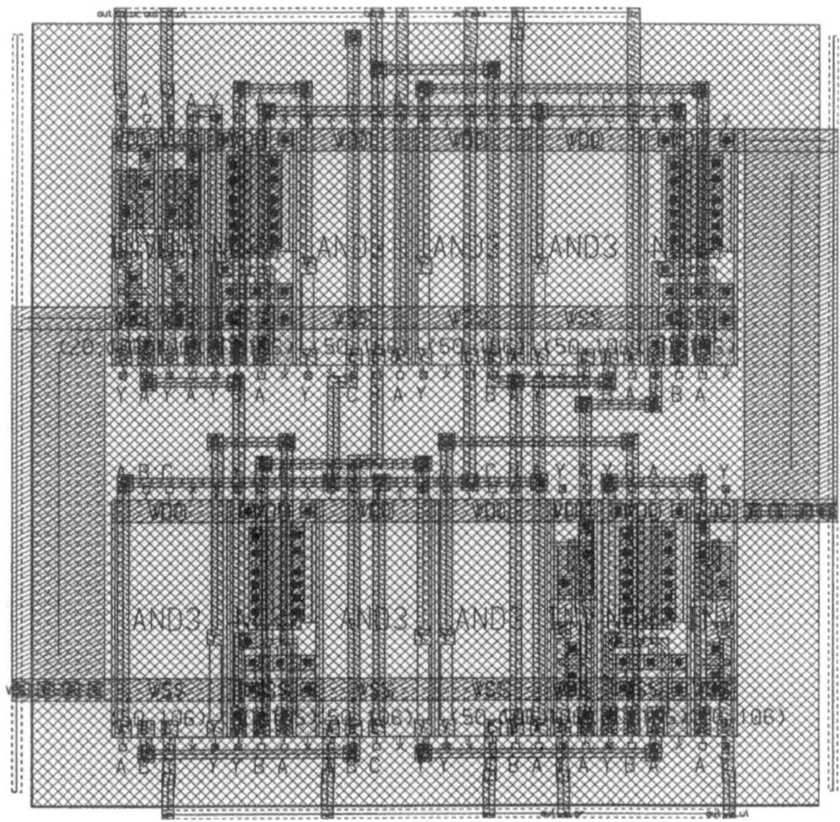

Bild A-9b. Layout

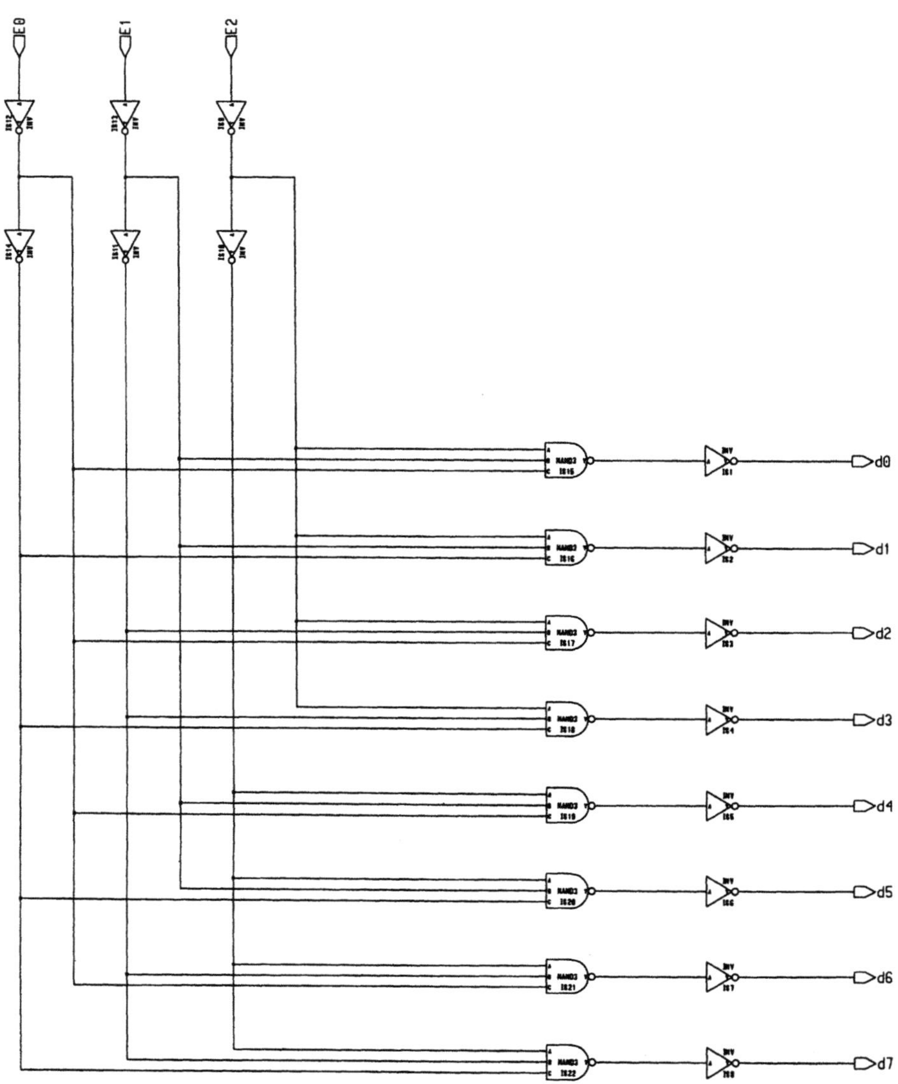

Bild A-10a. Schaltplan (a) und Layout (b) des 1:8-Dekoders für die Spaltenadressen Ad(7) bis Ad(9).

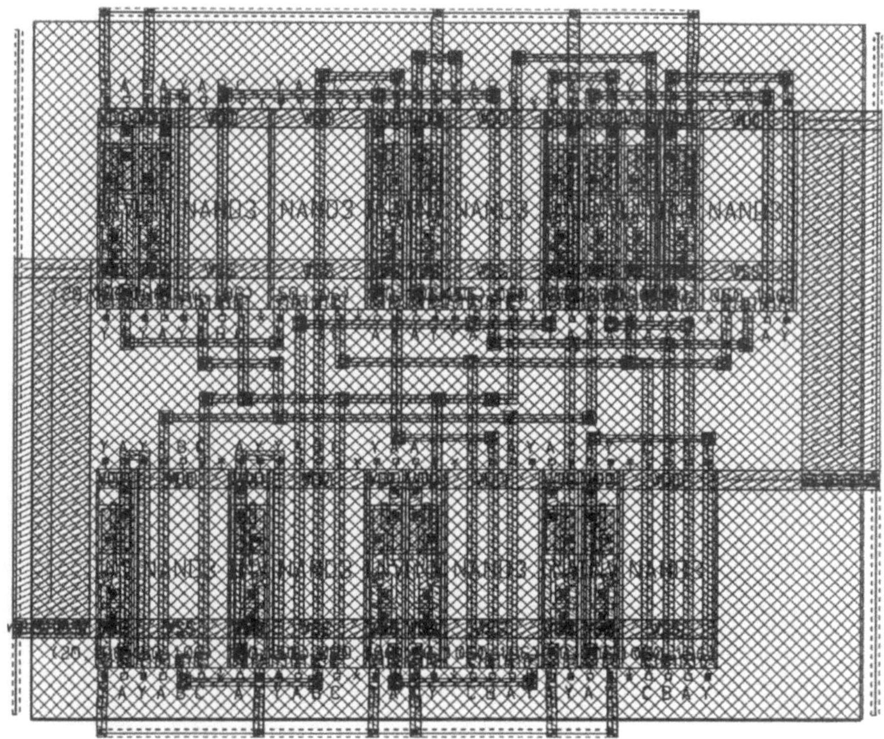

Bild A-10b. Layout

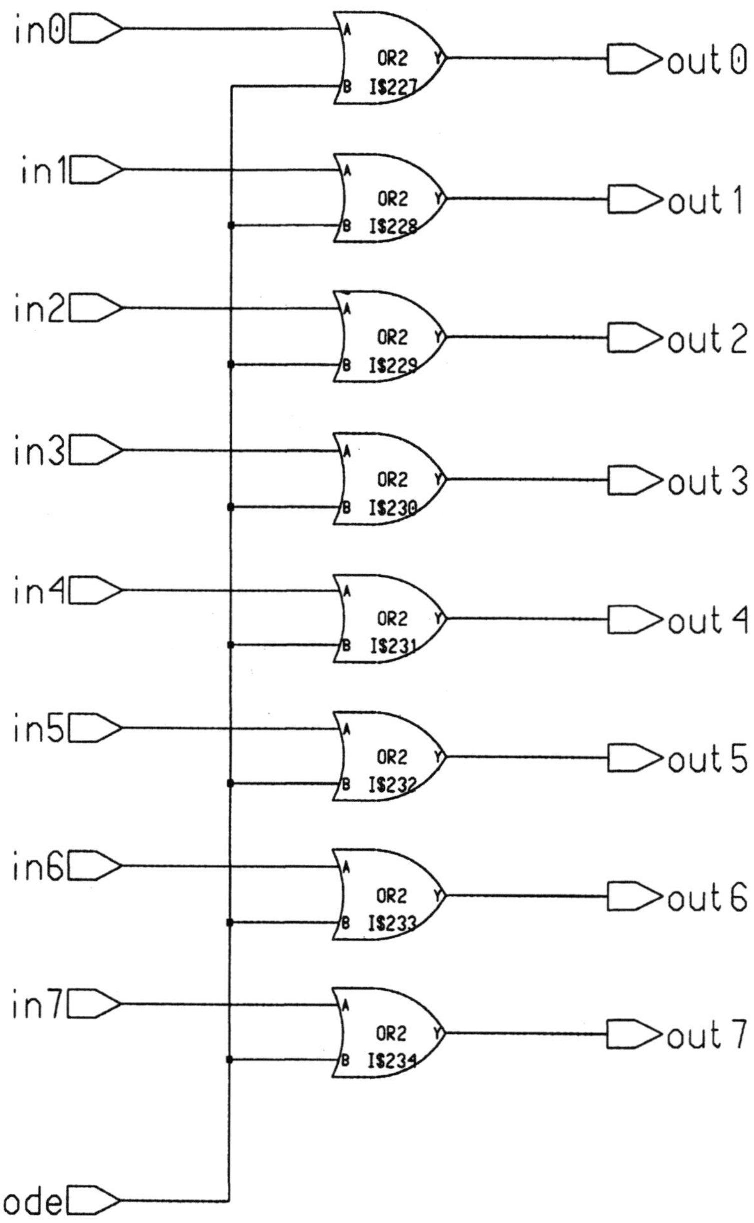

Bild A-11a. Schaltplan (a) und Layout (b) der MODE-Schaltung, die die 1:8-Auswahl im Spaltendekoder (Bild A-10) bei Mode = 1 zurücksetzt

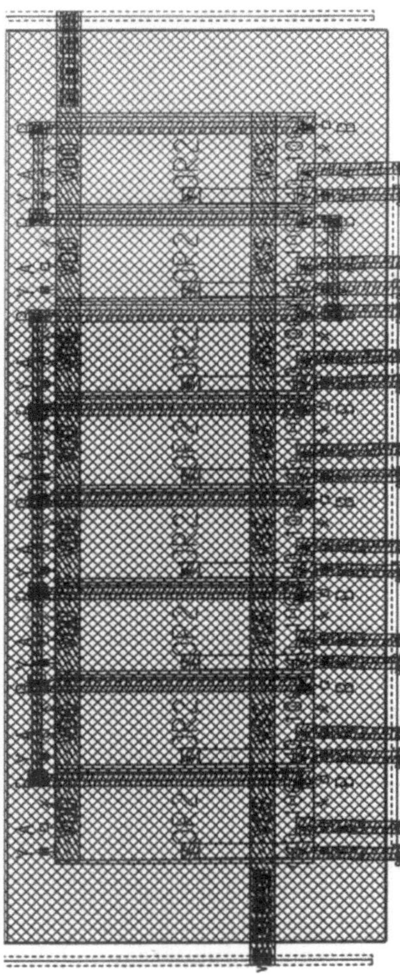

Bild A-11b. Layout

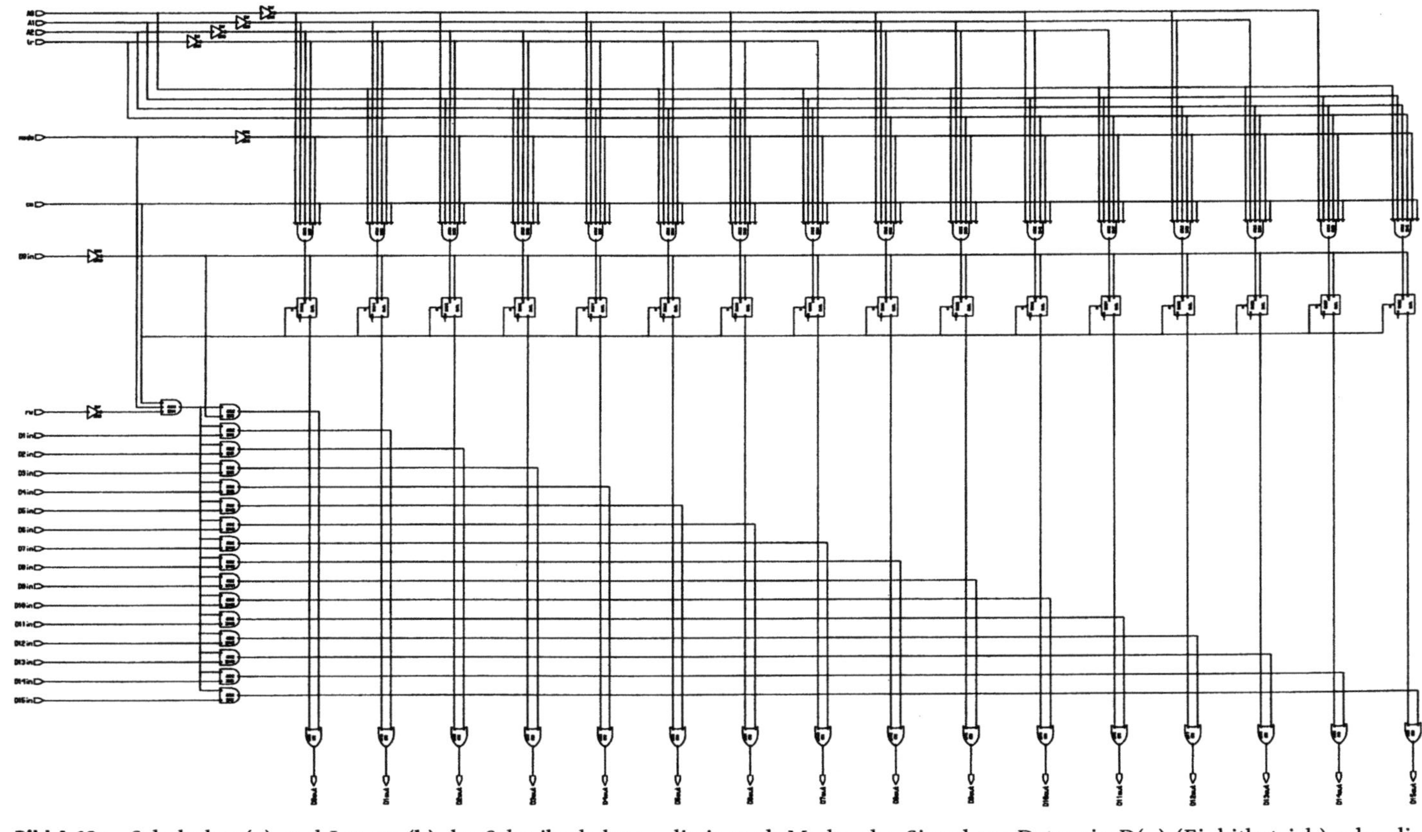

Bild A-12a. Schaltplan (a) und Layout (b) der Schreibschaltung, die je nach Modus das Signal am Datenpin D(o) (Einbitbetrieb) oder die Signale an den Datenpins D(o) bis D(15) (16-bit-Betrieb) auf die Spalten des(r) Speicherzellenfeldes(r) schaltet

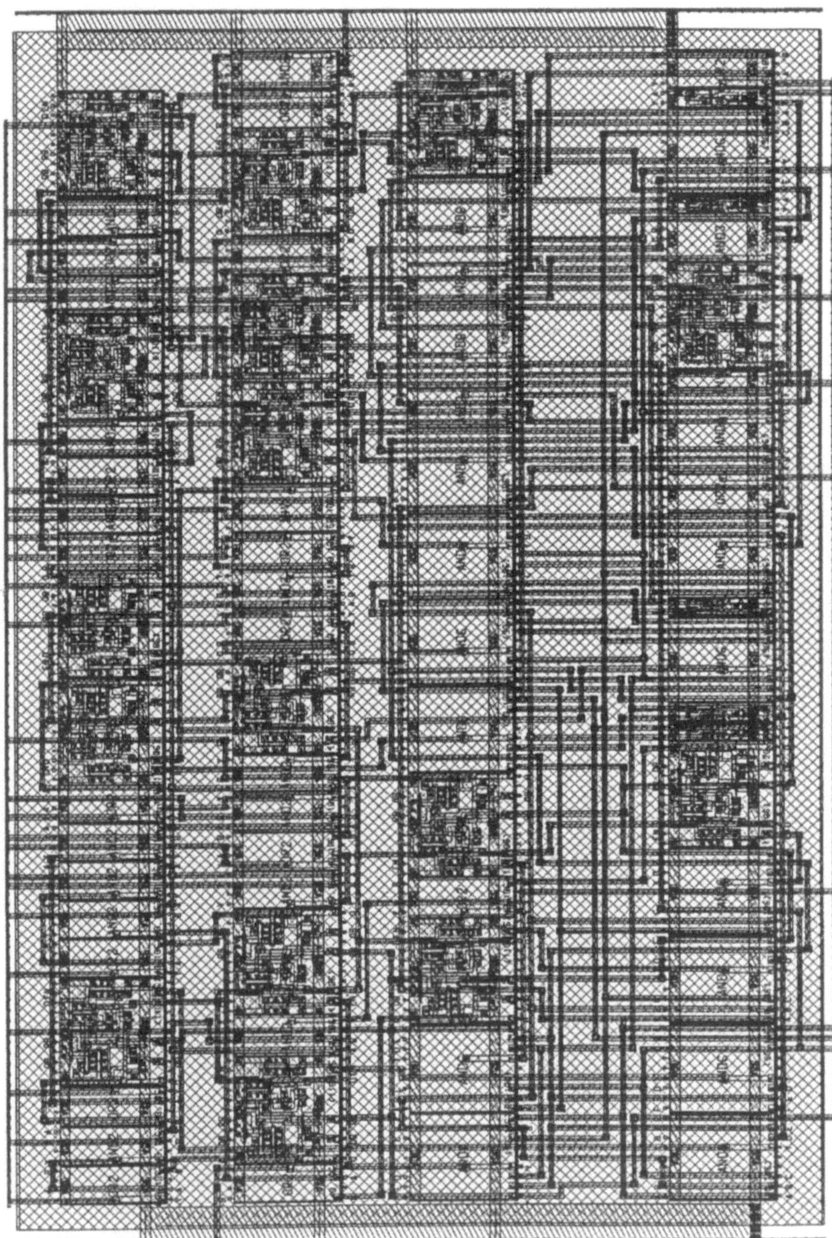

Bild A-12b. Layout

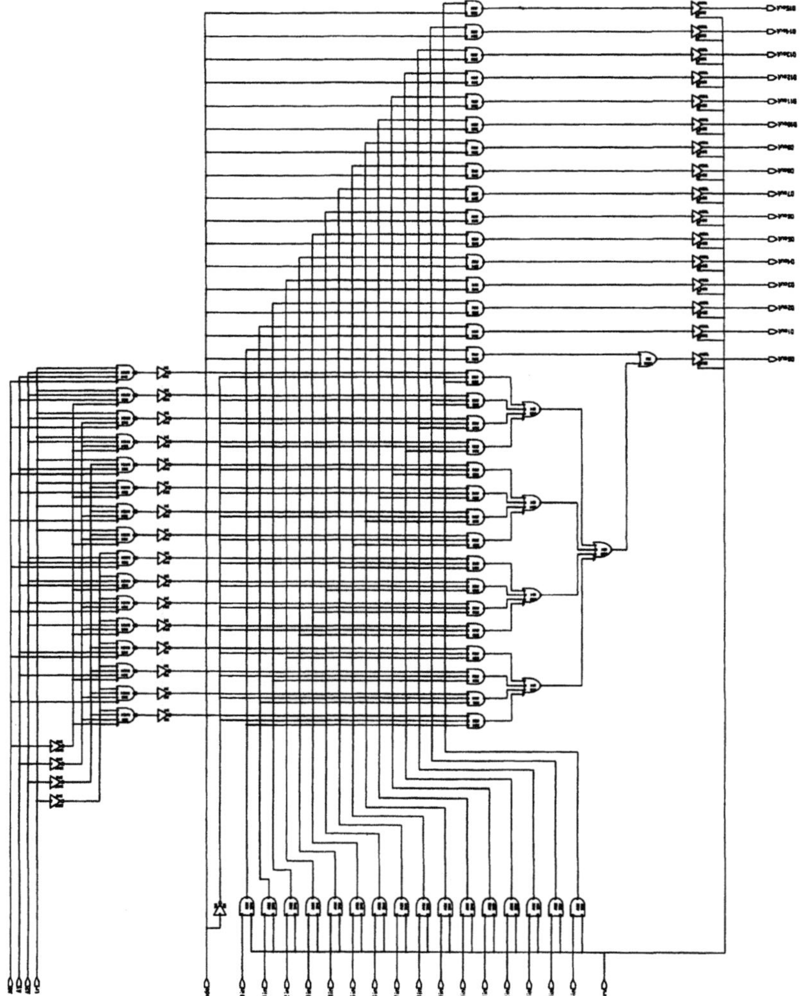

Bild A-13a. Schaltplan (a) und Layout (b) der Leseschaltung, die je nach Modus das das bewertete Bitleitungssignal (Einbitbetrieb) bzw. die bewerteten Bitleitungssignale (16-bit-Betrieb) auf die Datenleitungen D(o) bzw. D(o) bis D(15) schaltet

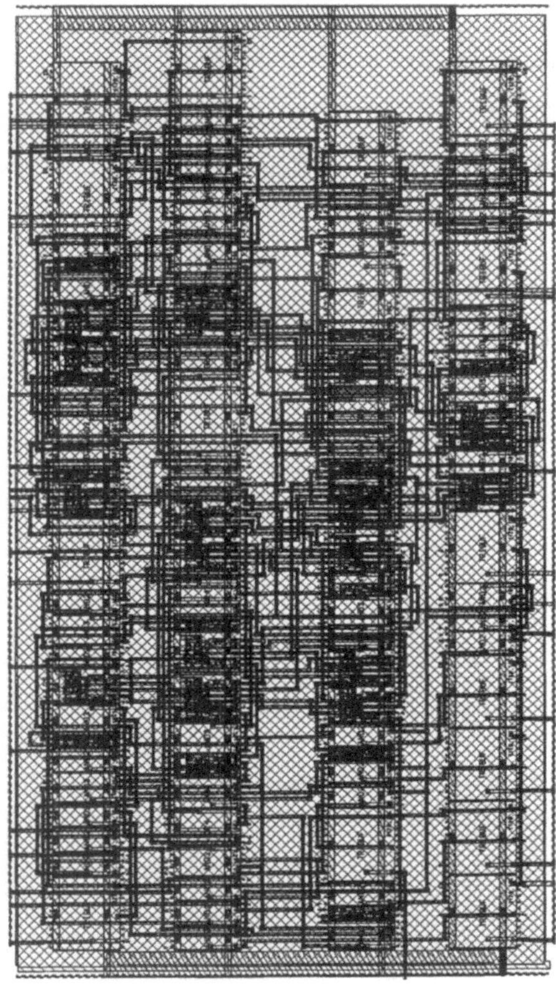

Bild A-13b. Layout

Bild A-14a. Schaltplan (a) und Layout (b) der Leseschaltung, die je nach Modus das bewertete Bitleitungssignal auf den Datenpin D(o) (Einbitbetrieb) oder die bewerteten Bitleitungssignale auf die Datenpins D(o) bis D(15) (16-bit-Betrieb) schaltet

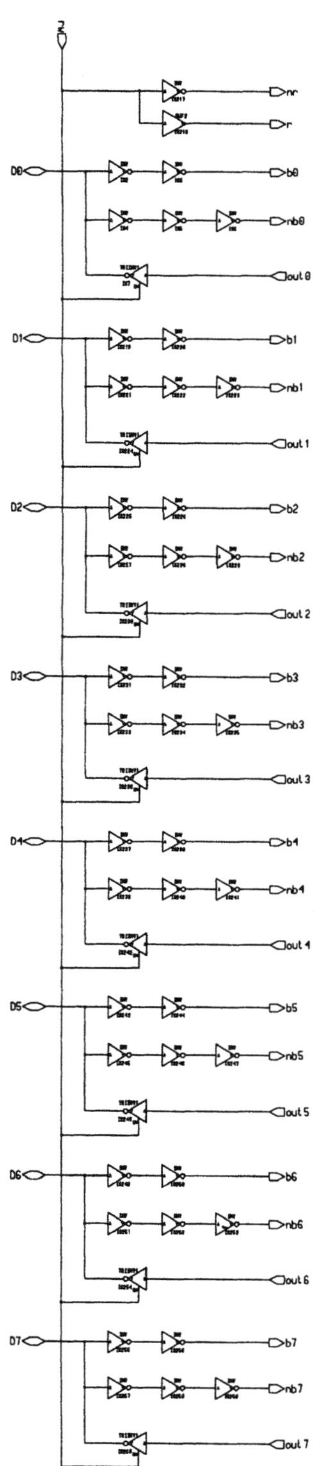

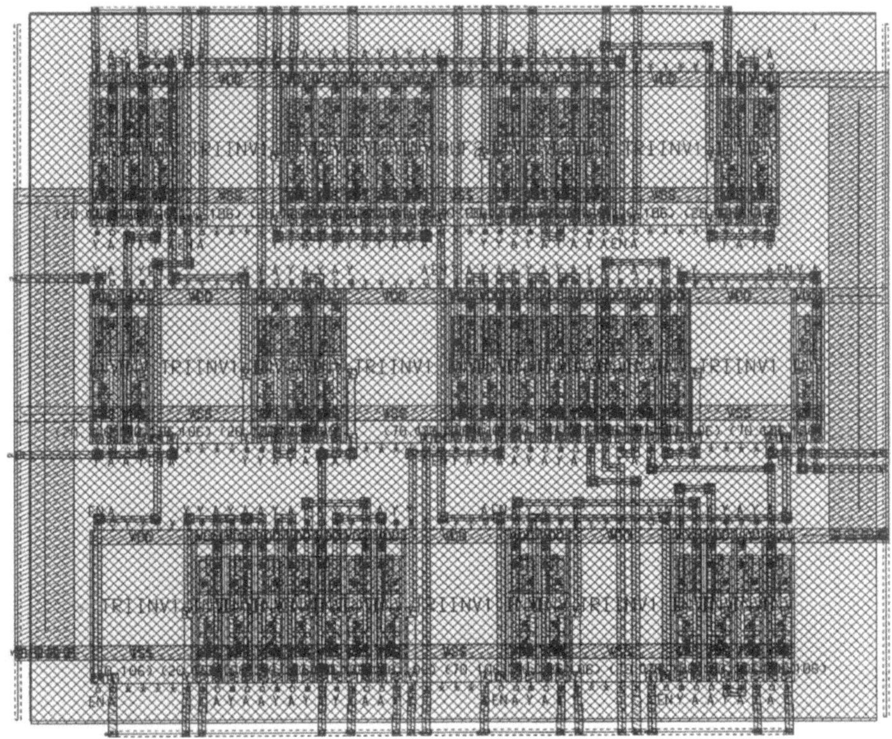

Bild A-14b. Layout

Bild A-15a. Schaltplan (a) und Layout (b) der Write-revovery-Schaltung

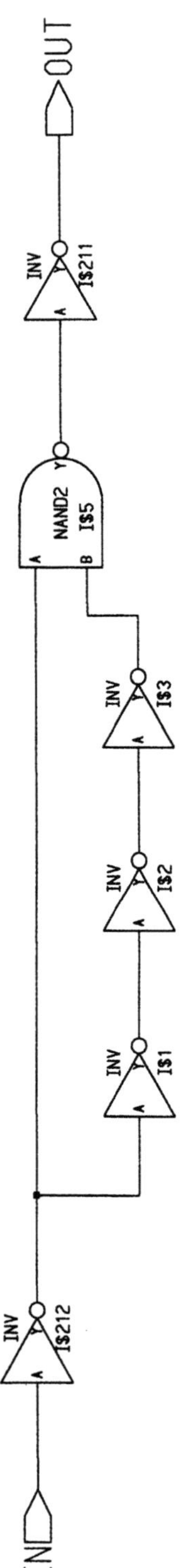

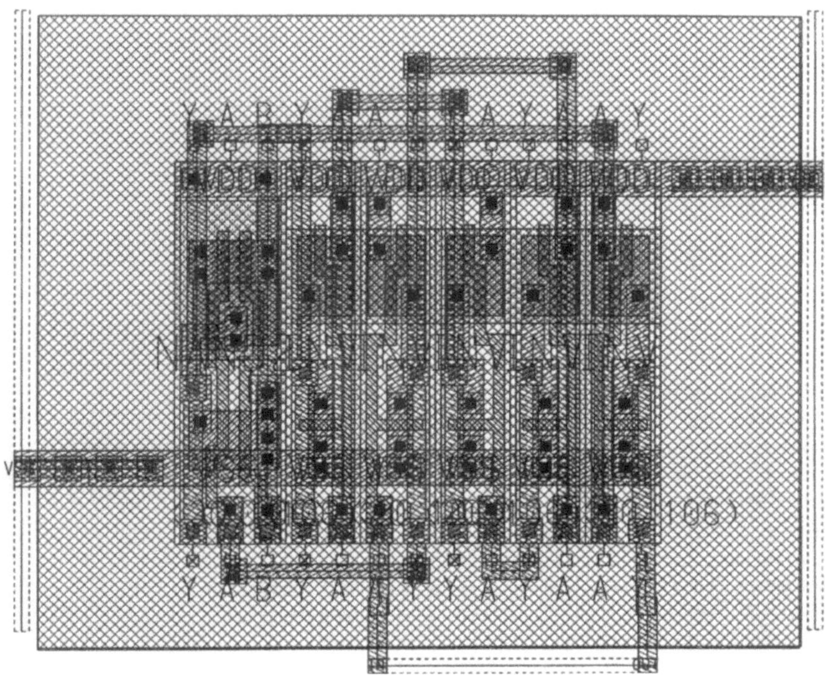

Bild A-15b. Layout

Stichwortverzeichnis

A

Abbruchbedingungen (Breakpoints) 369
Abstandsraster 456
Abstraktionsebenen 178
AC Operating Conditions 37
AccuParts-Bibliothek 380
AccuSim 40, 190, 373
Active Area1 49
Active Context Cell 257, 404
Add Pin(s)-Dialogbox 307
Add Property Prompt Bar 313
ADD-CELL-Funktion 264
Add-Keeps-Dialogfeld 382
Add-Path 263
Add-Property-Dialogbox 312
Address-Hold-Zeit 232
Address-Setup-Zeit 231
ADD-ROUTE-Funktion 265
Add-Shape 263
Add-Traces-Dialogfeld 340
Adreßlatches 223
AMPLE 437
analoge Forces 382
Änderungsvorgänge 35, 37
AND-Gatter 224
Applikationsschaltbild 37
applikativer Test 52
Arbeitspunkt 223, 385
Arbeitspunktanalyse 384
Arbeitspunktberechnung 380
Architektur eines SRAMs 218
Array 249
ASICs 8
– ASIC-Entwurfsziele 9
– ASIC-Preis 9
– ASIC-Prototypen 9
– Vorteile von ASICs 8
Aspect Ratio 416
asynchron 84

ATE 49
ATMEL 11
Attribute 442
Attribute Mode 443
aufgefächerte Treiberstrukturen 92
Ausgangswiderstand 385
Auslesezeit 221
Autofloorplan 406, 407
Autologic 219
Autoplace Blocks 472
Autoplace Ports 416
Autoplacer 410
Autorouter 410
Autorouting 295
Aux-WDBs 373

B

Backannotate 469
Backannotation 47, 375
Back-Annotation-Objekte 177, 186
backtrace 423
Base Layer 445
Basis 12
Basis-Emitterdiode 15
Bauelement- und Modellanweisungen 107
BCD-Prozesse 17
bedrahtete Gehäuse 28
Betriebsbedingungen 36, 236
Betriebstemperatur 130
Bezugsknoten 382
Biasströme 165
Bibliotheken 129, 469
BiCMOS 17
Bipartionierungsverfahren 413
Bipolarschaltung 13
Bipolartechnologie 13
Bipolartransistor 12
– Eingangswiderstand 16

– Emitter 12
– Integrationsgrad 16
bistabile Kippschaltung 215
Bitleitung 217
Block 243, 470
– Autoplace Blocks 472
Blockade-Layer 432
Block-out-Masken 170
Block-Placement 472
Blockschaltbild 36
Bold/Inform 192
Boltzmannkonstante 412
Bonddrähte 157
Bonding Pads 21, 157
Bondregeln 455
Boolesche Gleichungen 34
Bottom up 39, 470
– Bottom-up-Design 469
Breakpoint 323, 360
Built-in-Modell 180, 310, 335
Bulk 57
Bus 38, 286, 294, 299
Busbreite 300
Busripper 300

C

CAD 148
Cadence 145
CAE (Computer Aided Engineering) 2
CAE-Werkzeuge 32
Calibre 475
Cap Cells 247, 411
Capaitance Driven Layout 434
CBC 404
– CBC-Mode 254, 440, 471
CDL 434
Cell Boundary 244, 456
Cell Create-Funktion 243
Cell Outline 162
CE-Mode 254, 404, 440
Center 453
Change Property 310
Channel Center Weighted 436
Channel Edge Weighted 436
Charge 327, 355
Chart Window 378
Check DRC Prompt-Bar 266
checkpoint cell 278
Checkpoints 374
Check-Schematic-Prüfung 304
Check-Status-Fenster 302

Chip 10
Chipfläche 219, 420
Chipfoto 236
Chipselect-Signal CS 220
Classic Initialization 353
CLCC Gehäuse 29
Cleanup Routing 429
Clear Corners 454
Clearance 423
Clocks 355
Close Dots 303
Closely Tied 451
Clusteralgorithmen 414
CMOS-(Herstell-)Technologie 13
CMOS-Gatter 16
– NAND-Gatter 16
CMOS-Pegel 233
CMOS-Schaltkreis 17
CMOS-Schaltung 13
CMOS-Technologien 16
– Prozeßkomplexität 17
CMOS-Transfergatter 81
CMOS-Verstärker 116
Cnets 461, 462
Coarse Grid 423
Comment Text 286
Common Mode Rejection Ratio (CMRR) 77
Common Mode-Betrieb 75
Common User Interface (CUI) 192
– Standard 336
Compaction 452
Compiled Netlist 461
Component 178
Component-Interface-Datei 185, 283
COMP-Properties 404
COM-Prompt-Bar 452
Concurrent Engineering 176
CONNECT ALL 297
Connect Waveform DB 368
Connect-Anweisungen 253
Connectivity 427
– Checks 253
– Data 253
– Editing 254
Connect-Layers 255
Connnect Statements 438
Contention-Bedingungen 334
COPY 293
COPY-Funktion 259
Core-Zellen 155
corner lots 154
Correct by Construction 46, 459
Correct by Construction Mode 254

CREATE CELL 257
Create-Library 469
Cross Window Selection 330, 340
Current Result 270
Current Selection Set 292
Current Working Directory 462
Cursors 343, 344

D

Dangles 303
Dangling Nets 427
Datenaufbereitungsblock 226
Datenblatt 35, 159, 160
Datenflußrichtung 307
Datenpfad, interner 221
DC Operating Point 380
DC Sweep 387
DC-Analysis 113
DC-Forces 384
DC-Steueranweisung 382
Default Name 314
Default Symbol Check Settings 308
Default-Initialisierung 140, 353
Default-Prozeß 438
Define-Layer-Sets-Dialogbox 442
Dekoderschaltung 221
Dekodierungszeit 221
del ro (Delete Routing) 436
Delay Actions 369
Delete Dangling Nets 429
Delete Strokes 343
Delete-Forces 384
Design 178
Design Check 189
Design Kit 129, 145, 181, 243, 283, 314, 451
Design Manager 175
Design Objekt 181
Design Primitives 38, 283
Design Rule Checker 151
Design Rule Checking (DRC) 44, 459
Design Rules 44, 148
Design Session 191
Design Sheet 283
Design Tree 314
Design Viewpoints 40, 177, 314, 362, 427
Design-Konfigurationsfenster 315
Design-Rule-Fehler 265
Design Sheets 288
Designstrategie 33
Designteams 178
Design-Viewpoint-Editor (DVE) 187, 189,

402, 471
Detailed Routing 420
Device-Generatoren 242, 437
Device Recognition Data 253, 438
Die-Size 10
Differential-Mode-Betrieb 76
Differenzengleichungen 100
Differenzverstärker 75
Differenzverstärkerstufen 227
Differenzverstärkung 76
Diffusionsvorgänge 236
Digitalsimulation 99, 123
- Algorithmus 124
- Ereignisse 132
- Nominalbedingungen 130
- Unit Delays 123
- X-Zustände 131
- Zeitschritte 123
- QUICKSIMII
- - Ereignisverwaltung 132
DIL-Gehäuse 220, 233
Dimension, kritische 150
Dimensional Fit 415
DIP 27
Direct ICextract 459
Direct ICtrace LVS 459, 460
Directory 185
Distributed 468
DMOS-Transistoren 17
Dog-Leg-Verfahren 426
Downstream Tools 282, 314
Dracula 241
Drain 12
DRAM 214
- Refresh-Zyklen 215
DRC 44, 191
DRC-Check 471
DRC-Datenbasis 271
DRC-Prüfung 265
Dual In Line 27
Duty Cycle 356
Dynamische Schaltungen 78
dynamische Verlustleistung 94
- mittlere dynamische Verlustleistung 95
dynamischer Kennwert 230

E

EDA-Tools 2
EDDM 321, 402, 462
Edge Gap 407
EDIF-Format 48

Edit-Library 469
Edit-Process-Dialogbox 441
Edit-Process-Override 472
Edit-Reservierung 278
EEPROM 11
effektive Kanallänge 63
Eingangskapazität 69
Eingangssignalform 128
Eingangssignalsteilheit 181
Eingangswiderstand 385
eingebettete Speichermodule 213
Einheitslaufzeit 326
Einrastfunktion 289
Einrastgitter 306
Einsatzspannung 59, 63
– Versatz der 74
Einschreibzeit 221
Electronic Design Automation 175
Electronic Design Data Model (EDDM) 283
Elementkarte 109
Embedded Cores 9
EMV, Elektromagnetische Verträglichkeit
  7, 8, 233
End-Cap-Zellen 468
Entity 179
Entladestrom 70
Entwicklungsrisiko 6
Entwurf, regulärer 246
Entwurfsprozeß 6
Entwurfsregeln 18, 44, 151, 458
Entwurfsstil, zellbasierter 174
Entwurfssystem 175
Epi-Insel 5
ERC, Electrical Rule Check 47
ereignisgesteuerte Simulationsverfahren 125
erel 462
ESD (Electrostatic Discharge) 169
– ESD-Festigkeit 170
Europractice-Programm 30
Event 132, 346
Exit 372
Exit SimView 395
Exit Quicksim 372
Expert-Options 432
Expressions 369
Extent 453
external aspect 248
External Rows 406
Extract Cell Connectivity 460
Extraktion 38, 273
Extraktionsprogramm 151

F

Falcon-Framework 175, 192
Fan-in 65, 225
Fan-out 65, 70
Fan-out-Prüfung 47
Feed Bias 430
Feed Thru Cells 247, 411
Feed-Through-Zellen 427, 468
Fehlerpolygone 269
Feldeffekt 58
Feldeffekttransistoren 12
– Gate 12
– Integrationsgrad 16
– Kleinsignalparameter 76
– n-Kanal-Anreicherungstypen 13
– p-Kanal-Anreicherungstypen 13
– Transistorsymbole 57
Fermipotential 64
Field Programmable Gate Arrays (FPGA) 11
Filterschaltung 122
Final Routing 429
Fit 154
Fixed 327
Flat 404
Flat Mode 267
FLIP 293
Flip-Flops 80
Floorplan 34, 44, 400, 406, 410
– Floorplan Shapes 44
– Floorplan Rows 471
– Floorplanning 471
Force 134
Force Functions 328
Force-Dialogfeld 354
Force-IDs 384
Force-Kommando 327
Force-Report 384
Force-Typen 327, 355
Forces, analoge 382
Forces Waveform Database 360
Force-Signale, Löschen von 358
Forces-Dialogbox 390
Fotolack 146
Fourieranalyse, schnelle 373
FPGA-Bausteine 174
Freezepoints 374
Freigabeuntersuchung 52
– Applikationsfreigabe 52
– Burn-in-Tests 53
– Feuchteprüfung 53
– Temperaturwechseltest 54
Frequenzdomäne 381

Full Custom Design 311
Full Custom Editing 242
Full Hierarchy 404
Full Timing 327
Full Timing With Constraint Checking 327
Full-Custom-Entwurf 240
Full-Custom-Entwurfsstil 19, 470
Full-Custom-Technik 44, 380
functional model 179
Funktionsbeschreibung 37
Funktionsblöcke 159

G

Gadget 340
Gate-Array 22, 174
- Analogzellen 24
- Sea of Gates 22
- Master-Arrays 22
Gatedelays 334
Gateelektrode 14, 57
Gatekapazität 215
GDSII 401
GDSII-Format 48, 474
Gehäuse
- bedrahtete 28
- Abmessungen 36
GE-Mode 254, 440
gen_lib 290
Generic Libraries 283, 332
Geometriefehler 74
Geometry Editing 254
Gleichstromanalysen 382
Gleichstromkennlinie 113, 381
Gleichstromübertragungsfunktion 69, 387
Global Routing 420, 428
globale Verdrahtung 420
Gradientenmethode 413
grafische Objekte 249
grafische Postprozessoren 113
Graphentheorie 412
Grenzwert 36, 236
Grid 146, 244, 289, 456
Großsignalverhalten 381, 388
Guidelines 418

H

Halbleitertechnologie 12, 437
Handle 285, 418
HDL, Hardware Description Language 35

Herstellprozeß 400
Hierachien 32, 33, 244
- algorithmische Ebene 34
- aufbauende Hierachie 39
- Logikebene 34
- Schaltkreisebene 34
- Systemebene 33
- zergliedernde Hierarchie 33
Hierarchiestufe 470
hierarchisches Design 179
Hierarchy Window 418, 472
Hilfsraster 289
Hilfsprozesse, lithografische 146
Hold-Zeiten 87, 181
HP CDE 191
HP VUE 191
HP-Terminal-Emulator 191

I

IC Palettes 257
ICblocks 190, 407, 410
ICcompact 452, 471
ICextract 191, 273, 468
ICextract-(D) 468
ICextract(M) 274
- distributed extraction 274
- lumped 274
IC-Gehäuse 26
IC-Graph 41, 148, 190, 242
IC-Lastenheft 35
IC-Layout 146
IClink 474
ICplan 190, 406
IC-Preis 9
ICrules 191, 265, 459
IC-Spezifikation 4, 18
IC-Station 189, 190, 240
ICtrace 191
ICverify-Tool 273
- direct mode 274
- mask mode 274
ICverify-Toolset 459
IC-Window 256, 244, 404
IDEA-Station 188
Intrinsic Delay 127
Improved Global Routing 428
Improve-Schritt 431
Inertial Delay 334
Inertial Delay Mode 134
Info Messages 394
Initial Clustering 414

Initial Correspondence Points 468
Initial Global Routing 428
Initialisierung 311, 353
Input Resistance 385
Instance Body 286
Instanzen 131, 244, 249, 284, 286
Integrationsgrad 10, 12
integrierte Schaltungen,
anwenderspezifische 7
Intellectual Property (IP) 21
intermediärer Viewpoint 404
internal aspect 248
Internal Rows 406
Internal-Feed-Thru-Zellen 428
interner Datenpfad 221
Inverter 65
Iteration 134

J

Jog Insertion 456
Jogs 456
Junction transistor 13

K

Kanal 59
Kanallänge
- effektive 63
- Kanallänge L 14, 57, 150
Kanallängenmodulation 77
- Kanallängen-Modulationsfaktor 74
- Kanallängen-Modulationseffekt 73
Kanallängenverkürzung 63
Kanalverbreiterungsalgorithmen 427
Kanalverdrahtung 425
Kanalweite W 14, 57, 150
Kaskadieren 92
Keep Pre Routes 472
Kenngröße 18
Kennwert 36
- dynamischer 230
Kennzeichnung 36
Keramikgehäuse 28
Kippschaltung, bistabile 215
Kleinsignalschaltverhalten 115, 381
Kleinsignalverstärkung 385
Kleinsignalwechselquelle 112
Knotenpotentialverfahren 100
Kollektor 12
Kollektorströme 15

Kommentartexte und Grafiken 286
Kompaktieren 241
Kompaktierung 401, 452
Kompaktierungsrichtung 452
Komparatoren 75
Komponente 38, 178, 283
- primitive 38
Komponentencontainer 283
Kontextdiagramm 219
Kostenfunktionen 410, 412
kritische Dimension 150
Kursoren 343
Kurzkanaleffekt 101, 104
- Geschwindigkeitssättigung 101
- Unterschwellströme 101
kurzschlußfest 161, 233
Kurzschlußströme 94

L

Labyrinth-Verdrahtungs-Algorithmus 422
Lagerbedingungen 236
Lasertrimming 25
Lastenheft 155
Lastkapazität 126, 162
Latch-up-Effekt 161, 392
Laufzeitfehler 125
Laufzeitmodell 126
Layer 445
Layer Appearance 437
Layer Attributes 442
Layer Spacing 446
Layer Table Information 437
Layer-Appearance-Dialogfeld 442
Layerset 438, 441, 451
Layout 146
Layout versus Schematic (LVS) Check 191, 459
Layoutaspekt 248
Layouteditor 41, 148, 242
Layouterstellung 32
Layoutextraktion 326
Layoutgenerierung 170
Layoutoptimierungsproblem 410
Layoutsynthese 256, 399
Lee-Algorithmus 422
Left-Edge-Algorithmus 426
Leiterplatten 28
Leiterplattentechnologie 26
Lernphase 9
Lesepulsweite 233
Leseschaltung 226
Leseverstärker 218

Library 243, 399
Library Data Technology Files 181
Line Probe Algorithms 424
Line Probe Routing 435
Linear 393
Linear Timing 326
linearer Bereich 62
lineare Laufzeitmodelle 326
Liniensuchalgorithmen 424
List Window 328, 348
Lithografiemaske 18, 146
lithografische Hilfsprozesse 146
LOAD WDB 361
Loch 58
Logic Cell Arrays 11
Logic_load_report-File 406
Logikanalysator 323
Logikpegel 16
Logiksimulation 99
logischer Pegel 131
lokale Minima 413
lokale Verdrahtung 420
Löschen von Force-Signalen 358
Lötbad 28
Lumped 468
LVS 460
LVS-Check 47, 279
LVS-Prüfung 191, 471

M

Majoritätsladungsträger 58
MAKE PORT 263
MAKE-ARRAY-Befehl 264
Makrozellen 21, 145, 159
Manhattan Metrik 423
Mark 453
Marking 36
Mask ICextract 459
Mask ICtrace 459
Mask Mode Verification 265
Maske 146
Maskenebene 16
Maskenlayout 18, 41
Matched 468
Maus 193
– menu button 193
– select button 193
– stroke/drag button 193
Maximumwert 230
Maze Router 422
Mehrlagenplatine 30

Message Area 345
Mikroprozessor 6, 44, 84
– maskenprogrammiert 8
– Pentium-Prozessor 17
MinCut 412
minimale Strukturbreite 150
Minimize Vias 457
Minimumwert 230
Minoritätsladungsträger 59
Mirror Cells 167
Mixed Mode ASICs 146
Mixed-Mode-Schaltung 39
Model Table 283
Modellattribut 326
Modellbeschreibung 178
Modelle
– schematic 186
Modellkarten 109
Modellparameter 99
Modify Property Stroke 301
Modulationseffekt 63
Monitor Flags 350, 352
Monitor Window 328
Monitorfenster 350
Monoflop 229
Monte-Carlo-Methode 412
MOS-Transistor 12
MOVE 259, 293
– MOVE-Prompt-Bar-Zeile 259
– Move as Group 455
– MOVE EDGE 260
MPW, Multi Purpose Wafer 1
Multiple Edge Move 260
Multiple Forces 355

N

Nachbausicherheit 8
Nachsimulation 471
Name Nets 298
Net Handle 352
Net Junction 286
Net Priority 412
Net Segment 286
Netz 38, 131, 286, 294, 427
Netzeditierung 297
Netzendpunkt 286
Netzkapazität 278
Netzliste 48, 373
Netzpriorität 420, 427
nichtfunktionales Modell 179
NMOS-Pass-Transistoren 217

NMOS-Transistoren 13
Noise Margins 65
Normal Attributes 443
Not Dots 296, 303
Notch
- Notchfilling 46
- NOTCH-Befehl 262

O

Object-Fill-Color-Palette 443
Objekte 185, 248
objektorientiert 176
Offpage-Konnektoren 298
Offset-Spannung 78, 143
Old 328
On-Line-Design-Rule-Check 406
OPEN CELL 257
Open-Down-Funktion 350
Open-Sheet-Dialog-Box 288
Operationsverstärker 165
- zweistufiger 165
Origin 305
Output Resistance 385
Over the Cell Routing 428
Overflows 251, 427, 459, 467, 471

P

Packungsdichte 19
Pads 473
Padstrukturen 21
Padzellen 470
PARAMS 121
parasitäre Kapazitäten 101
- Bodenkapazitäten 102
- Gate-Bulk-Kapazität 104
- Gatekapazität 104
- Seitenwandkapazitäten 102
- Überlappkapazitäten 104
parasitäre Komponenten 47
Parasitic Extraction (PEX) 459
Parasitic Extraction Parameter
Statements 253
Parasitics Database 274
Part Objects 185, 283
Partition Area 415
Pass-Transistoren 80
Path 249
Path Minimization 456
Patterngenerator 356, 357

PEEK 418
Peek 247
periphere Schreib- und Leseschaltung 226
Peripherie 218
Peripheriezellen 157, 169, 454, 473
PHY_COMP-Properties 404, 471
PHY_PIN 250
Piecewise 393
Pin List 283
Pinbelegung 36
Pindelays 131, 181
Pinout 455
PIN-Property 250
Pin-Raster 306
Pins 27, 131, 179, 248, 307, 417, 473
- bidirektionale Pins 179
Pintype Property 307
Pipelining 215
PIVOT 293
Place/Route-Palettenmenü 411
Placement 21, 44, 400
Planartechnologie 12
Plastic Leaded Chip Carrier 27
Plastikgehäuse 28
PLA-Strukturen 159
Plazierung 170
PLCC 27
PLD, Programmable Logic Devices 11
PLOT-Anweisung 117
PMOS-Transistoren 13
Polygonalgebra 269
Polygonquellen 110, 112, 393
Pop Up Command Line 193
Port, Autoplace Ports 416
Port Height 447
Port Members 250
Port Rows 447, 471
Port Shapes 407
Port Styles 444, 447
Ports 38, 248, 250, 297, 416, 417
Post-Layout-Simulation 47, 164
Power 427, 430
Power Grid 434
Power Styles 430, 444, 447, 448, 472
- Bottom Horizontal Bus 448
- Bus Count 449
- Gap 449
- Internal Ring 448
- Internal Row 448
- Internal Vertical Bus 448
- IO-Ring 448
- Layer 449
- Left und Right Vertical Bus 448

– Level 449
– Name 449
– Pad to Bus 448
– Row to Bus 448
– Style 449
– Tie Down 448
– Top Horizontal Bus 448
– Type 449
– Width 449
Power-Port 263
Power-Routing-Komponenten 448
Pre Route 431
Prechargetransistoren 223
Precharging 223
precision 437
Preserve-Width 472
Preseve Power Width 431
Primary Routing Layer 427, 432
Primitive Level 39
PRINT-Anweisung 117
PROBE 119, 378
Probes 351
Process 253
Process Definition Fileset (PDF) 253, 438
Process File 243, 399
Process Override 451
Process Userware File 438
Process Values 444
process_name 437
programmierbare Logikbausteine 10
programmierbare Logikschaltung 7
Programmspeicher 361
Prompt-Bar 247
Properties 177, 182, 250, 286, 309
– CLASS 300
– Comp Property 464
– Element Property 464
– Model Property 465
– Name/Value-Paar 183, 312
– Net Delay Properties 469
– Owner 183, 309
– Phy_comp-Property 460, 464
– Phy_pin Property 464
– Pin Property 464
– Property Stability Switch 184, 310
– Property Visibility Switch 184
– Propertyliste 185
– Property-Texte 249, 309
– Property-Typen 184, 310
– Property-Zuweisungen 182
– RULE-Property 301
– SLD-Properties 297
– Values 309

– WTYPE-Property 446
Prototypenuntersuchung 51
Prozeß 437
Prozeßdatenfile 253
Prozeßkomplexität 9
Prozeßtoleranzen 64
Prozeßvariable 437
Prüfautomaten 49
– Device Under Test, DUT 49
– Pinelektroniken 49
Prüfkategorien 307
Prüfungen 301
Pseudo-DRC-Fehler 46
Pseudofehler 272
Pull-Down-Zweig 94
Pull-Up 94
Pulsquellen 110, 390
Pulssignal 392
PWL 393

Q

Quad Flat Pack Gehäuse 29
Quarzoszillatoren 88
Quickfault 190
QuickGrade 190
quicksim_state 371
QUICKSIMII
– Delay Modes 134
– Dialogbox 332
– Initialisierung 139
– Slot 133
– Timing-Wheel-Algorithmus 133

R

Races 165
RAM, ROM 159
Rastermaß 157, 422
Raumladungszonen 58
Read GDSII 475
Realisierungstechnik 18, 19, 26
Redesigns 33, 35
referenced cells 245
Referenzen 474
Refresh-Zyklen 81
Registerschaltungen 80
Registertransferoperationen 34
Registrierung 283
Registrierungsprozedur 186
reguläre Entwürfe 246

Reload Models 320
Reopen 257
Report Checks 272
Reports 314
Required Checks 301
Reserve-Cell-Kommandos 256
Reset 7
Reset-Befehl 368
resolution functions 324
Restore State 371
restriktives Verdrahten 426
Results Waveform Database 360
ROM 8
Root Directory 187
ROTATE 260, 293
Route-One-Pass 432
ROUTE-Point-to-Point-Funktion 264
Routing 21, 44, 400
Routing Level 444, 445
Routing of Nets 420
row_power 430
Rows 406
Rule Checks 253
Rule Files 151, 243, 438
Rules for Bonding 455
RUN-Kommando 368

S

salvage cell 279
Same Nets 456
Sättigungsbereich 62
Save Cell 256, 278
Save Library 469
SAVE WDB 362
Save-State-Dialogbox 371
Scan 270
SC-Filter 25
Schachbrettmuster 357
Schaltgeschwindigkeit 334
Schaltkreissimulator 98, 373
Schaltplan 32
Schaltplanerstellung (Schematic Entry) 32
Schaltungen
- dynamische 78
- sequentielle 84
- endliche Automaten 84
- Pipelinearchitektur 84
Schaltungsaufbau, synchroner 139
Schaltungshierarchie 350
Schaltungskonzept 24
Schaltungssimulation 98

- ereignisgesteuerte 99
- Modelle 100
- Rechenverfahren 100
Schematic 181
Schematic Editor 38
Schematic Editor-Fenster 288
Schematic View Window 315, 330
Schematic Window 375
schnelle Fourieranalyse 373
Schnittstellen 219
Schreib- und Bewerteschaltung 227
Schreib- und Leseschaltung, periphere 226
Schreiberholschaltung 229
Schreibpulsweite 232
Schrittweite 334
Schutzschaltung 169
Schwankungen der
Versorgungsspannung 130
Schwingkreis 88
SDRAMs 215
Selection Set 256
Select-Operate 256
Selektion 292
- additive 292
- Flächenselektion 293
- individuelle 292
- Punktselektion 293
- Selektionsfilter 292
- Selektionsmodus 292
- Selektionsklick 346
Semi-Custom-Design 19, 44
Semicustom-Technik 380
SEQUENCE TEXT 301
sequentielle Schaltungen 84
- endliche Automaten 84
- Pipelinearchitektur 84
Session Process 438
Session Window 192, 375
Session-Prozeß 402
Set Layer-Appearance-Funktion 272
Set Working Directory 287
set_visible_layers 438
Set-Grid-Funktion 244
Setup- und Hold-Zeiten 334
Set-Up-Palettenmenüs 337
Setups 323
Set-up-Zeiten 87, 181
Shapes 406
Sheet Border 289
Shell 191
shrink 153
Sicherheitsabstand 155
sichtbarer DRC-Fehler 270

Sichtweise 32, 179
- geometrische 33
- Schaltungsstruktur 33
- topologische Sicht 33
- Verhaltenssicht 33
Signalformung 393
Signalkonflikt 132
Signallaufzeit 69
- Signalpfad, zeitkritischer 226
Signalstärke 131, 323
Signalsteilheit 129
Signalverarbeitung 7
Signalverschleifung 92
Signalzustand 131, 323
Simulated-Annealing-Verfahren 412
Simulation 38
- funktionale 41
Simulationsmodelle 41
Simulationsverfahren, ereignisgesteuerte 125
Simulationszeit, aktuelle 340
Simulatoren 40
- Analogsimulator 40
- Digitalsimulatoren 40
- Logik 40
Single Edge Move 260
Single Forces 354
Sinusquellen 110, 112, 390
Site Types 244, 446
Skalenfaktoren 333
Slide-Route-Funktion 457
Slow- und Fast-Parametersätze 154
SMD 28
Snap 289
Snap Angle 295
Softkeys 194
- Softkey-Feld 194
SO-Gehäuse 30
Source 12
Source-Schematic 460
Spalten 426
Spaltendekoder 223
Spannungsquelle 110
- gesteuerte 110
Spannungsteiler 72, 223
Speicherblöcke 221
Speichermodule, eingebettete 213
Speicherzellen 80, 214
- Eintransistorzelle 214
- SRAM-Speicherzelle 216
- Trench- oder Grabenzelle 215
- Vier-Transistor-Zelle 217
Sperrschichtisolationsring 16
Sperrschichtkapazität 278

Sperrspannung 16
Sperrströme 236
Spezifikation 32, 35, 36, 214
SPICE 40, 98, 462
- Analyseanweisung 110
- Ausgabeanweisung 110
- Defaultwert 106
- Ergebnisausgabe 117
- Fast-Parametersätze 106
- globale Definition 121
- PSPICE 100
- Slow-Parametersätze 106
- SPICE-Anweisungen 107
- SPICE-Parameter 106, 154
- SPICE-Programm 110
- SPICE-Simulation 126, 223
- SPICE-Netzliste 106, 273
- SPICE-Subcircuit-Dateien 373
Spiegelstrom 165
Spike Suppress Mode 136
Spikemodelle 137, 334
Spikes 135
Sprungantworten 110
Spuren 426
SRAM 19
Standardschaltung 7
Standardzellen 21
- Bibliothek 21
- Kernzelle 21
- Peripheriezelle 21
Standardzell-Entwurfstechnik 44
Standardzellreihe 171, 410
State-Value-Menü 354
Static Random Access Memory, SRAM 213
statische Stromaufnahme 94
statische Verlustleistung 16
Statistics 468
Statusfenster 378
Steueranweisungen 110
Stimulus Waveform Database 360
Stop-Kommando 368
Störsicherheit 95
Störungen 160
STRETCH 260
Strokes 193, 194
- StrokeID 194
Stromaufnahme 167, 219
Strompiegelschaltungen 165
Stromquellen 110
- unabhängige Quellen 110
Strukturverkleinerung 213
Stuck-at-Faults 51
Stückzahlen 19, 24

Subcircuit 121
Substratkontakt 149
Substratsteuereffekt 57, 63, 82
Substratsteuervorfaktor 64
Suppress Mode 137
Surface Mount Devices 28
Switched Capacitor-Technik 25
Symbol Body 179, 304
Symbol Editor 39, 305
Symbol History 292
Symbol Interface 308
Symbol Pins 304
Symbole 39
Symbolkörper 179, 307
Symbolmodell 179
Symboltexte 305
synchroner Schaltungsaufbau 139
Synchronisation 85
Systementwicklung 5
– Systementwicklungsphase 4
Systempartitionierung 28
Systemtakt 83

T

Taktnetze 420
Taktsignal 79, 85, 355
– Balanced Distributed Clock Tree
  Buffering 92
– Clock-Skew-Effekte 92
– Ein-Phasen-Taktsystem 85
– High-Phase 85
– Low-Phase 86
– Master-Takt 87
– Pseudo-Vier-Phasen-Taktsystem 88
– Slave-Takt 87
– Taktperiode 86
– Zwei-Phasen-Takt 89
– – komplementärer 88
– Zwei-Phasen-Taktsystem 86
Taktverteilung 92
Tastatur 193
Technologietoleranzen 143
Technology Files 181
Teraohm-Lasten 217
Test, applikativer 52
Testbarkeit 10
testfreundliche IC-Entwürfe 51
Testprogramm 33, 49, 50, 219, 475
– Fehlermodell 51
– Kontrollierbarkeit 51
– Teststimuli 49

– Testmode 51
– Testvektoren 50
Testprogrammentwicklung 32
TIME MODE 389
Timegrid 364
Timestep 325
Timing 230
Timing Constraints 325
Timing Models 181
Timing Modes 326, 332
Toggle Check 334
Top-Down 33
Top-Down-Entwurf 244, 470
Top-Level 39
Top-Level-Zelle 473, 474
Trace Window 328
Tracefenster 338
Transcriptfenster 302, 328, 406
Transfer Function 384, 385
Transient-Analysen 114, 381
Transistorkennlinien 13, 60
Transport Delay Mode 134
Transport-Modus 334
Treiberfähigkeit 65
Treiberstärke fixed 325
Treiberstufen 92, 223
Treiberstrukturen, aufgefächerte 92
Tristateausgänge 128
Tromboning 456
TTL-7400-Serie 155
TTL-Pegel 161, 233

U

Übersprechen 446
Übertragungsfunktion 384
Übertragungskennlinie 110
Umladezeit 221
Undo Levels 243
UNDO-Ikone 367
Unit Delays 326
unit_length 437
UNIX-Shell 242
Unload WDB 362, 368
Unmatched 468
unplace 436
Unplaced Elements 467
Unselect All Stroke 293
Unselect-All 257
Unterschwellbereich 60
Use Corner 454
User 191

User Defined Waveform Database 360
User Units 437

V

Verarmungsschicht 59
Verbindungsstruktur 296
Verdrahtung 420
- restriktives Verdrahten 426
Verdrahtungskanal 58
Verdrahtungskapazität 423
Verhaltensbeschreibung 179
Verifikation 265, 401, 458
Verlustleistung 18, 26
- dynamische 94
- mittlere dynamische 95
Verpackungshäuser 30
Versatz der Einsatzspannung 74
Versorgungsnetz 465
Versorgungsspannung, Schwankungen der 130
Verstärkungs-Bandbreite-Produkt 165
Verstärkungsfaktor 150
Versuchslinien 424
Vertex 286, 294
vertikale Konnektivität 297, 298
Verweis 245
Verzögerungszeit 69, 164
VHDL 35
- VHDL-Editor 189
- VHDL-Modelle 353
Via Objects 446
Via-Objekte 252, 438
Vias 446, 454
Vias to Wires 454
View Time 344
Viewpoint 34, 186
- Connect-Anweisung 187
- intermediärer 404
Viewpointerstellung 311
visible 270
Visible Layers 253
Visible Properties 471
Vollkundenentwurf 19
Vorlaufkosten 8

W

Wahrheitstabelle 161
Walking One 357
Walking Zero 357
Wannenkontakte 149

Watchdogs 7
wave propagation 423
Waveform Editor 362
Waveform-Edge-Deltas-Funktion 345
Waveform-Prozessor 378
WDBs 359
Whiskers 305
White Space 416
Wire 294
Wire Types 445
Wired 328, 355
Workstations 191
Worst-Case Delay 164
Wortleitung 217

X

X Immediate Mode 137
XCalibre 475
XILINX 11

Z

Zeilendekoder 223
Zeitanalyse 390
Zeitauflösung 325
Zeitdifferenzen 344
zeitkritischer Signalpfad 226
Zeitraster 364
Zeitschritt 325
zellbasierter Entwurfsstil 174
Zell-Bibliothek 290, 399
Zelle 244
Zellenfeld 218
Zellkonnektivität 459
Zelltypen 247
Zufallsprinzip 413
Zugriffszeit 219, 233
Zuverlässigkeit 52
- Ausfallkurve 52
- Frühausfälle 52
- Zuverlässigkeitsuntersuchungen 53
Zweierkomplementdarstellung 358
2,4-µm-CMOS-Prozeß von Alcatel Microelectronics 145
zweistufiger Operationsverstärker 165
Zwischenfensterselektion 330, 378
Zwischenkontakte 252, 446
Zyklen 432
Z-Zustand 233

Springer und Umwelt

Als internationaler wissenschaftlicher Verlag sind wir uns unserer besonderen Verpflichtung der Umwelt gegenüber bewußt und beziehen umweltorientierte Grundsätze in Unternehmensentscheidungen mit ein. Von unseren Geschäftspartnern (Druckereien, Papierfabriken, Verpackungsherstellern usw.) verlangen wir, daß sie sowohl beim Herstellungsprozess selbst als auch beim Einsatz der zur Verwendung kommenden Materialien ökologische Gesichtspunkte berücksichtigen. Das für dieses Buch verwendete Papier ist aus chlorfrei bzw. chlorarm hergestelltem Zellstoff gefertigt und im pH-Wert neutral.